U0322436

# 《现代数学基础丛书》编委会

主　编：杨　乐

副主编：姜伯驹　李大潜　马志明

编　委：（以姓氏笔画为序）

王启华　王诗宬　冯克勤　朱熹平

严加安　张伟平　张继平　陈木法

陈志明　陈叔平　洪家兴　袁亚湘

葛力明　程崇庆

现代数学基础丛书·典藏版　104

# 数组合地图论
## （第二版）

刘彦佩　著

科学出版社

北　京

## 内 容 简 介

本书在第一版的基础上，除删去多余的部分和替代改进的结果外，主要增添了新的有关地图在一般曲面(平面只是一个特例)上的内容. 例如，Euler 地图和无割边地图在曲面上的节点剖分泛函方程；无割边地图在曲面上依根点次与棱数为参数的计数方程与计数公式；曲面上无环根地图以度为参数的计数；曲面上不可定向地图的计数方程；在曲面上双不可分离地图色和函数所满足的方程；曲面上双不可分离地图梵和函数所满足的方程；甚至还提供了泛花在曲面上以亏格为参数的无和显式等. 由于所用方法的普遍性，这些结果可以想见为地图在曲面上的宽厚研究构建一种理论基础.

本书适合数学专业高年级大学生、研究生、教师及相关专业科研工作者阅读参考.

**图书在版编目(CIP)数据**

数组合地图论/刘彦佩著. —2 版. —北京：科学出版社，2008
（现代数学基础丛书·典藏版；104）
ISBN 978-7-03-021272-6

Ⅰ. 数… Ⅱ. 刘… Ⅲ. ① 组合数学 ② 图论 Ⅳ. O157

中国版本图书馆 CIP 数据核字(2008) 第 030553 号

责任编辑：刘嘉善 张 扬／责任校对：钟 洋
责任印制：徐晓晨／封面设计：陈 敬

科 学 出 版 社 出版
北京东黄城根北街 16 号
邮政编码：100717
http://www.sciencep.com

北京教图印刷有限公司 印刷
科学出版社发行 各地新华书店经销
*
2008 年 3 月第 一 版 开本：B5(720×1000)
2015 年 7 月 印 刷 印张：26 1/4
字数：495 000
定价：158.00 元
(如有印装质量问题，我社负责调换)

# 《现代数学基础丛书》序

对于数学研究与培养青年数学人才而言，书籍与期刊起着特殊重要的作用．许多成就卓越的数学家在青年时代都曾钻研或参考过一些优秀书籍，从中汲取营养，获得教益．

20 世纪 70 年代后期，我国的数学研究与数学书刊的出版由于文化大革命的浩劫已经破坏与中断了 10 余年，而在这期间国际上数学研究却在迅猛地发展着．1978 年以后，我国青年学子重新获得了学习、钻研与深造的机会．当时他们的参考书籍大多还是 50 年代甚至更早期的著述．据此，科学出版社陆续推出了多套数学丛书，其中《纯粹数学与应用数学专著》丛书与《现代数学基础丛书》更为突出，前者出版约 40 卷，后者则逾 80 卷．它们质量甚高，影响颇大，对我国数学研究、交流与人才培养发挥了显著效用．

《现代数学基础丛书》的宗旨是面向大学数学专业的高年级学生、研究生以及青年学者，针对一些重要的数学领域与研究方向，作较系统的介绍．既注意该领域的基础知识，又反映其新发展，力求深入浅出，简明扼要，注重创新．

近年来，数学在各门科学、高新技术、经济、管理等方面取得了更加广泛与深入的应用，还形成了一些交叉学科．我们希望这套丛书的内容由基础数学拓展到应用数学、计算数学以及数学交叉学科的各个领域．

这套丛书得到了许多数学家长期的大力支持，编辑人员也为其付出了艰辛的劳动．它获得了广大读者的喜爱．我们诚挚地希望大家更加关心与支持它的发展，使它越办越好，为我国数学研究与教育水平的进一步提高做出贡献．

杨　乐

2003 年 8 月

# 第 二 版 序

本书在第一版的基础上, 主要充实曲面上的地图, 以及一些以亏格作为参数的计数. 虽然用作者近年来所发现的曲面嵌入联树表示法于地图, 并将之与图的曲面嵌入理论融为一体, 考虑到本书强调的乃是有关计数理论, 只是间接地简化一系列的结果, 以使之比初版更易于阅读.

从数学的观点看, 经过第一版后的 6 年来, 作者以及他指导的博士研究生的工作, 表明书中所重点阐述的带根平面地图的计数理论, 已经开辟无根的以及一般曲面上地图计数理论. 地图按自同构群的阶, 以及依亏格的分布, 色和乃至梵和, 地图着色问题尤其是四色问题等, 将成为继后至少半个世纪的研究方向. 特别是从中揭示的一批带一个线性泛函的方程今后的一个世纪也许实难全部得到解决.

第二版所充实的地图在曲面上的计数主要是延续作者本人在另外的专著, 例如, 在《组合地图进阶》(北方交通大学出版社, 2003) 以及《地图的代数原理》(高等教育出版社, 2006) 中所发现以致完善的对一般地图在曲面上的计数, 为诸如 Euler 地图、不可分离地图、无环地图、无割棱地图等在曲面上的节点剖分泛函方程, 以及色和与梵和等方面的宽厚研究提供了理论基础.

虽然章节与第一版基本相同, 但是主要有如下的删增:

1. 在 §1.3 和 §1.6 中, 增加计数函数变换的三个新定理, 即定理 1.3.5、定理 1.6.3 和定理 1.6.4. 它们都广泛地应用于缩减推导过程. 删去了 §1.7 中一些虽然启示将来的利用而在本书却未曾用过的公式.

2. 在第 2 章中, 增添了 §2.3 讨论双边缘内根地图和 §2.4 将泛 Halin 地图拓广到泛花, 也得到了以亏格为参数的无和计数显式. 用最新揭示的完全初等方法, 不用拉格朗日反演以及无限维矩阵, 而是直接通过多边形的分类也可讨论树依节点剖分的计数.

3. 虽然第 3 章也可全面翻新, 不再用那里的递推与矩阵的方法, 而是基于上面提到的结果直接地推导出来. 不过考虑到本书的整体性, 仍保持原貌.

4. 在 §4.4 和 §4.5 的基础上, 将小亏格曲面上的新进展纳入有关的注记.

5. 在 §5.3 中单独地, 而不是借助于无分离三角形的三角化, 提供了 3-正则 c-网的无和显式.

6. 增加 §6.5 曲面上 Euler 地图一节. 给出了曲面上的节点剖分计数泛函方程. 在此基础上即可导出有关的计数结果, 以及建立曲面上各种类型地图的节点剖分计数泛函方程.

7. 增添 §7.5 以提供在曲面上无割棱根地图的依节点剖分的泛函方程. 同时, 也提供了在曲面上可定向无割棱地图的节点剖分泛函方程和以根点次与棱数为参数的计数方程与计数公式.

8. 将 §8.1 和 §8.2 合并为 §8.1. 增添 §8.4 讨论曲面上无环根地图以度为参数的计数.

9. 在 §9.5 中, 删去多余部分提供单顶点地图可定向与不可定向的无和显式. 特别是第一次给出确定曲面上不可定向单顶点根地图的计数方程 (9.5.22) 简式.

10. 增加 §10.6 曲面上的色和一节. 得到了在曲面上双不可分离地图色和函数所满足的方程. 为确定有关的色和以及相应的计数奠定了基础. 在 §10.7 中还提到了小亏格曲面上色和的一些新进展.

11. 增加 §11.5 曲面上的梵和一节. 得到了在曲面上双不可分离地图梵和函数所满足的方程. 为确定有关的梵和以及相应的计数打下了基础. 在 §11.5 中还提到梵和的一些新进展.

12. 将第 12 和 13 章只作了文字上的简化, 使得更便于阅读.

另外, 增加一个曲面上小阶地图依亏格的列表作为附录. 这样的列表, 完全是利用作者新近完成的研究结果得到的. 无根的情形则是利用地图的代数原理中提供确定地图自同构的算法求得. 本书中的新研究曾部分地得到国家自然科学基金 (批准号: 10571013) 资助.

刘彦佩

2008 年 3 月

于北京上园村

# 第 一 版 序

组合学作为数学的一个分支主要研究数 (shǔ) 的技巧. 计数占据了组合学的基础. 不仅在数学本身, 而且在其他学科中, 均会有广泛的应用. 用一本书全面反映与此有关的深入发展是远不够的. 本专著只是试图为与组合地图计数有关的那些课题, 提供一个统一的理论模式. 同时, 也提供了一系列为数 (shǔ) 各类组合地图的简洁公式.

对于数 (shǔ) 组合地图, 首先要了解的是地图的对称性. 也就是说, 要知道它们的自同构群. 一般而言, 这是一个有意义的、复杂的和困难的问题. 为此, 第一个问题就是如何使得所讨论的地图不对称. 自 20 世纪 60 年代初, Tutte 发现在地图上定根的方式时这个问题就解决了. 它就形成了地图计数之基础. 只要对于不对称的地图可以计数, 对称情形之下的一般计数, 如果知道它的自同构群, 原则上也就可以付诸实施了. 幸好, 在作者前部专著 [Liu58] 中, 提供了求多面形自同构群的有效的算法. 而且, 多面形无非是组合地图的同义语. 然后, 面临的问题就是如何求得所要计数的一类地图的计数函数应满足的函数乃至泛函方程和如何确定这个计数函数作为幂级数的各项系数. 继之, 进而估计这种地图计数函数的渐近行为.

为了提取方程, 一个带有决定性的诀窍就是适当地将所要计数的地图集合分解为若干部分, 使每一部分均可由这个集合本身通过一些运算而产生. 通常开始于对一条预先选取边的消去与收缩. 沿此, 可以看出为了计数各种类型的地图如何构造各自不同的运算. 自然, 分解的方法与所选择的计数参数密切相关. 这里揭示了一些窍门, 以避免从分解推导方程中的不必要的复杂性.

只要函数乃至泛函方程建立起来, 剩下的问题就是发现一种适当的方式求解, 或者为澄清其解而进行变换和简化. 这里, 提供了一些直接求解这些方程的方法, 或者将它们转变成为可解之情形. 最令人回味的是设法寻找出一种方式, 使得可以适当地利用 Lagrange 反演, 确定出其解之级数形式的各项系数. 正如所望地, 依这种方式通过一系列的得当处理, 求出一批数 (shǔ) 各种地图的十分简单的公式.

不管所得到的方程是否完全可解, 总还可以估计当地图的阶充分大以至趋于无穷时, 各种地图数目的渐近值, 以及计数函数的渐近性质. 从而, 确定它们的随机行为.

正是基于上面所概括的理论想法, 全书拟由三部分组成. 第一部分, 即从第 2 章到第 9 章, 讨论地图计数的一般理论. 第二部分, 即从第 10 章到第 12 章, 为梵和特别是色和的确定. 它是一般理论的深化与扩充. 从而, 更复杂也更难. 第三部分,仅由第 13 章组成, 讨论随机和渐近行为. 当然, 第 1 章提供了必备的一些基础知识与基本技巧. 在每章的最后均有一节注记, 追述有关历史背景、最新进展以及一些尚未解决的问题, 伴随可能的解决途径.

此书的基本框架, 源自我的英文专著 *Enumerative Theory of Maps* (Science Press and Kluwer Academic Publishers, 1999). 不过, 除第 1 章外, 几乎各章均纳入了一些新的结果. 特别是包括了新得到的最后简化的公式. 例如, 在第 2 章中除第一节外是全新的. 而且, 几乎所有结果的表述与证明方法均采取了不同的形式, 以相得益彰. 这里, 也提到了蔡俊亮, 任韩以及郝荣霞和吴发恩等的一些有关新结果.

借此机会, 我不能不对所有那些为本书出版直接或间接作出贡献的人士表示最衷心的感谢. 这一理论的发端由 Tutte 教授所创立. 他的文章与指引, 使我得以于 1982~1984 年间, 在滑铁卢大学组合学与最优化系工作时, 进入这一领域. 没有这些, 就不可能有这本专著于今问世.

还有 R Cori, P L Hammer, D M Jackson, R C Mullin, R C Read, L B Richmond, P Rosenstiehl, B Simeone, T T S Walsh, 徐明曜, 颜基义等教授给予了多方面的支持与帮助. 在写作过程中, 特别是在最后定稿时, 蔡俊亮, 常彦勋, 冯衍全, 黄元秋, S Lawrencenko, 任韩, 吴发恩等博士, 郝荣霞, 刘同印, 毛林繁, 魏二玲, 李赵祥, 何卫力, 以及付超, 薛春玲, 万良霞等部分或全部地勘校了书稿.

科学出版社的刘嘉善编审对全书做了精心编辑和认真审查.

最后, 并非次要, 加拿大滑铁卢大学组合学与最优化系, 美国罗杰斯大学的离散数学与理论计算机科学研究中心 (DIMACS) 和运筹学研究中心 (RUTCOR), 意大利罗马大学 (主校) 数学系, 统计系和计算机科学系, 法国社科高研院人文数学研究中心, 法国波尔多第一大学的数学与计算机科学系, 和美国辛辛那提大学的电子与计算机工程和计算机科学系等的热情好客, 提供了工作与讲学的机会. 特别地, 还要提到中国科学院出版基金对本书出版的支持, 以及美国国家科学基金, 意大利国家研究基金委和我国国家自然科学基金对有关项目的研究所给予的资助.

刘彦佩

2000 年 10 月

于北京上园村

# 目　录

# 第 1 章  预 备 知 识

为方便, 这里通篇采用如下的逻辑符号: $\vee, \wedge, \neg, \Rightarrow, \Leftrightarrow, \forall$ 和 $\exists$ 分别表示和、积、否定、蕴意、等价、任意量和存在量. 在行文中, $(i.j.k)$ (或, $i.j.k$) 意指第 $i$ 章第 $j$ 节的第 $k$ 个公式 (或者定理, 引理, 推论等之类). 符号 ♮ 表示证明的结束.

参考文献 $[k]$ 表示指标为 $k$ 的项. 其中, $k$ 由该项作者 (们) 姓的前几个字母继之为数字组成. 姓氏按拼音字典序排列. 同样的作者 (们) 则用数字区别不同的文章或其他出版物.

本书原则上是自包含的. 即使有未解释的术语, 均可在 [Liu58], 也可能在 [GoJ1] 或 [Tut39] 中查到.

## §1.1   组 合 地 图

一个组合地图, 简称地图, 常记为 $M$, 作为数学概念可以看作在地理上出现的地图的抽象, 它被定义为在四元胞腔无公共元并集 $\mathcal{X}$ 上的一个基本置换 $\mathcal{P}$ 且满足下面的公理 1 和公理 2.

令 $X$ 是一个有限集和 $K$ 为由四个元素组成的 Klein 群. $K$ 中的元素用 $1, \alpha, \beta$ 和 $\alpha\beta$ 表示. 由于 $K$ 是群, 自然有 $\alpha^2 = \beta^2 = 1$, $\alpha\beta = \beta\alpha$. 对任何 $x \in \mathcal{X}$, $Kx = \{x, \alpha x, \beta x, \alpha\beta x\}$ 被称为四元胞腔. 则

$$\mathcal{X} = \sum_{x \in X} Kx. \tag{1.1.1}$$

可见, $\alpha$ 和 $\beta$ 均可视为 $\mathcal{X}$ 的置换. 在 $\mathcal{X}$ 上的一个置换 $\mathcal{P}$, 若对任何 $x \in \mathcal{X}$, 均不存在整数 $k > 0$ 使得 $\mathcal{P}^k x = \alpha x$, 则被称为基本的.

**公理 1**   $\alpha\mathcal{P} = \mathcal{P}^{-\infty}\alpha$.

**公理 2**   由 $J = \{\alpha, \beta, \mathcal{P}\}$ 所生成的群 $\Psi_J$ 在 $\mathcal{X}$ 上可迁.

由此, 记地图 $M = (\mathcal{X}_{\alpha,\beta}(X), \mathcal{P})$. 由公理 1 知, $\alpha$ 与 $\beta$ 不是对称的. 从而, 一般 $(\mathcal{X}_{\alpha,\beta}(X), \mathcal{P}) \neq (\mathcal{X}_{\beta,\alpha}(X), \mathcal{P})$. 有时, $\alpha$ 称为第一算子 和 $\beta$, 第二算子. 由于 $\beta$ 不一定满足公理 1, 对于地图 $M = (\mathcal{X}_{\alpha,\beta}(X), \mathcal{P})$, 一般 $(\mathcal{X}_{\beta,\alpha}(X), \mathcal{P})$ 不会是地图. 因为 $\mathcal{P}$ 总可唯一地表示为循环置换的积, 它的每一个循环中元素组成的集合被称为轨道. 公理 1 使得在 $\mathcal{P}$ 中, 对任何 $x \in \mathcal{X}$, $x$ 所在的轨道 $\mathrm{Orb}_{\mathcal{P}}(x)$ 与 $\mathrm{Orb}_{\mathcal{P}}(\alpha x)$ 是不同的. 称它们为相互共轭的. 每一个共轭的轨道对被定义为 $M$ 的节点. 集合 $X$ 和 $\mathcal{X}_{\beta,\alpha}(X)$ 分别称为 $M$ 的基础集和基本集.

给定一个地图 $M = (\mathcal{X}_{\alpha,\beta}(X), \mathcal{P})$, 可以验证 $M^* = (\mathcal{X}_{\beta,\alpha}(X), \mathcal{P}\alpha\beta)$ 也是一个地图. 注意, 在 $M^*$ 中, $\beta$ 为第一算子, 而 $\alpha$ 则是第二算子. 称 $M^*$ 为 $M$ 的对偶. 并且, $M^*$ 的节点称为 $M$ 的面. 自然, 每一个四元胞腔被称为边. 任何一条边 $\{x, \alpha x, \beta x, \alpha\beta x\}$ 可视为由二个半边 $\{x, \alpha x\}$ 与 $\{\beta x, \alpha\beta x\}$ (在 $M$ 中), 或者 $\{x, \beta x\}$ 与 $\{\alpha x, \alpha\beta x\}$ (在 $M^*$ 中) 组成.

若一个图的节点和边的集合与 $M$ 的相同, 则称它为 $M$ 的基准图, 常记为 $G(M)$. 由公理 2, $G(M)$ 总是连通的. 反之, 若一个地图的节点和边的集合与一个图 $G$ 的相同, 则称它为 $G$ 的准基地图, 常记为 $M(G)$. 自然, $M$ 为 $G(M)$ 的准基地图. 虽然一个地图只有一个基准图, 一个图一般有不止一个准基地图. 事实上, 一个图的任何一个在曲面上的嵌入均为它的准基地图. 这就可以记地图 $M = (G, F)$ 使得 $G = (V, E) = G(M)$. 其中, $V$, $E$ 和 $F$ 分别为 $M$ 的节点, 边和面的集合. 为方便, 只有一个节点而无边也常视为一个地图, 称它为平凡的, 或节点地图. 规定它只有一个面. 若一个地图只含一条边, 则称它为边地图, 用 $L$ 表示. 若边地图的边为环, 则称为环地图; 否则, 称为杆地图. 可见, 有两个环地图. 它们分别为 $L_1 = (\mathcal{X}, (x, \alpha\beta x))$ 和 $L_2 = (\mathcal{X}, (x, \beta x))$. 其中, $\mathcal{X} = \{x, \alpha x, \beta x, \alpha\beta x\}$ 和用 $\mathcal{P} = (x, \alpha\beta x)$ 或 $(x, \beta x)$ 分别简记 $\mathcal{P} = (x, \alpha\beta x)(\alpha x, \beta x)$ 或 $(x, \beta x)(\alpha x, \beta x)$. 只有一个杆地图. 记为 $L_0 = (\mathcal{X}, (x)(\alpha\beta x))$.

令 $\nu$, $\epsilon$ 和 $\phi$ 分别为地图 $M$ 的节点, 边和面的集合. 则

$$\mathrm{Eul}(M) = \nu - \epsilon + \phi \tag{1.1.2}$$

被称为 $M$ 的Euler 示性数.

进而, 若一个地图 $M = (\mathcal{X}_{\alpha,\beta}(X), \mathcal{P})$ 还满足下面的公理 3, 则称它为不可定向的, 否则, 可定向的.

**公理 3** 由 $I = \{\alpha\beta, \mathcal{P}\}$ 所生成的群 $\Psi_I$ 在 $\mathcal{X}_{\alpha,\beta}(X)$ 上可迁.

因为可以证明, 若 $\Psi_I$ 在 $\mathcal{X}_{\alpha,\beta}(X)$ 上不可迁, 则它恰含两个轨道. 自然, 它们是共轭的. 这就是说, 一个地图 $(\mathcal{X}_{\alpha,\beta}(X), \mathcal{P})$ 是可定向的, 当且仅当, 群 $\Psi_I$ 在 $\mathcal{X}_{\alpha,\beta}(X)$ 上恰含两个轨道.

令 $M = (\mathcal{X}_{\alpha,\beta}(X), \mathcal{P})$ 是一个地图和 $e_x = \{x, \alpha x, \beta x, \alpha\beta x\}$ 为与 $x \in \mathcal{X}_{\alpha,\beta}(X)$ 关联的那条边. 为简化, 当不引起混淆时, 总是用 $\mathcal{X}$ 代替 $\mathcal{X}_{\alpha,\beta}$, 记

$$\mathcal{X} = X + \alpha X + \beta X + \alpha\beta X, \tag{1.1.3}$$

其中, $\gamma X = \{\gamma x | \forall x \in X\}$, $\gamma = \alpha, \beta$ 和 $\alpha\beta$. 并且, 将边 $e_x = \{x, \alpha x, \beta x, \alpha\beta x\} = Kx$, $x \in X$, 就简记为 $e$.

下面, 在地图 $M$ 上对于一条边 $e$, 引进二个运算. 一个是在 $M$ 上, 消去 $e$, 即

$$M - e = (\mathcal{X} - e, \mathcal{P}\langle e \rangle), \tag{1.1.4}$$

其中, $\mathcal{P}\langle e \rangle$ 为 $\mathcal{P}$ 限制在 $\mathcal{X} - e$ 上的部分. 另一个, 就是在 $M$ 上将 $e$ 收缩, 即

$$M \bullet e = (\mathcal{X} - e, \mathcal{P}[e]). \tag{1.1.5}$$

其中, $\mathcal{P}[e]$ 为将 $e$ 在 $M$ 上的二端 $u = \{(x, A), (\alpha x, \alpha A^{-1})\}$, 或简记 $u = (x, A)$ 和 $v = \{(\alpha\beta x, B), (\beta x, \alpha B^{-1})\}$, 或 $v = (\alpha\beta x, B)$, 合成为节点 $\{(BA), (\alpha A^{-1} B^{-1})\}$, 或 $(BA)$. 同时, 使其他节点不变.

**定理 1.1.1**　对任何地图 $M$, 总有 $\mathrm{Eul}(M) \leqslant 2$.

**证**　因为在 $M$ 上, 将一条在两个面公共边界上的边 $e$ 消去后, 节点数不变和面数减一, 由 (1.1.2) 式知, $\mathrm{Eul}(M) = \mathrm{Eul}(M')$. 其中, $M' = M - e$. 依此行之, 总可得地图 $M'$ 只有一个面, 而且 $\mathrm{Eul}(M) = \mathrm{Eul}(M')$. 由公理 2, $G(M')$ 是连通的. 又, 对任何连通图 $G$ 均有 $\epsilon \geqslant \nu - 1$. 其中, $\nu$ 和 $\epsilon$ 分别为 $G$ 的节点数和边数. 从而, 总有 $\mathrm{Eul}(M) = \mathrm{Eul}(M') \leqslant (\epsilon + 1) - \epsilon + 1 = 2$. 这就是定理之结论.

还有两个运算是常用的. 设 $v = (AB)$ 是地图 $M = (\mathcal{X}, \mathcal{P})$ 的一个节点. 令 $\mathcal{P}'$ 为将 $\mathcal{P}$ 中的 $(BA)$ 用 $(x, A)$ 和 $(\alpha\beta x, B)$ 代替而得到的. 这里, $e_x = Kx$ 为新引进的边. 容易验证, $M' = (\mathcal{X} + Kx, \mathcal{P}')$ 也是一个地图, 并称它为由 $M$ 经过**劈分节点** $v = (BA)$ 而得到. 若 $v = (\alpha\beta x, y)$ 是 $M$ 中的一个节点, 则地图 $M' = (\mathcal{X} - Kx - Ky + Kz, \mathcal{P}')$, 使得 $\mathcal{P}'$ 是从 $M$ 中消去节点 $v$, 并且在 $\mathcal{P}$ 中, 令 $Kz = \{x, \alpha x, \beta y, \alpha\beta y\}$ 而得到的. 这时, 称 $M'$ 为在 $M$ 中**忽略了节点** $v$. 消去一条边的逆运算称为**添加一条边**. 忽略一个节点的逆运算为**细分一条边**.

可以看出, 上面所说的劈分一个节点的运算是收缩一条边的运算的逆. 容易验证, 通过边的收缩, 忽略节点和它们的逆: 劈分节点与细分边, Euler 示性数不变.

然而, 对于消去边的运算, 则只能当所消去的边在两个面的公共边界上时, 以及与之相应的逆运算: 添加边, 才使 Euler 示性数不变. 这种情况下的消去与添加边称为**标准的**.

从定理 1.1.1 的证明中可知, 任何一个地图均可变换为一个只含一个面的地图使得 Euler 示性数不变. 要想研究任何一个地图与怎样的最简单的地图, 有相同的 Euler 示性数, 只讨论单面的地图就够了.

为简便, 用面的集合表示地图. 而且设定 $x^{-1} = \alpha\beta x$. 这又导致 $(\alpha x)^{-1} = \beta x$. 总之, 可视 $x = \alpha x$ 和由此又有 $\beta x = \alpha\beta x$.

对于不定向的地图, 由上面的使 Euler 示性数保持不变的运算, 可得下面的二性质.

**可定向 1**　若单面地图有形式 $M = (R x x^{-1} Q)$, $R, Q \neq \varnothing$, 则

$$\mathrm{Eul}(M) = \mathrm{Eul}(RQ).$$

**可定向 2**　若单面地图有形式 $M = (P x Q y R x^{-1} S y^{-1} T)$, 则

$$\mathrm{Eul}(M) \ = \ \mathrm{Eul}(PSRQTxyx^{-1}y^{-1}).$$

对于不可定向地图, 可导出如下两性质.

**否定向 1**　若单面地图有形式 $M = (PxQxR)$, 则

$$\mathrm{Eul}(M) \ = \ \mathrm{Eul}(PQ^{-1}Rxx).$$

**否定向 2**　若单面地图有形式 $M = (Axxyzy^{-1}z^{-1})$, 则

$$\mathrm{Eul}(M) \ = \ \mathrm{Eul}(Ax_1x_1x_2x_2x_3x_3).$$

**定理 1.1.2**　若地图 $M = (\mathcal{X}, \mathcal{P})$ 是可定向的, 则有 $\mathrm{Eul}(M) = 0 (\mathrm{mod}\ 2)$. 而且, $M$ 在亏格为 $p$ 的曲面上当, 且仅当, $\mathrm{Eul}(M) = 2 - 2p$. 其中, $\mathrm{Eul}(M)$ 为 $M$ 的 Euler 示性数, 由 (1.1.2) 式所示.

**证**　由可定向性, 依公理 3 可知, 对每边 $e_x = Kx$, $x$ 与 $\alpha\beta x$ 必同在群 $\Psi_I$, $I = \{\alpha\beta, \mathcal{P}\}$, 在 $\mathcal{X}$ 上的一个轨道中. 而 $\alpha x$ 和 $\beta x$, 同在另一条轨道中. 又, $\{x, \alpha\beta x\} = \{x, x^{-1}\} = \{\alpha x, \beta x\}$. 利用性质可定向 1 和可定向 2, 到不能继续时, 只能或者 $\mathrm{Eul}(M) = \mathrm{Eul}(O_0)$, $O_0 = (xx^{-1})$, 或者存在 $p > 0$ 使得 $\mathrm{Eul}(M) = \mathrm{Eul}(O_p)$. 其中,

$$O_p = \Big( \prod_{i=1}^{p} x_i y_i x_i^{-1} y_i^{-1} \Big).$$

通过计算 $O_0$ 和 $O_p$ 的节点数、边数和面数, 即可得到第一个结论. 第二个结论, 直接由曲面的分类可得.　　　　　　　　　　　　　　　　　　　　　　　　　　　♮

**定理 1.1.3**　对于不可定向地图 $M = (\mathcal{X}, \mathcal{P})$, $M$ 在亏格为 $q$ 的不可定向曲面上, 当且仅当, 有 $\mathrm{Eul}(M) = 2 - q$. 其中, $q > 0$.

**证**　由不可定向性, 依公理 3 可知, $\Psi_I$, $I = \{\alpha\beta, \mathcal{P}\}$, 在 $\mathcal{X}$ 上只有一个轨道. 从而, 存在 $x \in \mathcal{X}$ 使 $x$ 和 $\alpha x$ 在 $\mathcal{P}\alpha\beta$ 的同一轨道上. 也就是说, $x$ 在这个面上出现两次, 而 $x^{-1}$ 不出现. 利用性质否定向 1 和否定向 2, 直到不能继续, 必存在一个整数 $q > 0$ 使得 $\mathrm{Eul}(M) = \mathrm{Eul}(N_q)$, 其中,

$$N_q = \Big( \prod_{i=1}^{q} x_i x_i \Big).$$

通过计算 $N_q$ 的节点数, 边数与面数, 再根据曲面的分类即可得定理.　　　　　　　♮

上面的地图 $O_p$, $p \geqslant 0$, 和 $N_q$, $q \geqslant 1$, 统称为标准地图. 若 $\mathrm{Eul}(M) = 2$, 即 $p(M) = 0$ 则 $M$ 被称为平面的. 对 $p(M) = 1$, $q(M) + 1$ 或 2, 分别称 $M$ 为在环面上的, 在射影平面上的或在 Klein 瓶上的.

两地图 $M_1 = (\mathcal{X}_{\alpha,\beta}(X_1), \mathcal{P}_1)$ 和 $M_2 = (\mathcal{X}_{\alpha,\beta}(X_2), \mathcal{P}_2)$, 若存在一个双射 $\tau: \mathcal{X}_{\alpha,\beta}(X_1) \longrightarrow \mathcal{X}_{\alpha,\beta}(X_2)$ 使得形式

$$\begin{array}{ccc}
\mathcal{X}_{\alpha,\beta}(X_1) & \xrightarrow{\quad \tau \quad} & \mathcal{X}_{\alpha,\beta}(X_2) \\
\gamma_1 \downarrow & & \downarrow \gamma_2 \\
\mathcal{X}_{\alpha,\beta}(X_1) & \xrightarrow{\quad \tau \quad} & \mathcal{X}_{\alpha,\beta}(X_2)
\end{array} \tag{1.1.6}$$

对 $\gamma_1 = \gamma_2 = \alpha$, $\gamma_1 = \gamma_2 = \beta$ 和 $\gamma_1 = \mathcal{P}_1$ 与 $\gamma_2 = \mathcal{P}_2$ 是可交换的, 则称 $M_1$ 和 $M_2$ 是同构的. 这个双射 $\tau$ 被称为它们之间的一个同构.

若 $M_1 = M_2 = M$, 它们之间的同构被称为 $M$ 的自同构. 可以验证, 一个地图 $M$ 上的所有自同构形成一个群, 并称之为自同构群, 用 $\mathrm{Aut}(M)$ 表示. 它的阶记为 $\mathrm{aut}(M) = |\mathrm{Aut}(M)|$.

若将地图 $M = (\mathcal{X}, \mathcal{P})$ 的基本集中的一个元素选定, 并给以特别的标记, 则称 $M$ 是带根的. 那个有标记的元素被称为根. 常记为 $r = r(M)$. 与根关联的节点, 边和面分别称为根点, 根边和根面. 两个带根地图 $M_1$ 和 $M_2$, 当存在一个同构使得它们的根相对应时, 才称它们是同构的.

**定理 1.1.4** 任何带根地图的自同构群均为平凡的.

**证** 令 $\tau$ 为地图 $M$ 的一个自同构, $r$ 为它的根. 因为 $\tau(r) = r$, 由 (1.1.6) 式有 $\tau(\alpha r) = \alpha r$, $\tau(\beta r) = \beta r$ 和 $\tau(\mathcal{P}r) = \mathcal{P}r$. 从而, 对任何 $\psi \in \Psi_J$, $J = \{\alpha, \beta, \mathcal{P}\}$, 有 $\tau(\psi r) = \psi r$. 由公理 2, 即得. ◻

在此基础上, 还有

**定理 1.1.5** 令 $\nu_i$ 和 $\phi_i$ 分别为地图 $M$ 上次为 $i$ 的节点数和面数, $i \geqslant 1$. 则

$$\mathrm{aut}(M) \ \Big| \ (2i\nu_i, \ 2j\phi_j \mid \forall i, \ i \geqslant 1, \ \forall j, \ j \geqslant 1). \tag{1.1.7}$$

其中, $(2i\nu_i, \ 2j\phi_j \mid \forall i, \ i \geqslant 1, \ \forall j, \ j \geqslant 1)$ 为括号中所有数的最大公约数.

**证** 由 (1.1.6) 式, 对 $M$ 上的一个自同构 $\tau$, 若 $x \in \mathcal{X}$ 与一个次为 $i$ 的节点和一个次为 $j$ 的面关联, 则 $\tau(x)$ 也有这一性质. 这就可以按如下规则 $x \sim_{\mathrm{Aut}} y \Longleftrightarrow \exists \tau \in \mathrm{Aut}(M)$, $x = \tau y$, 将与次为 $i$ 的节点关联的基本集中的元素分类. 由定理 1.1.4 可知, 所有的类都具有相同的元素数, 即群 $\mathrm{Aut}(M)$ 的阶. 由于与次为 $i$ 的节点关联的元素数目为 $2i\nu_i$, 有 $\mathrm{aut}(M)|2i\nu_i$. 相仿地可知, $\mathrm{aut}(M)|2j\phi_j$. 由选择 $i$, $i \geqslant 1$ 和 $j$, $j \geqslant 1$, 的任意性, 即得定理. ◻

由这个定理, 即可知

$$\mathrm{aut}(M) \ \leqslant \ (2i\nu_i, \ 2j\phi_j \mid \forall i, \ i \geqslant 1, \ \forall j, \ j \geqslant 1). \tag{1.1.8}$$

从关系 $4\epsilon = 2\sum_{i=1}^{\nu} i\nu_i = 2\sum_{j=1}^{\phi} j\phi_j$, 以及由此知

$$(2i\nu_i, \ 2j\phi_j \mid \forall i, \ i \geqslant 1, \ \forall j, \ j \geqslant 1) \ \Big| \ 4\epsilon, \tag{1.1.9}$$

定理 1.1.5 就意味

$$\mathrm{aut}(M) \mid 4\epsilon, \ 从而, \ \mathrm{aut}(M) \leqslant 4\epsilon. \tag{1.1.10}$$

由定理 1.1.4, 可以计数带根地图而不必考虑对称性. 同时, 定理 1.1.5 为数不带根的地图考虑对称性带来好处. 事实上, 它已经启示, 求一个地图的自同构群可以有效地通过算法实现.

## §1.2　地图多项式

在 (1.1.4) 式和 (1.1.5) 式所给出的运算的基础上, 可以在地图 $M$ 上建立多项式. 这里, 只讨论那些与色多项式和范色多项式有关的. 鉴于一般性, 将 $M$ 上的每边 $e$ 分配一个权 $w(e)=0$ 或 1. 或者说, 是二分的. 这里, 只讨论平面地图.

一个地图 $M$, 令 $V$ 和 $E$ 分别为它的节点集与边集. 用如下递归方式定义一个地图函数 $\Phi(M)$. 对于 $e \in E$,

$$\Phi(M) = \begin{cases} A(e)\Phi(M-e) + B(e)\Phi(M \bullet e), \\ \qquad 当 e \in E \text{ 既非环也非割边}; \\ (X+Yz)^{\bar{w}(e)}(Xz+Y)^{w(e)}\Phi(M-e), \\ \qquad 当 e \text{ 为环}; \\ (X+Yz)^{w(e)}(Xz+Y)^{\bar{w}(e)}\Phi(M \bullet e), \\ \qquad 当 e \text{ 为割边}. \end{cases} \tag{1.2.1}$$

其中,

$$A(e) = \bar{w}(e)X + w(e)Y; \quad B(e) = w(e)X + \bar{w}(e)Y \tag{1.2.2}$$

并且, 满足如下两条件.

**条件 1**　若 $M$ 为节点地图, 则

$$\Phi(M) = 1. \tag{1.2.3}$$

**条件 2**　若 $M = M_1 + M_2$, 即 $M_1$ 与 $M_2$ 无公共节点的并, 则

$$\Phi(M) = z\Phi(M_1)\Phi(M_2). \tag{1.2.4}$$

令 $k_i = k_i(M)$ 与 $l_i = l_i(M)$ 分别为带权 $i, i=0,1$ 的割边与环的数目.

**定理 1.2.1**　若在地图 $M$ 的基准图中每一条边不是环就是割边, 则

$$\Phi(M) = (X+Yz)^{k_1+l_0}(Xz+Y)^{k_0+l_1}. \tag{1.2.5}$$

证 当 $M$ 仅含一条边 $e$, 它非环即割边时, 易验证 (1.2.5) 式成立. 一般地, 若 $e$ 为环, 则由 (1.2.1) 式知

$$\Phi(M) = (X + Yz)^{\bar{w}(e)}(Xz + Y)^{w(e)}\Phi(M - e).$$

由归纳法, 即得 (1.2.5) 式. 相仿地, 可证 $e$ 为割边的情形. ♮

事实上, 进而有

**定理 1.2.2** 对任何地图 $M$, 函数 $\Phi(M) = \Phi(M; X, Y, z)$ 总是以 $X, Y$ 和 $z$ 为未定元的多项式.

证 由 (1.2.1)~(1.2.4) 式可知, 存在地图 $M_1, M_2, \cdots, M_s$, $s > 0$, 使得

$$\Phi(M) = \sum_{i=1}^{s} C_i \Phi(M_i).$$

其中, $M_i$, $0 \leqslant i \leqslant s$ 的所有边非自环即割边和 $C_i$, $0 \leqslant i \leqslant s$, 全为 $X, Y$ 和 $z$ 的多项式. 从而由定理 1.2.1, 即得欲证. ♮

若 $M_1$ 与 $M_2$ 互为对偶, 则下面定理表明它们多项式 $\Phi(M_1)$ 和 $\Phi(M_2)$ 有同样的形式.

**定理 1.2.3** 若记 $M^*$ 为地图 $M$ 的对偶, 则有

$$\Phi(M; X, Y, z) = \Phi(M^*; Y, X, z). \tag{1.2.6}$$

其中, $\Phi$ 为由 (1.2.1) 式给出的多项式.

证 由边的消去与收缩的对偶性, (1.2.1) 式和 (1.2.2) 式表明

$$\Phi(M^*; Y, X, z), \ 即 \ \Phi(M; X, Y, z).$$

从而, 有定理之结论. ♮

若两个地图是同构的且使得相应的边的权相同, 则称它们是等价的. 地图的组合不变量就是地图的这样一个函数使得等价的地图有相同的函数值.

**定理 1.2.4** 函数 $\Phi$ 是地图的一个组合不变量.

证 首先, 若地图 $M$ 中所有边非环即割边, 则由定理 1.2.1 可知 $\Phi(M)$ 是确定的. 这就只要考虑在地图中有边既非环又非割边之情形. 对既非环又非割边的边数用归纳法, 当 $M$ 中只有一条边既非环又非割边时, 由 (1.2.1) 式, 易验证 $\Phi(M)$ 也是确定的. 从而, 可以设 $M$ 中有 $e_1$ 和 $e_2$ 均为既非环有非割边的边. 记

$$\Psi_M(e) = A(e)\Phi(M - e) + B(e)\Phi(M \bullet e), \ e = e_1 \ 或 \ e_2.$$

只要能证明 $I_M(e_1, e_2) = \Psi_M(e_1) - \Psi_M(e_2) = 0$, 则从归纳假设给出的 $\Phi(M - e)$, $\Phi(M \bullet e)$, $e = e_1, e_2$ 的确定性, 由 (1.2.1) 式即导出 $\Phi(M)$ 的确定性. 下面, 往证

$I_M(e_1, e_2) - 0$. 由于

$$(M - e_1) \bullet e_2 = (M \bullet e_2) - e_1;$$
$$(M - e_2) \bullet e_1 = (M \bullet e_1) - e_2,$$

故有

$$\begin{aligned}
\Psi_M(e_1) &= A(e_1)\Psi_{M-e_1}(e_2) + B(e_1)\Psi_{M\bullet e_1}(e_2) \\
&= A(e_2)\Psi_{M-e_2}(e_1) + B(e_2)\Psi_{M\bullet e_2}(e_1) \\
&= \Psi_M(e_2),
\end{aligned}$$

即得 $I_M(e_1, e_2) = 0$.

若限定地图是平面的, 则已证明 [Liu58]~[Liu59] 这个多项式是拓扑学中的两类扭结多项式, Jones 多项式 [Jon1] 和 Kauffman 多项式 [Kau1] 的推广.

为简便, 下面只讨论在递归关系 (1.2.1) 式中, 系数 $A(e)$ 和 $B(e)$ 为常数, 特别地, $A(e)$ 和 $B(e)$ 只取 1 或 $-1$ 之情形.

一个地图 $M$ 的范色多项式, 记为 $Q(M)$, 由如下的递归形式所确定:

$$Q(M) = \begin{cases}
Q(M - e) + Q(M \bullet e), \\
\qquad \text{当 } e \text{ 既非环又非割边}; \\
(1 + \nu)Q(M - e), \text{ 当 } e \text{ 为环}; \\
(1 + \mu)Q(M \bullet e) \text{ 当 } e \text{ 为割边};
\end{cases} \tag{1.2.7}$$

且满足条件

**Q1.** 若 $M$ 为节点地图, 则

$$Q(M) = \mu. \tag{1.2.8}$$

**Q2.** 若 $M = M_1 \cup M_2$ 且 $M_1 \cap M_2 = v$, 即只一个节点 $v$ 的集合, 则

$$Q(M) = \mu^{-1}Q(M_1)Q(M_2). \tag{1.2.9}$$

因为 (1.2.7) 式为 (1.2.1) 式当 $A(e) = B(e) = 1$ 的情形, 由定理 1.2.2 可知, $Q(M)$ 为以 $\mu$ 和 $\nu$ 为未定元的多项式.

**定理 1.2.5**  对于地图 $M$, 其范色多项式有如下的形式:

$$Q(M) = \sum_S \mu^{p_0(S)} \nu^{p_1(S)}. \tag{1.2.10}$$

其中, $S$ 取遍 $G(M)$ 的支撑子图, $p_0(S)$ 和 $p_1(S)$ 分别为 $S$ 的连通片数与圈秩 (或者说, 基本圈的数目).

证 因为节点地图 $\vartheta$ 只有一个支撑子图, 即它本身, 且 $p_0(\vartheta) = 1$ 和 $p_1(\vartheta) = 0$, 从 (1.2.10) 式即得条件 Q1. 相仿地, 也可检验从 (1.2.10) 式得到条件 Q2.

然后, 证明由 (1.2.10) 式确定的多项式满足关系 (1.2.7) 式.

当 $e$ 既非环又非割边时, $G(M)$ 所有支撑子图可以分为两类: 包含 $e$ 与不包含 $e$. 且它们分别 1–1 对应 $M \bullet e$ 和 $M - e$ 中的支撑子图. 由于

$$p_0(S) = p_0(S; M - e), \; p_1(S) = p_1(S; M - e), \; 当 e \notin S;$$
$$p_0(S) = p_0(S; M \bullet e), \; p_1(S) = p_1(S; M \bullet e), \; 当 e \in S,$$

即可看出从 (1.2.10) 式导致 (1.2.7) 式.

当 $e$ 为环时, 对 $G(M)$ 的任何支撑子图 $S$, 均有

$$p_0(S) = p_0(S; M - e), \; p_1(S) = p_1(S; M - e), \; 当 e \notin S;$$
$$p_0(S) = p_0(S; M - e), \; p_1(S) = p_1(S; M - e) + 1, \; 当 e \in S,$$

又使得 (1.2.10) 式导致 (1.2.7) 式.

当 $e$ 为割边时, 对于任何 $S$, 均有

$$p_0(S) = p_0(S; M \bullet e) + 1, \; p_1(S) = p_1(S; M \bullet e), \; 当 e \notin S;$$
$$p_0(S) = p_0(S; M \bullet e), \; p_1(S) = p_1(S; M \bullet e), \; 当 e \in S,$$

同样, 使得 (1.2.10) 式导致 (1.2.7) 式.

从而, 由定理 1.2.4, (1.2.10) 式给出的就是范色多项式.

由 (1.2.9) 式可以看出, 在 $Q(M)$ 中的两个未定元 $\mu$ 和 $\nu$ 是不对称的. 然而, 若引进

$$\chi(M; x, y) \;=\; \mu^{-1} Q(M; \mu, \nu), \tag{1.2.11}$$

其中, $x = \mu + 1$ 和 $y = \nu + 1$, 则在 $\chi(M; x, y)$ 中的 $x$ 与 $y$ 就是对称的了.

事实上, 由 (1.2.7)~(1.2.9) 式可导出 $\chi$ 满足递归关系:

$$\chi(M) = \begin{cases} \chi(M - e) + \chi(M \bullet e), \\ \quad 当 e 既非环又非割边; \\ x\chi(M \bullet e), \; 当 e 为割边; \\ y\chi(M - e), \; 当 e 为环 \end{cases} \tag{1.2.12}$$

同时满足如下两条件:

$\chi$1. 当 $M = \vartheta$, 即节点地图, 则 $\chi(M) = 1$.

$\chi$2. 当 $M = M_1 \cup M_2$ 且 $M_1 \cap M_2 \in V$, 即一个节点, 则

$$\chi(M) = \chi(M_1)\chi(M_2).$$

多项式 $\chi$ 被称为色范式. 在文献中, 常称为Tutte 多项式.

假若将地图 $M$ 上的边依次标记为 $e_1, e_2, \cdots, e_\epsilon$, 令 $T$ 为 $M$ 上一个支撑树. 如果 $T$ 上的一边 $e_i$, 即树边, 具有这样的性质: 在 $\bar{T}+e_i$ 中的那个基本圈上所有上树边的足标均不超过 $i$, 则 $e_i$ 被称为内活动的. 另一方面, 如果一个上树边 $e_j$ 具有性质: 在 $T + e_j$ 中的那个基本圈上所有树边的足标均不超过 $j$, 则称 $e_j$ 为外活动的. 已被证明, 具有给定的内活动边数 $\mathrm{int}(T)$ 和外活动边数 $\mathrm{ext}(T)$ 的支撑树 $T$ 的数目与如何标记边的方式无关.

**定理 1.2.6**(Tutte, 1954)    一个地图 $M$ 的色范式 $\chi(M)$ 具有如下形式:

$$\chi(M) = \sum_{\substack{0 \leqslant i \leqslant \epsilon \\ 0 \leqslant j \leqslant \epsilon}} \tau(M; i, j) x^i y^j, \tag{1.2.13}$$

其中, $\tau(M; i, j)$ 为 $M$ 中 $\mathrm{int}(T) = i$ 和 $\mathrm{ext}(T) = j$ 的支撑树的树目, $1 \leqslant i, j \leqslant \epsilon$.

**证**    这里只讨论边 $e$ 既非环又非割边之情形. 其他情形均可相仿地导出. 令 $T \in \mathcal{T}(M; i, j)$ 为 $M$ 上的一个支撑树, 且它的内活动数 $\mathrm{int}(T) = i$ 和外活动数 $\mathrm{ext}(T) = j$. 对边 $e$, $\mathcal{T}(M; i, j)$ 中的支撑树可分两类: 或者 $e$ 为内活动边; 或者 $e$ 为外活动边. 若前者, 则在 $M - e$ 中恰有一个 $T_1 = T(M - e; i, j) = T - e + e_l$ 与之相应. 其中, $l = \max\{s | e_s \in C_e^*\}$ 和 $C^*$ 为 $\bar{T} + e$ 中的那个基本圈. 而且, 虽然 $T \bullet e$ 是 $M \bullet e$ 中的支撑树, 但不是 $T(M \bullet e : i, j)$. 若后者, 则虽然 $T - e$ 是 $M - e$ 的支撑树, 但不是 $T(M - e; i, j)$. 这时, 只有 $T \bullet e - e_t$ 为 $T(M \bullet e; i, j)$, 与 $T$ 对应. 其中, $t = \max\{s | e_s \in C_e - e\}$ 和 $C_e$ 为 $T + e$ 中的那个基本圈. 从而, 有 $\tau(M; i, j) = \tau(M - e; i, j) + \tau(M \bullet e; i, j)$. 这就导致 (1.2.13) 式给出的 $\chi(M)$ 满足 (1.2.12) 式, 由定理 1.2.4, 即得 (1.2.13) 式中的 $\chi(M)$ 就是色范式.

一个地图 $M$ 的色多项式, 用 $P(M)$ 表示, 可用如下的递归关系所确定:

$$P(M) = \begin{cases} P(M - e) - P(M \bullet e), \\ \qquad \text{当} e \text{既非割边又非环}; \\ (1 - \lambda^{-1}) P(M - e), \text{当} e \text{为割边}; \\ 0, \text{当} e \text{为环}, \end{cases} \tag{1.2.14}$$

并且满足条件

**P1.** $P(M) = \lambda$, 当 $M$ 为节点地图.

**P2.** 若 $M = M_1 + M_2$, 即 $M_1 \cup M_2$ 使得 $M_1 \cap M_2 = \varnothing$, 则

$$P(M) = P(M_1) P(M_2).$$

注意, 在 P2 中, $M$ 不再是地图. 但, $M_1$ 和 $M_2$ 均为地图.

**定理 1.2.7**(Whitney, 1932)　地图 $M$ 的色多项式 $P(M; \lambda)$ 有如下的表示式:

$$P(M; \lambda) = \sum_{S} (-1)^{\alpha_1(S)} \lambda^{p_0(S)}. \tag{1.2.15}$$

其中, $S$ 取遍 $M$ 的所有支撑子图, $\alpha_1(S)$ 和 $\alpha_2(S)$ 分别为 $S$ 的边数与连通片数.

证　首先, 对于环地图 $L(L_1$ 或 $L_2$ 如 §1.1 中所述), 由 (1.2.15) 式可知 $P(L) = \lambda + (-1)^1 \lambda$. 与 (1.2.14) 式一致. 当然, 若 $M$ 为节点地图时, (1.2.15) 式给出 $P(M) = \lambda$. 这就是条件 P1. 若 $M = M_1 + M_2$, $M_1$ 和 $M_2$ 为地图, 有 $G(M)$ 的任一支撑子图 $S = S_1 + S_2$ 使得 $S_1$ 和 $S_2$ 分别为 $G(M_1)$ 和 $G(M_2)$ 的支撑子图, 且这种表示是唯一的. 从 $\alpha_1(S) = \alpha_1(S_1) + \alpha_1(S_2)$ 和 $p_0(S) = p_0(S_1) + p_0(S_2)$, 以及 (1.2.15) 式, 可得

$$P(M) = \sum_{S_1} (-1)^{\alpha_1(S_1)} \lambda^{p_0(S_1)} \sum_{S_2} (-1)^{\alpha_1(S_2)} \lambda^{p_0(S_2)}$$

$$= P(M_1) P(M_2).$$

这就是 (1.2.14) 式的条件 P2.

相仿地可知, 若地图 $M = M_1 \cup M_2$ 使得 $M_1 \cap M_2 = v$, 即一个节点, 则有

$$P(M) = \frac{1}{\lambda} P(M_1) P(M_2).$$

由此, 以及 $P(L) = 0$, 当 $L$ 为环地图时, 可得任何地图 $M$ 只要有环, 则必有 $P(M) = 0$.

若边 $e$ 非环, 但是割边, 由于这时所有支撑子图可分为两类: 含 $e$ 与不含 $e$. 前者组成了 $M \bullet e$ 的所有支撑子图和后者组成 $M - e$ 的所有支撑子图. 但注意到对前者的任意子图 $S$, 均有 $S - e$ 为 $M - e$ 中之子图. 并且给出了与 $M - e$ 中支撑子图的 1–1对应. 然而这时, $\alpha_1(S) = \alpha_1(S - e) + 1$; $p_0(S) = p_0(S - e) - 1$. 则由 (1.2.15) 式, 有

$$P(M) = (-1)\lambda^{-1} P(M - e) + P(M - e)$$

$$= (1 - \lambda) P(M - e).$$

若 $e$ 既非环又非割边, 同样将 $M$ 中的支撑子图分两类: 含 $e$ 与不含 $e$ 的. 对前者, $S_1$ 与 $S_1 \bullet e$ 给出了与 $M \bullet e$ 中支撑子图的 1–1 对应. 但这时, $\alpha_1(S_1) = \alpha_1(S_1 \bullet e) + 1$ 和 $p_0(S_1) = p_0(S_1 \bullet e)$. 对后者, $S_2$ 与 $S_2 - e$ 给出了与 $M - e$ 中支撑子图的 1–1对应. 并且, $\alpha_1(S_2) = \alpha_1(S_2 - e)$, $p_0(S_2) = p_0(S_2 - e)$. 从而, 由 (1.2.15) 式有

$$P(M) = (-1)P(M \bullet e) + P(M - e)$$

$$= P(M - e) - P(M \bullet e).$$

综上所述, 由 (1.2.14) 式可见, (1.2.15) 式给出的 $P(M)$ 就是地图 $M$ 的色多项式.

一个地图 $M$ 的流多项式, 用 $F(M)$ 表示, 由如下的递归关系确定:

$$F(M) = \begin{cases} -F(M-e) + F(M \bullet e), \\ \qquad \text{当} e \text{既非环又非割边}; \\ (\lambda - 1)F(M \bullet e), \text{当} e \text{为环}; \\ 0, \text{当} e \text{为割边}, \end{cases} \tag{1.2.16}$$

且满足条件

**F1.** 若 $M$ 为节点地图, 则 $F(M) = 1$.

**F2.** 若 $M = M_1 \cup M_2$ 使得 $M_1 \cap M_2$ 至多有一个节点但无边, 则 $F(M) = F(M_1)F(M_2)$.

**定理 1.2.8**    地图 $M$ 的流多项式有如下的形式:

$$F(M; \lambda) = (-1)^{\alpha_1(M)} \sum_S (-1)^{\alpha_1(S)} \lambda^{p_1(S)}. \tag{1.2.17}$$

其中 $S$ 取遍 $M$ 的所有支撑子图, $\alpha_1$ 和 $p_1$ 分别表示边数与圈秩.

**证**    首先, 看杆地图 $L_0$. 由 (1.2.17) 式, 有

$$F(L_0; \lambda) = (-1)^1 \left(1 + (-1)^1\right) = 0.$$

对于节点地图 $\vartheta$, 从 (1.2.17) 式, 可以验证, 有 $F(\vartheta) = 0$. 这就是 (1.2.17) 式的条件 F1.

若 $M = M_1 + M_2$ 使得 $M_1 \cap M_2$ 至多有一个节点, 但无边, 则由于 $G(M)$ 的任何一个支撑子图 $S$ 均有形式 $S = S_1 \cup S_2$ 使得 $S_1 = M_1 \cap S$ 和 $S_2 = M_2 \cap S$, 且 $\alpha_1(M) = \alpha_1(M_1) + \alpha_1(M_2)$, $\alpha_1(S) = \alpha_1(S_1) + \alpha_1(S_2)$ 和 $p_1(S) = p_1(S_1) + p_1(S_2)$, 从 (1.2.17) 式, 可得 $F(M) = F(M_1)F(M_2)$. 这就是 (1.2.16) 式的条件 F2.

由第一个结论以及最后一个结论, 对任何有割边的地图, 由 (1.2.17) 式均导致 $F(M) = 0$.

若 $e$ 非割边但是环, 将 $M$ 的子图分为两类: 含 $e$ 与不含 $e$. 设 $S_1$ 为前者, 则 $S_1 \bullet e$ 恰为相应 $M \bullet e$ 中之子图. 然而这时, 有 $\alpha_1(S_1) = \alpha_1(S_1 \bullet e) + 1$, $p_1(S_1) = p_1(S_1 \bullet e) + 1$. 再考虑 $\alpha_1(M) = \alpha_1(M \bullet e) + 1$. 由 (1.2.17) 式, 此情形在 $F(M)$ 中贡献为 $(-1)(-1)\lambda F(M \bullet e)$. 设 $S_2$ 为后者, $S_2$ 本身就是 $M \bullet e$ 中之子图. 从而, $\alpha_1(S_2)$ 和 $p_1(S_2)$ 不变. 考虑到 $\alpha_1(M) = \alpha_1(M \bullet e)$, 由 (1.2.17) 式此情形对 $F(M)$ 的贡献为 $(-1)F(M \bullet e)$. 综上二项, 就有 $F(M) = (\lambda - 1)F(M \bullet e)$. 故, 由 (1.2.17) 式给出的 $F(M)$ 满足关系 (1.2.16) 式.

若 $e$ 既非割边又非环, 仍取 $S_1$ 和 $S_2$ 分别为 $G(M)$ 的含 $e$ 和不含 $e$ 的子图. 由于这时

$$\alpha_1(M) = \alpha(M - e) + 1 = \alpha_1(M \bullet e) + 1;$$

$$\alpha_1(S_1) = \alpha_1(S_1 - e),\ p_1(S_1) = p_1(S_1 - e);$$

$$\alpha_1(S_2) = \alpha_1(S_2 \bullet e) + 1,\ p_1(S_2) = p_1(S_2 \bullet e),$$

即得 (1.2.17) 式的 $F(M) = F(M \bullet e) - F(M - e)$. 这就是 (1.2.16) 式. 由定理 1.2.4, 即可得定理. ♭

## §1.3 计 数 函 数

给定一个地图的集合 $\mathcal{M}$, 令 $N = \{n_i | i \geqslant 1\}$ 为地图上的一些组合不变量的集合. 即若二地图 $M_1$ 和 $M_2$ 同构, 则 $n_i(M_1) = n_i(M_2), i \geqslant 1$. 引进函数

$$g_{\mathcal{M}}(\underline{y}) = \sum_{M \in \mathcal{M}} \underline{y}^{\underline{n}(M)}, \tag{1.3.1}$$

并称之为地图集 $\mathcal{M}$ 对不变量集 $N = \{n_i | i \geqslant 1\}$ 的计数函数. 其中, $\underline{y} = (y_1, y_2, \cdots)$, $\underline{n}(M) = (n_1(M), n_2(M), \cdots)$ 和

$$\underline{y}^{\underline{n}(M)} = \prod_{i \geqslant 1} y_i^{n_i(M)}. \tag{1.3.2}$$

因为它可以表示为

$$g_{\mathcal{M}}(\underline{y}) = \sum_{\underline{n} \geqslant 0} \left( \sum_{\substack{\underline{n}(M)=\underline{n} \\ M \in \mathcal{M}}} 1 \right) \underline{y}^{\underline{n}} = \sum_{\underline{n} \geqslant 0} A_{\mathcal{M}}(\underline{n}) \underline{y}^{\underline{n}}, \tag{1.3.3}$$

其中 $A_{\mathcal{M}}(\underline{n})$ 为使得 $\underline{n}(M) = \underline{n}(\geqslant 0)$ 的 $\mathcal{M}$ 中不同构的地图 $M$ 的数目.

若两个地图的集合 $\mathcal{M}_1$ 和 $\mathcal{M}_2$ 无公共元, 则它们的计数函数之和为

$$(g_{\mathcal{M}_1} + g_{\mathcal{M}_2})(\underline{y}) = \sum_{\underline{n} \geqslant 0} (A_{\mathcal{M}_1} + A_{\mathcal{M}_2})(\underline{n}) \underline{y}^{\underline{n}}, \tag{1.3.4}$$

其中

$$(A_{\mathcal{M}_1} + A_{\mathcal{M}_2})(\underline{n}) = A_{\mathcal{M}_1}(\underline{n}) + A_{\mathcal{M}_2}(\underline{n}). \tag{1.3.5}$$

**定理 1.3.1** 对任何二地图集 $\mathcal{M}_1$ 和 $\mathcal{M}_2$, 有

$$g_{\mathcal{M}}(\underline{y}) = (g_{\mathcal{M}_1} + g_{\mathcal{M}_2} - g_{\mathcal{N}})(\underline{y}), \tag{1.3.6}$$

其中 $\mathcal{M} = \mathcal{M}_1 \cup \mathcal{M}_2$ 和 $\mathcal{N} = \mathcal{M}_1 \cap \mathcal{M}_2$.

**证**  因为对任何给定的 $\underline{n} \geqslant \underline{0}$, 易验证有 $A_{\mathcal{M}} = (A_{\mathcal{M}_1} + A_{\mathcal{M}_2} - A_{\mathcal{N}})(\underline{n})$. 根据 (1.3.1) 式, 即得定理.                                                                ♮

二地图集 $\mathcal{M}_1$ 和 $\mathcal{M}_2$ 的**笛氏积** 定义为

$$\mathcal{M}_1 \times \mathcal{M}_2 = \{(M_1, M_2) | \forall M_1 \in \mathcal{M}_1, M_2 \in \mathcal{M}_2\}. \tag{1.3.7}$$

其中规定 $(M_1, M_2) = (M_2, M_1)$.

一个地图的集合 $\mathcal{M}$, 若存在一个双射 $\tau : \mathcal{M} \longrightarrow \mathcal{M}_1 \times \mathcal{M}_2$, 则称 $\mathcal{M}$ 为 $\mathcal{M}_1$ 和 $\mathcal{M}_2$ 的**合成**.

两个计数函数 $g_{\mathcal{M}_1}(\underline{y})$ 和 $g_{\mathcal{M}_2}(\underline{y})$ 的乘积, 记为 $g_{\mathcal{M}_1 \times \mathcal{M}_2}(\underline{y})$, 指 $\mathcal{M}_1$ 与 $\mathcal{M}_2$ 的合成之计数函数, 即

$$g_{\mathcal{M}}(\underline{y}) = \sum_{\underline{n} \geqslant 0} A_{\mathcal{M}}(\underline{n}) \underline{y}^{\underline{n}}. \tag{1.3.8}$$

其中

$$A_{\mathcal{M}}(\underline{n}) = \sum_{\substack{\underline{n}_1 + \underline{n}_2 = \underline{n} \\ \underline{n}_1, \underline{n}_2 \geqslant \underline{0}}} A_{\mathcal{M}_1}(\underline{n}_1) A_{\mathcal{M}_2}(\underline{n}_2). \tag{1.3.9}$$

**定理 1.3.2**   对于一个地图集 $\mathcal{M}$, $g_{\mathcal{M}}(\underline{y}) = g_{\mathcal{M}_1} g_{\mathcal{M}_2}(\underline{y})$, 当且仅当, $\mathcal{M}$ 是 $\mathcal{M}_1$ 与 $\mathcal{M}_2$ 的合成.

**证**  由于可以验证 (1.3.9) 式成立, 当且仅当, $\mathcal{M}$ 为 $\mathcal{M}_1$ 与 $\mathcal{M}_2$ 之合成, 定理即被导出.                                                                ♮

将微分算子定义为

$$\frac{\mathrm{d}}{\mathrm{d}\underline{y}} = \prod_{i \geqslant 1} \frac{\partial}{\partial y_i}. \tag{1.3.10}$$

并用 $\partial_{\underline{y}}^{\underline{n}} f$ 代表 $\underline{y}$ 的级数形式函数 $f(\underline{y})$ 的 $\underline{y}^{\underline{n}}$ 项之系数.

**定理 1.3.3**   对于形如 (1.3.8) 式的计数函数 $g_{\mathcal{M}}(\underline{y})$, 有

$$\partial_{\underline{y}}^{\underline{n}} \frac{\mathrm{d}}{\mathrm{d}\underline{y}} g_{\mathcal{M}} = \underline{n}^{\underline{1}} A_{\mathcal{M}}(\underline{n} + \underline{1}), \tag{1.3.11}$$

其中 $\underline{n} \geqslant \underline{0}, \underline{1} = (1, 1, 1, \cdots)$.

**证**  因为对任何 $j \geqslant 1$,

$$\partial_{\underline{y}}^{\underline{n}} \frac{\partial}{\partial y_j} g_{\mathcal{M}} = n_j A_{\mathcal{M}}(\underline{n} + \underline{1}_j), \tag{1.3.12}$$

其中 $\underline{1}_j = (0, 0, \cdots, 0, 1_j, 0, \cdots), 1_j$ 表示在 $\underline{1}_j$ 中第 $j$ 个分量为 1, 由 (1.3.10) 式即得定理.                                                                ♮

自然, 积分算子就是微分算子之逆.

**定理 1.3.4** 对于形如 (1.3.8) 式的计数函数 $g_\mathcal{M}(\underline{y})$, 有

$$\partial_{\underline{y}}^{\underline{n}} \int g_\mathcal{M} \mathrm{d}\underline{y} = \frac{1}{\underline{n}^{\underline{1}}} A_\mathcal{M}(\underline{n} - \underline{1}), \tag{1.3.13}$$

其中 $\underline{n} \geqslant \underline{1}, \underline{1} = (1, 1, 1, \cdots)$.

**证** 与定理证明相仿地, 因为对任何 $j \geqslant 1$,

$$\partial_{\underline{y}}^{\underline{n}} \int g_\mathcal{M} \mathrm{d}y_j = \frac{1}{n_j} A_\mathcal{M}(\underline{n} - \underline{1}_j), \tag{1.3.14}$$

由积分算子的定义即得定理. ♭

**定理 1.3.5** 令 $\mathcal{S}$ 和 $\mathcal{T}$ 是地图的两个集合. 如果对任何 $T \in \mathcal{T}$ 都存在 $\lambda(T) \subseteq \mathcal{S}$ (即 $\lambda$ 为从 $\mathcal{T}$ 到 $\mathcal{S}$ 子集的一个映射) 使得满足 i) 对任何 $T \in \mathcal{T}$, 均有 $|\lambda(T)| = am(T) + b$, 其中 $m(T)$ 为同构不变量 ( 或称参数 ), $a$ 和 $b$ 为常数; ii) $\mathcal{S} = \sum_{T \in \mathcal{T}} \lambda(T)$; iii) 对任何 $S \in \lambda(T)$, $m(S) = m(Y) + c$, 其中 $c$ 为常数, 则

$$g_\mathcal{S}(x) = x^c \left( b g_\mathcal{T}(x) + ax \frac{\mathrm{d}g_\mathcal{T}}{\mathrm{d}x} \right). \tag{1.3.15}$$

**证** 因为 $\lambda$ 给出了一个从 $\mathcal{T}$ 到 $\mathcal{S}$ 的一对 $am(T) + b$ 映像. 由 i), ii) 和 iii) 可得

$$g_\mathcal{S}(x) = x^c \sum_{T \in \mathcal{T}} (am(T) + b) x^{m(T)}.$$

进而, 考虑到

$$\sum_{T \in \mathcal{T}} m(T) x^{m(T)} = x \frac{\mathrm{d}g_\mathcal{T}}{\mathrm{d}x}$$

即得 (1.3.15) 式. ♭

对于地图 $M$, 若 $n_i(M)$ 是次为 $i$ 的节点的数目, $i \geqslant 1$, 则称相应计数函数依赖节点剖分. 若 $n_i(M)$ 表示次为 $i$ 的面的数目, 则称它依赖面剖分.

为了计数地图集 $\mathcal{M}$, 首先应考虑带根的情形. 因此, 如无特别说明, 以后凡提及地图之集合, 其中之地图均指是带根的, 如 §1.1 中所示. 只要这种情形给出了计数, 对无根的情形从考察它们的自同构群即可导出.

令 $M^r$ 为带根地图集 $\mathcal{M}^r$ 中的一个地图, 其根为 $r$. 与 $r$ 关联的边 (即根边), 面 (根面) 和节点 (根节点) 分别记为 $e_r, f_r$ 和 $v_r$. 记 $s(M^r)$ 和 $n_i(M^r)$ 分别是 $M^r$ 中根节点的次和次为 $i(i \geqslant 1)$ 的非根节点的数目. 相仿地, 记 $t(M^r)$ 和 $m_j(M^r)$ 分别是 $M^r$ 根面的次和次为 $j, j \geqslant 1$ 的非根面的数目. 则, 下面的函数

$$
\begin{aligned}
g_{\mathcal{M}^r}(x_i, \underline{y}) &= \sum_{M \in \mathcal{M}^r} x^{s(M)} \underline{y}^{\underline{n}(M)}, \\
f_{\mathcal{M}^r}(x; \underline{y}) &= \sum_{M \in \mathcal{M}^r} x^{t(M)} \underline{y}^{\underline{m}(M)}
\end{aligned}
\tag{1.3.16}
$$

分别为依节点剖分, 面剖分的**带根计数函数**.

　　因为依节点或面剖分的计数函数通常十分复杂, 就不能不从研究它们的一些特殊情形入手, 下面仅举几个例子.

　　若所有 $y_i = y$, $i \geqslant 1$, 记 $\Psi_{\mathcal{M}}(x, y) = h_{\mathcal{M}}(x; y, y, \cdots)$, 则

$$\Psi_{\mathcal{M}}(x, y) = \sum_{M \in \mathcal{M}} x^{m(M)} y^{n(M)}, \tag{1.3.17}$$

其中

$$n(M) = \begin{cases} \displaystyle\sum_{i \geqslant 1} n_i(M), & \text{当 } h_{\mathcal{M}} = g_{\mathcal{M}}^r; \\ \displaystyle\sum_{i \geqslant 1} m_j(M), & \text{当 } h_{\mathcal{M}} = f_{\mathcal{M}}^r, \end{cases} \tag{1.3.18}$$

或者说, 根据 $h_{\mathcal{M}}$ 来自依节点剖分与面剖分计数函数 $n(M)$ 分别为地图 $M$ 的非根节点数与非根面数和 $m(M)$ 分别为根节点的次与根面的次.

　　若用代换 $y_i = y^i$, $i \geqslant 1$, 记 $\Phi_{\mathcal{M}}(x, y) = h_{\mathcal{M}}(x\sqrt{y}; \sqrt{y}, y, y\sqrt{y}, \cdots)$, 则

$$\Phi_{\mathcal{M}}(x, y) = \sum_{M \in \mathcal{M}} x^{m(M)} y^{l(M)}, \tag{1.3.19}$$

其中

$$l(M) = \begin{cases} \dfrac{1}{2}\Big(s(M) + \displaystyle\sum_{i \geqslant 1} in_i(M)\Big), \\ \qquad\qquad \text{当 } h_{\mathcal{M}} = g_{\mathcal{M}}^r; \\ \dfrac{1}{2}\Big(t(M) + \displaystyle\sum_{j \geqslant 1} in_j(M)\Big), \\ \qquad\qquad \text{当 } h_{\mathcal{M}} = f_{\mathcal{M}}^r. \end{cases} \tag{1.3.20}$$

不管 $h_{\mathcal{M}}$ 来自依节点剖分还是依面剖分的计数函数, $l(M)$ 均为地图 $M$ 的边数.

　　若 $y_i = y\delta_{ik}$, $\delta_{ik}$ 为 Kronecker 符号, $i \geqslant 1$, 和 $k$ 为预先给定的正整数, 记 $\Lambda_{\mathcal{M}}^{(k)}(x, y) = h_{\mathcal{M}}(x; 0, \cdots, 0, y, 0, \cdots)$, 则

$$\Lambda_{\mathcal{M}}^{(k)}(x, y) = \sum_{M \in \mathcal{M}} x^{m(M)} y^{n_k(M)}. \tag{1.3.21}$$

其中, 根据 $h_{\mathcal{M}}$ 来自 $g_{\mathcal{M}}^r$ 和 $f_{\mathcal{M}}^r$, $m(M)$ 分别为地图 $M$ 的根节点次和根面的次, $n_k(M)$ 分别为非根节点数和非根面数. 并且, 分别称这时的 $M$ 为节点和面的近 $k$-正则地图. 也就是说, 在 $M$ 中分别仅有根节点的次和根面的次可能不是 $k$.

# §1.4 梵和函数

对于给定的一个地图集合, 令 $\Phi(M; \lambda)$ 为一个由 $M \in \mathcal{M}$ 确定的以 $\lambda$ 为未定元的多项式. 定义函数

$$h_{\mathcal{M}}(\Phi; x, \underline{y}) = \sum_{M \in \mathcal{M}} \Phi(M) x^{m(M)} \underline{y}^{\underline{l}(m)}, \tag{1.4.1}$$

其中, $m(M)$ 为根节点的次, 或根面的次和 $\underline{l} = (l_1, l_2, \cdots), l_i(M)$ 是次为 $i$ 的非根节点数, 或非根面数, $i \geqslant 1$. 当然, $\{m(M), \underline{l}(M)\}$ 为地图的组合不变量的一个集合.

这里, $h_{\mathcal{M}}(\Phi) = h_{\mathcal{M}}(\Phi; x, \underline{y})$ 被称为 $\Phi$-和函数. 若 $\Phi = P(M)$, 或 $Q(M)$, 即地图的色多项式, 或范色多项式, 则它还被称为色和或范色和. 一般地, 统称为梵和, 或广和. 当 $\Phi$ 取为常数, 特别是 1, $\Phi$-和函数就变成了相应地图的计数函数.

对一个地图集上梵和的研究, 基本上限制在考虑有一个或两个未定元之情形, 特别是如 §1.3 中所提到的那些情形.

因为这些函数属于系数在整数或多项式环上的幂级数环, 而且那些在相应的环中, 有平方根的尤为重要, 这就不能不研究一个级数在同一环中有平方根之条件.

令 $\mathcal{R}$ 为一个环, 系数在 $\mathcal{R}$ 中的以 $x$ 为未定的多项式环和幂级数环分别记为 $\mathcal{R}[x]$ 和 $\mathcal{R}\{x\}$. 若有两个或更多未定元, 总假设存在结合性. 例如, $\mathcal{R}\{x\}[y]$ 为以 $y$ 为未定元的多项式环, 这些多项式的系数来自以 $x$ 为未定元的幂级数环 $\mathcal{R}\{x\}$.

设 $\mathcal{F}$ 为一个特征为 0 的域. 考虑到和式的一些基本原则, 就可以看出

$$\mathcal{F} \subset \left\langle \begin{array}{c} \mathcal{F}_1\langle x, y\rangle \\ \\ \mathcal{F}_2\langle x, y\rangle \end{array} \right\rangle \subset \mathcal{F}\{x\}\{y\}, \tag{1.4.2}$$

其中, $\mathcal{F}_1\langle x, y\rangle$ 和 $\mathcal{F}_2\langle x, y\rangle$ 分别表示以下的链:

$$\mathcal{F}[x] \subset \mathcal{F}\{x\} \subset \mathcal{F}\{x\}[y] \subset \mathcal{F}[x]\{y\};$$
$$\mathcal{F}[y] \subset \mathcal{F}\{y\} \subset \mathcal{F}\{y\}[x] \subset \mathcal{F}[y]\{x\}.$$

往下, 常简记

$$\mathcal{F}\{x\}[y] = \mathcal{F}\{x, y\}; \quad \mathcal{F}[y]\{x\} = \mathcal{F}[y, x];$$
$$\mathcal{F}\{x\}\{y\} = \mathcal{F}\{x, y\}. \tag{1.4.3}$$

对于 $f \in \mathcal{F}\{x, y\}$, 记 $f$ 中 $x^m y^n$ 的系数为

$$F_{m,n} = \partial_{(x,y)}^{(m,n)} f. \tag{1.4.4}$$

其中, $m, n \geqslant 0$.

**引理 1.4.1**　令 $h \in 1 + y\mathcal{F}\{x, y\}$. 则有

(i) $\exists h^{-1}, \sqrt{h} \in 1 + y\mathcal{F}\{x, y\}$;

(ii) $h^{-1}$ 和 $\sqrt{x}$ 均为唯一的;

(iii) $h \in 1 + xy\mathcal{F}[y, x] \Longrightarrow h^{-1}, \sqrt{h} \in 1 + xy\mathcal{F}[y, x]$.

**证**　因为 $h \in 1 + y\mathcal{F}\{x, y\}$, 有 $h = 1 + yR, R \in \mathcal{F}\{x, y\}$. 事实上,

$$h^{-1}(yR) = \sum_{i \geqslant 0} (-yR)^i;$$

$$\sqrt{h(yR)} = 1 + \sum_{i \geqslant 0} (-1)^i \frac{2^{-(2i+1)}(2i)!}{i!(i+1)!}(yR)^{i+1}. \tag{1.4.5}$$

易验证, $h^{-1} = h^{-1}(yR), \sqrt{h} = \sqrt{h(yR)}$ 均属于 $1 + y\mathcal{F}\{x, y\}$. 而且, 通过在下两式中比较 $x^i y^j, i, j \geqslant 0$ 的系数可知, 它们是唯一的:

$$(1 + yR)h^{-1}(yR) = 1; \quad (\sqrt{h(yR)})^2 = 1 + yR.$$

这就得到了前两个结论.

由于 $h \in 1 + xy\mathcal{F}[y, x]$, 有 $h = 1 + xyR', R' \in \mathcal{F}[y, x]$. 进而, 由 (1.4.5) 式对于 $y$ 和 $R$ 分别用 $xy$ 和 $R'$ 代替之情形, 可见, 在 $h^{-1}(xyR')$ 和 $\sqrt{h(xyR')}$ 中, $x^i, i \geqslant 0$ 的系数均不过是 $\mathcal{F}[y]$ 中有限个多项式之积的有限和. 从而 $h^{-1}, \sqrt{h} \in 1 + xy\mathcal{F}[y, x]$. 这就是最后一个结论.　♮

**引理 1.4.2**　令 $h \in 1 + y\mathcal{F}\{x, y\}$. 则 $h$ 有如下之因子分解式:

$$h = \prod_{0 \leqslant i \leqslant k} \left( (1 - a_i y)^{q_i} + xy H_i \right), \tag{1.4.6}$$

其中 $k$ 为一个非负整数, $a_0 = 0, a_1, a_2, \cdots, a_k$ 是 $\mathcal{F}$ 中互不相同的元素, $q_i$ 为一个正整数和 $H_i$ 为 $\mathcal{F}\{x, y\}$ 中次低于 $q_i$ 的多项式, $i = 0, 1, \cdots, k$.

**证**　参见 [Wae1] 中相仿的引理.　♮

**引理 1.4.3**　令 $h \in 1 + y\mathcal{F}\{x, y\}$ 有 (1.4.6) 式形式的因子分解和 $g = (1 + xyH_0)^{-1}h$. 则, 如下的说法是等价的:

(i) $h$ 在 $\mathcal{F}[y, x]$ 中有平方根;

(ii) $g$ 在 $\mathcal{F}[y, x]$ 中有平方根;

(iii) $g$ 在 $\mathcal{F}\{x, y\}$ 中有平方根;

(iv) $h$ 有分解式

$$h = (1 + xyH_0) \prod_{1 \leqslant i \leqslant k} \left( (1 - a_i y)^{r_i} + xy G_i \right)^2.$$

其中, $k, H_0, a_1, a_2, \cdots, a_k$ 均满足引理 1.4.2 的条件, $r_i$ 为一个正整数, $G$ 为 $\mathcal{F}\{x, y\}$ 中次低于 $r_i$ 的多项式, $i = 1, 2, \cdots, k$, 和当 $k = 0$ 时, 乘积 $\prod$ 被定义为 1.

证 (iv)$\Longrightarrow$(i). 当 $k = 0, g = 1$ 时, 易验证. 设 $k > 0$. 由引理 1.4.1(iii), $1 + xyH_0$ 在 $1 + xy\mathcal{F}[y, x]$ 中有一个平方根. 即, 得 (i).

(i)$\Longrightarrow$(ii). 由于 $1 + xyH_0$ 的平方根在 $1 + xy\mathcal{F}[y, x]$ 有逆, 从 (1) 即得 (ii).

(ii)$\Longrightarrow$(iii). 设 $t^2 = g, t \in \mathcal{F}[y, x]$. 则, 由引理 1.4.2, 有

$$t(0, y)^2 = g(0, y) = \prod_{1 \leqslant i \leqslant k} (1 - a_i)^{q_i}.$$

由在 $\mathcal{F}$ 中, 从而在 $\mathcal{F}[y]$ 中, 因子分解的唯一性可知, $r_i = q_i/2$ 为一个整数, $i = 1, 2, \cdots, k$, 这就有

$$t(0, y) = \pm \prod_{1 \leqslant i \leqslant k} (1 - a_i y)^{r_i}. \tag{1.4.7}$$

然而, $t$ 总有形式 $u + xy^{r+1}v$ 使得 $r = \sum_{1 \leqslant i \leqslant k} r_i, u \in \mathcal{F}\{x, y\}$. 它的次为 $r$ 和 $v \in \mathcal{F}[y, x]$. 令 $v = \sum_{m \geqslant 0} V_m y^m$, 其中 $V_m \in \mathcal{F}\{x\}, m \geqslant 0$. 则

$$g = t^2 = u^2 + 2xy^{r+1}uv + x^2 y^{2r+2} v^2. \tag{1.4.8}$$

由 (1.4.7) 式, 在 $u$ 中 $y^r$ 的系数 $U_r$ 非零. 为求 $U_r$, 比较 (1.4.8) 式两边 $y^{2r+2}$ 的系数得 $0 = 0 + 2xU_r V_0 + 0$. 因为 $\mathcal{F}\{x\}$ 还为整域, 即 $A, B \neq 0 \Longrightarrow AB \neq 0$, 有 $V_0 = 0$. 进而, 再比较 $y^l, l \geqslant ar + 2$ 的系数, 又导致 $V_m = 0, m \geqslant 1$. 这就意味, $g$ 在 $\mathcal{F}\{x, y\}$ 中有平方根.

(iii)$\Longrightarrow$(iv). 由于 $t(x, 0)^2 = g(x, 0) = h(x, 0) = 1$ 和 $t = u \in \mathcal{F}\{x, y\}$, 从引理 1.4.2, 有

$$t = \pm \prod_{1 \leqslant i \leqslant k} ((1 - z_i y)^{r_i} + xyG_i),$$

其中 $G_i \in \mathcal{F}\{x, y\}$, 它的次小于 $r_i, i = 1, 2, \cdots, k$. 从而, 有 (iv). ♮

下面的定理给出了 $\mathcal{F}\{x, y\}$ 中的一个级数在 $\mathcal{F}\{x, y\}$ 或 $\mathcal{F}[y, x]$ 中有平方根的表征.

定理 1.4.1(Brown, 1965) 令 $h \in \mathcal{F}\{x, y\}$. 则 $h$ 为 $\mathcal{F}\{x, y\}$ ( 或 $\mathcal{F}[y, x]$) 中一级数之平方, 当且仅当, 它有形式 $f^2 g$ 使得 $f \in \mathcal{F}\{x, y\}$ ( 或 $\mathcal{F}[y, x]$) 和 $g \in 1 + y\mathcal{F}\{x, y\}$ ( 或 $1 + xy\mathcal{F}\{x, y\}$).

证 参见 [Bro1]. ♮

现在, 可以看一看如下的二次方程:

$$z^2 + P_1 z + P_2 = 0. \tag{1.4.9}$$

其中, $P_1, P_2 \in \mathcal{F}\{x,y\}$(或 $\mathcal{F}\{x,y\}$) 为已知的. 记

$$\Delta = P_1^2 - 4P_2. \tag{1.4.10}$$

即, 方程 (1.4.9) 的判别式.

**定理 1.4.2**   方程 (1.4.9) 在 $\mathcal{F}\{x,y\}$(或 $\mathcal{F}[y,x]$) 中有一解, 当且仅当, $\Delta$ 在 $\mathcal{F}\{x,y\}$(或 $\mathcal{F}[y,x]$) 中有一个平方根.

**证**   因为方程 (1.4.9) 可改写为 $\left(z + \frac{1}{2}P_1\right)^2 + P_2 - \frac{1}{4}P_1^2 = 0$ 或等价地,

$$\left(z + \frac{1}{2}P_1\right)^2 = \frac{1}{4}\Delta. \tag{1.4.11}$$

这就意味, $z \in \mathcal{F}\{x,y\}$(或 $\mathcal{F}[y,x]$), 当且仅当, $\sqrt{\Delta} \in \mathcal{F}\{x,y\}$ (或 $\mathcal{F}[y,x]$). 即得定理.

结合定理 1.4.1~1.4.2 即可知, 方程 (1.4.9) 有一个解 $z \in \mathcal{F}\{x,y\}$ (或 $\mathcal{F}[y,x]$), 当且仅当, $\Delta = f^2 g$ 使得 $f \in \mathcal{F}\{x,y\}$(或 $\mathcal{F}[y,x]$) 和 $g = 1 + y\mathcal{F}\{x,y\}$ (或 $1 + xy\mathcal{F}\{x,y\}$).

## §1.5   Lagrange 反演

对一个特征为 0 的环 $\Re$, 令 $\mathcal{L}\{\Re; x\}$ 为由Laurent 级数所组成的环, 即对任何 $f \in \mathcal{L}\{\Re; x\}, x^i, i < 0$ 的项是有限的. 而且, 记

$$V(f) = \min\{i \mid [x^i]f \neq 0\},$$

其中 $[x^i]f$ 表示在 $f$ 中 $x^i$ 项之系数. 通常, $V(f) \geqslant 0$. 有时, 更一般地, $V(f) < \infty$. 这时, 将系数算子扩充到允许 $V(f) < 0$ 之情形如下:

$$\partial_x^i = \begin{cases} \left.\dfrac{1}{i!}\dfrac{\mathrm{d}^i}{\mathrm{d}x^i}\right|_{x=0}, & i \geqslant 0; \\ x^{-i}|_{x=\infty}, & i < 0. \end{cases} \tag{1.5.1}$$

也就是说,

$$\partial_x^i f = [x^i]f. \tag{1.5.2}$$

**引理 1.5.1**   对任何 $f \in \mathcal{L}\{\Re; x\}, V(f) < \infty$, 有

$$\partial_x^{-1}\left(\frac{\mathrm{d}f}{\mathrm{d}x}\right) = 0, \tag{1.5.3}$$

其中 $\partial_x^{-1}$ 即 (1.5.1) 式中的 $\partial_x^i$ 当 $i = -1$ 时的情形.

**证** 因为 $x$ 任何次幂的导数均不会是 $x^{-1}$, 即得引理.

**引理 1.5.2** 对任何 $f, g \in \mathcal{F}\{x\}, V(f), V(g) < \infty$, 有

$$\partial_x^{-1}\left(\frac{\mathrm{d}f}{\mathrm{d}x}g\right) = -\partial_x^{-1}\left(f\frac{\mathrm{d}g}{\mathrm{d}x}\right). \tag{1.5.4}$$

**证** 由于 $\dfrac{\mathrm{d}}{\mathrm{d}x}(fg) = \dfrac{\mathrm{d}f}{\mathrm{d}x}g + f\dfrac{\mathrm{d}g}{\mathrm{d}x}$, 从引理 1.5.1, 即可得 (1.5.4) 式.

**引理 1.5.3** 对于 $f, r \in \mathcal{L}\{\Re; x\}, V(f) = k < \infty, V(r) = \alpha > 0$, 有

$$\alpha \partial_x^{-1} f = \partial_z^{-1}\left(f(r)\frac{\mathrm{d}r}{\mathrm{d}z}\right). \tag{1.5.5}$$

**证** 由系数算子的线性性, 只需讨论 $f = x^n, n \geqslant V(f)$ 的情形. 这时, 依引理 1.5.2, 有

$$\partial_z^{-1}\left(r^n(z)\frac{\mathrm{d}r}{\mathrm{d}z}\right) = -n\partial_z^{-1}\left(r^n(z)\frac{\mathrm{d}r}{\mathrm{d}z}\right).$$

即,

$$(n+1)\partial_z^{-1}\left(r^n(z)\frac{\mathrm{d}r}{\mathrm{d}z}\right) = 0.$$

从而, 当 $n \neq -1$ 时,

$$\partial_z^{-1}\left(r^n(z)\frac{\mathrm{d}r}{\mathrm{d}z}\right) = 0.$$

然而, 当 $n = -1$ 时, 有

$$\partial_z^{-1}\left(r^{-1}(z)\frac{\mathrm{d}r}{\mathrm{d}z}\right) = \partial_z^{-1}\frac{\mathrm{d}\lg r}{\mathrm{d}z}.$$

因为 $r = z^\alpha h$ 使得 $h(0) \neq 0$, 有

$$\frac{\mathrm{d}\lg r}{\mathrm{d}z} = \alpha z^{-1} + \frac{\mathrm{d}\lg h}{\mathrm{d}z}.$$

由引理 1.5.1, 即可得

$$\partial_z^{-1}\left(r^n(z)\frac{\mathrm{d}r}{\mathrm{d}z}\right) = \alpha\partial_x^{-1}x^{-1} = \alpha\partial_x^{-1}f.$$

引理得证.

**定理 1.5.1** 设 $x = t\phi(x), \phi(x) \in \Re\{x\}, \phi(0) \neq 0$, 则对任何 $f \in \mathcal{L}\{\Re; x\}$, $V(f) \geqslant 0$, 有

$$\partial_t^n f = \frac{1}{n}\partial_x^{n-1}\left(\phi^n(x)\frac{\mathrm{d}f}{\mathrm{d}x}\right). \tag{1.5.6}$$

其中, $n \geqslant 1$.

证    因为 $\phi(0) \neq 0, \phi^{-1}(x)$ 存在, 有 $t = x\phi^{-1}(x)$. 然而, 注意到 $\partial_t^n f = \partial_t^{-1}(t^{-(n+1)}f)$. 从 $V(t) = 1 = \alpha \geqslant 0$ 和引理 1.5.3, 有

$$\partial_t^{-1}(t^{-(n+1)}f) = \partial_x^{-1}\left(t^{-(n+1)}f\frac{\mathrm{d}t}{\mathrm{d}x}\right) = -\frac{1}{n}\partial_x^{-1}\left(f\frac{\mathrm{d}t^{-n}}{\mathrm{d}x}\right).$$

由于 $t = x\phi^{-1}(x)$, 利用引理 1.5.2, 得

$$\partial_x^{-1}\left(f\frac{\mathrm{d}t^{-n}}{\mathrm{d}x}\right) = -\partial_x^{-1}\left(x^{-n}\phi^n\frac{\mathrm{d}f}{\mathrm{d}x}\right) = -\partial_x^{n-1}\left(\phi^n\frac{\mathrm{d}f}{\mathrm{d}x}\right).$$

综上所述, 即得定理.                                                                                                        ♮

**推论 1.5.1**    若 $x = t\phi(x), \phi(0) \neq 0$, 则对任何 $f \in \mathcal{L}\{\Re; x\}, V(f) \geqslant 0$, 有

$$f(x) = f(0) + \sum_{n \geqslant 1}\frac{t^n}{n!}\frac{\mathrm{d}^{n-1}}{\mathrm{d}x^{n-1}}\left(\phi^n\frac{\mathrm{d}f}{\mathrm{d}x}\right)\bigg|_{x=0}. \tag{1.5.7}$$

其中, $n \geqslant 1$. 且, $\partial_t^0 = f(0)$.

证    由于 $V(f) \geqslant 0$, 有 $f(0)$ 为 $f$ 的常数项. 对 $n \geqslant 1$, 由 (1.5.1) 式和 (1.5.6) 式, 有

$$\partial_t^n f = \frac{1}{n}\frac{1}{(n-1)!}\frac{\mathrm{d}^{n-1}}{\mathrm{d}x^{n-1}}\left(\phi^n(x)\frac{\mathrm{d}f}{\mathrm{d}x}\right)\bigg|_{x=0}.$$

这就得到了 (1.5.7) 式.                                                                                                    ♮

**引理 1.5.4**    令 $x = a + t\phi(x), \phi(a) \neq 0$. 则对任何 $f(x) \in \mathcal{L}\{\Re; x\}$, 有

$$\partial_t^n f = \frac{1}{n}\partial_{x-a}^{n-1}\left(\phi^n\frac{\mathrm{d}f}{\mathrm{d}x}\right). \tag{1.5.8}$$

证    令 $y = x - a$, 则 $y = t\phi(y + a)$. 由定理 1.5.1, 有对 $n \geqslant 1$,

$$\begin{aligned}\partial_t^n f &= \frac{1}{n}\partial_y^{n-1}\left(\phi^n(y + a)\frac{\mathrm{d}f}{\mathrm{d}y}\right)\\ &= \frac{1}{n}\partial_{x-a}^{n-1}\left(\phi^n\frac{\mathrm{d}f}{\mathrm{d}x}\right).\end{aligned}$$

从而, 引理得证.                                                                                                            ♮

**推论 1.5.2**    令 $x = a + t\phi(x), \phi(0) \neq 0$. 则对任何 $f(x) \in \mathcal{L}\{\Re; x\}, V(f) \geqslant 0$, 有

$$\partial_t^n f = \frac{1}{n!}\frac{\mathrm{d}^{n-1}}{\mathrm{d}x^{n-1}}\left(\phi^n\frac{\mathrm{d}f}{\mathrm{d}x}\right)\bigg|_{x=a}, \tag{1.5.9}$$

其中 $n \geqslant 1$ 和其常数项为 $f(a)$.

证 因为 $V(f) \geqslant 0$, 和当 $t = 0$ 时, $x = a$, 有 $f$ 的常数项为 $f(a)$. 当 $n \geqslant 1$ 时, 由引理 1.5.4 有

$$\partial_t^n f = \frac{1}{n} \frac{1}{(n-1)!} \frac{\mathrm{d}^{n-1}}{\mathrm{d}x^{n-1}} \left( \phi^n \frac{\mathrm{d}f}{\mathrm{d}x} \right) \Big|_{x=a}.$$

这就是所证之结论. ♭

为了将上述结果推广到多个不定元之情形, 先引进一些记号. 令 $\underline{x} = (x_1, x_2, \cdots, x_m)$ 为一个 $m$-向量, $m \geqslant 1$, 它的每个分量均为不定元和 $\underline{k} = (k_1, k_2, \cdots, k_m)$ 表示在幺半群 $\underline{x}^{\underline{k}}$ 中 $x_i$ 的幂为 $k_i$, $m \geqslant i \geqslant 1$. 对于 $f(\underline{x}), g_1(\underline{x}), \cdots, g_m(\underline{x}) \in \mathcal{L}\{\Re; \underline{x}\}$, 令 $V(g_i) = (V(g_i; x_1), \cdots, V(g_i; x_m))$, 其中,

$$V(g_i, x_j) = \min\{l | \partial_{x_j}^l g_i \neq 0\}, \tag{1.5.10}$$

$j = 1, 2, \cdots, m$. 进而, 利用

$$\partial_{\underline{x}}^{\underline{i}} = \begin{cases} \dfrac{1}{\underline{i}!} \dfrac{\mathrm{d}^{\underline{i}}}{\mathrm{d}\underline{x}^{\underline{i}}} \Big|_{\underline{x}=\underline{0}}, & \underline{i} \geqslant \underline{0}; \\ \underline{x}^{-\underline{i}} |_{\underline{x}=\infty}, & \underline{i} < \underline{0}, \end{cases} \tag{1.5.11}$$

其中, $\underline{i}! = i_1! i_1! \cdots i_m!$, $\underline{0} = (0, 0, \cdots, 0)$, 和

$$\frac{\mathrm{d}^{\underline{i}}}{\mathrm{d}\underline{x}^{\underline{i}}} = \frac{\partial^{i_1}}{\partial x_1^{i_1}} \frac{\partial^{i_2}}{\partial x_2^{i_2}} \cdots$$

使得 $\underline{i} = (i_1, i_2, \cdots, i_m)$. 通常, 对于 $f \in \mathcal{L}\{\Re; \underline{x}\}$, 系数算子也可写成

$$\partial_{\underline{x}}^{\underline{i}} f = [\underline{x}^{\underline{i}}] f. \tag{1.5.12}$$

若 $\underline{g}(\underline{z}) \in \mathcal{L}\{\Re; \underline{z}\}$, $\underline{g} = (g_1, g_2, \cdots, g_m)$ 和 $\underline{z} = (z_1, z_2, \cdots, z_m)$, 则行列式

$$\det\left(\frac{\partial \underline{g}}{\partial \underline{z}}\right) = \det\left(\frac{\partial g_i}{\partial z_j}\right)_{1 \leqslant i, j \leqslant m}$$

被称为 $\underline{g}$ 的Jacobi 阵. 并且, 用 $J(\underline{g})$ 表示.

引理 1.5.5 对于函数 $\underline{g}(\underline{z}) \in \mathcal{L}\{\Re; \underline{z}\}$, 令 $V(\underline{g}) = (p_1, \cdots, p_m) = \underline{p}$, 以及 $\underline{g}(\underline{z}) = a\underline{z}^{\underline{p}} h(\underline{z})$ 使得 $h(\underline{0}) = 1$ 和 $a \neq 0$. 则对任何整数 $k$, 有 $g^k(\underline{z}) \dfrac{\partial}{\partial z_j} g(\underline{z}) =$

$$\begin{cases} \dfrac{\partial}{\partial z_j} \left( \dfrac{1}{k+1} g^{k+1}(\underline{z}) \right), & \text{当 } k \neq -1; \\ \dfrac{p_j}{z_j} + \dfrac{\partial}{\partial z_j} \lg h(\underline{z}), & \text{当 } k = -1. \end{cases} \tag{1.5.13}$$

**证**　当 $k \neq -1$, 易见

$$\frac{\partial}{\partial z_j}\left(\frac{1}{k+1}g^{k+1}(\underline{z})\right) = \frac{1}{k+1}\frac{\partial}{\partial z_j}g^{k+1}(\underline{z})$$
$$= g^k(\underline{z})\frac{\partial}{\partial z_j}g(\underline{z}).$$

否则, 即 $k = -1$, 因为

$$g^{-1}(\underline{z})\frac{\partial}{\partial z_j}g(\underline{z}) = a^{-1}\underline{z}^{-\underline{p}}h^{-1}(\underline{z})\frac{\partial}{\partial z_j}a\underline{z}^{\underline{p}}h(\underline{z})$$
$$= \underline{z}^{-\underline{p}}h^{-1}(\underline{z})\left(\underline{z}^{\underline{p}}\frac{p_j}{z_j}h(\underline{z}) + \underline{z}^{\underline{p}}\frac{\partial h}{\partial z_j}\right)$$
$$= \frac{p_j}{z_j} + h^{-1}\frac{\partial h}{\partial z_j}$$
$$= \frac{p_j}{z_j} + \frac{\partial}{\partial z_j}\lg h,$$

即得引理.

**引理 1.5.6**　令 $\underline{k}, \underline{l}_i, \underline{p}_i, 1 \leqslant i \leqslant m$, 均为整 $m$-向量, 则行列式 $G_{\underline{k}}(\underline{z}) = \det \Delta_1$,

$$\Delta_1 = \left(\frac{p_{ij}}{z_j}\delta_{k_i,-1} + \sum_{\underline{l}_i}\frac{l_{ij}}{z_j}a_i(\underline{l}_i, k_i)\underline{z}^{\underline{l}_i}\right), \tag{1.5.14}$$

具有如下的展开式:

$$G_{\underline{k}}(\underline{z}) = \sum_{0 \leqslant t \leqslant m}\sum_{\aleph_t \leqslant N_m}\sum_{\underline{l}_{\alpha_1}, \cdots, \underline{l}_{\alpha_t}}\Delta_2,$$

其中

$$\Delta_2 = G(t; P, L, \underline{k})\underline{z}^{\underline{l}_{\alpha_1} + \cdots + \underline{l}_{\alpha_t} - 1}, \tag{1.5.15}$$

$P = (P_{ij})$, $L = (l_{ij})$, 和

$$G(t; P, L, \underline{k}) = (\det B)\prod_{s=1}^{t}a_{\alpha_s}(\underline{l}_{\alpha_s}, k_{\alpha_s}) \tag{1.5.16}$$

使得 $B = (b_{ij})$,

$$b_{ij} = \begin{cases} p_{ij}\delta_{k_i,-1}, & \text{当 } i \in N_m - \aleph; \\ l_{ij}, & \text{当 } i \in \aleph, \end{cases} \tag{1.5.17}$$

$N_m = \{1, 2, \cdots, m\}$, 和 $\aleph = \aleph_t = \{\alpha_1, \alpha_2, \cdots, \alpha_t\}$.

**证**　由 $\Delta_1$ 中每一行上的多重线性性, 有

$$G_{\underline{k}}(\underline{z}) = \sum_{\aleph \subseteq N_m}\det(A_{ij}(\alpha)),$$

其中

$$
A_{ij}(\alpha) = \begin{cases} \dfrac{p_{ij}}{z_j}\delta_{k_i,-1}, & \text{当 } i \in N_m - \aleph; \\ \displaystyle\sum_{\underline{l}_i} \dfrac{l_{ij}}{z_j} a_i(\underline{l}_i, k_i)\underline{z}^{\underline{l}_i}, & \text{当 } i \in \aleph. \end{cases}
$$

进而, 对每行 $i \in \aleph$ 线性展开, 即得

$$
G_{\underline{k}}(\underline{z}) = \sum_{t=0}^{m} \sum_{\substack{\underline{l}_{\alpha_1}, \cdots, \underline{l}_{\alpha_t} \\ \aleph_t \subseteq N_m}} \underline{z}^{\underline{l}_{\alpha_1}+\cdots+\underline{l}_{\alpha_t}-1}(\det B) \prod_{s=1}^{t} a_{\alpha_s}(\underline{l}_{\alpha_s}, k_{\alpha_s}).
$$

其中, $B$ 由 (1.5.17) 式给出和 $\underline{1} = (1,1,\cdots,1)$. 这就得到了 (1.5.14)~(1.5.17) 式. ᄇ

**引理 1.5.7** 令 $f(\underline{x}) \in \mathcal{L}\{\Re; \underline{x}\}$, 和 $V(g_i) = \underline{p}_i = (p_{i1}, \cdots, p_{im}) \geqslant \underline{0}$ 是有限的 且 $\underline{p}_i \neq \underline{0}, 1 \leqslant i \leqslant m$, 则有

$$
\det P\lfloor \underline{x}^{-1}\rfloor f(\underline{x}) = \lfloor \underline{z}^{-1}\rfloor \left(f(\underline{g})J(\underline{g})\right), \tag{1.5.18}
$$

其中 $J(\underline{g})$ 为 $\underline{g}$ 的 Jacobi 阵.

**证** 由对 $1 \leqslant i \leqslant m$, $V(g_i) = \underline{p}_i \geqslant 0$ 和 $\underline{p}_i \neq 0$ 知, $f(\underline{g}(\underline{x})) \in \mathcal{L}\{\Re; \underline{x}\}$ 存在. 令 $f(\underline{x}) = \sum_{\underline{k}} F(\underline{k})\underline{x}^{\underline{k}} \in \mathcal{L}\{\Re; \underline{x}\}$. 则, 有

$$
[\underline{z}^{-1}]\left(f(\underline{g})J(\underline{g})\right) = [\underline{z}^{-1}]\sum_{\underline{k}} F(\underline{k})\underline{g}^{\underline{k}}(\underline{z})J(\underline{g})
$$
$$
= \sum_{\underline{k}} F(\underline{k})[\underline{z}^{-1}]G_{\underline{k}}(\underline{z}), \tag{1.5.19}
$$

其中

$$
G_{\underline{k}}(\underline{z}) = \det\left(g_i^{k_i}(\underline{z})\frac{\partial}{\partial z_j}g_i(\underline{z})\right).
$$

记 $g_i(\underline{z}) = a_i\underline{z}^{\underline{p}_i}h_i(\underline{z})$ 使得 $h_i(\underline{0}) = 1$ 和 $a_i \neq 1$, $1 \leqslant i \leqslant m$. 这时, 由引理 1.5.5, $G_{\underline{k}}(\underline{z})$ 具有 (1.5.14) 式之形式, 使得

$$
\sum_{\underline{l}_i} a_i(\underline{l}_i, k_i)\underline{z}^{\underline{l}_i} = \begin{cases} \dfrac{1}{k_i+1}g_i^{k_i+1}(\underline{z}), & k_i \neq -1; \\ \lg h_i(\underline{z}), & k_i = -1, \end{cases}
$$

其中 $\underline{l}_i = (l_{i1}, \cdots, l_{im})$. 用引理 1.5.6, 可知当 $\underline{l}_{\alpha_1} + \underline{l}_{\alpha_2} + \underline{l}_{\alpha_t} = \underline{0}$ 时, 只有 $t=0$ 才使 $\det(B)$ 可能非 0. 从而, 使 $[\underline{z}^{-1}]G_{\underline{R}}(\underline{z})$ 可能非 0. 然而, 当 $t=0$ 时, 有

$$
\det B = (\det P)\prod_{1 \leqslant s \leqslant m}\delta_{k_s,-1} = [\underline{z}^{-1}]G_{\underline{k}}(\underline{z}).
$$

再由 (1.5.19) 式, 就有

$$[\underline{z}^{-1}](f(\underline{g})J(\underline{g})) = F(\underline{1}) \det P = \det P[\underline{x}^{-1}]f(\underline{x}).$$

引理得证.

基于引理 1.5.5~1.5.7, 就可导出 Lagrange 反演的多变元的形式.

**定理 1.5.2**   令 $f \in \mathcal{L}\{\Re; \underline{x}\}$, 和 $\phi_1(\underline{x}), \cdots, \phi_m(\underline{x}) \in \Re\{\underline{x}\}$, $\phi_i(\underline{0}) \neq 0$, $i = 1, 2, \cdots, m$. 设 $x_i = t_i \phi_i(\underline{x})$, $i = 1, 2, \cdots, m$. 则有

$$\partial_{\underline{t}}^k f = \partial_{\underline{x}}^k \Big( f(\underline{x})\underline{\phi}^k(\underline{x})\Delta(\underline{x}) \Big), \tag{1.5.20}$$

其中

$$\Delta(\underline{x}) = \det \left( \delta_{ij} - \frac{x_j}{\phi_i(\underline{x})}\frac{\partial\phi_i}{\partial x_j} \right). \tag{1.5.21}$$

**证**   用与单变元情形相仿的讨论可知, 存在唯一的一个级数 $x_i(\underline{t}) \in \Re(\underline{t})$ 使得 $x_i = t_i\phi(\underline{x}), i = 1, 2, \cdots, m$. 由于 $\det P = \det(V(t_1)^{\mathrm{T}}, \cdots, V(t_m)^{\mathrm{T}}) = \det I_m = 1$, 其中 "T" 表示向量的转置, 考虑到 $[\underline{t}^k]f(\underline{x}) = [\underline{t}^{-1}]\underline{t}^{-(k-\underline{1})}f(\underline{x})$, 用引理 1.5.7 可得

$$\partial_{\underline{t}}^k f = [\underline{x}^{-1}]f(\underline{x})\underline{\phi}^{k+\underline{1}}\underline{x}^{-(k+\underline{1})}J(\underline{t}).$$

然而,

$$J(\underline{t}) = \det \left( \delta_{ij}\phi_i^{-1}(\underline{x}) - x_i\phi_i^{-2}(\underline{x})\frac{\partial\phi_i}{\partial x_j} \right),$$

通过从每行中提取 $\phi_i^{-1}(\underline{x})$

$$= \underline{\phi}^{-1}(\underline{x}) \det \left( \delta_{ij} - x_j\phi_i^{-1}(\underline{x})\frac{\partial\phi_i}{\partial x_j} \right). \tag{1.5.22}$$

联合 (1.5.21) 式和 (1.5.22) 式, 即得

$$\partial_{\underline{t}}^k f = [\underline{x}^k]f(\underline{x})\underline{\phi}^k(\underline{x}) \det \left( \delta_{ij} - x_j\phi_i^{-1}(\underline{x})\frac{\partial\phi_i}{\partial x_j} \right).$$

这就是 (1.5.20) 式.

自然, 取只有一个变元的特殊情形时, 从定理 1.5.2 直接导致定理 1.5.1. 然而, 之所以将定理 1.5.1 还单独列出是为了利用方便. 同时, 也易于理解如何从单元变量到多变量的发展.

**推论 1.5.3**   令 $g(\underline{x}) \in \Re\{\underline{x}\}$ 和 $\phi_i(\underline{x}) \in \Re\{\underline{x}\}$, $\phi_i(\underline{0}) \neq 0, i = 1, 2, \cdots, m, \underline{x} = (x_1, x_2, \cdots, x_m)$. 设 $x_i = t_i\phi_i(\underline{x}), i = 1, 2, \cdots, m$. 则有

$$\partial_{\underline{t}}^k \frac{g(\underline{x})}{\Delta(\underline{x})} = \partial_{\underline{x}}^k g(\underline{x})\underline{\phi}^k(\underline{x}), \tag{1.5.23}$$

其中 $\Delta(\underline{x})$ 为由 (1.5.21) 式给出的.

**证** 因为对于 $t_i = x_i\phi_i^{-1}(\underline{x}), 1 \leqslant i \leqslant m, \Delta(\underline{0}) = 1 \neq 0, \Delta^{-1}(\underline{x})$ 存在且唯一. 进而, 有 $f(\underline{x}) = \Delta^{-1}(\underline{x})g(\underline{x}) \in \Re\{\underline{x}\} \subset \mathcal{L}\{\Re; \underline{x}\}$. 由定理 1.5.2, 即得欲证. ♭

# §1.6 阴 影 泛 函

令 $f(\underline{y}) \in \mathcal{R}\{\underline{y}\}$, 其中 $\underline{y} = (y_1, y_2, \cdots)$, 为一个函数, 且

$$V(f, y_i) \geqslant 0, \ i = 1, 2, \cdots.$$

现在引进一个变换: $\displaystyle\int_y : y^i \mapsto y_i, \ i = 1,, 2, \cdots$. 并约定 $y^0 = 1 \mapsto y_0$.

由于 $\displaystyle\int_y$ 是一个从函数空间 $\mathcal{F}$, 它的基为 $\{1, y, y^2, \cdots\}$, 到向量空间 $\mathcal{V}$, 它的基为 $\{y_0, y_1, y_2, \cdots\}$ 的一个变换, 就称之为阴影泛函. 即, Blissard 算子. 对任何

$$v_i = \sum_{j \geqslant 0} a_{ij} y^j, \ i = 1, 2,$$

易验证

$$\begin{aligned}
\int_y (v_1 + v_2) &= \sum_{j \geqslant 0} (a_{1j} + a_{2j}) \int_y y^j \\
&= \sum_{j \geqslant 0} a_{1j} y_j + \sum_{j \geqslant 0} a_{2j} y_j \\
&= \int_y v_1 + \int_y v_2.
\end{aligned}$$

从而, 这个泛函是线性的.

阴影泛函 $\displaystyle\int_y$ 的逆, 记为 $\displaystyle\int_y^{-1} : y_j \mapsto y^j, \ i = 1, 2, \cdots$ 并有约定 $\displaystyle\int_y^{-1} y_0 = 1$. 有时, 也简记 $y_0 = 1$. 但, 这时的 1 表示 $\mathcal{V}$ 中的一个特殊向量.

两个线性算子, 它们分别称为**左**和**右**投影并分别用 $\mathfrak{S}_y$ 和 $\mathfrak{R}_y$ 表示, 在空间 $\mathcal{V}$ 上定义如下: 记 $v = \sum_{j \geqslant 0} a_j y_j \in \mathcal{V}$, 则

$$\begin{cases}
\mathfrak{S}_y v = \displaystyle\sum_{j \geqslant 0} (j+1) a_{j+1} y_j; \\
\mathfrak{R}_y v = \displaystyle\sum_{j \geqslant 1} \frac{1}{j} a_{j-1} y_j.
\end{cases} \tag{1.6.1}$$

换言之, 若将 $y_i$ 视为所有分量除第 $i$ 个为 1 外均为 0, $i \geqslant 0$, 则与 $\mathfrak{S}_y$ 和 $\mathfrak{R}_y$ 相应

的矩阵分别为

$$
L = \left(\begin{array}{cccccc} 0 & 1 & 0 & \cdots & & 0 \\ \vdots & 0 & 2 & \ddots & & \\ \vdots & & 0 & \ddots & & 0 \\ \vdots & & & \ddots & k & \\ 0 & & & & \ddots & 0 \end{array}\right) \left.\rule{0cm}{1.2cm}\right\} k-1 \tag{1.6.2a}
$$

和

$$
R^{\mathrm{T}} = \left(\begin{array}{cccccc} 0 & 1 & 0 & \cdots & & 0 \\ \vdots & 0 & \frac{1}{2} & \ddots & & \\ \vdots & & 0 & \ddots & & 0 \\ \vdots & & & \ddots & \frac{1}{k} & \\ 0 & & & & \ddots & 0 \end{array}\right) \left.\rule{0cm}{1.6cm}\right\} k-1. \tag{1.6.2b}
$$

易验证

$$
LR = \left(\begin{array}{cc} I & \underline{0}^{\mathrm{T}} \\ \underline{0} & 0 \end{array}\right), \quad RL = \left(\begin{array}{cc} 0 & \underline{0} \\ \underline{0}^{\mathrm{T}} & I \end{array}\right), \tag{1.6.3}
$$

其中 $I$ 为单位阵和 "T" 表示转置运算.

**定理 1.6.1**   对任何 $v = v(y_0, y_1, \cdots) \in \boldsymbol{\mathcal{V}}$, 令 $f(y) = \int_y^{-1} v$. 则有

$$
\frac{\mathrm{d}}{\mathrm{d}y} f(y) = \int_y^{-1} \Im_y v; \quad \int f(y)\mathrm{d}y = \int_y^{-1} \Re_y v. \tag{1.6.4}
$$

**证**   通过比较每式两边同类项之系数, 即可验证此定理.

若 $f(\underline{x}, \underline{y})$ 为两类变量之函数, 且设 $f(\underline{x}, \underline{y}) \in \boldsymbol{\mathcal{V}}(\underline{x}, \underline{y})$, 即双线性空间, 则易验证

$$
\int_x^{-1} \int_y^{-1} f(\underline{x}, \underline{y}) = \int_y^{-1} \int_x^{-1} f(\underline{x}, \underline{y}). \tag{1.6.5}
$$

这就可用 $F(\underline{x}, \underline{y})$ 表示用 (1.6.5) 式给出之函数. 反之, 对于 $F(x, y) \in \mathcal{R}(x, y)$, 有

$$
f(\underline{x}, \underline{y}) = \int_x \int_y F(x, y) \tag{1.6.6}
$$

因为 $\displaystyle\int_x$ 和 $\displaystyle\int_y$ 也是可交换的.

令 $f(z) \in \mathcal{R}\{z\}$. 对 $z$, 在 $f$ 上有两个算子, 将在后文中用到. 一个被称为 $f$ 的 $(x,y)$-差分, 即

$$\delta_{x,y}f = \frac{f(x) - f(y)}{x - y},\tag{1.6.7}$$

和另一个被称为 $f$ 的 $\langle x,y\rangle$-差分, 即

$$\partial_{x,y}f = \frac{yf(x) - xf(y)}{x - y}.\tag{1.6.8}$$

**引理 1.6.1**　对任何函数 $f(z) \in \mathcal{R}\{x\}$, 记 $f = f(z)$. 则有

$$\partial_{x,y}(zf) = xy\delta_{x,y}f.\tag{1.6.9}$$

**证**　由二算子 $\partial_{x,y}$ 和 $\delta_{x,y}$ 的线性性, 这一点易验证. 由于这两个算子的线性性, 只需讨论 $f(z) = z^n$, $n > 0$ 的情形. 然而这时, 有

$$\begin{aligned}
\partial_{x,y}zf = \partial_{x,y}z^{n+1} &= \frac{yx^{n+1} - xy^{n+1}}{x - y}\\
&= xy\frac{x^n - y^n}{x - y} = xy\delta_{x,y}z^n\\
&= xy\delta_{x,y}f.
\end{aligned}$$

这就是欲证之结论.　　　　　　　　　　　　　　　　　　　　　　　　♮

**定理 1.6.2**　对任何 $f \in \mathcal{R}\{z\}$, 均有

$$x^2y^2\delta_{x^2,y^2}^2(zf) - \partial_{x^2,y^2}^2(zf) = x^2y^2\delta_{x^2,y^2}(zf^2).\tag{1.6.10}$$

**证**　由 (1.6.7) 式和 (1.6.8) 式, (1.6.10) 式左边为

$$\begin{aligned}
&\frac{x^2y^2\left((x^2f(x^2) - y^2f(y^2))^2 - x^2y^2(f(x^2) - f(y^2))^2\right)}{x^2 - y^2}\\
&= \frac{x^2y^2\left(x^2f^2(x^2) - y^2f^2(y^2)\right)}{x^2 - y^2}.
\end{aligned}$$

由 (1.6.7) 式, 这就是 (1.6.10) 式之右边.　　　　　　　　　　　　　♮

对于地图的一个集合 $\mathcal{A}$, 记

$$f_{\mathcal{A}}(x,\underline{y}) = \sum_{A \in \mathcal{A}} x^{m(A)}\underline{y}^{\underline{n}(A)}.\tag{1.6.11}$$

其中, $m(A)$ 和 $\underline{n}(A)$ 分别为 $A$ 上的同构不变量和不变向量. 令 $F_{\mathcal{A}}(x,y)$ 是这样的一个二元函数使得

$$f_{\mathcal{A}}(x,\underline{y}) = \int_y F_{\mathcal{A}}(x,y).\tag{1.6.12}$$

将 $F_{\mathcal{A}}(x,y)$ 中 $x$ 和 $y$ 的幂分别称为**第一参数**和**第二参数**.

**定理 1.6.3**　令 $\mathcal{S}$ 和 $\mathcal{T}$ 为地图的两个集合. 若对于 $T \in \mathcal{T}$, 存在从 $T$ 到 $\mathcal{S}$ 一个映射 $\lambda(T) = \{S_1, S_2, \cdots, S_{m(T)+1}\}$ 使得 $S_i$ 与 $\{i, m(T)+2-i\}$ 1–1 对应, 其中 $i$ 和 $m(T)+2-i$ 分别为对第一参数和第二参数的贡献, $i = 1, 2, \cdots, m(T)+1$, 且满足条件

$$\mathcal{S} = \sum_{T \in \mathcal{T}} \lambda(T),$$

则

$$F_{\mathcal{S}}(x,y) = xy\delta_{x,y}(zf_{\mathcal{T}}), \tag{1.6.13}$$

其中 $f_{\mathcal{T}} = f_{\mathcal{T}}(z) = f_{\mathcal{T}}(z, \underline{y})$.

**证**　由 $\lambda$ 的确定方式, 有

$$
\begin{aligned}
F_{\mathcal{S}}(x,y) &= \sum_{T \in \mathcal{T}} \sum_{i=1}^{m(T)+1} x^i y^{m(T)-i+2} \underline{y}^{\underline{n}(T)} \\
&= xy \sum_{T \in \mathcal{T}} \frac{x^{m(T)+1} - y^{m(T)+1}}{x-y} \underline{y}^{\underline{n}(T)} \\
&= xy\delta_{x,y}(zf_{\mathcal{T}}).
\end{aligned}
$$

这就是 (1.6.13) 式.

**定理 1.6.4**　令 $\mathcal{S}$ 和 $\mathcal{T}$ 为地图的两个集合. 若对于 $T \in \mathcal{T}$, 存在从 $T$ 到 $\mathcal{S}$ 一个映射 $\lambda(T) = \{S_1, S_2, \cdots, S_{m(T)-1}\}$ 使得 $S_i$ 与 $\{i, m(T)-i\}$ 1–1 对应, 其中 $i$ 和 $m(T)+2-i$ 分别为对第一参数和第二参数的贡献, $i = 1, 2, \cdots, m(T)-1$, 且满足条件

$$\mathcal{S} = \sum_{T \in \mathcal{T}} \lambda(T),$$

则

$$F_{\mathcal{S}}(x,y) = \partial_{x,y}(f_{\mathcal{T}}), \tag{1.6.14}$$

其中 $f_{\mathcal{T}} = f_{\mathcal{T}}(z) = f_{\mathcal{T}}(z, \underline{y})$.

**证**　由 $\lambda$ 的确定方式, 有

$$
\begin{aligned}
F_{\mathcal{S}}(x,y) &= \sum_{T \in \mathcal{T}} \sum_{i=1}^{m(T)-1} x^i y^{m(T)-i} \underline{y}^{\underline{n}(T)} \\
&= xy \sum_{T \in \mathcal{T}} \frac{yx^{m(T)} - xy^{m(T)}}{x-y} \underline{y}^{\underline{n}(T)} \\
&= \partial_{x,y}(f_{\mathcal{T}}).
\end{aligned}
$$

这就是 (1.6.14) 式.

可以将函数 $f$ 视为有根地图集 $\mathcal{N}$ 上的计数函数 $h_{\mathcal{N}}(x, \underline{y})$, $\underline{y} = (y_0, y_1, \cdots)$. 如 §1.3 所示, 还记

$$\int_{\underline{y}}^{-1} h_{\mathcal{N}}(x, \underline{y}) = \Upsilon_{\mathcal{N}}(x, y), \tag{1.6.15}$$

使得 $\Phi_{\mathcal{N}}(u, w) = \Upsilon_{\mathcal{N}}(u\sqrt{w}, \sqrt{w})$, 如 (1.3.19) 式所给出. 但这时不能视为阴影泛函的逆.

## §1.7 渐 近 估 计

估计特殊函数一些值的许多结果, 可用来研究地图计数中的渐近行为. 这里, 仅简述两类最重要的特殊函数. 其一是 $\Gamma$ 函数 $\Gamma(z)$, $z \in C$, 即变数域. 有

$$\Gamma(z) = \int_0^\infty t^{z-1}\mathrm{e}^{-t}\mathrm{d}t. \tag{1.7.1}$$

其中, 对变数 $z$, 它的实部 $\mathrm{Re}(z) > 0$. 这一形式被称为 Euler 积分.

因为由 (1.7.1) 式可以证明, $\Gamma$ 函数满足递推关系

$$\Gamma(z+1) = z\Gamma(z), \tag{1.7.2}$$

使得 $\Gamma(1) = 1$, 可得

$$\Gamma(z+1) = z!. \tag{1.7.3}$$

当 $z$ 为实数 $x > 0$ 时, 有

$$\Gamma(x) = \sqrt{2\pi}\, x^{x+\frac{1}{2}} \exp\left(-x + \frac{\theta}{12x}\right), \tag{1.7.4}$$

其中 $0 < \theta < 1$.

下面是对于 $\Gamma$ 函数值的估计

$$\Gamma(az+b) \sim \sqrt{2\pi}\, \mathrm{e}^{-az}(az)^{az+b-\frac{1}{2}}. \tag{1.7.5}$$

其中, $\mathrm{Arg}\, z < \pi$, $a$ 和 $b$ 均为实数且 $a > 0$. 这个式子也被称为 Stirling 公式. 由 (1.7.5) 式, 有

$$n! \sim \sqrt{2\pi}\mathrm{e}^{-n}n^{n+\frac{1}{2}}. \tag{1.7.6}$$

它是在渐近估计中经常用到的.

另一个就是所谓超越几何函数, 即

$$
\begin{aligned}
F(a,b;c;z) & =_2 F_1(a,b;c;z) \\
& = \frac{\Gamma(c)}{\Gamma(a)\Gamma(b)} \sum_{n \geqslant 0} \frac{\Gamma(a+n)\Gamma(b+n)}{\Gamma(c+n)} \frac{z^n}{n!},
\end{aligned}
\tag{1.7.7}
$$

其中 $a, b, c$ 为参数, $z$ 为变数, 和 $|z| = 1$ 为收敛圆.

由 (1.7.7) 式, 可知

$$
F(a,b;c;z) = F(b,a;c;z).
\tag{1.7.8}
$$

即, $a$ 和 $b$ 是对称的.

进而, 这个级数在收敛圆上, 具有性质

**1**. 当 $\operatorname{Re}(c-a-b) \leqslant -1$ 时不收敛;

**2**. 当 $\operatorname{Re}(c-a-b) > 0$ 时绝对收敛;

**3**. 当 $-1 \leqslant \operatorname{Re}(c-a-b) \leqslant 0$ 时, 但不包含 $z = 1$ 这个点, 条件收敛.

有两种情形需要说明.

**A**. 当 $a$ 或 $b$ 为 $-n, n = 0, 1, 2, \cdots$, 时, 级数 (1.7.7) 式变成的 $n$ 次多项式. 更具体地, 有

$$
F(-m,b;c;z) = \sum_{0 \leqslant n \leqslant m} \frac{(-m)_n (b)_n}{(c)_n} \frac{z^n}{n!},
\tag{1.7.9}
$$

其中 $(x)_m = x(x+1)\cdots(x+m-1)$, $x = -m$, $b$ 或 $c$.

**B**. 当 $c = -m$, $m = 0, 1, 2, \cdots$, 但 $a$ 和 $b$ 均非负整数且 $n < m$ 时, 级数 (1.7.7) 式无定义. 对 $c = -m$, 有

$$
\lim_{c \to -m} \frac{1}{\Gamma(c)} F(a,b;c;z) = \frac{(a)_{m+1}(b)_{m+1}}{(m+1)!} \times z^{m+1} F(a+m+1, b+m+1; m+z; z).
\tag{1.7.10}
$$

最后, 解释两种组合数, 即**第一类**和**第二类** Stirling 数, 分别用 $\mathrm{St}$ 和 $\underline{\mathrm{St}}$ 表示. 它们由以下方程所确定:

$$
n(x) = \sum_{0 \leqslant m \leqslant n} \underline{\mathrm{St}}_m^{(n)} x^m, \quad x^n = \sum_{0 \leqslant m \leqslant n} \underline{\underline{\mathrm{St}}}_m^{(n)} m(x),
\tag{1.7.11}
$$

其中 $l(x) = x(x-1)\cdots(x-l+1), l = m$, 或 $n$. 由 (1.7.20) 式, 有

$$
\underline{\mathrm{St}}_m^{(n)} = \sum_{k=0}^{n-m} (-1)^k \binom{n-1+k}{n-m+k} \binom{2n-m}{n-m-k} \underline{\underline{\mathrm{St}}}_k^{(m-n+k)},
$$

$$
\underline{\underline{\mathrm{St}}}_m^{(n)} = \frac{1}{m!} \sum_{k=0}^{m} (-1)^{m-k} \binom{m}{k} k^n.
\tag{1.7.12}
$$

它们的渐近行为可用下式给出:

$$|\mathrm{St}_m^{(n)}| \sim \frac{(n-1)!(r+\ln n)^{m-1}}{(m-1)!}, \text{ 当 } m = o(\ln n),$$

$$\underline{\mathrm{St}}_m^{(m+n)} \sim \frac{m^{2n}}{2^n n!}, \text{ 当 } n = o(m^{\frac{1}{2}}), \tag{1.7.13}$$

其中 $r = \lim_{n\to\infty} \left( 1 + \frac{1}{2} + \cdots + \frac{1}{m} + \ln m \right) = 0.57721\cdots$ 为 Euler 常数.

## §1.8 注 记

**1.8.1** 如今所知, 地理中的地图一词在数学中第一次作为概念出现在四色问题. 它是 19 世纪中期提出的 [Liu2], [Liu6]. 多面形作为地图的组合表示是由 Heffler 首次发现的 [Hef1]. 这也是在 19 世纪. Edmonds 于 1960 年提供的, 则为其对偶形式 [Edm1]. 然而, 如 §1.1 中的代数表示的利用, 只是近 20 年来的事 (见 [Liu24], [Liu35], [Liu53], [Tut35] 和 [Tut39]). 基于拓扑学的发展, 地图的理论也随之形成与完善. 事实上, 地图的分类就是曲面的分类. 不过, 地图理论之重要部分还提供了图论新的深入发展之可能. 这就是为什么仅其计数理论已足够形成这样一本书.

**1.8.2** 虽然在 §1.2 中的所有地图上的多项式在图中均有相应的, 这里强调地图的原因是它在地图计数的发展中起了特殊重要作用 [Liu40], [Liu42], [Liu44], [Liu48], [Liu49], [Liu56], [Tut21]~[Tut24], [Tut36], [Tut37]. 另外, 更为一般的多项式, 如 (1.2.1)~(1.2.4) 式在 [Liu59] 中给出, 也是 Jones 多项式 [Jon1] 与括号多项式 [Kau1] 的推广. 它们全是拓扑学中纽结, 或更一般地, 链的不变量. 并且, 已被表明与量子场论 [Wit1] 和统计力学有密切的关系 [Bax1].

**1.8.3** 关于形式幂级数, 特别是计数函数, 读者也许会看到 Golden 和 Jackson 的书 [GoJ1]. 那里, 提供了多种应用并且给出了理论解释.

**1.8.4** Lagrange 反演之推广, 以及揭示其在计数和排队论中之应用, 均可见 Good 的文章 [Goo1]. 然而, 严格的代数基础是 Tutte 建立的 [Tut30].

**1.8.5** 在 §1.7 中的公式可见 [AbS1]. 有关特殊函数的理论方面, 以及与群表示论的关系, 参阅 [Waw1].

**1.8.6** 定理 1.3.5 的多参数 (即多个不变量) 形式. 可以一个参数一个参数地去做, 也可以表述为统一的方式.

# 第 2 章 树 地 图

## §2.1 植 树

一个平面地图，若它的基准图是一个树，则称之为平面树.

**定理 2.1.1** 一个平面地图是平面树，当且仅当，它只有一个面.

证 必要性. 设 $M$ 是一个平面树. 因为其基准图 $G(M) = (V, E)$ 是树，它的度 $\varepsilon = |E| = \nu - 1$. 其中，$\nu = |V|$. 由定理 1.1.2 对于平面的情形，即 $p = 0$, 知 $M$ 有 $\nu - (\nu - 1) = 1$ 个面.

充分性. 设 $M$ 是一个平面地图且只有一个面. 由定理 1.1.2, 即 Euler 公式，其基准图 $G(M)$ 必只有 $\nu - 1$ 条边. 由公理 2 可知，$G(M)$ 是连通的. 从而，$G(M)$ 是一个树. 又，因为 $M$ 是有一个面，故 $M$ 本身为一个平面树 $G$.                               ╲

若一个平面树是有根的，则称它为带根平面树. 一个带根平面树，若它根节点的次为 1 则称之为植树.

令 $\mathcal{T}$ 是所有带根平面树的集合. 对于 $T \in \mathcal{T}$, 它的根，根节点，根边和根面分别记为 $r(T), v_r(T), e_r(T)$ 和 $f_r(T)$. 对任二地图 $M_1$ 和 $M_2$, 它们的根分别为 $r_1 = r(M_1)$ 和 $r_2 = r(M_2)$, 若地图

$$M = M_1 \cup M_2 \tag{2.1.1}$$

使得 $M_1 \cap M_2 = \{v\}$ 且

$$v = v_{r_1} = v_{r_2}, \tag{2.1.2}$$

并规定 $M$ 与 $M_1$ 具有相同的根，根节点和根边，但它的根面为 $M_1$ 和 $M_2$ 的根面 $f_r(M_1)$ 和 $f_r(M_2)$ 的合成，则称这种从 $M_1$ 和 $M_2$ 到 $M$ 的运算为 1-加法，简记为

$$M = M_1 \dot{+} M_2. \tag{2.1.3}$$

且，$M$ 被称为它们的 1-和.

进而，对任何二个地图的集合 $\mathcal{M}_1$ 和 $\mathcal{M}_2$, 集合

$$\mathcal{M}_1 \odot \mathcal{M}_2 = \{M_1 \dot{+} M_2 | \forall M_1 \in \mathcal{M}_1, \forall M_2 \in \mathcal{M}_2\} \tag{2.1.4}$$

被称为 $\mathcal{M}_1$ 和 $\mathcal{M}_2$ 的 1-积，其中的运算被称为 1-乘. 若 $\mathcal{M}_1 = \mathcal{M}_2 = \mathcal{M}$, 则可写为

$$\mathcal{M} \odot \mathcal{M} = \mathcal{M}^{\odot 2}, \tag{2.1.5}$$

和类推之

$$\mathcal{M}^{\odot k} = \mathcal{M}^{\odot(k-1)} \bigodot \mathcal{M}. \tag{2.1.6}$$

**引理 2.1.1** 令 $\mathcal{T}_i$ 为所有根节点的次为 $i$ 的平面树的集合, 则对 $i \geqslant 1$, 有

$$\mathcal{T}_i = \mathcal{T}_1^{\odot i}. \tag{2.1.7}$$

**证** 对任何 $T = (\mathcal{X}, \mathcal{J}) \in \mathcal{T}_i$, 记 $T_1, T_2, \cdots, T_i$ 为所有那些与 $T$ 有相同根节点的极大植树, 且 $r(T_1) = r(T)$, $r(T_2) = \mathcal{J}r(T)$, $\cdots$, $r(T_i) = \mathcal{J}^{i-1}r(T)$. 可以看出,

$$T = T_1 \dot{+} T_2 \dot{+} \cdots \dot{+} T_i.$$

这就意味, $T \in \mathcal{T}_1^{\odot i}$.

反之, 若 $T \in \mathcal{T}_1^{\odot i}$, 则存在一个 $i \geqslant 1$ 使得 $T = T_1 \dot{+} \cdots \dot{+} T_i$, 且 $T_j, j = 1, \cdots, i$, 均为植树. 因为 $v_r(T)$ 由循环

$$(r(T_1), r(T_2), \cdots, r(T_i))$$

所确定, 故它的次为 $i$. 由于树的 1-和仍为树, 就有 $T \in \mathcal{T}_i$.

因为集合 $\mathcal{T}$ 可以表示为

$$\mathcal{T} = \sum_{i \geqslant 0} \mathcal{T}_i,$$

其中, $\mathcal{T}_0$ 为仅由一个节点地图 $\vartheta$ 组成, 即 $\vartheta$ 被视为退化的树, 由引理 2.1.1, 就有

$$\mathcal{T} = \mathcal{T}_0 + \sum_{i \geqslant 1} \mathcal{T}_1^{\odot i}. \tag{2.1.8}$$

对于一个带根地图 $M = (\mathcal{X}, \mathcal{J})$, 记 $a = e_r(M)$ 为它的根边. 在 $M$ 上将 $a$ 收缩为一个节点 $v'$ 得地图 $M' = M \bullet a$, 如 (1.1.5) 式中所示. 其中, 规定 $r(M') = \mathcal{J}\alpha\beta r(M)$.

令 $\mathcal{T}_{\geqslant 1} = \mathcal{T} - \mathcal{T}_0$ 和

$$\mathcal{T}' = \{T \bullet a | \forall T \in \mathcal{T}_{\geqslant 1}\}. \tag{2.1.9}$$

**引理 2.1.2** 对 (2.1.9) 式给出的 $\mathcal{T}'$, 有

$$\mathcal{T}' = \mathcal{T} \bigodot \mathcal{T}. \tag{2.1.10}$$

**证** 对于 $T' \in \mathcal{T}'$, $T$ 可以是节点地图 $\vartheta$. 事实上, $\vartheta$ 可以由杆地图 $L_0 = (\mathcal{X}, (x)(\alpha\beta x))$ 通过收缩而得到. 当然, $L_0 \in \mathcal{T}_1 \subseteq \mathcal{T}_{\geqslant 1}$. 由于可以看作 $\vartheta = \vartheta \dot{+} \vartheta$, 故 $\vartheta \in \mathcal{T} \odot \mathcal{T}$. 一般地, 设 $T' = T \bullet a, T \in \mathcal{T}_{\geqslant 1}$. 记 $T - a = T_1 + T_2$. 可以看出, $T' = T_1 \dot{+} T_2$. 从而, 有 $T' \in \mathcal{T} \odot \mathcal{T}$.

反之, 令 $T' \in \mathcal{T} \odot \mathcal{T}$ 和 $T' = T_1 \dotplus T_2$. 则 $T' = T \bullet a$, 其中 $T$ 为这样的一个树使得 $v_r(T) = (\alpha r(T), v_r(T_1))$ 和 $v_{\beta r}(T) = (\alpha \beta r(T), v_r(T_2)), a = Kr(T)$. 就是说, $T$ 为将 $v_r(T')$ 劈分为二节点 $v_r(T_1)$ 和 $v_r(T_2)$ 且添加一新边 $a$ 而得到的. 易见, $v_r(T)$ 的次不少于 1 而且 $T$ 为树. 从而, $T \in \mathcal{T}_{\geqslant 1}$. 这就意味 $T' \in \mathcal{T}'$.　　　♮

**引理 2.1.3**　令 $\mathcal{T}(i)$ 为所有阶为 $i$ 的带根平面树的集合, $i \geqslant 0$. 则在 $\mathcal{T}(n-1)$ 和 $\mathcal{T}_1(n)$ 之间, 存在一个双射, $n \geqslant 2$. 即有

$$|\mathcal{T}(n-1)| = |\mathcal{T}_1(n)|. \tag{2.1.11}$$

**证**　对于 $T = (\mathcal{X}, \mathcal{J}) \in \mathcal{T}_1(n)$, 令 $T - 0$ 为从 $T$ 中去掉根节点 $0 = v_r(T) = (r)$ 而得到的. 其中,

$$v_r(T - 0) = (\mathcal{J}\alpha\beta r, \cdots, \mathcal{J}^{-2}\alpha\beta r)$$

而 $T - 0$ 的所有非根节点均与 $T$ 的相同. 易见, $T - 0 \in \mathcal{T}(n-1)$. 且, 可以验证, 这就确定了 $\mathcal{T}(n-1)$ 与 $\mathcal{T}_1(n)$ 之间的一个双射.　　　♮

这个引理, 可以在讨论一般平面树的依阶计数时, 只研究植树而不失一般性.

对于一般的平面树 $T = (\mathcal{X}, \mathcal{J})$, 令 $m(T)$ 为根节点的次, 和 $n_i(T), i \geqslant 1$, 为次是 $i$ 的非根节点的数目. 记

$$\mathcal{T}(m; \underline{n}) = \{T | m(T) = m, \underline{n}(T) = \underline{n}, T \in \mathcal{T}\}, \tag{2.1.12}$$

其中 $\underline{n}(T) = (n_1(T), n_2(T), \cdots)$ 和 $\underline{n} = (n_1, n_2, \cdots)$.

**引理 2.1.4**　对任何整数 $m \geqslant 1$ 和 $n_i \geqslant 0, i \geqslant 1$, 有

$$\left|\mathcal{T}_{\geqslant 1}(m; \underline{n})\right| = \sum_{i \geqslant 1} \left|\mathcal{T}(m + i - 2; \underline{n} - e_i)\right|, \tag{2.1.13}$$

其中 $e_i = (e_{1i}, e_{2i}, \cdots, e_{ji}, \cdots), e_{ji} = 1, j = i; 0,$ 否则.

**证**　首先, 对任何 $T \in \mathcal{T}_{\geqslant 1}(m; \underline{n})$ 通过收缩根边 $a$ 可得唯一的一个 $T' = T \bullet a$. 在 $T'$ 中, 它的根节点的次为 $m + i - 2$, 其中 $i$ 为与根边关联的那个非根节点的次, $i \geqslant 1$, 且 $T'$ 比 $T$ 恰少一个次为 $i$ 的非根节点. 从而, $T'$ 为 (2.1.13) 式右端集合中的一个元素.

进而, 给定 $m \geqslant 1$ 和 $i \geqslant 1$ 以及可能的 $\underline{n}$. 对 $T' \in \mathcal{T}(m + i - 2; \underline{n} - e_i)$. 若 $m = 1$ 必有 $i = 1$. 这时, $T'$ 只能是节点地图 $\vartheta$. 因为只有杆地图 $L_0 \in \mathcal{T}_{\geqslant 1}$ 可以看出作为由将 $\vartheta$ 中那个节点劈分成一个边, 实为杆, 而得到的, 它对应的恰为 $\mathcal{T}_{\geqslant 0}$ 中的 $L_0$. 一般地, 由于 $T'$ 的根节点次为 $m + i - 2$, 只能将它的根节点劈分为两个节点使得一个次为 $m - 1$ 另一个为 $i - 1$ 而得 $T$, 并且前者与新添之边形成 $T$ 的根节点. 因为 $T$ 仍为平面树, 它的根节点次为 $m$ 并且比 $T'$ 恰多一个次为 $i$ 的非树根节点, 故 $T \in \mathcal{T}_{\geqslant 1}(m; \underline{n})$.　　　♮

对于 $\mathcal{T}$, 记它的计数函数

$$t = t_{\mathcal{T}}(x; \underline{y}) = \sum_{T \in \mathcal{T}} x^{m(T)} \underline{y}^{\underline{n}(T)}$$

$$= \sum_{m \geqslant 0, \underline{n} \geqslant \underline{0}} c_{\mathcal{T}}(m; \underline{n}) x^m \underline{y}^{\underline{n}}. \tag{2.1.14}$$

函数 $t$ 截去 $x$ 幂不超过 $i - 1$ 的项

$$[t]_{i-1} = \sum_{m \geqslant i, \underline{n} \geqslant \underline{0}} c_{\mathcal{T}}(m; \underline{n}) x^m \underline{y}^{\underline{n}} \tag{2.1.15}$$

被称为 $t$ 的 $i$-截段, $i \geqslant 0$. 当然, 对 $i = 1$, 有 $[t]_{-1} = t$.

**定理 2.1.2**　由 (2.1.14) 式给出的计数函数 $t$ 满足如下的方程:

$$t = 1 + \sum_{i \geqslant 1} x^{2-i} y_i [t]_{i-2}. \tag{2.1.16}$$

**证**　由于 $\mathcal{T} = \mathcal{T}_0 + \mathcal{T}_{\geqslant 1}$, 有 $t = t_{\mathcal{T}_0} + t_{\mathcal{T}_{\geqslant 1}}$. 因为 $\mathcal{T}_0$ 仅由节点地图 $\vartheta$ 组成, 可得 $t_{\mathcal{T}_0} = 1$. 这就是 (2.1.16) 式右端的第一项. 由 (2.1.13)~(2.1.15) 式, 并注意到

$$c_{\mathcal{T}}(m; \underline{n}) = \left| \mathcal{T}(m; \underline{n}) \right|, \tag{2.1.17}$$

即可得

$$t_{\mathcal{T}_{\geqslant 1}} = \sum_{i \geqslant 1, m \geqslant 1} c_{\mathcal{T}}(m + i - 2 : \underline{n} - e_i) x^m \underline{y}^{\underline{n}}$$

$$= \sum_{i \geqslant 1} x^{2-i} \sum_{\substack{m \geqslant i-1 \\ \underline{n} \geqslant \underline{0}}} c_{\mathcal{T}}(m; \underline{n}) x^m \underline{y}^{\underline{n}}$$

$$= \sum_{i \geqslant 1} x^{2-i} y_i [t]_{i-2}. \tag{2.1.18}$$

这就得到了 (2.1.16) 式右端的第二项.

若将 $t$ 视为 $x$ 的级数, 即

$$t = 1 + \sum_{m \geqslant 1} \tau_m x^m, \tag{2.1.19}$$

则它可由向量 $\tau = (\tau_1, \tau_2, \cdots)$ 所确定. 令 $e_i = (0, \cdots, 1_i, \cdots)$, 即第 $i$ 个分量为 1 而其他分量为 0 的无穷维行向量, 和 $I = [1, 1, \cdots]$, 即无穷阶的单位方阵. 根据定理 2.1.2, 通过比较 (2.1.16) 式二端 $x$ 各幂的系数, 可得如下的无穷维的线性方程组:

$$(I - Y)\tau^{\mathrm{T}} = y_1 e_1^{\mathrm{T}}, \tag{2.1.20}$$

其中 T 表示矩阵的转置和

$$Y = \begin{pmatrix} y_2 & y_3 & y_4 & y_5 & \cdots \\ y_1 & y_2 & y_3 & y_4 & \cdots \\ 0 & y_1 & y_2 & y_3 & \cdots \\ 0 & 0 & y_1 & y_2 & \cdots \\ \vdots & \vdots & \ddots & \ddots & \ddots \end{pmatrix}. \tag{2.1.21}$$

由 (2.1.20) 式, 可得 $\tau$ 的以至 $t$ 的一个显式如下:

$$\tau^{\mathrm{T}} = \sum_{i \geqslant 0} y_1 Y^i e_1^{\mathrm{T}}. \tag{2.1.22}$$

另一方面, 由引理 2.1.3, 令 $j$ 为一个平面树的根边之非根端点的次, 则有

$$\begin{aligned} \tau_1 &= y_1 + \sum_{j \geqslant 2} y_j \tau_1^{j-1} \\ &= y_1 + \sum_{j \geqslant 1} y_{j+1} \tau_1^j. \end{aligned} \tag{2.1.23}$$

现在, 允许利用推论 1.5.1 或推论 1.5.2(即 Lagrange 反演), 求 $\tau_1$ 的一个显式.

**定理 2.1.3**    植树的依节点剖分计数函数为

$$\tau_1 = \sum_{n \geqslant 1, \underline{j} \in J} \frac{(n-1)!}{\underline{j}!} \underline{y}^{\underline{j}}, \tag{2.1.24}$$

其中 $\underline{j} = (j_1, j_2, \cdots)$ 和 $J = \{\underline{j} | \sum_{i \geqslant 1} j_i = n, \sum_{i \geqslant 1} i j_i = 2n - 1\}$. 这里, $n$ 为非根节点的数目.

**证**    利用推论 1.5.1 的 (1.5.7) 式, 当 $\tau_1 = x, 1 = t$ 之情形, 由 (2.1.23) 式取

$$\phi(x) = y_1 + \sum_{j \geqslant 1} y_{j+1} \tau_1^j$$

和 $f(x) = x = \tau_1$, 即由推论 1.5.1 得

$$\tau_1 = \sum_{n \geqslant 1} \frac{1}{n!} \frac{\mathrm{d}^{n-1}}{\mathrm{d}\xi^{n-1}} \phi(\xi)^n \bigg|_{\xi=0}. \tag{2.1.25}$$

若 $\phi(\xi) = \xi^{-1} \psi(\xi)$, 则由 (2.1.23) 式有 $\psi(\xi) = \sum_{j \geqslant 1} y_i \xi^j$. 这就导致

$$\frac{\mathrm{d}^{n-1}}{\mathrm{d}\xi^{n-1}} \phi(\xi)^n \bigg|_{\xi=0} = (n-1)! \partial_\xi^{2n-1} \psi(\xi)^n, \tag{2.1.26}$$

其中 $\partial_\xi^{2n-1}$ 为 (1.5.2) 式确定的系数算子.

由于可以看出 $\partial_\xi^{2n-1}\psi(\xi)^n > 0$, 当 $j \in J$; $\partial_\xi^{2n-1}\psi(\xi)^n = 0$, 否则, 和进而

$$\partial_\xi^{2n-1}\psi(\xi)^n = \sum_{j \in J} \frac{n!}{j!} y^j, \tag{2.1.27}$$

由 (2.1.25) 式和 (2.1.26) 式, 即可导出 (2.1.24) 式.

根据这个定理, 考虑到根节点和根半边, 经过仔细计算即可得

**推论 2.1.1**   对于任何一个正整数序列 $n_1, n_2, \cdots$, 使得

$$\sum_{i \geqslant 1} n_i = n,$$

存在一个 $n$ 阶的树使得次为 $i$ 的节点恰有 $n_i$ 个, 当且仅当, 关系式

$$\sum_{i \geqslant 1} i n_i = 2(n-1)$$

成立.

若利用 §1.6 中给出的阴影泛函, 则还可以得如下的

**定理 2.1.4**   植树的依节点剖分计数函数 $\tau_1$ 满足如下的方程:

$$\tau_1 = y_1 + \int_y \frac{y^2 \tau_1}{1 - y\tau_1}. \tag{2.1.28}$$

**证**   由 (2.1.23) 式, 有

$$\tau_i y_1 = \sum_{i \geqslant 1} y_{i+1} \tau_1^i = \int_y \left( y^2 \tau_1 \sum_{i \geqslant 0} (y\tau_i)^i \right)$$

$$= \int_y \frac{y^2 \tau_1}{1 - y\tau_1}.$$

这就是 (2.1.28) 式.

事实上, (2.1.24) 式同时给出了方程 (2.1.23) 和方程 (2.1.28) 的解. 进而, 由引理 2.1.3 又可得到方程 (2.1.20), 以及由推广方程 (2.1.28) 引出的对一般平面树的方程之解.

## §2.2  平面 Halin 地图

一个地图, 若在它的基准图中存在一个圈, 使得去掉这个圈上所有边后为一个树, 而且这个树的所有悬挂点的集合, 与这个圈上所有节点的集合相同, 则称它为Halin 地图.

**引理 2.2.1**    任何 Halin 地图均没有割点.

**证**  设 $M$ 为一个 Halin 地图. 若在它的基准图 $G(M)$ 上有一个割点 $v$, 则 $v$ 不会在那个特定的圈 $C$ 上. 令 $G_1$ 和 $G_2$ 为 $G(M) - v$ 中的两个连通片. 随之, 记 $V_1$ 和 $V_2$ 分别为 $G_1$ 和 $G_2$ 中所有 $G(M)$ 的那个特定树上悬挂点的集合. 因为 $v$ 不在 $C$ 上, 圈 $C$ 上所有节点, 即 $G(M)$ 的全部悬挂点, 都在 $G(M) - v$ 中. 与 $V_1$ 和 $V_2$ 不连通矛盾.                                                                                       ⬗

一个球面上的 Halin 地图被称为平面的. 本节就是讨论这种地图.

**引理 2.2.2**    一个 Halin 地图是平面的, 当且仅当, 它有其上那个特定圈 $C$ 的长度加一个面. 而且, 圈 $C$ 形成一个面的边界.

**证**  根据定理 1.1.1~1.1.3, 即可得第一个结论.

因为圈 $C$ 的长度就是其基准图上基本圈的数目, 由平面上的 Jordan 公理, 其上的那个特定树, 不是全落在圈 $C$ 的内部就是外部. 这些基本圈必均形成面, 使得它们中每一个恰与 $C$ 上一条边关联. 这就意味, $C$ 本身也只能形成一个面的边界.

⬗

对于平面 Halin 地图, 总可限定这个无限面为根面, 即那个特定圈所形成的面. 设 $\mathcal{H}$ 为所有带根平面 Halin 地图的集合. 对于 $M = (\mathcal{X}, \mathcal{J}) \in \mathcal{H}$, 若 $v_{\beta \mathcal{J} r}$ 的次为 $k + 1, k \geqslant 1$, 则称 $M$ 为 $k$-中心的.

地图 $B_3 = (\mathcal{B}_3, \mathcal{J}_3)$, $\mathcal{B}_3 = Kr + Kx + Ky$ 和 $\mathcal{J}_3 = (r, x, y)(\alpha\beta r, \alpha\beta y, \alpha\beta x)$, 被称为 3-束, 可以看出, $B_3 \in \mathcal{H}$, 其中的树就是杆地图 $L_0 = (Kx, (x)(\alpha\beta x))$, 也可以看作 $k = 0$ 的退化情形. 令

$$\mathcal{H}_k = \{M | \forall M \in \mathcal{H}, M \text{为} k\text{-中心的}\},$$

$k \geqslant 0$, 则易见

$$\mathcal{H} = \sum_{k \geqslant 0} \mathcal{H}_k. \tag{2.2.1}$$

注意, $\mathcal{H}_0 = \{B_3\}$, 或简记 $\mathcal{H}_0 = B_3$.

对任何 $M = (\mathcal{X}, \mathcal{J}) \in \mathcal{H}_k, k \geqslant 1$, 令 $f_l$ 为与 $\mathcal{J}^l(\alpha\beta\mathcal{J}r)$ 关联的面, $l = 0, 1, \cdots, k$, 和 $K(\mathcal{J}\alpha\beta)^{i_l}r$ 为 $f_{l+1}$ 与根面的公共边, $l = 1, 2, \cdots, k, f_{k+1} = f_0$. 记 $M_j = (\mathcal{X}_j, \mathcal{J}_j)$ 为由 $\mathcal{J}_j$ 仅在三个节点

$$v_{\beta(\mathcal{J}\alpha\beta)^{i_j-1}r} = ((\mathcal{J}\alpha\beta)^{i_{j-1}+1}r, \mathcal{J}(\mathcal{J}\alpha\beta)^{i_{j-1}+1}r,$$
$$\cdots, \mathcal{J}^{-1}(\mathcal{J}\alpha\beta)^{i_{j-1}+1}r, \alpha\beta r_j),$$
$$v_{(\mathcal{J}\alpha\beta)^{i_j}r} = (x_j, \mathcal{J}(\mathcal{J}\alpha\beta)^{i_j}r, \cdots, \mathcal{J}^{-1}(\mathcal{J}\alpha\beta)^{i_j}r),$$
$$v_{r_j} = (r_j, \mathcal{J}^j(\alpha\beta\mathcal{J}r), \alpha\beta x_j)$$

处与 $\mathcal{J}$ 不同在 $M$ 的基础上所导出的地图, 对 $j = 1, 2, \cdots, k$, $(\mathcal{J}\alpha\beta)^{i_0} r = r$. 注意, $r_j$ 和 $x_j$, $j = 1, 2, \cdots, k$, 为添加的新边. 这时, $M$ 被称为 $M_1$, $M_2$, $\cdots$, $M_k$ 的 $k$-泛和, 记之为 $M = M_1 \oplus M_2 \oplus \cdots \oplus M_k$, $k \geqslant 1$. 而且, $M_1$, $M_2$, $\cdots$, $M_k$ 被称为 $M$ 的泛和子.

**引理 2.2.3**　对任何 $k \geqslant 1$ 和 $M \in \mathcal{H}_k$, $M$ 的所有泛和子 $M_i, 1 \leqslant i \leqslant k$, 均为带根平面 Halin 地图, 即 $M_j \in \mathcal{H}, 1 \leqslant j \leqslant k$.

**证**　首先, 易见任何一个泛和子 $M_j$, 如上面所述, 除掉两条新加的边 $Kr_j$ 和 $Kx_j$ 外, 均为 $M$ 的子地图. 由此可知, $M_j, 1 \leqslant j \leqslant k$, 均为平面的. 又, 注意到 $v_{r_j}$ 的次为 3 和去掉与它关联的两条根面的边后, 为 $M$ 中那个树的子植树. 从而, $M_j \in \mathcal{H}$. ♭

事实上, 只要注意到, 当 $M_j$ 中 $M$ 的那个子植树为仅由一边组成的杆地图时, $M_j$ 就变成了 $B_3$. 即可看出, $\mathcal{H}$ 中任何一个地图, 均可以看作为它本身一些地图的一个泛和子.

设 $\mathcal{N}_1, \mathcal{N}_2, \cdots, \mathcal{N}_k \subseteq \mathcal{H}$, 则记

$$\mathcal{N}_1 \otimes \mathcal{N}_2 \otimes \cdots \otimes \mathcal{N}_k = \{N_1 \oplus N_2 \oplus \cdots \oplus N_k | \forall N_i \in \mathcal{N}_i, 1 \leqslant i \leqslant k\}, \qquad (2.2.2)$$

并称之为 $\mathcal{N}_1, \mathcal{N}_2, \cdots, \mathcal{N}_k$ 的 $k$-泛积. 特别地, 当 $\mathcal{N}_1 = \mathcal{N}_2 = \cdots = \mathcal{N}_k = \mathcal{N}$ 时, 记

$$\mathcal{N}^{\otimes k} = \mathcal{N}_1 \otimes \mathcal{N}_2 \otimes \cdots \otimes \mathcal{N}_k. \qquad (2.2.3)$$

**引理 2.2.4**　对任何 $k \geqslant 1$, 均有

$$\mathcal{H}_k = \mathcal{H}^{\otimes k}. \qquad (2.2.4)$$

**证**　由上面所讨论的可以看出, $\mathcal{H}_k \subseteq \mathcal{H}^{\otimes k}$.

反之, 对任何 $M \in \mathcal{H}^{\otimes k}$, 因为存在 $M_1$, $M_2$, $\cdots$, $M_k \in \mathcal{H}$ 使得 $M = M_1 \oplus M_2 \oplus \cdots \oplus M_k$, 通过上述之逆过程, 即可得 $M \in \mathcal{H}_k$. 这就意味, $\mathcal{H}^{\otimes k} \subseteq \mathcal{H}_k$. ♭

下面, 考虑 $\mathcal{H}$ 的节点剖分计数函数

$$g_{\mathcal{H}}(x, \underline{y}) = \sum_{M \in \mathcal{H}} x^{m(M)} \underline{y}^{n(M)}, \qquad (2.2.5)$$

其中 $m(M)$ 为 $M$ 的根面次, 与 §2.1 为根节点次不同, 和 $\underline{n}(M) = (n_2(M), n_3(M), \cdots,)$ 为节点剖分向量, 即 $n_i(M)$ 为 $M$ 中 $i$ 次非根节点的数目. 这里, 根节点的次总为 3, 可以不考虑.

**定理 2.2.1**　下面关于函数 $f = f(x, \underline{y})$, $\underline{y} = (y_2, y_3, \cdots)$ 的方程

$$\left(1 - x \int_y \frac{y^2}{x - yf}\right) f = x^2 y_3 \qquad (2.2.6)$$

在级数环 $\mathcal{L}\{\Re; x, \underline{y}\}$, $\Re$ 为整数环, 上是适定的. 而且, 它的解就是 $f = g_{\mathcal{H}} = g_{\mathcal{H}}(x, \underline{y})$, 如 (2.2.5) 式所示.

　　证　前一个结论的证明是通常的. 可以将 $f$ 展开成 $x$ 和 $\underline{y}$ 的级数形式, 比较 (2.2.6) 式两端同幂项的系数, 得到一组递推关系式. 由这组关系式的确定性, 即可导出方程 (2.2.6) 之适定性.

　　为证后一结论, 只需检验 $g_{\mathcal{H}}$ 是否满足这个方程. 由 (2.2.1) 式可知,

$$g_{\mathcal{H}} = \sum_{k \geqslant 0} g_k, \tag{2.2.7}$$

其中 $g_k = g_{\mathcal{H}_k}$. 因为 $\mathcal{H}_0 = B_3$ 和 $m(B_3) = 2, \underline{n}(B_3) = (0, 1, 0, \cdots)$, 即只有 $n_3(B_3) \neq 0$, 有

$$g_0 = x^2 y_3. \tag{2.2.8}$$

对任何 $k \geqslant 1$, 由引理 2.2.4 可知, 在从 $M_1, M_2, \cdots, M_k$ 造 $M$ 的过程中, 要引进 $k+1$ 条边在 $M$ 的无限面上, 去掉 $2k$ 条在 $M_i$, $1 \leqslant i \leqslant k$, 无限面边界上的边. 后者比前者多 $k-1$ 条边. 在 $M$ 中增加了一个 $k+1$ 次的非根节点. 这就是说,

$$g_k = \frac{y_{k+1}}{x^{k-1}} g_{\mathcal{H}}^k. \tag{2.2.9}$$

根据 (2.2.8) 式和 (2.2.9) 式, 由 (2..2.7) 式, 即得

$$g_{\mathcal{H}} = x^2 y_3 + \sum_{k \geqslant 1} \frac{y_{k+1}}{x^{k-1}} g_{\mathcal{H}}^k. \tag{2.2.10}$$

将求和号下的 $x$ 和 $g_{\mathcal{H}}$ 的幂都凑成 $k+1$, 然后利用阴影泛函, 即可得

$$g_{\mathcal{H}} = x^2 y_3 + \frac{x}{g_{\mathcal{H}}} \int_y \frac{y^2 g_{\mathcal{H}}^2}{x - y g_{\mathcal{H}}}.$$

因为在泛函下的 $g_{\mathcal{H}}$ 与 $y$ 无直接关系, 可以将 $g_{\mathcal{H}}^2$ 提出. 将这个带泛函的项移到左端, 提出 $g_{\mathcal{H}}$, 即得 $g_{\mathcal{H}}$ 满足方程 (2.2.6).

　　只要注意 (2.2.10) 式有形式

$$\frac{g_{\mathcal{H}}}{x} = x y_3 + \sum_{k \geqslant 1} y_{k+1} \left( \frac{g_{\mathcal{H}}}{x} \right)^k, \tag{2.2.11}$$

即可看出, 若取

$$z_k = \begin{cases} y_k, & k \neq 1; \\ x y_3, & k = 1, \end{cases} \tag{2.2.12}$$

则 $g_{\mathcal{H}}/x$ 恰为 (2.1.23) 式当 $\tau_1 = g_{\mathcal{H}}/x$ 和 $z_k = y_k$, $k \geqslant 1$, 之情形.

**定理 2.2.2** 由 (2.2.5) 式给出的函数有如下的显式:

$$g_{\mathcal{H}} = \sum_{m \geqslant 2} x^m \sum_{\substack{\underline{j} \in J_{n,m} \\ n \geqslant 1}} \frac{(n-1)!}{(m-1)!\underline{j}!} y^{\underline{j}}, \tag{2.2.13}$$

其中 $J_{n,m} = \{\underline{j} | \sum_{i \geqslant 2} j_i = n - m + 1, \sum_{i \geqslant 2} ij_i = 2(n+m) - 3\}$, $m \geqslant 2$, $n \geqslant 1$.

**证** 根据上述, 可利用定理 2.1.3, 只要注意到这里的 $j_3$ 为那里的 $j_1 + j_3$ 和 $m = j_1 + 1$, 即可从 (2.1.24) 式导出 (2.2.13) 式. ♮

这个定理表明, 具有节点剖分向量 $(j_1, j_2, j_3, \cdots)$ 的植树与根面次 $m = j_1 + 1$, 节点剖分向量 $(j_2, j_1 + j_3, j_4, \cdots)$ 的带根平面 Halin 地图之间, 存在一个 1–1 对应.

事实上, 这个 1–1 对应可从 $M = (\mathcal{X}, \mathcal{J}) \in \mathcal{H}$ 的根 $r$ 到 $\mathcal{J}r$ 作为相应植树的根即可确定.

若用边数 $n(M)$ 和根面次 $m(M)$ 作为参数, 即讨论函数

$$g_{\mathrm{H}} = \sum_{M \in \mathcal{H}} x^{m(M)} y^{n(M)}, \tag{2.2.14}$$

也可以通过引理 2.2.4 导出由 (2.2.14) 式给出的函数应满足如下的关于 $f$ 的方程:

$$f^2 - xy(1 - y + xy^2)f + x^3 y^4 = 0. \tag{2.2.15}$$

**定理 2.2.3** 具有 $n$ 条边, 根面 (其边界为那个特定圈) 次 $m$ 的平面 Halin 地图的数目为

$$\partial_{(x,y)}^{(m,n)} g_{\mathrm{H}} = \frac{1}{n-m} \binom{n-m}{n-2m+1} \binom{n-m-2}{m-2}, \tag{2.2.16}$$

其中 $n \geqslant 5$, $2 \leqslant m \leqslant \lfloor (s+1)/2 \rfloor$; $1, n = 3, 4$.

**证** 若令 $F = f/(xy)$, 则方程 (2.2.15) 可改写为

$$F = xy^2 \left( 1 + \frac{F}{(1-F)xy} \right).$$

利用推论 1.5.1, 得

$$\partial_{xy^2}^s F = \frac{1}{s} \partial_F^{s-1} \left( 1 + \frac{F}{(1-F)xy} \right)^s$$

$$= \frac{1}{s} \sum_{i=1}^{s-1} \binom{s}{i} \binom{s-2}{s-i-1} x^{-i} y^{-i}.$$

对 $s \geqslant 1$. 由于 (2.2.16) 式给出的为 $\partial_{(x,y)}^{(m,n)} g_{\mathrm{H}} = \partial_{(x,y)}^{(m,n)} f$, 通过变换 $n = 2s - i + 1$; $m = n - i + 1$ 即可得引理对 $n \geqslant 5$ 时成立.

当 $n = 3, 4$ 时, 易验证. ♮

# §2.3 双边缘内根地图

一个地图被称为**双边缘**的是指在这个地图上有一个圈 $C$ 使得将 $C$ 的边去掉后变为两个树. 由此看来, Hamilton 地图可以视为单边缘的. 因为去 $C$ 的边后变得不连通, $C$ 上的顶点全是三次的. 仅以平面的情形为例, 其他情形待需要时再考虑.

令 $M = (\mathcal{X}, \mathcal{J})$ 是一个双边缘内根地图, $r = r(M)$ 为它的根. 其边缘长为 $m$ 和非边缘节点剖分向量为 $\underline{n} = (n_1, n_2, \cdots)$, $n_i$, $i \geqslant 1$, 为 $i$ 次非边缘节点的个数.

设 $M_1 = (\mathcal{X}_1, \mathcal{J}_1)$ 和 $M_2 = (\mathcal{X}_2, \mathcal{J}_2)$ 为 $M$ 的两个 Halin 子地图. 记 $M$ 的边缘圈为 $C = (Kr, K\varphi r, \cdots, K\varphi^{m-1}r)$, 其中

$$\varphi x_i = \begin{cases} \mathcal{J}\gamma x_i, & \text{当 } \gamma x_i \text{ 不与 } M_2 \text{ 的一内边关联}; \\ \alpha\mathcal{J}\beta x_i, & \end{cases}$$

$x_0 = x_m = r$ 和 $x_i = \varphi^i r$, $i = 1, 2, \cdots, m-1$.

规定 $r_1 = r(M_1) = r$ 和 $r_2 = r(M_2) = \alpha\varphi^{m-1}r$. 这就意味 $M_1$ 的根节点与 $M_2$ 的根节点在 $M$ 中相邻. 这样定根的双边缘根地图被称为内根的.

首先, 用 $\mathcal{B}_m$, $m \geqslant 6$, 表示所有边缘长 $m$ 双边缘根地图的集合.

**引理 2.3.1** 令 $\mathcal{W}_{m_1}$ 和 $\mathcal{W}_{m_1}$ 分别为边缘长 $m_1 \geqslant 3$ 和 $m_2 \geqslant 3$ 的单边缘地图, 则一对 $\{W_1, W_2\}$, $W_1 \in \mathcal{W}_{m_1}$ 和 $W_2 \in \mathcal{W}_{m_2}$, 可合成 $\mathcal{B}_m$, $m = m_1 + m_2$, 中

$$s_{m_2}(m_1) = \begin{bmatrix} m_2 \\ m_1 \end{bmatrix} \tag{2.3.1}$$

个双边缘地图. 而且, 这个组合数由递推关系

$$\begin{cases} \begin{bmatrix} m_2 \\ m_1 \end{bmatrix} = \sum_{i=0}^{m_1} \begin{bmatrix} m_2 - 1 \\ i \end{bmatrix}, & m_2 \geqslant 2; \\ \begin{bmatrix} m_2 \\ 0 \end{bmatrix} = 1, \ m_2 \geqslant 1; \quad \begin{bmatrix} 1 \\ m_1 \end{bmatrix} = 1, \ m_1 \geqslant 0 \end{cases} \tag{2.3.2}$$

所确定.

**证** 对 $m_2$, $m_2 \geqslant 2$, 运用数学归纳法.

首先, 检验当 $m_2 = 2$, 对 $m_1 \geqslant 1$,

$$\begin{bmatrix} 2 \\ m_1 \end{bmatrix} = \begin{bmatrix} 2 \\ 0 \end{bmatrix} + \begin{bmatrix} 2 \\ 1 \end{bmatrix} + \cdots + \begin{bmatrix} 2 \\ m_1 \end{bmatrix} = m_1 + 1.$$

因为在两段中, 若第一段放 0 个节点, 则第二段只能放 $m_1$, 若第一段放一个节点, 则第二段只能放 $m_1 - 1$, $\cdots$, 若第一段放 $m_1$ 个节点, 则第二段只能放 0. 从而, (2.3.2) 式对于 $m_2 = 2$ 成立.

然后, 假设 $s_{m_2-1}(m_1)$, $m_2 \geqslant 3$, 已由 (2.3.2) 式确定. 往证 $s_{m_2}(m_1)$ 由 (2.3.2) 式确定. 因为往 $m_2$ 段中放 $m_1$ 个节点有以下 $m_1+1$ 个状态, 即将 $m_1$ 个节点放入第一段和其他 $m_2-1$ 段无节点放, 有 $s_{m_2-1}(0)$ 种方式; 将 $m_1-1$ 个节点放入第一段和其他 $m_2-1$ 段放 1 个节点, 有 $s_{m_2-1}(1)$ 种方式; $\cdots$; 将 0 个节点放入第一段和其他 $m_2-1$ 段放 $m_1$ 无节点, 有 $s_{m_2-1}(m_1)$ 种方式. 从而, 有 $s_{m_2}(m_1) = \sum_{i=0}^{m_1} s_{m_2-1}(i)$, 即

$$\begin{bmatrix} m_2 \\ m_1 \end{bmatrix} = \sum_{i=0}^{m_1} \begin{bmatrix} m_2 - 1 \\ i \end{bmatrix}, \quad m_2 \geqslant 2.$$

由归纳法假设, $s_{m_2}(m_1)$ 被确定. 引理得证.

然后, 用 $\mathcal{D}_m$, $m \geqslant 6$, 表示所有边缘长 $m$ 双边缘内根地图的集合.

**引理 2.3.2** 令 $\mathcal{M}_{m_1}$ 和 $\mathcal{M}_{m_1}$ 分别为边缘长 $m_1 \geqslant 3$ 和 $m_2 \geqslant 3$ 的单边缘地图, 则一对 $\{M_1, M_2\}$, $M_1 \in \mathcal{M}_{m_1}$ 和 $M_2 \in \mathcal{M}_{m_2}$, 可合成 $\mathcal{D}_m$, $m = m_1 + m_2$, 中

$$t_{m_2}(m_1) = \left\langle \begin{array}{c} m_2 \\ m_1 \end{array} \right\rangle \tag{2.3.3}$$

个双边缘地图. 而且, 这个组合数由引理 2.3.1 中的 $s_m(n)$ 依

$$\left\langle \begin{array}{c} m_2 \\ m_1 \end{array} \right\rangle = \sum_{i=0}^{m_1-1} \begin{bmatrix} m_2 - 1 \\ i \end{bmatrix} \tag{2.3.4}$$

所确定.

**证** 取任意的 $m_1 \geqslant 1$. 对 $m_2$ 运用数学归纳法. 首先, 当 $m_2 = 2$ 时, 因为在 $M_2$ 边缘上两条棱中依次安排 $m_1$ 个顶点, 在与根关联的棱 (第一) 中有 $1, 2, \cdots,$ $m_1$ 个顶点, 分别在第二条棱上有 $m_1-1, m_1-2, \cdots, 0$ 个顶点计 $m_1$ 个状态, 可知 $t_2(m_1) = s_1(0) + s_1(1) + \cdots + s_1(m_1-1) = m_1$.

然后, 假设 $t_{m_2-1}(m_1)$, $m_2 \geqslant 3$, 由 (2.3.4) 式确定. 往证

$$t_{m_2}(m_1) = s_{m_2-1}(0) + s_{m_2-1}(1) + \cdots + s_{m_2-1}(m_1-1),$$

即由 (2.3.4) 式所确定. 由于 $M_2$ 从根棱始允许有 $m_1, m_1-1, \cdots, 1$ 个节点, 分别导致其他 $m_2-1$ 条棱要放 $0, 1, \cdots, m_1-1$ 个节点计 $m_1$ 个状态, 这就意味总共有 $t_{m_2}(m_1)$ 为

$$\begin{bmatrix} m_2 - 1 \\ 0 \end{bmatrix} + \begin{bmatrix} m_2 - 1 \\ 1 \end{bmatrix} + \cdots + \begin{bmatrix} m_2 - 1 \\ m_1 - 1 \end{bmatrix}$$

种方式. 即得 (2.3.4) 式.                                                                                      ⧠

记这个引理所给出的 $t_{m_2}(m_1)$ 个双边缘内根地图为 $Q_i$, $1 \leqslant i \leqslant t_{m_2}(m_1)$ 和 $\mathcal{M}(M_1, M_2) = \{Q_1, Q_2, \cdots, Q_{t_{m_2}(m_1)}\}$.

**引理 2.3.3**  令 $\mathcal{H}_m = \{\mathcal{M}(M_1, M_2) | \forall (M_1, M_2) \in \mathcal{M}_{m_1} \times \mathcal{M}_{m_2}, m_1 + m_2 = m\}$, 则有

$$\mathcal{D}_m = \sum_{H \in \mathcal{H}_m} H, \tag{2.3.5}$$

即 $\mathcal{H}_m$ 是 $\mathcal{D}_m$ 的一个剖分.

**证**  对于任何 $D \in \mathcal{D}_m$, 从双边缘地图的结构可知, 存在 $m_1$ 和 $m_2$, $m_1 + m_2 = m$, 使得 $M_1 \in \mathcal{M}_{m_1}$ 和 $M_2 \in \mathcal{M}_{m_2}$ 可合成 $D$. 从而, $D = (M_1, M_2) \in \mathcal{H}_m$.

反之, 对于任何 $Q \in H$, $H \in \mathcal{H}_m$, 因为 $Q$ 是由两个单边缘地图 $M_1 \in \mathcal{M}_{m_1}$ 和 $M_2 \in \mathcal{M}_{m_2}$, $m_1 + m_2 = m$, 所合成, 存在 $D \in \mathcal{D}_m$ 使得 $D = Q$.

综合上述两个方面, 即得引理.                                                                            ⧠

下面, 再看一看到底有多少不同构的边缘长 $m$ 节点剖分向量 $\underline{n}$ 单边缘根地图.

**引理 2.3.4**  边缘长 $m$, $m \geqslant 3$, 非边缘节点剖分向量 $\underline{n}$ 单边缘根地图的数目为

$$\eta(m, \underline{n}) = \frac{(m + n - 1)!}{(m - 1)! \underline{n}!}, \tag{2.3.6}$$

其中, $n = |\underline{n}| = n_1 + n_2 + \cdots$.

**证**  令 $M = (\mathcal{X}, \mathcal{J})$ 为一个边缘长 $m$, $m \geqslant 3$, 非边缘节点剖分向量 $\underline{n}$ 的单边缘根地图. 它的根为 $r$. 因为边缘上节点次皆 3, $\mathcal{J}r$ 与其上那个树的一个悬挂点关联. 取 $\mathcal{J}r$ 为这个树的根, 即得一植树. 因为这个植树的所有一次节点都在边缘上, 它的节点剖分向量为 $\underline{n} + (m - 1)\underline{1}_1$, 其中 $\underline{1}_1$ 为仅第一分量 1 其他所有分量皆 0 的向量. 因为节点剖分向量为 $\underline{n} + (m - 1)\underline{1}_1$ 的植树与边缘长 $m$, $m \geqslant 3$, 非边缘节点剖分向量 $\underline{n}$ 的单边缘根地图 1–1 对应, 由定理 2.1.3, 不同构的边缘长 $m$ 节点剖分向量 $\underline{n}$ 的单边缘根地图数目为

$$\eta(m, \underline{n}) = \frac{(m + n - 1)!}{(m + n_1 - 1)! (\underline{n} - n_1 \underline{1}_1)!},$$

其中 $n = |\underline{n}| = n_1 + n_2 + \cdots$. 和, 考虑到在 $\underline{n}$ 中 $n_1 = 0$, 即得引理.         ⧠

在上面的三个引理基础上, 即可得到本节的主要结果.

**定理 2.3.1**  边缘长 $m \geqslant 6$ 和非边缘节点剖分向量 $\underline{n}$ 双边缘内根地图的数目为

$$\sum_{(m_1, m_2, \underline{n}^1, \underline{n}^2) \in \mathcal{L}} \left\langle \begin{array}{c} m_2 \\ m_1 \end{array} \right\rangle \frac{(n^1 + m_1 - 1)!}{(m_1 - 1)! \underline{n}^1!} \frac{(n^2 + m_2 - 1)!}{(m_2 - 1)! \underline{n}^2!}, \tag{2.3.7}$$

其中, $\mathcal{L} = \{(m_1, m_2, \underline{n}^1, \underline{n}^2) | m_1 + m_2 = m, \underline{n}^1 + \underline{n}^2 = \underline{n}, m_1, m_2 \geqslant 3\}$.

**证** 对于任何给定的 $m_1$ 和 $m_2$, $m_1 + m_2 = m$, 以及 $\underline{n}^1$ 和 $\underline{n}^2$, $\underline{n}^1 + \underline{n}^2 = \underline{n}$, 由引理 2.3.3~2.3.4 知, 将 $\mathcal{D}_m$ 分为

$$\sum_{(m_1,m_2,\underline{n}^1,\underline{n}^2)\in\mathcal{L}} \frac{(n^1+m_1-1)!}{(m_1-1)!\underline{n}^1!}\frac{(n^2+m_2-1)!}{(m_2-1)!\underline{n}^2!}$$

类. 再由引理 2.3.2, 每一类具有

$$\left\langle \begin{matrix} m_2 \\ m_1 \end{matrix} \right\rangle$$

个不同构的边缘长 $m$ 和非边缘节点剖分向量 $\underline{n}$ 双边缘内根地图. 从而, 定理得证. ▯

## §2.4 曲面上的泛花

一个地图称为泛花是指它可以看作在一个标准瓣丛的棱内插入一个树的所有悬挂点而得到的. 这个瓣丛可视为边缘. 因为瓣丛的基准图一般不是圈, 泛花是带边缘地图的推广. 而泛 Halin 地图则是泛花当这个瓣丛不对称的情形.

为处理上方便, 将泛花中那个瓣丛称为它的基地图. 若基地图的基准图的一条边内允许无树的悬挂点则称这种泛花为准规范的. 若在每一条边上至少有树的一个悬挂点, 则这种准规范的泛花被称为规范的. 本节就是讨论这两种泛花在曲面上 (除平面外) 的节点剖分计数.

令 $\mathcal{H}_{\mathrm{psH}}$ 为所有带根准规范的泛花的集合, 其中根取定为基本集中一个与基地图那个节点关联的一个元素. 对任何 $H = (\mathcal{X}, \mathcal{J}) \in \mathcal{H}_{\mathrm{psH}}$, 将其上那个树 $T_H$ 视为植树, 它的根为在 $H$ 的根面上, 从根出发第一次遇到的 $T_H$ 基本集中的元素. 否则, 从根出发在根点处第一次遇到 $T_H$ 基本集的元素.

**引理 2.4.1** 设 $\mathcal{H}_{\mathrm{psH}}(p;\underline{s})$ 为以 $\underline{s} = (s_2, s_3, \cdots)$ 作节点剖分向量, 在亏格是 $p$ 的可定向曲面上, 带根准规范泛花的集合, 则有

$$|\mathcal{H}_{\mathrm{psH}}(p;\underline{s})| = 2^{j_1-\delta_{p,1}+2}\binom{j_1+2p}{2p-1}|\mathcal{T}_1(\underline{j})|, \tag{2.4.1}$$

其中 $\mathcal{T}_1(\underline{j})$ 是以 $\underline{j} = (j_1, j_2, \cdots)$ 为节点剖分向量的植树的集合, 使得 $s_i = j_i$, $i \neq 3$; $s_3 = j_1 + j_3 + 1$, $p \geqslant 1$, $\underline{s} \geqslant \underline{0}$, $\underline{j} \geqslant \underline{0}$, 但 $\underline{s} \neq \underline{0}$ 和 $\underline{j} \neq \underline{0}$. 以及, $\delta_{p,1}$ 为 Kronecker 记号, 即当 $p=1$, $\delta_{p,1}=1$; 否则, $\delta_{p,1}=0$.

**证** 根据准规范性, 以及泛花的定义即可知 (2.4.1) 式左端集合中的任一元素均有右端 $\mathcal{T}_1(\underline{j})$ 中一个元素与之相应.

下面, 往证从任何 $T = (\mathcal{X}, \mathcal{J}) \in \mathcal{T}_1(\underline{j})$, 可以产生 $\mathcal{H}_{\mathrm{psH}}(p;\underline{s})$ 中 $2^{j_1-\delta_{p,1}+2}\binom{j_1+2p}{2p-1}$ 个地图.

记 $(r)$, $(x_1)$, $(x_2)$, $\cdots$, $(x_{j_1})$ 为 $T$ 的所有悬挂点, 即存在 $0 < l_1 < l_2 < \cdots < l_{j_1}$, 使得 $x_i = (\mathcal{J}\alpha\beta)^{l_i} r$, $i = 1, , 2, \cdots, j_1$, $r = r(T)$ 为 $T$ 的根.

首先, 注意到基地图的基准图为具有 $2p$ 个自环, 仅一个节点的图. 它在亏格为 $2p$ 的可定向曲面上的嵌入, 只可能有一个面. 由于其自同构群的阶, 当 $p = 1$ 时为 8, 只有一种可能方式; 和当 $p \geqslant 2$ 时, 这个阶为 $2p$, 有两种可能方式.

然后, $T$ 的这 $j_1 + 1$ 个悬挂点 $(r)$, $(x_i)$, $i = 1, 2, \cdots, j_1$, 在基地图边上的分配计有 $j_1 + 2$ 个间隙中可重复地取 $2p - 1$ 种组合方式. 这个数就是

$$\binom{j_1 + 2 + (2p-1) - 1}{2p - 1} = \binom{j_1 + 2p}{2p - 1}.$$

最后, 注意到每一个元素 $r$, $x_i$, $i = 1, 2, \cdots, j_1$, 均恰有两种选择方式, 即或者在基地图一边 $x$ 的 $\{\alpha x, \alpha\beta x\}$ 一侧; 或者 $\{x, \beta x\}$ 一侧. 从而, 有

$$2^{j_1 + 1}$$

种方式. 综合上述三方面, 即得所欲求.

基于这个引理, 以及 §2.1 中的结果, 即可导出

**定理 2.4.1**    在亏格为 $p$ 的可定向曲面上, 以 $\underline{s} = (s_2, s_3, \cdots)$ 为节点剖分向量, 且基地图上有 $m$ 个忽略的节点的带根准规范泛花的数目是

$$2^{m - \delta_{p,1} + 1} \binom{m + 2p - 1}{2p - 1} \binom{s_3}{m} \frac{n!m}{\underline{s}!}, \tag{2.4.2}$$

其中, $\underline{s}! = \prod_{i \geqslant 2} s_i! = s_2! s_3! \cdots$ 和 $n + 2 = \sum_{i \geqslant 2} s_i$.

**证**    由引理 2.4.1 可知, 这个数目应为

$$2^{m - \delta_{p,1} + 1} \binom{m + 2p - 1}{2p - 1} \tau_1(\underline{j}),$$

其中 $\underline{j} = (j_1, j_2, j_3, \cdots)$ 使得 $j_1 + 1 = m$, $j_3 = s_3 - m$ 和 $j_i = s_i$, $i \neq 3$, $i \geqslant 2$. 又, 由定理 2.1.3, 有

$$\tau(\underline{j}) = \frac{(n' - 1)!}{\underline{j}!} = \frac{n!}{(m-1)! s_2! (s_3 - m)! s_4! \cdots}$$
$$= \binom{s_3}{m} \frac{n!m}{\underline{s}!},$$

其中 $n = n' - 1 = \sum_{i \geqslant 1} j_i - 1 = \sum_{i \geqslant 2} s_i - 2$, 将之代入上式, 即可得 (2.4.2) 式.

令 $\tilde{\mathcal{H}}_{\mathrm{psH}}(q; \underline{s})$ 为在亏格是 $q$ 的不可定向曲面上, 所有以 $\underline{s} = (s_2, s_3, \cdots)$ 为节点剖分向量的, 带根准规范泛花的集合, $\underline{s} \geqslant \underline{0}$, 但 $\underline{s} \neq \underline{0}$.

**引理 2.4.2** 对于 $\tilde{\mathcal{H}}_{\text{psH}}(q;\underline{s})$, $q > 0$, $\underline{s} \geqslant \underline{0}$, 但 $\underline{s} \neq \underline{0}$, 有

$$|\tilde{\mathcal{H}}_{\text{psH}}(q;\underline{s})| = 2^{m-\delta_{q,1}+1} \binom{m+q-1}{q-1} |\mathcal{T}_1(\underline{j})|, \tag{2.4.3}$$

其中 $\underline{j} = (m-1, s_2, s_3 - m, s_4, s_5, \cdots)$ 和 $m$ 为 3-次节点中在基地图上被忽略的数目.

**证** 与引理 2.4.1 的证明相仿. 但注意这时, $\tilde{\mathcal{H}}_{\text{psH}}(q;\underline{s})$ 中地图的基地图, 忽略所有非根节点后, 恰有 $q$ 条边, 而不是那里的 $2p$ 条边, 和自同构群的阶为 $2q$, 当 $q \geqslant 2$; 4, 当 $q = 1$, 就够了. ◻

与定理 2.4.1 相仿地, 这时有

**定理 2.4.2** 在亏格为 $q$ 的不可定向曲面上, 以 $\underline{s} = (s_2, s_3, \cdots)$ 为节点剖分向量, 基地图忽略的节点数为 $m(\geqslant 2)$ 的带根准规范泛花的数目是

$$2^{m-\delta_{q,1}+1} \binom{m+q-1}{q-1} \binom{s_3}{m} \frac{n!m}{\underline{s}!}, \tag{2.4.4}$$

其中 $n+2 = \sum_{i \geqslant 2} s_i$ 和 $\underline{s}! = \prod_{i \geqslant 2} s_i!$.

**证** 与定理 2.4.1 的证明相仿, 由引理 2.4.2 和定理 2.1.3, 直接可得. ◻

对于规范泛花, 记 $\mathcal{H}_{\text{sH}}$ 为所有这种带根地图的集合. 由定义可以看出, 若这种地图的基地图有 $m$ 个忽略的节点, 则它不可能在亏格大于 $m/2$ 的可定向, 或亏格大于 $m$ 的不可定向曲面上.

**引理 2.4.3** 设 $\mathcal{H}_{\text{sH}}(p;\underline{s})$ 为在亏格 $2p$ 的可定向曲面上, 所有以 $\underline{s} = (s_2, s_3, \cdots)$ 为节点剖分向量的规范泛花的集合. 若 $\mathcal{H}_{\text{sH}}(p;\underline{s})$ 中地图的基地图非根节点数为 $m \geqslant 2p$, 则有

$$|\mathcal{H}_{\text{sH}}(p;\underline{s})| = 2^{m-\delta_{p,1}+1} \binom{m-1}{2p-1} |\mathcal{T}_1(\underline{j})|, \tag{2.4.5}$$

其中 $\mathcal{T}_1(\underline{j})$ 与前面一样为以 $\underline{j} = (j_1, j_2, j_3, \cdots)$ 为节点剖分向量的植树的集合, 使得 $j_1 = m-1$, $j_3 = s_3 - m$, $j_i = s_i$, $i \neq 3$, $i \geqslant 2$.

**证** 对任何 $H \in \mathcal{H}_{\text{sH}}(p;\underline{s})$, 由规范性与泛花的定义, 即可知存在 $\mathcal{T}_1(\underline{j})$ 中的一个植树与之对应. 这里, 只需证明, 对任何一个植树 $T = (\mathcal{X}, \mathcal{J}) \in \mathcal{T}_1(\underline{j})$, 可以产生 $\mathcal{H}_{\text{sH}}(p;\underline{s})$ 中

$$2^{m-\delta_{p,1}+1} \binom{m-1}{2p-1}$$

个地图.

首先, 注意到 $\mathcal{H}_{\text{sH}}(p;\underline{s})$ 中地图的基地图, 忽略非根节点后的基准图, 恰有 $2p$ 条边, 且它在亏格为 $p$ 的可定向曲面上, 只有 $2^{1-\delta_{p,1}}$ 个嵌入.

然后, 由于基地图上非根节点数为 $m$, $T$ 只能有 $m-1$ 个非根悬挂节点, 记之为 $(x_1), \cdots, (x_{m-1})$. 再由规范性, 在线性序 $\langle (r), (x_1), (x_2), \cdots, (x_{m-1}) \rangle$ 中, 只有

$m-1$ 个间隙可选择. 从而, 任选 $2p-1$, 均可将这个线性序, 划分为 $2p$ 个非空的线性段. 这就有

$$\binom{m-1}{2p-1}$$

种不同方式.

最后注意到 $T$ 的 $m$ 条悬挂边 (包括根边!) 每条均有两种可能选择, 可知共有

$$2^m$$

种不同选择. 综合以上两种情况, 即可得欲证.　　　　　　　　　　　　　　　ъ

基于此, 有

**定理 2.4.3**　在给定亏格 $p \geqslant 1$ 的可定向曲面 $S_p$ 上, 以 $\underline{s}=(s_2,s_3,\cdots)$ 为节点剖分向量, 基地图的非根节点数为 $m \geqslant 2p$ 的, 带根规范泛花的数目是

$$2^{m-\delta_{q,1}+1}\binom{m-1}{2p-1}\binom{s_3}{m}\frac{n!m}{\underline{s}!}, \tag{2.4.6}$$

其中 $n+2=\sum_{i\geqslant 2}s_i$.

**证**　与定理 2.4.1 的证明相仿. 只是这里用引理 2.4.3 而不是引理 2.4.1.　　　ъ

再看一看, 不可定向的情形.

**引理 2.4.4**　令 $\tilde{\mathcal{H}}_{\mathrm{sH}}(q;\underline{s})$ 为在亏格是 $q \geqslant 1$ 的不可定向曲面上, 所有以 $\underline{s}=(s_2,s_3,\cdots)$ 为节点剖分向量的, 带根规范泛花的集合, 若它的每个地图的基地图均有 $m$ 个非根节点, 则有

$$|\tilde{\mathcal{H}}_{\mathrm{sH}}(q;\underline{s})| = 2^{m-\delta_{q,1}+1}\binom{m-1}{q-1}\tau(\underline{j}), \tag{2.4.7}$$

其中 $\tau_1(\underline{j})=|\mathcal{T}_1(\underline{j})|$, $\underline{j}=(j_1,j_2,j_3,\cdots)$, $j_1=m-1$, $j_3=s_3-m$, $j_i=s_i$, $i\neq 3$, $i\geqslant 2$.

**证**　与引理 2.4.3 的证明相仿. 但注意这里曲面的亏格为 $q$, 每个基地图忽略所有非根节点之基准图恰具有 $q$ 条边, 而不是 $2p$ 条边, 以及 $2^{1-\delta_{q,1}}$ 个可能情况, 即得引理之结论.　　　　　　　　　　　　　　　　　　　　　　　　　　ъ

由此, 又可得

**定理 2.4.4**　在给定亏格 $q \geqslant 1$ 的不可定向曲面上, 以 $\underline{s}=(s_2,s_3,\cdots)$ 为节点剖分, 且基地图均具有 $m$ 个非根节点的带根规范泛花的数目是

$$2^{m-\delta_{q,1}+1}\binom{m-1}{q-1}\binom{s_3}{m}\frac{n!m}{\underline{s}!}, \tag{2.4.8}$$

其中, $\underline{s}\geqslant\underline{0}$, $\underline{s}\neq\underline{0}$, $m\geqslant q\geqslant 1$ 和 $n+2=\sum_{i\geqslant 2}s_i$.

**证**　与定理 2.4.3 的证明相仿. 只要注意, 这里是用引理 2.2.4, 而不是引理 2.2.4 即足.　　　　　　　　　　　　　　　　　　　　　　　　　　　　　　ъ

# §2.5　注　　记

**2.5.1**　植树是 Tutte 于 20 世纪 60 年代引进的 [Tut8]. 在这篇文章中, 还讨论了这种地图带色的节点剖分计数, 并给出了一些显式. 然而, 在 §2.1 中利用的方法比那里的要简单得多. 也可用这种方法解带色的计数问题. 平面树的计数, 则是曾被多人研究过. 例如, [HaT1], [HPT1]. 在这两篇文献中, 带色与不带色的无根情况均讨论过. 本章中的矩阵, 以及泛函形式则首见于 [Liu21].

**2.5.2**　Halin 地图在曲面上的依节点剖分计数, 以及少参数 (包括亏格) 计数函数的确定, 仍然是有待研究的.

**2.5.3**　对于一个给定 Halin 图, 确定在某给定亏格的曲面上是否有嵌入, 以及这种嵌入数的确定.

**2.5.4**　Halin 地图可以视为泛 Halin 地图的特殊情形. 也可用 §2.4 中的方法直接确定 Halin 地图依节点剖分的计数显式. 不过这时, 基图拓扑等价于一个自环. 且, 根节点为二次的. 因它是可压缩的, 或者说同伦于 0, 在 (2.4.1)~(2.4.8) 式中的系数 $2^m$ 不见了, 要用 1 代之.

**2.5.5**　所谓一个地图 $M$ 对于给定亏格 $g$(可定向, 或否) 的曲面是极小的, 指的是从 $M$ 中任意去掉一条边, 若所得的仍是一个地图而且它的亏格小于 $g$, 或者所得的不再是地图, 即它的基准图至少有二个连通片. 对于泛花, 它的基地图一定是极小的. 那么, 如何确定拓扑不等价的所有极小地图, 值得研究.

**2.5.6**　也可以用先建立泛花 (准规范, 或规范) 节点剖分计数函数, 所满足的泛函方程, 然后通过直接求解确定这个函数的显式, 以得定理 2.4.1~2.4.4.

**2.5.7**　本章可以用作者新近发现的初等方法重写 [Liu65]. 考虑到专著中理论的完整性与方法的统一性, 还是基本保留第一版原来的形式. 不过, §2.4 的主要公式被完善了. 又新增了 §2.3. 双边缘地图比 Halin 地图更广泛.

# 第 3 章 外平面地图

## §3.1 冬 梅 地 图

一个冬梅地图就是这样的一个带根的平面地图, 使得它的根节点不在圈上, 且若将每个圈收缩为一个节点, 它就变成了树. 同时, 由圈收缩到的节点均为这一树的悬挂点, 即次为 1 的节点. 注意, 自环被视为圈. 由定义可以看出, 根边必为割边. 若一个冬梅地图没有圈, 则它本身就是一个树.

令 $\mathcal{W}$ 为所有冬梅地图的集合. 可将冬梅地图分为三类: $\mathcal{W}^{(\mathrm{I})}$, $\mathcal{W}^{(\mathrm{II})}$ 和 $\mathcal{W}^{(\mathrm{III})}$. 这里, $\mathcal{W}^{(\mathrm{I})}$ 仅由一个地图, 即节点地图组成. $\mathcal{W}^{(\mathrm{II})}$ 含所有那些根边的非根端与圈关联的冬梅地图.

记 $\mathcal{W}_i, i \geqslant 0$, 为所有根节点的次是 $i$ 的冬梅地图的集合. 容易看出, $\mathcal{W}^{(\mathrm{I})} = \mathcal{W}_0$. 且, 有

$$\mathcal{W} = \sum_{i \geqslant 0} \mathcal{W}_i \tag{3.1.1}$$

和与引理 2.1.1 相仿地, 有

$$\mathcal{W}_i = \mathcal{W}_1^{\odot i}, \tag{3.1.2}$$

其中 $i \geqslant 2$.

**引理 3.1.1** 令 $\mathcal{W}_1' = \{W - o | \forall W \in \mathcal{W}_1\}$, 其中 $o$ 为 $W$ 的根节点. 则有

$$\mathcal{W}_1^{(\mathrm{III})'} = \mathcal{W}. \tag{3.1.3}$$

其中 $\mathcal{W}_1^{(\mathrm{III})} = \mathcal{W}_1 \cap \mathcal{W}^{(\mathrm{III})}$.

证 首先, 由于 $\mathcal{W}^{(\mathrm{III})}$ 的任何地图之根的非根端均不与圈关联, 可以看出 $\mathcal{W}^{(\mathrm{III})'}$ 的任何一个元素均为 $\mathcal{W}$ 中的一个元素.

然后, 对任何 $W = (\mathcal{X}, \mathcal{J}) \in \mathcal{W}$, 可用加一边 $(o, v_r(W)) = Kr_1$ 而得 $W_1 = (\mathcal{X} + Kr_1, \mathcal{J}_1) \in \mathcal{W}$, 其中 $o = (r_1), r_1 = r(W_1)$. 由于 $(r_1) = o$ 的次为 1, 且 $v_{\beta r_1} = (\alpha \beta r_1, r, \mathcal{J}_r, \cdots, \mathcal{J}^{-1}r)$ 使得

$$(r, \mathcal{J}r, \cdots, \mathcal{J}^{-1}r) = v_r(W),$$

可知, $v_{\beta r_1}$ 在 $W$ 中不与圈关联, 故 $W_1 \in \mathcal{W}_1^{(\mathrm{III})}$. 这就意味, $W = W_1 - o \in \mathcal{W}_1^{(\mathrm{III})'}$.

对于地图 $W_1 \in \mathcal{W}_1^{(\mathrm{III})}$, $\langle o_1, o_2 \rangle = Kr_1$ 和 $r_1 = r(W_1)$, 记 $W_{-1}$ 就是在 $W_1$ 中用 $r_{-1} = \alpha\beta r_1 = r(W_{-1})$ 作为根代替 $r_1$ 而得到的. 可见, $W_{-1}$ 的根边为 $\langle o_2, o_1 \rangle$. 易验证, $W_{-1} \in \mathcal{W}$.

**引理 3.1.2**　令 $\mathcal{W}'_{-1} = \{W_{-1} - o_1 | \forall W_1 \in \mathcal{W}_1^{(\mathrm{III})}\}$. 则有

$$\mathcal{W}'_{-1} = \mathcal{W}. \tag{3.1.4}$$

注意, $W_{-1} - o_1$ 的根边不可能再是 $\langle o_2, o_1 \rangle$, 而规定为 $K\mathcal{J}_{-1}r_{-1}$, 其中 $\mathcal{J}_{-1}$ 为确定 $W_{-1}$ 的置换.

**证**　因为容易验证,

$$\mathcal{W}'_{-1} = \mathcal{W}_1^{(\mathrm{III})'}. \tag{3.1.5}$$

由引理 3.1.1, 即得引理. ♭

**引理 3.1.3**　令 $\mathcal{C}$ 为所有圈的集合. 因自环也视为圈, 故在 $\mathcal{C}$ 中. 则, 有

$$|\mathcal{W}^{(\mathrm{II})}| = |\mathcal{W} \times \mathcal{C}|. \tag{3.1.6}$$

其中, $\times$ 表示笛卡儿积.

**证**　对任何 $W \in \mathcal{W}^{(\mathrm{II})}$, 记 $W = C \dot{+} W_{-1}$. 其中, $C$ 与 $W_{-1}$ 的公共节点为 $o_1$, 即 $W_1$ 的根节点和 $W_{-1}$ 的一个非环悬挂点. 由于 $W_1 \in \mathcal{W}_1^{(\mathrm{III})}$, 从引理 3.1.1 知, $W$ 也是, 且仅对应 $\mathcal{W} \times \mathcal{C}$ 中的一个元素.

反之, 对任何 $W \in \mathcal{W}$ 和任何 $C \in \mathcal{C}$, 总可通过添加一边 $\langle o, v_r(W) \rangle = Kr_1$ 到 $W$ 上得 $W_1$ 使得 $o = (r_1), r_1 = r(W_1)$. 由于可以验证 $W_1 \in \mathcal{W}^{(\mathrm{III})}$, 这就唯一地得到 $C \dot{+} W_{-1} \in \mathcal{W}^{(\mathrm{II})}$. ♭

现在, 可以考查 $\mathcal{W}^{(\mathrm{III})}$ 与 $\mathcal{W}$ 之间的关系了.

**引理 3.1.4**　对于 $\mathcal{W}^{(\mathrm{III})}$, 有

$$\mathcal{W}^{(\mathrm{III})'} = \mathcal{W}. \tag{3.1.7}$$

这里, $\mathcal{W}^{(\mathrm{III})'} = \{W \bullet a | \forall W \in \mathcal{W}^{(\mathrm{III})}\}$, $a$ 为 $W$ 的根边.

**证**　对任何 $W \in \mathcal{W}^{(\mathrm{III})'}$, $W = W_1 \bullet a_1, W_1 \in \mathcal{W}^{(\mathrm{III})}$, 由于 $a_1$ 的非根端不与圈关联, 有 $W \in \mathcal{W}$.

反之, 对任何 $W \in \mathcal{W}$, 由于若它不是节点地图, 则它的根节点不是割点就是悬挂点, 总可以通过劈分它的根节点为二节点和连它们以边 $\tilde{a}$ 而得 $\tilde{W}$, 并规定 $\tilde{W}$ 的根边为 $\tilde{a}$. 可以看出 $\tilde{a}$ 为 $\tilde{W}$ 的割边. 因为 $W$ 的根点不与圈关联, 故 $\tilde{W} \in W^{(\mathrm{III})}$. 从而, $W = \tilde{W} \bullet \tilde{a} \in \mathcal{W}^{(\mathrm{III})'}$. ♭

给定非负整数 $m, n_1, n_2, \cdots$. 令 $\mathcal{W}(m; \underline{n})$ 为所有根节点次是 $m$, 次是 $i$ 的非根节点数为 $n_i, i \geqslant 1$, 的冬梅地图的集合, 节点剖分向量 $\underline{n} = (n_1, n_2, \cdots)$.

**引理 3.1.5**　对任何给的整数 $m \geqslant 0$ 和 $\underline{n} = (n_1, n_2, \cdots) \geqslant \underline{0}$, 有

$$|\mathcal{W}^{(\mathrm{III})}(m;\underline{n})| = \sum_{i \geqslant 1} |\mathcal{W}(m+i-2;\underline{n}-e_i)|, \tag{3.1.8}$$

其中 $e_i$ 为除第 $i$ 个分量为 1 外其它分量全为 0 的行向量.

**证**　对于 $W \in \mathcal{W}^{(\mathrm{III})}(m;\underline{n})$, 设根边的非根端的次为 $i$. 将它的根边收缩为一个节点, 如 (1.1.5) 式所示得一地图 $W'$. 由引理 3.1.2, $W'$ 也为冬梅地图. 因为 $W'$ 比 $W$ 只少一个次为 $i$ 的节点, 且 $W'$ 仅根节点 $v_{r'}$ 与 $W$ 的不同和 $v_{r'}$ 的次为 $m+i-2$, 故 $W' \in \mathcal{W}(m+i-2;\underline{n}-e_i)$.

另一方面, 对任何 $W = (\mathcal{X}, \mathcal{J}) \in \mathcal{W}$ 使得其根节点的次为 $m+i-2$ 和次是 $j$ 的非根节点数为 $n_j, j \neq i; n_i - 1, j = i$, 总可唯一地通过将它的根节点劈分为二节点并连此二节点以一边作为根边 $K\tilde{r}$ 使得非根端为 $(r, \mathcal{J}r, \cdots, \mathcal{J}^{i-2}r, \alpha\beta\tilde{r})$, 即其次为 $i$, 和根节为 $(\tilde{r}, \mathcal{J}^{i-1}r, \cdots, \mathcal{J}^{m+i-3}r)$, 即其次为 $m$, 得地图 $\tilde{W}$. 可以验证, $\tilde{W} \in \mathcal{W}$. 由于 $m,i \geqslant 1$, 当 $m+i = 2$, 即只能 $i = m = 1$ 时, $W' = \vartheta$, 即节点地图, 和 $\tilde{W} = L_0$, 即杆地图. 自然, $L_0 \in \mathcal{W}^{(\mathrm{III})}$. 一般情形, 如果不是 $m+i=3$(这时可以验证 $\tilde{W} \in \mathcal{W}^{(\mathrm{III})}$), 则 $W$ 的根节点必为割点. 由此, 它本身不可能与圈关联, 这就导致 $\tilde{W}$ 的根边的非根端不与圈关联. 从而, $\tilde{W} \in \mathcal{W}^{(\mathrm{III})}$.

综上所述, 引理得证.　　　　　　　　　　　　　　　　　　　　　　　　∎

考虑到对向量 $\underline{y} = (y_1, y_2, \cdots)$ 与向量 $\underline{n} = (n_1, n_2, \cdots)$, 约定

$$\underline{y}^{\underline{n}} = \prod_{i \geqslant 1} y_i^{n_i} \tag{3.1.9}$$

和令 $w = w_{\mathcal{W}}(x; \underline{y})$, 则

$$w = \sum_{W \in \mathcal{W}} x^{m(W)} \underline{y}^{\underline{n}(W)}$$

$$= \sum_{m \geqslant 0, \underline{n} \geqslant 0} c_{\mathcal{W}}(m;\underline{n}) x^m \underline{y}^{\underline{n}} \tag{3.1.10}$$

为冬梅地图的计数函数.

**定理 3.1.1**　由 (3.1.10) 式给出的计数函数满足如下的方程:

$$w = 1 + \frac{xy_3 w}{1-y_2} + \sum_{i \geqslant 1} x^{2-i} y_i [w]_{i-2}, \tag{3.1.11}$$

其中, $[W]_{i-2}$ 为从 $w$ 中去掉所有 $x^j, j \leqslant i-2$, 项得到的截段, 或依 (2.1.15) 式的说法, $(i-1)$-截段.

**证**　因为 $\mathcal{W} = \mathcal{W}^{(\mathrm{I})} + \mathcal{W}^{(\mathrm{II})} + \mathcal{W}^{(\mathrm{III})}$, 只需求 $w_1 = w_{\mathcal{W}^{(\mathrm{I})}}$, $w_2 = w_{\mathcal{W}^{(\mathrm{II})}}$, 和 $w_3 = w_{\mathcal{W}^{(\mathrm{III})}}$. 由于 $\mathcal{W}^{(\mathrm{I})}$ 只含一个地图, 即节点地图 $\vartheta$, 有 $w_1 = 1$. 由于 $\mathcal{C}$ 的计数

函数为 $\dfrac{1}{1-y_2}$, 从引理 3.1.3 可得

$$w_2 = \frac{xy_3}{1-y_2}w.$$

其中, 注意到 $W_1 = C\dotplus W_{-1} \in \mathcal{W}^{(\mathrm{II})}$ 为在 $W$ 基础上增一新边, 使 $W_1$ 的根节点次比 $W$ 多 1, 和增了一个圈, 使新出现一个次为 3 的节点. 最后, 又引理 3.1.5, 有

$$
\begin{aligned}
w_3 &= \sum_{m \geqslant 1, \underline{n} \geqslant \underline{0}} c_{\mathcal{W}^{(\mathrm{III})}}(m; \underline{n}) x^m \underline{y}^{\underline{n}} \\
&= \sum_{i \geqslant 1} x^{2-i} y_i \sum_{\substack{m \geqslant i-1 \\ \underline{n} \geqslant \underline{0}}} c_{\mathcal{W}}(m; \underline{n}) x^m \underline{y}^{\underline{n}} \\
&= \sum_{i \geqslant 1} x^{2-i} y_i [w]_{i-2}.
\end{aligned}
$$

从而, 定理得证. ♭

若将计数函数 $w$ 视为 $x$ 的幂级数, 即

$$w = \sum_{m \geqslant 0} w_m x^m, \tag{3.1.12}$$

则 $w$ 可由向量 $\underline{w} = (w_1, w_2, \cdots)$ 确定.

**定理 3.1.2** 如下的线性方程组:

$$(I - Y_{\mathcal{W}})\xi^{\mathrm{T}} = ce_1^{\mathrm{T}}, \tag{3.1.13}$$

其中

$$c = y_1 + \frac{y_3}{1-y_2} \tag{3.1.14}$$

和

$$
Y_{\mathcal{W}} = \begin{pmatrix}
y_2 & y_3 & y_4 & y_5 & \cdots \\
c & y_2 & y_3 & y_4 & \cdots \\
0 & c & y_2 & y_3 & \cdots \\
0 & 0 & c & y_2 & \cdots \\
\vdots & \ddots & \ddots & \ddots & \ddots
\end{pmatrix}, \tag{3.1.15}
$$

是适定的, 且它的解为 $\xi = \underline{w}$.

**证** 根据定理 3.1.1, 通过用 (3.1.12) 式代替 (3.1.13) 式, 和将 (3.1.11) 式右端展开为 $x$ 的幂级数, 比较方程 (3.1.13) 两端之系数, 即可唯一地得到其解 $\xi = \underline{w}$. ♭

**引理 3.1.6** 令 $\mathcal{W}_i$ 为根节点次是 $i, i \geqslant 1$ 的所有冬梅地图的集合. 则有

$$\mathcal{W}_i = \mathcal{W}_1^{\odot i}. \tag{3.1.16}$$

其中, $i \geqslant 2$.

证 对任何 $W \in \mathcal{W}_i, i \geqslant 2$, 由于根边是割边, 有唯一的表示

$$W = \sum_{1 \leqslant j \leqslant i}^{\bullet} W_j$$

使得 $W_j \in \mathcal{W}_1, 1 \leqslant j \leqslant i$. 从而, $w \in \mathcal{W}_1^{\odot i}$.

反之, 由于任何 $W \in \mathcal{W}_1^{\odot i}$ 均有 $W \in \mathcal{W}$. 且, 因为其根节点的次必为 $i$, 故 $W \in \mathcal{W}_i$.                                                                                                      ♭

由引理 3.1.6, 即可得

$$w_i = w_1^i. \tag{3.1.17}$$

其中, $i \geqslant 2$. 这就使得可以只讨论 $w_1$ 就可确定 $\underline{w}$.

**引理 3.1.7** 函数 $w_1$ 满足如下的方程:

$$\omega_1 = \left(y_1 + \frac{y_3}{1-y_2}\right)\left(1 - \sum_{i \geqslant 2} y_i \omega_1^{i-2}\right)^{-1}. \tag{3.1.18}$$

证 由方程组 (3.1.13) 中的第一个方程, 有

$$\omega_1 = \left(y_1 + \frac{y_3}{1-y_2}\right) + \sum_{i \geqslant 2} y_i \omega^{i-1}$$

由引理 3.1.6,

$$\omega_1 = \left(y_1 + \frac{y_3}{1-y_2}\right) + \omega_1 \sum_{i \geqslant 2} y_i \omega_1^{i-2}.$$

从而, 即可得引理.                                                                                                      ♭

根节点次为 1 的冬梅地图, 也称植冬梅地图.

**定理 3.1.3** 依节点剖分的植冬梅地图的计数函数有如下的显式:

$$\omega_1 = \sum_{\substack{n \geqslant 1, l \geqslant 0 \\ \underline{j} \in J(n,l)}} \frac{B_n(l, j_2, j_3)}{\underline{j}!} \underline{y}^{\underline{j}}, \tag{3.1.19}$$

其中

$$J(n,l) = \left\{\underline{j} \,\Big|\, \sum_{i \geqslant 1} j_i = n, \sum_{i \geqslant 1} ij_1 = 2(n+l) - 1\right\},$$

使得 $n$ 和 $l$ 分别为一个植冬梅地图的非根节点数与圈的数目, 以及

$$B_n(l, j_2, j_3) = \sum_{s \geqslant 0} A_n(s, l, j_2, j_3) \tag{3.1.20}$$

和

$$A_n(s, l, j_2, j_3) = \frac{(n - s - 1)!(l + s - 1)!j_2!j_3!}{(j_2 - s)!(j_3 - l)!l!(l - 1)!s!}.$$ (3.1.21)

这里, $s, l, j_2 \geqslant 0$ 和 $n \geqslant 1$.

　　**证** 比较 (3.1.18) 式与 (2.1.24) 式, 由定理 2.1.3 知

$$\omega_1 = \sum_{n \geqslant 1} \sum_{\underline{j} \in J} \frac{(n - 1)!}{\underline{j}!} \underline{y}^{\underline{j}} \bigg|_{y_1 \to y_1 + \frac{y_3}{1 - y_2}},$$

其中, $\underline{j} = (j_1, j_2, \cdots)$ 和

$$J = \left\{ \underline{j} \,\bigg|\, \sum_{i \geqslant 1} j_i = n, \sum_{n \geqslant 1} i j_i = 2n - 1 \right\}.$$

注意, 这里之 $n$ 为相应树的非根节点数. 由于

$$\begin{aligned}
\left( y_1 + \frac{y_3}{1 - y_2} \right)^{j_1} &= \sum_{l=0}^{j_1} \frac{j_1!}{l!(j_1 - l)!} y_1^{j_1 - l} y_3^l \sum_{s \geqslant 0} \frac{(l + s - 1)!}{(s - 1)!l!} y_2^s \\
&= \sum_{\substack{s \geqslant 0 \\ 0 \leqslant l \leqslant j_1}} \frac{j_1!(l + s - 1)!}{l!(j_1 - l)!(l - 1)!s!} y_1^{j_1 - l} y_2^s y_3^l,
\end{aligned}$$

有

$$\omega_1 = \sum_{\substack{n, l \geqslant 1, s \geqslant 0 \\ \underline{j} \in J}} \sum_{l=0}^{j_1} \frac{(n - 1)!j_1!(l + s - 1)!}{\underline{j}!l!(j_1 - l)!(l - 1)!s!} y_2^s \left( \frac{y_3}{y_1} \right)^l \underline{y}^{\underline{j}}.$$

　　利用如下的变量代换:

$$\begin{cases}
j_1' = j_1 - l, & j_1 = j_1' + l; \\
j_2' = j_2 + s, & j_2 = j_2' - s; \\
j_3' = j_3 + l, & j_3 = j_3' - l; \\
j_i' = j_i, & \text{对于 } i \geqslant 4; \\
n' = n + s; & n = n' - s,
\end{cases}$$

即可得

$$\omega_1 = \sum_{\substack{n' \geqslant 1, \ s \geqslant 0 \\ l \geqslant 0}} \sum_{\underline{j}' \in J(n', l)} \frac{A_{n'}(s, l, j_2', j_3')}{\underline{j}'!} \underline{y}'^{\underline{j}'},$$

其中

$$A_{n'}(s, l, j_2', j_3') = \frac{(n' - s - 1)!(l + s - 1)!j_2'!j_3'!}{(j_2' - s)!(j_3' - l)!l!(l - 1)!s!}$$

和

$$J(n',l) = \left\{\underline{j'} \,\middle|\, \sum_{i\geqslant 1} j'_i = n', \sum_{i\geqslant 1} ij'_i = 2(n'+l)-1\right\}.$$

由于 $n', s$ 和 $l$ 分别为冬梅地图中非根节点的数目, 次是 $2$ 的节点数和圈的数目, 只需将式中的撇去掉, 即可经过调整导出此定理. ♭

进而, 看一看用阴影泛函表示的 $\omega$ 所满足的方程是什么样的.

**定理 3.1.4**    关于 $f = f(x, \underline{y})$, $\underline{y} = (y_1, y_2, \cdots)$, 的泛函方程

$$\left(1 - \frac{xy_3}{1-y_2}\right)w = 1 + x\int_y \left(y\delta_{x,y}\Big(zw(z)\Big)\right) \tag{3.1.22}$$

在环 $\mathcal{L}\{\Re; x, \underline{y}\}$, $\Re$ 为整数环, 中是适定的. 而且, 它的解为

$$w = 1 + \underline{x}\left(\sum_{i\geqslant 0}\left(y_1 + \frac{y_3}{1-y_2}\right)Y_\mathcal{W}^i e_1^{\mathrm{T}}\right), \tag{3.1.23}$$

其中, $\underline{x} = (x, x^2, x^3, \cdots)$ 和 $\delta_{x,y}$ 为如 (1.6.7) 式的 $(x, y)$-差分.

**证**    由引理 3.1.3, 有

$$\begin{aligned}
w_2 &= \sum_{W\in\mathcal{W}\times\mathcal{C}} x^{m(W)}\underline{y}^{\underline{n}(W)} \\
&= \left(\sum_{W_1\in\mathcal{W}} x^{m(W_1)}\underline{y}^{\underline{n}(W_1)}\right)\left(xy_3\sum_{C\in\mathcal{C}} y_2^{n_2(C)}\right) \\
&= \frac{xy_3}{1-y_2}w.
\end{aligned}$$

对任何 $W \in \mathcal{W}$, 令 $z_i$ 表示由劈分 $W$ 的根节点产生的那个新的非根节点, 它有 $i = 1, 2, \cdots, m(W)+1$ 种情形. 用引理 3.1.5, 有

$$w_3 = \sum_{W\in\mathcal{W}}\sum_{i=1}^{m(W)+1} x^i z_{m(W)-i+2}\underline{y}^{\underline{n}(W)}.$$

利用定理 1.6.3, 得

$$w_3 = x\int_z\left(z\delta_{x,z}\Big(uw(u)\Big)\right).$$

根据以上得的 $w_2$ 和 $w_3$ 的表示式, 再考虑到 $w_1 = 1$ 即可得 $w = w_1 + w_2 + w_3$. 分别用 $y, z$ 代替 $z, u$, 即可导出 (3.1.22) 式. 至于适定性, 可通过比较将 (3.1.22) 式两端展开为级数相应项之系数, 并论证所得的递推式的确定性导出. 进而, 由定理 3.1.2, 即可得 (3.1.23) 式. ♭

基于 (3.1.23) 式, 又可得如下的

**推论 3.1.1** 对任何一个非负整数序列 $l, j_1, j_2, \cdots$, 存在一个冬梅地图使得它有 $l$ 个圈和次是 $i$ 的非根节点数为 $j_i, i \geqslant 1$, 当且仅当, $\underline{j} \in J(n, l)$. 其中, $n$ 为非根节点的数目. ♮

在 (3.1.17) 式和 (3.1.19) 式之基础上, 即可得方程 (3.1.11), (3.1.13) 和 (3.1.22) 的解.

## §3.2 单圈地图

所谓单圈地图是指这样的带根平面地图, 使得它只含一个圈, 而且这个圈形成非根面的边界, 和根边落在这个圈上. 注意, 自环视为圈.

令 $\mathcal{U}$ 为所有单圈地图的集合. 可将 $\mathcal{U}$ 分为二类: $\mathcal{U}_{\mathrm{I}}$ 和 $\mathcal{U}_{\mathrm{II}}$. 其中, $\mathcal{U}_{\mathrm{I}}$ 为根边是自环的所有单圈地图的集合. 由单圈地图的定义, 自然 $\mathcal{U}_{\mathrm{II}}$ 就是根边在不是自环的圈上的所有单圈地图的集合.

**引理 3.2.1** 设 $\mathcal{U}_{\mathrm{I}}' = \{U \bullet a| \ \forall U \in \mathcal{U}_{\mathrm{I}}\}$, 其中 $a$ 为 $U$ 的根边. 则有

$$\mathcal{U}_{\mathrm{I}}' = \mathcal{T}, \tag{3.2.1}$$

即所有平面树的集合.

**证** 首先, 易看出, 任何 $U \in \mathcal{U}_{\mathrm{I}}'$ 均为树. 然后, 再看任何一个树 $T = (\mathcal{X}, \mathcal{J}) \in \mathcal{T}$ 均可添加一自环 $Kr'$ 使得

$$(r', \alpha\beta r', r\mathcal{J}r, \cdots, \mathcal{J}^{m(T)-1}r)$$

为根节点和 $r'$ 为根得地图 $U'$. 易验证, $U' \in \mathcal{U}_{\mathrm{I}}$. 且, $U' \bullet a' = T, a' = Kr'$. 从而, $T \in \mathcal{U}_{\mathrm{I}}'$. 综合上两个方面, 即得引理. ♮

令 $\mathcal{U}_{\mathrm{II}}(m; \underline{n}), \underline{n} = (n_1, n_2, \cdots)$, 为 $\mathcal{U}_{\mathrm{II}}$ 的这样的子集, 它包含了 $\mathcal{U}_{\mathrm{II}}$ 中所有那些根节点次 $m$ 和次 $i(i \geqslant 1)$ 的非根节点数 $n_i$ 的地图.

**引理 3.2.2** 对整数 $m \geqslant 2, n_i \geqslant 0, i \geqslant 1$, 有

$$\left|\mathcal{U}_{\mathrm{II}}(m; \underline{n})\right| = \sum_{i \geqslant 2} \left|\mathcal{U}(m + i - 2; \underline{n} - e_i)\right|. \tag{3.2.2}$$

其中 $e_i$ 为所有分量除第 $i$ 个为 1 外全为 0 的向量.

**证** 对任何 $U \in \mathcal{U}_{\mathrm{II}}(m; \underline{n})$, 设根边之非根端的次为 $i$. 由于根边总是在圈上, 且这个圈不是自环, 有 $i \geqslant 2$. 收缩根边到根节点, 因它所在的圈不是自环, 所得的地图 $U'$ 均为单圈地图. 它的根节点的次变为 $m + i - 2$ 和除次是 $i$ 的非根节点数少 1 外其它的不变, 即 $n_j(U') = n_j, j \neq i$. 这就意味 $U' \in \mathcal{U}(m + i - 2; \underline{n} - e_i)$.

反之, 对任何整数 $i \geqslant 2, m \geqslant 2$ 和地图 $U' = (\mathcal{X}', \mathcal{J}') \in \mathcal{U}$, 它的根节点次为 $m + i - 2$, 也可唯一地通过劈分根节点

$$(r', \mathcal{J}'r', \cdots, \mathcal{J}'^{m+i-3}r')$$

而为 $Kr = \langle o_1, o_2 \rangle$ 使得

$$o_1 = v_r = (r, \mathcal{J}'r', \mathcal{J}'^2 r', \cdots, \mathcal{J}'^{m-1}r')$$

和

$$o_2 = v_{\beta r} = (\alpha\beta r, \mathcal{J}'^m r', \mathcal{J}'^{m+1}r', \cdots, \mathcal{J}'^{m+i-3}r'),$$

得地图 $U = (\mathcal{X}' + Kr, \mathcal{J})$. 这里的 $\mathcal{J}$ 与 $\mathcal{J}'$ 仅在 $o_1$ 和 $o_2$ 二节点处不同. 由于 $(\alpha r, \alpha r', \cdots)$ 为一个面, $U \in \mathcal{U}$. 又, 这个面的边界不形成自环, 和根节点的次为 $m$, 以及次是 $i$ 的非根节点数为 $n_i, i \geqslant 1$, 有 $U \in \mathcal{U}(m; \underline{n})$.

从上述过程中的唯一性, 即得到引理.

现在, 记

$$\begin{aligned}
u = u(x) = u(x; \underline{y}) &= \sum_{U \in \mathcal{U}} x^{m(U)} \underline{y}^{\underline{n}(U)} \\
&= \sum_{m \geqslant 2} \mu_m x^m,
\end{aligned} \tag{3.2.3}$$

即 $\mathcal{U}$ 的依节点剖分的计数函数.

**定理 3.2.1** 令 $[u]_i$ 为函数 $u$ 的 $(i+1)$-截段, 即从 $u$ 中去掉所有 $x$ 幂不超过 $i$ 的项而得到的, $i \geqslant 1$. 则由 (3.2.3) 式给出的计数函数 $u$, 满足如下的关系:

$$u = x^2 t + \sum_{i \geqslant 2} x^{2-i} y_i [u]_{i-1}, \tag{3.2.4}$$

其中 $t$ 为 §2.1 中给出的平面树的依节点剖分计数函数.

**证** 令 $u_1$ 和 $u_2$ 分别为 $\mathcal{U}_{\mathrm{I}}$ 和 $\mathcal{U}_{\mathrm{II}}$ 的计数函数, 则有 $u = u_1 + u_2$.

对 $u_1$, 容易验证,

$$u_1 = x^2 t. \tag{3.2.5}$$

实际上, 由引理 3.2.1, 只要注意到自环在根节点次中的贡献为 2, 即可得.

至于 $u_2$, 由引理 3.2.2, 有

$$
\begin{aligned}
u_2 &= \sum_{m \geqslant 2, \underline{n} \geqslant \underline{0}} c_{\mathcal{U}_{\mathrm{II}}}(m; \underline{n}) x^m \underline{y}^{\underline{n}} \\
&= \sum_{\substack{m \geqslant 2, \underline{n} \geqslant \underline{0} \\ i \geqslant 2}} \frac{c_{\mathcal{U}}(m+i-2; \underline{n} - e_i)}{x^{i-2} y_i^{-1}} x^{m+i-2} \underline{y}^{\underline{n} - e_i} \\
&= \sum_{i \geqslant 2} x^{2-i} y_i \sum_{m \geqslant i, \underline{n} \geqslant \underline{0}} c_{\mathcal{U}}(m; \underline{n}) x^m \underline{y}^{\underline{n}} \\
&= \sum_{i \geqslant 2} x^{2-i} y_i [u]_{i-1}.
\end{aligned} \tag{3.3.6}
$$

综合 (3.2.5)~(3.2.6) 式, 即可得 (3.2.4) 式. ◻

若考虑 $\mu = (\mu_1, \mu_2, \cdots)$, 则依 (3.2.3) 式, $u$ 由向量 $\mu$ 所确定.

**定理 3.2.2** 向量 $\mu$ 满足如下线性方程组:

$$
(I - Y_{\mathcal{U}}) \mu^{\mathrm{T}} = \underline{\tau}_0^{\mathrm{T}}. \tag{3.2.7}
$$

其中 $\underline{\tau}_0 = (1, \tau), \tau = (\tau_1, \tau_2, \cdots)$ 为 §2.1 中所给出的向量, 和

$$
Y_{\mathcal{U}} = \begin{pmatrix}
y_2 & y_3 & y_4 & y_5 & \cdots \\
0 & y_2 & y_3 & y_4 & \cdots \\
0 & 0 & y_2 & y_3 & \cdots \\
0 & 0 & 0 & y_2 & \cdots \\
\vdots & \ddots & \ddots & \ddots & \ddots
\end{pmatrix}. \tag{3.2.8}
$$

进而, $u$ 有如下的显式:

$$
u = \underline{x} \Big( \sum_{i \geqslant 0} Y_{\mathcal{U}}^i \underline{\tau}_0^{\mathrm{T}} \Big), \tag{3.2.9}
$$

其中 $\underline{x} = (x^2, x^3, x^4, \cdots)$.

证 由定理 3.2.1, 通过比较 (3.2.4) 式两端 $x$ 同幂项之系数, 即可得方程组 (3.2.7). 然后, 展开 $(I - Y_{\mathcal{U}})^{-1}$ 或 $Y_{\mathcal{U}}$ 的幂级数, 即可得 (3.2.9) 式. ◻

下面, 讨论向量 $\mu$ 的分量之间的关系. 记

$$
\mathcal{U}_k = \{U | \, \forall U \in \mathcal{U}, m(U) = k\}. \tag{3.2.10}
$$

其中, $m(U)$ 为 $U$ 的根节点的次.

**引理 3.2.3** 对 $k \geqslant 3$, 有

$$
\mathcal{U}_k = \mathcal{U}_{k-1} \odot \mathcal{T}_1, \tag{3.2.11}
$$

其中, $\mathcal{T}_1$ 为 §2.1 中给出的所有植树的集合.

证　对任何 $U \in \mathcal{U}_k$, 由于 $k \geqslant 3$, 依单圈性总有一条非圈边与根节点关联, 即此边为割边. 由此割边作为根边, 在 $U$ 的根节点产生一个植树 $T_1$ 使得 $U = U_1 \dotplus T_1$. 其中, $U_1 \in \mathcal{U}$. 由于 $U_1$ 的根节点次为 $k-1$, 有 $U_1 \in \mathcal{U}_{k-1}$. 这就是说 $U \in \mathcal{U}_{k+1} \odot \mathcal{T}_1$.

反之, 对任何 $U \in \mathcal{U}_{k-1} \odot \mathcal{T}_1, U = U_1 \dotplus \mathcal{U}_{k-1}$ 和 $T_1 \in \mathcal{T}_1$, 由 $U \in \mathcal{U}$, 且它根节点次为 $(k-1)+1 = k$, 也有 $U \in \mathcal{U}_k$.　　♮

至于 $\mathcal{U}_2$, 可将它中之地图分为两类: $\mathcal{U}_2^{(\mathrm{I})}$ 和 $\mathcal{U}_2^{(\mathrm{II})}$ 使得 $\mathcal{U}_2^{(\mathrm{I})} \subseteq \mathcal{U}_{\mathrm{I}}$ 和 $\mathcal{U}_2^{(\mathrm{II})} \subseteq \mathcal{U}_{\mathrm{II}}$. 可以看出, $\mathcal{U}_2^{(\mathrm{I})}$ 只有一个地图, 即环地图 $L_1 = (Kr, (r, \alpha\beta r))$.

**引理 3.2.4**　令 $\tilde{\mathcal{U}} = \{U \bullet a | \forall U \in \mathcal{U}_2^{(\mathrm{II})}\}$, 其中 $a$ 为 $U$ 的根边. 则有

$$\tilde{\mathcal{U}} = \mathcal{U}, \tag{3.2.12}$$

即所有本节讨论的单圈地图的集合.

证　对任何 $\tilde{U} \in \tilde{\mathcal{U}}$, 即存在 $U \in \mathcal{U}_2^{(\mathrm{II})}$ 使得 $U \bullet a = \tilde{U}$. 由于 $a$ 不是自环, 就有 $\tilde{U} \in \mathcal{U}$.

反之, 对任何 $U = (\mathcal{X}, \mathcal{J}) \in \mathcal{U}$, 由于根边落在圈上, 总可以通过劈分其根节点 $(r, \mathcal{J}r, \cdots, \mathcal{J}^{m(U)-1}r)$ 而成一边 $Kr_1 = \langle o_1, o_2 \rangle$ 使得 $o_2 = (\alpha\beta r, \mathcal{J}^2 r \cdots, \mathcal{J}^{m(U)-1}r, r)$ 和 $o_1 = (r_1, \mathcal{J}r)$ 而得地图

$$U_1 = (\mathcal{X} + Kr_1, \mathcal{J}_1) \in \mathcal{U}.$$

其中, $\mathcal{J}_1$ 只在 $o_1$ 和 $o_2$ 处与 $\mathcal{J}$ 不同. 易见, $U = U_1 \bullet a, a = Kr_1$. 由于 $U \in \mathcal{U}$ 且 $o_1$ 的次为 2 和 $Kr_1$ 不是自环, 这就是说 $U_1 \in \mathcal{U}_2^{(\mathrm{II})}$. 从而, $U \in \tilde{\mathcal{U}}$.　　♮

基于引理 3.2.3, 有

$$\mu_k = \tau_1 \mu_{k-1}, \tag{3.2.13}$$

其中 $k \geqslant 3$.

进而, 由引理 3.2.4, 依 $\mathcal{U}_2^{(\mathrm{II})}$ 与 $\mathcal{U}$ 之间对应的唯一性 (即,1–1 对应), 可知

$$\mu_2^{(\mathrm{II})} = \sum_{i \geqslant 2} y_i \mu_i, \tag{3.2.14}$$

其中 $i$ 表示 $\mathcal{U}_2^{(\mathrm{II})}$ 内地图的根边之非根端的次.

**引理 3.2.5**　对于 $\mu_2$, 有如下的表示:

$$\mu_2 = \frac{1}{1 - \sum\limits_{i \geqslant 0} y_{i+2}\tau_1^i}, \tag{3.2.15}$$

其中 $\tau_1$ 为 §2.1 中给出的植树的计数函数.

证 由 (3.2.13) 式和 (3.2.14) 式, 可得

$$\mu_2^{(\mathrm{II})} = \sum_{i \geqslant 1} y_i \tau_1^{i-2} \mu_2 = \sum_{i \geqslant 0} y_{i+2} \tau_1^i \mu_2.$$

考虑到 $\mu_2^{(\mathrm{I})} = 1$, 即得

$$\mu_2 = 1 + \sum_{i \geqslant 0} y_{i+2} \tau_1^i \mu_2.$$

这就直接导出 (3.2.15) 式.

由 (2.1.23) 式, 可以利用 Lagrange 反演 (1.5.7) 式, 在取 $\tau_1 = x, 1 = t$ 和 $f(x) = x^s = \tau_1^s$ 之情形下, 得

$$
\begin{aligned}
\tau_1^s &= \sum_{n \geqslant 1} \frac{1}{n!} \frac{\mathrm{d}^{n-1}}{\mathrm{d}\xi^{n-1}} \left( \phi(\xi)^n \frac{\mathrm{d}\xi^s}{\mathrm{d}\xi} \right) \Big|_{\xi=0} \\
&= \sum_{n \geqslant 1} \sum_{\underline{j} \in J(n,s)} \frac{s(n-1)!}{\underline{j}!} \underline{y}^{\underline{j}},
\end{aligned}
\tag{3.2.16}
$$

其中

$$\phi(\xi) = \sum_{j \geqslant 1} y_{j+1} \xi^j,$$

$$J(n,s) = \left\{ \underline{j} \geqslant \underline{0} \,\Big|\, \sum_{i \geqslant 1} j_i = n \sum_{i \geqslant 1} i j_i = 2n - s \right\} \tag{3.2.17}$$

对于 $n \geqslant 1$ 和 $s \geqslant 1$ 而言.

从 (3.2.16) 式和 (3.2.17) 式, 也即可得 §2.1 中所述的植树计数函数 $t$ 的显式.

**定理 3.2.3** 对于 $n+1$ 阶单圈地图, 且根节点的次为 2, 令

$$J_n = \left\{ \underline{j} \geqslant \underline{0} \,\Big|\, \sum_{i \geqslant 1} j_i = n, \sum_{i \geqslant 1} i j_i = 2n \right\}. \tag{3.2.18}$$

则有

$$\mu_2 = \frac{1}{1 - y_2} + \sum_{\substack{n \geqslant k+1, \underline{j} \in J_n \\ k \geqslant 1}} c_{\mathcal{U}_2}(k, n; \underline{j}) \underline{y}^{\underline{j}}, \tag{3.2.19}$$

其中

$$c_{\mathcal{U}_2}(k, n; \underline{j}) = \sum_{\substack{\underline{i} \in J \geqslant 2(k,s) \\ s \geqslant 1}} \frac{s k! (n-k-1)!}{\underline{i}! (\underline{j} - \underline{i})!};$$

$$J_{\geqslant 2}(k, s) = \left\{ \underline{i} \geqslant \underline{0} \,\Big|\, \sum_{j \geqslant 2} i_j = k, \sum_{j \geqslant 2} j i_j = s + 2k \right\}. \tag{3.2.20}$$

证　由 (3.2.15) 式, 有

$$\mu_2 = 1 + \sum_{\substack{s \geqslant 0, i \in J_{\geqslant 2}(k,s) \\ k \geqslant 1}} \frac{k!}{\underline{i}!} \underline{y}^i \tau_1^s.$$

考虑到 $s = 0$ 时,

$$\sum_{j \geqslant 2} i_j = k; \quad \sum_{j \geqslant 2} j i_j = 2k$$

只有一组解:$i_2 = k; i_j = 0$, 当 $j > 2$. 从而, 上式右端求和的 $s = 0$ 项为

$$\sum_{i \geqslant 2} \frac{k!}{k!} y_2^k = y_2 + y_2^2 + y_2^3 + \cdots.$$

这就意味

$$\mu_2 = \frac{1}{1 - y_2} + \sum_{\substack{\underline{i} \in J_{\geqslant 2}(k,s) \\ k \geqslant 1, s \geqslant 1}} \frac{k!}{\underline{i}!} \underline{y}^i \tau_1^s.$$

将 (3.2.16) 式代入, 再经过求和号交换与变量代替, 即可得右端之求和项为

$$\sum_{\substack{k \geqslant 1, n \geqslant k+1 \\ \underline{j} \in J_n}} \left( \sum_{\substack{\underline{i} \in J_{\geqslant 2}(k,s) \\ s \geqslant 1}} \frac{sk!(n-k-1)!}{\underline{i}!(\underline{j}-\underline{i})!} \right) \underline{y}^j.$$

其中, 括号内部的项就是 $c_{\mathcal{U}_2}(k, n; \underline{j})$. 从而, 定理得证.　　　　　　□

进而由 (3.2.13) 式, 所有 $\mu_k, k \geqslant 3$, 以至 $\mu$ 本身全可给出显式形式.

**引理 3.2.6**　对 $U = (\mathcal{X}, \mathcal{J}) \in \mathcal{U}$, 令 $U_{(i, m(U)+2-i)}$ 为由劈分根节点 $(r, \mathcal{J}r, \cdots, \mathcal{J}^{m(U)-1}r)$ 所得的地图, 它的根边为新添的边 $Kr_i$ 和根边为 $\langle o_1, o_2 \rangle$, 使得根节点 $o_1 = (r_i, \mathcal{J}r, \cdots, \mathcal{J}^{i-1}r)$ 和 $o_2 = (\alpha\beta r_i, \mathcal{J}^i r, \mathcal{J}^{i+1}r, \cdots, \mathcal{J}^{m(U)-1}r, r)$. 可见, $o_1$ 的次为 $i$ 和 $o_2$ 的次为 $m(U) - i + 2, 1 \leqslant i \leqslant m(U) + 1$. 则有

$$\mathcal{U}_{\mathrm{II}} = \sum_{U \in \mathcal{U}} \left\{ U_{(i, m(U)+2-i)} \mid 2 \leqslant i \leqslant m(U) \right\}. \tag{3.2.21}$$

其中, $\mathcal{U}$ 为本节点讨论的所有单圈地图的集合.

证　因为对任何 $U \in \mathcal{U}$, 在所有可能由劈分根节点得到的地图中, 仅有 $U_{(i, m(U)+2-i)}$ 当 $i = 2, 3, \cdots, m(U)$ 时为 $\mathcal{U}_{(\mathrm{II})}$ 中的元素. 由引理 3.2.4, 即可得到引理.　　　　　　□

**定理 3.2.4**　关于函数 $f = f(x, \underline{y}), \underline{y} = (y_1, y_2, \cdots)$, 的方程

$$f = x^2 \tau_1 + x \int_y \left( y \partial_{x,y} f \right), \tag{3.2.22}$$

其中 $\tau_1$ 是已知的植树的计数函数, 在 $\mathcal{L}\{\Re; x, \underline{y}\}$ ($\Re$ 为整数环) 中是适定的. 而且, 它的解就是单圈地图的计数函数.

证 方程 (3.2.22) 右端的第一项为 $\mathcal{U}_{(\mathrm{I})}$ 的贡献. 下面讨论第二项为 $\mathcal{U}_{\mathrm{II}}$ 的贡献.

事实上, 由引理 3.2.6, 有

$$u_{\mathcal{U}_{\mathrm{II}}} = \sum_{U \in \mathcal{U}} \sum_{i=2}^{m(U)} x^i y_{m(U)+2-i} \underline{y}^{\underline{n}}.$$

利用 (1.6.12) 式和定理 1.6.4, 得

$$u_{\mathcal{U}_{\mathrm{II}}} = x \int_y \left( y \partial_{x,y} u(z) \right).$$

从而, $u$ 是方程 (3.2.22) 的一个解.

关于它的唯一性, 可从方程 (3.2.22) 两端作为幂级数的展开式, 比较系数求得的递推关系之唯一性中导出. ◻

从上述的讨论中, 也启示了其它类型的单圈地图的计数. 例如, 根边不在圈上的单圈地图, 以及那个圈不形成一个非根面的边界的情形等.

## §3.3 受限外平面地图

一个平面地图, 若存在一个面使得所有节点全落在这个面的边界上, 则称它外平面地图. 若一个带根的外平面地图, 或根边是自环, 但这时, 在根边的内部不再有自环; 或者根边不是自环, 但这时, 不会经过相继收缩根而变为前者之情形, 则称它为受限制的. 例如, 外平面地图

$$B = (K_r + K_y + K_z, (r, y, z)(\alpha\beta r, \alpha\beta z, \alpha\beta y))$$

就不是受限制的, 因为 $B' = B \bullet a = (K_y + K_z, (\alpha\beta z, \alpha\beta y, y, z))$, 其中 $r' = \alpha\beta z$. 这时, $B'$ 的根边 $Kz$ 为自环. 在它的内部还有自环 $K_y$. 所谓一个自环 $K_l$ 的内部, 是指在它所在的节点

$$(x, \mathcal{J}x, \cdots, \mathcal{J}^i x, \cdots, \mathcal{J}^j x, \cdots)$$

使得 $l = \mathcal{J}^i x$ 和 $\alpha\beta l = \mathcal{J}^j x, j > i$ 处由 $\mathcal{J}^{i+1}x, \cdots, \mathcal{J}^{j-1}x$ 在 $\Psi_J, J = \{\alpha, \beta, \mathcal{J}\}$ 下避开 $Kl$ 可迁元素导出的子地图.

令 $\mathcal{O}_{\mathrm{st}}$ 为所有受限制的外平面地图的集合. 规定节点地图 $\vartheta$ 包含在内. 根据需要, 将 $\mathcal{O}_{\mathrm{st}}$ 分为三部分: $\mathcal{O}_{\mathrm{st}}^{(0)}, \mathcal{O}_{\mathrm{st}}^{(\mathrm{I})}$ 和 $\mathcal{O}_{\mathrm{st}}^{(\mathrm{II})}$, 其中 $\mathcal{O}_{\mathrm{st}}^{(0)}$ 仅由节点地图本身组成; $\mathcal{O}_{\mathrm{st}}^{(\mathrm{I})}$ 为根边是环的这种地图的集合. 对于地图 $M = (\mathcal{X}, \mathcal{J}) \in \mathcal{O}_{\mathrm{st}}$, 仍记 $a$ 为它的根边.

**引理 3.3.1** 令 $\mathcal{O}_{\langle st\rangle}^{(I)} = \{M - a | \forall M \in \mathcal{O}_{st}^{(I)}\}$. 则有

$$\mathcal{O}_{\langle st\rangle}^{(I)} = \mathcal{O}_{st} \tag{3.3.1}$$

和

$$\left|\mathcal{O}_{\langle st\rangle}^{(I)}\right| = \left|\mathcal{O}_{st}\right|. \tag{3.3.2}$$

**证** 对任何 $M = (\mathcal{X}, \mathcal{J}) \in \mathcal{O}_{\langle st\rangle}^{(I)}$, 有唯一的 $M' = (\mathcal{X}', \mathcal{J}') \in \mathcal{O}_{st}^{(I)}$ 与之对应, 这里, $\mathcal{X}' = \mathcal{X} + Kr'$, $a' = Kr'$ 为新添加之根边, 和 $\mathcal{J}'$ 仅在根节点处与 $\mathcal{J}$ 的不同, 即

$$v_{r'} = (r', \alpha\beta r', r, \mathcal{J}r, \cdots, \mathcal{J}^{m(M)-1}r).$$

自然, $v_r = (r, \mathcal{J}r, \cdots, \mathcal{J}^{m(M)-1}r)$ 为 $M$ 的根节点. 易验证, $M = M' - a'$. 由 $M'$ 是外平面的, 去掉一个根自环得 $M$ 也必为外平面的. 从而, $M \in \mathcal{O}_{st}$.

反之, 对任何 $M \in \mathcal{O}_{st}$, 因为通过添加一个根自环所得的地图 $M' \in \mathcal{O}_{st}^{(I)}$, 故 $M = M' - a' \in \mathcal{O}_{st}^{(I)}$.

进而, 从上述过程之唯一性, 即得到 (3.3.2) 式.

令 $g_{st} = g_{\mathcal{O}_{st}}$ 为受限制外平面地图的节点剖分计数函数, 则由引理 3.3.1, 有

$$g_{st}^{(I)} = g_{\mathcal{O}_{st}^{(I)}} = x^2 g_{st}, \tag{3.3.3}$$

其中 $g_{st}^{(I)}$ 为 $\mathcal{O}_{st}^{(I)}$ 对 $g_{st}$ 的贡献.

**引理 3.3.2** 令 $\mathcal{O}_{(st)}^{(II)} = \{M \bullet a | \forall M \in \mathcal{O}_{st}^{(II)}\}$, 其中 $a$ 为 $M$ 的根边. 则有

$$O_{(st)}^{(II)} = \mathcal{O}_{st}. \tag{3.3.4}$$

**证** 因为 $M \in \mathcal{O}_{st}^{(II)}$ 的根边不是自环, 收缩根边 $a$ 所得的仍为受限制的外平面地图. 这就是说 (3.3.4) 式左端的集合是右端的集合之一个子集.

另一方面, 对任何一地图 $M \in \mathcal{O}_{st}$, 总可通过劈分其根节点而得 $M$ 使得新添的根边 $a' = Kr'$ 不是自环. 由于劈分仍保持外平面性, 有 $M' \in \mathcal{O}_{st}^{(II)}$. 又, 由 $M = M' \bullet a$ 可知 $M \in O_{(st)}^{(II)}$. 导致 (3.3.4) 式右端的集合为左端集合的一个子集.

不过, 这个引理不能提供 (3.3.4) 式两端集合之间的一个双射. 更进一步地, 有如下的

**引理 3.3.3** 对于集合 $\mathcal{O}_{st}^{(II)}$, 有关系

$$|\mathcal{O}_{st}^{(II)}| = \sum_{M \in \mathcal{O}_{st}} \left|\left\{M_{(i,m(M)-i+2)} \,\middle|\, 1 \leqslant i \leqslant m(M)+1\right\}\right|, \tag{3.3.5}$$

其中 $M_{(i,m(M)-i+2)} = (\mathcal{X}_i, \mathcal{J}_i), \mathcal{X}_i = \mathcal{X} + Kr_i$, 和 $\mathcal{J}_i$ 与 $M = (\mathcal{X}, \mathcal{J}) \in \mathcal{O}_{st}$ 中的 $\mathcal{J}$ 仅在根节点处不同, 即将 $M$ 的根点 $v_r = (r, \mathcal{J}r, \cdots, \mathcal{J}^{m(M)-1}r)$ 变为 $v_{r_i} = (r_i, \mathcal{J}^{i-1}r, \cdots, \mathcal{J}^{m(M)-1}r)$ 和 $v_{\beta r_i} = (\alpha\beta r_i, r, \mathcal{J}r, \cdots, \mathcal{J}^{i-2}r)$.

证 首先可以看出, 每个 $M \in \mathcal{O}_{st}$, 有 $M_{(1,m(M)+1)}, M_{(2,m(M))}, \cdots, M_{(m(M)+1,1)}$ $\in \mathcal{O}_{st}^{(II)}$ 与之对应. 而且, 可以验证, 在 $\mathcal{O}_{st}$ 中, 不同的地图的对应地图之间没有相同的. 从而, 由引理 3.3.2, 即得引理.

根据引理 3.3.3, 记 $g_{st}^{(II)} = g_{\mathcal{O}_{st}^{(II)}}$ 为 $\mathcal{O}_{st}^{(II)}$ 对 $g_{st}$ 的贡献, 可得

$$g_{st}^{(II)} = \sum_{M \in \mathcal{O}_{st}} \Big( \sum_{i=1}^{m(M)+1} x^i y_{m(M)-i+2} \Big) \underline{y}^{\underline{n}(M)}.$$

利用定理 1.6.3, 即得

$$g_{st}^{(II)} = x \int_y \Big( y \delta_{x,y} \big( z g_{st}(z) \big) \Big). \tag{3.3.6}$$

**定理 3.3.1** 关于 $f = f(x, \underline{y})$, $\underline{y} = (y_1, y_2, \cdots)$, 的泛函方程

$$(1 - x^2) f = 1 + x \int_y \Big( y \delta_{x,y} \big( z f(z) \big) \Big) \tag{3.3.7}$$

在幂级数环 $\mathcal{L}\{\Re; x, \underline{y}\}$ 中是适定的. 而且, 它的解就是

$$f = g_{st} = \sum_{M \in \mathcal{O}_{st}} x^{m(M)} \underline{y}^{\underline{n}(M)}, \tag{3.3.8}$$

其中, $m(M)$ 和 $\underline{n}(M)$ 分别为 $M$ 的根节点的次和节点剖分向量.

证 由于 $g_{st} = g_{st}^{(0)} + g_{st}^{(I)} + g_{st}^{(II)}$, 从 (3.3.3) 式, (3.3.6) 式, 以及易论证, $g_{st}^{(0)} = 1$, 即可导出 (3.3.8) 式给出的为方程 (3.3.7) 的一个解.

关于方程之适定性, 则可由展开 (3.3.7) 式两端为幂级数, 比较系数所得的递推关系之适定性, 直接导出.

令 $\hat{\underline{g}} = (\hat{g}_1, \hat{g}_2, \cdots)$ 是一向量, 它的分量

$$\hat{g}_i = \hat{g}_i(\underline{y}), \quad i \geqslant 1,$$

是 $g_{st}$ 展开为 $x$ 的幂级数中 $x^i$ 项之系数. 从而, 可以直接讨论 $\hat{\underline{g}}$ 而不是 $g_{st}$ 本身.

**引理 3.3.4** 向量 $\hat{\underline{g}}$ 满足如下的线性方程组:

$$(I - Y_{\mathcal{O}_{st}}) \hat{\underline{g}}^{T} = y_1 e_1^{T} + e_2^{T}, \tag{3.3.9}$$

其中, $e_i, i = 1, 2$, 是除第 $i$ 个分量为 1 外其它分量全是 0 的向量, $I$ 是一个单位阵,

和

$$
Y_{\hat{\mathcal{O}}} = \begin{pmatrix}
y_2 & y_3 & y_4 & y_5 & y_6 & \cdots \\
y_1 & y_2 & y_3 & y_4 & y_5 & \cdots \\
1 & y_1 & y_2 & y_3 & y_4 & \cdots \\
 & 1 & y_1 & y_2 & y_3 & \cdots \\
 & & 1 & y_1 & y_2 & \cdots \\
 & & & 1 & y_1 & \cdots \\
0 & & & & \ddots & \ddots
\end{pmatrix}.
\tag{3.3.10}
$$

**证**  由定理 3.3.1, 将 (3.3.7) 式两端展开为 $x$ 的幂级, 通过比较同类项之系数, 即可得 (3.3.9) 式.                                                                                    ♮

基于这个引理, 可得

**定理 3.3.2**  节点剖分计数函数 $g_{\mathrm{st}}$ 有如下的显式:

$$
g_{\mathrm{st}} = 1 + \underline{x} \sum_{i \geqslant 0} Y_{\mathcal{O}_{\mathrm{st}}}^i (y_1 e_1 + e_2)^{\mathrm{T}}.
\tag{3.3.11}
$$

其中, $\underline{x} = (x, x^2, x^3, \cdots)$.

**证**  由引理 3.3.4, 利用展开式

$$
(I - Y_{\mathcal{O}_{\mathrm{st}}})^{-1} = \sum_{i \geqslant 0} Y_{\mathcal{O}_{\mathrm{st}}}^i,
$$

即可得 (3.3.11) 式.                                                                                    ♮

若考虑计数函数

$$
h = h_{\mathcal{O}_{\mathrm{st}}}(x, y) = \sum_{M \in \mathcal{O}_{\mathrm{st}}} x^{m(M)} y^{n(M)},
\tag{3.3.12}
$$

其中 $m(M)$ 和 $n(M)$ 分别为地图 $M$ 的根节点次和边数, 上面的引理 3.3.1~3.3.3 又可导致

**定理 3.3.3**  由 (3.3.12) 式给出的计数函数 $h$ 满足如下的函数方程:

$$
h = 1 + x^2 y h + \frac{xy}{1-x}(h^* - xh),
\tag{3.3.13}
$$

其中 $h^* = h(1, y)$.

**证**  由于 $h = h_0 + h_{\mathrm{I}} + h_{\mathrm{II}}$, 其中 $h_i = h_{\mathcal{O}_{\mathrm{st}}^{(i)}}(x, y)$, 只需确定 $h_i$, $i = 0, \mathrm{I}, \mathrm{II}$ 的值.

因为 $\mathcal{O}_{st}^{(0)}$ 只含节点地图, 它无边也无根节点次, 有 $h_0 = 1$. 关于 $\mathcal{O}_{st}^{(I)}$, 由引理 3.3.1, 有

$$
\begin{aligned}
h_{\mathrm{I}} &= \sum_{M \in \mathcal{O}_{(\mathrm{I})}} x^{m(M)} y^{n(M)} \\
&= x^2 y \sum_{M \in \mathcal{O}_{st}} x^{m(M)} y^{n(M)} \\
&= x^2 y h.
\end{aligned}
$$

对于 $\mathcal{O}_{st}^{(II)}$, 利用引理 3.3.3, 有

$$
\begin{aligned}
h_{\mathrm{II}} &= \sum_{M \in \mathcal{O}_{(\mathrm{II})}} x^{m(M)} y^{n(M)} \\
&= y \sum_{M \in \mathcal{O}_{st}} \left( \sum_{i=1}^{m(M)+1} x^i \right) y^{n(M)} \\
&= xy \sum_{M \in \mathcal{O}_{st}} \frac{1 - x^{m(M)+1}}{1 - x} y^{n(M)} \\
&= \frac{xy}{1 - x} (h^* - xh).
\end{aligned}
$$

从而, 由三者之和, 即可得 (3.3.13) 式.

虽然方程 (3.3.13) 对 $h$ 是线性的, 由于 $h^*$ 的出现, 不能直接求解. 事实上, 方程 (3.3.13) 为形式

$$
\left( 1 - x^2 y + \frac{x^2 y}{1 - x} \right) h = 1 + \frac{xy}{1 - x} h^*. \tag{3.3.14}
$$

若取 $\xi$ 作为 $y$ 的函数代替 $x$ 可得方程两端同为 0, 或者说, $\xi$ 为特征方程之解, 则有

$$
1 - \xi + \xi^3 y = 0; \quad h^* = \xi^2. \tag{3.3.15}
$$

令 $\eta = \xi - 1$, (3.3.15) 式即变为

$$
\eta = y(\eta + 1)^3; \quad h^* = (\eta + 1)^2. \tag{3.3.16}
$$

利用 Lagrange 反演 (即推论 1.5.1, 当 $x = \eta$, $\phi(x) = (\eta + 1)^3$ 和 $f = (\eta + 1)^2$ 之情形), 有

$$
h = \sum_{n \geqslant 0} \frac{2(3n + 1)!}{n!(2n + 2)!} y^n. \tag{3.3.17}
$$

用 $(1 - x)$ 乘 (3.3.14) 式两端, 经整理即可得

$$
h = 1 + xy \frac{h^* - x^2}{1 - x + x^3 y}. \tag{3.3.18}
$$

为确定 $h$, 再引进一个参量 $\beta$, 使得

$$\beta = \frac{x}{1+\eta}. \tag{3.3.19}$$

由 (3.3.16) 式中的前一式和 (3.3.19) 式, 可得

$$h = \frac{1}{1 - \beta\eta(1+\beta)}. \tag{3.3.20}$$

因为这时, 如 (1.5.21) 式之行列为

$$\Delta_{\beta,\eta} = \det \begin{pmatrix} 1 & 0 \\ * & 1 - \dfrac{3\eta}{1+\eta} \end{pmatrix}$$

$$= \frac{3}{1+\eta} - 2, \tag{3.3.21}$$

根据定理 1.5.2, 即得

$$\partial_{(x,y)}^{(m,n)} h = \partial_{(\beta,\eta)}^{(m,n)} \frac{(1+\eta)^{3n-m} \Delta_{\beta,\eta}}{1 - \beta(1+\beta)\eta}$$

$$= \partial_{(\beta,\eta)}^{(m,n)} \frac{3(1+\eta)^{3n-m-1} - 2(1+\eta)^{3n-m}}{1 - \beta(1+\beta)\eta}.$$

由于

$$\frac{1}{1 - \beta(1+\beta)\eta} = \sum_{\substack{0 \leqslant k \leqslant i \\ i \geqslant 0}} \beta^i \eta^i \binom{i}{k} \beta^i = \sum_{\substack{\frac{j}{2} \leqslant k \leqslant j \\ j \geqslant 0}} \beta^j \binom{j-k}{k} \eta^k,$$

可得

$$\partial_{(x,y)}^{(m,n)} h = \partial_\eta^n \left\{ 3(1+\eta)^{3n-m-1} \sum_{\frac{m}{2} \leqslant k \leqslant m} \binom{m-k}{k} \eta^k - 2(1+\eta)^{3n-m} \sum_{\frac{m}{2} \leqslant k \leqslant m} \binom{m-k}{k} \eta^k \right\}$$

$$= \sum_{\frac{m}{2} \leqslant k \leqslant m} \frac{3k-m}{3n-m} \binom{3n-m}{n-k} \binom{k}{m-k}$$

$$= \sum_{m \geqslant k \geqslant \lceil \frac{m}{2} \rceil} \frac{(3k-m)(3n-m-1)!k!}{(2n-m+k)!(n-k)!(m-k)!(2k-m)!}. \tag{3.3.22}$$

它就是根节点次为 $m$ 且边数为 $n$ 的受限制的外平面地图的数目, $n \geqslant 1, 1 \leqslant m \leqslant 2n$. 从而, 确定了 $h$.

## §3.4　一般外平面地图

为讨论一般外平面地图, 先引进一种特殊的带根外平面地图, 它被称为环束, 即只有一个节点和所有边均为自环的情形.

令 $\mathcal{L}$ 为所有环束的集合. 这个环地图 $L_1 = (Kr_0, (r_0, \alpha\beta r_0))$ 与一个地图 $M = (\mathcal{X}, \mathcal{J})$ 的内部和, 用 $L_1\widehat{+}M$ 表示, 是这样的一个地图 $M' = (\mathcal{X}', \mathcal{J}')$ 使得 $\mathcal{X}' = \mathcal{X} + Kr_0$, 和 $\mathcal{J}'$ 与 $\mathcal{J}$ 仅在 $M'$ 的根节点处不同. 这时, $M'$ 的根 $r' = r_0$,

$$v_{r'} = (r', r, \mathcal{J}r, \cdots, \mathcal{J}^{m(M)-1}r, \alpha\beta r').$$

自然, $r$ 为地图 $M$ 的根.

对于一个地图的集合 $\mathcal{M}$, 用 $L_1\widehat{\odot}\mathcal{M}$ 表示环地图 $L_1$ 与 $\mathcal{M}$ 的内部积, 即 $L_1\widehat{\odot}\mathcal{M} = \{L_1\widehat{+}M | \forall M \in \mathcal{M}\}$.

**引理 3.4.1**　对 $\mathcal{L}$, 有

$$\mathcal{L} = \sum_{i \geqslant 0} \left(L_1\widehat{\odot}\mathcal{L}\right)^{\odot i}. \tag{3.4.1}$$

其中, $\odot$ 为 §2.1 中所给出的 1-积.

**证**　由于 $(L_1\widehat{\odot}\mathcal{L})^{\odot 0} = \vartheta$ 是考虑范围之内的, (3.4.1) 式两端含节点地图 $\vartheta$.

一般地, 对任何 $L \in \mathcal{L}$, 设它的根面为 $(r, \mathcal{J}^*r, \cdots, \mathcal{J}^{*i-1}r)$, 即次为 $i, i \geqslant 1$. 则可以看出, $L \in (L_1\widehat{\odot}\mathcal{L})^{\odot i}$. 反之, 对任一 $i, i \geqslant 1$, 一个地图 $L \in (L_1\widehat{\odot}\mathcal{L})^{\odot i}$, 易见 $L \in \mathcal{L}$. ♭

令 $\varphi$ 为 $\mathcal{L}$ 的以根节点次为参数的计数函数. 由这个引理可知, $\varphi$ 满足如下的关系:

$$\varphi = \sum_{i \geqslant 0} \left(x^2\varphi\right)^i = \frac{1}{1 - x^2\varphi}. \tag{3.4.2}$$

因为 $\varphi$ 为非负整系数的 $x$ 幂级数, 方程 (3.4.2) 只许有解

$$\varphi = \frac{1}{2x^2}\left(1 - \sqrt{1 - 4x^2}\right). \tag{3.4.3}$$

将 $\sqrt{1 - 4x^2}$ 展开为 $x$ 的级数, 即可得

$$\varphi = \sum_{n \geqslant 0} \frac{(2n)!}{(n+1)!n!} x^{2n}. \tag{3.4.4}$$

令 $\mathcal{O}$ 为所有一般带根外平面地图的集合. 也可将它中的地图分为三类: $\mathcal{O}_0, \mathcal{O}_\mathrm{I}$ 和 $\mathcal{O}_\mathrm{II}$. 其中, $\mathcal{O}_0$ 还是只含节点地图, 和 $\mathcal{O}_\mathrm{I}$ 中地图的根全为自环.

**引理 3.4.2**　对于 $\mathcal{O}_\mathrm{I}$, 有

$$\mathcal{O}_\mathrm{I} = \left(L_1\widehat{\odot}\mathcal{L}\right)\odot\mathcal{O}, \tag{3.4.5}$$

其中 $\odot$ 为 §2.1 中给出的 1-积.

证　对任何 $O \in \mathcal{O}_I$, 因为根边 $a = Kr$ 是自环, 根据外平面性, 其内部区域只能含自环. 从而, 根节点有形式 $(r, S, \alpha\beta r, T)$ 使得 $S$ 避开 $a$ 产生一个地图 $L \in \mathcal{L}$ 和 $T$ 避开 $a$ 产生一个地图 $M \in \mathcal{O}$. 这就意味

$$O = (L_1 \hat{\dotplus} L) \dotplus M \in (L_1 \widehat{\odot} \mathcal{L}) \odot \mathcal{O}.$$

反之, 容易看出, 对于任何 $O \in (L_1 \widehat{\odot} \mathcal{L}) \odot \mathcal{O}$, 由于它的根边是自环和外平面性, 必有 $O_1 \in \mathcal{O}_I$.                                                                   ♮

从这个引理, 可以求出 $\mathcal{O}_I$ 在 $\mathcal{O}$ 的节点剖分计数函数 $g_{\mathcal{O}}$ 中之部分为

$$g_{\mathcal{O}_I} = x^2 \varphi g_{\mathcal{O}}. \tag{3.4.6}$$

进而, 由 (3.4.4) 式, 得

$$g_{\mathcal{O}_I} = \sum_{n \geqslant 1} \frac{(2n-2)! x^{2n}}{n!(n-1)!} g_{\mathcal{O}}. \tag{3.4.7}$$

**引理 3.4.3**　对于 $\mathcal{O}_{II}$, 有

$$\mathcal{O}_{II} = \sum_{O \in \mathcal{O}} \left\{ O_{(i, m(O) - i + 2)} \middle| 1 \leqslant i \leqslant m(O) + 1 \right\}, \tag{3.4.8}$$

其中, $O_{(i, m(O) - i + 2)}$ 为在 $O$ 上劈分其根节点 $(r, \mathcal{J}r, \cdots, \mathcal{J}^{m(O)-1}r)$ 为 $a_i = Kr_i = \langle o_1, o_2 \rangle$, 即根边, 使得 $o_1 = (r_i, \mathcal{J}^{i-1}r, \cdots, \mathcal{J}^{m(O)-1}r)$ 和 $o_2 = (\alpha\beta r_i, r, \mathcal{J}r, \cdots, \mathcal{J}^{i-2}r)$.

证　因为对任何 $O = (\mathcal{X}, \mathcal{J}) \in \mathcal{O}_{II}$, 经收缩根边 $a = Kr$ 得的地图 $O' = (\mathcal{X}', \mathcal{J}'), \mathcal{X}' = \mathcal{X} - Kr, \mathcal{J}'$ 仅在其根节点

$$v_{r'} = (\mathcal{J}\alpha\beta r, \cdots, \mathcal{J}^{-1}\alpha\beta r, \mathcal{J}r, \mathcal{J}^2 r, \cdots, \mathcal{J}^{m(O)-1}r),$$

$i \geqslant 1$ 处与 $\mathcal{J}$ 不同. 其中, $a' = Kr' = K\mathcal{J}\alpha\beta r$, 即 $r' = \mathcal{J}\alpha\beta r$ 和 $i$ 为 $O$ 的非根节点次. 由于 $a = Kr$ 不会是自环, $O'$ 仍然是外平面地图. 事实上, $O = O'_{(i, m(O')-i+2)}$ 为 (3.4.8) 式右端集合中的一个元素.

反之, 对任何 $O \in \mathcal{O}$ 和整数 $i, 1 \leqslant i \leqslant m(O) + 1$, $O_{(i, m(O)-i+2)}$ 是唯一地从 $O$ 将根节点劈分, 使得所得地图根边非根端次 $i$ 的外平面地图. 由 $i \geqslant 1$ 和 $i \leqslant m(O) + 1$, $O_{(i, m(O)-i+2)}$ 的根边不是自环. 从而, $O_{(i, m(O)-i+2)} \in \mathcal{O}_{II}$, 即 (2.4.8) 式右端集合的一个元素.                                                                   ♮

基于这个引理, 可得 $\mathcal{O}_{II}$ 在 $g_{\mathcal{O}}$ 中所占用的部分为

$$g_{\mathcal{O}_{II}} = x \int_y \left( y \delta_{x,y} (z g_{\mathcal{O}}(z)) \right). \tag{3.4.9}$$

其中, 所用的方法与推导 (3.3.6) 式相类似.

**定理 3.4.1** 关于 $\psi = \psi(x, \underline{y})$, $\underline{y} = (y_1, y_2, \cdots)$, 的泛函方程

$$(1 - x^2\varphi)\psi = 1 + x \int_y \left( y\delta_{x,y}\big(z\psi(z)\big)\right) \tag{3.4.10}$$

在环 $\mathcal{L}\{\Re; x, \underline{y}\}$ 中是适定的. 而且, 它的解就是 $\phi = g_\mathcal{O}$, 即一般带根外平面地图的节点剖分计数函数.

**证** 因为 $g_\mathcal{O} = g_{\mathcal{O}_0} + g_{\mathcal{O}_\mathrm{I}} + g_{\mathcal{O}_\mathrm{II}}$ 和注意到 $g_{\mathcal{O}_0} = 1$, 从 (3.4.6) 式和 (3.4.9) 式, 经过整理即可得 $g_\mathcal{O}$ 满足方程 (3.4.10).

关于方程 (3.4.10) 的解在 $\mathcal{L}\{\Re; x, \underline{y}\}$ 中之唯一性, 可从将 $\psi$ 表示为级数形式, 由 (3.4.10) 式经过比较系数得到递推关系的确定性导出. ♮

令 $\underline{g} = (g_1, g_2, \cdots)$ 为由 $g_\mathcal{O}$ 所确定的向量, 使得 $g_i = \partial_x^i g_\mathcal{O} = g_i(\underline{y})$ 为 $g_\mathcal{O}$ 作为 $x$ 的级数, $x^i$ 项的系数, $i \geqslant 1$.

**引理 3.4.4** 向量 $\underline{g}$ 满足如下的方程组:

$$(I - Y_\mathcal{O})\underline{g}^\mathrm{T} = y_1 e_1^\mathrm{T} + \sum_{n \geqslant 1} \frac{(2n-2)!}{n!(n-1)!} e_{2n}^\mathrm{T} \tag{3.4.11}$$

其中 $e_i, i = 1, 2n, n \geqslant 1$, 为只有第 $i$ 个分量为 1, 其他分量全为 0 的向量, 和

$$Y_\mathcal{O} = \begin{pmatrix} y_2 & y_3 & y_4 & y_5 & y_6 & \cdots \\ y_1 & y_2 & y_3 & y_4 & y_5 & \cdots \\ & y_1 & y_2 & y_3 & y_4 & \cdots \\ & & y_1 & y_2 & y_3 & \cdots \\ & & & y_1 & y_2 & \cdots \\ * & & & & & \ddots & \ddots \end{pmatrix}. \tag{3.4.12}$$

这里, $*$ 表示

$$y_{i,j} = \begin{cases} \dfrac{(2n-2)!}{n!(n-1)!}, & \text{当 } i - j = 2n; \\ 0, & \text{当 } i - j = 2n+1 \end{cases}$$

对 $i - j \geqslant 2$ 和 $n = 1, 2, 3, \cdots$.

**证** 可与以前相仿地, 将方程 (3.4.10) 中的 $\psi$ 展开为 $x$ 的级数形式. 然后, 再等同两端 $x^i, i \geqslant 1$ 项之系数. 根据定理 3.4.1, 即可得 (3.4.12) 式. ♮

**定理 3.4.2** 一般带根外平面地图的节点剖分计数函数 $g_\mathcal{O}$ 有如下之显式:

$$g_\mathcal{O} = 1 + \underline{x} \sum_{i \geqslant 0} Y_\mathcal{O}^i \left( y_1 e_1^\mathrm{T} + \sum_{n \geqslant 1} \frac{(2n-2)!}{n!(n-1)!} e_{2n}^\mathrm{T} \right), \tag{3.4.13}$$

其中 $\underline{x} = (x, x^2, x^3, \cdots)$.

证　此结论是引理 3.4.3 的一个直接结果. 实际上, 只要将 $(I - Y_{\mathcal{O}})^{-1}$ 展开, 经整理, 即可从 (3.4.11) 式得 (3.4.13) 式.　　　　　　　　　　　　　　　　　　　　♭

然而, 向量 $g$ 的分量间不再有如平面树, 冬梅地图以至单圈地图那样的简单关系.

基于前面提供的分解原理, 还可以讨论带两个参数的一般平面地图 $\mathcal{O}$ 的计数函数

$$p = p(x,y) = \sum_{O \in \mathcal{O}} x^{m(O)} y^{n(O)}, \tag{3.4.14}$$

其中 $m(O)$ 和 $n(O)$ 分别为地图 $O$ 的根节点次与边数.

由于 $\mathcal{O} = \mathcal{O}_0 + \mathcal{O}_I + \mathcal{O}_{II}$, 只需要确定 $\mathcal{O}_0, \mathcal{O}_I$ 和 $\mathcal{O}_{II}$ 对于 $p$ 的贡献, 分别记它们为 $p_0, p_I$ 和 $p_{II}$.

首先, 因为 $\mathcal{O}_0$ 中只有节点地图 $\vartheta$, 和 $\vartheta$ 中无边, 故 $p_0 = 1$.

为了确定 $p_I$, 利用引理 3.4.1~3.4.2 提供的分解原则, 即可得

$$p_I = x^2 y \varphi(x\sqrt{y}) p, \tag{3.4.15}$$

其中, $\varphi$ 由 (3.4.3) 式所确定, 注意到这里除考虑根节点次外还要考虑边数, 且边数是根节点次之半.

至于 $p_{II}$, 就需用引理 3.4.3 提供的原则. 这时, 有

$$p_{II} = \frac{xy}{1-x}(q - xp). \tag{3.4.16}$$

其中, $q = p(1,y)$, 即 $\mathcal{O}$ 的依边数作为参数的计数函数.

综合上述, 即可得

**定理 3.4.3**　由 (3.4.14) 式所给出的计数函数满足如下的方程:

$$\left(1 - \frac{1 - \sqrt{1-4x^2y}}{2} + \frac{x^2y}{1-x}\right) p = 1 - \frac{xy}{1-x} q. \tag{3.4.17}$$

其中, $q = q(y) = p(1,y)$ 与 (3.4.16) 式中的相同.

证　根据 (3.4.15) 式和 (3.4.16) 式, 以及 $p_0 = 1$, 即可得

$$p = 1 + x^2 y \varphi(x\sqrt{y})p + \frac{xy}{1-x}(q - xp).$$

然后, 利用 (3.4.3) 式展开 $\varphi$, 经过合并同类项, 即可得方程 (3.4.17).　　　♭

这里又出现, 虽然 (3.4.17) 式为 $p$ 的线性形式, 但由于 $q$ 还是 $p$ 的特殊情形, 也属未知, 故不能直接求解. 设 $\theta = \theta(y)$ 为它的一个特征解, 即

$$\begin{cases} 1 + \dfrac{1 - \sqrt{1-4\theta^2 y}}{2} + \dfrac{\theta^2 y}{1-\theta} = 0; \\ yq = \dfrac{\theta - 1}{\theta}. \end{cases} \tag{3.4.18}$$

通过解 (3.4.18) 式的第一个方程, 经有理化变为 $\theta^2 y$ 的二次方程, 即可得

$$\theta^2 y = -(1-\theta)(2-\theta). \tag{3.4.19}$$

令 $\xi = \theta - 1$, 则 (3.4.18) 式的第二个方程和 (3.4.19) 式即变为

$$\xi = y\frac{(1+\xi)^2}{1-\xi}; \quad yq = \frac{\xi}{1+\xi}. \tag{3.4.20}$$

用 Lagrange 反演, 即推论 1.5.1, 得

$$q = \sum_{n \geqslant 0} \frac{2^n(2n)!}{(n+1)!n!} y^n. \tag{3.4.21}$$

下面, 往求 $p$. 由 (3.4.17) 式, 有

$$p = \sigma\left(\frac{(1-x)(1-\sqrt{1-4x^2 y})}{2x^2 y} + 1\right), \tag{3.4.22}$$

其中

$$\sigma = \frac{1-x+xyq}{(1-x)(2-x)+x^2 y}. \tag{3.4.23}$$

取 $\eta = x/(1+\xi)$. 由 (3.4.20) 式, 有

$$\sigma = \frac{1}{2+\eta(1+3\xi)}. \tag{3.4.24}$$

由定理 1.5.2, 可得 $\sigma$ 的级数展开中 $x^m y^n$ 项的系数

$$B_{m,n} = \partial_{\eta,\xi}^{(m,n)} \frac{(1+\xi)^{2n-m}\Delta_{\eta,\xi}}{2-\eta(1+3\xi)(1-\xi)}, \tag{3.4.25}$$

其中

$$\Delta_{\eta,\xi} = \det\begin{pmatrix} 1 & 0 \\ * & 1-\dfrac{\xi(3-\xi)}{(1+\xi)(1-\xi)} \end{pmatrix}$$

$$= \frac{1-3\xi}{(1+\xi)(1-\xi)}. \tag{3.4.26}$$

经过调整后, 即可从 (3.4.25) 式求得

$$B_{m,n} = \frac{1}{2^{m+1}}\left\{\sum_{j=0}^{\min\{m,n\}} 2^j \binom{m}{j} H_{n,j} - 3\sum_{j=0}^{\min\{m,n-1\}} 2^j \binom{m}{j} K_{n,j}\right\},$$

其中

$$\begin{cases} H_{n,j} = \sum_{i=0}^{n-j} \binom{2n-j-1}{i}\binom{2n-i-j}{n}; \\ K_{n,j} = \sum_{i=0}^{n-j-1} \binom{2n-j-1}{i}\binom{2n-i-j-1}{n}. \end{cases}$$

当 $m=0$ 或 $n=0$ 时, $B_{m,n}=0$; 否则,

$$B_{m,n} = \frac{m!}{2^{m-n+1}n!} \sum_{j=1}^{\min\{m,n\}} \frac{(2n-j-1)!}{(m-j)!(j-1)!(n-j)!}. \tag{3.4.27}$$

又,

$$1 + \frac{1-x}{2x^2y}(1-\sqrt{1-4x^2y}) = 1 + \sum_{k\geqslant 0} \frac{(2k)!}{(k+1)!k!}x^{2k}y^k$$
$$- \sum_{k\geqslant 0} \frac{(2k)!}{(k+1)!k!}x^{2k+1}y^k. \tag{3.4.28}$$

若记 $A_{m.n}$ 为 $p$ 的展开式中 $x^m y^n$ 的系数, 则由 (3.4.22) 式,(3.4.23) 式, (3.4.25) 式, (3.4.27) 式, 以及 (3.4.28) 式, 即可得

$$A_{m,n} = B_{m,n} + \sum_{k=0}^{\lfloor m/2 \rfloor} \frac{(2k)!}{(k+1)!k!}B_{m-2k,n-k}$$
$$- \sum_{k=0}^{\lfloor (m-1)/2 \rfloor} \frac{(2k)!}{(k+1)!k!}B_{m-2k-1,n-k}. \tag{3.4.29}$$

这就是根节点次为 $m$ 且有 $n$ 条边的组合上不同的一般带根外平面地图的数目.

## §3.5　注　　记

**3.5.1**　冬梅地图作为平面树的推广, 以求出它的节点剖分计数函数的显式, 可参见 [Liu21]. 在那里提供了定理 3.1.2. 但未能得出定理 3.1.3. 后者是在 [Liu62] 中给出的. 也可通过计算无穷矩阵的乘方, 由 (3.2.23) 式确定这个计数函数的显式 [HWL1].

**3.5.2**　在 [Liu21] 中, 提供了 (3.2.9) 式. 泛函方程 (3.2.22) 可在 [Liu53] 和 [Liu54] 中查到. 不过,那里只描述了主要思路. 但这里给出了如 (3.2.19) 式所示的显式. 事实上, 这个显式也可通过 (3.2.9) 式, 由计算无穷阶方阵的幂直接得到. 这一过程也参见 [HWL1].

**3.5.3** 受限制的外平面地图, 是为过度到一般情形而引进的, 可参见 [Liu25]. 在那里给出了泛函方程 (3.3.7) 和 (3.3.9)~(3.3.11) 式. 然, 在 (3.3.11) 式中, 矩阵之求幂可参见 [HWL1]. 这里的 (3.3.13) 式和 (3.3.22) 式在 [DoY1] 中可以查到. 其中, 用到的特征解的求法可追溯到 [Liu47]. 这些均未纳入 [Liu62].

**3.5.4** 一般外平面地图的泛函方程 (3.4.10), 可从 [Liu25] 中查到. 那里, 也给出了 (3.4.11) 式和 (3.4.13) 式. 然而, 在后者中的矩阵幂至今尚未计算出来. 方程 (3.4.17) 以及其解的显式 (3.4.29) 式也可在 [DoL1] 中查到. 这些也未纳入 [Liu62].

**3.5.5** 不管怎样, 泛函方程 (3.3.7) 和 (3.4.10) 式的解至今尚未得到更简单的显式.

**3.5.6** 自然, 会想到外平面地图在可定向和不定向曲面上的计数. 可惜, 目前尚未见到有这方面的结果.

**3.5.7** 外平面地图可以推广到那些有一个面, 它的边界含所有的节点的地图. 这时, 它们的基准图不一定是平面的. 如何刻画一个图有这样的基准地图有待研究.

**3.5.8** 虽然外平面地图节点剖分计数函数, 尚未发现比较简单的显式. 但对于根节点次, 节点数, 面数或边数为参数的计数函数, 对各种外平面地图, 如简单的, Euler 的, 以及不可分离的等, 均已得到了较简单的计数显式 [DoY1].

**3.5.9** 如何在这里提供的结果之基础上, 确定各类型不带根的外平面地图计数函数, 是否也有较简单的显式, 似尚未见到研究结果.

**3.5.10** 虽然本章所讨论的从原则上全是可以用第 2 章的初等方法, 考虑到这里的无限维矩阵法也带有普遍性, 还是保留初版的形式. 第 2 章的结果启示矩阵法的约化目标.

**3.5.11** 本章的一些主要结果也可以用新近发现的初等方法 [Liu65]. 与注记 2.5.7 同样原因, 仍保留第一版的原貌. 只做了一些非本质的修改.

# 第 4 章　三角化地图

## §4.1　外平面三角化

所谓三角化地图, 或简称三角化, 是指所有面均在边界上通过三条边, 即三角形. 注意, 一条边允许通过两次. 若一个地图, 除一个面外, 其它所有面均为三角形, 则称它为近三角化. 一个近三角化, 若它是在球面上的, 则称之为平面近三角化.

因为只有一个三角化是外平面的, 即三角形

$$T_0 = (Kx + Ky + Kz, (x, z)(y, \alpha\beta x)(\alpha\beta y)),$$

可以称外平面近三角化为外平面三角化, 也可将外平面三角化视为对圆盘的三角化使得所有节点全落在圆盘的边缘上.

令 $\mathcal{T}_{ot}$ 为所有带根外平面三角化的集合. 对任何 $M = (\mathcal{X}, \mathcal{J}) \in \mathcal{T}_{ot}, r \in \mathcal{X}$ 为它的根, $a = e_r = Kr$ 为根边. $v_r(M)$ 和 $f_r(M)$ 分别为 $M$ 的根节点和根面. 记

$$\mathcal{T}_{ot} = \mathcal{T}_{ot}^{(0)} + \mathcal{T}_{ot}^{(I)} + \mathcal{T}_{ot}^{(II)}, \tag{4.1.1}$$

即将 $\mathcal{T}_{ot}$ 分为三类 $\mathcal{T}_{ot}^{(I)}, i = 0, I$ 和 II, 使得 $\mathcal{T}_{ot}^{(0)} = \{\vartheta\}, \vartheta$ 为节点地图; $\mathcal{T}_{ot}^{(I)} = \{M | e_r(M)$ 为割边$\}$; $\mathcal{T}_{ot}^{(II)} = \{M | e_r(M)$ 在某个圈上$\}$. 这里为方便将杆地图 $L = (Kr, (r)(\alpha\beta r))$ 规定在 $\mathcal{T}_{ot}^{(I)}$ 中.

**引理 4.1.1**　令 $\mathcal{T}_{ot}^* = \{M | v_r(M)$ 为割点$\}$ 和 $\mathcal{T}_{ot}^{\triangle} = \mathcal{T}_{ot} - \mathcal{T}_{ot}^{(0)} - \mathcal{T}_{ot}^*$. 则有

$$\mathcal{T}_{ot}^* = \sum_{k \geqslant 2} \mathcal{T}_{ot}^{\triangle \odot k}, \tag{4.1.2}$$

其中, $\odot$ 为 $1v$-积, 如 §3.2 中所给出.

**证**　对任何 $M \in \mathcal{T}_{ot}^*$, 由于 $v_r(M)$ 为割点, 就存在 $k \geqslant 2$ 使得 $M = M_1 \dot{+} M_2 \dot{+} \cdots \dot{+} M_k, M_i \in \mathcal{T}_{ot}^{\triangle}, 1 \leqslant i \leqslant k$. 其中, $\dot{+}$ 为 $1v$-和, 如 §3.2 中所示. 从而, $M$ 是 (4.1.2) 式右端集合的一个元素.

反之, 对任何一个地图 $M$ 在 (4.1.2) 式右端的集合中, 由于存在一个 $k \geqslant 2$ 和 $M_1, M_2, \cdots, M_k \in \mathcal{T}_{ot}^{\triangle}$ 使得 $M_1 \dot{+} M_2 \dot{+} \cdots \dot{+} M_k = M$, 这就意味 $M$ 的根节点是一个割点. 又, 考虑到 $M \in \mathcal{T}_{ot}$ 必有 $M \in \mathcal{T}_{ot}^*$, 即, (4.1.2) 式右端集合的一个元素.

由于一个外平面三角化的所有节点均在它的根面边界上, 可以取根面次作为参

数. 这时, 相应的计数函数为

$$g_{\mathrm{ot}} = g_{\mathrm{ot}} = \sum_{M \in \mathcal{T}_{\mathrm{ot}}} x^{m(M)}$$

$$= \sum_{m \geqslant 0} c_{\mathcal{T}_{\mathrm{ot}}}(m) x^m. \tag{4.1.3}$$

其中, $m(M)$ 为三角化 $M$ 的根面次. 根据引理 4.1.1, 可得 $\mathcal{T}_{\mathrm{ot}}^*$ 在 $g_{\mathrm{ot}}$ 中所占的部分 $g_{\mathrm{ot}}^*$ 满足关系:

$$g_{\mathrm{ot}}^* = \sum_{k \geqslant 2} (g_{\mathrm{ot}} - 1 - g_{\mathrm{ot}}^*)^k$$

$$= \frac{(g_{\mathrm{ot}} - 1 - g_{\mathrm{ot}}^*)^2}{2 - g_{\mathrm{ot}} + g_{\mathrm{ot}}^*}. \tag{4.1.4}$$

用 $(2 - g_{\mathrm{ot}} + g_{\mathrm{ot}}^*)$ 乘 (4.1.4) 式两端, 同时也就可消去含 $g_{\mathrm{ot}}^{*2}$ 的项, 经整理即得

$$g_{\mathrm{ot}}^* = \frac{(g_{\mathrm{ot}} - 1)^2}{g_{\mathrm{ot}}}. \tag{4.1.5}$$

**引理 4.1.2** 令 $\mathcal{T}_{\langle \mathrm{ot} \rangle}^{(\mathrm{I})} = \{M - a | \forall M \in \mathcal{T}_{\mathrm{ot}}^{(\mathrm{I})}\}$, 其中 $a = e_r(M)$ 为 $M$ 得根边, 则有

$$\mathcal{T}_{\langle \mathrm{ot} \rangle}^{(\mathrm{I})} = \mathcal{T}_{\mathrm{ot}} \times \mathcal{T}_{\mathrm{ot}}. \tag{4.1.6}$$

其中, $\times$ 为集合得Descartes积.

**证** 因为对任何 $M \in \mathcal{T}_{\mathrm{ot}}^{(\mathrm{I})}$, 其根边 $a$ 为割边, 有 $M - a = M_1 + M_2$, 由于 $M_1$, $M_2 \in \mathcal{T}_{\mathrm{ot}}$, 有 $M - a \in \mathcal{T}_{\mathrm{ot}} \times \mathcal{T}_{\mathrm{ot}}$. 从而, $\mathcal{T}_{\langle \mathrm{ot} \rangle}^{(\mathrm{I})} \subseteq \mathcal{T}_{\mathrm{ot}} \times \mathcal{T}_{\mathrm{ot}}$.

另一方面, 对任何 $M \in \mathcal{T}_{\mathrm{ot}} \times \mathcal{T}_{\mathrm{ot}}$, $M = M_1 + M_2$, $M_1 = (\mathcal{X}_1, \mathcal{J}_1)$, $M_2 = (\mathcal{X}_2, \mathcal{J}_2) \in \mathcal{J}_{\mathrm{ot}}$, 可以造一个地图 $M' = (\mathcal{X}', \mathcal{J}')$ 使得 $\mathcal{X}' = \mathcal{X}_1 + \mathcal{X}_2 + Kr'$ 和 $\mathcal{J}'$ 只在节点

$$v_{r'} = (r', r_1, \mathcal{J}_1 r_1, \cdots, \mathcal{J}_1^{m(M_1)-1} r_1)$$

和

$$v_{\beta r'} = (\alpha \beta r', r_2, \mathcal{J}_2 r_2, \cdots, \mathcal{J}_2^{m(M_2)-1} r_2)$$

处与 $\mathcal{J}_1$ 和 $\mathcal{J}_2$ 不同. 由 $M_1$ 和 $M_2$ 为外平面三角化, $M'$ 也是外平面三角化. 进而, 由于 $a' = Kr'$ 为割边, 即 $M' \in \mathcal{T}_{\mathrm{ot}}^{(\mathrm{I})}$. 且 $M = M' - a$, 有 $M \in \mathcal{T}_{\langle \mathrm{ot} \rangle}^{(\mathrm{I})}$.  ▫

根据这个引理, 可导出 $\mathcal{T}_{\mathrm{ot}}^{(\mathrm{I})}$ 在 $g_{\mathrm{ot}}$ 中的部分

$$g_{\mathrm{ot}}^{(\mathrm{I})} = x^2 g_{\mathrm{ot}}^2. \tag{4.1.7}$$

其中, $x^2$ 表示 $\mathcal{T}_{\mathrm{ot}}^{(\mathrm{I})}$ 中每个地图之根边赋予根面边界的部分.

对于一个地图 $M = (\mathcal{X}, \mathcal{J}) \in \mathcal{T}_{\mathrm{ot}}^{(\mathrm{II})}, a - Kr$ 为它的根边, 令 $M\widehat{-}a$ 为从 $M$ 中去掉根边 $a$ 使得它的根为 $\mathcal{J}\alpha\beta\mathcal{J}r$ 所得的地图. 其中, $(\mathcal{J}r, \mathcal{J}\alpha\beta\mathcal{J}r, (\mathcal{J}\alpha\beta)^2\mathcal{J}r)$ 是 $M$ 中与根边 $a$ 关联的非根面. 自然, 它是一个三角形.

**引理 4.1.3**    令 $\mathcal{T}_{\langle\mathrm{ot}\rangle}^{(\mathrm{II})} = \{M\widehat{-}a | \forall M \in \mathcal{T}_{\mathrm{ot}}^{(\mathrm{II})}.$ 则有

$$\mathcal{T}_{\langle\mathrm{ot}\rangle}^{(\mathrm{II})} = \mathcal{T}_{\mathrm{ot}}^*, \tag{4.1.8}$$

其中 $\mathcal{T}_{\mathrm{ot}}^*$ 为引理 4.1.1 所给出的.

**证**    由外平面性, 对任何地图 $M \in \mathcal{T}_{\mathrm{ot}}^{(\mathrm{II})}$, 有 $v_{\mathcal{J}\alpha\beta\mathcal{J}r}$ 为 $M\widehat{-}a, a = Kr,$ 的割点. 又由 $M\widehat{-}a$ 亦外平面三角化, 有 $M' = M\widehat{-}a \in \mathcal{T}_{\mathrm{ot}}^*$. 这就意味, 对任何 $M' \in \mathcal{T}_{\langle\mathrm{ot}\rangle}^{(\mathrm{II})}$ 均有 $M' \in \mathcal{T}_{\mathrm{ot}}^*$.

反之, 对任何 $M^* = (\mathcal{X}^*, \mathcal{J}^*) \in \mathcal{T}_{\mathrm{ot}}^*$, 由于 $v_{r^*}$ 为割点, 总可构造一个地图 $M = (\mathcal{X}, \mathcal{J}) \in \mathcal{J}_{\mathrm{ot}}$ 使得 $\mathcal{X} = \mathcal{X}^* + Kr$ 和 $\mathcal{J}$ 仅在

$$v_r = (r, \alpha\beta\mathcal{J}^{*m(M^*)-1}r^*, \mathcal{J}^*\alpha\beta\mathcal{J}^{*m(M^*)-1}r^*, \cdots,$$
$$\mathcal{J}^{*j-2}\alpha\beta\mathcal{J}^{*m(M^*)-1}r^*)$$

和 $v_{\beta r} = (\alpha\beta r^*, \alpha\beta r, \mathcal{J}_{\alpha\beta r^*}^*, \cdots, \mathcal{J}^{*i-2}\alpha\beta r^*)$ 处与 $\mathcal{J}^*$ 不同. 其中, $j$ 和 $i$ 分别为在 $M$ 中节点 $v_{\beta r^*}$ 和 $v_{tr^*}$,

$$t = \beta(\alpha\beta\mathcal{J}^{*m(M)-1}) = \alpha\mathcal{J}^{*m(M)-1},$$

的次. 由于 $a = Kr$ 在圈 $(v_r, v_{\beta r}, v_{r^*})$ 上, 有 $M \in \mathcal{T}_{\mathrm{ot}}^{(\mathrm{II})}$. 然, 可以看出, $M^* = M\widehat{-}a$, 即 $M^* \in \mathcal{T}_{\langle\mathrm{ot}\rangle}^{(\mathrm{II})}$.

根据引理 4.1.3, 可以导出 $\mathcal{T}_{\mathrm{ot}}^{(\mathrm{II})}$ 在 $g_{\mathrm{ot}}$ 中之部分为

$$g_{\mathrm{ot}}^{(\mathrm{II})} = x^{-1}g_{\mathrm{ot}}^*. \tag{4.1.9}$$

其中, $x^{-1}$ 是由 $\mathcal{T}_{\mathrm{ot}}^{(\mathrm{II})}$ 中地图的根面次比相应的 $\mathcal{T}_{\mathrm{ot}}^*$ 中的少 1 所引起的. 进而由 (4.1.5) 式有

$$g_{\mathrm{ot}}^{(\mathrm{II})} = \frac{1}{x}\frac{(g_{\mathrm{ot}}-1)^2}{g_{\mathrm{ot}}}. \tag{4.1.10}$$

**定理 4.1.1**    由 (4.1.3) 式给出的计数函数 $g_{\mathrm{ot}}$ 是方程

$$x^3g^3 + (1-x)g^2 + (x-2)g + 1 = 0 \tag{4.1.11}$$

的一个解.

**证**    由方程 (4.1.11) 在非负整系数级数环中的适定性可以证明, 只需验证 $g_{\mathrm{ot}}$ 确为方程 (4.1.11) 的这个解.

事实上, 由于 $g_{\mathrm{ot}} = g_{\mathrm{ot}}^{(0)} + g_{\mathrm{ot}}^{(\mathrm{I})} + g_{\mathrm{ot}}^{(\mathrm{II})}$, 用 (4.1.7) 式和 (4.1.10) 式, 以及考虑到 $g_{\mathrm{ot}}^{(0)} = 1$, 可得

$$g_{\mathrm{ot}} = 1 + x^2 g_{\mathrm{ot}}^2 + \frac{1}{x} \frac{(g_{\mathrm{ot}} - 1)^2}{g_{\mathrm{ot}}}.$$

将两端分别乘 $x g_{\mathrm{ot}}$, 经合并同类项后, 即可得 $g_{\mathrm{ot}}$ 满足方程 (4.1.11).

虽然方程 (4.1.11) 可直接应用 Lagrange 反演求解. 但由于 (4.1.11) 式为三次的, 结果比较复杂. 不过, 可以在 (4.1.11) 式中引进变换

$$f = xg, \tag{4.1.12}$$

将它变为

$$f^3 + \frac{1-x}{x^2} f^2 + \frac{x-2}{x} f + 1 = 0. \tag{4.1.13}$$

这时, (4.1.13) 式实际上是 $x$ 的二次方程:

$$x^2 (f^3 + f + 1) - x(f^2 + 2f) + f^2 = 0. \tag{4.1.14}$$

从 (4.1.14) 式, 可得

$$\frac{1}{x} = \frac{f + 2 \pm f\sqrt{1 - 4f}}{2f}. \tag{4.1.15}$$

由于 $f(0) = 0$ 和 $f'(0) = 1$, 只能

$$x = \frac{2f}{f + 2 - f\sqrt{1 - 4f}}. \tag{4.1.16}$$

令 $\sqrt{1 - 4f} = 1 - 2\theta$. 则有

$$f = \theta(1 - \theta); \quad x = \frac{\theta(1 - \theta)}{1 + \theta^2(1 - \theta)}. \tag{4.1.17}$$

**定理 4.1.2** 由 (4.1.3) 式给出的函数 $g_{\mathrm{ot}}$ 有如下显式:

$$g_{\mathrm{ot}} = 1 + \sum_{\substack{m \geqslant 2 \\ 1 \leqslant k \leqslant \lfloor \frac{m}{2} \rfloor}} A_{m,k} x^m, \tag{4.1.18}$$

其中,

$$A_{m,k} = \frac{m!(2m - 3k - 1)!}{(k-1)!(m-k)!(m-k+1)!(m-2k)!}. \tag{4.1.19}$$

**证** 为方便, 引进函数 $g = g(x, z)$ 使得具有如下的参数表达式:

$$x = \frac{\theta(1 - \theta)}{1 + z\theta^2(1 - \theta)}; \quad g = \theta(1 - \theta), \tag{4.1.20}$$

由 (4.1.17) 式可见,

$$g(x, 1) = f(x). \tag{4.1.21}$$

利用推论 1.5.1, 即可得

$$\partial_{(x,z)}^{(m,k)} g = \frac{1}{m-k-1} \binom{m-1}{k-1} \binom{2m-3k-3}{m-k-2}$$
$$= A_{m-1,k}, \tag{4.1.22}$$

其中, $m \geqslant 3, 1 \leqslant k \leqslant \lfloor (m-1)/2 \rfloor$.

进而, 由 (4.1.12) 式和 (4.1.21) 式, 有

$$c_{\mathcal{T}_{\mathrm{ot}}}(m) = \sum_{1 \leqslant k \leqslant \lfloor m/2 \rfloor} A_{m,k},$$

其中 $m \geqslant 2$.

而且, 易验证, $c_{\mathcal{T}_{\mathrm{ot}}}(0) = 1$ 和 $c_{\mathcal{T}_{\mathrm{ot}}}(1) = 0$. ♮

上面的方法可以推广, 以确定这种地图依两个参数, 例如度 (或者说边数) 和根面次, 或者阶 (即节点数) 和根面次, 或者说面数和根面次.

进而, 还可以推广到平面, 或者说球面, 上三角化的计数. 这些将在后面讨论.

## §4.2   平面三角化

最简单的平面三角化, 就是三角形本身, 即

$$T_0 = (Kx + Ky + Kz, (x, z)(\alpha\beta x, y)(\alpha\beta y, \alpha\beta z)).$$

它有两个面 $(x, y, \alpha\beta z)$ 和 $(\alpha\beta x, z, \alpha\beta y)$.

**引理 4.2.1**   若不考虑自环, 则任何平面三角化均不含有割点.

证   用反证法. 设 $M$ 是一个平面三角化且无自环, 但有一个割点 $v$. 则, $M$ 具有形式 $M = M_1 \dotplus M_2$, 即 $M = M_1 \cup M_2$ 而且 $M_1 \cap M_2 = v$. 由于 $M_1$ 和 $M_2$ 也是平面地图, 这就意味分别存在 $M_1$ 和 $M_2$ 的一个面 $f_1 = f_1(M_1)$ 和 $f_2 = f_2(M_2)$ 使得 $f_1 \cup f_2$ 为 $M$ 的一个面, 记为 $f(M)$. 自然, $f_1 \cap f_2 = v$. 因为, $M$ 为三角化, 即 $f(M)$ 恰三条边, 这就使得至少 $f_1(M_1)$ 或 $f_2(M_2)$ 仅含一条边, 即节点 $v$ 处的一个自环. 与 $M$ 无自环矛盾. ♮

一个无环 (即无自环) 的平面三角化, 根边不在任何重边中, 被称适约三角化. 令 $\mathcal{F}_{\mathrm{ft}}(\mathcal{F}_{\mathrm{nl}})$ 为所有适约 (无自环) 三角化的集合.

若一个无环平面近三角化, 没有重边含根边除非根面次为 2, 则它也被称为适约的. 若一个地图的根面边界是个 2-边形, 则这个地图被称为 2-边缘的. 可以将 2-边缘近三角化简称为 2-边缘三角化.

**引理 4.2.2** 没有任何内边与根边在同一重边中的一个 2-边缘近三角化是适约的, 当且仅当, 它是无环的, 同样地, 是无割点的.

**证** 必要性是直接的, 因为适约的近三角化均是对无环而言, 又, 从引理 4.1.1 的证明过程知, 在这里无环与无割点是一回事.

充分性. 因为对于 2-边缘近三角化且无内边与根边同在一个重边内, 用与引理 4.1.1 证明相仿过程可知, 无环当且仅当, 无割点. 故也是适约的. ⚓

令 $\mathcal{T}_{2\text{ft}}$ (或 $\mathcal{T}_{2\text{nl}}$) 为所有适约 (或无环) 2-边缘近三角化的集合.

**引理 4.2.3** 令 $\mathcal{T}_{\langle 2\text{x}\rangle} = \{M - a | \forall M \in \mathcal{T}_{2\text{x}} - L_0\}$, 其中 $a = e_r(M)$ 为 $M$ 的根边 $L_0$ 为杆地图. 则有

$$\mathcal{T}_{\langle 2\text{x}\rangle} = \mathcal{T}_{\text{x}}, \tag{4.2.1}$$

其中 x = nl ( 或 ft ).

**证** 对任何 $M \in \mathcal{T}_{2\text{nl}}$ (或 $\mathcal{T}_{2\text{ft}}$), 由于存在一个地图 $M' \in \mathcal{T}_{2\text{nl}}$ (或 $\mathcal{T}_{2\text{ft}}$), $M' \neq L_0$, 使得 $M = M' - a', a' = e_r(M')$ 为 $M'$ 的根边. 由于 $M'$ 无环 (或适约), $M$ 也无环 (或适约). 又, 由 $M'$ 的根面次为 2 和所有非根面均为 3-边形, $M$ 的所有非根面以及根面均只能是 3-边形, 即 $M \in \mathcal{T}_{\text{nl}}$ (或 $\mathcal{T}_{\text{ft}}$).

反之, 对任何 $M = (\mathcal{X}, \mathcal{J}) \in \mathcal{T}_{\text{nl}}$ (或 $\mathcal{T}_{\text{ft}}$), 可通过添加边 $Kr'$ 得地图 $M' = (\mathcal{X}', \mathcal{J}') \in \mathcal{T}_{2\text{nl}}$ (或 $\mathcal{T}_{2\text{ft}}$) 使得 $\mathcal{X}' = \mathcal{X} + Kr'$ 和 $\mathcal{J}'$ 仅在二节点

$$v_{r'} = (r', r, \mathcal{J}r, \cdots, \mathcal{J}^{m(M)-1}r)$$

和

$$v_{\beta r'} = (\alpha\beta r', (\mathcal{J}_{\alpha\beta})^2 r, \mathcal{J}(\mathcal{J}_{\alpha\beta})^2 r, \cdots, \mathcal{J}^{i-1}(\mathcal{J}_{\alpha\beta})^2 r)$$

处与 $\mathcal{J}$ 不同, 其中 $i$ 为 $M$ 中节点 $v_{(\mathcal{J}_{\alpha\beta})^2 r}$ 的次. 自然, $M' \neq L_0$. 由于 $M = M' - a', a' = e_r(M') = Kr'$ 有 $M \in \mathcal{J}_{\langle 2\text{nl}\rangle}$ (或 $\mathcal{J}_{\langle 2\text{ft}\rangle}$). ⚓

一个 2-边缘地图, 若没有内边之二端与根边之二端相同, 则称它为约化的(或适约的, 当然考虑无环近三角化时). 为方便, 总是约定杆地图 $L_0$ 不在约化之列.

将二地图 $M_1 = (\mathcal{X}, \mathcal{P}_1)$ 和 $M_2 = (\mathcal{X}_2, \mathcal{P}_2)$ 通过合 $M_2$ 的根边 $Kr_2$ 和 $M_1$ 的与其根边 $Kr_1$ 相邻的边 $K\mathcal{P}_1^{-1}r_1$ 而为一边得 $M = (\mathcal{X}, \mathcal{P})$ 使得 $r = r(M) = r_1$ 的变换, 称为 1e-加法. $M$ 称为 $M_1$ 和 $M_2$ 的 1e-和, 记为 $M = M_1 \uplus M_2$. 其中, $\mathcal{X} = (\mathcal{X}_1 - K\mathcal{P}_1^{-1}r_1) + (\mathcal{X}_2 - Kr_2) + Ks, Ks = Kr_2 = K\mathcal{P}_1^{-1}r_1$ 和 $\mathcal{P}$ 仅在 $v_r = (r, \mathcal{P}_1 r_1, \cdots, \mathcal{P}_1^{m(M_1)-2} r_1, s, \mathcal{P}_2 r_2, \cdots, \mathcal{P}_2^{m(M_2)-1} r_2)$ 和

$$v_{\beta \mathcal{P}^{-1} r} = (\alpha\beta s, \mathcal{P}_1(\alpha\beta\mathcal{P}_1^{-1}r_1), \cdots, \mathcal{P}_1^{i-1}(\alpha\beta\mathcal{P}_1^{-1}r_1),$$
$$\mathcal{P}_2(\alpha\beta r_2), \cdots, \mathcal{P}_2^{j-1}(\alpha\beta r_2))$$

处与 $\mathcal{P}_1$ 或 $\mathcal{P}_2$ 不同. 其中, $i$ 和 $j$ 分别为 $v_{\beta\mathcal{P}_1^{-1}r_1}$ (在 $M_1$ 中) 和 $v_{\beta r_2}$ (在 $M_2$ 中) 的次. 相应地, 在 §2.1 中所引进的 1-加法与 1-和可以分别称为 1$v$-**加法** 与 1$v$-**和**.

对任何两个地图的集合 $\mathcal{M}_1$ 和 $\mathcal{M}_2$, 记 $\mathcal{M}_1 \oslash \mathcal{M}_2 = \{M_1 \uplus M_2 | \forall M_1 \in \mathcal{M}_1, \forall M_2 \in \mathcal{M}_2\}$ 并称之为 $\mathcal{M}_1$ 与 $\mathcal{M}_2$ 的 1$e$-**积**. 相仿地, 在 §2.1 中的 1-积也可以称为 1$v$-**积**. 对地图集合的序列 $\mathcal{M}_1, \mathcal{M}_2, \cdots, \mathcal{M}_k$, 有

$$\bigoslash_{i=1}^{k} \mathcal{M}_i = \left( \bigoslash_{i=1}^{k-1} \mathcal{M}_i \right) \oslash \mathcal{M}_k. \tag{4.2.2}$$

特别地, 若 $\mathcal{M}_i = \mathcal{M}, i = 1, 2, \cdots, k$, 则有

$$\bigoslash_{i=1}^{k} \mathcal{M}_i = \mathcal{M}^{\oslash k}.$$

令 $\mathcal{T}_{2\mathrm{nl}}^{(\mathrm{R})}$ 为所有约化 2-边缘近三角化的集合. 易论证,

$$\mathcal{T}_{2\mathrm{nl}} = L_0 + \sum_{i \geqslant 1} \mathcal{T}_{2\mathrm{nl}}^{(\mathrm{R}) \oslash i}. \tag{4.2.3}$$

**引理 4.2.4**    集合 $\mathcal{T}_{\mathrm{x}}$ 与 $\mathcal{T}_{2\mathrm{x}}, \mathrm{x} = \mathrm{nl}$ 和 ft 间有关系

$$\mathcal{T}_{\mathrm{nl}} = \mathcal{T}_{\mathrm{ft}} + (\mathcal{T}_{2\mathrm{nl}} - L_0) \oslash \mathcal{T}_{2\mathrm{ft}}, \tag{4.2.4}$$

其中 $L_0$ 为杆地图.

**证**    由定义即可直接导出.

设 $M = (\mathcal{X}, \mathcal{J}) \in \mathcal{J}_{2\mathrm{nl}}, M \neq L_0, v_r = (r, R_0, s, T_0, l)$ 和 $v_{\beta r} = (\delta r, \delta L, T_1, \delta s, R_1)$, $\delta = \alpha\beta$. 记 $M_1 = (\mathcal{X}_1, \mathcal{J}_1)$ 和 $M_2 = (\mathcal{X}_2, \mathcal{J}_2)$ 分别为 $M$ 的扩张地图使得 $v_{r_1} = (r, R_0, s), v_{\beta r_1} = (\delta r, \delta s, R_1)$ 和 $v_{r_2} = (\delta l, T_1), v_{\beta r_2 = (l, T_0)}$, 即 $\mathcal{J}_1$ 和 $\mathcal{J}_2$ 仅在上述四个节点处与 $\mathcal{J}$ 不同, 且 $\mathcal{X}_1, \mathcal{X}_2 \subseteq \mathcal{X}$ 分别由 $\mathcal{J}_1, \mathcal{J}_2$ 之可迁性确定. 这样的 $M$ 被称为 $M_1$ 和 $M_2$ 的 2$v$-和, 记为 $M = M_1 +: M_2$. 其中之运算, 被称为 2$v$-**加法**. 对任二地图的集合 $\mathcal{M}_1$ 和 $\mathcal{M}_2$, 记

$$\mathcal{M}_1 \times: \mathcal{M}_2 = \{M_1 +: M_2 | \forall M_1 \in \mathcal{M}_1, \forall M_2 \in \mathcal{M}_2\},$$

并称之为 $\mathcal{M}_1$ 与 $\mathcal{M}_2$ 的 2$v$-**积**.

**引理 4.2.5**    有如下的关系:

$$\mathcal{T}_{2\mathrm{nl}} = L_0 + \mathcal{T}_{2\mathrm{nl}} \times: \mathcal{T}_{\mathrm{ft}}, \tag{4.2.5}$$

其中 $\times:$ 为 2$v$-乘法, 即如上 2$v$-积中之运算.

**证** 对任何 $M = (\mathcal{X}, \mathcal{J}) \in \mathcal{T}_{2\mathrm{nl}}$, 令

$$k = \max\{j | \exists i \geqslant 0, \delta \mathcal{J}^j r = \mathcal{J}^i \delta r, 0 \leqslant j \leqslant m(M) - 2\}.$$

记 $s = \mathcal{J}^k r$. 若 $m(M) = 1$, 则只能 $M = L_0$, 即杆地图. 否则, 由于无环, $m(M) \geqslant 3$. 这时, 总有 $M = M_1 +: M_2, M_i = (\mathcal{X}_i, \mathcal{J}_i), i = 1, 2$, 使得 $\mathcal{J}_1$ 和 $\mathcal{J}_2$ 仅在

$$v_{r_1} = (r, \mathcal{J}r, \cdots, \mathcal{J}^{k-1}r, s), \quad v_{\beta r_1} = (\delta r, \mathcal{J}^i \delta r, \cdots, \mathcal{J}^{-1} \delta r)$$

和

$$v_{r_2} = (\mathcal{J}\delta r, \cdots, \mathcal{J}^{i-1}\delta r), \quad v_{\beta r_2} = (\delta \mathcal{J} \delta r, \mathcal{J}^{k+1}r, \cdots, \mathcal{J}^{m(M)-2}r)$$

处与 $\mathcal{J}$ 不同. 易验证, $M_1 \in \mathcal{T}_{2\mathrm{nl}}$ 和 $M_2 \in \mathcal{T}_{\mathrm{ft}}$. 故, $M$ 为 (4.2.5) 式右端集合中一元素.

反之, 对 $M$ 为 (4.2.5) 式右端集合中一地图, 因为若 $M \neq L_0$, 必存在 $M_1 \in \mathcal{T}_{2\mathrm{nl}}$ 和 $M_2 \in \mathcal{T}_{\mathrm{ft}}$ 使得 $M = M_1 +: M_2$. 易见, $M \in \mathcal{T}_{2\mathrm{nl}}$, 即为 (4.2.5) 式右端集合中一元素.

对于一个近三角化 $M = (\mathcal{X}, \mathcal{J})$, 可用将根边收缩为一个节点, 并同时将与根边关联的那个非根面上二非根边合而为一, 得 $M' = (\mathcal{X}', \mathcal{J}')$. 即, $\mathcal{X}' = (\mathcal{X} - Kr - K\mathcal{J}r - K\mathcal{J}^{-1}\delta r) + Ks, s = \mathcal{J}r = \mathcal{J}^{-1}\delta r, \delta = \alpha\beta$, 和 $\mathcal{J}'$ 仅在二节点

$$v_{r'} = (\mathcal{J}\delta r, \mathcal{J}^2 \delta r, \cdots, \mathcal{J}^{-2}\delta r, s, \mathcal{J}^2 r, \cdots, \mathcal{J}^{m(M)-1}r)$$

和 $v_{\beta s} = (\delta s, \mathcal{J}^2 \delta \mathcal{J}r, \cdots, \mathcal{J}^{-1}\delta \mathcal{J}r)$ 处与 $\mathcal{J}$ 不同. 易验证, $M'$ 仍是一个近三角化. 并称 $M'$ 为 $M$ 经压缩根边 $a = e_r(M)$ 而得到的, 记为 $M' = M \bullet a$.

令 $M = (\mathcal{X}, \mathcal{J})$ 为一个地图, 仍以 $m(M)$ 表示其根节点之次. 记 $M_{[i]} = (\mathcal{X}_{[i]}, \mathcal{I})$ 为劈分边 $Kl_i, l_i = \mathcal{J}^{m(M)-i+1}r$, 成为一个三角形所得的地图, 即 $\mathcal{X}_{[i]} = \mathcal{X} - Kl_i + Ks + Kt + Kr_i, Ks = \{l_i, \alpha s, \beta l_i, \delta s\}, Kt = \{t, \alpha l_i, \beta t, \delta l_i\}$, 根边 $Kr_i = \{r_i, \alpha r_i, \beta r_i, \delta r_i\}$, 和 $\mathcal{I}$ 仅在三个节点:

$$v_{r_i} = (r_i, t, \mathcal{J}l_i, \cdots, \mathcal{J}^{j-2}l_i),$$

$$\mathcal{J}^{j-2}l_i = \mathcal{J}^{m(M)-1}r;$$

$v_{\beta r_i} = (\delta r_i, r, \mathcal{J}r, \cdots, \mathcal{J}^{m(M)-i+1}r); v_{\beta l_i} = (\delta s, \mathcal{J}\delta l_i, \cdots, \mathcal{J}^{-1}\delta l_i)$ 上与 $\mathcal{J}$ 不同. 易见, $M_{[i]}$ 的根节点次为 $i$, 即 $m(M_{[i]}) = i, i = 2, 3, \cdots, m(M) + 1$.

**引理 4.2.6** 对于地图 $M$, 令

$$\mathcal{M}_{[m(M)+1]} = \{M_{[m(M)+1]}, M_{[m(M)]}, \cdots, M_{[2]}\}. \tag{4.2.6}$$

其中, $M_{[i]}, i = 2, 3, \cdots, m(M) + 1$, 为在 $M$ 上劈分边 $Kl_i, l_i = \mathcal{J}^{m(M)-i+1}r$, 成三角形所得的地图. 则有

$$\mathcal{T}_{\mathrm{ft}} = \sum_{M \in \mathcal{T}_{2\mathrm{nl}}} \mathcal{M}_{[m(M)+1]}. \tag{4.2.7}$$

证    对于 $M \in \mathcal{T}_{\mathrm{ft}}$, 可通过压缩根边得 $M'$. 由于 $M$ 的适约性, $M' \in \mathcal{T}_{2\mathrm{nl}}$. 从而, $M$ 属于 (4.2.7) 式右端的集合.

反之, 对于 $M$ 为 (4.2.7) 式右端集合中一元素, 因为 $M$ 可以由某 $M' \in \mathcal{T}_{2\mathrm{nl}}$ 通过劈分一边得到, 从 $M'$ 中不含自环可知, $M \in \mathcal{T}_{\mathrm{ft}}$, 即 (4.2.7) 式右端之集合.            ⑤

为方便, 记

$$f_{\mathcal{T}}(x, y) = \sum_{M \in \mathcal{T}} x^{m(M)} y^{s(M)} \tag{4.2.8}$$

和

$$h_{\mathcal{T}}(y) = f_{\mathcal{T}}(1, y), \tag{4.2.9}$$

其中 $m(M)$ 和 $s(M)$ 分别为 $M$ 的根节点次和边数.

**定理 4.2.1**    下面关于 $f = f(x, y)$ 的方程

$$(1 - h)f^2 - \left(\frac{x^2 y^3}{1 - x} + 1 - h\right)f + x^2 y^3 \left(1 + \frac{xh}{1 - x}\right) = 0, \tag{4.2.10}$$

其中 $h = f(1, y)$, 在环 $\mathcal{L}\{\Re; x, y\}$($\Re$ 为整数环) 中是适定的. 而且, 它的解为 $f = f_{\mathcal{T}_{\mathrm{ft}}}(x, y)$ 和 $h = h_{\mathcal{T}_{\mathrm{ft}}}(y)$.

证    由引理 4.2.6, 有

$$\begin{aligned}
f &= \sum_{M \in \mathcal{T}_{2\mathrm{nl}}} \sum_{i=2}^{m(M)+1} x^i y^{s(M)+2} \\
&= x^2 y^2 \sum_{M \in \mathcal{T}_{2\mathrm{nl}}} \frac{1 - x^{m(M)}}{1 - x} y^{s(M)} \\
&= x^2 y^2 \frac{h_2 - f_2}{1 - x},
\end{aligned}$$

其中 $h_2 = f_{\mathcal{T}_{2\mathrm{nl}}}(1, y)$ 和 $f_2 = f_{\mathcal{T}_{2\mathrm{nl}}}(x, y)$.

依照引理 4.2.5, 可得 $f_2 = xy + f_2 f$, $h_2 = y + h_2 h$. 即,

$$f_2 = \frac{xy}{1 - f}, \quad h_2 = \frac{y}{1 - h}.$$

将它们代入第一个式子, 经整理即可得 $f = f_{\mathcal{T}_{\mathrm{ft}}}(x, y)$ 和 $h = h_{\mathcal{T}_{\mathrm{ft}}}(y)$ 是方程 (4.2.10) 的一个解.

关于适定性, 可用常法递推地论证.                                                            ⑤

令 $F = f - 1$ 和 $H = h - 1$. 则, (4.2.10) 式变为

$$(1-x)HF^2 + (x^2Y + (1-x)H)F - x^3YH = 0, \tag{4.2.11}$$

其中 $Y = y^3$.

用 $\Delta$ 表示方程 (4.2.11) 的判别式, 即

$$\Delta = (x^2Y + (1-x)H)^2 + 4(1-x)x^3H^2. \tag{4.2.12}$$

若取 $x = \xi$ 为 $Y$ 的级数, 使得为 $\Delta$ 的一个二重根, 则 $H$ 和 $Y$ 应满足方程

$$\Delta|_{x=\xi} = 0; \quad \left.\frac{\partial\Delta}{\partial x}\right|_{x=\xi} = 0. \tag{4.2.13}$$

事实上, 它们的解由 $\xi$ 所决定, 即

$$\xi = 1 + \frac{\xi^3}{(\xi-2)^2}Y; \quad H = \frac{(\xi-2)^2}{\xi(2\xi-3)}. \tag{4.2.14}$$

令 $\xi = 1 + \beta/(1-\beta)$. 则 (4.2.14) 式变为

$$\beta = \frac{1}{(1-2\beta)^2}Y, \quad H = \frac{(1-2\beta)^2}{3\beta-1}. \tag{4.2.15}$$

这就可以利用推论 1.5.1, 得

$$\begin{aligned}
\partial_Y^n H &= \frac{1}{n}\partial_\beta^{n-1}\frac{(1-2\beta)(1-6\beta)}{(1-2\beta)^{2n}(1-3\beta)^2} \\
&= \sum_{i\geq 0}\frac{(i+1)3^i}{n}\nabla_\beta^{n-i}\frac{1}{(1-2\beta)^{2n-1}},
\end{aligned} \tag{4.2.16}$$

其中的算子 $\nabla_\beta^{n-i} = \partial_\beta^{n-i-1} - 6\partial_\beta^{n-i-2}$. 经过合并, 即可得

$$\partial_Y^n H = \sum_{i=1}^{n-1}\frac{i(i+1)3^i(3n-i-4)!}{2^{i-n}n(n-i-1)!(2n-2)!}, \tag{4.2.17}$$

对于 $n \geq 2$ 和 $\partial_Y^1 H = 2$.

**推论 4.2.1** 具有 $3m+1$ 条边的约化 2-边缘近三角化的数目与具有 $3m$ 条边的适约三角化的数目相同, $m \geq 1$. 且它们之间存在一个1-1映像.

**证** 由于 2-边缘近三角化是约化的当, 且仅当, 它是适约的, 从上面的计数可以检验度为 $3m$ 的适约三角化的数目与度为 $3m+1$ 的约化 2-边缘三角化是相同的. 它们之间的 1-1 映像, 可由引理 4.2.3 看出.

**定理 4.2.2**　关于函数 $g = g(x, y)$ 的方程

$$(1 - x)g = x^2 y^3 (1 + g)(1 + d - x(1 + g)),\tag{4.2.18}$$

其中 $d = g(1, y)$，在所考虑的级数环中是适定的. 且，它的解为 $g = f_{\mathcal{T}_{\mathrm{nl}}}$ 和 $d = f_{\mathcal{T}_{\mathrm{nl}}}(1, y)$.

证　适定性的证明与前相仿. 这里, 仅证明后一个结论.

由引理 4.2.4, 有

$$g = f + \frac{(g_2 - xy)f}{xy},$$

其中 $f = f_{\mathcal{T}_{\mathrm{ft}}}(x, y)$ 和 $g_2 = f_{\mathcal{T}_{\mathrm{2nl}}}(x, y)$ 如 (4.2.8) 式和 (4.2.9) 式所示.

根据引理 4.2.3, 有 $g_2 = xy + xyg$. 将后者代入前者, 即可得

$$f = \frac{g}{1 + g}, \quad h = \frac{d}{1 + d}.$$

再将这些代入到 (4.2.10) 式, 经化简即得方程 (4.2.18).　　　　　　　　　　　ḥ

令 $G = g + 1$ 和 $D = d + 1$. 记 $Y = y^3$. 则, (4.2.18) 式变为

$$x^3 Y G^2 + (1 - x - x^2 Y D)G + x - 1 = 0.\tag{4.2.19}$$

用与求解方程 (4.2.10) 相仿的方法, 可将 $D$ 和 $Y$ 用参数 $\xi$ 表示, 使得 $\xi$ 为其判别式对 $x$ 的二重根. 然后, 用代换 $\eta = \xi^3$, 即可得参数表达式

$$Y = \frac{\eta}{(1 + 2\eta)^3}; \quad d = \eta(1 - 2\eta).\tag{4.2.20}$$

利用推论 1.5.1, 有

$$\begin{aligned}
\partial_Y^n d &= \frac{1}{n} \partial_\eta^{n-1} (1 + 2\eta)^{3\eta}(1 - 4\eta)\\
&= \frac{1}{n} \left( \partial_\eta^{n-1} - 4\partial_\eta^{n-2} \right)(1 + 2\eta)^{3\eta}\\
&= \frac{2^{n+1}(3n)!}{n!(2n + 2)!}
\end{aligned}\tag{4.2.21}$$

对于 $n \geqslant 1$.

令 $T_1 = (\mathcal{X}_1, \mathcal{J}_1)$ 和 $T_2 = (\mathcal{X}_2, \mathcal{J}_2)$ 是两个平面三角化. 由它们按如下方式合成另一个平面三角化 $T = (\mathcal{X}, \mathcal{J})$ 使得 $\mathcal{X} = \mathcal{X}_1 + \mathcal{X}_2$ 和 $\mathcal{J}$ 仅再两个节点

$$\begin{aligned}
v_r = (r_1, \alpha \mathcal{J}_2^{m(T_2)-1} r_2, \mathcal{J}_2(\alpha \mathcal{J}_2^{m(T_2)-1} r_2), \cdots,\\
\alpha r_2, \mathcal{J}_1 r_1, \cdots, \mathcal{J}_1^{m(T_1)-1} r_1)
\end{aligned}$$

和

$$v_{\beta r} = (\delta r_1, \mathcal{J}_1 \delta r_1, \cdots, \mathcal{J}_1^{-1} \delta r_1, \beta r_2,$$
$$\mathcal{J}_2 \beta r_2, \cdots, \mathcal{J}_2^{-1} \beta r_2)$$

处与 $\mathcal{J}_1$ 或 $\mathcal{J}_2$ 不同. 将 $T$ 称为 $T_2$ 到 $T_1$ 的内 $2v$-和. 这个运算被称为内 $2v$-加法. 并记之为 $T = T_2 \overset{\cdot}{+} T_1$.

对于平面三角化的二集合 $\mathcal{T}_1$ 和 $\mathcal{T}_2$, 令

$$\mathcal{T}_1 \overset{\cdot}{\times} \mathcal{T}_2 = \{T_1 \overset{\cdot}{+} T_2 | \forall T_1 \in \mathcal{T}_1, \forall T_2 \in \mathcal{T}_2\},$$

并称之为 $\mathcal{T}_1$ 到 $\mathcal{T}_2$ 的内 $2v$-积. 一般地, 当 $\mathcal{T}_i = \mathcal{T}, i = 1, 2, \cdots, k \geqslant 1$ 时, 记 $\mathcal{T}_1 \overset{\cdot}{\times} \mathcal{T}_2 \overset{\cdot}{\times} \cdots \overset{\cdot}{\times} \mathcal{T}_k = \mathcal{T}^{\overset{\cdot}{\times} k}$. 自然, 当 $k = 1$ 时, 就是 $\mathcal{T}$ 本身. 从上面所讨论的, 可以看出

$$\mathcal{T}_{\text{nl}} = \sum_{i \geqslant 1} \mathcal{T}_{\text{ft}}^{\overset{\cdot}{\times} i} \tag{4.2.22}$$

和

$$\mathcal{T}_{\text{nl}} = \mathcal{T}_{\text{ft}} + \mathcal{T}_{\text{nl}} \overset{\cdot}{\times} \mathcal{T}_{\text{ft}}. \tag{4.2.23}$$

**推论 4.2.2** 至少有一个重边含根边的, 度为 $3m$ 的, 平面无环三角化的数目为

$$\partial_Y^m d - \partial_Y^m H. \tag{4.2.24}$$

**证** 从定理 4.2.1~4.2.2, 直接可导出.

## §4.3 三角化在圆盘上

如 §4.1 中所述, 平面近三角化, 实际上, 就是在圆盘上的三角化. 若一个平面近三角化的基准图没有割点, 则称它是不可分离的. 否则, 可分离的. 因为一般不可分离地图允许有重边, 那些无重边的不可分离近三角化被称为严格的. 在严格近三角化中, 若它的基准图有长度为 3 的圈, 使得去掉此圈上三个节点后就不连通了, 则称这个圈为分离三角形. 若一个至少三个节点的严格近三角化, 没有分离三角形, 则称它为简单的. 注意, 并不意味简单平面近三角化是 3-连通的. 但简单平面三角化, 不仅是 3-连通的, 而且还是 4-连通的.

令 $\mathcal{T}_{\text{ns}}, \mathcal{T}_{\text{st}}$ 和 $\mathcal{T}_{\text{sm}}$ 分别为所有不可分离的, 严格的, 和简单的带根平面近三角化的集合.

对于 $\mathcal{T}_{\text{ns}}$, 将它分为三类: $\mathcal{T}_1, \mathcal{T}_2$ 和 $\mathcal{T}_3$. 其中, $\mathcal{T}_1$ 仅由一个地图组成, 即杆地图 $L_0$. 或简记为 $\mathcal{T}_1 = L_0$ 和 $\mathcal{T}_2 = \{T | T - a 为可分离的\}$. 还是用 $a$ 表示 $T$ 的根边 $e_r(T)$. 自然, $\mathcal{T}_3 = \{T | T - a 是不可分离的\}$.

**引理 4.3.1**    令 $\mathcal{T}_{\langle 2 \rangle} = \{T - a | \forall T \in \mathcal{T}_2\}$. 则有

$$\mathcal{T}_{\langle 2 \rangle} = \mathcal{T}_{\mathrm{ns}} \odot \mathcal{T}_{\mathrm{ns}}, \tag{4.3.1}$$

其中 $\odot$ 为 §2.1 中给出的 1-积.

**证**    因为对任何 $M \in \mathcal{T}_2, M' = M - a$ 有割点, 即可表示为 $M' = M_1 \dot{+} M_2$ 使得由三角性, $M_1, M_2 \in \mathcal{T}_{\mathrm{ns}}$. 这就意味 $M' \in \mathcal{T}_{\mathrm{ns}} \odot \mathcal{T}_{\mathrm{ns}}$.

反之, 对任何 $M \in \mathcal{T}_{\mathrm{ns}} \odot \mathcal{T}_{\mathrm{ns}}$, 由于 $M = M_1 \dot{+} M_2$, $M_1 = (\mathcal{X}_1, \mathcal{J}_1), M_2 = (\mathcal{X}_2, \mathcal{J}_2) \in \mathcal{T}_{\mathrm{ns}}$, 可以通过加一条边 $Kr'$ 得地图 $M' = (\mathcal{X}', \mathcal{J}')$, 使得 $\mathcal{X}' = \mathcal{X}_1 + \mathcal{X}_2 + Kr'$ 和 $\mathcal{J}'$ 仅在二节点

$$v_{r'} = (r', \beta r_1, \mathcal{J}_1 \beta r_1, \cdots, \mathcal{J}_1^{-1} \beta r_1)$$

和 $v_{\beta r'} = (\delta r', \mathcal{J}_2 \delta r_2, \cdots, \mathcal{J}_2^{-1} \delta r_2)$, $\delta = \alpha \beta$, 处与 $\mathcal{J}_1$ 或 $\mathcal{J}_2$ 不同. 因为只有 $(\delta r', \mathcal{J} \delta(\delta r'), (\mathcal{J} \delta)^2 (\delta r')) = (\delta r', \beta r_1, r_2)$ 一个面与 $M_1$ 或 $M_2$ 的非根面不同, 且它也为三边形, 有 $M' \in \mathcal{T}_{\mathrm{ns}}$. 又由于 $M = M' - a' = M_1 \dot{+} M_2, a' = e_r(M')$, 带割点, 有 $M' \in \mathcal{T}_2$. 从而, $M \in \mathcal{T}_{\langle 2 \rangle}$. ♮

**引理 4.3.2**    令 $\mathcal{T}_{\langle 3 \rangle} = \{M - a | \forall M \in \mathcal{T}_3\}$. 则有

$$\mathcal{T}_{\langle 3 \rangle} = \mathcal{T}_{\mathrm{ns}} - \mathcal{T}_{\mathrm{ns}_2}, \tag{4.3.2}$$

其中 $\mathcal{T}_{\mathrm{ns}_2}$ 为 $\mathcal{T}_{\mathrm{ns}}$ 中所有那些根面次是2的地图的集合.

**证**    因为对任何 $M \in \mathcal{T}_3, M' = M - a$ 是不可分离的, 自然仍为平面近三角化. 又, 考虑到 $M$ 的不可分离性, $M \in \mathcal{T}_{\mathrm{ns}_2}$. 从而, $M' \in \mathcal{T}_{\mathrm{ns}} - \mathcal{T}_{\mathrm{ns}_2}$.

反之, 对任何 $M = (\mathcal{X}, \mathcal{J}) \in \mathcal{T}_{\mathrm{ns}} - \mathcal{T}_{\mathrm{ns}_2}$, 总可通过添加一边 $Kr'$ 获 $M' = (\mathcal{X}', \mathcal{J}')$ 使得 $\mathcal{X}' = \mathcal{X} + Kr'$ 和 $\mathcal{J}'$ 仅在二节点 $v_{r'} = (r', \delta \mathcal{J}^{-1} r, \cdots, \mathcal{J}^{-1}(\delta \mathcal{J}^{-1} r))$ 和 $v_{\beta r'} = (\delta r', \mathcal{J} \delta r, \cdots, \mathcal{J}^{-1} \delta r, \delta r), \delta = \alpha \beta$, 处与 $\mathcal{J}$ 不同. 可以验证, $M = M' - a', a' = e_r(M')$. 由于 $M \notin \mathcal{T}_{\mathrm{ns}_2}, M' \in \mathcal{T}_{\mathrm{ns}}$. 又, 由 $M \in \mathcal{T}_{\mathrm{ns}}, M' - a'$ 无割点, 即 $M' \in \mathcal{T}_3$. 这就意味, $M \in \mathcal{T}_{\langle 3 \rangle}$. ♮

现在, 考察函数 $f_{\mathcal{T}_{\mathrm{ns}}} = f_{\mathrm{ns}}$ 即

$$f_{\mathrm{ns}} = \sum_{M \in \mathcal{T}_{\mathrm{ns}}} x^{n(M)} y^{s(M)}, \tag{4.3.3}$$

其中 $n(M)$ 和 $s(M)$ 分别为 $M$ 的根面次与边数, (度). 记

$$f_{\mathrm{ns}} = \sum_{n \geqslant 2} F_n x^n. \tag{4.3.4}$$

自然, $F_n, n \geqslant 2$, 均为 $y$ 的函数. 且有

$$F_2 = \frac{1}{x^2} f_{\mathcal{T}_{\mathrm{ns}_2}}. \tag{4.3.5}$$

**定理 4.3.1** 函数 $f = f_{\text{ns}}$ 连同 $F_2$ 满足方程

$$yf^2 + (y-x)f + x^2y(x-F_2) = 0, \tag{4.3.6}$$

其中 $F_2$ 和 $f$ 分别由 (4.3.3) 式和 (4.3.5) 式给出.

证 首先, 由于杆地图只有一条边且根面次为 2, 有

$$f_{\mathcal{T}_1} = x^2y. \tag{4.3.7}$$

然后, 对 $\mathcal{T}_2$, 利用引理 4.3.1, 得

$$f_{\mathcal{T}_2} = \frac{y}{x}f^2. \tag{4.3.8}$$

进而, 对 $\mathcal{T}_3$, 利用引理 4.3.2, 即可得

$$f_{\mathcal{T}_3} = \frac{y}{x}\Big(f - x^2F_2\Big). \tag{4.3.9}$$

由于 $f = f_{\mathcal{T}_1} + f_{\mathcal{T}_2} + f_{\mathcal{T}_3}$, 从 (4.3.7)~(4.3.9) 式, 有

$$f = x^2y + \frac{y}{x}f^2 + \frac{y}{x}\Big(f - x^2F_2\Big).$$

经过用 $x$ 乘两端, 和合并同类项, 即可得 (4.3.6) 式.

令 $D$ 为方程 (4.3.6) 的判别式, 即

$$D = y^2 - 2yx + (1 + 4y^2F_2)x^2 - 4y^2x^3. \tag{4.3.10}$$

基于定理 1.4.1, 可以将 $D$ 写成形式

$$\begin{aligned} D &= (y + ux)^2(1 - vx) \\ &= y^2 + (2yu - y^2v)x \\ &\quad + (u^2 - 2yuv)x^2 - u^2vx^3, \end{aligned} \tag{4.3.11}$$

其中 $u$ 和 $v$ 均为 $y$ 函数.

比较 (4.3.14) 式与 (4.3.11) 式中 $x$ 同幂项之系数, 即可得如下参数关系式:

$$2yu - y^2v = -2y, \ u^2v = 4y^2,$$
$$u^2 - 2yuv = 1 + 4y^2F_2. \tag{4.3.12}$$

由此, 据 (4.3.12) 式中的前两个, 有

$$y^3 = \frac{u^2(u+1)}{2}, \quad v = \frac{2(u+1)}{y}. \tag{4.3.13}$$

基于定理 4.3.1, 将 (4.3.11) 式中的 $\sqrt{1-vx}$ 展开为 $vx$ 的幂级数, 得

$$f_{\mathrm{ns}} = \frac{1}{2y}\Big\{ x - y + (y + xu)\big(1 - A(vx)\big)\Big\},$$

$$A(vx) = \sum_{m \geqslant 1} \frac{(2m-2)! v^m x^m}{2^{2m-1} m!(m-1)!}. \tag{4.3.14}$$

令 $\theta = u + 1$. 则, (4.3.13) 式变为

$$\theta = y^3 \frac{2}{(1-v)^2}, \quad v = \frac{2\theta}{y}. \tag{4.3.15}$$

由此, $y + ux = y - (1-\theta)x$. 代入 (4.3.14) 式, 即得

$$f_{\mathrm{ns}} = \frac{1}{2y}\Big\{ x\theta - (y - (1-\theta)x)A(vx)\Big\}$$

$$= \sum_{m \geqslant 2}\Big( B_{m-1}(1-\theta)v^{m-1} - B_m y v^m \Big)\frac{x^m}{2y},$$

$$B_m = \frac{(2m-2)!}{2^{2m-1} m!(m-1)!}. \tag{4.3.16}$$

利用推论 1.5.1, 有

$$v^m = \sum_{k \geqslant m} \frac{m}{2k} A_{m,k} y^{3k-m},$$

$$(1-\theta)v^{m-1} = \sum_{k \geqslant m-1} \frac{2m-3}{k-m+1} A_{m,k} y^{3k-m+1},$$

$$A_{m,k} = \frac{2^{m+k+1}(3k-m-1)!}{(2k-1)!(k-m)!}. \tag{4.3.17}$$

从而, 将 (4.3.17) 式代入 (4.3.16) 式, 即可得

$$f_{\mathrm{ns}} = \sum_{\substack{m \geqslant 2 \\ k \geqslant m-1}} F_{\mathrm{ns}}(m,k) x^m y^{3k-m},$$

$$F_{\mathrm{ns}}(m,k) = \frac{2^{k-m+2}(2m-3)!(3k-m-1)!}{(2k)!(k-m+1)!((m-2)!)^2}. \tag{4.3.18}$$

对于 $T \in \mathcal{T}_{\mathrm{st}}$, 或记 $T = T(e_1, e_2, \cdots, e_\epsilon), e_i, i = 1, 2, \cdots, \epsilon$, 为 $T$ 中所有的边. 设 $M_1, M_2, \cdots, M_\epsilon \in \mathcal{T}_{\mathrm{ns}}$. 令 $T(M_1, M_2, \cdots, M_\epsilon)$ 为在 $T$ 中将边 $e_i$ 用 $M_i$ 代替所得地图, $i = 1, 2, \cdots, \epsilon$.

**引理 4.3.3**　设 $\mathcal{T}_{\mathrm{st}}(\mathcal{T}_{\mathrm{ns}_2}) = \{T(M_1, M_2, \cdots, M_\epsilon) | \forall M_i \in \mathcal{T}_{\mathrm{ns}_2}, i = 1, 2, \cdots, \epsilon\}$. 则有

$$\mathcal{T}_{\mathrm{ns}} = \mathcal{T}_{\mathrm{st}}(\mathcal{T}_{\mathrm{ns}_2}) + \mathcal{T}_{\mathrm{ns}_2}, \tag{4.3.19}$$

其中 $\mathcal{T}_{ns_2}$ 为 $\mathcal{T}_{ns}$ 中所有 2-边缘地图的集合.

**证** 首先, 由三角性和不可分离性, 易看出 (4.3.19) 式右端的集合是左端的一个子集.

然后, 对任何 $M \in \mathcal{T}_{ns} - \mathcal{T}_{ns_2}$, 若有两边 $e_1$ 和 $e_2$ 具有相同的两端, 且不再有这样的两边 $(b_1, b_2) \neq (e_1, e_2)$ 使得它的内部包含前两边之内部, 则称 $(e_1, e_2)$ 及其内部形成的 $M$ 的 2-边缘子地图为极大的. 记将 $M$ 中每个极大的 2-边缘子地图, 均用一边代替所得的地图为 $M'$, 则 $M' \in \mathcal{T}_{st}$. 从而, 由于这些极大 2-边缘子地图全是不可分离的, 就有 $M \in \mathcal{T}_{st}(\mathcal{T}_{ns_2})$. 这又意味 (4.3.19) 式左端的集合为其右端的一个子集.

为简便, 取 $f_{st} = f_{st}(x, y) = f_{\mathcal{T}_{st}}(x, y)$ 为 $\mathcal{T}_{st}$ 的如 (4.3.3) 式所示, 以根面次与度为参数的计数函数. 由引理 4.3.3 有

$$f_{ns} = f_{st}(x, F_2) + x^2 F_2. \tag{4.3.20}$$

**定理 4.3.2** 函数 $f_{st}$ 具有如下之显式:

$$f_{st} = \sum_{\substack{m \geq 3 \\ t \geq m-1}} F_{ns}(m, t) x^m z^{3t-m},$$

$$F_{ns}(m, t) = \frac{2(2m-3)!(4t-2m-1)!}{(m-1)!(m-3)!(3t-m)!(t-m+1)!}, \tag{4.3.21}$$

其中 $z = F_2$ 为由 (4.3.4) 式和 (4.3.5) 式所确定.

**证** 由于 $z = F_2$, 从 (4.3.12) 式和 (4.3.13) 式, 有

$$y = \frac{-2u^2}{1+3u} z, \quad z^3 = \frac{-(u+1)(1+3u)^3}{16u^4} \tag{4.3.22}$$

以 $u$ 作为参数. 将 $y$ 视为 $z$ 的函数.

由 (4.3.20) 式和 (4.3.16) 式, 注意到 $u = \theta - 1$, 有

$$f_{st} + x^2 z = -\sum_{m \geq 2} \left( \frac{B_m u v^{m-1}}{2y} + \frac{B_{m-1} v^m}{2} \right) x^m. \tag{4.3.23}$$

由 (4.3.22) 式的第一式和 (4.3.13) 式的第一式, 有

$$v^m z^m = \frac{(-1)^m (1+u)^m (1+3u)^m}{u^{2m}},$$

$$\frac{u v^{m-1}}{y} z^m = \frac{(-1)^m (1+u)^{m-1} (1+3u)^m}{2u^{2m-1}}. \tag{4.3.24}$$

令

$$w = -\frac{1+u}{u}.$$

则, 有

$$v^m z^m = w^m (2-w)^m,$$

$$w = \frac{16}{(2-w)^3} z^3,$$

$$\frac{uv^{m-1}}{y} z^m = -\frac{(2-w)^m w^{m-1}}{2}. \tag{4.3.25}$$

利用推论 1.5.1, 即得

$$v^m = \sum_{t \geqslant m} \frac{2^{2m+1} m (4t-2m-1)!}{(3t-m)!(t-m)!} z^{3t-m},$$

$$\frac{uv^{m-1}}{y} = \sum_{t \geqslant m-1} \frac{2^{2m-2}(3-2m)(4t-2m)!}{(3t-m)!(t-m+1)!} z^{3t-m}. \tag{4.3.26}$$

从而, 将 (4.3.26) 式代入 (4.3.23) 式, 由 (4.3.16) 式, 即可得 (4.3.21) 式.                b

设 $\mathcal{T}_{st_3}$ 为所有带根严格平面三角化的集合, 则有

$$F_3 = \partial_x^3 f_{st} = \sum_{M \in \mathcal{T}_{st_3}} y^{s(M)} \tag{4.3.27}$$

为 $f_{st}$ 中 $x^3$ 的系数.

对于 $M \in \mathcal{T}_{sm}$, 令 $M\langle \mathcal{T}_{st_3} \rangle$ 为所有那些将 $M$ 的一部, 或全部非根面, 自然为三边形, 用 $\mathcal{T}_{st_3}$ 中的一些地图代替, 而得到地图的集合. 且记

$$\mathcal{T}_{sm}\langle \mathcal{T}_{st_3} \rangle = \bigcup_{M \in \mathcal{T}_{sm}} M\langle \mathcal{T}_{st_3} \rangle. \tag{4.3.28}$$

**引理 4.3.4**    令 $L_0$ 和 $T_0$ 分别为杆地图与三角形地图, 或分别由各自组成的集合. 则, 有

$$\mathcal{T}_{st} - \{L_0, T_0\} = \mathcal{T}_{sm}\langle \mathcal{T}_{st_3} \rangle - \mathcal{T}_{st_3}, \tag{4.3.29}$$

其中 $\mathcal{T}_{sm}\langle \mathcal{T}_{st_3} \rangle$ 由 (4.3.28) 式给出.

**证**    对任何 $M \in \mathcal{T}_{st}, M \neq L_0$, 或 $T_0$, 令 $T_1, T_2, \cdots, T_k$ 为 $M$ 中的所有极大三角化子地图, 即既不是 $M$ 本身也不是 $T_0$ 的三角化子地图, 使得没有任何的三角化子地图真包含它. 因为任何两个三角形不是无公共内点就是其中一个覆盖另一个, 可以在 $M$ 上将 $T_i, i=1,2,\cdots,k$, 均用三边形面代替, 得地图 $M' \in \mathcal{T}_{sm}$. 固然, $M' \neq T_0$. 这意味, $M \notin \mathcal{T}_{st_3}$. 从而, $M \in \mathcal{T}_{sm}\langle \mathcal{T}_{st_3} \rangle - \mathcal{T}_{st_3}$.

反之, 对任何 $M \in \mathcal{T}_{\text{sm}}\langle \mathcal{T}_{\text{st}_3} \rangle - \mathcal{T}_{\text{st}_3}$, 因为 $\mathcal{T}_{\text{sm}}$ 中地图至少有三个节点, $M \neq L_0$. 自然, $M \neq T_0$. 又, 由 $\mathcal{T}_{\text{st}_3}$ 中地图的严格性, 和 $\mathcal{T}_{\text{sm}}$ 中地图的简单性, $M$ 不含重边, 且是不可分离的. 从而, $M \in \mathcal{T}_{\text{st}} - \{L_0, T_0\}$. ♮

对任何 $M \in \mathcal{T}_{\text{sm}}$, 可以看出有如下的关系式:

$$3t(M) + n(M) = 2s(M), \tag{4.3.30}$$

其中, $t(M), n(M)$ 和 $s(M)$ 分别为 $M$ 的非根面数, 根面次和度 (即边数). 事实上, (4.3.30) 式对任何近三角化 (不一定是平面的) 均成立.

现在, 考虑函数

$$g_{\text{sm}} = \sum_{M \in \mathcal{T}_{\text{sm}}} x^{n(M)} z^{t(M)}.$$

由 (4.3.30) 式, 有

$$
\begin{aligned}
f_{\text{sm}} &= \sum_{M \in \mathcal{T}_{\text{sm}}} x^{n(M)} y^{s(M)} \\
&= \sum_{M \in \mathcal{T}_{\text{sm}}} x^{n(M)} y^{\frac{3t(M)+n(M)}{2}} \\
&= \sum_{M \in \mathcal{T}_{\text{sm}}} (x\sqrt{y})^{n(M)} (\sqrt{y^3})^{t(M)} \\
&= g_{\text{sm}}(x\sqrt{y}, \sqrt{y^3}).
\end{aligned}
$$

这就意味,

$$g_{\text{sm}} = f_{\text{sm}}\left( \frac{x}{\sqrt[3]{z}}, \sqrt[3]{z^2} \right). \tag{4.3.31}$$

**定理 4.3.3** 计数函数 $f_{\text{st}}$ 和 $f_{\text{sm}}$ 之间满足如下关系式:

$$f_{\text{st}} = x^2 y + x^3 y^3 + f_{\text{sm}}\left( \frac{xy}{F_3^{\frac{1}{3}}}, \frac{1}{y} F_3^{\frac{2}{3}} \right) - x^3 F_3. \tag{4.3.32}$$

其中 $F_3$ 由 (4.3.27) 式给出.

**证** 由 (4.3.29) 式和 (4.3.31) 式, 考虑到每一个 $\mathcal{T}_{\text{st}_3}$ 中的子地图, 多赋予 $M \in \mathcal{T}_{\text{st}}$ 的 $s(M)$ 以 3, 和根面边界上的每边均赋予 $s(M)$ 以 1, 就有

$$f_{\text{st}} = f_{L_0} + f_T + f_{\text{sm}}\left( \frac{xy}{F_3^{\frac{1}{3}}}, \frac{1}{y} F_3^{\frac{2}{3}} \right) - x^3 F_3, \tag{4.3.33}$$

其中 $f_T$ 和 $f_L$ 分别为三角形地图与杆地图的计数函数. 且, 它们分别为 $x^3 y^3$ 和 $x^2 y$. 从而, 由 (4.3.33) 式即得 (4.3.32) 式. ♮

由 (4.3.22) 式, (4.3.23) 式, (4.3.25) 式或 (4.3.26) 式, 有

$$z^3 = \frac{w(2-w)^3}{16}, \quad F_3 = \frac{w(1-w)}{2}$$

和

$$f_{\mathrm{st}} - x^2 z = \sum_{m \geqslant 3} P_m(w) \frac{x^m}{z^m},$$

$$P_m(w) = 2\left( \frac{w^{m-1}(2-w)^m}{B_{m-1}^{-1}} - \frac{w^m(2-w)^m}{B_m^{-1}} \right). \tag{4.3.34}$$

令

$$\tilde{x} = \frac{xy}{F_3^{\frac{1}{3}}}, \quad \tilde{y} = \frac{1}{y} F_3^{\frac{2}{3}}. \tag{4.3.35}$$

则, 有

$$\tilde{y}^3 = \frac{4w(1-w)^2}{(2-w)^3} \tag{4.3.36}$$

和

$$f_{\mathrm{sm}} = -\frac{w(1-w)}{2}\tilde{x}^3 + \frac{4w(1-w)^2}{(2-w)^3}\tilde{x}^3$$

$$+ \sum_{m \geqslant 3} Q_m(w) \frac{\tilde{x}^m}{\tilde{y}^m},$$

$$Q_m(w) = \frac{w^{m-1}(1-w)^m(m - 2mw + 3w)}{K_m(2-w)^{2m}},$$

$$K_m = \frac{m!(m-2)!}{2^{m+1}(2m-4)!}. \tag{4.3.37}$$

取

$$\phi = \frac{w}{2-w}.$$

则有

$$\tilde{y}^3 = \phi(1-\phi)^2 \tag{4.3.38}$$

和

$$f_{\mathrm{sm}} = -\frac{\phi(1-\phi)}{(1+\phi)^2}\tilde{x}^3 + \phi(1-\phi)^2\tilde{x}^3$$

$$+ \sum_{m \geqslant 3} Q_m\left( \frac{2\phi}{1+\phi} \right) \frac{\tilde{x}^m}{\tilde{y}^m}. \tag{4.3.39}$$

利用推论 1.5.1, 将 $Q_m\left( \dfrac{2\phi}{1+\phi} \right)$ 展开为 $\tilde{y}$ 的幂级数, 经整理, 即可得

$$f_{\mathrm{sm}} = x^3 y^3 + \sum_{j \geqslant 2} F_{3,j} x^3 y^{3j}$$

$$+ \sum_{\substack{m \geqslant 4 \\ j \geqslant m-1}} F_{m,j} x^m y^{3j-m},$$

$$F_{3,j} = A_{0,j} - \sum_{1 \leqslant j \leqslant \frac{j}{2}} (i+1)(4i+1)A_{i,j},$$

$$A_{i,j} = \frac{(3j-2i-5)!}{(2j-3)!(j-2i-1)!}, \quad i \geqslant 0,$$

$$F_{m,j} = \frac{(3j-2m-1)!(2m-4)!}{(m-1)!(m-4)!(j-m+1)!(2j-m)!}. \tag{4.3.40}$$

## §4.4 射影平面三角化

首先, 看一看在射影平面上的, 最小的三角化地图是什么样的. 因为这种地图的度必能被 3 整除, 度为 3 的地图, 仅有两种可能的出现方式. 它们的阶均为 2. 一个是由一个自环与一个二重边组成. 令 $Kx_2$ 为这个自环. $Kx_1$ 和 $Kx_3$ 形成一个二重边. 确定它的置换为 $\mathcal{P}_1 = (x_1, x_2, x_3, \beta x_2)(\beta x_1, \alpha \beta x_3)$. 另一个的三条边是一个为杆, 其它两个为自环. 令 $Kx_1$ 为杆. 自然, $Kx_2$ 和 $Kx_3$ 均为自环. 确定它在射影平面上的置换为

$$\mathcal{P}_2 = (\beta x_1)(x_1, x_2, x_3, \beta x_3, \alpha \beta x_2).$$

可以验证, 它们均为射影平面上的三角化.

对于射影平面上的近三角化, 自然只有一个面的是最简单的, 可以看作是退化到没有三角形面的情形. 它们当中, 最简单的当为 $L_2 = (Kx, (x, \beta x))$. 在 §1.1 中曾提到过. 而且, 还可以看出, 在射影平面上的任何地图的基准图都不会无圈. 由定理 1.1.3(或称为Euler 公式), 因为任何单圈图都有它的度等于它的阶, 在射影平面上, 一个地图只有一个面当, 且仅当, 它的基准图是单圈的. 如果在射影平面上只考虑基准图无割点的地图, 则在射影平面上的单面地图的基准图只能是一个圈本身.

这里, 为方便, 所有地图均假定没有一个子地图与

$$L_1 = (Kx, (x, \alpha \beta x))$$

同构.

**引理 4.4.1** 令 $H(x)$ 为射影平面上基准图无割边的单面地图的以度为参数的计数函数. 则, 有

$$H(x) = \frac{x}{1-x}, \tag{4.4.1}$$

其中 $x$ 对应的参数为地图的度.

**证** 由一个圈在射影平面上嵌入的唯一性, 即可得引理之结论.

设 $M$ 为射影平面上的一个单面地图, 则可以将它表示为

$$M = \left( \bigcup_{i=1}^{k} Kx_i, (x_1, \beta x_k) \prod_{i=2}^{k} (x_i, \alpha \beta x_{i-1}) \right). \tag{4.4.2}$$

由引理 4.4.1, 它的基准图为一个长为 $k$ 的圈, 它的面为

$$f(M) = (x_1, x_2, \cdots, x_k, \alpha x_1, \alpha x_2, \cdots, \alpha x_k), \tag{4.4.3}$$

即一个 $2k$-边形.

一个三角化, 若它有一个 Hamilton 圈在射影平面上, 则称它为 $\tilde{1}$H - 三角化. 一般地, 一个地图, 若它有一个 Hamlton 圈在射影平面上, 则称它为 $\tilde{1}$H - 地图.

令 $M$ 是一个 $\tilde{1}$H-地图. 由 $M$ 是在射影平面上, 实际上, 是其上的一个 Hamilton 圈本身. 在射影平面上, 若将所有不在 Hamilton 圈的边去掉, 则所剩下的就是一个单面地图. 对一个不可分离的外平面地图, 若可以将其上的 Hamilton 圈变换为 (4.4.3) 式所示一个面的边缘, 然后回复所有不在这个圈上的边. 如此所得的地图被称做一个边缘地图.

一个地图 $M$, 若能将其上的 Hamilton 圈变换为如 (4.4.3) 式之形式, 然后将 (4.4.3) 式中前 $k$ 个 $x_1, \cdots, x_k$ 分别用 $x'_1, \cdots, x'_k$ 所代替. 回复所有不在 Hamilton 圈上的边, 则所得的地图被称为 $M$ 的边缘地图.

**引理 4.4.2**    一个地图是 $\tilde{1}$H-地图当, 且仅当, 它的边缘地图是根面次为偶数的, 不可分离的外平面地图.

**证**    必要性可从上面的讨论直接导出.

只需证充分性. 设 $M$ 的边缘地图为一个根面次为偶数的不可分离外平面地图. 首先由不可分离性与外平面性可知, 其根面边界是一个 Hamilton 圈. 然后, 通过将 $Kx'_i$ 与 $Kx_i, i = 1, 2, \cdots, k$, 合并为一条边, 仍记为 $Kx_i$, 将边缘地图回复为地图 $M$, 则由根面边界得到的, 在 $M$ 中形成一个 Hamilton 圈. 而且, 它具有 (4.4.3) 式之形式. 故, 在射影平面上. 又, 由于 $M$ 比其边缘地图, 少 $k$ 条边, 少 $k$ 个节点和少一个面, 从而 $M$ 的 Euler 示性数比它的边缘地图的少 1. 由外平面性, $M$ 只能为射影平面上的地图. 因此, $M$ 是一个 $\tilde{1}$H-地图.                                          ♭

令 $\mathcal{T}_{\tilde{1}H}$ 为所有 $\tilde{1}$H-三角化的集合. 基于引理 4.4.2 可知, 在 $\mathcal{T}_{\tilde{1}H}$ 与 $\mathcal{T}_{\text{NOT}}^{\text{ev}}$ 之间有一个双射 (即 1–1 射像). 其中,

$$\mathcal{T}_{\text{NOT}}^{\text{ev}} = \sum_{i \geq 2} \mathcal{T}_{\text{NOT}2i} \tag{4.4.4}$$

使得 $\mathcal{T}_{\text{NOT}2i}$ 为根面次是 $2i$ 的, 所有不可分离外平面三角化的集合, $i \geq 2$.

**引理 4.4.3**    令 $t_{\tilde{1}H}(y)$ 为 $\tilde{1}$H-三角化以度作参数的计数函数和 $f_{\text{NOT}}(x, y)$ 为不可分离外平面三角化以根面次, 相应 $x$, 和不在根面边界上边的数目, 相应 $y$, 作参数的计数函数. 则有

$$t_{\tilde{1}H}(y) = f_{\text{NOT}}(\sqrt{y}, y) - yF_2(y), \tag{4.4.5}$$

其中 $F_2(y)$ 为 $f_{\text{NOT}}(x, y)$ 的幂级数展开中 $x^2$ 项的系数.

**证** 由引理 4.4.2 的证明过程可知, 根面次为 $2i$ 的不可分离外平面三角化, 唯一地确定在射影平面上的一个 $\hat{\imath}$H-地图. 且注意到, 外平面三角化根面边界上, 两条边决定 $\hat{\imath}$H-地图中的一条边. 再考虑到, 这个根面边界至少要有 4 条边, 如 (4.4.4) 式所示, 即可得 (4.4.5) 式. ◻

令 $g(x,y)$ 为外平面三角化, 以根面次和不在边面边界上的边的数目, 它们分别相应 $x$ 和 $y$, 作参数的计数函数. 注意, 这里, 杆地图视为外平面三角化, 但节点地图则除外.

**引理 4.4.4** 函数 $f_{\text{NOT}}(x,y)$ 与 $g(x,y)$ 之间有关系:

$$
\begin{aligned}
g(x,y) = &\, x^2\{1 + g(x,y)\}^2 \\
&+ f_{\text{NOT}}\Big(x\{1 + g(x,y)\}, y\Big),
\end{aligned}
\tag{4.4.6}
$$

其中 $f_{\text{NOT}}(x,y)$ 和 $g(x,y)$ 分别是不可分离和一般外平面三角化的以根面次与不在根面边界上的边数为参数的计数函数.

**证** 若一个外平面三角化的根边为割边, 则去掉此根边后得两个外平面三角化. 注意到节点地图不算外平面三角化, 和根边在根面次中提供 2, 就有 (4.4.6) 式右端的第一项. 否则, 它总可以视为在根边所在的、不可分离片的根面边界上的、根节点处, 与一般外平面三角化的 1-和. 这就导致 (4.4.6) 式右端的第二项. ◻

设 $M$ 为一个不可分离外平面三角化, 则由不可分离性, 有

$$
m(M) = n(M) + 3,
\tag{4.4.7}
$$

其中 $m(M)$ 和 $n(M)$ 分别为 $M$ 的根面的次和不在根面上的边的数目. 这就使得可以只讨论 $f_{\text{NOT}}(x)$ 而不必考虑 $f_{\text{NOT}}(x,y)$.

而且, 可以论证, $f = f_{\text{NOT}}(x)$ 满足方程:

$$
f = x^2 + \frac{1}{x}f^2.
\tag{4.4.8}
$$

其中, 右端的第一项为杆地图所贡献的. 而第二项, 则是反映去掉根边后, 一个不可分离外平面地图, 不包括杆地图, 总是两个不可分离外平面地图的 1-和.

由此, 即可得

$$
f = \frac{x}{2}(1 - \sqrt{1 - 4x}).
\tag{4.4.9}
$$

将其中之根式做 Taylor 展开, 经整理后, 有

$$
f = \sum_{m \geqslant 2} \frac{(2m-4)!}{(m-1)!(m-2)!}x^m.
\tag{4.4.10}
$$

就是说, 根面次 $n \geqslant 2$ 的不可分离外平面三角化的数目为

$$\partial_x^n f_{\text{NOT}}(x) = \frac{(2n-4)!}{(n-1)!(n-2)!}. \tag{4.4.11}$$

**定理 4.4.1**　度 $n$ (自然, $n = 0 (\bmod\ 3)$) 的 $\tilde{\text{I}}\text{H}$-三角化的数目为

$$T_{\tilde{\text{I}}\text{H}}(n) = \frac{\left(\dfrac{4}{3}n\right)!}{\left(\dfrac{2}{3}n+1\right)!\left(\dfrac{2}{3}n\right)!}, \tag{4.4.12}$$

其中 $n \geqslant 3$.

**证**　设 $m$ 为一个 $\tilde{\text{I}}\text{H}$-三角化在其 Hamilton 圈上的边数. 由 (4.4.7) 式, 有 $n = m + 2m - 3 = 3m - 3$. 从引理 4.4.3 中的 (4.4.5) 式, 得 $T_{\tilde{\text{I}}\text{H}}(n) = \partial_z^{2m} f_{\text{NOT}}(z)$. 故, 由 (4.4.11) 式, 即可得定理之结论. ▯

对于一个地图 $M$, 不是在平面上, 根据 Jordan 定理的多面形形式 [Liu58,§4.2], 存在一个圈 $C$ 使得 $M - C$ 仍然是连通的. 这样的圈 $C$ 被称为本质的.

若一个地图 $M$ 有形式 $M = M_1 \dot{+} M_2$, 使得 $M_1$, $M_2$ 均为地图, 则称它是可劈分的. 节点 $v = M_1 \cap M_2$ 被称为 $M$ 的劈点. 对于平面地图, 它是可劈的当且仅当, 它是可分离的, 即有割点. 自然, 一个地图, 若它无劈点, 则称为不可劈分的. 一般而言, 不可劈的地图允许有重边和 (或) 有自环.

令 $C = (Kx_1, Kx_2, \cdots, Kx_l)$ 为射影平面上, 地图 $M$ 的一个本质圈. 则, 从 $M$ 中去掉所有不在 $C$ 上的边所得地图 $\mu(C)$ 的对偶地图 $\mu(C^*)$ 只含一个节点, 即

$$\mu(C^*) = \left( \bigcup_{i=1}^{l} Kx_i, \mathcal{J} \right),$$

$$\mathcal{J} = (x_1, x_2, \cdots, x_l, \alpha x_1, \alpha x_2, \cdots, \alpha x_l). \tag{4.4.13}$$

它的共轭为 $(\beta x_1, \delta x_l, \cdots, \delta x_1, \beta x_l, \cdots, \beta x_2)$, $\delta = \alpha\beta$, 如前所述, 自然已蕴涵在其中.

地图 $\mu(C)$, 或者说 $\mu(C^*)$ 的对偶地图的基准图就是圈 $C$ 本身.

现在, 可以引进地图 $M'$, 称为地图 $M$ 的 $\tilde{\text{I}}\text{B}$-地图, 它的面的集合为 $M$ 的面的集合 $F(M)$ 与 $\mu(C)$ 的面集 $F(\mu C)$ 之并. 但, 其中要用到代换 $K\hat{x}_i = \{x_i, \alpha\hat{x}_i, \beta x_i, \alpha\beta\hat{x}_i\}$ 和 $K\tilde{x}_i = \{\tilde{x}_i, \alpha x_i, \beta\tilde{x}_i, \alpha\beta x_i\}$ 对 $i = 1, 2, \cdots, l$ 而言. 事实上, $F(\mu C)$ 仅由一个面

$$f_0 = (\alpha\hat{x}_1, \alpha\hat{x}_2, \cdots, \alpha\hat{x}_l, \tilde{x}_1, \tilde{x}_2, \cdots, \tilde{x}_l) \tag{4.4.14}$$

组成, 这个面被称为 $M'$ 的边缘.

**引理 4.4.5**　对任何一个在射影平面上的地图, 所有它的 $\tilde{\text{I}}\text{B}$-地图全是平面的.

证 令 $M$ 是射影平面上的一个地图. 对 $M$ 的任何一个 $\tilde{I}B$-地图 $M'$, 可以看出它的阶与度之差与 $M$ 的阶与度之差相同. 而且, $M'$ 的面数比 $M$ 的面数多 1. 又, 因为 $M$ 是射影平面上的, 它的 Euler 示性数为 1, 有 $M'$ 的 Euler 示性数为 2, 即 $M'$ 是平面地图. ◻

设 $T$ 为射影平面上的三角剖分. 由引理 4.4.5 知, 所有它的 $\tilde{I}B$-地图均为平面近三角化. 而且, 它的每一个的根面次均为偶数.

对于射影平面上的一个地图 $M$ 的一个 $\tilde{I}B$-地图 $M'$, 由 $M'$ 的平面性, 总可以将它的面给以定向, 使得不在边界上的每一条边恰用两个不同的方向, 而边界上的边则全是一个方向, 即得一个有向圈.

相应地, 在 $M$ 上, 总有一种给面的定向, 使得每一条不在本质圈上的边均用两个方向, 而在本质圈上的每一边, 均用同一方向, 且所有本质圈上边的方向均相同. 从而, 得一个有向圈.

一个带根地图, 若伴随这样一种定向, 就称之为面定向的. 两个面定向的地图同构当且仅当, 在它们之间存在一个同构, 使得它们的本质圈相应.

**引理 4.4.6** 设 $\mathcal{T}_{\tilde{I}fot}$ 是在射影平面上、不可劈分的面定向的三角化的所有 $\tilde{I}B$-地图的集合, 和 $\mathcal{T}_{nt2i}$ 为所有根面的次是 $2i, i \geqslant 2$ 的不可分离平面近三角化的集合. 则有

$$\mathcal{T}_{\tilde{I}fot} = \sum_{i \geqslant 2} \mathcal{T}_{nt2i}. \tag{4.4.15}$$

证 从上面所讨论的, 可以看出 (4.4.15) 式左端的集合是右端集合的一个子集.

反之, 对任何一个地图 $M$, 属于 (4.4.15) 式右端的一个集合, 如 $\mathcal{T}_{nt2i}$, $i \geqslant 2$, 可以按以下方式, 将它变换为在射影平面上、面定向的三角化 $M'$. 首先, 把根面边界上的边依循环序标为: $(x_1, x_2, \cdots, x_i, x_1, x_2, \cdots, x_i)$. 然后, 把相同标记的边逐对合而为一, 得 $M'$ 上的一个本质圈 $(x_1, x_2, \cdots, x_i)$, 由于 $M$ 是不可分离的, 有 $M'$ 是不可劈分的. 容易看出, $M$ 为 $M'$ 的 $\tilde{I}B$-地图. 这就意味, $M \in \mathcal{T}_{\tilde{I}fot}$. 从而, (4.4.15) 式右端的集合为左端的一个子集. ◻

令 $f = f_{\mathcal{T}_{\tilde{I}fot}}$ 是射影平面上面定向、不可劈分、三角化以度为参数的计数函数. 记

$$f = \sum_{n \geqslant 3} F_{\tilde{I}fot}(n) y^n, \tag{4.4.16}$$

其中 $F_{\tilde{I}fot}(n)$ 为射影平面上、度为 $n$ 的、面定向不可劈分三角化的数目.

**定理 4.4.2** 对 $n \geqslant 3$, 有

$$F_{\tilde{I}fot}(n) = \sum_{i=2}^{\lfloor \frac{n+3}{6} \rfloor} \frac{2^{k-2i+2}}{2i-2} \binom{4i-3}{2i-1} D_{n,i},$$

$$D_{n,i} = \frac{(n-2i-1)!}{(2k)!(k-2i+1)!},\tag{4.4.17}$$

其中 $2 \leqslant i \leqslant \lfloor \frac{n+3}{6} \rfloor$, $n = 3k$, $k \geqslant 1$.

**证**  由于在射影平面上、不可劈分的、面定向三角化、与根面次为偶数的、带根不可分离平面近三角化, 对应之唯一性, 以及反之亦然, 根据引理 4.4.6, 可以利用 (4.3.8) 式. 考虑到边数给定之下, 根面边界最长的为外平面三角化, 利用不可分离外平面三角化, 根面次与不在根面边界上, 边的数目之关系 (4.4.7) 式, 及 (4.3.18) 式中项的适用范围, 即可导出 (4.4.17) 式.                                  ◻

## §4.5  环面三角化

先看一看在环面上的最小的地图是什么样的. 根据 Euler 公式 (即定理 1.1.2), 环面上的地图, 必至少有两条边在不同的圈上. 用 $M_0$ 表示阶为 1 的具有两条边的在环面上的地图, 则它的基准图为一个节点带两个自环. $M_0$ 的对偶地图为 $M_0^* = (Kx_1 \cup Kx_2, (x_1, \alpha\beta x_2, \alpha\beta x_1, x_2))$. 若将一个新边 $Kx_3$ 添加到 $M_0^*$ 上, 可得两个地图 $M_1$ 和 $M_2$. 其中, $M_1 = (Kx_1 \cup Kx_2 \cup Kx_3, (x_1, x_3, x_2, \delta x_1, \delta x_3, \delta x_2))$ 和

$$M_2 = (Kx_1 \cup Kx_2 \cup Kx_3, (x_1, x_2, x_3, \delta x_1, \delta x_2, \delta x_3)).$$

其中, $\delta = \alpha\beta$. 容易验证, $M_1$ 和 $M_2$ 为环面上的三角化. 实际上, 它们在带根的意义下, 也是相同的.

对于环面上的一个地图 $M$, 根据 §1.1 中所建立的基本理论, 可通过去掉在两个面公共边界上边的办法, 直到所得的地图只有一个面, 记之为 $M'$. 它的对偶 $M^*$, 在拓扑等价的意义下, 有如下形式:

$$M'^* = (Kx_0 \cup Kx_1 \cup Kx_2, \mathcal{J}_a),$$
$$\mathcal{J}_a = (x_0, x_1, x_2, \alpha\beta x_0, \alpha\beta x_1, \alpha\beta x_2)\tag{4.5.1a}$$

或

$$M'^* = (Kx_0 \cup Kx_1 \cup Kx_2, \mathcal{J}_b),$$
$$\mathcal{J}_b = (x_0, x_1, x_2, \alpha\beta x_0, \alpha\beta x_2, \alpha\beta x_1),\tag{4.5.1b}$$

其中 $x_0$, $x_1$ 与 $x_2$, 一般而言, 全是路. 其中之一可以为自环, 或圈. 如 (4.5.1b) 式, 实际上与 $M_0^*$ 拓扑等价. 这样的地图 $M'$ 被称为 $M$ 的1-基子地图.

另外, 也许会注意到所有上述的地图中, $M_0$ 是自对偶的. 而其它的全不是.

如果一个地图, 它的一个支撑子地图的基准图, 拓扑等价于由三条平行边 (即无公共内节点) 组成, 则可称它为 $\theta$-地图. 注意, 其中之三条路中允许都是圈或自

环, 如 (4.5.1b) 式所示的地图. 由于它是在环面上, 不允许有两个圈或自环没有公共的节点.

对于一在环面上的地图 $M$, 令 $B = B(M)$ 为 $M$ 的一个 1-基子地图. 则, 通过沿 $B$ 的边在 $M$ 上切开而得到的地图, 被称为 $M$ 的1B-地图. 所谓在地图 $M = (\mathcal{X}, \mathcal{J})$ 上沿一边 $Kx$ 切开, 是指将 $M$ 变换到 $M' = (\mathcal{X}', \mathcal{J}')$ 的运算. 其中, $\mathcal{X}' = (\mathcal{X} - Kx) + K\tilde{x} + K\hat{x}$, $K\tilde{x} = \{x, \alpha\tilde{x}, \beta x, \alpha\beta\tilde{x}\}$ 和 $K\hat{x} = \{\hat{x}, \alpha x, \beta\hat{x}, \alpha\beta x\}$, 使得 $\mathcal{J}'$ 仅在二节点 $v_x = (x, \hat{x}, \mathcal{J}x, \cdots, \mathcal{J}^{-1}x)$ 和

$$v_{\beta x} = (\alpha\beta\tilde{x}, \mathcal{J}\alpha\beta x, \cdots, \mathcal{J}^{-1}\alpha\beta x, \alpha\beta x)$$

处与 $\mathcal{J}$ 不同. 沿着一个节点 $v$ 处的二边 $Kx$ 和 $Ky$, $v = v_{\beta x} = v_y$, 切开, 就是将 $M$ 沿 $Kx$ 和 $Ky$ 切开得 $M'$ 后, 再将所得的节点 $v'_{\beta x}$ 变为两个节点 $v''_{\beta x}$ 和 $v''_{\hat{y}}$, 将 $M$ 变为 $M'' = (\mathcal{X}'', \mathcal{J}'')$. 其中, $\mathcal{X}'' = \mathcal{X}'$ 和 $\mathcal{J}''$ 仅在节点 $v''_{\beta x} = (\alpha\beta\tilde{x}, \mathcal{J}'\alpha\beta\tilde{x}, \cdots, \mathcal{J}'^{-1}y, y)$ 和 $v''_{\hat{y}} = (\hat{y}, \mathcal{J}'\hat{y}, \cdots, \mathcal{J}'^{-1}\alpha\beta\tilde{x})$, 这里 $\mathcal{J}'^{-1}\alpha\beta\tilde{x} = \alpha\beta\hat{x}$, 处与 $\mathcal{J}'$ 不同. 可见, 沿着一个子地图的边切开, 就是沿一边切开和沿一节点处二边切开运算的合成. 由于在 $M$ 的 1B-地图 $M'$ 中, 面数比 $M$ 的多 1 和节点数与边数之差也比 $M$ 多 1. 从而, 由可定向性不变, $M'$ 的亏格比 $M$ 小 1, 即 $M'$ 为平面地图. 且, $M'$ 中那个与 $M$ 的不同的, 面的次为偶数.

至于在环面上的三角化, 诚与射影平面上相应的 $\tilde{1}\text{H}$-地图不相同, $\theta$-三角化可以有不同的 1-基子地图. 若环面上一个带根三角化, 有一个 1-基子地图被特别标示, 则这个三角化被称为基定向的, 或简称基的. 环面上两个基定向的三角化, 若它们之间存在一个同构, 使得被标示的基子地图相应, 则视二者无异.

在这里, 应指出, 所有地图均视为没有一个子地图与自环地图

$$L_1 = (Kx, (x, \alpha\beta x))$$

同构. 自然, 这样做是不会失去一般性的.

**引理 4.5.1**  在环面上一个三角化是 $\theta$-地图当且仅当, 存在 $T$ 的一个 1-基子地图, 使得 $T$ 的 1B-地图是一个偶阶, 至少为 4 的不可分离外平面三角化.

**证**  由上面讨论可知, 必要性成立. 反之, 由不可分离性, 总可假设 $T$ 的 1B-地图 $T'$ 的边缘为长 $2k$ 的圈, $k \geq 2$. 且依循环序, 记此圈上的边相应如下形式 (其它形式可相仿地讨论):

$$(x_1, x_2, \cdots, x_k, \alpha\beta x_1, \alpha\beta x_2, \cdots, \alpha\beta x_k), \tag{4.5.2}$$

其中, $x_1$ 为根, $K\tilde{x}_i = \{x_i, \alpha\tilde{x}_i, \beta x_i, \alpha\beta\tilde{x}_i\}$ 和 $K\hat{x}_i = \{\hat{x}_i, \alpha x_i, \beta\hat{x}_i, \alpha\beta x_i\}$, $i = 1, 2, \cdots,$ $k$. 通过将 $K\tilde{x}_i$ 与 $K\hat{x}_i$ 合二为一边 $Kx_i = \{x_i, \alpha x_i, \beta x_i, \alpha\beta x_i\}$, 即使 $x_i = \hat{x}_i$,

$\alpha x_i = \alpha \tilde{x}_i$, $\beta x_i - \beta \hat{x}_i$ 和 $\alpha\beta x_i = \alpha\beta \tilde{x}_i$, $i = 1, 2, \cdots, k$, 或者说通过切开的逆运算, 同时取消了由 (4.5.2) 式表示的面. 因其余的面皆三边形, 所得地图 $T$ 为一个三角化. 又, $T$ 的面数比 $T'$ 少 1 和 $T$ 的节点数与边数之差也比 $T'$ 少 1, 由可定向性不变, 有 $T$ 的亏格比 $T'$ 的亏格大 1. 因为 $T'$ 是平面的, 可知 $T$ 是在环面上. 再考虑到将 $Kx_i$, $i = 1, 2, \cdots, k$, 切开所成的子图之对偶的 (4.5.2) 式与 (4.5.1a) 式一致, 故 $T$ 是 $\theta$-地图.                                                                         ♮

对任一不可分离的外平面三角化, 它的阶为至少是 4 的偶数, 其边缘如 (4.5.2) 式, 问有多少种方式可用来形成环面上的基三角化?

注意到 (4.5.1a) 式和 (4.5.1b) 式两种形式, 有两种可能性要考虑. 一个是求将 $x_1, x_2, \cdots, x_k$ 划分为两个相继段, 即两段线性序之方式数. 因为每段至少有一个元素, 则共有 $k - 1$ 种方式. 另一个就是确定将 $x_1, x_2, \cdots, x_k$ 划分为三个相继段的方式数. 这个数目, 实际上, 为从 $k - 1$ 个位置中任取两个的方式数, 即

$$\binom{k-1}{2}.$$

**引理 4.5.2**   对一个阶为 $2k$, $k \geqslant 2$, 的不可分离外平面三角化 $T_{2k}$ 在环面上有

$$\binom{k}{2}$$

个不同的阶为 $k$ 的基 $\theta$-三角化以 $T_{2k}$ 为它们的一个 1B-地图.

**证**   由不可分离性, 外平面三角化之外面 (或根面) 为一圈, 总可写为如 (4.5.2) 式所示. 根据 (4.5.1a) 式和 (4.5.1b) 式, 分别相应将 $x_1, x_2, \cdots, x_k$ 划分为三个相继段和两个相继段的情形, 由上面所讨论的可知, 以 $T_2$ 为 1B-地图, 在环面上, 有

$$(k-1) + \binom{k-1}{2} = \binom{k}{2}$$

个基 $\theta$-三角化.                                                                         ♮

令 $t_{1T}(x)$ 为环面上的, 基 $\theta$-三角化以度为参数的计数函数. 即, 可写为

$$t_{1T}(x) = \sum_{m \geqslant 3} T_{1T}(m) x^m, \tag{4.5.3}$$

其中 $T_{1T}(m)$ 为在环面上有 $m$ 条边的这种三角化的数目.

因为在环面上, 度为 $m(T)$ 的 $\theta$-三角化 $T$ 的 1B-地图的外边界上有 $2k(T)$ 条边使得

$$m(T) = k(T) + (2k(T) - 3) = 3k(T) - 3,$$

即

$$k(T) = \frac{m(T) + 3}{3}, \tag{4.5.4}$$

总有 $m(T) = 0 (\mathrm{mod}\ 3)$ 和 $T$ 的阶为

$$\nu = k(T) - 1 = \frac{m(T)}{3}. \tag{4.5.5}$$

**定理 4.5.1** 在环面上，$m$ 度基 $\theta$-三角化的数目为

$$T_{1\mathrm{T}}(m) = \frac{\left(\dfrac{m}{3} + 1\right)! \left(\dfrac{4}{3}m\right)!}{2 \left(\dfrac{m}{3} - 1\right)! \left(\dfrac{2}{3}m + 1\right)! \left(\dfrac{2}{3}m\right)!} \tag{4.5.6}$$

对 $m \geqslant 3$.

**证** 因为依 (4.5.4) 式，环面上的一个度为 $m$ 的 $\theta$-三角化的 1B-地图的外边界有

$$2k = 2\left(\frac{m}{3} + 1\right) = \frac{2m}{3} + 2$$

条边，由引理 4.5.2 和用这个数代替 (4.4.11) 式中的 $n$ 即可得 (4.5.6) 式. ♭

令 $T$ 是环面上一个三角化. 若 $T$ 是可劈分的，则有 $T = T_1 \dot{+} T_2$，使得从 $T_1$ 不在 $T_2$ 的某面的内部，就必导致 $T_2$ 在 $T_1$ 的某面 $f$ 的内部区域. 由 $T$ 的三角性，$f$ 只有两个可能：它的边界为 1-边形；或 2-边形. 这就导致如果 $T_1$ 没有子地图 $L_1 = (K_x, (x, \alpha\beta x))$，则 $T_2$ 必有子地图 $L_1$. 从而，对于在环面上的三角化，不可劈分性与无子地图 $L_1$ 是同义语.

下面，用 $\mathcal{T}_{\mathrm{nt}}(2i)$ 表示所有根面次为偶数 $2i$ 的不可分离近三角化的集合.

**引理 4.5.3** 令 $\mathcal{T}_{1\mathrm{B}}$ 是环面上不可劈基三角化的 1B-地图的集合. 则有

$$\mathcal{T}_{1\mathrm{B}} = \bigcup_{i \geqslant 2} \mathcal{T}_{\mathrm{nt}}(2i). \tag{4.5.7}$$

**证** 首先，当 $i = 1$ 时，因为没有 1 度的 1-基子地图，可知这是无意义的. 然后，只能讨论 $i \geqslant 2$ 的情形.

对任何 $T \in \mathcal{T}_{1\mathrm{B}}$ 由定理 1.1.2，带有度为 $i$ 的基子地图的 $T$ 的 1B- 地图全是平面近三角化. 而且，由 $T$ 的不可劈性，导致它是不可分离的. 故，(4.5.7) 式左端的集合是右端的一个子集.

反之，对任何 $T \in \mathcal{T}_{\mathrm{nt}}(2i), i \geqslant 2$，它的外边缘可以假设为如下循环序之形式：

$$(x_1, x_2, \cdots, x_i, \alpha\beta x_1, \alpha\beta x_2, \cdots, \alpha\beta x_i). \tag{4.5.8}$$

通过将 $x_1, x_2, \cdots, x_i$ 划分为两段，或三段，并与相应的 $\alpha\beta x_1, \alpha\beta x_2, \cdots, \alpha\beta x_i$ 中的合二为一，可得环面上一个 1-基三角化 $T'$. 由 $T$ 的不可分离性，$T'$ 是不可劈的. 而且，$T$ 是 $T'$ 的一个 1B-地图. 故，(4.5.7) 式右端的集合是左端的一个子集. ♭

**引理 4.5.4**　令 $\mathcal{T}_{1\mathrm{tr}}(i)$ 为环面上, 所有附带一个 $i$ 度的 1-基子地图, 无自环子地图 $L_1$ 的, 基三角化的集合. 则有

$$\left|\mathcal{T}_{1\mathrm{tr}}(i)\right| = \binom{i}{2}\left|\mathcal{T}_{\mathrm{nt}}(2i)\right| \tag{4.5.9}$$

对 $i \geqslant 2$.

证　对于 $T \in \mathcal{T}_{1\mathrm{tr}}(i)$, 经过沿给定的度为 $i$ 的 1-基子地图的边切开, 可唯一地得到一个带根平面近三角化 $T'$, 它的根面次为 $2i$. 由于 $T$ 没有 $L_1$ 作为子地图, $T$ 是不可劈的. 这又导致 $T'$ 是不可分离的, 即 $T' \in \mathcal{T}_{\mathrm{nt}}(2i)$.

反之, 对任何 $T' \in \mathcal{T}_{\mathrm{nt}}(2i)$, 设它的根面边界有如 (4.5.8) 式所示. 由引理 4.5.2, 可得 $\binom{i}{2}$ 个不同的在环面上的基三角化.

综上所述, 在 $\mathcal{T}_{1\mathrm{tr}}(i)$ 与 $\mathcal{T}_{\mathrm{nt}}(2i)$ 之间, 有一个 $1\text{-}\binom{i}{2}$ 对应关系. 这就意味 (4.5.9) 式成立. ♭

设 $f = f_{\mathcal{T}_{1\mathrm{tr}}}(y)$ 为以度为参数的环面上不可劈基三角化的计数函数. 或者, 记

$$f = \sum_{n \geqslant 3} F_{1\mathrm{tr}}(n)y^n, \tag{4.5.10}$$

其中 $F_{1\mathrm{tr}}(n)$ 为环面上度是 $n$ 的这种三角化的数目.

**定理 4.5.2**　对于 (4.5.10) 式给出的 $F_{1\mathrm{tr}}(n)$, 有

$$F_{1\mathrm{tr}}(n) = \sum_{i=2}^{\left\lfloor \frac{n+3}{6} \right\rfloor} \frac{2^{k-2i+1}}{2i-2}\binom{4i-3}{2i-1}A_{n,i},$$

$$A_{n,i} = \frac{i!(n-2i-1)!}{(2k)!(k-2i+1)!(i-2)!}, \tag{4.5.11}$$

其中 $2 \leqslant i \leqslant \left\lfloor \dfrac{n+3}{6} \right\rfloor$, $n = 3k, k \geqslant 1$.

证　基于引理 4.5.4, 利用 (4.3.18)式和考虑到在度给定之下, 外平面三角化的外边缘中边的数目为最大, 由 (4.4.7) 式, $2i \leqslant 3k - 2i + 3$. 即, $i \leqslant \dfrac{3k+3}{4} = \dfrac{n+3}{4}$. 同时, 由于 (4.3.18) 式限定 $i$ 的界为 $2i \leqslant k+1 = \dfrac{n}{3}+1$, 即, $i \leqslant \dfrac{n+3}{6}$. 从而, 定理得证. ♭

# §4.6　注　记

**4.6.1**　关于平面三角化的计数函数, 是由 Tutte ([Tut3], [Tut11], [Tut21]~ [Tut24], [Tut27]) 于 20 世纪 60 年代引进的. 实际上, 他之所以注意力在平面三

角化, 是因为它与四色问题关系密切. 他发现了不少关于不可分离平面三角化的美妙结果. 紧继他之后 Brown ([Bro1]) 和 Mullin ([Mul4], [Mul6]) 发展了他的方法, 分别计数了圆盘的三角化和平面三角化的更一般之情形. 数年之后, 董峰明和刘彦佩从最一般的情形入手又得到了一批较简单的计数函数公式 [DoL1].

**4.6.2** 外平面三角化之计数函数始于刘彦佩 [Liu35]. 可以看作是平面三角化无内节点的特殊情形. 不过, 在那篇文章中给出的计数函数相当复杂. 后来, 在 [DoL1] 中得到了简化. 甚至求出了一系列紧凑的显式.

**4.6.3** 在 §4.2 中用的方法看起来是新的. 这就是引进适约三角化, 使得能独立地导出它们本身和无环三角化的方程. 它们分别由 (4.2.10) 式和 (4.2.18) 式给出. 确定了那里的函数 $f$ 和 $g$ 的带两个变量的较简单的显式. 改进了 [ReL2] 中的结果. 更进一步的发展, 可参见 [CaL1].

**4.6.4** 虽然简单近三角化一般不是 3-连通的, 但可以看出简单平面三角化全是 4-连通的. 第一个计数简单平面三角化的公式是 Tutte 以递推的形式给出的 [Tut3]. 然而, 两个更简单的递推公式和一个计数显式则是刘彦佩得到的 [Liu5].

**4.6.5** 对于 $f_{\mathrm{NOT}}(z)$, 若考虑引理 4.4.4, 由于 $g = g_{\mathcal{T}_{\mathrm{ot}}}$, 如 (4.1.11) 式所示, 从 (4.1.17) 式可以看出

$$z = x(1 + g) = \frac{\theta(1 - \theta)(2 + \theta^2(1 - \theta))}{1 + \theta^2(1 - \theta)}.$$

然后, 利用推论 1.5.1, 有

$$\partial_z^n f_{\mathrm{NOT}}(z) = \frac{1}{n} \frac{\mathrm{d}^{n-1}}{\mathrm{d}\theta^{n-1}} \left\{ \frac{(1 + \theta^2(1 - \theta))^n \theta(2 - 3\theta)}{(1 - \theta)^n (2 + \theta^2(1 - \theta))^n} \right\} \Bigg|_{\theta=0},$$

看起来, 在形式上就复杂多了.

**4.6.6** 从 §4.4 中讨论的, 在射影平面上的面定向三角化的计数, 要问对于一个带根三角化, 有多少面定向的三角化与之对应. 这是在计数射影平面上的三角化中应进一步考虑的. 当然, 也可以直接分解射影平面上带根三角化的集合, 建立函数方程, 通过解方程确定其计数函数. 此后, 在 [LLH2] 中给出了对偶无环根三角化在射影平面上以内面数为参数的计数显式.

**4.6.7** 在 §4.5 中, 要确定多少个 1B-地图, 对应于环面上的一个三角化. 同样, 也可通过建立方程和解方程直接确定. 此后, 在 [HCL1] 中提供了以边数为参数的环面上带根三角化的计数显式.

# 第5章 三正则地图

## §5.1 平面三正则地图

一个地图, 若它的所有节点的次均为 3, 则称之为三正则的, 或 3-正则的. 所谓近 3-正则是指除一个节点可能次不是 3 外, 其他节点的均为 3. 这个例外的节点总是规定为根节点.

令 $\mathcal{M}_{\mathrm{nc}}$ 为所有带根近 3-正则平面地图的集合. 为方便, 节点地图 $\vartheta$ 规定在 $\mathcal{M}_{\mathrm{nc}}$ 中.

对 $M \in \mathcal{M}_{\mathrm{nc}}$, 令 $m(M)$ 和 $n(M)$ 分别为根节点的次和非根节点数. 当然, 所有非根节点的次均为 3. 由此, 有

$$m(M) + 3m(M) = 2\epsilon(M). \tag{5.1.1}$$

其中, $\epsilon(M)$ 为 $M$ 的度. 由 (5.1.1) 式可知

$$m(M) = n(M)(\bmod 2). \tag{5.1.2}$$

记 $\mathcal{M}_{\mathrm{nc}_i} = \{M | \forall M \in \mathcal{M}_{\mathrm{nc}}, m(M) = i\}$, $i \geqslant 1$. 则有

$$\mathcal{M}_{\mathrm{nc}} = \vartheta + \sum_{i \geqslant 1} \mathcal{M}_{\mathrm{nc}_i}, \tag{5.1.3}$$

其中 $\vartheta$ 为节点地图本身组成的集合. 进而, 令

$$\mathcal{M}_{\mathrm{nc}}^{\mathrm{I}} = \{M | \forall M \in \mathcal{M}_{\mathrm{nc}}, a \ \text{为自环}\},$$

$$\mathcal{M}_{\mathrm{nc}}^{\mathrm{II}} = \{M | \forall M \in \mathcal{M}_{\mathrm{nc}}, a \ \text{为杆}\},$$

其中 $a = e_r(M)$ 为地图 $M$ 的根边. 则有

$$\mathcal{M}_{\mathrm{nc}} = \vartheta + \mathcal{M}_{\mathrm{nc}}^{\mathrm{I}} + \mathcal{M}_{\mathrm{nc}}^{\mathrm{II}}. \tag{5.1.4}$$

**引理 5.1.1** 令 $\mathcal{M}_{\langle \mathrm{nc} \rangle}^{\mathrm{I}} = \{M - a | \forall M \in \mathcal{M}_{\mathrm{nc}}^{\mathrm{I}}\}$. 则有

$$\mathcal{M}_{\langle \mathrm{nc} \rangle}^{\mathrm{I}} = \mathcal{M}_{\mathrm{nc}} \odot \mathcal{M}_{\mathrm{nc}}, \tag{5.1.5}$$

其中 $\odot$ 表示 $1v$-乘法, 如 §4.2 中所示.

**证** 对任何 $M \in \mathcal{M}_{\mathrm{nc}}^{\mathrm{I}}$, 由于有一个地图 $M' \in \mathcal{M}_{\mathrm{nc}}^{\mathrm{I}}$ 使得 $M = M' - a', a' = e_r(M')$ 是一个自环, 导致 $M = M_1 + M_2$, 其中 $M_1$ 和 $M_2$ 分别为 $M$ 在 $a'$ 的内部和外部的子地图, 且仅有一个公共节点, 即它们与 $M$ 共同的根节点. 因为 $M$ 为近三正则平面地图, $M_1$ 和 $M_2$ 也必全是近 3-正则平面地图. 从而, (5.1.5) 式左端的集合为右端的一个子集.

反之, 对任何 $M \in \mathcal{M}_{\mathrm{nc}} \odot \mathcal{M}_{\mathrm{nc}}$, 因为有形式 $M = M_1 \dotplus M_2$, $M_1, M_2 \in \mathcal{M}_{\mathrm{nc}}$, 通过在 $M$ 上添加一个自环 $a'$ 作为根边, 使得 $M_1$ 和 $M_2$ 分别在 $a'$ 的内部和外部区域之中, 可得地图 $M'$. 自然, $M = M' - a'$. 由于 $a'$ 端点为与 $M_1$ 和 $M_2$ 共同的根节点, 从 $M_1$ 和 $M_2$ 为近正则平面地图知, $M'$ 也是一个近正则平面地图. 而且, $a' = e_r(M')$ 为一个自环, 即 $M' \in \mathcal{M}_{\mathrm{nc}}^{\mathrm{I}}$. 这就意味, $M \in \mathcal{M}_{(\mathrm{nc})}^{I}$. 即, (5.1.5) 式右端的集合为左端的一个子集. ♭

**引理 5.1.2** 令 $\mathcal{M}_{(\mathrm{nc})}^{\mathrm{II}} = \{M \bullet a | \forall M \in \mathcal{M}_{\mathrm{nc}}^{\mathrm{II}}\}$. 则有

$$\mathcal{M}_{(\mathrm{nc})}^{\mathrm{II}}(\mathrm{N}) = \mathcal{M}_{\mathrm{nc}} - \mathcal{M}_{(\mathrm{nc})}^{\mathrm{II}}(\mathrm{S}) - \mathcal{M}_{\mathrm{nc}_1} - \vartheta.$$

$$\mathcal{M}_{(\mathrm{nc})}^{\mathrm{II}}(\mathrm{S}) = \mathcal{M}_{\mathrm{nc}} \odot \mathcal{M}_{\mathrm{nc}_2}. \tag{5.1.6}$$

其中, $\mathcal{M}_{(\mathrm{nc})}^{\mathrm{II}}(\mathrm{S})$ 或 $\mathcal{M}_{\mathrm{nc}}^{\mathrm{II}}(\mathrm{N})$ 为 $\mathcal{M}_{(\mathrm{nc})}^{\mathrm{II}}$ 的这样的子集, 使得它们中的地图分别由 $\mathcal{M}_{\mathrm{nc}}^{\mathrm{II}}$ 的根边为割边或否的地图所得到的.

**证** 仅证第一个结论, 因第二个结论可容易地看出.

对任何一个地图 $M = (\mathcal{X}, \mathcal{J}) \in \mathcal{M}_{(\mathrm{nc})}^{\mathrm{II}}(\mathrm{N})$, 因为总有 $M' \in \mathcal{M}_{\mathrm{nc}}^{\mathrm{II}}$ 使得 $M = M' - a'$, 且 $a' = e_r(M')$ 为杆和 $a'$ 的非根端的次为 3, 可知 $M$ 既不可能为节点地图 $\vartheta$ 又不可能为 $\mathcal{M}_{\mathrm{nc}_1}$ 中的地图. 由于 $a'$ 不是割边, 有 $M \notin \mathcal{M}_{(\mathrm{nc})}^{\mathrm{II}}$. 又, 易验证, $M$ 是带根近 3-正则的平面地图. 从而, $M$ 为 (5.1.6) 式右端集合的一个元素.

反之, 对任一出自 (5.1.6) 式右端集合中的地图 $M = (\mathcal{X}, \mathcal{J})$, 由于 $M \neq \vartheta$ 和 $M \notin \mathcal{M}_{\mathrm{nc}_1}$, 知根节点的次 $m(M) \neq 0, 1$. 又, 由于 $M \notin \mathcal{M}_{(\mathrm{nc})}^{\mathrm{II}}(\mathrm{S})$, 有 $m(M) \neq 2$. 因为 $m(M) \geqslant 3$, 总可以经过劈分 $M$ 的根节点而得地图 $M' = (\mathcal{X}', \mathcal{J}')$, 使得 $\mathcal{X}' = \mathcal{X} + K r'$ 和 $\mathcal{J}'$ 仅在下面的两个节点处与 $\mathcal{J}$ 不同:

$$v_{r'} = (r', \mathcal{J}^2 r, \cdots, \mathcal{J}^{m(M)-1} r) \text{ 和 } v_{\beta r'} = (\alpha \beta r', r, \mathcal{J} r).$$

这里, $K r'$ 是新添加的一条边且 $r'$ 为 $M$ 的根. 易见, $M = M' \bullet a', a' = K r'$. 由于 $M'$ 的与根边关联的非根节点 $v_{\beta r'}$ 的次为 3, 从 $M$ 为带根近 3-正则平面地图可知, $M' \in \mathcal{M}_{\mathrm{nc}}$. 又, 由 $M \notin \mathcal{M}_{(\mathrm{nc})}^{\mathrm{II}}(\mathrm{S})$ 知, $a' = e_r(M') = K r'$ 不可能是 $M'$ 的割边, 即得 $M \in \mathcal{M}_{(\mathrm{nc})}^{\mathrm{II}}(\mathrm{N})$. 这就是说, $M$ 为 (5.1.6) 式左端集合中得一个元素. ♭

令 $f_{\mathrm{nc}} = f_{\mathrm{nc}}(x, yz)$ 为带根近 3-正则平面地图的计数函数, 其形式为

$$f_{\mathrm{nc}} = \sum_{M \in \mathcal{M}_{\mathrm{nc}}} x^{m(M)} y^{l(M)} z^{n(M)}, \tag{5.1.7}$$

其中 $m(M), l(M)$ 和 $n(M)$ 分别为 $M$ 的根节点次, 根面次和非根节点数.

**定理 5.1.1**   下面的关于 $f = f(x, y, z)$ 的方程

$$\Big(1 - x^2 yu - xy^2 zF_2 - \frac{yz}{x}(1 - x^2 F_2)\Big) f$$
$$= 1 - \frac{yz}{x}\Big(1 + xF_1\Big), \tag{5.1.8}$$

其中 $u = f_{y=1} = f(x, 1, z)$ 和 $F_i$ 为 $f$ 的级数展开中 $x^i$ 所在项的系数, $i = 1, 2$, 在环 $\mathcal{L}\{\Re; x, y, z\}$, $\Re$ 为整数环, 中是适定的. 并且, 这个解就是 $f = f_{\mathrm{nc}}$.

**证**   这里仅证后一个结论, 因为前一个结论可以按通常的递推方法证明.

令 $f_\vartheta, f_{\mathrm{I}}$ 和 $f_{\mathrm{II}}$ 分别为集合 $\vartheta$, $\mathcal{M}_{\mathrm{nc}}^{\mathrm{I}}$ 和 $\mathcal{M}_{\mathrm{nc}}^{\mathrm{II}}$ 赋予到 $f_{\mathrm{ns}}$ 中的部分. 由 (5.1.4) 式, 可知

$$f_{\mathrm{nc}} = f_\vartheta + f_{\mathcal{M}_{\mathrm{I}}} + f_{\mathcal{M}_{\mathrm{II}}}. \tag{5.1.9}$$

首先, 由于对 $\vartheta$, 有 $m(v) = l(v) = n(v) = 0$, 有

$$f_\vartheta = 1. \tag{5.1.10}$$

然后, 对 $M \in \mathcal{M}_{\mathrm{nc}}^{\mathrm{I}}$, 令 $M - a = M_1 \dotplus M_2$, $a = e_r(M)$ 为自环, 其中 $M_1$ 是在 $a$ 的内部. 由引理 5.1.1, 及关系

$$m(M) = m(M_1) + m(M_2) + 2, \ l(M) = l(M_1) + 1,$$

$$n(M) = n(M_1) + n(M_2). \tag{5.1.11}$$

即可得

$$f_{\mathcal{M}_{\mathrm{I}}} = x^2 yu f_{\mathrm{nc}}, \tag{5.1.12}$$

其中 $u = f_{\mathrm{nc}}|_{y=1}$.

最后, 对 $M \in \mathcal{M}_{\mathrm{nc}}^{\mathrm{II}}$, 由于有关系

$$m(M) = m(M \bullet a) - 1, \ l(M) = l(M \bullet a) + 1,$$

$$n(M) = n(M \bullet a) + 1, \tag{5.1.13}$$

依引理 5.1.2 的第一个式子, 即可得

$$f_{\mathrm{II}} = xy^2 zF_2 f_{\mathrm{nc}} + \frac{yz}{x}\Big(f_{\mathrm{nc}} - x^2 F_2 f_{\mathrm{nc}} - xF_1 - 1\Big). \tag{5.1.14}$$

其中, $F_i$, $i = 1, 2$, 是 $f_{\mathrm{nc}}$ 作为 $x$ 的级数 $x^i$ 所在项的系数.

将 (5.1.10) 式, (5.1.12) 式和 (5.1.14) 式代入到 (5.1.9) 式, 得

$$f_{\mathrm{nc}} = 1 + x^2 yu f_{\mathrm{nc}} + xy^2 zF_2 f_{\mathrm{nc}}$$
$$+ \frac{yz}{x}\Big(f_{\mathrm{nc}} - x^2 F_2 f_{\mathrm{nc}} - xF_1 - 1\Big).$$

经过同类项合并, 这就是方程 (5.1.8).

若在方程 (5.1.8) 中取 $y = 1$, 则由于 $f(x, 1, z) = u(x, z) = u$ 和记 $U_1 = F_1|_{y=1} = U_1(z)$, 考虑到 $F_1 = y^2 z F_2$, 即可得

$$x^2 u^2 - \left(1 - \frac{z}{x}\right)u - \frac{z}{x}(xU_1 + 1) + 1 = 0. \tag{5.1.15}$$

方程 (5.1.15) 的判别式为

$$D = \left(1 - \frac{z}{x}\right)^2 - 4x^2\left(1 - \frac{z}{x}(xU_1 + 1)\right).$$

从而, 有

$$x^2 D = 4x^4(zU_1 - 1) + 4zx^3 + x^2 - 2xz + z^2. \tag{5.1.16}$$

因为 (5.1.16) 式的右端不是一个平方数, 根据 $x$ 的最高次项与最低次项, 可以验证具有如下形式:

$$x^2 D = (z - ax)^2(1 - 2bx + cx^2), \tag{5.1.17}$$

其中,

$$a = 1 - 2\theta, \quad b = \frac{2\theta}{z}, \quad c = \frac{12\theta^2 - 4\theta}{z^2}.$$

进而, 有

$$\theta = \frac{z^2}{(1 - 2\theta)(1 - 4\theta)}, \quad zU_1 = \frac{\theta(1 - 6\theta)}{1 - 4\theta}. \tag{5.1.18}$$

**引理 5.1.3** 令 $\mathcal{M}_{(\mathrm{nc}_1)} = \{M \bullet a | \forall M \in \mathcal{M}_{\mathrm{nc}_1}\}$. 则有

$$\mathcal{M}_{(\mathrm{nc}_1)} = \mathcal{M}_{\mathrm{nc}_2}, \tag{5.1.19}$$

其中 $\mathcal{M}_{\mathrm{nc}_2}$ 由 (5.1.3) 式给出.

**证** 对任何 $M \in \mathcal{M}_{(\mathrm{nc}_1)}$, 记 $M' \in \mathcal{M}_{\mathrm{nc}_1}$, 使得 $M = M' \bullet a'$, $a' = e_r(M')$. 由于与 $a'$ 关联的非节点的次为 3, $M$ 的根节点的次为 2. 又, 由 $M'$ 的近 3-正则平面性知, $M$ 也具有近 3-正则平面性. 从而, $M \in \mathcal{M}_{\mathrm{nc}_2}$.

反之, 对任何 $M = (\mathcal{X}, \mathcal{J}) \in \mathcal{M}_{\mathrm{nc}_2}$, 它的根节点

$$v_r = (r, \mathcal{J}r), \quad r = r(M)$$

为 $M$ 的根. 总可以通过劈分 $M$ 的根节点而得地图 $M' = (\mathcal{X}', \mathcal{J}')$, 使得 $\mathcal{X}' = \mathcal{X} + Kr$ 和 $\mathcal{J}'$ 仅在节点

$$v_{r'} = (r') \text{ 和 } v_{\beta r'} = (\alpha\beta r', r, \mathcal{J}r)$$

处与 $\mathcal{J}$ 不同. 可以验证, $M' \in \mathcal{M}_{\mathrm{nc}_1}$. 由于 $M = M' \bullet a'$, 可知 $M \in \mathcal{M}_{(\mathrm{nc}_1)}$.

**引理 5.1.4**　令 $\mathcal{M}_{(\mathrm{nc}_2)} = \{M \bullet a | \forall M \in \mathcal{M}_{\mathrm{nc}_2}\}$. 则, 有

$$\mathcal{M}_{(\mathrm{nc}_2)} - \vartheta = \mathcal{M}_{\mathrm{nc}_3}, \tag{5.1.20}$$

其中 $\mathcal{M}_{\mathrm{nc}_3}$ 为由 (5.1.3) 式所确定.

证　对 $M \in \mathcal{M}_{(\mathrm{nc}_2)} - \vartheta$, 令 $M' = (\mathcal{X}, \mathcal{J}) \in \mathcal{M}_{\mathrm{nc}_2}$, 使得 $M = M' \bullet a'$, $a' = e_r(M')$. 由于 $M \neq \vartheta$, 知 $M'$ 不是自环地图. 这就意味 $v_{\beta r'} \neq v_{r'}$. 由近 3-正则性, $v_{\beta r'}$ 的次为 3, 即

$$v_{\beta r'} = (\alpha\beta r', \mathcal{J}'\alpha\beta r', \mathcal{J}'^2\alpha\beta r').$$

又, $M' \in \mathcal{M}_{\mathrm{nc}_2}$, 有 $v_{r'} = (r', \mathcal{J}'r')$. 从而, $M$ 的根节点为

$$v_r = (\mathcal{J}'\alpha\beta r', \mathcal{J}'^2\alpha\beta r', \mathcal{J}'r'),$$

即次为 3. 由 $M'$ 的近 3-正则平面性, 可知 $M$ 是 3-正则平面的. 即, $M \in \mathcal{M}_{\mathrm{nc}_3}$.

反之, 对 $M = (\mathcal{M}, \mathcal{J}) \in \mathcal{M}_{\mathrm{nc}_3}$, 它的根节点为

$$v_r = (r, \mathcal{J}r, \mathcal{J}^2 r).$$

通过劈分 $M$ 的根节点得 $M' = (\mathcal{X}', \mathcal{J}')$, 使得 $\mathcal{X}' = \mathcal{X} + Kr'$ 和 $\mathcal{J}'$ 仅在节点 $v_{r'} = (r', \mathcal{J}^2 r)$ 和 $v_{\beta r'} = (\alpha\beta r', r, \mathcal{J}r)$ 处与 $\mathcal{J}$ 不同. 由 $M$ 的 3-正则平面性, 可知 $M'$ 是近 3-正则平面的. 且, 它的根节点 $v_{r'}$ 的次为 2, 即 $M' \in \mathcal{M}_{\mathrm{nc}_2}$. 由于 $M = M' \bullet a'$, 有 $M \in \mathcal{M}_{(\mathrm{nc}_2)}$. 又, $M$ 为 3-正则, 有 $M \neq \vartheta$. 这就是说, $M \in \mathcal{M}_{(\mathrm{nc}_2)} - \vartheta$.　　 b

令 $t_{\mathrm{nc}_2}$ 和 $t_{\mathrm{nc}_3}$ 分别为根节点次是 2 和 3 的带根近 3-正则平面地图的计数函数, 它们的参数为非根节点数. 因为 $U_1$ 为以非根节点数作参数的带根近 3-正则平面地图计数函数, 其中根节点次为 1, 由引理 5.1.3, 可知

$$U_1 = z t_{\mathrm{nc}_2}. \tag{5.1.21}$$

进而, 由引理 5.1.4, 得

$$t_{\mathrm{nc}_2} - 1 = z t_{\mathrm{nc}_3}. \tag{5.1.22}$$

联合 (5.1.21) 式和 (5.1.22) 式, 即有

$$U_1 = z + z^2 t_{\mathrm{nc}_3}. \tag{5.1.23}$$

**定理 5.1.2**　具有 $n$ 个非根节点的带根 3-正则平面地图的数目为

$$T_{\mathrm{nc}_3}(n) = \begin{cases} \displaystyle\sum_{i=1}^{k-1} \frac{2^{2k-i+1}(k+i-1)!(2k-i+1)!}{(k+2)!(k+1)!(k-i-1)!i!}, \\ \quad \text{当 } n = 2k-1; \\ 0, \text{ 否则}. \end{cases} \tag{5.1.24}$$

其中, $k \geqslant 1$, 即 $n \geqslant 1$.

证  基于 (5.1.18) 式, 记

$$H(z) = \frac{\mathrm{d}z U_1}{\mathrm{d}z^2} = \frac{1}{(1-4\theta)^2}. \tag{5.1.25}$$

利用推论 1.5.1, 有

$$\begin{aligned}
\partial_z^{2k} H(z) &= \frac{8}{k} \partial_\theta^{k-1} \frac{1}{(1-2\theta)^k (1-4\theta)^{k+3}} \\
&= \frac{8}{k} \sum_{i \geqslant 0} 2^i \binom{k+i-1}{i} \partial_\theta^{k-i-1} \frac{1}{(1-4\theta)^{k+3}} \\
&= \sum_{i=0}^{k-1} \frac{2^{2k-i+1}(k+i-1)!(2k+1-i)!}{k!(k+2)!(k-i-1)!i!}
\end{aligned}$$

对 $k \geqslant 1$.

由于 $\partial_z^{2k-1} U_1 = \partial_z^{2k} z U_1$, 从 (5.1.23) 式和 (5.1.25) 式即可导出 (5.1.24) 式.  ∎

## §5.2  二部三正则地图

一个地图 $M$, 若它的节点集 $V$ 可以分为两类: $V_1$ 和 $V_2$ 使得没有一条边的两端属于同一类, 则称它为二部的. 一个二部 3-正则地图, 自然, 就是指它既是二部的又是 3-正则的. 在这一节, 只研究平面地图的情形.

先看一看二部近 3-正则平面地图.

**引理 5.2.1**  任何二部近 3-正则地图 (不一定是平面的) 均没有割边.

证  用反证法. 设 $M$ 为近 3-正则地图而且有割边 $(u, v)$. 这时, 有 $M = M_1 \dot{+} (u,v) \dot{+} M_2$ 使得 $M_1$ 与 $(u,v)$ 仅有公共点 $u$ 和 $M_2$ 与 $(u,v)$ 仅有公共节点 $v$. 而且, $M_1 \cap M_2 = \varnothing$. 由于至少 $u$ 和 $v$ 中有一个不是 $M$ 的根节点, 它的次必为 3. 如果 $M_1$ 总设定含 $M$ 的根节点, 则 $M_2$ 为一个根节点次是 2 的二部近 3-正则地图. 设 $\nu_1$ 和 $\nu_2$ 为 $V(M_2)$ 的二类节点集中所含的节点数. 自然, $M_2$ 的根节点就是那个次为 2 的节点. 不妨设它是在 $\nu_1$ 中, 否则改变一下 $\nu_1$ 和 $\nu_2$ 中的下标. 由近 3-正则性与二部性, 有 $3(\nu_1 - 1) + 2 = 3\nu_2$. 即, $3(\nu_1 - \nu_2) = 1$. 导致 1 可以被 3 整除. 矛盾.  ∎

对一个二部近 3-正则地图 $M$(不一定是平面的), 令 $m(M)$ 和 $n(M)$ 分别为根节点的次和非根节点的数目. 从引理 5.2.1 的证明中相仿的讨论, 可见

$$m(M) = 0 (\mathrm{mod}\ 3). \tag{5.2.1}$$

进而, 由于 $3(\nu(M) - 1) + m(M) = 2\epsilon(M)$ 和 $n(M) = \nu(M) - 1$, 其中, $\nu(M)$ 和 $\epsilon(M)$ 分别为 $M$ 的阶和度, 有

$$n(M) = m(M)(\mathrm{mod}\ 2), \quad \epsilon(M) = 0(\mathrm{mod}\ 3). \tag{5.2.2}$$

令 $\mathcal{M}_{\mathrm{bc}}$ 为所有二部近 3-正则平面地图的集合. 节点地图 $\vartheta$ 被规定在 $\mathcal{M}_{\mathrm{bc}}$ 中. 并记

$$\mathcal{M}_{\mathrm{bc}_i} = \{M | M \in \mathcal{M}_{\mathrm{bc}}, (v_r, v_{\beta r}) \text{为 } i\text{-重边}\},$$

其中 $i = 1, 2$ 和 $3$. 由 3-正则性, 有

$$\mathcal{M}_{\mathrm{bc}} = \sum_{i=0}^{3} \mathcal{M}_{\mathrm{bc}_i}, \tag{5.2.3}$$

其中 $\mathcal{M}_{\mathrm{bc}_0} = \vartheta$.

对 $M = (\mathcal{X}, \mathcal{P})$, $r = r(M)$ 为它的根, 设与 $v_{\beta r}$ 关联的二边为 $e_t$ 和 $e_l$, $t, l \in \mathcal{X}$, 使得 $l = \mathcal{P}\alpha\beta r$. 令 $M \bullet v_{\beta r}$ 为由收缩 $v_{\beta r}$ 以及它的三条关联边, 于一根节点, 使得根为 $\mathcal{P}\alpha\beta l$ 和记

$$\mathcal{M}_{\mathrm{bc}_1}^{(v_{\beta r})} = \{M \bullet v_{\beta r} | \forall M \in \mathcal{M}_{\mathrm{bc}_1}\}. \tag{5.2.4}$$

则, 有

$$\mathcal{M}_{\mathrm{bc}_1}^{(v_{\beta r})} = \mathcal{M}_{\mathrm{bc}_1}^{(v_{\beta r})_1} + \mathcal{M}_{\mathrm{bc}_1}^{(v_{\beta r})_2}, \tag{5.2.5}$$

其中

$$\mathcal{M}_{\mathrm{bc}_1}^{(v_{\beta r})_1} = \{M | \forall M \in \mathcal{M}_{\mathrm{bc}_1}^{(v_{\beta r})}, v_{\beta t} = v_{\beta l}\},$$

$$\mathcal{M}_{\mathrm{bc}_1}^{(v_{\beta r})_2} = \{M | \forall M \in \mathcal{M}_{\mathrm{bc}_1}^{(v_{\beta r})}, v_{\beta t} \ne v_{\beta l}\}. \tag{5.2.6}$$

**引理 5.2.2**　对于 $\mathcal{M}_{\mathrm{bc}_1}$, 有

$$\mathcal{M}_{\mathrm{bc}_1}^{(v_{\beta r})_1} = \mathcal{M}_{\mathrm{bc}} - \vartheta,$$

$$\mathcal{M}_{\mathrm{bc}_1}^{(v_{\beta r})_2} = \mathcal{M}_{\mathrm{bc}} - \mathcal{M}_{\mathrm{bc}}^{(3)} - \vartheta, \tag{5.2.7}$$

其中

$$\mathcal{M}_{\mathrm{bc}}^{(3)} = \{M | \forall M \in \mathcal{M}_{\mathrm{bc}}, m(M) = 3\} \tag{5.2.8}$$

和 $\vartheta$ 为节点地图.

证　先证第一个说法.

对任何 $M \in \mathcal{M}_{\mathrm{bc}_1}^{(v_{\beta r})_1}$, 令 $M' \in \mathcal{M}_{\mathrm{bc}}, v_{\beta t'} = v_{\beta l'}$, 使得 $M = M' \bullet v'_{\beta r}$. 可以看出, $M \ne \vartheta$. 由二部性与 3 正则性, 有 $M \in \mathcal{M}_{\mathrm{bc}} - \vartheta$.

反之, 对任何 $M' = (\mathcal{X}', \mathcal{P}') \in \mathcal{M}_{\mathrm{bc}}, M' \ne \vartheta$, 可以通过劈开 $M'$ 的根节点 $v_{r'} = (r', \mathcal{P}'r', \cdots, \mathcal{P}'^{m(M')-1}r')$ 为

$$v = (\mathcal{P}'r', \cdots, \mathcal{P}'^{m(M')-1}r') \text{ 和 } u = (r'),$$

并且添加一个新节点 $o = v_{\beta r}$ 和与之关联的三条边 $Kr, Kl$ 和 $Kt$ 得一个地图 $M = (\mathcal{X}, \mathcal{P})$ 使得 $\mathcal{X} = \mathcal{X}' + Kr + Kl + Kt$ 和 $\mathcal{P}$ 仅在三个节点

$$v_r = (r, v) = (r, \mathcal{P}'r', \cdots, \mathcal{P}'^{m(M')-1}r'), \quad v_{\beta r} = o = (\alpha\beta r, l, t),$$

$$v_{\beta t} = (\alpha\beta t, \alpha\beta l, u) = (\alpha\beta t, \alpha\beta l, r')$$

处与 $\mathcal{P}'$ 不同. 因为 $v_t = v_l = u$, 易见 $M' = M \bullet v_{\beta r} \in \mathcal{M}_{\mathrm{bc}_1}^{(v^{\beta r})_1}$.

这就得到了第一个说法. 下面证第二个说法.

对 $M \in \mathcal{M}_{\mathrm{bc}_1}^{(v_{\beta r})_2}$, 记 $M' \in \mathcal{M}_{\mathrm{bc}_1}$ 使得 $M = M' \bullet v_{\beta r'}$. 因为 $v_{\beta l'} \neq v_{\beta t'}$, 由 (5.2.1) 式可知 $m(M) \geqslant 6$. 从而, $M \in \mathcal{M}_{\mathrm{bc}} - \mathcal{M}_{\mathrm{bc}}^{(3)} - \vartheta$.

反之, 对任何 $M' = (\mathcal{X}', \mathcal{P}') \in \mathcal{M}_{\mathrm{bc}}$, $m(M') \geqslant 6$, 可通过劈开它的根节点 $v_{r'} = (r', \mathcal{P}'r', \cdots, \mathcal{P}'^{(m(M')-1)}r')$ 成为三个节点, $o = (\mathcal{P}'^4 r', \cdots, \mathcal{P}'^{m(M')-1}r')$, $u = (r', \mathcal{P}'r')$ 和 $v = (\mathcal{P}'^2 r', \mathcal{P}'^3 r')$, 然后添加一个新节点 $w$ 和与之关联的三条边 $Kr, Kl$ 和 $Kt$ 构造一个地图 $M = (\mathcal{X}, \mathcal{P})$ 使得 $\mathcal{X} = \mathcal{X}' + Kr + Kl + Kt$ 和 $\mathcal{P}$ 仅在四个节点

$$v_r = o = (r, \mathcal{P}'^4 r', \cdots, \mathcal{P}'^{m(M')-1}r'), \quad v_{\beta r} = w = (\alpha\beta r, l, t),$$

$$v_{\beta l} = u = (\alpha\beta l, r', \mathcal{P}'r'), \quad v_{\beta t} = v = (\alpha\beta t, \mathcal{P}'^2 r', \mathcal{P}'^3 r')$$

处与 $\mathcal{P}'$ 不同. 易验证, $M' = M \bullet v_{\beta r}$ 而且 $M \in \mathcal{M}_{\mathrm{bc}_1}$. 因为 $v_{\beta l} \neq v_{\beta t}$, 就有 $M' \in \mathcal{M}_{\mathrm{bc}_1}^{(v_{\beta r})_2}$.

从而, 第二个说法得证. ⧖

令 $M = (\mathcal{X}, \mathcal{P}) \in \mathcal{M}_{\mathrm{bc}_2}$, $r = r(M)$ 为它的根, 且存在 $i \geqslant 1$ 使得 $v_{\beta \mathcal{P}^i r} = v_{\beta r}$. 则可以看出, $M = M_1 \dotplus M_2$ 使得 $M_2$ 在与根边关联的非根面内, 当 $(r, \alpha\beta\mathcal{P}^i r)$ 不在根面边界上; 在这个非根面外, 否则. 记

$$\begin{cases} \mathcal{J} = \{M_1 | \forall M \in \mathcal{M}_{\mathrm{bc}_2}, (r, \alpha\beta\mathcal{P}^i r) \text{不在根面边界上}\}, \\ \hat{\mathcal{J}} = \{M_1 | \forall M \in \mathcal{M}_{\mathrm{bc}_2}, (r, \alpha\beta\mathcal{P}^i r) \text{在根面边界上}\}. \end{cases} \tag{5.2.9}$$

**引理 5.2.3** 对 $\mathcal{M}_{\mathrm{bc}_2}$, 有

$$\mathcal{M}_{\mathrm{bc}_2} = (\mathcal{J} + \hat{\mathcal{J}}) \odot \mathcal{M}_{\mathrm{bc}}, \tag{5.2.10}$$

其中 $\odot$ 为 $1v$-乘法, 如 §3.2 中所示.

证 对 $M = (\mathcal{X}, \mathcal{P}) \in \mathcal{M}_{\mathrm{bc}_2}$, 同样, 记 $r = r(M)$ 和 $\mathcal{P}^i r$ 使得 $v_{\beta r} = v_{\beta \mathcal{P}^i r}$. 有两个可能: $(r, \alpha\beta\mathcal{P}^i r)$ 在根面的边界上, 或否. 对前者, 令 $M_2$ 为在 $M$ 与根边关联的非根面内的子地图, 即由以 $(\mathcal{P}_r, \cdots, \mathcal{P}_r^{i-1})$ 为根节点避开 $Kr$ 和 $K\mathcal{P}_r^i$ 在 $M$ 上扩张成的. 若 $M_1$ 取为 $M$ 中去掉 $M_2$ 所有边剩下的子地图, 则有 $M = M_1 \dotplus M_2$. 易

验证, $M_2 \in \mathcal{M}_{\mathrm{bc}}$ 和 $M_1 \in \hat{\mathcal{J}}$. 从而, $M \in \hat{\mathcal{J}} \odot \mathcal{M}_{\mathrm{bc}}$. 对后者, 令 $M_2$ 为在 $M$ 上由以 $(\mathcal{P}^{i+1}r, \cdots, \mathcal{P}^{m(M)-1}r)$ 为根节点避开 $Kr$ 和 $K\mathcal{P}^i_r$ 扩张成的子图, 和 $M_1$ 为从 $M$ 中去掉 $M_2$ 所有边而得的子地图. 同样, 易验证 $M_2 \in \mathcal{M}_{\mathrm{bc}}$ 和 $M_1 \in \mathcal{J}$. 从而, $M \in \mathcal{J} \odot \mathcal{M}_{\mathrm{bc}}$.

反之, 对任何 $M \in \mathcal{J} \odot \mathcal{M}_{\mathrm{bc}}$, 或 $\hat{\mathcal{J}} \odot \mathcal{M}_{\mathrm{bc}}$, 由于 $M = M_1 \dotplus M_2$ 且其根边为 2-重边, 从 $M_1$ 和 $M_2$ 的二部性与近 3-正则性, 即可知 $M \in \mathcal{M}_{\mathrm{bc}_2}$.  ♮

**引理 5.2.4**  令 $\mathcal{J}^{(v_{\beta r})} = \{J \bullet v_{\beta r} | \forall J \in \mathcal{J}\}$ 和 $\hat{\mathcal{J}}^{(v_{\beta r})} = \{J \bullet v_{\beta r} | \forall J \in \hat{\mathcal{J}}\}$. 则有

$$\mathcal{J}^{(v_{\beta r})} = \hat{\mathcal{J}}^{(v_{\beta r})} = \mathcal{M}_{\mathrm{bc}} - \vartheta, \tag{5.2.11}$$

其中 $\vartheta$ 为节点地图.

证  首先, 由 (5.2.9) 式, 可以看出 $\mathcal{J}^{(v_{\beta r})} = \hat{\mathcal{J}}^{(v_{\beta r})}$. 然后, 可仅证 (5.2.11) 式中的第二个等式.

对任一 $M \in \hat{\mathcal{J}}^{(v_{\beta r})}$, 记 $M \in \hat{\mathcal{J}}$ 使得 $M' = M \bullet v_{\beta r}$. 因为 $M'$ 的根节点次不会小于 3 (依 (5.2.1) 式), $M' \neq \vartheta$. 又由 $M'$ 的二部近 3-正则性, 可知 $M' \in \mathcal{M}_{\mathrm{bc}} - \vartheta$.

反之, 对任一 $M' = (\mathcal{X}', \mathcal{P}') \in \mathcal{M}_{\mathrm{bc}} - \vartheta$, 可唯一地经劈开它的根节点 $(r', \mathcal{P}'r', \cdots, \mathcal{P}'^{m(M')-1}r')$, $m(M') \geqslant 3$, 为二节点 $u = (r', \mathcal{P}'r')$ 和 $o = (\mathcal{P}'^2r', \cdots, \mathcal{P}'^{m(M')-1}r')$, 然后添加一个新节点 $v$ 和与之关联的三条边 $Kr$, $Kl$ 和 $Kt$ 使得 $v = v_{\beta r} = (l, t, \alpha\beta r)$, $v_{\beta t} = (\alpha\beta t, u)$ 和 $v_r = (r, o, \alpha\beta l)$ 得地图 $M$. 可以验证, $M \in \hat{\mathcal{J}}$ 并且 $M' = M \bullet v_{\beta r}$. 从而, $M' \in \hat{\mathcal{J}}^{(v_{\beta r})}$.  ♮

将仅有两个节点和一个 3-重边的平面地图记为 $L^3$, 即

$$L^3 = \Big( \bigcup_{i=1}^{3} Kx_i, (x_1, x_2, x_3)(\alpha\beta x_3, \alpha\beta x_2, \alpha\beta x_1) \Big).$$

易见, 它是一个二部 3-正则平面地图.

**引理 5.2.5**  对 $\mathcal{M}_{\mathrm{bc}_3}$, 有

$$\mathcal{M}_{\mathrm{bc}_3} = L^3 \odot \mathcal{M}_{\mathrm{bc}}^{\odot 3}, \tag{5.2.12}$$

其中 $\odot$ 为 §3.2 所示的 $1v$-乘法.

证  因为对任何 $M \in \mathcal{M}_{\mathrm{bc}_3}$, $M$ 有一个子地图 $L^3$, 令 $M$ 在 $L^3$ 的三个面内的部分为 $M_1$, $M_2$ 和 $M_3$. 就有 $M = L^3 \dotplus M_1 \dotplus M_2 \dotplus M_3$. 又, 由于 $M_i \in \mathcal{M}_{\mathrm{bc}}$, $i = 1, 2, 3$, 可知 $M$ 是 (5.2.12) 式右端集合的一个元素.

反之, 对任何 $M = L^3 \dotplus M_1 \dotplus M_2 \dotplus M_3$ 使得 $M_i \in \mathcal{M}_{\mathrm{bc}}$, $i = 1, 2, 3$, 容易检验, $M \in \mathcal{M}_{\mathrm{bc}_3}$. 即, (5.1.12) 式右端集合的一个元素.  ♮

令 $q_{\mathrm{bc}} = q_{\mathcal{M}_{\mathrm{bc}}}$ 是带根二部近 3-正则平面地图的计数函数, 它的参数为根节点的次和根节点不在的那部分节点的个数, 即

$$q_{bc} = \sum_{M \in \mathcal{M}_{bc}} x^{m(M)} y^{s(M)}, \tag{5.2.13}$$

其中 $m(M)$ 和 $s(M)$ 分别为 $M$ 的根节点次与根节点不在的那部分节点集中的节点数. 由 (5.2.1) 式, 可记

$$m(M) = 3k(M) \tag{5.2.14}$$

和由此有

$$q_{bc} = \sum_{M \in \mathcal{M}_{bc}} z^{k(M)} y^{s(M)}, \tag{5.2.15}$$

其中 $z = x^3$. 另一方面, 若 $q_{bc}$ 被写成形式

$$q_{bc} = \sum_{k \geqslant 0, s \geqslant 0} Q_{bc}(k, s) z^k y^s, \tag{5.2.16}$$

则有

$$q_{bc}^* = \sum_{s \geqslant 0} Q_{bc}(1, s) y^s \tag{5.2.17}$$

为仅以根节点不在的那部分节点数 $s$ 为参数, 二部 3-正则平面地图的计数函数, $s \geqslant 0$.

**定理 5.2.1**　下面关于函数 $q = q(z, y)$ 的方程

$$yzq^3 + 2yq^2 + (yz^{-1} - y - 1)q$$
$$+ (1 - y - yz^{-1} - yz^{-1}q^*) = 0, \tag{5.2.18}$$

其中 $q^* = \partial_z^1 q$, 在环 $\mathcal{L}(\Re; z, y)$, $\Re$ 为整数环, 中是适定的. 而且, 它的这个解为 $q = q_{bc}$.

**证**　因适定性可递推地导出, 这里仅证后一结论.

由 (5.2.3) 式, 可知

$$q_{bc} = \sum_{i=0}^{3} q_{bc_i}, \tag{5.2.19}$$

其中 $q_{bc_i}$ 为 $\mathcal{M}_{bc_i}$ 赋予 $q_{bc}$ 中的部分 $i = 0, 1, 2$ 和 $3$.

一则, 由于 $\mathcal{M}_{bc_0}$ 仅由一个节点地图组成, 从 $k(\vartheta) = s(\vartheta) = 0$, 有

$$q_{bc_0} = q_0 = 1. \tag{5.2.20}$$

二则, 对 $\mathcal{M}_{bc_1}$, 由 (5.2.5) 式, 有

$$q_{bc_1} = q_1 = y(q_1 + z^{-1} q_2),$$

其中

$$q_1 = \sum_{M \in \mathcal{M}_{bc_1}^{(v_{\beta r})_1}} z^{k(M)} y^{s(M)},$$

$$q_2 = \sum_{M \in \mathcal{M}_{\mathrm{bc}_1}^{(v_{\beta r})_2}} z^{k(M)} y^{s(M)}.$$

由引理 4.2.2, 有

$$q_1 = q_{\mathrm{bc}} - 1, \quad q_2 = q_{\mathrm{bc}} - q_{\mathrm{bc}}^* - 1.$$

从而, 即可得

$$
\begin{aligned}
q_1 &= y \left( q_{\mathrm{bc}} - 1 + \frac{q_{\mathrm{bc}} - q_{\mathrm{bc}}^* - 1}{z} \right) \\
&= y \left( \left(1 + \frac{1}{z}\right) q_{\mathrm{bc}} - \frac{q_{\mathrm{bc}}^*}{z} - \left(1 + \frac{1}{z}\right) \right).
\end{aligned}
\tag{5.2.21}
$$

三则, 对 $\mathcal{M}_{\mathrm{bc}_2}$, 由引理 5.2.5, 有

$$q_{\mathrm{bc}_2} = q_2 = (q_{\mathcal{J}} + q_{\hat{\mathcal{J}}}) q_{\mathrm{bc}},$$

其中

$$q_{\mathcal{J}} = \sum_{M \in \mathcal{J}} z^{k(M)} y^{s(M)}, \quad q_{\hat{\mathcal{J}}} = \sum_{M \in \hat{\mathcal{J}}} z^{k(M)} y^{s(M)}.$$

由引理 5.2.4, 知

$$q_{\mathcal{J}} = q_{\hat{\mathcal{J}}} = y(q_{\mathrm{bc}} - 1).$$

从而, 即可得

$$q_2 = 2y(q_{\mathrm{bc}} - 1) q_{\mathrm{bc}}. \tag{5.2.22}$$

四则, 对 $\mathcal{M}_{\mathrm{bc}_3}$, 由引理 5.2.5, 有

$$q_{\mathrm{bc}_3} = q_3 = z y q_{\mathrm{bc}}^3. \tag{5.2.23}$$

联合 (5.2.19)~(5.2.23) 式, 经合并同类项即可验证 $q = q_{\mathrm{bc}}$ 是方程 (5.2.18) 的解.

虽然方程 (5.2.18) 是 $q$ 的三次方程, 不过可以验证如下的参数表达式满足这个方程:

$$\xi = 1 + 2y\xi^2; \quad \eta = 1 + yz\xi^2\eta^3;$$

$$q = \eta \left( 1 - \frac{1}{2}(\eta - 1)(\xi - 1) \right). \tag{5.2.24}$$

**定理 5.2.2**　根节点的次为 $3k$, 根节点不在的那一部分节点的数目为 $s$, 带根二部近 3-正则平面地图的数目

$$Q_{\mathrm{bc}}(k, s) = \frac{2^{s-k}(2s-1)!(3k)!}{(s-k)!(s+k+1)!k!(2k-1)!} \tag{5.2.25}$$

对 $s \geqslant k \geqslant 1$; 1, 对 $s = k = 0$.

**证** 由 (5.2.24) 式, 令

$$\alpha = \xi - 1; \quad \beta = \eta - 1,$$

则有

$$\alpha = 2y(\alpha+1)^2; \quad \beta = zy(\alpha+1)^2(\beta+1)^3;$$
$$q = (\beta+1)\Big(1 - \frac{1}{2}\alpha\beta\Big). \tag{5.2.26}$$

根据 (5.5.26) 式和定理 5.2.1, 利用定理 1.5.2, 即可确定 (5.2.16) 式中的系数 $Q_{bc}(k,s)$, 对 $s \geqslant k \geqslant 1$. 当 $s = k = 0$ 时, 由 (5.2.20) 式给出. ∎

**引理 5.2.6** 在任何二部近 3-正则地图 (不一定是平面的) 中, 没有 3 次节点为割点.

**证** 用反证法, 假若在一个二部近 3-正则地图中, 有一个次为 3 的割点 $v$, 则 $M = M_1 \dotplus M_2$ 使得 $M_1 \cap M_2 = \{v\}$. 不妨设 $M_1$ 和 $M_2$ 中的 $M_1$ 在 $v$ 处的次为 1. 这就意味, 在 $M_1$ 中与 $v$ 关联的边为一个割边. 然而, $M_1$ 也是一个二部近 3-正则地图. 这就与引理 5.2.1 矛盾. ∎

这个引理使得可以通过 $q_{bc}$ 确定带根二部在根节点处根面边界不可分离近 3-正则平面地图在相同参数下的计数函数 $q_{np}$, 即

$$q_{np} = \frac{q_{bc} - 1}{q_{bc}}. \tag{5.2.27}$$

**定理 5.2.3** 设 $q^*$ 为带根二部不可分离 3-正则平面地图以根节点不在部分节点个数为参数的计数函数, 则有 $q^* = q_{bc}^*$ 和

$$q^* = \sum_{s \geqslant 1} \frac{3 \cdot 2^s (2s-1)!}{(s-1)!(s+2)!} y^s. \tag{5.2.28}$$

**证** 由引理 5.2.6, 第一个结论成立. 进而, 由 (5.2.25) 式, 当取 $k = 1$ 时即得 (5.2.28) 式. ∎

## §5.3 三正则 $c$-网

一个 $c$-网就是一个 3-连通的平面根地图. 一个 3-正则 $c$-网就是这样的一个 $c$-网, 它的所有顶点都是 3 次的.

令 $\mathcal{M}_{3c}$ 是所有 3-正则 $c$-网的集合. 它的计数函数为

$$f_{\mathcal{M}_{3c}}(y,z) = \sum_{M \in \mathcal{M}_{3c}} y^{n(M)} z^{l(M)},$$

其中 $n(M)$ 和 $l(M)$ 分别为 $M$ 的度和根面次. 记 $h_{\mathcal{M}_{3c}}(y) = f_{\mathcal{M}_{3c}}(y, 1)$.

虽然以 §5.1 为基础, 通过 2-连通到 3-连通, 进而导出本节的结果. 由于过于复杂, 这里还是对 $\mathcal{M}_{3c}$ 单独地进行分解. 令

$$\mathcal{M}_{3c} = \mathcal{M}_0 + \mathcal{M}_1 + \mathcal{M}_2,$$

其中 $\mathcal{M}_0$ 仅由正四面体组成, $\mathcal{M}_2$ 由所有带含根棱的 3-分离对集的组成. 自然, $\mathcal{M}_1$ 中的地图都不带含根棱的 3-分离对集.

给定一个地图 $M = (\mathcal{X}, \mathcal{J})$, 记 $\hat{M} = M - a$ 并且 2 次顶点被略之不计. 其中, $a = Kr(M)$ 和 $r(\hat{M}) = \mathcal{J}\gamma^{-1}r(M)$.

**引理 5.3.1**　令 $\mathcal{M}_{\hat{1}} = \{\hat{M} | \forall M \in \mathcal{M}_1\}$, 则

$$\mathcal{M}_{\hat{1}} = \mathcal{M}_{3c}, \tag{5.3.1}$$

其中 $\hat{M}$ 的涵义已在上面给出.

**证**　对任何 $\hat{M} \in \mathcal{M}_{\hat{1}}$, 由于 $\hat{M} = M - a$, $M \in \mathcal{M}_1$, $\hat{M}$ 是 3-正则的. 下面论证 $\hat{M}$ 也是 3-连通的. 否则, 可设 $\hat{M}$ 有一个 2-分离节点集 $\{u, v\}$. 因为 $M$ 为 3-连通的, $u$ 和 $v$ 都不与 $M$ 的根 $a$ 关联, 而且 $u \neq v$. 在 $M$ 中必存在二独立边 $e_u = (u, w_1)$ 和 $e_v = (v, w_2)$ 使得 $\{e_u, e_v, a\}$ 为 $M$ 的一个 3-分离对集. 与 $M \in \mathcal{M}_1$ 矛盾. 从而, $\mathcal{M}_{\hat{1}} \subseteq \mathcal{M}_{3c}$.

反之, 对于 $M = (\mathcal{X}, \mathcal{J}) \in \mathcal{M}_{3c}$, 令 $v_i$, $1 \leqslant i \leqslant l(M) - 1$, 为与 $(\mathcal{J}\gamma)^i r(M)$ 关联棱的一个内点, 则 $M' = M + a'$, $a' = (v_0, v_1)$. 也是 3-正则的. 而且, 由 $M$ 的 3-连通性, $M'$ 中不会有含 $a'$ 的 3-分离对集, 即 $M' \in \mathcal{M}_1$. 从而, $\mathcal{M}_{3c} \subseteq \mathcal{M}_{\hat{1}}$.　　　♭

对于 $M \in \mathcal{M}_{3c}$, 若记 $\mathcal{C}_M = \{C_1, C_2, \cdots, C_{l(M)-1}\}$, 其中 $C_i$ 为在 $M$ 上加棱 $a_i = (v_0, v_i)$ 所得的地图, 则由引理 5.3.1 有

$$\mathcal{M}_1 = \sum_{M \in \mathcal{M}_{3c}} \mathcal{C}_M. \tag{5.3.2}$$

若记 $f_1 = f_{\mathcal{M}_1}(y, z)$, 由定理 1.6.4 即得

$$f_1 = \frac{y^3 z^2 (zh - f)}{1 - z}, \tag{5.3.3}$$

其中 $f = f_{\mathcal{M}_{3c}}(y, z)$ 和 $h = f_{\mathcal{M}_{3c}}(y, 1)$.

对于 $\mathcal{M}_0$, 由于仅含正四面体, 有

$$f_0 = f_{\mathcal{M}_0}(y, z) = y^6 z^3. \tag{5.3.4}$$

对于 $\mathcal{M}_2$, 考虑到去掉这个 3-分离对集由两部分合成: 一部分为 $\mathcal{M}_0 + \mathcal{M}_1$ 和另一部分为 $\mathcal{M}_{3c}$, 经过适当的演算可得 $\mathcal{M}_2$ 的计数函数 $f_2 = f_{\mathcal{M}_2}(y, z)$ 为

$$f_2 = \frac{(f_0 + f_1)f}{y^3 z^2}. \tag{5.3.5}$$

**定理 5.3.1**　关于 $f$ 的方程

$$f^2 + (1 - (1 + y^3 + h)z)f + y^6 z^4 - y^3 z^3(y^y + h) = 0, \tag{5.3.6}$$

其中 $h = f|_{z=1}$，在环 $\mathcal{L}\{\Re; y, z\}$ 上是适定的. 并且，它的解为 $f = f_{\mathcal{M}_{3c}}(y, z)$.

　　证　第一个结论可通过从比较两端的同幂项的系数得到的递推关系的适定性导出. 由 (5.3.3)~(5.3.5) 式，经合并同类项与化简，既可得第二个结论.　　　　　　ㄥ

　　在方程 (5.3.6) 中，引进变量

$$F = f + y^3 z^2, \quad H = F|_{z=1} = h + y^3, \tag{5.3.7}$$

即可得方程

$$F^2 + (1 - (1 + H)z)F - y^3 z^2(1 - z) = 0. \tag{5.3.8}$$

因为它们的判别式为

$$\lambda(y, z) = (1 - z - Hz)^2 + 4y^3 z^2(1 - z), \tag{5.3.9}$$

通过确定以下特征方程

$$\lambda(y, z)|_{z=1+\xi} = 0, \quad \left.\frac{\partial \lambda}{\partial z}\right|_{z=1+\xi} = 0 \tag{5.3.10}$$

的解求得 $y$ 和 $H$ 的以 $\xi$ 为参数的表达式. 然后利用 (5.3.7) 式，即得

$$y^3 = \frac{\xi}{(1+\xi)^4}, \quad y^{-3}h = \xi(1 - \xi - \xi^2). \tag{5.3.11}$$

进而，有

$$\frac{\mathrm{d}h}{\mathrm{d}\xi} = (1+\xi)(1 - 3\xi). \tag{5.3.12}$$

　　在 (5.3.11)~(5.3.12) 式的基础上，利用 Lagrange 反演 (定理 1.5.1)，可得

$$\begin{aligned}
\partial_{3k+3}h &= \frac{1}{k}\partial_{k-1}(1+\xi)^{4k}\frac{\mathrm{d}h}{\mathrm{d}\xi} \\
&= \frac{1}{k}\partial_{k-1}(1+\xi)^{4k+1}(1 - 3\xi) \\
&= \frac{1}{k}\left(\binom{4k+1}{k-1} - 3\binom{4k+1}{k-2}\right) \\
&= \frac{6(4k+1)!}{k!(3k+3)!},
\end{aligned}$$

$k \geqslant 1$.

**定理 5.3.2**　具有 $3k$ 条棱3-正则 $c$-网的数目为

$$\frac{2(4k-3)!}{k!(3k-1)!},\tag{5.3.13}$$

其中 $k \geqslant 2$.

**证**　由于具有 $3k+3$ 条棱 3-正则 $c$-网的数目已经给出, 将那里的 $k$ 用 $k-1$ 代替, 整理后即得 (5.3.13) 式. ♭

为了确定二变元函数 $f_{\mathcal{M}_{3c}}(y,z)$, 若将判别式表示为

$$\lambda(y,z) = (1-az)^2(1-bz),\tag{5.3.14}$$

则与 (5.3.4) 式比较系数可得如下关系式:

$$\begin{cases} 2a+b = 2(1+H), \\ a^2+2ab = 4y^3 + (1+H)^2, \\ a^2b = 4y^3. \end{cases}\tag{5.3.15}$$

经检验可知, 以 $\eta$ 为参数的表达式

$$\begin{cases} a = 1-\eta, \ b = 4\eta(1-\eta), \\ y^3 = \eta(1-\eta)^3, \ H = \eta(1-2\eta) \end{cases}\tag{5.3.16}$$

适合 (5.3.15) 式.

令 $\theta = \sqrt{1-bz}$, 由 (5.3.16) 式, 得

$$y^3 = \eta(1-\eta)^3, \quad y^3z = \frac{1}{4}(1-\eta)^2(1-\theta^2).\tag{5.3.17}$$

由 (3.3.8) 式, (5.3.14) 式和 (5.3.17) 式, 有

$$\begin{aligned} 2f_{\mathcal{M}_{3c}}(y,z) &= -1 + (1+H)z - 2y^3z^2 + (1-az)\theta \\ &= \theta - 1 + (1-a\theta+H-2y^3z)z \\ &= \frac{1-\theta}{8\eta}\Big(-8\eta + (1+\theta)\big((1-\theta)^2+5\eta-\eta\theta^2\big)\Big). \end{aligned}$$

令 $\theta = 1-2\zeta$, 则有

$$\begin{cases} y^3 = \eta(1-\eta)^3, \ y^3z = \zeta(1-\zeta)(1-\eta)^2, \\ y^3f = \zeta^3(1-\eta)^3\big((1-\eta)(1-\zeta)-\eta\big). \end{cases}\tag{5.3.18}$$

这就可以利用两个变元的 Lagrange 反演 (定理 1.5.2). 因为

$$\Delta_{\eta,\zeta} = \det \begin{pmatrix} 1 - \dfrac{3\eta}{1-\eta} & 0 \\ & 1 - \dfrac{\zeta}{1-\zeta} \end{pmatrix}$$

$$= \frac{(1-4\eta)(1-2\zeta)}{(1-\eta)(1-\zeta)},$$

导出

$$\partial^{(y,z)}_{(3k+3l-3,l)} f_{\mathcal{M}_{3c}} = \partial^{(\eta,\zeta)}_{(k,l-3)} \frac{(1-4\eta)(1-2\zeta)\big((1-\eta)^4(1-\zeta)-y^3\big)}{(1-\eta)^{3k+2l+1}(1-\zeta)^{l+1}}, \tag{5.3.19}$$

其中 $k \geqslant 0$ 和 $l \geqslant 3$.

**定理 5.3.3**  具有 $3k$ 条棱和根面次 $l$ 的3-正则 $c$-网数目为

$$\frac{2(4k-2l-1)!(2l-3)!}{(3k-l)!(k-l+1)!(l-3)!(l-1)!}, \tag{5.3.20}$$

其中 $k \geqslant 2$ 和 $3 \leqslant l \leqslant k+1$.

**证**  将 (5.3.19) 式的计算结果, 通过指标的代换, 即可得 (5.3.20) 式.

# §5.4  三正则 Hamilton 地图

一个地图, 如果它的所有节点都在同一个圈上, 则称为Hamilton 的. 这个圈被称为Hamilton 圈. 对于 Hamilton 地图, 它的根总是选定与 Hamilton 圈上的一条边关联.

若一个平面地图中的 Hamilton 圈为无限的边界, 则这个地图是外平面的. 在第 3 章中讨论了这种地图. 另一方面, 若 Hamilton 圈为某有限面的边界, 则称它为内平面的. 当然, 若将平面地图视为球面上的, 内、外平面性就没有本质区别了. 这里还是从平面的角度. 事实上, 一个 3-正则的 Hamilton 地图就是由一个外平面 3-正则地图, 将它的无限面边界, 与一个内平面 3-正则地图的那个以 Hamilton 圈为边界的内面的边界, 依一定方式合而为一而得到, 使得没有两个节点重合.

首先, 看一看内平面带根 3-正则地图的集合, 同样地, 外平面 3-正则地图的数目.

令 $\mathcal{I}$ 为所有带根内平面 3-正则地图的集合. 对 $I = (\mathcal{X}, \mathcal{P}) \in \mathcal{I}$, 根总是选定与这个内面边界上一边关联而且使它为根面. 记 $I_{(\mathrm{H})}$ 为将 Hamilton 圈上所有边均收缩为一个节点, 使得 $r(I_{(\mathrm{H})}) = \mathcal{P}r(I)$. 这样, $I_{(\mathrm{H})}$ 为一个仅有一个节点的地图, 且将它的对偶为一个树.

**引理 5.4.1**　令 $\mathcal{I}(n)$ 和 $\mathcal{T}(n)$ 分别为所有带根内平面3-正则Hamilton 地图使得不在这个Hamilton 圈上的边数为 $n$, 和所有带根平面树使得每个均具有 $n$ 条边的集合. 则, 有

$$|\mathcal{I}(n)| = |\mathcal{T}(n)| \tag{5.4.1}$$

对 $n \geqslant 1$.

**证**　对任何 $I \in \mathcal{I}(n)$, $I_{(\mathrm{H})}$ 可被唯一地得到. 且, $I_{(\mathrm{H})}$ 的平面对偶就是一个带根的具有 $n$ 条边的平面树. 即, $I^*_{(\mathrm{H})} \in \mathcal{T}(n), n \geqslant 1$. 这就意味, $|\mathcal{I}(n)| \leqslant |\mathcal{T}(n)|$.

另一方面, 对任何 $T \in \mathcal{T}(n)$, 记 $T^*$ 为 $T$ 的平面对偶. 因为 $T^*$ 是一个平面地图且具有一个节点, 可以唯一地通过将这个节点用一个圈代替, 使得依 $T^*$ 在这个节点处的旋的次序穿过每一边之二端各恰一次, 构造出地图 $I_{T^*} = (\mathcal{X}, \mathcal{P})$. 可见, $I_{T^*}$ 是一个内平面 3-正则地图. 这个内面边界就是新添的长为 $2n$ 的圈. 它的根为 $r(I_{T^*}) = \mathcal{P}^{-1} r(T^*)$. 从而 $I_{T^*} \in \mathcal{I}(n)$, 即 $|\mathcal{T}(n)| \leqslant |\mathcal{I}(n)|$. ∎

若一个地图, 它是由地图 $M$ 通过如引理 5.4.1 的证明中所示的方法, 将每一个节点用一个圈代替而得到的, 则称它为 $M$ 的**点成圈地图**. 易见, 任何一个地图的点成圈地图均为 3-正则的.

令 $t(x)$ 为带根平面树, 以度 (即边数) 为参数的计数函数. 当然, 如 §2.1 所述, 为方便, 节点地图被视为一个平面树 (退化的情形). 因为除节点地图以外的任何一个树 $T$, $T - a$ 总由两个连通片组成, 它们均为树, 并且节点地图是允许的. 其中, $a$ 为 $T$ 的根边. 由此看来, $t(x)$ 必满足方程

$$t(x) = 1 + xt^2(x). \tag{5.4.2}$$

由于 $t(x)$ 为 $x$ 的幂级数, 且所有的系数均为非负整数, 方程 (5.4.2) 的有意义的解只能为

$$t(x) = \frac{1 - \sqrt{1-4x}}{2x} = \sum_{n \geqslant 0} \frac{(2n)!}{n!(n+1)!} x^n. \tag{5.4.3}$$

在 (5.4.3) 式中, $x^n$ 的系数也称为Catalan 数.

**引理 5.4.2**　令 $\mathrm{In}(m)$(或 $\mathrm{Ou}(m)$) 为具有 $m$ 条边的带根内平面 (或外平面)3-正则地图的数目. 则, 有

$$\mathrm{In}(m) \ (\text{或 } \mathrm{Ou}(m)) = \frac{(2k)!}{k!(k+1)!}, \tag{5.4.4}$$

其中, $k = m/3, m \geqslant 1$.

**证**　因为任何一个 $n$ 阶 (节点数) $m$ 度 (边数) 的 3-正则地图均有

$$3n = 2m, \tag{5.4.5}$$

就导致

$$m = 0(\mathrm{mod}\ 3), \quad n = 0(\mathrm{mod}\ 2). \tag{5.4.6}$$

故, 在这里 $k$ 总是整数. 进而, 由 (5.4.5) 式可以看出, 不在 Hamilton 圈上的边数为

$$m - \frac{2}{3}m = \frac{m}{3} = k.$$

从引理 5.4.1, 即可得引理. ♮

令 $M_1$ 和 $M_2$ 为两个带根 Hamilton 地图. 一个地图 $M$, 若它是由 $M_1$ 和 $M_2$, 通过将它们的 Hamilton 圈依次合并, 使得没有公共的节点形成一个新的 Hamilton 圈而得到的, 则称 $M$ 为 $H$-合并的, 或者更确切地, 节点不交 $H$-合并的. 自然, 一个 $H$-合并的地图 $M$ 是 3-正则的当, 且仅当, $M_1$ 和 $M_2$ 均为 3-正则的. 注意, 在 $H$- 合并中, $r$ 和 $r_1$ 是被规定一致的. 其中, $r$ 和 $r_1$ 分别为 $M$ 和 $M_1$ 的根.

**引理 5.4.3** 设 $M_1$ 和 $M_2$ 分别为具有 $2j$ 个节点的内平面 3-正则地图和具有 $2i$ 个节点的外平面 3-正则地图, $i + j = n$. 则由 $M_1$ 和 $M_2$ 可 $H$-合并出

$$\binom{2n-1}{2i} \tag{4.3.7}$$

个 3-正则 Hamilton 平面地图.

**证** 因为在 $H$-合并地图 $M$ 的 Hamilton 圈上有 $2n$ 个位置可以放节点. 又, 有一个位置是为根节点的. 只有 $2n-1$ 个位置可供 $M_2$ 的 $2i$ 个节点用. 可以看出, 在 $H$- 合并地图与从 $2n-1$ 个位置选择 $2i$ 的位置的可能方式之间存在一个 1–1 对应. 从而, 这就意味引理的结论. ♮

根据引理 5.4.1∼5.4.3, 即可导致下面的

**定理 5.4.1** 具有 $2n$ 个节点, 带根平面 3-正则 Hamilton 地图的数目为

$$H_{\mathrm{Cub}}(n) = \frac{2(2n-1)!(2n+1)!}{(n+1)!n!(n-1)!(n+2)!} \tag{5.4.8}$$

对 $n \geqslant 1$.

**证** 因为度相同的内平面地图的数目和外平面地图的数目是相同的, 由 (5.4.4) 式和 (5.4.7) 式, 有

$$\begin{aligned}
H_{\mathrm{Cub}}(n) &= \sum_{i=0}^{n-1} \binom{2n-1}{2i} \mathrm{In}(i)\mathrm{Ou}(n-i) \\
&= \sum_{i=0}^{n-1} \binom{2n-1}{2i} \frac{(2i)!}{i!(i+1)!} \frac{(2n-2i)!}{(n-i)!(n-i+1)!} \\
&= \sum_{i=0}^{n-1} \frac{2(2n-1)!}{i!(i+1)!(n-i-1)!(n-i+1)!} \\
&= \frac{2(2n-1)!}{n!(n+1)!} \sum_{i=0}^{n-1} \binom{n+1}{i}\binom{n}{i+1}.
\end{aligned}$$

由于 $\binom{n+1}{i}$ 是 $(1+x)^{n+1}$ 的展开式中 $x^i$ 的系数, 和 $\binom{n}{i+1}$ 为 $(1+x)^n$ 的展开式中 $x^{n-1-i}$ 的系数, 有

$$\sum_{i=0}^{n-1}\binom{n+1}{i}\binom{n}{i+1}$$

是在 $(1+x)^{2n+1}$ 的展开式中 $x^{n-1}$ 的系数. 即

$$\binom{2n+1}{n-1}.$$

从而, 将它代入上面的式子, 就得 (5.4.8) 式.

虽然定理 5.4.1 提供了数 Hamilton 3-正则平面地图的一个简单公式. 但注意, 这时的根是在 Hamilton 圈上的. 尽管对这种情况, 一般 Hamilton 平面地图的计数, 甚至 3-连通的情形均会更复杂. 不管怎样, 4-正则平面 Hamilton 地图在本节意义下, 看来可以相仿地导出, 特别是当在每个节点处, Hamilton 圈内、外都各有一条边的情形.

## §5.5    曲面三正则地图

令 $M = (\mathcal{X}, \mathcal{P})$ 为曲面上的一个地图. 记 $V = V(M), E = E(M)$ 和 $F = F(M)$ 分别为 $M$ 的节点集, 边集和面集.

对于 $E$ 的一个子集 $C^* = \{e_1, e_2, \cdots, e_s\}$, 如果有面的序列 $f_1, f_2, \cdots, f_s \in F$ 使得 $e_i \in f_i \cap f_{i+1}, i = 1, 2, \cdots, s, f_{s+1} = f_1$, 则 $C^*$ 被称为 $S$-上循环. 注意, $S$-上循环一般不是上循环. 但当 $S$ 为球面, 或平面时, $S$-上循环就必为上循环. 这一点可根据文献 [Liu58, 第四章] 中所描述的理论而得到. 而且, 若 $S$ 不是球面, 必至少有一个 $S$-上循环不是上循环. 这样的 $S$-上循环被称为本质的.

如果一个 $S$-上循环没有任何真子集也是 $S$-上循环, 则称它为 $S$-上圈. 因为任何一个 $S$-上循环都有一个子集是 $S$-上圈, 可以在未加说明时, 所有 $S$-上循环均指 $S$-上圈.

令 $C^* = \{e_1, e_2, \cdots, e_s\}$ 是地图 $M$ 的一个 $S$-上循环. 引进一个节点 $v_i$, 在 $C^*$ 的一边 $e_i$ 上, 即 $v_i = (\delta y_i, \delta x_i', y_{i+1}, x_i^*), \delta = \alpha\beta$. 这里, $e_i = Kx_i$ 并且将它用两边

$$Kx_i' = \{x_i, \alpha x_i, \beta x_i', \delta x_i'\} \text{和} Kx_i^* = \{x_i^*, \alpha x_i^*, \beta x_i, \delta x_i\}$$

代替. 同时, 添加新边 $Ky_i$ 和 $Ky_{i+1}, i = 1, 2, \cdots, s(\bmod s)$. 将这样所得的地图称为 $M$ 的 $C^*$- 细分, 并且用 $H_{C^*}(M)$ 表示. 一个 $C^*$-横交, 用 $T_{C^*}(M)$ 表示, 就是将边 $Ky_i$ 和 $Ky_{i+1}$ 连同节点 $v_i$ 切开, 即将 $Ky_i$ 变为 $Ky_i' = \{y_i, \alpha y_i', \beta y_i, \delta y_i'\}$ 和 $Ky_i^* = \{y_i^*, \alpha y_i, \beta y_i^*, \delta y_i\}, i = 1, 2, \cdots, s$. 同时, 将 $v_i$ 变为两个节点 $v_i' = (\delta y_i', \delta x_i', y_{i+1}'),$

$y'_{i+1} = y_{i+1}$, 和 $v_i^* = (\delta y_i^*, y_{i+1}^*, x_i^*)$, $\delta_{y_i^*} = \delta_{y_i}$, 而得到的. 可以看出, $H_{C^*}(M)$ 与 $M$ 是在相同曲面上的, 和根据 §1.1 中的原理, $T_{C^*}(M)$ 除非由两个无公共节点的子地图组成, 与 $M$ 在不同的曲面上. 而且, $T_{C^*}(M)$ 所在曲面的亏格比 $M$ 所在的小 1. 自然, 后者只能出现在 $S$-上循环 $C^*$ 为本质的时候.

现在, 看一看 $M$ 在射影曲面上的情形.

**定理 5.5.1**　一个地图 $M$ 是在射影平面上, 当且仅当, 它有一个本质的 $S$-上循环 $C^*$, 使得其 $C^*$- 横交 $T_{C^*}(M)$ 是在球面上.

**证**　必要性的第一个说法是明显的, 因为若 $M$ 没有本质 $S$-上循环, 从上面所讨论的可知, $M$ 只能是在球面上. 就与 $M$ 在射影平面上矛盾. 然后, 由于 $T_{C^*}(M)$ 所在曲面的亏格比 $M$ 的小 1, 从 $M$ 在射影平面上, $T_{C^*}(M)$ 只能是在球面上.

反之, 因为 $T_{C^*}(M)$ 是在球面上和 $T_{C^*}(M)$ 恰有一个面与 $C^*$-细分 $H_{C^*}(M)$ 的不同, 由于 $T_{C^*}(M)$ 的节点数与边数之差与 $H_{C^*}(M)$ 的相同, 可知 $H_{C^*}(M)$ 所在的曲面比 $T_{C^*}(M)$ 的大一个不可定向亏格. 故, $H_{C^*}(M)$ 是在射影平面上. 又从上面所讨论的, $M$ 与 $H_{C^*}(M)$ 是在相同的曲面上. 从而, 充分性成立.

下面, 看一看这个由一条杆和两个自环组成的 3-正则图 $H$, 在平面 (或球面) 上和在射影平面上的地图之间的区别. 记 $Kx_i, i = 1, 2, 3$ 为三条边. $H$ 在球面上有三个带根地图. 自然, 全是 3-正则的. 它们为在

$$\left( \bigcup_{i=1}^{3} Kx_i, (x_1, \alpha\beta x_1, x_2)(\alpha\beta x_2, x_3, \alpha\beta x_3) \right) \tag{5.5.1}$$

上通过规定 $x_1, x_2$ 和 $\alpha x_1$ 为根而得到. 分别记它们为 $H_1, H_2$ 和 $H_3$.

另一方面, 在射影平面上, 由地图

$$\left( \bigcup_{i=1}^{3} Kx_i, (x_1, x_2, \beta x_1)(x_3, \alpha\beta x_3, \alpha\beta x_2) \right) \tag{5.5.2}$$

通过选 $x_1, \alpha x_1, x_2, \beta x_2, x_3$ 和 $\alpha x_3$ 作为根可得 6 个带根的 3-正则地图.

考虑到 §4.4 所讨论的, 为避免过于麻烦, 需要集中到不可劈 3-正则地图上.

对于射影平面上的一个地图 $M$, 如果将一个本质 $S$-上圈 $C^*$ 给以特殊的标示, 则称它是 $C^*$-定向的. 两个 $C^*$-定向的地图, 若它们之间有一个同构, 且使得所标示的 $C^*$ 相对应, 则视它们为无异.

一个不可分离平面地图, 如果它没有一条边使得其二端全在根面边界上, 则称它为外-无弦的.

**引理 5.5.1**　令 $\mathcal{M}_{\mathrm{nlt}_{\bar{1}}}^{l}$ 为所有在射影平面上 $C^*$-定向的不可劈 3-正则地图的集合. 这里, 本质上圈 $C^*$ 具有 $l$ 条边. 令 $\mathcal{M}_{\mathrm{npr}_0}^{2l}$ 为所有带根外-无弦 3-正则地图的

集合, 且它们的根面的次均为 $2l$. 则, 有

$$\left|\mathcal{M}^{l}_{\mathrm{nlt}_{\bar{1}}}\right| = \left|\mathcal{M}^{2l}_{\mathrm{npr}_0}\right| \tag{5.5.3}$$

对 $l \geqslant 1$.

　　证　对任何 $M \in \mathcal{M}^{l}_{\mathrm{nlt}_{\bar{1}}}$, 由定理 5.5.1 可知, 存在唯一的一个平面 3-正则地图, 其根面次为 $2l$. 它就是 $M$ 的 $C^*$- 横交 $T_{C^*}(M)$. 由 $M$ 的不可劈性, 依 §4.4 中所述相仿的理由可见, $T_{C^*}(M)$ 是不可分离的. 因为任何内边均不可能使其二端同在外面的边界上, 它也是外-无弦的. 从而, $M \in \mathcal{M}^{2l}_{\mathrm{npr}_0}$.

　　反之, 对任何 $M \in \mathcal{M}^{2l}_{\mathrm{npr}_0}$, 令它的根面为

$$(x_1, x_2, \cdots, x_l, x_{l+1}, x_{l+2}, \cdots, x_{2l}).$$

则可以通过将 $\gamma x_i$ 与 $\gamma x_{l+i}$ 合而为一, $1 \leqslant i \leqslant l$, 其中 $\gamma = 1, \alpha, \beta$ 和 $\alpha\beta$, 得 $\tilde{M}$. 容易看出, $\tilde{M}$ 的面数比 $M$ 少 1. 由 $M$ 的近 3-正则性, 每一个与 $x_i$ (或同样地 $x_{l+i}$) 关联的节点的次均为 4. 由此, 可唯一地通过在 $\tilde{M}$ 上去掉所有与 $x_i, i = 1, 2, \cdots, l$, 关联的 $l$ 条边. 同时, 也将出现的次为 2 的节点略而不计 (即将与一个次为 2 的节点关联的二边视为一边) 得 $M'$. 可以验证, $\tilde{M}$ 是 $C^*$- 定向的, 且这个 $S$-上循环具有 $l$ 条边, 和 $M = T_{C^*}(M')$. 由定理 5.5.1 与外 - 无弦性, 即得 $M' \in \mathcal{M}^{l}_{\mathrm{nlt}_{\bar{1}}}$.　　　□

　　由 §5.1 所得到的, 就可以讨论如何确定外-无弦地图的计数函数.

　　首先, 要看一看不可分离 3-正则地图. 令 $\mathcal{H}$ 为所有带根这种地图的集合. 这里的目的在于确定

$$h = h_{\mathcal{H}} = \sum_{H \in \mathcal{H}} y^{s(M)} z^{l(M)}, \tag{5.5.4}$$

其中, $s(H)$ 和 $l(H)$ 分别为 $H$ 的度与根面的次.

　　将集合 $\mathcal{H}$ 分类: $\mathcal{H}_k, k \geqslant 0$. 其中, $\mathcal{H}_0 = \{H_0\}$,

$$H_0 = (Kr + Ks, (r, s)(\alpha\beta r, \alpha\beta s))$$

和 $\mathcal{H}_k = \{H | H - a, a = e_r(H), \text{共有 } k \text{ 个割点}\}, k \geqslant 1$.

　　对 $H \in \mathcal{H}_k$, 记 $v_1, v_2, \cdots, v_{k+2}$ 为在与根边 $a$ 关联的非根面边界上从根节点 $v_{k+2}$ 到与 $a$ 关联的非根节点 $v_1$ 不通过 $a$ 所经历的节点, 使得 $v_2, v_3, \cdots, v_{k+1}$ 为 $H - a$ 中的全部割点. 由 $H$ 的 3-正则性, $k$ 为一个偶数. 记 $H_j, j \geqslant 1$, 为 $v_{2j-1}$ 和 $v_{2j}$ 之间的不可分离块, $j = 1, 2, \cdots, k/2$. 因为这两个节点在这个块中的次均为 2, 若将此之节点略之不计, 则这个块是 3-正则的, 除非它是 $H_0$. 而且, 边 $(v_{2j}, v_{2j+1})$ 本身是 $H - a$ 的一条割边, $j = 1, \cdots, (k/2) - 1$.

　　注意到, $H_0$ 赋予 $h$ 的部分为

$$h_{H_0} = y^2 z, \tag{5.5.5}$$

以及割边的作用, 即可知

$$h_{\mathcal{H}} = \sum_{j \geqslant 1} \left( yz h_{H_0} + y^3 z \sum_{H \in \mathcal{H}} \frac{z - z^{l(H)+2}}{1-z} y^{s(H)} \right)^j$$

$$= \frac{y^3 z^2 (1 - z + \tilde{h} - zh)}{1 - z - y^3 z^2 (1 - z + \tilde{h} - zh)}, \tag{5.5.6}$$

其中 $\tilde{h} = h(y, 1)$, 即仅以度为参数的这种地图的计数函数.

**引理 5.5.2** 下面关于函数 $h = (Y, x)$ 的方程

$$Yz^3 - Yz^2(1 + \tilde{h}) + \left( zYz^3 + (1-z) \right.$$

$$\left. -Yz^2(1+\tilde{h}) \right)h + Yz^3 h^2 = 0, \tag{5.5.7}$$

其中 $Y = y^3$ 和 $\tilde{h} = h(\sqrt[3]{Y}, 1)$, 在环 $\mathcal{L}\{\Re; Y, z\}$, $\Re$ 为整数环, 中是适定的. 而且, 它的解就是 $h(Y, z) = h_{\mathcal{H}}(y, z)$, 如 (5.5.4) 式所示.

**证** 由于 $h_{\mathcal{H}} = \sum_{k \geqslant 0} \mathcal{H}_k$, 从 (5.5.5) 式和 (5.5.6) 式, 有

$$\left( 1 - z - Yz^2(1 - z + \tilde{h} - zh) \right)h = Yz^2(1 - z + \tilde{h} - zh).$$

其中, $Y = y^3$. 经过整理, 即可知 $h_{\mathcal{H}}$ 满足 (5.5.7) 式. ♭

基于方程 (5.5.7), 因为它是二次的, 用通常的方式, 经过适当地选择参数, 将有

$$zY = \eta(1-\eta)^2, \quad z = \frac{2\zeta}{1 - (1 - 2\zeta)(1+\zeta)\eta},$$

$$Yz(1+h) = \eta\zeta(1 - \eta - \eta\zeta).$$

由此, 利用定理 1.5.2, 可导出

$$\partial_{(Y,z)}^{(k,l)} h = \sum_{i=\lceil l/2 \rceil}^{\min\{k,l\}} A_i(k, l),$$

使得

$$A_i(k, l) = \frac{2^{k-i}(3i - l)(3l - 5i + 2)(3k - l - 1)! l!}{(k-i)!(2k + i - l)!(2i - l)!(l - i)!(l - i + 2)!}. \tag{5.5.8}$$

其中, $2 \leqslant l \leqslant 2k$, $k \geqslant 1$.

然后, 再看一看外-无弦地图. 令 $\mathcal{Q} \subseteq \mathcal{H}$ 为所有外-无弦地图的集合. 对于 $M = (\mathcal{X}, \mathcal{J}) \in \mathcal{H}$, 若 $M$ 有外弦, 即 $M \notin \mathcal{H}$, 有两种可能: 其根边为一 2-重边使得形成一个非根面的边界, 或否.

对后者, 可令

$$e_i = (v_{\mathcal{J}(\mathcal{J}\alpha\beta)^{l_i}r}, v_{\mathcal{J}(\mathcal{J}\alpha\beta)^{j_i}r}), \quad i = 1, 2, 3, \cdots, \tag{5.5.9}$$

使得从根边始沿根面边界有 $l_1 < j_1 < l_2 < j_2 < l_3 < j_3 < \cdots$ 和对任何 $i \geqslant 1$, 没有如下的边:

$$e = (v_{\mathcal{J}(\mathcal{J}\alpha\beta)^t r}, v_{\mathcal{J}(\mathcal{J}\alpha\beta)^s r}), \quad j_{i-1} < t < l_i, \ j_i < s < l_{i+1} \tag{5.5.10}$$

出现.

设 $W = (\mathcal{Y}, \mathcal{P})$ 为一个平面地图且恰有两个一次的节点和其他节点全是三次的, 如果它的根面边界的形式为

$$(r, \mathcal{P}\alpha\beta r, (\mathcal{P}\alpha\beta)^2 r, \cdots, (\mathcal{P}\alpha\beta)^k r, \cdots)$$

对 $k \geqslant 3$, $k = 1(\mathrm{mod}\ 2)$, 使得 $v_r$ 与 $v_{(\mathcal{P}\alpha\beta)^k r}$ 是一次节点和 $v_{(\mathcal{P}\alpha\beta)^i r}, i = 1, 2, \cdots, k-1$, 是所有割点, 则 $W$ 被称为**反三正则链**. 注意, 杆地图也是一个反三正则链, 即 $k = 1$ 的退化情形.

令 $M = (\mathcal{X}, \mathcal{J}) \in \mathcal{H}$ 属于第二可能, 记 $M_0, M_1, M_2, \cdots, M_l$ 为它的所有极大反三正则链 (节点导出子地图). 由三正则性和不可分离性, 它们全都沿 $M$ 的无限面边界形成圈. 而且, 它们中的任何两个均不会有公共的三次节点. 由此可见, 若将 $M$ 中的每个极大反三正则链用一条边代替, 则所得的地图就是外-无弦的.

反之, 也可以看出, 任何一个第二可能的 $M \in \mathcal{H}$ 均为由某个外-无弦地图通过将其若干边用反三正则链代替而得到.

进而, 对于一个反三正则链 $B = (\mathcal{B}, \mathcal{J})$, 因为边 $(v_{(\mathcal{J}\alpha\beta)^{2i+1}r}, v_{(\mathcal{J}\alpha\beta)^{2i+2}r})$ 不是割边, 其中 $r$ 为 $B$ 根, 它的子地图 $B_i = (\mathcal{B}_i, \mathcal{J}_i)$ 使得 $\mathcal{J}_i$ 仅在二节点 $v_{(\mathcal{J}\alpha\beta)^{2i+1}r} = ((\mathcal{J}\alpha\beta)^{2i+1}r, \mathcal{J}(\mathcal{J}\alpha\beta)^{2i+1}r)$ 和 $v_{(\mathcal{J}\alpha\beta)^{2i+2}r} = (\mathcal{J}^{-1}(\mathcal{J}\alpha\beta)^{2i+2}r, \mathcal{J}(\mathcal{J}_i\alpha\beta)^{2i+2}r)$ 处与 $\mathcal{J}$ 不同是不可分离的. 令 $B_i'$ 为将 $B_i$ 中的这两个二次节点忽略而得到的地图. 易验证, $B_i' \in \mathcal{H}$, 即不可分离 3-正则地图. 这样, 反三正则链的计数函数由 $\mathcal{H}$ 的所确定. 因为 $\mathcal{H}$ 的计数函数已经由 (4.4.8) 式所给出, 基于上面所讨论的, $\mathcal{Q}$ 的计数函数也就可以确定了.

当然, 还有别的方法计数 $\mathcal{Q}$. 譬如, 从 $\mathcal{Q}$ 本身的分解, 求出其计数函数所满足的方程, 或考察与近 3-正则地图的关系.

## §5.6   注   记

**5.6.1**   在 [Liu51] 中, 可见 (5.1.24) 式. 由定理 5.1.2 可知 $U_1$, 解方程 (5.1.15) 式, 可得

$$u = \frac{1}{2x}\Big\{ x - z + (z - ax)\sqrt{1 - 2bx + cx^2} \Big\}, \tag{5.6.1}$$

其中, $a, b$ 和 $c$ 出现在参数表示 (5.1.18) 式中. 因为基于定理 1.4.2, 可以将 $u$ 视为 $x$ 和 $z$ 的使所有系数均为非负整数的幂级数, 这一过程是有效力的.

虽然从 (5.6.1) 式出发, 利用推论 1.5.1, 或者由

$$u = \left(1 - \frac{xz}{x-z}U_1\right) + \left(\frac{x^3}{x-z}\right)u^2 \tag{5.6.2}$$

得到

$$u = \sum_{n \geqslant 0} \frac{(2n)!}{n!(n+1)!}\left(\frac{x^3}{x-z}\right)^n \left(1 - \frac{xz}{x-z}U_1\right)^{n+1} \tag{5.6.3}$$

出发, 利用推论 1.5.2, 可以求出 $u$ 的显式. 这些分别在 [Liu35], 或 [MNS1] 中有论述. 但至今却仍无简单的显式问世.

**5.6.2**　在 §5.2 中的主要结果, 出自 Tutte 于 20 世纪 60 年代末的手稿. 不过, 那里是一个三次方程. 可否通过改变参数求得一个二次甚至一次方程, 尚待研究. 不过, 只要注意到方程 (5.2.18) 对 $z$ 是二次的, 就可用 §3.2 中所建议的方法.

**5.6.3**　在 §5.2 中所讨论的基础上, 如何数在射影平面上的 $C^*$- 定向的二部可劈 3-正则地图, 仍然是一个有待解决的问题.

**5.6.4**　三正则的 Hamilton 平面地图, 对于四色问题曾是很重要的. 人们曾试图通过证明每一个 3-连通, 3-正则平面地图有 Hamilton 图以解决四色问题. 然而, 这个途径, 是 Tutte 首先否定的, 这就是他给出了第一个 3-连通 3-正则平面地图是非 Hamilton 的例子.

另一方面, 3-正则地图在解高斯曲线交叉问题中也起了重要作用 [Liu58]. 关于数 Hamilton 3-正则平面地图的问题也是由 Tutte 发起的 [Tut4]. 当前, 还仍然存在如何数平面上, 或球面上以至一般曲面上的一般 Hamilton 地图的问题.

**5.6.5**　沿用方程 (5.5.7) 可以确定 $\tilde{h}$ 和 $h$. 同时, 也可以从 §5.1 所讨论的一般 3-正则地图出发以确定它们. 不管怎样, 都需要克服从中出现的复杂性. 关于 (5.4.8) 式的详细推导, 可参见 [CaL1].

**5.6.6**　在 §5.5 中提到了三种方法, 计数外-无弦 3-正则平面地图. 事实上, 也可以用它们计数外-无弦一般 (不一定 3-正则) 的平面地图.

**5.6.7**　在 §5.3 中的主要结果来自 [CHL1].

**5.6.8**　在 §5.5 的基础上, 数某种类型的 3-正则地图在 Klein 瓶以至一般不可定向曲面上, 在环面上以至一般的可定向曲面上. 在这个过程中需要进一步了解本质圈以及本质 $S$-上圈.

# 第6章　Euler 地图

## §6.1　平面 Euler 地图

一个地图被称为Euler 的, 只要它的所有节点都是偶次的. 由公理 2 可见, Euler 地图的基准图是 Euler 图. 令 $\mathcal{U}$ 为所有带根平面 Euler 地图的集合. 这里, 约定节点地图 $\vartheta$ 在 $U$ 中.

进而, 将 $\mathcal{U}$ 分为三类: $\mathcal{U}_0, \mathcal{U}_1$ 和 $\mathcal{U}_2$, 即

$$\mathcal{U} = \mathcal{U}_0 + \mathcal{U}_1 + \mathcal{U}_2 \tag{6.1.1}$$

使得 $\mathcal{U}_0 = \{\vartheta\}$, 或者简记 $\{\vartheta\} = \vartheta$, 和

$$\mathcal{U}_1 = \{U | \forall U \in \mathcal{U}, \ a = e_r(U) \ \text{为自环}\}.$$

**引理 6.1.1**　任何 Euler 地图 ( 不一定是平面的 ) 均没有割边.

**证**　用归纳法. 假设 Euler 地图 $M$ 有一条割边 $e = (u, v)$, 即 $M_1 \cup e \cup M_2$ 使得 $M_1 \cap M_2 = \varnothing$. 其中, $M_1$ 和 $M_2$ 均为 $M$ 的子地图, 且 $M_1$ 和 $M_2$ 分别与 $u$ 和 $v$ 关联. 由 $M$ 的 Euler 性 (即节点为偶次), $u$ 和 $v$ 分别为 $M_1$ 和 $M_2$ 中仅有的一个奇节点. 与一个地图只能有偶数个奇节点矛盾. ◻

**引理 6.1.2**　令 $\mathcal{U}_{\langle 1 \rangle} = \{U - a | \forall U \in \mathcal{U}_1\}$, 其中 $a = e_r(U)$. 则有

$$\mathcal{U}_{\langle 1 \rangle} = \mathcal{U} \odot \mathcal{U}, \tag{6.1.2}$$

其中 $\odot$ 为 $1v$-乘法, 如 §2.1 中所示.

**证**　因为对任何 $U \in \mathcal{U}_1$, 它的根边 $a$ 是一个自环, 可以看出 $U - a = U_1 \dot{+} U_2$, 其中 $U_1$ 和 $U_2$ 分别为 $U$ 的, 在自环 $a$ 的内部和外部区域的子地图. 又, 可以检验, $U_1$ 和 $U_2$ 均允许为 $\mathcal{U}$ 的任何一个地图. 这就意味, (6.1.2) 式左端的集合是右端集合的一个子集.

另一方面, 对任何 $U = U_1 \dot{+} U_2$, $U_1, U_2 \in \mathcal{U}$, 即 $U \in \mathcal{U} \odot \mathcal{U}$, 总可以通过添加一个自环 $a'$ 以为根边而将 $U_1$ 和 $U_2$ 分别置于 $a'$ 的内部和外部区域得地图 $U'$. 易验证, $U'$ 也是 Euler 地图. 由于 $a'$ 为自环, 有 $U' \in \mathcal{U}_1$. 又, 因为 $U = U' - a'$, 有 $U \in \mathcal{U}_{\langle 1 \rangle}$. 这还意味, (6.1.2) 式右端的集合是左端的一个子集. ◻

对任何 $U \in \mathcal{U}_2$, 它的根边 $a$ 必为一个杆. 由引理 6.1.1 可知, 若 $U \bullet a = U_1 \dot{+} U_2$, 只能 $U_1$ 和 $U_2$ 之中有一个是节点地图. 对一般的 $U \in \mathcal{U}$, 若 $U \bullet a = U_1 \dot{+} U_2$, 且 $U_1$ 和 $U_2$ 均不为节点地图, 则必有在 $U_1$ 和 $U_2$ 的公共节点处, 它们的次均为偶数.

**引理 6.1.3** 令 $\mathcal{U}_{(2)} = \{U \bullet a | \forall U \in \mathcal{U}_2\}$, $a = e_r(U)$. 则, 有

$$\mathcal{U}_{(2)} = \mathcal{U} - \vartheta, \tag{6.1.3}$$

其中 $\vartheta = \mathcal{U}_0$.

**证** 由上面所讨论的和注意到自环地图不在 $\mathcal{U}_2$ 中, 即可看出 (6.1.3) 式左端的集合是右端的一个子集.

反之, 对任何 $U \in \mathcal{U} - \vartheta$, 因为它的根节点 $o$ 的次至少为 2, 总可劈分 $o$ 为两个节点 $o_1$ 和 $o_2$ 使得它们全是奇次的, 并且添加边 $a' = (o_1, o_2)$ 得地图 $U'$. 易验证, $U' \in \mathcal{U}$. 又, 它的根边 $a'$ 不是自环, 可知 $U' \in \mathcal{U}_2$. 然, 由 $U = U' \bullet a'$, 有 $U \in \mathcal{U}_{(2)}$. 这又意味, (6.1.3) 式右端的集合是左端的一个子集. ♭

对任何 $U \in \mathcal{U} - \vartheta$, 总可假设它的根节点 $o$ 的次为 $2k$, $k \geqslant 1$. 若由劈分 $o$ 而得地图 $U'$ 的根节点的次为 $2i$, 自然 $o_2$ 的次为 $2k + 2 - 2i$, 则这时记 $U' = U_{[2i]}$, $i = 1, 2, \cdots, k$.

由引理 6.1.1, 可见这个过程对 $i = 1, 2, \cdots, k$ 均是可行的, 并且所得的地图全是 $\mathcal{U}_2$ 中的元素.

**引理 6.1.4** 对 $\mathcal{U}_2$, 有

$$|\mathcal{U}_2| = \sum_{U \in \mathcal{U} - \vartheta} \left| \left\{ U_{[2i]} \middle| i = 1, 2, \cdots, m(U) \right\} \right|, \tag{6.1.4}$$

其中 $2m(U)$ 为地图 $U$ 的根节点次.

**证** 首先, 看 $\mathcal{U}_2$ 中的任意元素, 唯一地相应 (6.1.4) 式右端中的一个元素. 对于 $U \in \mathcal{U}_2$, 设 $a = (o, v)$ 为它的根边和 $o$ 与 $v$ 的次用 $\rho(o) = 2s$ 与 $\rho(v) = 2t$ 表示, $s, t \geqslant 1$. 令 $U'$ 为在 $U$ 上收缩 $a$ 所得的地图, 即 $U' = U \bullet a$. 这时, $U = U'_{[2s]}$. 从而, 在 (6.1.4) 式右端集合中只有一个元素与之相应.

然后, 看在 (6.1.4) 式右端集合中的元素也只有左端的一个元素与之相应. 事实上, 对 (6.1.4) 式右端的任何一个地图 $U$, 由引理 6.1.3, 有 $U \in \mathcal{U}_2$, 即它本身.

从而, 综上两方面, 即得引理. ♭

下面, 看一看带根平面 Euler 地图依节点剖分计数函数 $u = u_{\mathcal{U}}$ 满足什么方程. 这里,

$$u = \sum_{U \in \mathcal{U}} x^{2m(U)} y^{\underline{n}(U)}, \tag{6.1.5}$$

其中 $2m(U)$, 如上所述, 为 $U$ 的根节点次和

$$\underline{n}(U) = (n_2(U), n_3(U), \cdots, n_{2i}, \cdots),$$

$n_{2i}$ 为 $U$ 中次是 $2i$ 的非根节点的数目, $i \geqslant 1$.

**定理 6.1.1**  下面关于函数 $u = u(x, \underline{y})$, $\underline{y} = (y_2, y_3, \cdots)$, 方程

$$u = 1 + x^2 u^2 + x^2 \int_y \left( y^2 \delta_{x^2, y^2} \left( u(\sqrt{z}) \right) \right), \tag{6.1.6}$$

其中 $u(\sqrt{z}) = u|_{x=\sqrt{z}} = u(\sqrt{z}, \underline{y})$, 在 $\mathcal{L}\{\Re; x, \underline{y}\}$, $\Re$ 为整数环, 上是适定的. 而且, 它的这个解就是 $u = u_{\mathcal{U}}$, 如 (6.1.5) 式所示.

**证**  只证后一个结论. 前一个可以用通常的递推方法导出.

由于 $2m(\vartheta) = 0$ 和 $\underline{y}(\vartheta) = 0$, $\mathcal{U}_0$ 赋予 $u$ 的部分为

$$u_0 = u_{\mathcal{U}_0} = 1. \tag{6.1.7}$$

由引理 6.1.2, $\mathcal{U}_1$ 赋予 $u$ 的部分为

$$u_1 = x^2 \sum_{U \in \mathcal{U}_{(1)}} x^{2m(U)} \underline{y}^{\underline{n}(U)}$$

$$= x^2 u_{\mathcal{U}}^2. \tag{6.1.8}$$

为导出 $\mathcal{U}_2$ 赋予 $u_{\mathcal{U}}$ 中之部分 $u_2$, 先令

$$\tilde{u}(z) = \sum_{U \in \mathcal{U}_2} x^{2m(U)} z^{2j(U)} \underline{y}^{\underline{\tilde{n}}(U)},$$

其中 $2j(U)$ 为 $U$ 的根边之非根端的次和

$$\underline{\tilde{n}}(U) = (\tilde{n}_2(U), \tilde{n}_4(U), \cdots, \tilde{n}_{2i}(U), \cdots),$$

$\tilde{n}_{2i}(U)$ 为除与根关联的二节点外, 次是 $2i$ 的非根节点数, $i \geqslant 1$. 易见,

$$\underline{\tilde{n}}(U) = \underline{n}(U) - e_{2j(U)},$$

其中 $e_{2j(U)}$ 为除第 $j(U)$ 个分量为 $1$ 外, 其他分量均为 $0$ 的无限维向量. 可以论证,

$$u_2 = \int_y \tilde{u}(y). \tag{6.1.9}$$

根据引理 6.1.4, 有

$$\tilde{u}(z) = \sum_{U \in \mathcal{U} - \vartheta} \left( \sum_{i=1}^{m(U)} x^{2i} z^{2m(U) - 2i + 2} \right) \underline{y}^{\underline{n}(U)}.$$

利用定理 1.6.3, 得

$$\tilde{u}(z) = x^2 z^2 \delta_{z^2, x^2} \left( u(\sqrt{t}) \right).$$

然后, 由 (6.1.9) 式, 得

$$u_2 = x^2 \int_y y^2 \delta_{y^2, x^2} \left( u(\sqrt{t}) \right). \tag{6.1.10}$$

从 (6.1.7) 式, (6.1.8) 式和 (6.1.10) 式, 即可知 $u = u_{\mathcal{U}}$ 满足方程 (6.1.6).  ♮

若记 $u(x, y) = u(x, \hat{y})$, 其中 $\hat{y} = (y^2, y^4, \cdots, y^{2i}, \cdots)$, 则 $f_{\mathrm{El}} = u(x, \sqrt{y})$ 就是这类地图 $\mathcal{U}$ 以 $x$ 和 $y$ 分别对应根节点的次和度的计数函数.

**引理 6.1.5**  关于函数 $f = f(x, y)$ 的方程

$$x^2 y (1 - x^2) f_{\mathrm{El}}^2 - (1 - x^2 + x^2 y) f_{\mathrm{El}}$$

$$+ (1 - x^2) + x^2 y f^* = 0, \tag{6.1.11}$$

其中 $f^* = f(1, y)$, 在 $\mathcal{L}\{\Re; x, y\}$, $\Re$ 为整数环, 中是适定的. 而且, 这个解就是 $f = f_{\mathrm{El}}$, 如上所示.

**证**  还是只证后者. 前者的证明是通常的.

首先, 看 $\mathcal{U}_0$ 和 $\mathcal{U}_1$ 赋予 $f_{\mathrm{El}}$ 的部分 $f_0$ 和 $f_1$. 因为 $\vartheta$ 无边, 从而也无根节点次, 有 $f_0 = 1$. 由引理 6.1.2, 考虑到根自环占用了一边和根节点次中之 2, 有 $f_1 = x^2 y f_{\mathrm{El}}^2$.

然后, 看 $\mathcal{U}_2$ 对 $f_{\mathrm{El}}$ 的贡献 $f_2$. 由引理 6.1.4, 有

$$\begin{aligned}
f_2 &= y \sum_{U \in \mathcal{U}} \left( \sum_{i=1}^{m(U)} x^{2i} \right) y^{n(U)} \\
&= x^2 y \sum_{U \in \mathcal{U}} \frac{1 - x^{2m(U)}}{1 - x^2} y^{n(U)} \\
&= x^2 y \frac{f_{\mathrm{El}}^* - f_{\mathrm{El}}}{1 - x^2},
\end{aligned}$$

其中 $f_{\mathrm{El}}^* = f_{\mathrm{El}}(1, y)$.

基于此, 可以看出

$$\begin{aligned}
f_{\mathrm{El}} &= f_0(x, y) + f_1(x, y) + f_2(x, y) \\
&= 1 + x^2 y f_{\mathrm{El}}^2 + x^2 y \frac{f_{\mathrm{El}}^* - f_{\mathrm{El}}}{1 - x^2}.
\end{aligned}$$

通过合并同类项和移项, 即得 $f_{\mathrm{El}}$ 满足方程 (6.1.11).  ♮

方程 (6.1.11) 的判别式为

$$\begin{aligned}
\delta(x, y) = (yX - X + 1)^2 &- 4yX(X - 1) \\
&\times (X - 1 - yxf^*).
\end{aligned} \tag{6.1.12}$$

这里, $X = x^2$. 设 $\xi$ 是 $y$ 的一个级数, 使得 $X = \xi$ 时为 $\delta(x, y)$ 的一个重根, 即为联立方程

$$\begin{aligned}
&\xi^2 y^2 - 2\xi(\xi - 1)y + (\xi - 1)^2 \\
&- 4\xi(\xi - 1)^2 y + 4y^2 \xi^2 (\xi - 1) f^* = 0,
\end{aligned}$$

$$2\xi y^2 - 2(2\xi - 1)y + 2(\xi - 1)$$
$$-4(\xi - 1)(3\xi - 1)y + 4y^2\xi(3\xi^2 - 2)f^* = 0$$

的解. 由此可以导出, $y$ 和 $f^*$ 以 $\xi$ 为参数的表示式:

$$y = \frac{-(\xi - 1)(\xi - 2)}{\xi^2}; \quad f^* = \frac{1 + \xi - \xi^2}{(\xi - 2)^2}. \tag{6.1.13}$$

**定理 6.1.2**    具有 $s$ 条边的带根平面 Euler 地图的数目为

$$E_s = \frac{3 \cdot 2^{s-1}(2s)!}{s!(s+2)!} \tag{6.1.14}$$

对 $s \geqslant 1$; 1, $s = 0$.

**证**    由 (6.1.13) 式的第一个关系, 可见

$$\xi = 1 - y\frac{\xi^2}{\xi - 2}.$$

这就可以利用推论 1.5.2, 确定 $f^*$ 作为 $y$ 的幂级数, 含 $y^s$ 项的系数应为

$$\partial_y^s f^* = \frac{1}{s!}\frac{\mathrm{d}^{s-1}}{\mathrm{d}\xi^{s-1}}\left(\frac{\xi^{2s}}{(2 - \xi)^s}\frac{\mathrm{d}f^*}{\mathrm{d}\xi}\right)\bigg|_{\xi=1}$$

$$= \frac{3 \cdot 2^{s-1}(2s)!}{s!(s+2)!}$$

对 $s \geqslant 1$. 当 $s = 0$ 时, 只有节点地图 $\vartheta$, 自然为 1. 这就是 (6.1.14) 式.                                    ♭

## §6.2    Tutte 公式

令 $U = (\mathcal{X}, \mathcal{J})$ 为一个带根 Euler 平面地图. 对 $U$ 的一节点 $v = (x_1, x_2, \cdots, x_l)$, 即 $x_i = \mathcal{J}^{i-1}x_1$, $i = 1, 2, \cdots, l$, 造另一个地图, 用 $U\{v\} = (\mathcal{X}_{\{v\}}, \mathcal{J}_{\{v\}})$ 表示, 使它为从 $U$ 中去掉节点 $v$, 并同时添加 $l$ 条边而得到的. 更确切地, $\mathcal{X}_{\{v\}} = (\mathcal{X} \cup \{Ky_i | i = 1, 2, \cdots, l\})$ 和 $\mathcal{J}_{\{v\}}$ 仅在下面的节点处与 $\mathcal{J}$ 不同:

$$v_1 = (x_1, y_1, \alpha\beta y_l), \quad v_i = (x_i, y_i, \alpha\beta y_{i-1}), \quad 2 \leqslant i \leqslant l. \tag{6.2.1}$$

在 $U$ 上的这个运算称为在 $v$ 处打洞. 将 $U$ 的每个节点处均打了洞而得的地图, 被称为 $U$ 的洞地图, 记为 $\mathring{U}$. 即,$\mathring{U} = U\{v | \forall v \in V(U)\}$. 容易看出, 任何一个地图的洞地图, 都是与原地图在同一曲面上的 3-正则地图. 本节, 只讨论平面, 即球面的情形. 一般地, 总是想象 $U$ 的根节点处的洞, 即由新添边组成的圈的内部区域, 之边界, 即这个由新边组成的圈, 为 $U$ 的外面的边界; 其他的, 内面边界.

因为 Euler 地图的每个节点的次均为偶数, 可以假设 $U$ 的根节点的次为 $2m$ 和次为 $2i$ 的非根节点的数目是 $n_i, i \geqslant 1$. 由图的基本知识, 可知

$$\epsilon(U) = m + \sum_{i \geqslant 1} i n_i, \quad \nu(U) = 1 + \sum_{i \geqslant 1} n_i. \tag{6.2.2}$$

其中, $\epsilon(U)$ 和 $\nu(U)$ 分别为 $U$ 的度和阶.

记 $\mathcal{U}(m, \underline{n})$ 为所有带根 Euler 平面地图的集合, 使得它中每个地图的根节点次均为 $2m$ 和次是 $2i$ 的非根节点数为 $n_i$, $\underline{n} = (n_1, n_2, \cdots, n_i, \cdots)$.

另一方面, 可以依如下的方法构造一个 3-正则平面地图.

**第一步**　在平面上打 $n$ 个洞, 使得任何两个洞的边缘均无公共点, 而且其中有一个含无限远点. 然后, 将它们标为 $1, 2, \cdots, n$ 使得 1 是那个含无限远点的洞. 所有这些洞的补被称为环带.

**第二步**　在每个洞 $i$ 的边缘上, 取 $2l_i$ 各点作为节点, $i = 1, 2, \cdots, n$. 令 $S$ 为标号是 $2, 3, \cdots, n$ 的洞的集合.

**第三步**　在标号为 1 的洞的边缘上, 选择一个节点 $v$ 和另一个节点 $u$. 在环带上连一条由 $v$ 到 $u$ 的不自交曲线, 使得与这些洞的边缘, 除 $u$ 和 $v$ 外, 无其他的公共点 (不一定是节点!).

**第四步**　沿这个曲线切开, 并且忽略 $u$ 和 $v$ 不计.

情形 1　当 $u$ 和 $v$ 在同一个洞的边缘上时, 则这个平面被分割为两个环带. 它们分别为从 $v$ 到 $u$ 再经过洞 1 边缘上一段回到 $v$, 和从 $u$ 到 $v$ 再经过洞 1 边缘上的另一段回到 $u$. 在这两个环带中, 每一个都将那条通过洞 1 边缘的曲线围成的洞也标为 1. 分别用 $P$ 和 $\bar{P}$ 表示 $S$ 中的洞落在这两个环中的部分. 可见,

$$S = P + \bar{P}. \tag{6.2.3}$$

注意, 这里的 $P$ 和 $\bar{P}$ 允许是空集.

情形 2　若 $u$ 在洞 $j$ 的边缘上, $j \neq 1$, 即 $u$ 与 $v$ 不同在一个洞的边缘上, 则通过沿这条从 $v$ 到 $u$ 的曲线切开, 并略 $u$ 与 $v$ 不计, 可将洞 1 和洞 $j$ 合成为一个. 然这时的洞数比原来的少 1. 自然, 这个合成的洞应标为 1.

**第五步**　执行第三步, 直到不能进行为止.

这个过程就是所说的切片.

**定理 6.2.1**　切片过程结束必使所有的节点均两两成对. 即对任一节点, 总有, 而且仅有, 另一个节点使得与它曾连过一条曲线. 若将两节点在某一洞的边界上相继, 或者曾连过一条曲线视为相邻, 则切片结束将得到一个 3-正则平面地图.

**证**　用反证法证第一个结论. 假若切片过程结束, 尚有两个节点 $u$ 和 $v$ 还没有与任何别的节点连过曲线. 如果 $u$ 和 $v$ 在同一个环带, 必仍可进行第三步, 则只能 $u$ 和 $v$ 在不同的环面上. 由于每个洞的边缘上有偶数个节点, 和在每一环带上只能

有偶数个节点, 使得它们间没有连过线, 则 $u$ 所在的环带还必须有另一个节点 $w$ 尚未被连过线. 然, 这又允许在此环带上进行第三步. 与第五步矛盾.

用对节点数的归纳法证第二个结论. 当节点数少时, 易验证. 一般地, 依切片过程中的第四步, 要分两种情形讨论.

**情形 1**　对于第四步中的情形 1, 依归纳法假设, 记 $M_1$ 和 $M_2$ 为经过此步产生的两个环带, 在切片过程之下所分别得到的 3-正则平面地图. 则通过切割曲线所对应的, 在 $M_1$ 和 $M_2$ 外面边界上, 那两边内的各一段合而为一, 并恢复两个节点, 将 $M_1$ 和 $M_2$ 合成为地图 $M$. 由 $M_1$ 和 $M_2$ 的 3-正则性, 即可导出 $M$ 也是 3-正则地图. 进而, 还可以看出, $M$ 是平面的当, 且仅当, $M_1$ 和 $M_2$ 同时是平面的.

**情形 2**　对于第四步中的情形 2, 因为所得的环带比原来的少两个节点, 由归纳法假设, 通过切片过程, 从这个环带产生一个 3- 正则平面地图 $M_1$. 从切片过程可知, 在 $M_1$ 的外面边界上必有两条边, 它们每条之内有一段曲线. 此两段曲线相应在原环带上连两节点的那条曲线段. 将此两曲线段合而为一, 并恢复两端点为节点, 得地图 $M$. 它就是从原环带, 经切片过程得到的. 由 $M_1$ 的 3-正则性和平面性, 可导出 $M$ 为 3-正则平面地图.

综上所述, 定理得证.　　　　　　　　　　　　　　　　　　　　　　　　　　　□

在平面的环带上, 利用切片过程求得的地图, 也称为**切片化**. 因为任何一个切片化都是一个 3-正则平面地图, 总可将它视为有根的. 令 $\mathcal{S}(m, \underline{n})$ 为所有这种切片化的集合, 使得其中每个切片化的外洞 (标号为 1) 的次是 $2m$, 和次是 $2i$ 的标号不为 1 的洞数为 $n_i \geqslant 0$, $i \geqslant 1$, $\underline{n} = (n_1, n_2, \cdots)$.

**引理 6.2.1**　对 $m \geqslant 1$ 和 $n_i \geqslant 0$, $i \geqslant 1$, 有

$$|\mathcal{U}(m; \underline{n})| = |\mathcal{S}(m; \underline{n})|, \tag{6.2.4}$$

其中 $\underline{n} = (n_1, n_2, \cdots)$.

**证**　对任何 $U \in \mathcal{U}(m; \underline{n})$, 有, 且仅有, 一个洞地图 $\mathring{U}$ 与它对应. 依上面所述的切片过程, 在 $U$ 的洞地图 $\mathring{U}$ 上, 以不在洞边缘上的边之两端为 $u$ 和 $v$, 和连它们的边为曲线, 进行第三步. 由 $U$ 的平面性, $\mathring{U}$ 也是平面. 这个过程结束时, 必切开所有 $\mathring{U}$ 相应 $U$ 的边. 这样得的切片化与 $\mathring{U}$ 同构. 可以检验, $\mathring{U} \in \mathcal{S}(m; \underline{n})$.

反之, 对任何一个 $M \in \mathcal{S}(m; \underline{n})$, 通过将 $M$ 中每一个洞收缩为一个节点, 即可唯一地得一个 Euler 平面地图 $U \in \mathcal{U}(m; \underline{n})$. 可以验证, $U$ 的洞地图 $\mathring{U}$ 与 $M$ 同构. 即, $M$ 有, 且仅有, 这个 $U$ 与之对应.　　　　　　　　　　　　　　　□

为方便, 令 $M \in \mathcal{S}$, $\mathcal{S}$ 是平面的所有切片化的集合. 设 $M$ 有 $k$ 个洞, 它们分别标为 $1, 2, \cdots, k$. 在洞 $i$ 的边界上, 有 $2l_i$ 各节点. 记

$$l = \sum_{i=1}^{k} l_i. \tag{6.2.5}$$

则, $M$ 总共有 $2l$ 个节点. 令

$$\gamma(l_1, l_2, \cdots, l_k) \tag{6.2.6}$$

为具有 $k$ 个洞的如上所述的平面切片化的总数. 可以用 $\gamma(l_1; S)$ 代替 (6.2.6) 式, 其中 $S = \{2,,3,\cdots,k\}$ 为除标号为 1 的洞 (即根的) 外, 其他所有洞的集合.

**引理 6.2.2** 数目 $\gamma(l_1,\cdots,l_k)$ 满足如下的递推关系:

$$\gamma(l_1; S) = \sum_{P \subseteq S} \sum_{j=0}^{l_1-1} \gamma(j; P)\gamma(l_1-j-1; \bar{P})$$
$$+ \sum_{r=2}^{k} 2l_r \gamma(l_1+l_r-1; S-\{r\}), \quad k \geqslant 2,$$
$$\gamma(l_1; \varnothing) = \frac{(2l_1)!}{l_1!(l-1)!}, \quad k=1, \tag{6.2.7}$$

其中 $\gamma(0, P)$ 自然规定为 0.

**证** 对于 $k=1$, 它相应 3-正则外平面地图的数目. 由 §5.3 所讨论的可知, 这就是Catalan 数.

一般地, 依前所述的切片过程, 需分两种情形讨论.

**情形 1** 当 $u$ 和 $v$ 同在根洞 1 的边缘上. 令其上的 $2l_1$ 个节点为 $v_1, v_2, \cdots, v_{2l_1}$. 不失一般性, 可设 $v = v_1$. 否则, 只需改变一下标号. 为了得到一个环带, 使得所有洞均具有偶数个节点, $u$ 只能是 $v_{2j}$, $j = 0,1,\cdots,l_1-1$. 当然, $j=0$ 对 $\gamma(l_1; S)$ 无所奉献. 对所有 $j \geqslant 0$, 这个总奉献为

$$\sum_{P \subseteq S} \sum_{j=0}^{l_1-1} \gamma(j; P)\gamma(l_1-j-1; \bar{P}).$$

这就是 (6.2.7) 式的第一个式子右端的第一项.

**情形 2** 当 $u$ 在洞 $r \neq 0$ 的边缘上. 因为这时, $u$ 有 $2l_r$ 种可能选择, 引起

$$\sum_{r=2}^{k} 2l_r \gamma(l_1+l_r-1; S-\{r\})$$

赋予 $\gamma(l_1; S)$. 这就是 (6.2.7) 式的第一个式子右端的第二项. 从而, 引理得证.

根据 (6.2.7) 式, 可以确定出

$$\gamma(l_1,\cdots,l_k) = \frac{(l-1)!}{(l-k+2)!} \prod_{i=1}^{k} \frac{(2l_i)!}{l_i!(l_i-1)!}, \tag{6.2.8}$$

其中, $l$ 由 (6.2.5) 式给出.

**定理 6.2.2**　具有 $\nu$ 阶 $\epsilon$ 度且次 $2i$ 的非根节点数 $q_i$ 和根节点次 $2m$ 的带根 Euler 平面地图数目为

$$\frac{(\epsilon-1)!}{(\epsilon-\nu+2)!}\frac{(2m)!}{m!(m-1)!}\prod_{i\geqslant 1}\frac{1}{q_i!}\left(\frac{(2i-1)!}{i!(i-1)!}\right)^{q_i},\tag{6.2.9}$$

其中 $\nu,\epsilon$ 和 $m\geqslant 1$.

　　**证**　由引理 6.2.1, 以及考虑到切片过程中第四步的情形 1, 那个节点 $u$ 有 $2l_j$, $j\geqslant 2$ 种选择方式, 和具有相同次的非根节点间的对称性, 注意到相应参数的意义, 即可将 (6.2.8) 式变为 (6.2.9) 式.                                                      ♮

# §6.3　Euler 平面三角化

　　令 $\mathcal{U}_{\mathrm{tri}}$ 为所有 Euler 平面近三角化的集合, 即只有外面, 或无限面, 有可能不是三角形. 自然, 最简单的是三角形本身. 这里为方便, 还是将节点地图 $\vartheta$ 考虑在内, 作为退化情形.

　　**引理 6.3.1**　对任何 $U\in\mathcal{U}_{\mathrm{tri}}$, 在 $U$ 中既没有自环也没有割边.

　　**证**　用反证法. 假设 $e(u,v)$ 是 $U\in\mathcal{U}_{\mathrm{tri}}$ 的一条割边, 则 $U-e=U_1+U_2$, 其中 $U_1$ 和 $U_2$ 均为 $U$ 的子地图. 但由 Euler 性, $U_1$ 和 $U_2$ 均恰有一个节点, 即 $u$ 或 $v$ 的次是奇数. 这是不可能的.

　　另一方面, 假若 $e=(u,v)$, $u=v$, 为 $U$ 的一个自环, 则由 $U$ 的三角性, 在 $e$ 的内部区域 $U$ 的子地图, 仍应为一个 Euler 平面近三角化, 且外面的次为 2. 这又与 Euler 近三角化的外面次必能被 3 整除矛盾.                                              ♮

　　对 $U=(\mathcal{X},\mathcal{P})\in\mathcal{U}_{\mathrm{Tri}}$, 令

$$\hat{U}=U-\{\mathcal{P}r,\mathcal{P}\alpha\beta(\mathcal{P}r),(\mathcal{P}\alpha\beta)^2(\mathcal{P}r)\}$$

为从 $U$ 中去掉与 $\mathcal{P}r$, $\mathcal{P}\alpha\beta(\mathcal{P}r)$ 和 $(\mathcal{P}\alpha\beta)^2(\mathcal{P}r)$ 关联的三条边而得到的. 它们就是与根边 $a=Kr=e_r(U)$ 关联的非根面边界上的三条边.

　　将 $\mathcal{U}_{\mathrm{tri}}$ 划分为四类: $\mathcal{U}_{\mathrm{tri}_i}$, $i=0,1,2,3$. 即, $\mathcal{U}_{\mathrm{tri}_0}=\vartheta$, 和

$$\mathcal{U}_{\mathrm{tri}_i}=\{U|\hat{U}\ \text{为}\ U\ \text{的}\ i\ \text{个子地图节点不交并}\},\tag{6.3.1}$$

其中 $i=1,2,3$. 从而,

$$\mathcal{U}_{\mathrm{Tri}}=\sum_{i=0}^3\mathcal{U}_{\mathrm{Tri}_i}.\tag{6.3.2}$$

进而, 记

$$\hat{\mathcal{U}}_{\mathrm{Tri}_i}=\{\hat{U}|\forall U\in\mathcal{U}_{\mathrm{Tri}_i}\}\tag{6.3.3}$$

对 $i=1,2$ 和 3.

**引理 6.3.2**  对 $\mathcal{U}_{\mathrm{Tri}_1}$, 有

$$\hat{\mathcal{U}}_{\mathrm{Tri}_1} = \mathcal{U}_{\mathrm{Tri}} - \mathcal{U}_{\mathrm{Tri}}(3) - \vartheta. \tag{6.3.4}$$

其中, $\mathcal{U}_{\mathrm{Tri}}(3) = \{U | \forall U \in \mathcal{U}_{\mathrm{Tri}}, \, m(U) = 3\}$ 和 $m(U)$ 为 $U$ 的根面次.

**证**  由引理 6.3.1 的证明所述, 可知 (6.3.4) 式右端的集合, 为所有根面次不小于 6 的 Euler 平面近三角化的集合. 因此, 记之为 $\mathcal{U}_{\geqslant 6}$.

对任何 $U \in \hat{\mathcal{U}}_{\mathrm{Tri}_1}$, 令 $U = \hat{W}$, $W = (\mathcal{X}_{\alpha,\beta}, \mathcal{P}) \in \mathcal{U}_{\mathrm{Tri}_1}$ 且 $W$ 的根为 $r$. 由 $W$ 的 Euler 性与近三角性, 容易验证, $U \in \mathcal{U}_{\mathrm{Tri}_1}$, 且它的根为 $\mathcal{P}\alpha\beta r$. 由于在 $U$ 的根面边界上, 总有如下的一段:

$$\langle (\mathcal{P}\delta)^{-1} r, \mathcal{P}^2 r, \mathcal{P}\delta(\mathcal{P}^2 r), \mathcal{P}^2(\mathcal{P}\delta)^2(\mathcal{P}^2 r), \mathcal{P}\delta\mathcal{P}^2(\mathcal{P}\delta)^2(\mathcal{P}^2 r), \mathcal{P}\delta r \rangle,$$

$\delta = \alpha\beta$, 得 $U \in \mathcal{U}_{\geqslant 6}$, 即 (6.3.4) 式右端集合中之一元素.

反之, 对任何 $U = (\mathcal{X}, \mathcal{J}) \in \mathcal{U}_{\geqslant 6}$, $r$ 为它的根, 可以构造地图 $W = (\mathcal{X}', \mathcal{J}')$ 使得 $\mathcal{X}' = \mathcal{X} + Kx + Ky + Kz$, 且以 $x$ 为根, 和 $\mathcal{J}'$ 仅在下面的三个节点处与 $\mathcal{J}$ 不同: $v_x = (x, y, (\mathcal{J}\alpha\beta)^{-4} r, \mathcal{J}(\mathcal{J}\alpha\beta)^{-4} r, \cdots, \mathcal{J}^{-1}(\mathcal{J}\alpha\beta)^{-4} r)$, $v_{\beta x} = (\alpha\beta x, r, \mathcal{J} r, \cdots, \mathcal{J}^{-1} r, \alpha\beta z)$ 和 $v_{\beta y} = (\alpha\beta y, z, (\mathcal{J}\alpha\beta)^{-2} r, \mathcal{J}(\mathcal{J}\alpha\beta)^{-2} r, \cdots, \mathcal{J}^{-1}(\mathcal{J}\alpha\beta)^{-2} r)$. 因为 $W$ 比 $U$ 只增加了三个非根面: $(y, z, \alpha\beta x)$, $(\alpha\beta y, (\mathcal{J}\alpha\beta)^{-4} r, (\mathcal{J}\alpha\beta)^{-3} r)$ 和 $(\alpha\beta z, (\mathcal{J}\alpha\beta)^{-2} r, (\mathcal{J}\alpha\beta)^{-1} r)$, 且它们的次全为 3. 可见, $W \in \mathcal{U}_{\mathrm{Tri}}$. 又, 因为 $W - \{y, z, \alpha\beta x\} = U$ 为一个地图, 可知 $W \in \mathcal{U}_{\mathrm{Tri}_1}$. 从而, $U = \hat{W} \in \hat{\mathcal{W}}_{\mathrm{Tri}_1}$, 即 (6.3.4) 式左端集合中之一元素. ∎

设 $U = (\mathcal{X}, \mathcal{P}) \in \mathcal{U}_{\mathrm{Tri}_2}$, $r$ 为它的根. 记 $o$, $u$ 和 $v$ 分别是与 $r$, $\beta r$ 和 $\beta \mathcal{P} r$ 关联的节点. 为简便, 将它们分别称为第一、第二和第三节点.

**引理 6.3.3**  对于 $U \in \mathcal{U}_{\mathrm{Tri}_2}$, 如果第三节点 $v$ 在 $\hat{U}$ 中既不与第一节点 $o$ 也不与第二节点 $u$ 连通, 则 $\hat{U}$ 本身就是一个地图.

**证**  由 $U \in \mathcal{U}_{\mathrm{Tri}_2}$ 知, 在 $\hat{U}$ 中第一节点 $o$ 和第二节点 $u$ 属于 $\hat{U}$ 的同一连通片. 从 $v$ 满足的条件, 只能 $v$ 为 $U$ 的内节点, 和割点. 依三角性, $v$ 所在连通片的外面边界不含边. 这就意味, 在 $U$ 中 $v$ 的次为 2, 从而, 即得引理. ∎

由引理 6.3.3, $\mathcal{U}_{\mathrm{Tri}_2}$ 可以划分为三类: $\mathcal{U}_{\mathrm{Tri}_2}^1$, $\mathcal{U}_{\mathrm{Tri}_2}^2$ 和 $\mathcal{U}_{\mathrm{Tri}_2}^3$, 使得

$$\mathcal{U}_{\mathrm{Tri}_2} = \sum_{i=1}^{3} \mathcal{U}_{\mathrm{Tri}_2}^{(i)}, \tag{6.3.5}$$

其中,

$$\mathcal{U}_{\mathrm{Tri}_2}^{(i)} = \{U | \forall U \in \mathcal{U}_{\mathrm{Tri}_2}, \text{在 } \hat{U} \text{ 中第 } i \text{ 节点不与其他二节点连通}\} \tag{6.3.6}$$

对 $i = 1, 2$ 和 3.

**引理 6.3.4**  对 $\mathcal{U}_{\mathrm{Tri}_2}$, 有

$$\hat{\mathcal{U}}_{\mathrm{Tri}_2}^{(1)} = \mathcal{U}_{\mathrm{Tri}} \times (\mathcal{U}_{\mathrm{Tri}} - \vartheta), \tag{6.3.7}$$

$$\hat{\mathcal{U}}_{\mathrm{Tri}_2}^{(2)} = \mathcal{U}_{\mathrm{Tri}} \times (\mathcal{U}_{\mathrm{Tri}} - \vartheta), \tag{6.3.8}$$

$$\hat{\mathcal{U}}_{\mathrm{Tri}_2}^{(3)} = (\mathcal{U}_{\mathrm{Tri}} - \vartheta) \times \vartheta, \tag{6.3.9}$$

其中 $\vartheta$ 与以前一样, 为节点地图.

证   首先, 证 (6.3.7) 式和 (6.3.8) 式. 因为 $\hat{U}$ 有两个连通片, 一个连通片只与第一个, 或第二节点关联, 而另一个则与其他二节点关联. 因为前者无限面边界上所有边, 均在 $U$ 的无限面边界上, 可以允许为 $\mathcal{U}_{\mathrm{Tri}}$ 中任何一个地图. 而后者, 在无限面边界上, 有一边不属于 $U$ 的无限面边界. 可以验证, 允许 $\mathcal{U}_{\mathrm{Tri}}$ 中除 $\vartheta$ 外的任何一个地图. 这就意味, 有 (6.3.7) 式和 (6.3.8) 式.

然后, 证 (6.3.9) 式. 由引理 6.3.3 知, 那个与第三节点关联的连通片, 实际上只有一个节点, 即节点地图 $\vartheta$. 另一个连通片, 与证 (6.3.7) 式和 (6.3.8) 式同样理由, 允许为 $\mathcal{U}_{\mathrm{Tri}}$ 中除 $\vartheta$ 外的任何一个地图. 从而, 有 (6.3.9) 式.                                          ♮

**引理 6.3.5**   对于 $\mathcal{U}_{\mathrm{Tri}_3}$, 有

$$\hat{\mathcal{U}}_{\mathrm{Tri}_3} = \mathcal{U}_{\mathrm{Tri}} \times \mathcal{U}_{\mathrm{Tri}} \times \mathcal{U}_{\mathrm{Tri}}, \tag{6.3.10}$$

其中 $\times$ 表示 Descartes 积.

证   因为第一、第二和第三节点均为割点, 而且 $\hat{U}$ 的三个连通片之无限面边界, 均在 $U$ 的无限面边界中. 这就允许 $\mathcal{U}_{\mathrm{Tri}}$ 的任何一个地图均可作为如此的连通片. 从而, 有 (6.3.10) 式.                                                    ♮

将 $\mathcal{U}_{\mathrm{Tri}}$ 的计数函数记为

$$f_{\mathrm{Tri}} = f_{\mathrm{Tri}}(x, y) = \sum_{U \in \mathcal{U}_{\mathrm{Tri}}} x^{m(U)} y^{n(U)}, \tag{6.3.11}$$

其中 $m(U)$ 和 $n(U)$ 分别为 $U$ 的根面次与非根面数.

下面, 看一看, 对 $i = 1, 2$ 和 3, $\mathcal{U}_{\mathrm{Tri}_i}$ 赋予 $f_{\mathrm{Tri}}$ 中的部分 $f_{\mathrm{Tri}_i}$.

对 $\mathcal{U}_{\mathrm{Tri}_0}$, 因为它只含节点地图 $\vartheta$, 自然可得

$$f_{\mathrm{Tri}_0} = 1. \tag{6.3.12}$$

对 $\mathcal{U}_{\mathrm{Tri}_1}$, 由引理 6.3.2, 有

$$\begin{aligned}
f_{\mathrm{Tri}_1} &= x^{-3} y^3 \sum_{U \in \hat{\mathcal{U}}_{\mathrm{Tri}_1}} x^{m(U)} y^{n(U)} \\
&= x^{-3} y^3 (f_{\mathrm{Tri}} - f_{\mathrm{Tri}}^{\triangle} - 1),
\end{aligned} \tag{6.3.13}$$

其中 $f_{\mathrm{Tri}}^{\triangle}$ 为 $f_{\mathrm{Tri}}$ 的级数表示中 $x^3$ 所在项的系数, 或者说, 带根 Euler 平面三角剖分, 以非根面数为参数的计数函数.

根据引理 6.3.4, 知

$$f_{\text{Tri}_2} = f_{\text{Tri}_2}^{(1)} + f_{\text{Tri}_2}^{(2)} + f_{\text{Tri}_2}^{(3)},$$

其中 $f_{\text{Tri}_2}^{(i)} = f_{\text{Tri}_2}^{(i)}(x, y)$, $i = 1, 2, 3$. 而且, 由 (6.3.7) 式, 有

$$f_{\text{Tri}_2}^{(1)} = y^2 \sum_{U \in \hat{\mathcal{U}}_{\text{Tri}_2}^{(1)}} x^{m(U)} y^{n(U)}$$

$$= y^2 f_{\text{Tri}}(f_{\text{Tri}} - 1).$$

相仿地, 由 (6.3.8) 式, 有

$$f_{\text{Tri}_2}^{(2)} = y^2 f_{\text{Tri}}(f_{\text{Tri}} - 1).$$

由 (6.3.9) 式, 有

$$f_{\text{Tri}_2}^{(3)} = y^2 \sum_{U \in \mathcal{U}_{\text{Tri}_2}^{(3)}} x^{m(v)} y^{n(v)}$$

$$= y^2 (f_{\text{Tri}} - 1).$$

综上所述, 可知

$$f_{\text{Tri}_2} = 2y^2 f_{\text{Tri}}(f_{\text{Tri}} - 1) + y^2(f_{\text{Tri}} - 1). \tag{6.3.14}$$

对 $f_{\text{Tri}_3}$, 用引理 6.3.5 中的 (6.3.10) 式, 有

$$f_{\text{Tri}_3} = x^3 y f_{\text{Tri}}^3.$$

**定理 6.3.1** 下面关于 $f = f(x, y)$ 的方程

$$x^3 y f^3 + 2y^2 f^2 + \left( \left( \frac{y}{x} \right)^3 - y^2 - 1 \right) f$$

$$+ 1 - y^2 - \left( \frac{y}{x} \right)^3 \left( f^\triangle + 1 \right) = 0, \tag{6.3.15}$$

其中 $f^\triangle = f^\triangle(y)$ 为 $f$ 的级数展开中 $x^3$ 的系数, 在 $\mathcal{L}\{\Re; x, y\}$, $\Re$ 为整数环, 上是适定的. 并且, 这个解为 $f = f_{\text{Tri}}$.

**证** 前一结论, 可用通常的方法得到. 这里, 仅证后个结论.

由 (6.3.12)~(6.3.14) 式, 即可得

$$f_{\text{Tri}} = 1 + x^{-3} y^3 (f_{\text{Tri}} - f_{\text{Tri}}^\triangle - 1)$$

$$+ 2y^2 f_{\text{Tri}}(f_{\text{Tri}} - 1) + x^3 y f_{\text{Tri}}^3.$$

经过合并同类项, 可以验证, $f_{\text{Tri}}$ 满足方程 (6.3.15).

虽然三次方程 (6.3.15), 看来不易直接求解, 但可以用如下的间接方式, 确定它的这个解.

因为对任何 $\nu$ 阶 $\epsilon$ 度的平面三角化, 由定理 1.1.2 (当 $p=0$ 时的情形), 均有 $\epsilon = 3\nu - 6$. 根据 (6.2.9) 式可知, 带根 $\nu$ 阶 Euler 平面三角化, 使得根节点次为 $2m$ 和 $2i$ 次非根节点数 $q_i$, $i \geqslant 1$ 的数目

$$N_{\mathrm{Etr}}(\nu, m; \underline{q}) = \frac{(3\nu - 7)!(2m)!}{(2\nu - 4)!m!(m-1)!} \prod_{i \geqslant 1} \frac{1}{q_i!} \left( \frac{(2i-1)!}{i!(i-1)!} \right)^{q_i}, \tag{6.3.16}$$

其中 $\underline{q} = (q_1, q_2, \cdots)$.

令 $\mathcal{N}_p$ 为 $p \geqslant 0$ 的所有划分的集合, 即

$$\mathcal{N}_p = \left\{ \underline{q} \geqslant \underline{0} \,\middle|\, \sum_{i \geqslant 1} q_i = p \right\}, \tag{6.3.17}$$

则带根 $\nu$ 阶 Euler 平面地图的数目为

$$N_{\mathrm{Etr}}(\nu) = \sum_{\underline{q} \in \mathcal{N}_{\nu-1}} N_{\mathrm{Etr}}(\nu, m; \underline{q}). \tag{6.3.18}$$

其中, $m = 3\nu - 6 - \sum_{i \geqslant 1} i q_i$.

**定理 6.3.2**   带根 Euler 平面三角化, 以非根面数为参数的计数函数 $f_{\mathrm{Tri}}^{\triangle}$ 依如下方式确定:

$$\partial_y^n f_{\mathrm{Tri}}^{\triangle} = \begin{cases} N_{\mathrm{Etr}}\left( \dfrac{n+5}{2} \right), & n = 1 (\mathrm{mod}\ 2); \\ 0, & n = 0 (\mathrm{mod}\ 2),\ n \neq 0; \\ 1, & n = 0, \end{cases} \tag{6.3.19}$$

其中 $\partial_y^n$ 为由 (1.5.1) 式给出的, 取 $y^n$ 的系数的算子.

**证**   因为 $\partial_y^n f_{\mathrm{Tri}}^{\triangle}$ 为 $f_{\mathrm{Tri}}^{\triangle}$ 中 $y^n$ 的系数, 即具有 $n$ 个非根面的, 带根 Euler 平面三角化的数目. 考虑到对平面三角化, 有 $n+1 = 2\nu - 4$, 即 $\nu = (n+5)/2$. 从 (6.3.18) 式, 及 $\vartheta$ 在被规定之列, 可得 (6.3.19) 式.

不管怎样, 如何直接解方程 (6.3.15) 以确定 $f_{\mathrm{Tri}}^{\triangle}$, 仍是有待研究的问题.

## §6.4   正则 Euler 地图

一个地图被称为正则的, 如果它的所有节点次都相同. 若记这个数为 $l$, 也称之为 $l$-正则地图. 在正则 Euler 地图中, 4-正则平面地图具有特殊的重要性. 至少在从 VLSI(超大规模集成电路) 设计引出图的纵横嵌入, 在图论以至拓扑学中的高斯曲线相交和纽结问题等中如此.

一个近4-正则地图就是这样的带根地图, 使得除一个节点 (常规定为根节点) 可能例外, 其他所有节点的次均为 4. 因为在一个地图中, 奇次节点的数目总为偶, 这个例外节点的次为偶数. 从而, 所有近 4-正则地图均是 Euler 的.

令 $\mathcal{M}_{nr}$ 为所有近 4-正则平面地图的集合. 用 $2m(M)$ 和 $n(M)$ 分别表示 $M \in \mathcal{M}_{nr}$ 的根节点次和内面的数目.

**引理 6.4.1** 对任何 $M \in \mathcal{M}_{nr}$, 如果 $M = M_1 \dot{+} M_2$ 使得 $M_1$ 和 $M_2$ 均为 $M$ 的子地图, 则在 $M_1$ 和 $M_2$ 的公共节点 ( 总是规定为根节点 ) 处的次分别为偶数.

**证** 用反证法. 假设 $o$ 为 $M_1$ 和 $M_2$ 的公共节点, 而 $o$ 在 $M_1$ 中的次为奇数. 由近 4-正则性, 其他节点次均为 4, 即偶数. 这样, $M_1$ 中只可能 $o$ 为奇节点(次为奇数的节点). 与地图中奇节点数为偶数矛盾. 同样地, $o$ 在 $M_2$ 中的次也不能为奇数.

在 $\mathcal{M}_{nr}$ 中, 最简单的地图就是自环地图 $L_1 = (Kx, (x, \alpha\beta x))$. 然而, 为方便, 将节点地图 $\vartheta$ 限定在 $\mathcal{M}_{nr}$ 中, 作为退化情形. 令

$$\mathcal{M}_{nr_1} = \{\vartheta\} = \vartheta,$$

$$\mathcal{M}_{nr_2} = \{M | \forall M \in \mathcal{M}_{nr}, e_r(M) \text{为杆}\},$$

$$\mathcal{M}_{nr_3} = \{M | \forall M \in \mathcal{M}_{nr}, e_r(M) \text{为自环}\}. \tag{6.4.1}$$

则, 有

$$\mathcal{M}_{nr} = \mathcal{M}_{nr_1} + \mathcal{M}_{nr_2} + \mathcal{M}_{nr_3}. \tag{6.4.2}$$

**引理 6.4.2** 令 $\mathcal{M}_{(nr)_2} = \{M \bullet a | \forall M \in \mathcal{M}_{nr_2}\}$, 其中 $a = e_r(M)$. 则, 有

$$\mathcal{M}_{(nr)_2} = \mathcal{M}_{nr} - \mathcal{M}_{nr}(2) - \vartheta, \tag{6.4.3}$$

其中 $\mathcal{M}_{nr}(2) = \{M | \forall M \in \mathcal{M}_{nr}, 2m(M) = 2\}$.

**证** 对任何 $M \in \mathcal{M}_{(nr)_2}$, 令 $M = M' \bullet a'$ 其中 $a' = e_r(M')$, 即 $M'$ 的根边, $M' \in \mathcal{M}_{nr_2}$. 因为 $a'$ 是杆, 而且 $M'$ 不可能为杆地图, 由近 4-正则性, $M$ 的根节点次不可能小于 4. 从而, $M = M' \bullet a' \in \mathcal{M}_{nr} - \mathcal{M}_{nr}(2) - \vartheta$. 即, $\mathcal{M}_{(nr)_2} \subseteq \mathcal{M}_{nr} - \mathcal{M}_{nr}(2) - \vartheta$.

反之, 对任何 $M = (\mathcal{X}, \mathcal{P}) \in \mathcal{M}_{nr} - \mathcal{M}_{nr}(2) - \vartheta$, 因为 $M$ 的根节点不小于 4, 它的根节点有形式 $v_r = (r, \mathcal{P}r, \cdots, \mathcal{P}^{2m(M)-1}r)$, $2m(M) \geqslant 4$, 其中 $r = r(M)$ 为 $M$ 的根. 由此, 只可构造 $M' = (\mathcal{X}', \mathcal{P}') \in \mathcal{M}_{nr_2}$ 使得 $\mathcal{X}' = \mathcal{X} + Kr'$ 和 $\mathcal{P}'$ 仅在下面两个节点: $v_{r'} = (r', \mathcal{P}^3r, \cdots, \mathcal{P}^{2m(M)-1}r)$ 和 $v_{\beta r} = (\alpha\beta r', \mathcal{P}r, \mathcal{P}^2r)$ 处与 $\mathcal{P}$ 不同, 才能有 $M' \in \mathcal{M}_{nr}$, $M = M' \bullet a'$, $a' = e_{r'}(M')$. 自然, $a'$ 是一个杆. 从而, $M \in \mathcal{M}_{(nr)_2}$. 即, $\mathcal{M}_{nr} - \mathcal{M}_{nr}(2) - \vartheta \subseteq \mathcal{M}_{(nr)_2}$.

在引理 6.4.2 的证明中, 可以看出 (6.4.3) 式的两端, 以及 $\mathcal{M}_{nr_2}$ 与 $\mathcal{M}_{(nr)_2}$ 之间均存在 1–1 对应. 因此, 有

$$\left| \mathcal{M}_{nr_2} \right| = \left| \mathcal{M}_{nr} - \mathcal{M}_{nr}(2) - \vartheta \right|. \tag{6.4.4}$$

对于 $M \in \mathcal{M}_{\mathrm{nr}_3}$, 因为 $M$ 的根边 $a$ 为自环, 有

$$M = M_1 \dot{+} M_2 \tag{6.4.5}$$

使得 $M_1$ 和 $M_2$ 均为 $M$ 的子地图. 注意, $M_1$ 和 $M_2$ 的公共节点为 $M$(及 $M_1, M_2$) 的根节点. 规定 $M$ 的根边也是 $M_1$ 的根边.

**引理 6.4.3**　令 $\mathcal{M}_{\langle \mathrm{nr} \rangle_3} = \{M - a | \forall M \in \mathcal{M}_{\mathrm{nr}_3}\}$, $a = e_r(M)$ 为 $M$ 的根边. 则, 有

$$\mathcal{M}_{\langle \mathrm{nr} \rangle_3} = \mathcal{M}_{\mathrm{nr}} \odot \mathcal{M}_{\mathrm{nr}}, \tag{6.4.6}$$

其中 $\odot$ 表示 $1v$-积, 如 §3.2 所述.

**证**　对任何 $M \in \mathcal{M}_{\langle \mathrm{nr} \rangle_3}$, 存在 $M' = M_1' \dot{+} M_2' \in \mathcal{M}_{\mathrm{nr}_3}$, 如 (6.4.5) 式所示, 使得 $M = M' - a'$. 因为 $M'$ 的根边在 $M_1$ 中, 就有 $M = M_1 \dot{+} M_2$, 其中 $M_1 = M_1' - a'$ 和 $M_2 = M_2'$. 可以验证, $M_1$ 和 $M_2$ 均为 $\mathcal{M}_{\mathrm{nr}}$ 中的任意地图. 这就意味, $\mathcal{M}_{\langle \mathrm{nr} \rangle_3} \subseteq \mathcal{M}_{\mathrm{nr}} \odot \mathcal{M}_{\mathrm{nr}}$.

另一方面, 对任何 $M = (\mathcal{X}, \mathcal{J}) \in \mathcal{M}_{\mathrm{nr}} \odot \mathcal{M}_{\mathrm{nr}}$, 由于存在 $M_i = (\mathcal{X}_i, \mathcal{J}_i) \in \mathcal{M}_{\mathrm{nr}}$, $i = 1, 2$, 使得 $M = M_1 \dot{+} M_2$, 即 $\mathcal{X} = \mathcal{X}_1 + \mathcal{X}_2$ 和 $\mathcal{J}$ 仅在根节点 $v_r$ 处与 $\mathcal{J}_1$ 和 $\mathcal{J}_2$ 不同, 其中

$$v_r = (\langle v_{r_1} \rangle, \langle v_{r_2} \rangle) = (r_1, \mathcal{J}_1 r_1, \cdots, \mathcal{J}_1^{-1} r_1, r_2, \mathcal{J}_2 r_2, \cdots, \mathcal{J}_2^{-1} r_2),$$

可以唯一地构造地图 $M' = (\mathcal{X}', \mathcal{J}')$ 使得 $\mathcal{X}' = \mathcal{X} + Kr'$ 和 $\mathcal{J}'$ 仅在根节点 $v_{r'}$ 处与 $\mathcal{J}$ 不同, 即 $v_{r'} = (r', \langle v_{r_1} \rangle, \alpha\beta r', \langle v_{r_2} \rangle)$, 其中 $r = r(M)$ 为 $M$ 的根. 同时, $r = r(M_1) = r_1$ 也为 $M_1$ 的根. 容易检验, $M' \in \mathcal{M}_{\mathrm{nr}_3}$. 而且, $M = M' - a'$, $a' = e_r(M')$. 从而, $M \in \mathcal{M}_{\langle \mathrm{nr} \rangle_3}$. 这就意味, $\mathcal{M}_{\mathrm{nr}} \odot \mathcal{M}_{\mathrm{nr}} \subseteq \mathcal{M}_{\langle \mathrm{nr} \rangle_3}$.　♭

现在, 可以推算 $\mathcal{M}_{\mathrm{nr}_i}$, $i = 1, 2, 3$, 赋予 $\mathcal{M}_{\mathrm{nr}}$ 的计数函数

$$f_{\mathrm{nr}} = \sum_{M \in \mathcal{M}_{\mathrm{nr}}} x^{2m(M)} y^{n(M)} \tag{6.4.7}$$

中的部分 $f_{\mathrm{nr}_i} = f_{\mathrm{nr}_i}(x, y)$. 这里, $2m(M)$ 和 $n(M)$ 分别为 $M$ 的根节点次和内面的数目.

首先, 对 $\mathcal{M}_{\mathrm{nr}_1}$, 因为节点地图无根也无非根面, 有

$$f_{\mathrm{nr}_1} = 1. \tag{6.4.8}$$

然后, 对 $\mathcal{M}_{\mathrm{nr}_2}$, 用 (6.4.4) 式, 有

$$\begin{aligned} f_{\mathrm{nr}_2} &= x^{-2} \sum_{M \in \mathcal{M}_{\langle \mathrm{nr} \rangle_2}} x^{2m(M)} y^{n(M)} \\ &= x^{-2}(f_{\mathrm{nr}} - x^2 f_{\mathrm{nr}}^* - 1), \end{aligned} \tag{6.4.9}$$

其中 $f_{nr}^*$ 为 $f_{nr}$ 的展开式中 $x^2$ 项的系数, 或者说根节点次为 2 的近 4-正则平面地图, 以内面数为参数的计数函数.

最后, 对 $\mathcal{M}_{nr_3}$, 利用引理 6.4.3, 有

$$
\begin{aligned}
f_{nr_3} &= x^2 y \sum_{M \in \mathcal{M}_{(nr)_3}} x^{2m(M)} y^{n(M)} \\
&= x^2 y f_{nr}^2.
\end{aligned}
\tag{6.4.10}
$$

**定理 6.4.1** 关于二变元的函数 $f = f(x, y)$ 的方程

$$
x^4 y f^2 + (1 - x^2) f + x^2 - x^2 f^* - 1 = 0,
\tag{6.4.11}
$$

其中 $f^* = f^*(y)$ 为 $f$ 的级数展开中 $x^2$ 项的系数, 在 $\mathcal{L}\{\Re; x, y\}$, $\Re$ 为整数环, 上是适定的. 而且, 这个解就是 $f = f_{nr}$.

**证** 同样地, 这里只证后一个结论. 前者可如常法得到.

根据 (6.4.2) 式, 有 $f_{nr} = f_{nr_1} + f_{nr_2} + f_{nr_3}$. 再由 (6.4.8)~(6.4.10) 式, 可导出

$$
f_{nr} = 1 + \frac{f_{nr} - x^2 f_{nr}^* - 1}{x^2} + x^2 y f_{nr}^2.
$$

将两端同乘以 $x^2$ 后, 经合并同类项, 即可看出 $f_{nr}$ 确满足方程 (6.4.11) 式.

为简便, 令 $X = x^2$. 这时, 方程 (6.4.11) 的判别式为

$$
\begin{aligned}
D &= (1 - X)^2 - 4X^2 y(X - X f_{nr}^* - 1) \\
&= 1 - 2X + (4y + 1)X^2 - 4y(1 - f_{nr}^*)X^3.
\end{aligned}
\tag{6.4.12}
$$

从而, 可以设想

$$
D = (1 + uX)^2 (1 - vXy).
\tag{6.4.13}
$$

并且, 由比较 (6.4.12) 式和 (6.4.13) 式, 可得

$$
-2 = -vy + 2u, \quad 4y + 1 = -2uvy + u^2,
$$

$$
-u^2 vy = -4y(1 + f_{nr}^*).
\tag{6.4.14}
$$

令 $u + 1 = \theta$, 则由 (6.4.14) 式, 有

$$
y = \theta \frac{2 - 3\theta}{4}, \quad v = \frac{2\theta}{y}.
\tag{6.4.15}
$$

结合 (6.4.15) 式与 (6.4.13) 式, 由定理 6.4.1, 即可得

$$
\begin{aligned}
f_{nr} &= \frac{X - 1 + (1 + uX)\sqrt{1 - vXy}}{2Xy} \\
&= \sum_{m \geqslant 2} \Big(A_m(\theta) - B_m(\theta)\Big) X^{m-2} y^{-1},
\end{aligned}
\tag{6.4.16}
$$

其中

$$A_m(\theta) = \frac{(2m-4)!(1-\theta)\theta^{m-1}}{2^{m-1}(m-1)!(m-2)!},$$

$$B_m(\theta) = \frac{(2m-2)!\theta^m}{2^m m!(m-2)!}. \tag{6.4.17}$$

基于 (6.4.15) 式的第一个式子, 利用推论 1.5.1, 有

$$\partial_y^n \theta^i = \sum_{i \geqslant 2} \frac{2^i i(2n-i-1)!}{3^{i-n}(n-i+1)!n!} \tag{6.4.18}$$

对 $i = m$ 和 $m-1$.

由 (6.4.18) 式, 根据 (6.4.17) 式和 (6.4.16) 式, 即可导出 $f$ 的 $y^{n+1}$ 之系数. 经过合并和化简, 最后得到

$$f_{\mathrm{nr}} = \sum_{m \geqslant 0, n \geqslant m} F_{\mathrm{nr}}(m,n)x^{2m}y^n, \tag{6.4.19}$$

其中

$$F_{\mathrm{nr}}(m,n) = \frac{3^{n-m}(2m)!(2n-m-1)!}{(m-1)!m!(n-m)!(n+1)!}. \tag{6.4.20}$$

进而, 因为 $f_{\mathrm{nr}}^*$ 为 $f_{\mathrm{nr}}$ 的 $x^2$ 项的系数, 即在 (6.4.20) 式中, 取 $m=1$, 就有

$$\partial_y^n f_{\mathrm{nr}}^* = \frac{2 \cdot 3^{n-1}(2n-2)!}{(n+1)!(n-1)!} \tag{6.4.21}$$

对 $n \geqslant 2$. 这就是具有 $n$ 个非根面, 根节点次为 2 的 4-正则平面地图的数目.

**引理 6.4.4**    对 $M = (\mathcal{X}, \mathcal{J}) \in \mathcal{M}_{\mathrm{nr}}(2)$, 令 $\tilde{M} = (\tilde{\mathcal{X}}, \tilde{\mathcal{J}})$ 为从 $M$ 中去掉根节点, 然后将与根节点相邻的二节点连一条边, 作为根边, 所得的地图, 即 $\tilde{\mathcal{X}} = \mathcal{X} - Kr - K\mathcal{J}r + K\tilde{r}$ 使得 $\tilde{\mathcal{J}}$ 仅在下面二节点 $v_{\tilde{r}} = (\tilde{r}, \mathcal{J}(\mathcal{J}\alpha\beta)^{-1}r, \cdots, \mathcal{J}^{-1}(\mathcal{J}\alpha\beta)^{-1}r)$ 和

$$v_{\beta\tilde{r}} = (\alpha\beta\tilde{r}, \mathcal{J}\alpha\beta r, \cdots, \mathcal{J}^{-1}\alpha\beta r)$$

处与 $\mathcal{J}$ 不同. 记

$$\tilde{\mathcal{M}}_{\mathrm{nr}}(2) = \{\tilde{M} | \forall M \in \mathcal{M}_{\mathrm{nr}}(2) - L_1\}, \tag{6.4.22}$$

其中 $L_1 = (Kr, (r, \alpha\beta r))$, 即自环地图. 则, 有

$$\tilde{\mathcal{M}}_{\mathrm{nr}}(2) = \mathcal{M}_{\mathrm{nr}}(4). \tag{6.4.23}$$

这里, $\mathcal{M}_{\mathrm{nr}}(4)$ 为所有带根 4-正则平面地图的集合.

**证** 对任何 $M = (\mathcal{X}, \mathcal{J}) \in \mathcal{M}_{\mathrm{nr}}(4)$, 可唯一地构造一个地图 $M' = (\mathcal{X}', \mathcal{J}')$ 使得 $\mathcal{X}' = \mathcal{X} - Kr + Kr' + Ks$ 和 $\mathcal{J}'$ 仅在如下三个节点 $v_{r'} = (r', s)$, $v_{\beta r'} = (\alpha\beta r', \mathcal{J}\alpha\beta r, \cdots, \mathcal{J}^{-1}\alpha\beta r)$ 和

$$v_{\beta s} = (\alpha\beta s, \mathcal{J}r, \cdots, \mathcal{J}^{-1}r)$$

处与 $\mathcal{J}$ 不同. 可以检验, $M' \in \mathcal{M}_{\mathrm{nr}}(2)$. 并且, $M = \tilde{M}'$. 这就有 $M \in \tilde{\mathcal{M}}_{\mathrm{nr}}(2)$.

另一方面, 对任何 $\tilde{M} \in \tilde{\mathcal{M}}_{\mathrm{nr}}(2)$, 由 $\tilde{M}$ 的产生过程可知, 唯一地存在 $M \in \mathcal{M}_{\mathrm{nr}}(2) - L_1$ 使得 $\tilde{M}$ 就是从 $M$ 得到的. 并且, 由 $M$ 的近 4-正则平面性, $\tilde{M}$ 是 4-正则平面地图, 即 $\tilde{M} \in \mathcal{M}_{\mathrm{nr}}(4)$.  ♮

**定理 6.4.2** 具有 $n$ 个非根面的 4-正则平面地图的数目为

$$H_{\mathrm{nr}}(n) = 3^{n-1} \frac{2(2n-2)!}{(n+1)!(n-1)!}, \tag{6.4.24}$$

其中 $n \geqslant 2$.

**证** 根据引理 6.4.4, 可以看出 $\tilde{M}$ 与 $M$ 有相同的面数. 由 (6.4.23) 式两端间的 1–1 对应性, 有 $H_{\mathrm{nr}}(n) = \partial_y^n f_{\mathrm{nr}}^*$. 但注意, 这是只能对 $n \geqslant 2$ 适用. 由 (6.4.21) 式, 即得 (6.4.24) 式.  ♮

# §6.5  曲面上 Euler 地图

令 $\mathcal{M}_{\mathrm{Eul}}$ 为曲面上所有可定向 Euler 根地图的集合. 因为任何 Euler 地图都没有割棱, 将 Euler 地图可分为三类: $\mathcal{M}_{\mathrm{Eul}}^0$, $\mathcal{M}_{\mathrm{Eul}}^1$ 和 $\mathcal{M}_{\mathrm{Eul}}^2$ 使得 $\mathcal{M}_{\mathrm{Eul}}^0$ 仅由一个节点地图 $\vartheta$ 组成, $\mathcal{M}_{\mathrm{Eul}}^1$ 由所有根棱为自环的 Euler 地图组成和

$$\mathcal{M}_{\mathrm{Eul}}^2 = \mathcal{M}_{\mathrm{Eul}} - \mathcal{M}_{\mathrm{Eul}}^0 - \mathcal{M}_{\mathrm{Eul}}^1. \tag{6.5.1}$$

自然, $\mathcal{M}_{\mathrm{Eul}}^2$ 中的每个地图的根棱都是杆, 即非自环.

本节的计数函数 $g = f_{\mathcal{M}_{\mathrm{Eul}}}(x, \underline{y})$ 是以根顶点次 ($x$ 的幂 $2m$, 这里不是 $m$!) 和节点剖分向量 ($\underline{y}$ 的幂 $\underline{n} = (n_2, n_4, \cdots)$, 不是 $(n_1, n_2, \cdots)$!) 为参数.

**引理 6.5.1** 对于 $\mathcal{M}_{\mathrm{Eul}}^0$, 有

$$g_0 = 1, \tag{6.5.2}$$

其中 $g_0 = f_{\mathcal{M}_{\mathrm{Eul}}^0}(x^2, \underline{y})$.

**证** 因为 $\vartheta$ 无根棱和无非根节点, 有 $m(\vartheta) = 0$ 和 $\underline{n}(\vartheta) = \underline{0}$, 即得引理.  ♮

为了确定 $\mathcal{M}_{\mathrm{Eul}}^1$ 的计数函数, 先要考虑如何将 $\mathcal{M}_{\mathrm{Eul}}^1$ 分解.

**引理 6.5.2** 对于 $\mathcal{M}_{\mathrm{Eul}}^1$, 有

$$\mathcal{M}_{\mathrm{Eul}}^{\langle 1 \rangle} = \mathcal{M}_{\mathrm{Eul}}, \tag{6.5.3}$$

其中 $\mathcal{M}_{\mathrm{Eul}}^{(1)} = \{M - a | \forall M \in \mathcal{M}_{\mathrm{Eul}}^1\}$, $a = Kr(M)$, 即根棱.

**证**　因为环地图 $L_1 = (r, \gamma r) \in \mathcal{M}_{\mathrm{Eul}}^1$, $\gamma = \alpha\beta$, 有 $L_1 - a = \vartheta \in \mathcal{M}_{\mathrm{Eul}}$.

对任何 $S \in \mathcal{M}_{\mathrm{Eul}}^{(1)}$, 因为存在 $M \in \mathcal{M}_{\mathrm{Eul}}$ 使得 $S = M - a$, 由 $M$ 为 Euler 地图可知 $S \in \mathcal{M}_{\mathrm{Eul}}$. 从而, $\mathcal{M}_{\mathrm{Eul}}^{(1)} \subseteq \mathcal{M}_{\mathrm{Eul}}$.

反之, 对任何 $M = (\mathcal{X}, \mathcal{J}) \in \mathcal{M}_{\mathrm{Eul}}$, 在根顶点 $(r)_{\mathcal{J}}$ 处添棱 $a' = Kr'$ 得 $S_i$, 其根顶点为 $(r', r, \cdots, \mathcal{J}^i r, \gamma r', \mathcal{J}^{i+1} r, \cdots, \mathcal{J}^{2m(M)-1} r)$, $0 \leqslant i \leqslant 2m(M) - 1$. 因为 $S_i - a' = M$, 有 $S_i \in \mathcal{M}_{\mathrm{Eul}}^1$. 从而, $\mathcal{M}_{\mathrm{Eul}} \subseteq \mathcal{M}_{\mathrm{Eul}}^{(1)}$. ♭

从这个引理的证明中可以看出, 每个 $\mathcal{M}_{\mathrm{Eul}}$ 中的地图 $M = (\mathcal{X}, \mathcal{J})$, 除产生 $S_i \in \mathcal{M}_{\mathrm{Eul}}^1, 0 \leqslant i \leqslant 2m(M) - 1$, 外, 还有 $S_{2m} \in \mathcal{M}_{\mathrm{Eul}}^1$ 不与它们同构. 其根顶点为 $(r', \gamma r', \langle r \rangle_{\mathcal{J}})$. 对于 $M \in \mathcal{M}_{\mathrm{Eul}}$, 记

$$\mathcal{S}_M = \{S_i | 0 \leqslant i \leqslant 2m(M)\}. \tag{6.5.4}$$

**引理 6.5.3**　集合 $\mathcal{M}_{\mathrm{Eul}}^1$ 有如下的分解:

$$\mathcal{M}_{\mathrm{Eul}}^1 = \sum_{M \in \mathcal{M}_{\mathrm{Eul}}} \mathcal{S}_M, \tag{6.5.5}$$

其中 $\mathcal{S}_M$ 由 (6.5.4) 式给出.

**证**　首先, 对任何 $M \in \mathcal{M}_{\mathrm{Eul}}^1$, 由引理 6.5.2, $M' = M - a \in \mathcal{M}_{\mathrm{Eul}}$, 有 $M \in \mathcal{S}_{M'}$. 从而,

$$\mathcal{M}_{\mathrm{Eul}}^1 = \bigcup_{M \in \mathcal{M}_{\mathrm{Eul}}} \mathcal{S}_M.$$

然后, 对任何 $M_1, M_2 \in \mathcal{M}_{\mathrm{Eul}}$, 由于它俩不同构, 必致

$$\mathcal{S}_{M_1} \bigcap \mathcal{S}_{M_2} = \varnothing.$$

因此, 引理的结论成立. ♭

基于这个引理, 即可得

**引理 6.5.4**　对于 $g_1 = g_{\mathcal{M}_{\mathrm{Eul}}^1}(x, \underline{y}) = f_{\mathcal{M}_{\mathrm{Eul}}^1}(x^2, \underline{y})$, 有

$$g_1 = x^2 \left( g + 2x^2 \frac{\partial g}{\partial x^2} \right), \tag{6.5.6}$$

其中 $g = g_{\mathcal{M}_{\mathrm{Eul}}}(x, \underline{y}) = f_{\mathcal{M}_{\mathrm{Eul}}}(x^2, \underline{y})$.

**证**　由 (6.5.5) 式, 有

$$g_1 = \sum_{M \in \mathcal{M}_{\mathrm{Eul}}} (2m(M) + 1) x^{m(M)} \underline{y}^{\underline{n}}.$$

利用定理 1.3.5, 即得 (6.5.6) 式. ♭

下面, 再来看一看 $\mathcal{M}_{\mathrm{Eul}}^2$.

**引理 6.5.5** 对于 $\mathcal{M}^2_{\mathrm{Eul}}$, 令 $\mathcal{M}^{(2)}_{\mathrm{Eul}} = \{M \bullet a | \forall M \in \mathcal{M}^2_{\mathrm{Eul}}\}$, 则有

$$\mathcal{M}^{(2)}_{\mathrm{Eul}} = \mathcal{M}_{\mathrm{Eul}} - \vartheta, \tag{6.5.7}$$

其中 $\vartheta$ 是节点地图.

证 因为环地图 $L_1 \notin \mathcal{M}^2_{\mathrm{Eul}}$, 有 $\vartheta \notin \mathcal{M}^{((2))}_{\mathrm{Eul}}$. 易见, $\mathcal{M}^2_{\mathrm{Eul}} \subseteq \mathcal{M}_{\mathrm{Eul}} - \vartheta$.

反之, 对任何 $M = (\mathcal{X}, \mathcal{P}) \in \mathcal{M}_{\mathrm{Eul}} - \vartheta$, 由于 $M_{2j} = (\mathcal{X} + Kr_{2j}, \mathcal{P}_{2j}) \in \mathcal{M}^2_{\mathrm{Eul}}$, 其中 $a_{2j} = Kr_{2j}$ 的两端是由劈分 $M$ 的根节点 $(r)_\mathcal{P}$ 得到, 即

$$(r_{2j})_{\mathcal{P}_{2j}} = (r_{2j}, r, \mathcal{P}r, \cdots, (\mathcal{P})^{2j-2})$$

和

$$(\gamma r_{2j})_{\mathcal{P}_{2j}} = (\gamma r_{2j}, \mathcal{P})^{2j-1}r, \cdots, (\mathcal{P})^{2m-1}),$$

$1 \leqslant i \leqslant m - 1$. 因为 $M = M_{2j} \bullet a_{2j}$, 有 $M_{2j} \in \mathcal{M}^2_{\mathrm{Eul}}$. 从而, $\mathcal{M}_{\mathrm{Eul}} - \vartheta \subseteq \mathcal{M}^2_{\mathrm{Eul}}$. ♮

对于任何 $M = (\mathcal{X}, \mathcal{J}) \in \mathcal{M}_{\mathrm{Eul}} - \vartheta$, 记

$$\mathcal{M}_M = \{M_{2j} | 1 \leqslant j \leqslant m(M)\}, \tag{6.5.8}$$

其中, $M_{2j}$, $1 \leqslant j \leqslant m(M) - 1$, 出现在引理 6.5.5 的证明中.

**引理 6.5.6** 集合 $\mathcal{M}_{\mathrm{Eul}}{}^2$ 有如下的分解:

$$\mathcal{M}^2_{\mathrm{Eul}} = \sum_{M \in \mathcal{M}_{\mathrm{Eul}} - \vartheta} \mathcal{M}_M \tag{6.5.9}$$

其中, $\mathcal{M}_M$ 由 (6.5.8) 式给出.

证 首先, 对任何 $M \in \mathcal{M}^2_{\mathrm{Eul}}$, 因为 $M' = M \bullet a \in \mathcal{M}_{\mathrm{Eul}} - \vartheta$, 由引理 6.5.5 知, $M \in \mathcal{M}_{(M)}$. 从而,

$$\mathcal{M}^2_{\mathrm{Eul}} = \bigcup_{M \in \mathcal{M}_{\mathrm{Eul}} - \vartheta} \mathcal{M}_M.$$

然后, 对任何 $M_1, M_2 \in \mathcal{M}_{\mathrm{Eul}} - \vartheta$, 因为 $M_1$ 与 $M_2$ 不同构, 有

$$\mathcal{M}_{M_1} \bigcap \mathcal{M}_{M_2} \neq \varnothing.$$

这就意味 (6.5.9) 式成立. ♮

基于这个引理, 即可得

**引理 6.5.7** 对于 $g_2 = f_{\mathcal{M}^2_{\mathrm{Eul}}}(x, \underline{y})$, 有

$$g_2 = x^2 \int_y y^2 \delta_{x^2,y^2} g(\sqrt{z}), \tag{6.5.10}$$

其中 $g = g(x) = f_{\mathcal{M}_{\mathrm{Eul}}}(x^2, \underline{y})$.

证 由引理 6.5.6, 有

$$g_2 = \sum_{M \in \mathcal{M}_{\text{Eul}} - \vartheta} \int_y \Big( \sum_{j=1}^{m(M)} x^{2j} y^{2m(M)+2-2j} \Big) \underline{y}^{\underline{n}}.$$

利用定理 1.6.3, 即得

$$g_2 = x^2 \int_y y^2 \delta_{x^2, y^2} g(\sqrt{z}).$$

引理得证.                                                                            ♮

至此, 就可表述本节的主要结果了.

**定理 6.5.1**    关于 $g$ 的方程

$$2x^4 \frac{\partial g}{\partial x^2} = -1 + (1-x^2)g - x^2 \int_y \delta_{x^2, y^2} g(\sqrt{z}) \qquad (6.5.11)$$

在域 $\mathcal{L}\{\Re; x, \underline{y}\}$ 上是适定的. 而且, 它的解为 $g = g_{\mathcal{M}_{\text{Eul}}}(x, \underline{y}) = f_{\mathcal{M}_{\text{Eul}}}(x^2, \underline{y})$.

**证**    后一结论可直接由 (6.5.1) 式, 连同 (6.5.2) 式, (6.5.6) 式和 (6.5.10) 式导出. 前一结论则用系数方程的适定性导出.                                              ♮

# §6.6   注   记

**6.6.1**    虽然由 (6.1.14) 式所确定的 (6.1.11) 式中的 $f^* = f_{\text{El}}^*$. 十分简单, 看来通过 $f_{\text{El}}^*$ 用 (6.1.11) 式直接求 $f = f_{\text{El}}$ 本身会引起一些复杂性. 不过, 可以考虑先利用两个参数确定 $f$ 本身. 而后, 作为特殊情形, 导出 $f_{\text{El}}^*$. 基于这里所得到的, 可以进一步讨论 Euler 地图的其他类型的计数, 有根或无根, 平面的或非平面的等. 在 [BeC2] 中, 也可以看到 (6.1.14) 式. 此之前, 它已出现在 [Liu38] 中. 事实上, 后者还提供了包含两个参数的一个正项和显式.

**6.6.2**    从平面对偶性的角度, 以边数为参数, 数带根平面二部地图, 可参见 [Liu4]. 在那里, 带两个参数的计数函数, 尚未确定. 之后, 在 [Liu61] 中, 得到了两个参数计数函数的表达式. 虽然不是无和的, 但只带一个求和号, 其中所有的项均为正.

**6.6.3**    公式 (6.2.8) 是 Tutte 首先发现的 [Tut5]. 从理论的观点, (6.2.9) 式应该为方程 (6.1.10) 的那个解. 然而, 至今仍未能从解方程 (6.1.10) 直接求得 (6.2.9) 式.

**6.6.4**    有一些途径可以用来求方程 (6.3.15) 的一个解. 一种是从研究平面对偶的情形出发. 这就是如 §5.2 中所述. 另外一些, 就是考虑与已经取得的结果, 或可能导出的新结果之间的关系. 例如, 与在二部和 Euler 二种情形下, 不可分离地图之间的关系等.

**6.6.5**    已知 4-正则平面地图与圆盘上的四角化有密切的关系. 后者, 在 [Bro1] 中, Brown 首先讨论过. 虽如此, 这里的方程 (6.4.11) 仍然是新的. 而所有的方法看上去也更为简单. 基于此, 还可进一步讨论不可分离, 甚至 2-连通, 以及 3-连通等情形. 而且, 有可能得到简单的显式, 特别是当考虑单变量时. 与此有关的, 可参见 [LiL1].

**6.6.6** 关于 4-正则平面地图的用处, 诸如, 在与超大规模集成电路紧密联系的纵横嵌入方面, 可参见 [Liu60]; 在拓扑学中的纽结不变量研究方面, [Liu59]; 在图论中的 Gauss 平面曲线相交问题方面, [Liu57]; 和在数其他类型的地图方面, [MuSe1].

**6.6.7** 虽然相应地数各种 Euler 地图在给定亏格的曲面上可自然地导出, 但沿着这种方式, 至今尚未见到多少引人注意的结果. 在 §6.5 的基础上, 可以考虑曲面上可定向, 不可定向, 以及全部 Euler 地图依棱数的计数.

**6.6.8** 也有用代数的方法研究一般 Euler 地图的计数, 特别是在曲面上. 这方面可参见 [Jac3], [Jac4] 和 [JaV3]. 不过在那里没有节点剖分的结果. 泛函方程 (6.5.11) 确令人寻味.

**6.6.9** 在泛函方程 (6.5.11) 的基础上, 可以考虑 Euler 地图在曲面上依根节点次和棱数的计数. 分可定向与不可定向两种情形. 也可独立地确定所有 (同时包括分可定向与不可定向) 的计数方程与计数函数.

# 第7章  不可分离地图

## §7.1  外平面不可分离地图

一个外平面地图被称为不可分离的, 当它的基准图是不可分离的, 或者说没有割点. 令 $\mathcal{O}_{ns}$ 为所有带根外平面不可分离地图的集合. 为方便, 要规定节点地图 $\vartheta$ 与杆地图 $L_0$ 均不在内.

将 $\mathcal{O}_{ns}$ 分为两类: $\mathcal{O}_{ns_0}$ 和 $\mathcal{O}_{ns_1}$, 即

$$\mathcal{O}_{ns} = \mathcal{O}_{ns_0} + \mathcal{O}_{ns_1}, \tag{7.1.1}$$

其中 $\mathcal{O}_{ns_0}$ 仅由一个地图组成, 它就是自环地图 $L_1 = (Kr, (r, \alpha\beta r))$. 自然, $\mathcal{O}_{ns_1}$ 为 $\mathcal{O}_{ns}$ 中其他所有地图组成.

令 $O_1 = (\mathcal{X}_1, \mathcal{P}_1)$ 和 $O_2 = (\mathcal{X}_2, \mathcal{P}_2)$ 为 $\mathcal{O}_{ns}$ 中的两个地图. 设 $o_1$ 和 $o_2$ 分别为 $O_1$ 和 $O_2$ 的根节点. 记

$$o_1 = (r_1, \mathcal{P}_1 r_1, \cdots, \mathcal{P}_1{}^{m(O_1)-1} r_1) = (S) \tag{7.1.2}$$

和

$$o_2 = (r_2, \mathcal{P}_2 r_2, \cdots, \mathcal{P}_2{}^{m(Q_2)-1} r_2) = (S_1, S_2), \tag{7.1.3}$$

其中 $S$, $S_1$ 和 $S_2$, $S_1, S_2 \neq \varnothing$ 均为线性序, $m(O_i)$ 为 $O_i$, $i = 1, 2$, 的根节点次.

若 $O = (\mathcal{X}, \mathcal{P})$ 是这样从 $O_1$ 和 $O_2$ 合成的地图, 使得 $\mathcal{X} = \mathcal{X}_1 + \mathcal{X}_2$ 和 $\mathcal{P}$ 仅在节点

$$o = (S_1, S, S_2) \tag{7.1.4}$$

处与 $\mathcal{P}_1$ 和 $\mathcal{P}_2$ 不同, 即其他节点处 $\mathcal{P}$ 不是与 $\mathcal{P}_1$ 就是与 $\mathcal{P}_2$ 相同, 则称 $O$ 为 $O_1$ 和 $O_2$ 的内 $1v$-和, 用 $O_1 +\bullet O_2$ 表示. 进而, 规定

$$O_1 + O_2 + O_3 + \cdots + O_k = k \times O \tag{7.1.5}$$

当 $O_1 = O_2 = \cdots = O_k = O$ 时. 若 $k = 0$, 则 $k \times O$ 定义为空集.

对任何两个地图 $Q_1$ 和 $Q_2$, 令

$$\mathcal{Q}_1 \times\cdot \mathcal{Q}_2 = \{O_1 + O_2 | \forall O_1 \in \mathcal{Q}_1, \forall O_2 \in \mathcal{Q}_2\} \tag{7.1.6}$$

并称之为 $Q_1$ 和 $Q_2$ 的内 $1v$-积. 规定

$$\mathcal{Q}_1 \times \mathcal{Q}_2 \times \cdots \times \mathcal{Q}_n = \mathcal{Q}^{\times n} \tag{7.1.7}$$

当 $\mathcal{Q}_1 = \mathcal{Q}_2 = \cdots = \mathcal{Q}_n = \mathcal{Q}$ 时.

**引理 7.1.1** 对任何 $O \in \mathcal{O}_{ns_1}$, 存在一个整数 $k \geqslant 0$ 和一个地图 $O' \in \mathcal{O}_{ns}$, 使得

$$O \bullet a = (k \times L_1) +\cdot O', \tag{7.1.8}$$

其中 $a = e_r(O)$ 为 $O$ 的根边.

**证** 因为 $O \in \mathcal{O}_{ns_1}$ 和 $O \neq L_1$, $O \bullet a$ 仍然是一个外平面地图, 而且, 不可能为节点地图 $\vartheta$. 它已被排除在不分离之列. 由 $O$ 的外平面性, 所有与根边两端相同的边与根边 $a$ 形成一个重边, 由不可分离性, 它们在关联节点的旋中均形成一相继段. 这个重边中, 除可能在根面边界上那条非根边外, 其他边的数目记为 $k+1$, $k \geqslant 0$. 这样, 在 $O \bullet a$ 中去掉这个 $k+1$-重边中, 除根边被收缩掉外, 所产生的 $k$ 个自环, 剩下的地图就是 $O'$. 因为 $O'$ 不会是杆地图, 由 $O$ 的不可分离性, 可知 $O' \in \mathcal{O}_{ns}$. 由于这 $k$ 个自环都在 $O'$ 的一个非根面内, $O \bullet a$ 就有 $(k \times L_1) +\cdot O'$ 之形式. 即得引理. ꕷ

对 $O' \in \mathcal{O}_{ns}$, 令

$$\mathcal{O}_{O'} = \{O | \forall O \in \mathcal{O}_{ns_1}, \ O \bullet a = (k \times L_1) +\cdot O', \ k \geqslant 0\}. \tag{7.1.9}$$

则, 可得下面的

**引理 7.1.2** 对 $\mathcal{O}_{ns_1}$, 有

$$\mathcal{O}_{ns_1} = \sum_{O' \in \mathcal{O}_{ns}} \mathcal{O}_{O'}. \tag{7.1.10}$$

**证** 首先, 证明对任何 $O'_1, O'_2 \in \mathcal{O}_{ns}$, 有 $\mathcal{O}_{O'_1} \bigcap \mathcal{O}_{O'_2} = \varnothing$, 当且仅当, $O'_1 \neq O'_2$ (在带根的意义上). 因为假若 $O'_1 = O'_2$, 由 (7.1.9) 式, 必有 $\mathcal{O}_{O'_1} = \mathcal{O}_{O'_2}$, 即 $\mathcal{O}_{O'_1} \bigcap \mathcal{O}_{O'_2} \neq \varnothing$, 必要性显见. 反之, 由 (7.1.8) 式, 以及这种表示的唯一性, 即可得充分性.

然后, 往证 $\mathcal{O}_{ns_1} = \cup_{O' \in \mathcal{O}_{ns}} \mathcal{O}_{O'}$. 对任何 $O \in \mathcal{O}_{ns_1}$, 由引理 7.1.1, 有一个地图 $O' \in \mathcal{O}_{ns}$ 使得 $O \in \mathcal{O}_{O'}$. 反之, 对任何 $O \in \mathcal{O}_{O'}$, 有地图 $O' \in \mathcal{O}_{ns}$ 使得 $O' \bullet a' = (k \times L_1) +\cdot O'$. 因为 $O' \neq \vartheta$, $O \neq L_1$, 由 $O$ 对给定的 $k$ 和 $O'$ 的唯一性, 可以看出 $O$ 同样是外平面的和不可分离的. 从而, $O \in \mathcal{O}_{ns_1}$. ꕷ

设 $O' = (\mathcal{X}', \mathcal{P}') \in \mathcal{O}_{ns}$, 它的根节点记为 $o' = (r', \mathcal{P}'r', \cdots, \mathcal{P}'^{m(O')-1}r')$. 其中, 二相继元段 $\langle \mathcal{P}'^{i-1}r', \mathcal{P}'^i r' \rangle$ 被称为 $O'$ 的第 $i$ 角, $i = 0, 1, \cdots, m(O') - 1$, $m(O')$ 为 $O'$ 的根节点次. 自然, 第 $m(O')$ 角就是第 0 角. 下面, 记

$$O +_i O' = O + O', \tag{7.1.11}$$

即这样的一个 $1v$-和, 使得 $O$ 与 $O'$ 的第 $i$ 角关联, 或者说在第 $i$ 角内, $i - 1, 2, \cdots,$ $m(O') - 1$. 这里的 $O$ 总是 $k \times \cdot L_1$ 的形式. 由 (7.1.11) 式所确定的运算结果, 被称为第 $i$ 内 $1v$-和. 这个运算被称为第 $i$ 内 $1v$-加法.

相应地, 记

$$O_{O'}(i) = \{O | \forall O \in \mathcal{O}_{\mathrm{ns}_1}, O \bullet a = (k \times \cdot L_1)$$

$$+_i O', \ O' \in \mathcal{O}, k \geqslant 0\}, \tag{7.1.12}$$

对 $1 \leqslant i \leqslant m(O') - 1$.

**引理 7.1.3**　对任何 $O' \in \mathcal{O}_{\mathrm{ns}}$, 有

$$\mathcal{O}_{O'} = \sum_{i=1}^{m(O')-1} \mathcal{O}_{O'}(i), \tag{7.1.13}$$

其中 $\mathcal{O}_{O'}(i)$ 为由 (7.1.12) 式所给出,

**证**　首先, 证对任何 $i, j, i \neq j$, $\mathcal{O}_{O'}(i) \cap \mathcal{O}_{O'}(j) = \varnothing$. 因为 $i \neq j$ 和所有 $\mathcal{O}_{O'}(i)$ 和 $\mathcal{O}_{O'}(j)$ 中的地图具有相同的根, 从定理 1.1.5, 即得欲证的关系.

然后, 往证 $\mathcal{O}_{O'} = \cup_{i=1}^{m(O')-1} \mathcal{O}_{O'}(i)$. 由第 $i$ 内 $1v$-和的定义, 即可看出上式右端的集合为左端的一个子集. 反之, 由 (7.1.9) 式, $\mathcal{O}_{O'}$ 的任何一个元素也是另一端中的一个元素. 这就意味, 上式左端的集合是右端的一个子集.

下面, 看一看 $\mathcal{O}_{\mathrm{ns}}$ 的节点剖分计数函数

$$f_{\mathrm{ns}} = \sum_{O \in \mathcal{O}_{\mathrm{ns}}} x^{m(O)} \underline{y}^{\underline{n}(O)}, \tag{7.1.14}$$

其中 $m(O)$ 为 $O$ 的根节点次和 $\underline{n} = (n_2(O), n_3(O), \cdots)$, $n_i(O)$ 为 $O$ 中次是 $i$ 的非根节点数, $i \geqslant 2$. 这就要分别导出 $\mathcal{O}_{\mathrm{ns}_0}$ 和 $\mathcal{O}_{\mathrm{ns}_1}$ 赋予 $f_{\mathrm{ns}}$ 中的部分 $f_0 = f_{\mathrm{ns}_0}$ 和 $f_1 = f_{\mathrm{ns}_1}$.

由于自环地图仅有一个节点和仅有一条边. 它赋予 $x$ 的幂以 2, 而对 $\underline{y}$ 无所赋, 有

$$f_0 = x^2. \tag{7.1.15}$$

对 $\mathcal{O}_{\mathrm{ns}_1}$, 先了解函数

$$\tilde{f}(z) = \sum_{O \in \mathcal{O}_{\mathrm{ns}_1}} x^{m(O)} z^{s(O)} \underline{y}^{\underline{n}(O)},$$

其中 $m(O)$ 与 $\underline{n}(O)$ 的意义同上, $s(O)$ 为 $O$ 的与根边关联的非根节点之次. 由引理

7.1.1~7.1.3, 有

$$\tilde{f}(z) = \sum_{O' \in \mathcal{O}_{\mathrm{ns}}} \sum_{k \geqslant 0} \sum_{i=1}^{m(O')-1} x^{k+i+1} z^{m(O')+k-i+1} \underline{y}^{\underline{n}(O')}$$

$$= \sum_{O' \in \mathcal{O}_{\mathrm{ns}}} \frac{xz}{1-xz} \left( \sum_{i=1}^{m(O')-1} x^i z^{m(O')-i} \right) \underline{y}^{\underline{n}(O')}.$$

利用定理 1.6.4, 得

$$\tilde{f}(z) = \frac{xz}{1-xz} \partial_{x,z} \Big( f_{\mathrm{ns}}(u) \Big), \tag{7.1.16}$$

其中 $f_{\mathrm{ns}}(u) = f_{\mathrm{ns}}(x, \underline{y})|_{x=u}$ 和 $\partial_{x,y}$ 为 (1.6.8) 式所给出的 $\langle x, z \rangle$- 差分.

**定理 7.1.1**  如下的关于函数 $f = f(x, y)$, $\underline{y} = (y_2, y_3, \cdots)$, 的方程

$$f = x^2 + x \int_y \frac{y}{1-xy} \partial_{x,y} \Big( f(u) \Big), \tag{7.1.17}$$

其中 $f(u) = f(u, \underline{y})$, 在级数环 $\mathcal{L}\{\Re; x, \underline{y}\}$, $\Re$ 为整数环, 上是适定的. 而且, 这个解为 $f = f_{\mathrm{ns}}$ 如 (7.1.14) 式所给出.

**证**  同样, 由于第一结论可以按通常的方法导出, 这里只证后一个结论. 事实上, 由 (7.1.1) 式, 有

$$f_{\mathrm{ns}} = f_0 + f_1. \tag{7.1.18}$$

将 (7.1.15) 式代入 (7.1.18) 式, 和考虑到 (7.1.16) 式,

$$f_1 = \int_y \tilde{f}(y) = \int_y \frac{xy}{1-xy} \partial_{x,y} f_{\mathrm{ns}}(u). \tag{7.1.19}$$

再将 (7.1.19) 式代入 (7.1.18) 式, 即可得 $f_{\mathrm{ns}}$ 为方程 (7.1.17) 的这个解.          b

看起来用方程 (7.1.17) 直接求解, 以确定 $f_{\mathrm{ns}}$ 并不容易. 然而, 若从另一个角度, 不用节点剖分而考虑面剖分, 则将会取得再理想不过的结果. 为此, 需重新讨论 $\mathcal{O}_{\mathrm{ns}}$.

令 $\mathcal{O}_{\mathrm{sf}}$ 为将 $\mathcal{O}_{\mathrm{ns}}$ 中的自环地图 $L_1$ 用杆地图 $L_0$ 代替而得到的带根不可分离外平面地图的集合. 也是把 $\mathcal{O}_{\mathrm{sf}}$ 划分为两类: $\mathcal{O}_{\mathrm{sf}_0}$ 和 $\mathcal{O}_{\mathrm{sf}_1}$, 即

$$\mathcal{O}_{\mathrm{sf}} = \mathcal{O}_{\mathrm{sf}_0} + \mathcal{O}_{\mathrm{sf}_1}, \tag{7.1.20}$$

使得 $\mathcal{O}_{\mathrm{sf}_0}$ 仅由一个地图组成. 这就是杆地图 $L_0$. 自然, $\mathcal{O}_{\mathrm{sf}_1}$ 为除 $L_0$ 外 $\mathcal{O}_{\mathrm{sf}}$ 中所有其他地图组成. 而且, 易见 $\mathcal{O}_{\mathrm{sf}_1} = \mathcal{O}_{\mathrm{ns}_1}$.

现在, 所要讨论的计数为

$$h_{\mathrm{sf}}(x, y) = \sum_{O \in \mathcal{O}_{\mathrm{sf}}} x^{m(O)} \underline{y}^{\underline{n}(O)}. \tag{7.1.21}$$

但注意, 其中 $m(O)$ 为 $O$ 的根面次和 $\underline{n}(O)$ 为 $O$ 的面剖分向量, 即 $\underline{n}(O) = (n_1(O), n_2(O), \cdots), n_i(O)$ 为 $O$ 中次是 $i$ 的面的数目, $i \geqslant 1$.

令 $\mathcal{O}_{\langle \mathrm{sf}\rangle_1} = \{O - a | \forall O \in \mathcal{O}_{\mathrm{sf}_1}\}$, 其中 $a = e_r$. 对任何 $O' \in \mathcal{O}_{\langle \mathrm{sf}\rangle_1}$, 设 $O' = O - a$ 和与 $a$ 关联的 $O$ 中内面的次为 $k, k \geqslant 1$. 由 $O = (\mathcal{X}, \mathcal{P})$ 的外平面性, 有

$$O' = O_1 \hat{+} O_2 \hat{+} \cdots \hat{+} O_k, \tag{7.1.22}$$

其中 $O_j \cap O_{j+1} = v_{(\mathcal{P}\alpha\beta)^j \mathcal{P}\beta r}, j = 1, 2, \cdots, k-1$, 和 $O_j \in \mathcal{O}_{\mathrm{sf}}$ 及

$$r(O_1) = \mathcal{P}\beta r, \quad r(O_j) = (\mathcal{P}\alpha\beta)^{j-1}\mathcal{P}\beta r$$

对 $j = 2, 3, \cdots, k$. 一个地图 $O$, 如果它可以表示为形如 (7.1.22) 式, 则称之为 $O_1, O_2, \cdots$, 和 $O_k$ 的链 $1v$-和. 相仿地可知, 集合间的链 $1v$-积.

**引理 7.1.4** 记 $\hat{O}_k = \{O_1 \hat{+} \cdots \hat{+} O_k | \forall O_j \in \mathcal{O}_{\mathrm{sf}}, j = 1, 2, \cdots, k\}$. 则有

$$\mathcal{O}_{\langle \mathrm{sf}\rangle_1} = \sum_{k \geqslant 1} \mathcal{O}_{\mathrm{sf}}^{\hat{\times} k}, \tag{7.1.23}$$

其中链 $1v$-积 $\mathcal{O}_{\mathrm{sf}}^{\hat{\times} k} = \mathcal{O}_1 \hat{\times} \cdots \hat{\times} \mathcal{O}_k = \hat{O}_k$, 当 $\mathcal{O}_{\mathrm{sf}} = \mathcal{O}_i, i = 1, 2, \cdots, k$.

**证** 对任何 $O' \in \mathcal{O}_{\langle \mathrm{sf}\rangle_1}$, 从上面刚提到的知, 存在一个整数 $k \geqslant 1$ 使得 $O' \in \hat{O}_k$. 因此, $\mathcal{O}_{\langle \mathrm{sf}\rangle_1}$ 是 (7.1.23) 式右端集合的一个子集.

反之, 对任何 $O'$ 为 (7.1.23) 式右端集合中之一元素, 记 $O' \in \hat{O}_k$, 对某个 $k, k \geqslant 1$. 由于 $O' = (\mathcal{X}', \mathcal{P}')$ 具有形如 (7.1.22) 式, 可以构造一个地图 $O = (\mathcal{X}, \mathcal{P})$, 使得 $\mathcal{X} = \mathcal{X}' + Kr$ 和 $\mathcal{P}$ 仅在两节点

$$v_r = (r, \beta r(O_k), \mathcal{P}'\beta r(O_k), \cdots, \mathcal{P}'^{-1}\beta r(O_k))$$

和

$$v_{\beta r} = (\beta r, r(O_1), \mathcal{P}'r(O_1), \cdots, \mathcal{P}'^{-1}r(O_1))$$

处与 $\mathcal{P}'$ 不同. 即, $O$ 为由 $O'$ 添加一条边 $Kr$ 而得到的. 容易检验, $O' = O - a, a = Kr$. 因为 $O'$ 如 (7.1.22) 式所示, $O_j \in \mathcal{O}_{\mathrm{sf}}, j = 1, 2, \cdots, k$, 和

$$v_{(\mathcal{P}\alpha\beta)^j \mathcal{P}\beta r}, \quad j = 1, 2, \cdots, k-1,$$

为 $O'$ 的所有割点, 可见 $O \in \mathcal{O}_{\mathrm{sf}}$. 又, 由于 $O \neq L_0$, 就有 $O \in \mathcal{O}_{\mathrm{sf}_1}$. 由 $O' = O - a$, 又导致 $O' \in \mathcal{O}_{\langle \mathrm{sf}\rangle_1}$, 即 (7.1.23) 式左端的集合.

根据引理 7.1.4, 可以求出 $\mathcal{O}_{\mathrm{sf}_1}$ 赋予 $h_{\mathrm{sf}}$ 中的部分 $h_1 = h_{\mathrm{sf}_1}$, 这就是

$$
\begin{aligned}
h_1 &= x \sum_{O' \in \mathcal{O}_{\langle \mathrm{sf} \rangle_1}} y_{k(O')+1} x^{m(O')-k(O')} \underline{y}^{\underline{n}(O')} \\
&= \sum_{k \geqslant 1} xy_{k+1} x^{-k} \left( \sum_{O \in \mathcal{O}_{\mathrm{sf}}} x^{m(O)} \underline{y}^{\underline{n}(O)} \right)^k \\
&= x \sum_{k \geqslant 1} y_{k+1} \left( \frac{h_{\mathrm{sf}}}{x} \right)^k,
\end{aligned}
\tag{7.1.24}
$$

其中 $k(O')$ 为 $O'$ 的链 $1v$-和形式中的项数.

**定理 7.1.2** 关于函数 $h = h(x, \underline{y})$, $\underline{y} = (y_2, y_3, \cdots)$, 的方程

$$
h = x^2 + x \int_y \frac{y^2 h}{x - yh} \tag{7.1.25}
$$

在环 $\mathcal{L}\{\Re; x, \underline{y}\}$, $\Re$ 为整数环, 上是适定的. 而且, 这个解就是 $h = h_{\mathrm{sf}}$, 如 (7.1.21) 式所示.

**证** 与前面同样理由, 这里也是证后一个结论.

由于 $\mathcal{O}_{\mathrm{sf}_0}$ 仅含这个杆地图. 它赋根面边界以 2, 而无非根面, 可得 $\mathcal{O}_{\mathrm{sf}_0}$ 赋予 $h_{\mathrm{sf}}$ 中之部分 $h_0 = h_{\mathrm{sf}_0}$, 即

$$
h_0 = x^2. \tag{7.1.26}
$$

对于 $\mathcal{O}_{\mathrm{sf}_1}$, 由 (7.1.24) 式, 有

$$
\begin{aligned}
h_1 &= x \int_y y \sum_{k \geqslant 1} \left( \frac{y h_{\mathrm{sf}}}{x} \right)^k \\
&= x \int_y \frac{y^2 h_{\mathrm{sf}}}{1 - y h_{y h_{\mathrm{sf}}}},
\end{aligned}
\tag{7.1.27}
$$

其中 $h_1 = h_{\mathrm{sf}_1}$.

这样, 由于 $h_{\mathrm{sf}} = h_0 + h_1$, 从 (7.1.26) 式和 (7.1.27) 式, 即可知 $h = h_{\mathrm{sf}}$ 确为方程 (7.1.25) 的一个解.

基于定理 7.1.2, 有

$$
\frac{h}{x} = x + \sum_{k \geqslant 1} y_{k+1} \left( \frac{h}{x} \right)^k. \tag{7.1.28}
$$

对此, 可以利用推论 1.5.2, 得

$$
\frac{h}{x} = x + \sum_{m \geqslant 1} \frac{1}{m!} \frac{\mathrm{d}^{m-1}}{\mathrm{d}\xi^{m-1}} \left( \sum_{k \geqslant 1} y_{k+1} \xi^k \right)^m \Bigg|_{\xi=x}
$$

$$= x + \sum_{m \geqslant 1} \frac{1}{m!} \sum_{\underline{n} \in \mathcal{R}_{s-m+1}} \frac{m!s!}{\underline{n}!(s-m+1)!}$$
$$\times x^{s-m+1} \underline{y}^{\underline{n}}, \tag{7.1.29}$$

其中

$$\mathcal{R}_{s-m+1} = \{\underline{n} = (n_2, n_3, \cdots) | 0 \leqslant n_i \leqslant m, i \geqslant 2\}$$

和

$$m = \sum_{i \geqslant 2} n_i, \quad s = \sum_{k \geqslant 1} k n_{k+1}.$$

注意, 在 (7.1.29) 式中 $m$ 不是根面次, 而是非根面数.

**定理 7.1.3**　组合上不同的带根不可分离外平面地图, 使得具有 $q$ 条边, 根面次是 $m$ 和 $i$ 次非根节点的数目是 $n_i, i \geqslant 2$ 的数目为

$$N_{\mathcal{O}_{\mathrm{sf}}}(q, \underline{n}) = \frac{(q-1)!}{(m-1)!\underline{n}!}, \tag{7.1.30}$$

其中 $\underline{n} = (n_2, n_3, \cdots)$.

**证**　由 (7.1.29) 式可知,

$$h_{\mathrm{sf}} = x^2 + \sum_{m \geqslant 1} \frac{1}{m!} \sum_{\underline{n} \in \mathcal{R}_{s-m+1}} \frac{m!s!}{\underline{n}!(s-m+1)!} x^{s-m+2} \underline{y}^{\underline{n}}.$$

这就意味, 具有 $m$ 个非根面, 根面次为 $s-m+2$ 和 $i$ 次非根面数是 $n_i, i \geqslant 2$ 的这样的地图的数目为

$$\frac{s!}{\underline{n}!(s-m+1)!}. \tag{7.1.31}$$

由于

$$2q = (s-m+2) + \sum_{k \geqslant 2} k n_k$$
$$= (s-m+2) + s + m$$
$$= 2s + 2,$$

有 $q = s+1$. 注意到在 (7.1.31) 式中, $s-m+2$ 为根面的次, 即 $s-m+1$ 为根面次减 1, 可得 (7.1.30) 式.　　　　　　　　　　　　　　　　　　　　　　♮

## §7.2　不可分离 Euler 地图

虽然在第 6 章中已经讨论过一般 Euler 平面地图, 仍然需要了解 Euler 不可分离平面地图的计数函数. 自然, 通过看一看它应满足什么样的方程, 以及如何由此将它求出. 同时, 也可以考查一般情形与不可分离情形之间的关系而取得启示.

令 $\mathcal{M}_{\mathrm{Ens}}$ 为所有带根不可分离 Euler 平面地图的集合. 对任何 $M \in \mathcal{M}_{\mathrm{Ens}}$, 令 $2m(M)$ 为 $M$ 的根节点次和 $2i$ 次非根节点的数目为 $n_{2i}(M), i \geqslant 1$.

在 $\mathcal{M}_{\mathrm{Ens}}$ 中, 最小的地图就是自环地图 $L_1 = (Kr, (r, \alpha\beta r))$. 这样, 可以将 $\mathcal{M}_{\mathrm{Ens}}$ 划分为两类: $\mathcal{M}_{\mathrm{Ens}_0}$ 和 $\mathcal{M}_{\mathrm{Ens}_1}$ 使得 $\mathcal{M}_{\mathrm{Ens}_0}$ 中仅含这个自环地图 $L_1$. 自然, $\mathcal{M}_{\mathrm{Ens}_1}$ 就是 $\mathcal{M}_{\mathrm{Ens}}$ 中, 除 $L_1$ 之外的所有地图. 即, 有

$$\mathcal{M}_{\mathrm{Ens}} = \mathcal{M}_{\mathrm{Ens}_0} + \mathcal{M}_{\mathrm{Ens}_1}. \tag{7.2.1}$$

设 $M_1 = (\mathcal{X}_1, \mathcal{J}_1)$ 和 $M_1 = (\mathcal{X}_2, \mathcal{J}_2)$ 为两个地图, $r_1$ 和 $r_2$ 分别为它们的根. 它们的合成地图 $M = (\mathcal{X}, \mathcal{J})$ 使得 $\mathcal{X} = \mathcal{X}_1 + (\mathcal{X}_2 - Kr_2)$ 和 $\mathcal{J}$ 仅在以下两节点处不与 $\mathcal{J}_1$ 或 $\mathcal{J}_2$ 相同. 它们就是与 $a = e_{r_1}$ 关联的两节点: $v_r = (r_1, \mathcal{J}_2 r_2, \cdots, \mathcal{J}_2^{-1} r_2, \mathcal{J}_1 r_1, \cdots, \mathcal{J}_1^{-1} r_1)$ 和

$$v_{\beta r} = (\delta r_1, \mathcal{J}_1 \delta r_1, \cdots, \mathcal{J}_1^{-1} \delta r_1, \mathcal{J}_2 \delta r_2, \cdots, \mathcal{J}_2^{-1} \delta r_2),$$

其中, $\delta = \alpha\beta$. 这时, 此合成地图 $M$ 被称为 $M_1$ 和 $M_2$ 的根和. 这种合成运算为根加法, 并记之为

$$M = M_1 +|_r M_2. \tag{7.2.2}$$

容易看出, 根加法不满足交换律, 但可以检验它满足结合律. 由此, 可以有以下表示

$$\sum_{i=1}^{k} {}_r M_i = M_1 +|_r \sum_{i=2}^{k} {}_r M_i$$

$$= \sum_{i=1}^{k-1} {}_r M_i +|_r M_k. \tag{7.2.3}$$

对于 $M = (\mathcal{X}, \mathcal{J}) \in \mathcal{M}_{\mathrm{Ens}_1}$, 令 $r = r(M)$ 为它的根. 并将它的根节点及与根关联的非根节点分别简写为

$$v_r = (r, T), \quad T = \langle \mathcal{J}r, \mathcal{J}^2 r, \cdots, \mathcal{J}^{-1} r \rangle \tag{7.2.4}$$

和

$$v_{\beta r} = (\delta r, S), \quad S = \langle \mathcal{J}\delta r, \mathcal{J}^2 \delta r, \cdots, \mathcal{J}^{-1} \delta r \rangle. \tag{7.2.5}$$

其中 $T$ 和 $S$ 均为线性序, $\delta = \alpha\beta$ 与以前一样.

若对一个整数 $j > 1$, 存在两个整数 $m \geqslant 1$ 和 $n \geqslant 1$ 使得

$$(\mathcal{J}\delta)^m \mathcal{J}^j r = \mathcal{J}^n \delta r, \tag{7.2.6}$$

则称 $T$ 与 $S$ 在角对 $\{\langle (\mathcal{J}\delta)^{-1} \mathcal{J}^j r, \mathcal{J}^j r \rangle, \langle (\mathcal{J}\delta)^{m-1} \mathcal{J}^j r, \mathcal{J}^n \delta r \rangle\}$ 处是 $f$-可劈的. 事实上, 这时总可有 $T = \langle T_1, T_2 \rangle$, 其中

$$T_1 = \langle \mathcal{J}r, \cdots, \mathcal{J}^{j-1} r \rangle,$$

$T_2 = \langle \mathcal{J}^j r, \cdots, \mathcal{J}^{-1} r \rangle$, $S = \langle S_2, S_1 \rangle$, 其中 $S_2 = \langle \mathcal{J}\delta r, \cdots, \mathcal{J}^{n-1}\delta r \rangle$, $S_1 = \langle \mathcal{J}^n \delta r, \cdots,$ $\mathcal{J}^{-1}\delta r \rangle$, 使得 $M = M_1 +_r M_2$, 其中 $M_1 = (\mathcal{X}_1, \mathcal{J}_1)$ 和 $M_2 = (\mathcal{X}_2, \mathcal{J}_2)$ 为 $M$ 的两个子地图. 自然, $\mathcal{X} = \mathcal{X}_1 \cup \mathcal{X}_2$ 和 $\mathcal{X}_1 \cap \mathcal{X}_2 = Kr$. 这时, $\mathcal{J}_1$ 仅在两节点 $(r, T_1)$ 和 $(\delta r, S_1)$ 处与 $\mathcal{J}$ 不同和 $\mathcal{J}_2$ 仅在两节点 $(r, T_2)$ 和 $(\delta r, S_2)$ 处与 $\mathcal{J}$ 不同. 这样的 $\{T_1, S_1\}$ 和 $\{T_2, S_2\}$ 被称为 $f$-劈对. 自然, $j \neq 1$, 因为此时, 总有 $l$, $l+1$ 为与 $\delta r = \alpha \beta r$ 关联面的次, 使得 $(\mathcal{J}\delta)^l \mathcal{J} r = \delta r$ 和 $\mathcal{J}^{l+1} \mathcal{J} r = \mathcal{J} r$. 不过, $j = \mathrm{val}(v_r) - 1$ 确是允许的, 其中 $\mathrm{val}(v_r)$ 为 $M$ 的根节点的次. 而且, $j \geqslant \mathrm{val}(v_r)$ 就无意义了.

如果对每个 $j > 1$, 均不存在 $m \geqslant 1$ 和 $n \geqslant 1$ 使得 (7.2.6) 式成立, 则称 $T$ 和 $S$ 是 $f$-不可劈的.

设 $T$ 和 $S$ 已被 $f$- 劈分为 $T = \langle T_1, T_2, \cdots, T_k \rangle$, $\langle S_k, \cdots, S_2, S_1 \rangle$ 使得每一个 $f$-劈对 $\{T_i, S_i\}$, $i = 1, 2, \cdots, k$, 均为 $f$-不可劈的, 则称 $k$ 为地图 $M$ 的根指标. 这时, $M$ 的每个子地图 $M_i = (\mathcal{X}_i, \mathcal{J}_i)$, $1 \leqslant i \leqslant k$, 其中 $\mathcal{J}_i$ 仅在两节点 $v_{r_i} = (r, T_i)$ 和 $v_{\beta r_i} = (\delta r, S_i)$ 处与 $\mathcal{J}$ 不同和 $\mathcal{X}_i$ 为 $\mathcal{X}$ 上在 $\Psi_J$, $J = \{\alpha, \beta, \mathcal{J}_i\}$, 之下可迁的子集, 被称为 $\{T_i, S_i\}$ 连同 $Kr$ 在 $M$ 上的扩张.

若 $M \in \mathcal{M}_{\mathrm{Ens}_1}$, 则由 Euler 性, 对任何 $i$, $i = 1, 2, \cdots, k$, $T_i$ 和 $S_i$ 的长度(即含元素数) 要有相同的奇偶性. 而且, 由于 $T$ 的长度为奇数, 长度为奇数的 $T_i$ 只能有奇数个.

**引理 7.2.1**　对 $M \in \mathcal{M}_{\mathrm{Ens}_1}$, 有

$$M = \sum_{i=1}^{k} {}_r M_i, \qquad (7.2.7)$$

其中 $k$ 为 $M$ 的根指标. 而且, 只有奇数个 $M_i \in \mathcal{M}_{\mathrm{Ens}_1}$, $1 \leqslant i \leqslant k$, 其他的全不是 Euler 地图, 但是不可分离的, 和只是与根边关联的两节点次为奇数.

**证**　根据上面刚讨论过的, 可以看出, $M$ 总具有形如 (7.2.7) 式的表示. 由 $M$ 的不可分离性和平面性, 从 $M$ 本身以及根边不是自环, 导致所有 $M_i$, $i = 1, 2, \cdots, k$, 全是不可分离的和平面的. 又, 由 $M$ 的 Euler 性, 若 $M_i$ 是 Euler 的, 就必有 $M_i \in \mathcal{M}_{\mathrm{Ens}_1}$. 因为这时 $T_i$ 必为奇数, 从而只能有奇数个. 考虑到 $M_i$ 全只有两个节点与 $M$ 不同. 若 $M_i$ 不是 Euler 的, 只能是这两个节点, 即与根边关联的两节点的次数为奇数. ♭

根据 (7.2.7) 式, 对 $M \in \mathcal{M}_{\mathrm{Ens}_1}$, 有

$$M \bullet a = \sum_{i=1}^{k} \cdot M_i \bullet a_i, \qquad (7.2.8)$$

其中, $a$ 和 $a_i$, $i = 1, 2, \cdots, k$, 分别为 $M$ 和 $M_i$ 的根边. 在 (7.2.8) 式的求和后带个圆点指做如 §7.1 中所给出的内 $1v$-加法. 同时, 还要注意到 $M \bullet a$ 和 $M_i \bullet a_i$ 的根

节点分别变为

$$(S, T), \text{ 和 } (S_i, T_i) \tag{7.2.9}$$

对 $i = 1, 2, \cdots, k$. 而且, 有如下的关系:

$$s = \sum_{i=1}^{k} s_i = 1 \,(\text{mod } 2),$$

$$t = \sum_{i=1}^{k} t_i = 1 \,(\text{mod } 2),$$

$$s_i = t_i \,(\text{mod } 2), \quad 1 \leqslant i \leqslant k. \tag{7.2.10}$$

其中, $s, t, s_i, t_i$, 分别为 $S, T, S_i, T_i$ 的长度, $i = 1, 2, \cdots, k$.

**引理 7.2.2** 令 $\mathcal{M}_{(\text{Ens})_1}(s,t) = \{M \bullet a | \forall M \in \mathcal{M}_{\text{Ens}_1}, |S| = s, |T| = t\}$, $M \bullet a$ 的根节点为 $(S, T)$ 和 $a$ 为 $M$ 的根边. 则, 有

$$\mathcal{M}_{(\text{Ens})_1}(s,t) = \sum_{k \geqslant 1} \sum_{(\underline{s},\underline{t}) \in \Omega} \prod_{i=1}^{k} \cdot \mathcal{M}_{\text{Ens}}(s_i, t_i). \tag{7.2.11}$$

其中 $s, t, (\underline{s},\underline{t}) = (s_1, \cdots, s_k, t_1, \cdots, t_k)$ 与 (7.2.10) 式中的相同,

$$\Omega = \{(\underline{s},\underline{t}) | \forall (\underline{s},\underline{t}) \text{ 满足 (7.2.10) 式}\},$$

$$\mathcal{M}_{\text{Ens}}(s_i, t_i) = \{M | \forall M \in \mathcal{M}_{\text{Ens}} \text{使得根节点为} (S_i, T_i)\}$$

和 $\prod \cdot$ 表示做内 $1v$-乘法, 如 §7.1 中所述.

**证** 为方便, 记 (7.2.11) 式右端的集合为 $\tilde{\mathcal{M}}$.

对任何 $M = (\mathcal{X}, \mathcal{J}) \in \mathcal{M}_{(\text{Ens})_1}(s,t)$, 有地图 $M' = (\mathcal{X}', \mathcal{J}')$ 使得 $M = M' \bullet a'$. 设 $M'$ 的根指标为 $k$, 则 $M'$ 有如 (7.2.7) 式的表示. 从而, $M$ 有 (7.2.8)~(7.2.10) 式的表示. 从引理 7.2.1, 容易验证, 所有 $M_i = M_i' \bullet a_i' \in \mathcal{M}_{\text{Ens}}$, $i = 1, 2, \cdots, k$, 并且, 均可以是自环地图. 注意到 $M_i$ 的根节点为 $(S_i, T_i)$, $|S_i| = s_i$ 和 $|T_i| = t_i$, $i = 1, 2, \cdots, k$. 可见, $M \in \tilde{\mathcal{M}}$. 这就意味, $\mathcal{M}_{(\text{Ens})_1}(s,t) \subseteq \tilde{\mathcal{M}}$.

另一方面, 对任何 $M = (\mathcal{X}, \mathcal{J}) \in \tilde{\mathcal{M}}$, 由于 $M$ 具有形为 (7.2.8) 式, 但这里要将那里的 $M \bullet a$ 和 $M_i \bullet a_i$, $i = 1, 2, \cdots, k$, 分别用 $M$ 和 $M_i$, $i = 1, 2, \cdots, k$, 代替. 同时, 也知满足 (7.2.9) 和 (7.2.10) 式. 这样, 可以从 $M$ 始, 通过劈分根节点而造一个地图 $M' = (\mathcal{X}', \mathcal{J}')$ 使得 $\mathcal{X}' = \mathcal{X} + Kr'$ 和 $\mathcal{J}'$ 仅在以下两节点处与 $\mathcal{J}$ 不同. 它们就是 $v_{r'} = (r', T)$ 和 $v_{\beta r'} = (\delta r', S)$, 其中 $\delta = \alpha\beta$. 由于 $|S| = s$ 和 $|T| = t$ 有相同的奇偶性, 从 $M_i, 1 \geqslant i \geqslant k$ 的不可分离 Euler 平面性, 可知 $M' \in \mathcal{M}_{\text{Ens}}$. 又, 因为 $a' = Kr'$ 不是自环, 有 $M' \in \mathcal{M}_{\text{Ens}_1}$. 然, $M = M' \bullet a'$ 而且其根节点为 $v_r = (S, T)$ 和 $|S| = s$, $|T| = t$. 从而, $M \in \mathcal{M}_{(\text{Ens})_1}(s,t)$. 即, $\tilde{\mathcal{M}} \subseteq \mathcal{M}_{(\text{Ens})_1}(s,t)$.

下面, 看一看 $\mathcal{M}_{\mathrm{Ens}_0}$ 和 $\mathcal{M}_{\mathrm{Ens}_1}$ 分别贡献给计数函数

$$f = f_{\mathcal{M}_{\mathrm{Ens}}}(x, \underline{y}) = \sum_{M \in \mathcal{M}_{\mathrm{Ens}}} x^{2m(M)} \underline{y}^{\underline{n}(M)}, \tag{7.2.12}$$

其中 $2m(M)$ 为 $M$ 的根节点次和 $\underline{n} = (n_2(M), n_3(M), \cdots)$ 为 $M$ 的节点剖分向量的部分 $f_0 = f_{\mathrm{Ens}_0}$ 和 $f_1 = f_{\mathrm{Ens}_1}$.

因为 $\mathcal{M}_{\mathrm{Ens}_0}$ 仅由自环地图 $L_1$ 组成, 它的根节点次为 2 和没有非根节点, 即 $\underline{n}(L_1) = \underline{0}$, 有

$$f_0 = x^2. \tag{7.2.13}$$

对 $\mathcal{M}_{\mathrm{Ens}_1}$, 先确定函数 $\tilde{f}_{\mathrm{Ens}_1} = \tilde{f}_{\mathrm{Ens}_1}(x, y)$,

$$\tilde{f}_{\mathrm{Ens}_1} = \sum_{M \in \mathcal{M}_{\mathrm{Ens}_1}} x^{2m(M)} z^{2l(M)} \underline{y}^{\underline{n}(M)}. \tag{7.2.14}$$

其中, $2l(M)$ 为 $M$ 的与根边关联的节点 $v_{\beta r}$ 的次和 $\underline{n}(M)$ 为 $M$ 的除 $v_{\beta r}$ 外的节点剖分向量. 由引理 7.2.2, 有

$$\tilde{f}_{\mathrm{Ens}_1} = xz \sum_{M \in \mathcal{M}_{(\mathrm{Ens})_1}} x^{2m(M)-s(M)} z^{s(M)} \underline{y}^{\underline{n}(M)}$$

$$= xz \sum_{\substack{0 \leqslant l \leqslant \lfloor k/2 \rfloor \\ k \geqslant 1}} \binom{k}{2l+1} \left(\Delta_{\mathrm{Ens}}^{(1)}\right)^{2l+1} \left(\Delta_{\mathrm{Ens}}^{(0)}\right)^{k-2l-1},$$

其中

$$\Delta_{\mathrm{Ens}}^{(1)} = \sum_{M \in \mathcal{M}_{\mathrm{Ens}}} x^{2m(M)} \sum_{i=1}^{m(M)} \left(\frac{z}{x}\right)^{2i-1} \underline{y}^{\underline{n}(M)},$$

$$\Delta_{\mathrm{Ens}}^{(0)} = \sum_{M \in \mathcal{M}_{\mathrm{Ens}}} x^{2m(M)} \sum_{i=1}^{m(M)-1} \left(\frac{z}{x}\right)^{2i} \underline{y}^{\underline{n}(M)}.$$

由于

$$\Delta_{\mathrm{Ens}}^{(1)} = \sum_{M \in \mathcal{M}_{\mathrm{Ens}}} \frac{xz(x^{2m(M)} - z^{2m(M)})}{x^2 - z^2} \underline{y}^{\underline{n}(M)}$$

$$= xz \delta_{x^2, z^2} f_{\mathrm{Ens}},$$

$$\Delta_{\mathrm{Ens}}^{(0)} = \sum_{M \in \mathcal{M}_{\mathrm{Ens}}} \frac{z^2 x^{2m(M)} - x^2 z^{2m(M)}}{x^2 - z^2} \underline{y}^{\underline{n}(M)}$$

$$= \partial_{x^2, z^2} f_{\mathrm{Ens}},$$

有

$$
\begin{aligned}
\tilde{f}_{\mathrm{Ens}_1} &= xz \sum_{\substack{0 \leqslant l \leqslant \lfloor k/2 \rfloor \\ k \geqslant 1}} \binom{k}{2l+1} (xz\delta_{x^2,z^2} f_{\mathrm{Ens}})^{2l+1} \\
&\quad \times (\partial_{x^2,z^2} f_{\mathrm{Ens}})^{k-2l-1} \\
&= \frac{xz}{2} \sum_{k \geqslant 1} \Big( (\partial_{x^2,z^2} f_{\mathrm{Ens}} + xz\delta_{x^2,z^2} f_{\mathrm{Ens}})^k \\
&\quad - (\partial_{x^2,z^2} f_{\mathrm{Ens}} - xz\delta_{x^2,z^2} f_{\mathrm{Ens}})^k \Big) \\
&= \frac{x^2 z^2 \delta_{x^2,z^2} f_{\mathrm{Ens}}}{(1 - \partial_{x^2,z^2} f_{\mathrm{Ens}})^2 - (xz\delta_{x^2,z^2} f_{\mathrm{Ens}})^2},
\end{aligned}
\tag{7.2.15}
$$

其中 $f_{\mathrm{Ens}} = f_{\mathrm{Ens}}(\sqrt{u}) = f_{\mathrm{Ens}}(\sqrt{u}, \underline{y})$.

**定理 7.2.1**　关于函数 $f = f(x, \underline{y})$, $\underline{y} = (y_2, y_3, \cdots)$, 的方程

$$
f = x^2 + x^2 \int_y \frac{y^2 \delta_{x^2,y^2} f}{(1 - \partial_{x^2,y^2} f)^2 - (xy\delta_{x^2,y^2} f)^2},
\tag{7.2.16}
$$

在级数环 $\mathcal{L}\{\Re; x, \underline{y}\}$, $\Re$ 为整数环, 上是适定的. 而且, 这个解就是 $f = f_{\mathrm{Ens}}(x, \underline{y})$ 如 (7.2.12) 式给出.

**证**　因为前一个结论可如常法证明. 这里仅证后一个结论.

从 (7.2.1) 式, 可知 $f_{\mathrm{Ens}} = f_0 + f_1$. 前一项已由 (7.2.3) 式给出. 后一项, 由 (7.2.15) 式, 可知

$$
f_1 = \int_y \tilde{f}(x, y).
$$

将它代入, 即可得 $f = f_{\mathrm{Ens}}(x, y)$ 满足方程 (7.2.16). ⬠

看来利用方程 (7.2.16) 直接确定如 (7.2.12) 式所给出的计数函数 $f_{\mathrm{Ens}}$ 是不容易的. 这就不能不考查带有较少参数的计数函数 $h_{\mathrm{Ens}} = h_{\mathrm{Ens}}(x, y, z)$. 即,

$$
h_{\mathrm{Ens}} = \sum_{M \in \mathcal{M}_{\mathrm{Ens}}} x^{2m(M)} y^{n(M)} z^{q(M)},
\tag{7.2.17}
$$

其中 $2m(M)$, $n(M)$ 和 $q(M)$ 分别为 $M$ 的根节点次, 非根节点的数目和非根面的数目.

**定理 7.2.2**　关于函数 $f = f(x, y, z)$ 的方程

$$
f = x^2 z + \frac{x^2 y (f - f^*)}{x^2 (1 + f^*)^2 - (f + 1)^2},
\tag{7.2.18}
$$

其中 $f^* = f(1, y, z)$, 在级数环 $\mathcal{L}\{\Re; x, y, z\}$, $\Re$ 为整数环, 上是适定的. 而且, 这个解就是 $f = h_{\mathrm{Ens}}$, 如 (7.2.17) 式所示.

证　与定理 7.2.1 同样理由, 仅证后一个结论.

首先, 看 $\mathcal{M}_{\mathrm{Ens}_0}$ 赋予 $h_{\mathrm{Ens}}$ 中的部分 $h_0 = h_{\mathrm{Ens}_0}$. 由于对 $L_1$, 根节点次 2, 无非根节点和只有一个非根面, 有 $h_0 = x^2 z$. 剩下就是要看 $\mathcal{M}_{\mathrm{Ens}_1}$ 赋予 $h_{\mathrm{Ens}}$ 中的部分 $h_1 = h_{\mathrm{Ens}_1}$. 事实上, $h_1 = xy h_{(1)}$, 其中

$$h_{(1)} = \sum_{M \in \mathcal{M}_{(\mathrm{Ens})_1}} x^{2m(M)-s(M)} y^{n(M)} z^{q(M)}.$$

在上式中, $s(M)+1$ 为 $M$ 的与根边关联的非根节点 $v_{\beta r}$ 的次. 根据引理 7.2.2, 有

$$h_{(1)} = \sum_{\substack{0 \leqslant l \leqslant \lfloor k/2 \rfloor \\ k \geqslant 1}} \binom{k}{2l+1} (x\Delta_0)^{2l+1} (\Delta_1)^{k-2l-1},$$

其中

$$\Delta_0 = \sum_{M \in \mathcal{M}_{\mathrm{Ens}}} x^{2m(M)} \sum_{i=1}^{m(M)} \left(\frac{1}{x}\right)^{2i} y^{n(M)} z^{q(M)},$$

$$\Delta_1 = \sum_{M \in \mathcal{M}_{\mathrm{Ens}}} x^{2m(M)} \sum_{i=1}^{m(M)-1} x^{-2i} y^{n(M)} z^{q(M)}.$$

由于

$$\Delta_0 = \sum_{M \in \mathcal{M}_{\mathrm{Ens}}} \frac{1 - x^{2m(M)}}{1 - x^2} y^{n(M)} z^{q(M)}$$

$$= \frac{h_{\mathrm{Ens}}^* - h_{\mathrm{Ens}}}{1 - x^2},$$

$$\Delta_1 = \sum_{M \in \mathcal{M}_{\mathrm{Ens}}} \frac{x^2 - x^{2m(M)}}{1 - x^2} y^{n(M)} z^{q(M)}$$

$$= \frac{x^2 h_{\mathrm{Ens}}^* - h_{\mathrm{Ens}}}{1 - x^2},$$

即得

$$h_{(1)} = \frac{1}{2} \sum_{k \geqslant 1} \left((x\Delta_0 + \Delta_1)^k - (x\Delta_0 - \Delta_1)^k\right)$$

$$= \frac{1}{2} \left(\frac{\Delta_1 + x\Delta_0}{1 - \Delta_1 - x\Delta_0} - \frac{\Delta_1 - x\Delta_0}{1 - \Delta_1 - x\Delta_0}\right)$$

$$= \frac{x\Delta_0}{(1-\Delta_1)^2 - x^2 \Delta_0^2}.$$

由于

$$(1-\Delta_1)^2 - x^2 \Delta_0^2 = \frac{x^2(1 + h_{\mathrm{Ens}}^*)^2 - (1 + h_{\mathrm{Ens}})^2}{x^2 - 1},$$

以及 $\Delta_0$ 的上述表达式, 经化简, 可得

$$h_{(1)} = \frac{x(h_{\text{Ens}} - h_{\text{Ens}}^*)}{x^2(1 + h_{\text{Ens}}^*)^2 - (1 + h_{\text{Ens}})^2}.$$

这样, 就有 $h_{\text{Ens}} = h_0 + h_1 = h_0 + xyh_{(1)}$. 将上述所得的 $h_0$ 和 $h_{(1)}$ 代入, 与方程 (7.2.18) 比较, 即知 $f = h_{\text{Ens}}$ 是方程 (7.2.18) 的一个解.　　　　　　　　　　　　　♮

　　若在方程 (7.2.18) 中, 取 $y = z$, 即得

$$f = x^2 y \left(1 + \frac{f - f^*}{x^2(1 + f^*)^2 - (1 + f)^2}\right). \tag{7.2.19}$$

这是一个带两个变量的函数 $f = f(x, y)$, $f^* = f(1, y)$ 的三次方程. 事实上, 它的解就是带根不可分离 Euler 平面地图依根节点次与边数的计数函数 $g_{\text{Ens}} = g_{\text{Ens}}(x, y) = h_{\text{Ens}}(x, y, y)$. 虽然这个方程难以直接, 但可以用间接的方法先确定出 $g_{\text{Ens}}^* = g_{\text{Ens}}(1, y)$.

## §7.3　不可分离平面地图

　　令 $\mathcal{M}_{\text{ns}}$ 为所有带根不可分离平面地图的集合. 为便利, 约定自环地图 $L_1 = (Kr, (r, \alpha\beta r))$ 含于内, 但杆地图 $L_0 = (Kr, (r)(\alpha\beta r))$ 斥于外.

　　将 $\mathcal{M}_{\text{ns}}$ 划分为两类: $\mathcal{M}_{\text{ns}_0}$ 和 $\mathcal{M}_{\text{ns}_1}$. 即,

$$\mathcal{M}_{\text{ns}} = \mathcal{M}_{\text{ns}_0} + \mathcal{M}_{\text{ns}_1}, \tag{7.3.1}$$

其中 $\mathcal{M}_{\text{ns}_0}$ 仅由这个自环地图 $L_1$ 组成. 自然, $\mathcal{M}_{\text{ns}_1}$ 就是 $\mathcal{M}_{\text{ns}}$ 中除 $L_1$ 外所有地图组成的子集.

　　**引理 7.3.0**　一个地图 $M \in \mathcal{M}_{\text{ns}_1}$ 当且仅当, 它的平面对偶 $M^* \in \mathcal{M}_{\text{ns}_1}$. 即, $\mathcal{M}_{\text{ns}_1}$ 是自对偶的.

　　**证**　用反证法. 设 $M = (\mathcal{X}_{\alpha,\beta}, \mathcal{P}) \in \mathcal{M}_{\text{ns}_1}$, 但它的平面对偶地图 $M^* = (\mathcal{X}_{\beta,\alpha}, \mathcal{P}\alpha\beta) \notin \mathcal{M}_{\text{ns}}$. 因为 $M \neq L_1$, 知 $M^* \neq L_0$. 这时, $M^*$ 必有一个割点. 令

$$v^* = (x, \mathcal{P}\alpha\beta x, \cdots, (\mathcal{P}\alpha\beta)^{-1}x)$$

为 $M^*$ 的一个割点. 这就是说, 存在一个整数 $i \geqslant 0$ 和另一个整数 $j \neq i$, 不妨设 $j > i$ 使得 $v^*$ 被分划为两个相继段 $S_1 = \langle (\mathcal{P}^*)^i x, \cdots, (\mathcal{P}^*)^{j-1}x \rangle$ 和 $S_2 = \langle (\mathcal{P}^*)^j x, \cdots, (\mathcal{P}^*)^{i-1}x \rangle$, $\mathcal{P}^* = \mathcal{P}\alpha\beta$, 并且 $M^* = M_1^* \dot{+} M_2^*$. 其中, $M_k^* = (\mathcal{X}_{\beta,\alpha}^{(k)}, \mathcal{P}_k^*)$, $k = 1, 2$, 使得 $\mathcal{X}_{\beta,\alpha} = \mathcal{X}_{\beta,\alpha}^{(1)} + \mathcal{X}_{\beta,\alpha}^{(2)}$ 和 $\mathcal{P}_k^*$ 仅在节点 $(S_k)$ 处与 $\mathcal{P}^*$ 不同, $k = 1, 2$. 不管怎样, 这又导致 $M = M_1 \dot{+} M_2$, 其中 $M_k = (\mathcal{X}_{\alpha,\beta}^{(k)}, \mathcal{P}_k)$, $\mathcal{P}_k = \mathcal{P}_k^* \alpha\beta$, $k = 1, 2$. 从而, $M$ 中也要有一个割点. 与 $M$ 的不可分离性矛盾. 必要性得证.

由对偶性的对称性, 充分性同样为真.                                                                    ♭

对任何 $M \in \mathcal{M}_{\mathrm{ns}}$, 令 $m(M)$ 为 $M$ 的根节点次和 $\underline{n}(M) = (n_1(M), n_2(M), \cdots)$, $n_i(M)$ 为 $M$ 中 $i$ 次非节点的数目, $i \geqslant 1$. 由不可分离性, 可知 $M \in \mathcal{M}_{\mathrm{ns}_1}$ 的根边不可能是自环.

**引理 7.3.1**    对任何 $M \in \mathcal{M}_{\mathrm{ns}_1}$, 存在一个整数 $k \geqslant 0$ 使得

$$M \bullet a = \sum_{i=1}^{k} \cdot M_i, \tag{7.3.2}$$

其中 $M_i \in \mathcal{M}_{\mathrm{ns}}$, $1 \leqslant i \leqslant k$, 且它们全不再具有形如 (7.3.2) 式的表示, 对 $k > 1$.

**证**    事实上, 按照 §7.2 中所讨论的, 这里的 $k$ 就是 $M$ 的根指标. 而且, 当 $k > 1$ 时, 每个 $M_i$, $1 \leqslant i \leqslant k$, 均不再有形如 (7.3.2) 式之表示. 由 $M$ 的不可分离性, 注意到 $M_i$ 均仅有根节点与 $M$ 中的节点不同, 故它不会有割点. 即, $M_i \in \mathcal{M}_{\mathrm{ns}}$, $1 \leqslant i \leqslant k$.                                                                                                    ♭

可以看出, (7.3.2) 式中的所有 $M_i$, $1 \leqslant i \leqslant k$, 取遍 $\mathcal{M}_{\mathrm{ns}}$ 中的地图, 包括这个自环地图, 随着 $M$ 取遍 $\mathcal{M}_{\mathrm{ns}_1}$ 的地图. 记

$$\mathcal{M}_k = \Big\{ \sum_{i=1}^{k} \cdot M_i \Big| \ \forall M_i \in \mathcal{M}_{\mathrm{ns}}, 1 \leqslant i \leqslant k \Big\}, \tag{7.3.3}$$

和

$$\mathcal{M}_{(\mathrm{ns})_1} = \{ M \bullet a | \forall M \in \mathcal{M}_{\mathrm{ns}_1} \}, \tag{7.3.4}$$

其中 $a = e_r$ 为 $M$ 的根边.

**引理 7.3.2**    对于 $\mathcal{M}_{\mathrm{ns}_1}$, 有

$$\mathcal{M}_{(\mathrm{ns})_1} = \sum_{k \geqslant 1} \mathcal{M}_k, \ \mathcal{M}_k = \mathcal{M}_{\mathrm{ns}}^{\times k}, \tag{7.3.5}$$

其中 $\times$ 为内 $1v$-乘法如 §7.1 中所示.

**证**    由 §7.1 中, 关于内 $1v$-积的定义, (7.3.5) 式的后一个式子自明. 下面证明前者.

由引理 7.3.1, 可知

$$\mathcal{M}_{(\mathrm{ns})_1} = \bigcup_{k \geqslant 1} \mathcal{M}_k.$$

剩下的就是往证, 对任何 $i, j$, $i \neq j$, 有

$$\mathcal{M}_i \bigcap \mathcal{M}_j = \varnothing.$$

这又是自然的. 因为根指标是一个不变量, 根指标不同的地图不可能相同.                                          ♭

基于引理 6.3.2 和 6.3.3, 可以推出 $\mathcal{M}_{\mathrm{ns}_0}$ 和 $\mathcal{M}_{\mathrm{ns}_1}$ 对 $\mathcal{M}_{\mathrm{ns}}$ 的节点剖分计数函数

$$f_{\mathrm{ns}} = \sum_{M \in \mathcal{M}_{\mathrm{ns}}} x^{m(M)} \underline{y}^{\underline{n}(M)} \tag{7.3.6}$$

的贡献 $f_0 = f_{\mathrm{ns}_0}$ 和 $f_1 = f_{\mathrm{ns}_1}$. 其中, $m(M)$ 为 $M$ 的根节点次和 $\underline{n}(M) = (n_1(M), n_2(M), \cdots)$ 为 $M$ 的节点剖分向量, 即 $n_i(M)$ 为 $i$ 次非根节点数, $i \geqslant 1$.

由于 $\mathcal{M}_{\mathrm{ns}_0}$ 仅由自环地图 $L_1$ 组成, 容易看出,

$$f_{\mathrm{ns}_0} = x^2. \tag{7.3.7}$$

对 $\mathcal{M}_{\mathrm{ns}_1}$, 先看一看

$$\tilde{f}_{\mathrm{ns}_1} = \sum_{M \in \mathcal{M}_{\mathrm{ns}_1}} x^{m(M)} z^{s(M)} \underline{y}^{\underline{n}(M)}, \tag{7.3.8}$$

其中, $m(M)$, $s(M)$ 和 $\underline{n}(M)$ 分别为 $M$ 的根节点次, 与根边关联的非根节点 $v_{\beta r}$ 次和不计 $v_{\beta r}$ 的节点剖分向量.

考虑到对 $M \in \mathcal{M}_{\mathrm{ns}_1}$, $m(M \bullet a) = (m(M) - 1) + (s(M) - 1)$, $a = e_r(M)$ 为 $M$ 的根边, 有

$$\tilde{f}_{\mathrm{ns}_1} = xz \sum_{\tilde{M} \in \mathcal{M}_{\mathrm{ns}_1}} x^{m(\tilde{M}) - s(\tilde{M})} z^{s(\tilde{M})} \underline{y}^{\underline{n}(\tilde{M})}.$$

根据引理 7.3.2, 可得

$$\tilde{f}_{\mathrm{ns}_1} = xz \sum_{k \geqslant 1} \left( \Delta_{\mathrm{ns}} \right)^k,$$

其中

$$\Delta_{\mathrm{ns}} = \sum_{M \in \mathcal{M}_{\mathrm{ns}}} x^{m(M)} \sum_{i=1}^{m(M)-1} \left( \frac{z}{x} \right)^i \underline{y}^{\underline{n}(M)}.$$

利用定理 1.6.4, 得

$$\Delta_{\mathrm{ns}} = \partial_{x,z} f_{\mathrm{ns}}.$$

其中 $f_{\mathrm{ns}} = f_{\mathrm{ns}}(u) = f_{\mathrm{ns}}(u, \underline{y})$. 从而,

$$\begin{aligned} \tilde{f}_{\mathrm{ns}_1} &= xz \sum_{k \geqslant 1} (\partial_{x,z} f_{\mathrm{ns}})^k \\ &= \frac{xz \partial_{x,z} f_{\mathrm{ns}}}{1 - \partial_{x,z} f_{\mathrm{ns}}}. \end{aligned}$$

即,

$$f_{\mathrm{ns}_1} = \int_y \tilde{f}_{\mathrm{ns}_1}(x, y) = \int_y \frac{xz \partial_{x,z} f_{\mathrm{ns}}}{1 - \partial_{x,z} f_{\mathrm{ns}}}. \tag{7.3.9}$$

**定理 7.3.1**　关于函数 $f = f(x, y)$, $\underline{y} - (y_1, y_2, \cdots)$, 的方程

$$f = x^2 + x \int_y \frac{y \partial_{x,y} f}{1 - \partial_{x,y} f}, \tag{7.3.10}$$

其中在泛函下的 $f = f(u) = f(u, \underline{y})$, 在级数环 $\mathcal{L}\{\Re; x, \underline{y}\}$, $\Re$ 为整数环, 上是适定的. 而且, 这个解就是 $f = f_{ns}$ 如 (7.3.6) 式所给出.

**证**　前一结论的证明如常. 后一个结论, 可以由 $f_{ms} = f_{ns_0} + f_{ns_1}$, 以及 (7.3.7) 式和 (7.3.9) 式直接导出.

虽然方程 (7.3.10) 看上去比较简单, 但至今仍未能直接求出它的解. 不管怎样, 当只考虑少数参数时, 确可以得到理想的表达式. 现在, 讨论 $\mathcal{M}_{ns}$ 的计数函数

$$h_{ns} = \sum_{M \in \mathcal{M}_{ns}} x^{m(M)} y^{n(M)} z^{q(M)}, \tag{7.3.11}$$

其中 $m(M)$, $n(M)$ 和 $q(M)$ 分别为 $M$ 的根节点次, 非根节点数和非根面数.

仍然依据上面所提出的分解原理, 可以求出 $\mathcal{M}_{ns_0}$ 和 $\mathcal{M}_{ns_1}$ 赋予 $\mathcal{M}_{ns}$ 中的部分 $h_0 = h_{ns_0}$ 和 $h_1 = h_{ns_1}$.

由于 $\mathcal{M}_{ns_0}$ 仅含自环地图 $L_1$ 和 $L_1$ 的根节点次为 2, 没有非根节点但有一个非根面, 就有

$$h_0 = x^2 z. \tag{7.3.12}$$

对于 $\mathcal{M}_{ns_1}$, 由引理 7.3.2, 得

$$h_{\mathcal{M}_{ns_1}} = xy \sum_{k \geqslant 1} (\delta_{ns})^k,$$

其中

$$\begin{aligned}
\delta_{ns} &= \sum_{M \in \mathcal{M}_{ns}} \sum_{i=1}^{m(M)-1} x^i y^{n(M)} z^{q(M)} \\
&= \sum_{M \in \mathcal{M}_{ns}} \frac{x - x^{m(M)}}{1 - x} y^{n(M)} z^{q(M)} \\
&= \frac{x h_{ns}^* - h_{ns}}{1 - x}.
\end{aligned}$$

在上式中, $h_{ns}^* = h_{ns}(1, y, z)$. 从而, 有

$$\begin{aligned}
h_1 &= xy \sum_{k \geqslant 1} \left( \frac{x h_{ns}^* - h_{ns}}{1 - x} \right)^k \\
&= \frac{xy(x h_{ns}^* - h_{ns})}{1 - x - x h_{ns}^* + h_{ns}}. \tag{7.3.13}
\end{aligned}$$

**定理 7.3.2** 下面关于函数 $h = h(x, y, z)$ 的方程

$$h^2 + (1 - x + xy - x^2 z - xh^*)h$$
$$- x^2((1 - x)z + (y - zx)h^*) = 0, \tag{7.3.14}$$

其中 $h^* = h(1, y, z)$, 在级数环 $\mathcal{L}\{\mathfrak{R}; x, y, z\}$, $\mathfrak{R}$ 为整数环, 上是适定的. 而且, 这个解就是 $h = h_{\text{ns}}$, 如 (7.3.11) 式所示.

**证** 与定理 7.3.1 同样理由, 这里只证后一个结论.

事实上, 由于 $h_{\text{ns}} = h_0 + h_1$, 以及 (7.3.12) 式和 (7.3.13) 式, 得

$$h_{\text{ns}} = x^2 z + \frac{xy(xh_{\text{ns}}^* - h_{\text{ns}})}{1 - x - xh_{\text{ns}}^* + h_{\text{ns}}}.$$

经过合并同类项与化简, 即可知 $h_{\text{ns}}$ 满足方程 (7.3.14).

因为 (7.3.14) 式的判别式为

$$D(x) = (1 - x + xy - x^2 z - xh^*)^2$$
$$+ 4x^2 \Big((1 - x)z + (y - zx)h^*\Big),$$

可以检验存在一个级数 $\xi = \xi(y, z)$, 使得 $x = \xi$ 为 $D(x) = 0$ 的二重根 (或用定理 1.4.1). 从解联立方程

$$D(\xi) = (1 - \xi + \xi y - \xi^2 z - \xi h^*)^2$$
$$+ 4\xi^2 \Big((1 - \xi)z + (y - z\xi)h^*\Big) = 0,$$
$$\frac{\mathrm{d}D}{\mathrm{d}\xi} = 2(1 - \xi + \xi y - \xi^2 z - \xi h^*)$$
$$\times (y - 1 - 2\xi z - h^*) + 4\xi\Big((2 - 3\xi)z$$
$$+ (2y - 3z\xi)h^*\Big) = 0 \tag{7.3.15}$$

中, 确定 $y$, $z$ 和 $h^*$ 以 $\xi$ 为参数的表示式.

由于方程 (7.3.15) 中的两个方程全是对 $h^*$ 为二次的, 可以用其中之一解出 $h^* - z$ 作为 $y$, $z$ 和 $\xi$ 的函数. 而且, 依引理 7.3.0, 对 $y$ 和 $z$, 它是对称的. 然后, 引进另一个参数 $\eta$ 使得 $y$ 和 $z$ 都是 $\xi$ 和 $\eta$ 的函数. 可见, 它们对 $\xi$ 和 $\eta$ 全是对称的. 这样, 可得

$$y = \xi(1 - \eta)^2, \ z = \eta(1 - \xi)^2,$$

$$h^* - z = \xi\eta(1 - \xi - \eta). \tag{7.3.16}$$

注意到在 (1.5.20) 式和 (1.5.21) 式中, $(x_1, x_2) = (\xi, \eta)$, $(t_1, t_2) = (y, z)$, $\phi_2 = \dfrac{1}{(1-\xi)^2}$ 和 $\phi_1 = \dfrac{1}{(1-\eta)^2}$, 就有

$$
\begin{aligned}
\triangle(\xi, \eta) &= \det \begin{pmatrix} 1 - \dfrac{\xi}{\phi_1} \dfrac{\partial \phi_1}{\partial \xi} & -\dfrac{\eta}{\phi_1} \dfrac{\partial \phi_1}{\partial \eta} \\[3mm] -\dfrac{\xi}{\phi_2} \dfrac{\partial \phi_2}{\partial \xi} & 1 - \dfrac{\eta}{\phi_2} \dfrac{\partial \phi_2}{\partial \eta} \end{pmatrix} \\[3mm]
&= \det \begin{pmatrix} 1 & \dfrac{-2\eta}{1-\eta} \\[3mm] \dfrac{-2\xi}{1-\xi} & 1 \end{pmatrix} \\[3mm]
&= \frac{(1-\xi)(1-\eta) - 4\xi\eta}{(1-\eta)(1-\xi)}.
\end{aligned}
$$

利用定理 1.5.2, 即得

$$
\begin{aligned}
\partial^{(n,q)}_{(y,z)} h^* &= \partial^{(n,q)}_{(\xi,\eta)} \left( \frac{\xi\eta(1-\xi-\eta)((1-\xi)\triangle(\xi,\eta))}{(1-\xi)^{2q}(1-\eta)^{2n}} \right) \\[3mm]
&= \partial^{(n-1,q-1)}_{(\xi,\eta)} \left( \frac{1-\xi-\eta}{(1-\xi)^{2q}(1-\eta)^{2n}} \right) \\[3mm]
&\quad - 4\partial^{(n-2,q-2)}_{(\xi,\eta)} \left( \frac{1-\xi-\eta}{(1-\xi)^{2q+1}(1-\eta)^{2n+1}} \right)
\end{aligned}
$$

对 $(n, q) \geqslant (1, 1)$.

由于

$$
\begin{aligned}
\partial^{(s,t)}_{(\xi,\eta)}(1-\xi)^{-p}(1-\eta)^{-l} &= \partial^s_\xi \frac{1}{(1-\xi)^p} \partial^t_\eta \frac{1}{(1-\eta)^l} \\[3mm]
&= \binom{p+s-1}{s}\binom{l+t-1}{t}
\end{aligned}
$$

对 $s = n-1, n-2$, $t = q-1, q-2$, $p = 2q, 2q+1$ 和 $l = 2n, 2n+1$, 将它们代入上式, 经合并与简化, 即可得

$$
\partial^{(n,q)}_{(y,z)} h^* = \frac{(2n+q-2)!(2q+n-2)!}{n!(2n-1)!(2q-1)!q!} \tag{7.3.17}
$$

对 $(n, q) \geqslant (1, 1)$.

**定理 7.3.3**    具有 $m$ 个节点和 $p$ 个面的带根不可分离平面地图的数目为

$$
N_{\mathcal{M}_{\mathrm{ns}}}(m, p) = \frac{(2m+p-5)!(2p+m-5)!}{(m-1)!(p-1)!(2m-3)!(2p-3)!} \tag{7.3.18}
$$

对 $m \geqslant 1, p \geqslant 2$.

**证** 因为 $h^*$ 中 $y^n z^q$ 项的系数为具有 $n$ 个非根节点和 $q$ 个非根面的 $\mathcal{M}_{\mathrm{ns}}$ 中地图的数目, 就有 $m = n+1$ 和 $p = q+1$. 由 (7.3.17) 式, 可得 (7.3.18) 式, 当 $m \geqslant 1$, $p \geqslant 2$, 但不包含 $m = 1$ 和 $p = 2$ 的情形.

然而, 当 $m = 1$ 和 $p = 2$ 时, 由 (7.3.18) 式可知 $N_{\mathcal{M}_{\mathrm{ns}}}(1, 2) = 1$. 这就是那个自环地图 $L_1$. 这时, 也适用. 从而定理得证. ◻

## §7.4   曲面不可分离地图

一个不可分离地图, 若在它的根面边界上所有节点的次均为 3, 则称它是**边缘 3-正则**的.

对任一 $M = (\mathcal{X}, \mathcal{P}) \in \mathcal{M}_{\mathrm{ns}}$, 与 §7.3 一样, 所有带根不可分离平面地图的集合, 令 $m(M)$ 为 $M$ 的根节点次. 它的根节点为

$$v_r = (r, \mathcal{P}r, \cdots, \mathcal{P}^{m(M)-1}r). \tag{7.4.1}$$

通过劈开这个节点为 $m(M)$ 个端

$$v_i = v_{\mathcal{P}^{i-1}r}, \quad i = 1, 2, \cdots, m(M), \tag{7.4.2}$$

并且添加 $m(M)$ 条边

$$e_i = Kx_{i-1}, \quad i = 1, 2, \cdots, m(M), \tag{7.4.3}$$

使得

$$v_i = (x_i, \mathcal{P}^i r, \alpha\beta x_{i+1}), \tag{7.4.4}$$

对 $i = 0, 1, \cdots, m(M) - 1$, $x_{m(M)} = x_0 = x$, 得地图 $N = (\mathcal{X}_N, \mathcal{J})$. 它的根为 $x$. 即, $\mathcal{X}_N = \mathcal{X} + \sum_{i=1}^{m(M)} Kx_{i-1}$ 和 $\mathcal{J}$ 仅在由 (7.4.4) 式给出的节点处与 $\mathcal{P}$ 不同. 可以看出, $N$ 的根面为

$$f_0 = (x, x_{m(M)-1}, x_{m(M)-2}, \cdots, x_1). \tag{7.4.5}$$

理由是从 (7.4.4) 式, 可知 $\mathcal{J}\alpha\beta x = x_{m(M)-1}$, $(\mathcal{J}\alpha\beta)^2 x = x_{m(M)-2}, \cdots, (\mathcal{J}\alpha\beta)^{m(M)-1} x = x_1$, $\mathcal{J}\alpha\beta x_1 = x$. 这就意味, 所有由 (7.4.4) 式给出的节点形成 $N$ 的根面边界. 而且, 它们的次全为 3. 因此, $N$ 是一个边缘 3-正则地图, 并称 $N$ 为 $M$ 的**边缘 3-正则扩张**.

**引理 7.4.1**   令 $\mathcal{M}_{\mathrm{ns}}(m, n)$ 和 $\mathcal{B}(m, n)$ 分别为所有具有 $n$ 条边与根节点次是 $m$ 的带根不可分离平面地图的集合和所有具有 $n$ 条边与根面次是 $m$ 的边缘 3-正

则平面地图的集合. 则, 有

$$\left|\mathcal{M}_{\mathrm{ns}}(m,n)\right| = \left|\mathcal{B}(m,m+n)\right| \tag{7.4.6}$$

对 $n, m \geqslant 1$.

**证**  设 $M \in \mathcal{M}_{\mathrm{ns}}(m,n)$. 由上面所述的过程, 可唯一地得到一个边缘 3-正则平面地图 $N$, 即 $M$ 的边缘 3-正则扩充. 容易验证, $N \in \mathcal{B}(m,m+n)$.

另一方面, 对任何 $N \in \mathcal{B}(m,m+n)$, 可以假设在根面边界上的那 $m$ 个节点具有如 (7.4.2) 式和 (7.4.4) 式之形式. 这样, 通过去掉如 (7.4.3) 式所示的 $m$ 条边, 然后将它们之端合并成一个节点如 (7.4.1) 所示的 $v_r$, 可唯一地得地图 $M$. 由于边缘 3-正则地图是从不可分离地图导出的, 并且它也是不可分离的, 可以验证 $M \in \mathcal{M}_{\mathrm{ns}}(m,n)$.

总之, 上面实际上提供了 $\mathcal{M}_{\mathrm{ns}}(m,n)$ 和 $\mathcal{B}(m,m+n)$ 之间的一个 1–1 对应, 故引理成立.

根据引理 7.4.1, 为了确定 $\mathcal{B}(m,m+n)$ 中地图的数目, 只需给出 $\mathcal{M}_{\mathrm{ns}}(m,n)$ 的数目即足. 这一任务恰可利用 §7.3 中提供的方法来完成.

现在, 要考虑的计数函数为

$$f_{\mathrm{ns}} = \sum_{M \in \mathcal{M}_{\mathrm{ns}}} x^{m(M)} y^{n(M)}, \tag{7.4.7}$$

其中 $m(M)$ 和 $n(M)$ 分别为 $M$ 的根节点次与度 (即边数).

基于引理 7.3.2, 可以导出由 (7.4.7) 式定义的函数 $f_{\mathrm{ns}}$ 为下面关于函数 $f = f(x,y)$ 的方程之一个解.

$$f^2 + \Big((1-x)(1+xy) - xf^*\Big)f$$
$$-x^2(1-x)y(1+f^*) = 0, \tag{7.4.8}$$

其中, $f^* = f(1,y)$, 即以度为参数的计数函数.

事实上, 方程 (7.4.8) 就是方程 (7.3.14) 的当 $y = z$ 的情形, 或者说这里的 $f = h(x,y,y)$.

这样看来, 对方程 (7.4.8) 中的 $f^*$ 和 $y$, 就有下面的参数表示式

$$y = \xi(1-\xi)^2, \quad f^* - y = \xi^2(1-2\xi). \tag{7.4.9}$$

依此, 可利用推论 1.5.1, 求得

$$f^* - y = \sum_{n \geqslant 1} \frac{y^n}{n!} \frac{\mathrm{d}^{n-1}}{\mathrm{d}\xi^{n-1}} \left(\frac{2\xi(1-3\xi)}{(1-\xi)^{2n}}\right)\Bigg|_{\xi=0}$$

$$= \sum_{n \geqslant 1} \frac{y^n}{n!} \left( \frac{2(n-1)(3n-3)!}{(2n-1)!} \right.$$

$$\left. - \frac{3(n-1)(n-2)(3n-4)!}{(2n-1)!} \right)$$

$$= \sum_{n \geqslant 1} \frac{2(3n-3)!}{n!(2n-1)!} y^n. \tag{7.4.10}$$

虽然将 (7.4.9) 式代入方程 (7.4.8), 可以得到 $f$ 作为 $x$ 和 $\xi$ 的函数, 然后将 $f$ 反演为 $x$ 和 $y$ 的级数形式. 因为要占用过多篇幅, 这里不再详述. 因此, 可设

$$N_{\text{ns}}(m,n) = \partial_{(x,y)}^{(m,n)} f_{\hat{\text{ns}}} \tag{7.4.11}$$

为已知, 即具有 $n$ 条边, 根节点次为 $m$ 的带根不可分离平面地图的数目, $m, n \geqslant 1$.

令 $N_{\text{cb}}(m,n)$ 为具有 $n$ 条边, 根面的次为 $m$ 的边缘 3-则平面地图的数目. 则由引理 7.4.1, 有

$$N_{\text{cb}}(m,n) = N_{\text{ns}}(m, n-m), \tag{7.4.12}$$

其中, $n \geqslant m$ 自然要满足.

对于地图 $M = (\mathcal{M}_{\alpha,\beta}, \mathcal{P})$ 在亏格为 $g$(或 $\tilde{g}$) 的可定向 (或不可定向) 曲面上, 根据 [Liu58] 中所述的多面形理论, 有一个只含一个面的极小子地图 $R$ 在同样的曲面上. 这种极小地图 $R$ 被称为**亏格$g$-(或 $\tilde{g}$-, 当不可定向时)本质的**. 这里, 为省篇幅, 仅讨论不可定向的情形.

**引理 7.4.2** 一个子地图 $R$ 在亏格为 $\tilde{g}$ 的不可定向曲面上是 $\tilde{g}$-本质的, 当且仅当, $R$ 没有次为 1 的节点, 它的循环空间的维数为 $\tilde{g}$, 并且除它本身外没有其他循环是面边界.

**证** 因为 $R$ 是 $\tilde{g}$-本质的, 可以看出 $R$ 在亏格 $\tilde{g}$ 的曲面上恰有一个面. 对于 $R$ 在亏格 $\tilde{g}$ 的曲面上, 它的循环空间的维数至少为 $\tilde{g}$. 由 $R$ 的极小性, 按照 [Liu58] 中的原理, 它的维数只能是 $\tilde{g}$. 从 $R$ 只含一个面可知, 除它本身外, 不再有其他的循环为一个面边界. 由 $R$ 的极小性, 自然不可能有次为 1 的节点. 必要性得证.

往证充分性. 令 $\nu(R)$ 和 $\epsilon(R)$ 分别为 $R$ 的阶与度. 因为 $R$ 的循环空间的维数为 $\tilde{g}$, 对 $R$ 的任何一个支撑树, 均有 $\tilde{g}$ 条上树边. 这就意味, $\epsilon(R) = \nu(R) - 1 + \tilde{g}$. 这样, 若记 $\Delta(R) = \nu(R) - \epsilon(R)$, 则有

$$\Delta(R) = 1 - \tilde{g}. \tag{7.4.13}$$

由于 $R$ 仅含一个面, 据定理 1.1.3 和 (7.4.13) 式, $R$ 就是在亏格为 $\tilde{g}$ 的不可定向曲面上. 因为 $R$ 没有次为 1 的节点, 也就没有悬挂边 (即仅一端为 1 次节点). 任何非

割边, 因为在圈上, 去掉之后必使循环空间维数减少, 若去掉割边 $e$, 则必使 $R - e$ 不再是子地图. 这就意味 $R$ 具有极小性. 从而, $R$ 只能是 $\tilde{g}$-本质的.

如果在亏格为 $\tilde{g}$ 的曲面上的一个地图 $M$ 中, 有一个 $\tilde{g}$-本质的子地图给以标示, 则称 $M$ 为 $\tilde{g}$-定向的. 两个 $\tilde{g}$-定向的地图被视为相同, 仅当它们之间存在一个同构, 并使得带标示的子地图相应. 否则, 不同的.

对于亏格为 $\tilde{g}$ 曲面上一个地图 $M = (\mathcal{X}_{\alpha,\beta}, \mathcal{P})$, 令 $R$ 为其上的一个带标示的 $\tilde{g}$-本质的子图. $R$ 的仅有的面被记为

$$(x_1, x_2, \cdots, x_{2\epsilon(R)}). \tag{7.4.14}$$

在 $M$ 上沿 $R$ 的边切开, 即将 $R$ 的边变为

$$K\tilde{x}_1, K\tilde{x}_2, \cdots, K\tilde{x}_{2\epsilon(R)}, \tag{7.4.15}$$

其中, $K\tilde{x}_i = \{x_i, \alpha\tilde{x}_i, \alpha\beta x_i, \alpha\beta\tilde{x}_i\}, i = 1, 2, \cdots, 2\epsilon(R)$ 对 $i = 1, 2, \cdots, 2\epsilon(R)$, 同时添加一个面

$$(\tilde{x}_1, \tilde{x}_2, \cdots, \tilde{x}_{2\epsilon(R)}), \tag{7.4.16}$$

这样从 $M$ 得到的地图被记为 $M' = (\mathcal{X}'_{\alpha,\beta}, \mathcal{P}')$. 事实上, 它的对偶地图 $M'^* = (\mathcal{X}'_{\beta,\alpha}, \mathcal{P}'\alpha\beta)$ 与 $M$ 的对偶地图 $M^* = (\mathcal{X}_{\beta,\alpha}, \mathcal{P}\alpha\beta)$ 仅有一个节点, 如 (7.4.16) 式所示, 不同, 和

$$\mathcal{X}'_{\beta,\alpha} = \mathcal{X}_{\beta,\alpha} - \{x_i | 1 \leqslant i \leqslant 2\epsilon(R)\} + \sum_{i=1}^{2\epsilon(R)} K\tilde{x}_i.$$

并且, 称 $M'$ 为 $M$ 对 $\tilde{g}$-本质子地图 $R$ 的 $\tilde{g}B$-地图. 容易检验, 当 $\tilde{g} = 1$ 时, $\tilde{1}B$-地图就是如在 §4.3 中所述.

**引理 7.4.3**    在亏格 $\tilde{g}$ 的曲面上, 一个地图 $M$ 的所有 $\tilde{g}B$-地图全是平面的,

证    设 $\tilde{M}$ 为在 $M$ 上将 $R$ 的一个支撑树每一边收缩为一个节点所得的地图. 因为 $\tilde{M}$ 与 $M$ 的 Euler 示性数相同, $M$ 的 $\tilde{g}B$-地图与 $\tilde{M}$ 的就也有相同的 Euler 示性数. 然而, 容易检验, 对 $\tilde{M}$ 的任何一个 $\tilde{g}B$-地图 $\tilde{M}'$, 有

$$\nu(\tilde{M}') = 2\tilde{g} - 1 + \nu(\tilde{M}),$$

$$\epsilon(\tilde{M}') = \epsilon(\tilde{M}) + \tilde{g}, \quad \varphi(\tilde{M}') = \varphi(\tilde{M}) + 1.$$

这就意味, $\tilde{M}$ 的示性数

$$\begin{aligned} \mathrm{Eul}(\tilde{M}') &= \mathrm{Eul}(\tilde{M}) + 2\tilde{g} - 1\tilde{g} + 1 \\ &= 1 - \tilde{g} + \tilde{g} + 1 \\ &= 2. \end{aligned}$$

从而, $\tilde{M}'$ 只能是平面的, 乃至 $M$ 的 $\tilde{g}$B-地图 $M'$ 同样地, 也是平面的.

令 $\mathcal{M}_{\mathrm{nst}}(m;\tilde{g})$ 为所有 $\tilde{g}$-定向不可劈地图的集合. 其中, 每个地图的带标示的子图均具有 $m$ 条边 (自然, $m \geqslant \tilde{g}$). 则, 有

$$\mathcal{M}_{\mathrm{nst}}(m;\tilde{g}) = \sum_{n \geqslant m} \mathcal{M}_{\mathrm{nst}}(m, n; \tilde{g}), \tag{7.4.17}$$

其中 $\mathcal{M}_{\mathrm{nst}}(m, n; \tilde{g})$ 是所有 $\mathcal{M}_{\mathrm{nst}}(m;\tilde{g})$ 中边数为 $n$ 的地图的集合. 自然, 只能 $n \geqslant m$ 才有意义.

**引理 7.4.4** 令 $\mathcal{M}_{\mathrm{nsp}}(m, n)$ 为所有具有 $n$ 条边和根面的次 $m$, 带根不可分离平面地图的集合, $n \geqslant m \geqslant 1$. 则, 有

$$\left|\mathcal{M}_{\mathrm{nst}}(m, n; \tilde{g})\right| = N_{1\mathrm{f}}(m;\tilde{g})\left|\mathcal{M}_{\mathrm{nsp}}(2m, n + m)\right| \tag{7.4.18}$$

对 $m \geqslant \tilde{g} \geqslant 1$, 其中 $N_{1\mathrm{f}}(m;\tilde{g})$ 为具有 $m$ 条边, 仅一个面, 没有悬挂点 (次为 1 的节点) 和循环空间的维数为 $\tilde{g}$, 在亏格为 $\tilde{g}$ 的不可定向曲面上, 带根地图的数目.

**证** 对任何 $M \in \mathcal{M}_{\mathrm{nst}}(m;\tilde{g})$, 只要带标示 $\tilde{g}$-本质的子地图给定, 就可唯一地得到它的 $\tilde{g}$B-地图 $M'$. 由引理 7.4.3, $M'$ 是平面的. 因为 $M$ 是不可劈的, 用与 §4.4 和 §4.5 中相同的理由可知, $M'$ 是不可分离的. 通过数 $M'$ 的边数, 以及它的无限面边界上的边数, 即可看出 $M' \in \mathcal{M}_{\mathrm{nsp}}(2m, m + n)$. 这就意味, (7.4.18) 式左端不会大于右端.

另一方面, 对任一地图 $M' \in \mathcal{M}_{\mathrm{nsp}}(2m, m + n)$, 由引理 7.4.2 恰有 $N_{1\mathrm{f}}(m;\tilde{g})$ 种可能性, 在亏格为 $\tilde{g}$ 的不可定向曲面上, 形成一个地图 $M$ 使得它有 $n$ 条边, 带有 $m$ 条边的 $\tilde{g}$-本质的子地图被标示. 再依 §4.4 和 §4.5 中的理由知, $M$ 是不可劈的. 通过简单地数一下 $M$ 中的边数, 即可得 $M \in \mathcal{M}_{\mathrm{nst}}(m;\tilde{g})$. 从而, (7.4.18) 式右端不大于左端.

至于如何在给定亏格的曲面上, 数没有悬挂点, 且只有一个面, 和它的循环空间维数等于这个曲面的亏格的地图, 将会在 §9.5 中触及到.

如果 $\tilde{g} = 1$, 引理 7.4.1 还可依与 §5.4 中相仿的方式, 用来数一类射影平面上的定向不可劈地图.

# §7.5 曲面上节点剖分

这里, 讨论无割棱 (或者说, 2-边连通) 的地图. 令 $\mathcal{M}$ 为曲面上所有 (包括可定向与不可定向) 无割棱的根地图. 将 $\mathcal{M}$ 分为三类, 即

$$\mathcal{M} = \mathcal{M}_0 + \mathcal{M}_1 + \mathcal{M}_2. \tag{7.5.1}$$

其中, $\mathcal{M}_0$ 仅由节点地图 $\vartheta$ 组成, $\mathcal{M}_1$ 由所有根棱为自环的组成和 $\mathcal{M}_2$ 由其他地图组成, 即根棱不是自环.

**引理 7.5.1**    集合 $\mathcal{M}_0$ 贡献于 $f = f_{\mathcal{M}}(x.\underline{y})$ 的部分为

$$f_0 = 1,  \tag{7.5.2}$$

其中 $f_0 = f_{\mathcal{M}_0}(x, \underline{y})$.

证    因为 $\vartheta$ 无根棱和无非根节点, 有 $m(\vartheta) = 0$ 和 $\underline{n}(\vartheta) = \underline{0}$, 即得引理.    ⬥

为了确定 $\mathcal{M}_1$ 的计数函数, 先要考虑如何将 $\mathcal{M}_1$ 分解.

**引理 7.5.2**    对于 $\mathcal{M}_1$, 有

$$\mathcal{M}_{\langle 1 \rangle} = \mathcal{M},  \tag{7.5.3}$$

其中 $\mathcal{M}_{\langle 1 \rangle} = \{M - a | \forall M \in \mathcal{M}_1\}, a = Kr(M)$.

证    因为环地图 $L_1 = (r, \gamma r) \in \mathcal{M}_1$, $\gamma = \alpha\beta$, 有 $L_1 - a = \vartheta \in \mathcal{M}$.

对任何 $S \in \mathcal{M}_{\langle 1 \rangle}$, 因为存在 $M \in \mathcal{M}$ 使得 $S = M - a$, 由 $M$ 的根棱不是割棱可知 $S \in \mathcal{M}$. 从而, $\mathcal{M}_{\langle 1 \rangle} \subseteq \mathcal{M}$.

反之, 对任何 $M = (\mathcal{X}, \mathcal{J}) \in \mathcal{M}$, 在根顶点 $(r)_{\mathcal{J}}$ 处添棱 $a' = Kr'$ 得 $S_i$, 其根顶点为

$$(r'r, \cdots, \mathcal{J}^i r, \gamma r', \mathcal{J}^{i+1} r, \cdots, \mathcal{J}^{m(M)-1} r),$$

其中 $0 \leqslant i \leqslant m(M) - 1$. 因为 $S_i - a' = M$, 这就有 $S_i \in \mathcal{M}_1$. 从而, $\mathcal{M} \subseteq \mathcal{M}_{\langle 1 \rangle}$.    ⬥

从这个引理的证明中可以看出, 每个 $\mathcal{M}$ 中的地图 $M = (\mathcal{X}, \mathcal{J})$, 除产生 $S_i \in \mathcal{M}_1, 0 \leqslant i \leqslant m(M)-1$, 外, 还有 $S_m \in \mathcal{M}_1$ 不与它们同构. 其根顶点为 $(r', \gamma r', \langle r \rangle_{\mathcal{J}})$. 对于 $M \in \mathcal{M}$, 记

$$\mathcal{S}_M = \{S_i | 0 \leqslant i \leqslant m(M)\}.  \tag{7.5.4}$$

**引理 7.5.3**    集合 $\mathcal{M}_1$ 有如下的分解:

$$\mathcal{M}_1 = \sum_{M \in \mathcal{M}} \mathcal{S}_M,  \tag{7.5.5}$$

其中 $\mathcal{S}_M$ 由 (7.5.4) 式给出.

证    首先, 对于 $M \in \mathcal{M}_1$, 由于 $M' = M - a \in \mathcal{M}_{\langle 1 \rangle}$, 依引理 7.5.2, 有 $M' \in \mathcal{M}$. 经 (7.5.4) 式, 得 $M \in \mathcal{S}_{M'}$. 从而, (7.4.5) 式左端是右端的一个子集.

反之, 对 (7.4.5) 式右端的一个地图 $M$, 由于其根棱是环, 有 $M \in \mathcal{M}_1$. 从而, (7.4.5) 式右端是左端的一个子集.    ⬥

基于这个引理, 可得

**引理 7.5.4**    对于 $g_1 = g_{\mathcal{M}^1}(x.\underline{y}) = f_{\mathcal{M}^1}(x, \underline{y})$, 有

$$f_1 = x^2 \left(f + \frac{\partial f}{\partial x}\right),  \tag{7.5.6}$$

其中, $f = f_{\mathcal{M}}(x, \underline{y})$.

证  由引理 7.5.3, 有

$$f_1 = \sum_{M \in \mathcal{M}} (m(M) + 1) x^{m(M)} \underline{y}^{\underline{n}}.$$

利用定理 1.3.5, 即得

$$f_1 = x^2 \Big( f + x \frac{\partial f}{\partial x} \Big).$$

这就是引理的结论.                                                        ♮

下面, 再考虑 $\mathcal{M}_2$.

**引理 7.5.5**  对于 $\mathcal{M}_2$, 令 $\mathcal{M}_{(2)} = \{M \bullet a | \forall M \in \mathcal{M}_2\}$, 则有

$$\mathcal{M}_{(2)} = \mathcal{M} - \vartheta, \tag{7.5.7}$$

其中, $\vartheta$ 是节点地图.

证  对于任何 $M \in \mathcal{M}_{(2)}$, 有 $M' \in \mathcal{M}_2$ 使得 $M = M' \bullet a'$. 因为 $a'$ 既非割棱又非环, $M \in \mathcal{M}$. 又, 杆地图 $L_0 = (Kr, (r)(\gamma r)) \notin \mathcal{M}_2$, 则 $\mathcal{M}_{(2)} \subseteq \mathcal{M} - \vartheta$.

反之, 对于任何 $M = (\mathcal{X}, \mathcal{J}) \in \mathcal{M} - \vartheta$, 令 $U_{i+1}$ 为将 $M$ 的根顶点 $(r)_{\mathcal{J}}$ 劈分为添棱 $a' = Kr'$ 的两端 $(r', r, \cdots, \mathcal{J}^i r)$ 和

$$(\gamma r', \mathcal{J}^{i+1} r, \cdots, \mathcal{J}^{m(M)-1} r), \quad 1 \leqslant i \leqslant m(M).$$

因为 $a'$ 非割棱, $U_i \in \mathcal{M}_2, 1 \leqslant i \leqslant m(M)$. 又, $M = U_i \bullet a'$, 则 $M \in \mathcal{M}_{(2)}$. 从而, $\mathcal{M} - \vartheta \subseteq \mathcal{M}_{(2)}$.                                                        ♮

对于任何 $M = (\mathcal{X}, \mathcal{J}) \in \mathcal{M} - \vartheta$, 记

$$\mathcal{U}_M = \{U_i | 1 \leqslant i \leqslant m(M)\}, \tag{7.5.8}$$

其中, $U_i$ 已在引理 7.5.5 的证明里提到.

**引理 7.5.6**  集合 $\mathcal{M}_2$ 有如下的分解:

$$\mathcal{M}_2 = \sum_{M \in \mathcal{M} - \vartheta} \mathcal{U}_M, \tag{7.5.9}$$

其中 $\mathcal{U}_M$ 由 (7.5.8) 式给出.

证  首先, 对于任何 $M \in \mathcal{M}_2$, 由引理 7.5.5, 有 $M' = M \bullet a \in \mathcal{M} - \vartheta$. 进而有 $M \in \mathcal{U}_{M'}$. 这就意味

$$\mathcal{M}_2 = \bigcup_{M \in \mathcal{M} - \vartheta} \mathcal{U}_M.$$

然后, 对任何 $M_1, M_2 \in \mathcal{M} - \vartheta$, 因为 $M_1$ 不与 $M_2$ 同构, 有

$$\mathcal{U}_{M_1} \bigcap \mathcal{U}_{M_2} = \varnothing.$$

从而, (7.5.9) 式成立. 即得引理.　　　　　　　　　　　　　　　　　　　　　♮

这个引理使我们能够确定 $\mathcal{M}_2$ 在 $\mathcal{M}$ 中所占的份额.

**引理 7.5.7**　对于 $f_2 = f_{\mathcal{M}_2}(x, \underline{y})$, 有

$$f_2 = x \int_y y \partial_{x,y} f, \qquad (7.5.10)$$

其中 $f = f(z) = f_{\mathcal{M}}(z, \underline{y})$.

**证**　由引理 7.5.6, 有

$$f_2 = \int_y \sum_{M \in \mathcal{M} - \vartheta} \Big( \sum_{i=1}^{m(M)} x^{i+1} y^{m(M)+2-i} \Big) \underline{y}^{n(M)}.$$

利用定理 1.6.4, 即得 (7.5.10) 式.　　　　　　　　　　　　　　　　　　　♮

通过上面的准备, 即可导出本节的主要结果.

**定理 7.5.1**　关于 $f$ 的方程

$$x^2 \frac{\partial f}{\partial x} = -1 + (1 - x^2) f - x \int_y y \partial_{x,y} f \qquad (7.5.11)$$

在域 $\mathcal{L}\{\Re; x, \underline{y}\}$ 上是适定的. 而且, 它的解为 $f = f(x) = f_{\mathcal{M}}(x, \underline{y})$.

**证**　第一个结论用如前述的方法. 第二个结论由 (7.5.1) 式伴随 (7.5.2) 式, (7.5.6) 式和 (7.5.10) 式导出.　　　　　　　　　　　　　　　　　　　♮

用上面的原理, 还可以顺便导出曲面上依根点次和度可定向, 不可定向和全部无割棱根地图的计数函数. 下面, 仅以可定向情形为例.

**定理 7.5.2**　关于两变元函数 $f$ 的方程

$$\begin{cases} x^3 y \dfrac{\partial f}{\partial x} = \Big( 1 + \dfrac{x^2 y}{1 - x} \Big) f - \dfrac{x^2 y}{1 - x} h - 1; \\ f|_{x=y=0} = 1, \end{cases} \qquad (7.5.12)$$

其中 $h = f|_{x=1} = f(1, y)$, 在域 $\mathcal{L}\{\Re; x, y\}$ 上是适定的. 而且, 这个解就是 $f = f_{\mathcal{M}}(x, y)$, 即曲面上以根点次和度为参数可定向无割棱根地图的计数函数.

**证**　若令

$$f = \sum_{n \geqslant 0} D_n y^n,$$

则有

$$h = \sum_{n \geqslant 0} d_n y^n,$$

其中, $D_n$ 为 $x$ 的一个 $n$ 次多项式和 $d_n = D_n|_{x=1}$. 通过比较方程两端 $y$ 的同幂项的系数, 可得如下递推关系:

$$\begin{cases} D_n = x^3 \dfrac{\mathrm{d}D_{n-1}}{\mathrm{d}x} + \dfrac{x^2}{1-x}(d_{n-1} - xD_{n-1}); \\ D_0 = 1. \end{cases} \tag{7.5.13}$$

由于它的解确定方程 (7.5.12) 的一个解, 和关系 (7.5.13) 式是适定的, 导出定理的第一个结论.

为证第二个结论, 先要了解 $\mathcal{M}_0$, $\mathcal{M}_1$ 和 $\mathcal{M}_2$ 在 $\mathcal{M}$ 中所占的份额, 即 $t_0 = f_{\mathcal{M}_0}(x,y)$, $t_1 = f_{\mathcal{M}_1}(x,y)$ 和 $t_2 = f_{\mathcal{M}_2}(x,y)$ 对 $t = f_{\mathcal{M}}(x,y)$ 的贡献.

由引理 7.5.1, 引理 7.5.5 和引理 7.5.9, 可分别得

$$t_1 = 1, \tag{7.5.14}$$

$$t_1 = x^2 y\left(t + x\frac{\partial t}{x}\right), \tag{7.5.15}$$

$$t_2 = \frac{x^2 y(s-t)}{1-x}, \tag{7.5.16}$$

其中 $s = t|_{x=1} = f_{\mathcal{M}}(1,y)$.

基于 (7.5.14)~(7.5.16) 式, 通过整理可知, $t$ 满足方程 (7.5.12). 这就使第二个结论成立.

递推式 (7.5.13) 本身就提供了确定 $D_n$ 以及 $d_n$, $n \geqslant 0$ 的一个便于计算的方法. 尽管如此, 研究 $D_n$ 以及 $d_n$, $n \geqslant 0$ 的显式仍然是需要的.

# §7.6 注 记

**7.6.1** 方程 (7.1.17) 第一次出现在 [Liu36] 中, 和 (7.1.25)~(7.1.30) 式, 在 [Liu31] 中. 那里还讨论了其他一些类型的外平面地图, 和外平面地图与平面树之间的关系. 一批较简单的公式还可参见 [DoY1]. 在此基础上, 可以探讨如何通过二个外平面地图, 借助合成根面边界, 而产生所有平面 Hamilton 地图.

**7.6.2** 用直接解方程 (7.1.17) 的方法, 确定外平面地图依节点剖分计数函数的显式, 尚不知如何进行.

**7.6.3** 可以在 [Liu23], [Liu53] 中见到泛函方程 (7.2.16). 但那里没有提供详细的证明. 然而, 可以看到一些应用. 如何直接解方程 (7.2.16), 仍然是一个问题.

**7.6.4** 事实上, 三次方程 (7.2.19) 与出现在 [Liu41] 中的, 从对偶的角度是等价的. 通过提取一般情形与不可分离情形之间的关系, 基于 (6.1.13) 式, 可得下面的参数表达式:

$$y = \frac{(\xi-1)(1+\xi+\xi^2)^2}{\xi^2(2-\xi)^2}, \quad 1+f^* = \frac{1+\xi-\xi^2}{(2-\xi)^2}. \tag{7.6.1}$$

由此, 可通过 Lagrange 反演以确定之. 然而, 更有趣地, 方程 (7.2.19) 恰对 $X = x^2$ 是二次的. 可以用 §3.1 中所建议的方法.

**7.6.5**    方程 (7.3.18) 当属于 Brown 和 Tutte[BrT1]. 然而, 在 §7.3 中的分解, 确与它们的不同. 事实上, 可以看作是对偶的形式. 因为一个平面地图 (至少有两条边) 是不可分离的, 当且仅当它的对偶是不可分离的.

**7.6.6**    泛函方程 (7.3.10) 首见于 [Liu20]. 在那里, 可以看到一些应用. 然而, 即使形式并不复杂, 还是至今未能发现直接求解方法.

**7.6.7**    数带根不可分离平面地图的 (7.4.10) 式, 曾以各种不同方法求得, 例如 [Liu17], [Wal3] 等. 这里的是 Brown 和 Tutte 的直接结果. 不管怎样, 用方程 (7.4.8), 确定双参数的计数函数, 并非如 (7.3.18) 式那样简单. 此后, 在 [CaL1] 中, 又给出了有关进一步的结果.

**7.6.8**    仍然可以通过分解曲面上的地图, 求出依节点剖分计数函数应满足的泛函数方程. 至今尚未发现对于一般的亏格, 可定向或不可定向的, 沿着这个思路, 去数曲面上的不可分离地图. 首先, 还是带根的情况. 然后, 再考虑对称性.

**7.6.9**    对于给定的亏格 $\tilde{g}$, 数在亏格为 $\tilde{g}$ 的不可定向曲面上的 $\tilde{g}$-本质的地图的数目. 还可进一步考查可定向的情形.

# 第8章 简单地图

## §8.1 无环地图

一个地图称为无环的, 指它没有边是一个自环. 令 $\mathcal{M}_{\mathrm{nl}}$ 为所有带根无环平面地图的集合. 一个近无环地图就是除根边为自环外, 其他边均不为自环. 本节的地图均指平面的. 所有近无环地图组成的集合记为 $\mathcal{M}_{\mathrm{nnl}}$.

如果一个近无环地图, 它的根面次为 1, 就称之为内地图. 用 $\mathcal{M}_{\mathrm{in}}$ 代表所有内地图的集合.

**引理 8.1.1** 令 $\mathcal{M}_{\langle\mathrm{in}\rangle} = \{M - a | \forall M \in \mathcal{M}_{\mathrm{in}}\}$, 其中 $a = e_r(M)$ 为 $M$ 的根边. 则, 有

$$\mathcal{M}_{\langle\mathrm{in}\rangle} = \mathcal{M}_{\mathrm{nl}}, \tag{8.1.1}$$

其中 $\mathcal{M}_{\mathrm{nl}}$ 为所有无环地图的集合.

**证** 对于任一 $M \in \mathcal{M}_{\langle\mathrm{in}\rangle}$, 记 $M' \in \mathcal{M}_{\mathrm{in}}$ 使得 $M = M' - a'$, $a'$ 为 $M'$ 的根边. 因为 $M'$ 的根面边界为 1, 知 $a'$ 是一个自环. 由 $M'$ 的近无环性, 可知 $M \in \mathcal{M}_{\mathrm{nl}}$. 这就意味, $\mathcal{M}_{\langle\mathrm{in}\rangle} \subseteq \mathcal{M}_{\mathrm{nl}}$.

反之, 对任一 $M = (\mathcal{X}, \mathcal{J}) \in \mathcal{M}_{\mathrm{nl}}$, 总可以构造一个地图 $M' = (\mathcal{X}', \mathcal{J}')$, 使得 $\mathcal{X}' = \mathcal{X} + Kr'$ 和 $\mathcal{J}'$ 仅在节点

$$v_{r'} = (r', r, \mathcal{J}r, \cdots, \mathcal{J}^{-1}r, \alpha\beta r)$$

处与 $\mathcal{J}$ 不同. 易见, $M = M' - a'$, $a' = Kr' = e_r(M')$. 然, 由于 $M$ 无环, $M'$ 仅有一个自环 $a'$. 又, 因为 $M'$ 根面边界为 $(r')$, 即次为 1, 有 $M' \in \mathcal{M}_{\mathrm{in}}$. 从 $M = M' - a'$ 知, $M \in \mathcal{M}_{\langle\mathrm{in}\rangle}$. 这又意味 $\mathcal{M}_{\mathrm{nl}} \subseteq \mathcal{M}_{\langle\mathrm{in}\rangle}$. ☐

对二地图 $M_1$ 和 $M_2$, 它们的 1-和, 如 (2.1.3) 式所示, 记为 $M = M_1 \dot{+} M_2$. 然而, 这里规定 $M$ 的根和 $M_2$ 的一致. 基于定理 1.1.4, 这样做并不失一般性. 对于两个地图集 $\mathcal{M}_1$ 和 $\mathcal{M}_2$, 它们的 1-积为 $\mathcal{M}_1 \odot \mathcal{M}_2$, 如 (2.1.4) 式所示.

**引理 8.1.2** 对 $\mathcal{M}_{\mathrm{nnl}}$, 有

$$\mathcal{M}_{\mathrm{nnl}} = \mathcal{M}_{\mathrm{nl}} \odot \mathcal{M}_{\mathrm{in}}. \tag{8.1.2}$$

其中, $\odot$ 为 1-乘法运算.

**证** 对 $M \in \mathcal{M}_{\mathrm{nnl}}$, 因为 $M$ 的根边 $a$ 是自环, 由平面性, 在它的内部和外部的极大子地图分别记为 $M_2$ 和 $M_1$. 但规定 $a$ 在 $M_2$ 中而不在 $M_1$ 中. 易验证, $M_2 \in \mathcal{M}_{\mathrm{in}}$ 和 $M_1 \in \mathcal{M}_{\mathrm{nl}}$. 由于 $M = M_1 \dot{+} M_2$, 有 $M \in \mathcal{M}_{\mathrm{nnl}} \odot \mathcal{M}_{\mathrm{in}}$. 从而, $\mathcal{M}_{\mathrm{nnl}} \subseteq \mathcal{M}_{\mathrm{nl}} \odot \mathcal{M}_{\mathrm{in}}$.

反之, 对 $M \in \mathcal{M}_{\mathrm{nl}} \odot \mathcal{M}_{\mathrm{in}}$, 因为 $M = M_1 \dotplus M_2$, $M_1 \in \mathcal{M}_{\mathrm{nl}}$, $M_2 \in \mathcal{M}_{\mathrm{in}}$, 且只有其根边 $a = e_r(M) = a_2 = e_r(M_2)$ 为自环, 可知 $M \in \mathcal{M}_{\mathrm{nnl}}$. 从而, 也有 $\mathcal{M}_{\mathrm{nl}} \odot \mathcal{M}_{\mathrm{in}} \subseteq \mathcal{M}_{\mathrm{nnl}}$. 　　　　　　　　　　　　　　　　　　　　　□

将 $\mathcal{M}_{\mathrm{nl}}$ 分为三类: $\mathcal{M}_{\mathrm{nl}}^{(\mathrm{I})}$, $\mathcal{M}_{\mathrm{nl}}^{(\mathrm{II})}$, $\mathcal{M}_{\mathrm{nl}}^{(\mathrm{III})}$, 即

$$\mathcal{M}_{\mathrm{nl}} = \mathcal{M}_{\mathrm{nl}}^{(\mathrm{I})} + \mathcal{M}_{\mathrm{nl}}^{(\mathrm{II})} + \mathcal{M}_{\mathrm{nl}}^{(\mathrm{III})}. \tag{8.1.3}$$

其中, $\mathcal{M}_{\mathrm{nl}}^{(\mathrm{I})}$ 仅由节点地图 $\vartheta$ 组成, 和 $\mathcal{M}_{\mathrm{nl}}^{(\mathrm{II})} = \{M | \forall M \in \mathcal{M}_{\mathrm{nl}} - \vartheta, a = e_r(M)$非重边$\}$. 自然, $\mathcal{M}_{\mathrm{nl}}^{(\mathrm{III})}$ 为由 $\mathcal{M}_{\mathrm{nl}} - \vartheta$ 中不在 $\mathcal{M}_{\mathrm{nl}}^{(\mathrm{II})}$ 内的所有其他地图组成. 即, $\mathcal{M}_{\mathrm{nl}}^{(\mathrm{III})} = \{M | \forall M \in \mathcal{M}_{\mathrm{nl}} - \vartheta, a = e_r(M)$为重边$\}$.

**引理 8.1.3**　令 $\mathcal{M}_{(\mathrm{nl})}^{(\mathrm{II})} = \{M \bullet a | \forall M \in \mathcal{M}_{\mathrm{nl}}\}$, 其中 $a$ 为 $M$ 的根边. 则, 有

$$\mathcal{M}_{(\mathrm{nl})}^{(\mathrm{II})} = \mathcal{M}_{\mathrm{nl}}. \tag{8.1.4}$$

**证**　对任何 $M \in \mathcal{M}_{(\mathrm{nl})}^{(\mathrm{II})}$, 记 $M' \in \mathcal{M}_{\mathrm{nl}}^{(\mathrm{II})}$, 使得 $M = M' \bullet a'$, $a' = e_r(M')$. 因为 $a'$ 不是重边, 从 $M'$ 无自环知 $M$ 也无自环, 即 $M \in \mathcal{M}_{\mathrm{nl}}$. 从而, $\mathcal{M}_{(\mathrm{nl})}^{(\mathrm{II})} \subseteq \mathcal{M}_{\mathrm{nl}}$.

反之, 对任何 $M = (\mathcal{X}, \mathcal{J}) \in \mathcal{M}_{\mathrm{nl}}$, 总可构造一个地图 $M' = (\mathcal{X}', \mathcal{J}')$, 使得 $\mathcal{X}' = \mathcal{X} + Kr'$ 和 $\mathcal{J}'$ 仅在与其根边关联的二节点 $v_{r'}$ 和 $v_{\beta r'}$ 处与 $\mathcal{J}$ 不同. 其中, $v_{r'} = (r', r, \mathcal{J}r, \cdots, \mathcal{J}^{-1}r)$ 和 $v_{\beta r'} = (\alpha\beta r')$. 由 $M$ 无自环和 $Kr'$ 不是自环, 可知 $M'$ 无环. 又, 它们的根边不是重边, 有 $M' \in \mathcal{M}_{\mathrm{nl}}^{(\mathrm{II})}$. 容易验证, $M = M' \bullet a'$, $a' = Kr' = e_r(M')$. 即, $M \in \mathcal{M}_{(\mathrm{nl})}^{(\mathrm{II})}$. 从而, $\mathcal{M}_{\mathrm{nl}} \subseteq \mathcal{M}_{(\mathrm{nl})}^{(\mathrm{II})}$. 　　　　　　　　□

设 $M = (\mathcal{X}, \mathcal{J}) \in \mathcal{M}_{\mathrm{nl}}$. 由 $M$ 可以构造另一个地图, 记为 $\nabla_i M = (\mathcal{X}_i, \mathcal{J}_i)$, 使得 $\mathcal{X}_i = \mathcal{X} + Kr_i$ 和 $\mathcal{J}_i$ 仅在其根边二端 $v_{r_i}$ 和 $v_{\beta r_i}$ 处与 $\mathcal{J}$ 不同, 其中,

$$v_{r_i} = (r_i, \mathcal{J}^i r, \mathcal{J}^{i+1}r, \cdots, \mathcal{J}^{-1}r)$$

和 $v_{\beta r_i} = (\alpha\beta r_i, r, \mathcal{J}r, \cdots, \mathcal{J}^{i-1}r)$. 这里, $r$ 为 $M$ 的根. 自然, $r_i$ 为 $\nabla_i M$ 的根. 而且, $\nabla_i M$ 被称为 $M$ 的第 $i$ 降量, $0 \leqslant i \leqslant m(M)$, $m(M)$ 为 $M$ 的根节点次.

**引理 8.1.4**　对 $\mathcal{M}_{\mathrm{nl}}^{(\mathrm{II})}$, 有

$$\mathcal{M}_{\mathrm{nl}}^{(\mathrm{II})} = \sum_{M \in \mathcal{M}_{\mathrm{nl}}} \left\{ \nabla_i M \,\middle|\, 0 \leqslant i \leqslant m(M) \right\}. \tag{8.1.5}$$

**证**　为简便, 令 (8.1.5) 式右端的集合为 $\mathcal{M}'$. 对任何 $M = (\mathcal{X}, \mathcal{J}) \in \mathcal{M}_{\mathrm{nl}}^{(\mathrm{II})}$, 记 $\tilde{M} = M \bullet a$. 由引理 8.1.3, $\tilde{M} \in \mathcal{M}_{\mathrm{nl}}$. 因为 $M$ 的与根边关联的两节点为 $v_r = (r, \mathcal{J}r, \cdots, \mathcal{J}^{-1}r)$ 和

$$v_{\beta r} = (\alpha\beta r, \mathcal{J}\alpha\beta r, \cdots, \mathcal{J}_{-1}\alpha\beta r),$$

可知 $\tilde{M}$ 的根节点为

$$v_{\tilde{r}} = (\mathcal{J}\alpha\beta r, \cdots, \mathcal{J}^{-1}\alpha\beta r, \mathcal{J}r, \cdots, \mathcal{J}^{-1}r).$$

若记 $v_{\beta r}$ 的次为 $t$, 则易验证 $M = \nabla_{t-1}\tilde{M} \in \mathcal{M}'$. 从而, 有 $\mathcal{M}_{\mathrm{nl}}^{(\mathrm{II})} \subseteq \mathcal{M}'$.

另一方面, 对任何 $M \in \mathcal{M}'$, 设 $\tilde{M} \in \mathcal{M}_{\mathrm{nl}}$ 使得 $M = \nabla_i M$, 对某 $i$, $0 \leqslant i \leqslant m(\tilde{M})$. 由于 $\tilde{M}$ 是无环的, 可知 $M$ 的根不会是重边. 又, 所有降量的边都不会是自环, $M$ 更不会是节点地图 $\vartheta$. 由 $\tilde{M}$ 的无环性, 可知 $M \in \mathcal{M}_{\mathrm{nl}}^{(\mathrm{II})}$. 从而, 也有 $\mathcal{M}' \subseteq \mathcal{M}_{\mathrm{nl}}^{(\mathrm{II})}$. ◻

设地图 $M = (\mathcal{X}, \mathcal{J}) \in \mathcal{M}_{\mathrm{nl}}^{(\mathrm{III})}$. 因为它的根边 $a$ 是重边, 不妨设这个重边中含有 $l$ 条边, 即重数, $l \geqslant 2$. 这时, 在 $\tilde{M} = M \bullet a$ 中出现 $l-1$ 个自环, 也是重边且重数为 $l-1$ (当 $l > 2$ ). 由平面性, 有

$$\tilde{M} = M_1 + M_2 + \cdots + M_{l-1} + M_0, \tag{8.1.6}$$

其中 $+\cdot$ 为 §6.1 中出现的内 $1v$-加法运算.

**引理 8.1.5**　令 $\mathcal{M}_{(\mathrm{nl})}^{(\mathrm{III})} = \{M \bullet a | \forall M \in \mathcal{M}_{\mathrm{nl}}^{(\mathrm{III})}\}$, $a = e_r(M)$. 则, 有

$$\mathcal{M}_{(\mathrm{nl})}^{(\mathrm{III})} = \sum_{k \geqslant 1} \mathcal{M}_{\mathrm{in}}^{\times \cdot k} \times \cdot \mathcal{M}_{\mathrm{nl}}, \tag{8.1.7}$$

其中 $\times\cdot$ 为相应内 $1v$-加法的内 $1v$-乘法, 如 §6.1 中所示.

**证**　为简便, 仍记 (8.1.7) 式右端的集合为 $\mathcal{M}'$.

对任何 $M \in \mathcal{M}_{(\mathrm{nl})}^{(\mathrm{III})}$, 因为 $M$ 具有如 (7.1.6) 式右端之形式, $k = l-1 \geqslant 1$ 和 $M_i, i = 1, 2, \cdots, k$, 全为内地图, 而 $M_0$ 则是无环的, 即 $M_0 \in \mathcal{M}_{\mathrm{nl}}$, 这就意味 $M \in \mathcal{M}'$. 从而, $\mathcal{M}_{(\mathrm{nl})}^{(\mathrm{III})} \subseteq \mathcal{M}'$.

另一方面, 对任何 $M = (\mathcal{X}, \mathcal{J}) \in \mathcal{M}'$, 由它有形如 (8.1.6) 式使得所有 $M_i \in \mathcal{M}_{\mathrm{in}}, i = 1, 2, \cdots, k = l-1$, 和 $M_0 \in \mathcal{M}_{\mathrm{nl}}$. 可以假设 $M$ 的根节点为 $v_r = (S_0, S_k, \cdots, S_2, S_1, T_1, T_2, \cdots, T_k, T_0)$ 使得 $(S_i, T_i), S_i \neq \varnothing, T_i \neq \varnothing, i = 1, 2, \cdots, k$, 为 $M_i$ 的根节点. 令 $\tilde{M} = (\tilde{\mathcal{X}}, \tilde{\mathcal{J}})$ 为将 $v_r$ 劈分为 $v_{\tilde{r}}$ 和 $v_{\beta\tilde{r}}$ 并添加边 $K\tilde{r}$ 而得的地图, 即 $\tilde{\mathcal{X}} = \mathcal{X} + K\tilde{r}$, 和 $\tilde{\mathcal{J}}$ 仅在二节点 $v_{\tilde{r}} = (\tilde{r}, T_1, T_2, \cdots, T_k, T_0)$ 和 $v_{\beta\tilde{r}} = (\alpha\beta\tilde{r}, S_0, S_k, \cdots, S_2, S_1)$ 处与 $\mathcal{J}$ 不同. 容易验证, 根边 $\tilde{a} = e_r(\tilde{M}) = K\tilde{r}$ 是个重数为 $k+1$ 的重边, $k \geqslant 1$. 由于 $M_1, M_2, \cdots, M_k$ 中的仅有的自环, 在 $\tilde{M}$ 中变为 $\tilde{a}$ 的重边, 从它们的近无环性以及 $M_0$ 的无环性, 可知 $\tilde{M}$ 是无环的, 而 $\tilde{a}$ 是重数不小于 2 的重边. 这就意味, $\tilde{M} \in \mathcal{M}_{\mathrm{nl}}^{(\mathrm{III})}$. 从而, 也有 $\mathcal{M}' \subseteq \mathcal{M}_{(\mathrm{nl})}^{(\mathrm{III})}$. ◻

对于两个地图 $M_1 = (\mathcal{X}_1, \mathcal{J}_1)$ 和 $M_2 = (\mathcal{X}_2, \mathcal{J}_2)$, 令 $a_i = Kr_i = (v_{r_i}, v_{\beta r_i})$ 使得 $v_{r_i} = (r_i, S_i)$ 和 $v_{\beta r_i} = (\alpha\beta r_i, T_i)$, 其中 $i = 1, 2$. 将把 $a_1$ 与 $a_2$ 合而为一的地图 $M = (\mathcal{X}, \mathcal{J})$, 即 $\mathcal{X} = (\mathcal{X}_1 - Kr_1) + (\mathcal{X}_2 - Kr_2) + Kr$ 和 $\mathcal{J}$ 仅在二节点 $v_r = (r_1, S_1, S_2)$ 和 $v_{\beta r} = (\alpha\beta r, T_2, T_1)$ 处与 $\mathcal{J}_1$ 和 $\mathcal{J}_2$ 不同, 称为 $M_1$ 和 $M_2$ 的内 $1e$-和. 并记 $M = M_1 \uplus M_2$, 其中的运算为内 $1e$-加法. 对两个地图集 $\mathcal{M}_1$ 和 $\mathcal{M}_2$, 合成集

$$\mathcal{M}_1 \uplus \mathcal{M}_2 = \{M_1 \uplus M_2 | \forall M_1 \in \mathcal{M}_1, \forall M_2 \in \mathcal{M}_2\} \tag{8.1.8}$$

被称为内 $1e$-积. 其中的运算为内 $1e$-乘法. 因为内 $1e$-和和内 $1e$-积全是结合的, 可以写为

$$\sum_{i=1}^{k} \!\!\!\rangle M_i = \sum_{i=1}^{k-1} \!\!\!\rangle M_i \!+\!\!\rangle\, M_k = M_1 \!+\!\!\rangle \sum_{i=2}^{k} \!\!\!\rangle M_i \tag{8.1.9}$$

或者 $k \!\!\rangle M$, 当 $M_1 = M_2 = \cdots = M_k = M$, 和

$$\prod_{i=1}^{k} \!\!\!\rangle \mathcal{M}_i = \mathcal{M}_1 \times\!\!\rangle \prod_{i=2}^{k} \!\!\!\rangle \mathcal{M}_i \tag{8.1.10}$$

或 $\mathcal{M}^{\rangle k}$, 当 $M_1 = M_2 = \cdots = M_k = M$.

**引理 8.1.6**　对 $\mathcal{M}_{\mathrm{nl}}^{(\mathrm{III})}$, 有

$$\mathcal{M}_{\mathrm{nl}}^{(\mathrm{III})} = \mathcal{M}_{\mathrm{nl}}^{(\mathrm{II})} \left\langle \times \sum_{k \geqslant 1} \mathcal{M}_{\nabla}^{\mathrm{in}} \right\rangle^{\times \rangle k},$$

$$\mathcal{M}_{\nabla}^{\mathrm{in}} = \sum_{M \in \mathcal{M}_{\mathrm{in}}} \left\{ \nabla_i M \,\middle|\, 1 \leqslant i \leqslant m(M) - 1 \right\}, \tag{8.1.11}$$

其中 $m(M)$ 为 $M$ 的根节点次.

**证**　为简便, 还是用 $\mathcal{M}'$ 代表 (8.1.11) 式的第一个式子右端的集合.

对任何 $M \in \mathcal{M}'$, 因为存在一个整数 $k \geqslant 1$, 使得

$$M = M_0 \langle\!+ \Big( M_1 \!+\!\!\rangle \cdots +\!\!\rangle M_k \Big)$$

$$= \left( \sum_{i=1}^{k} \!\!\!\rangle M_i \right) +\!\!\rangle M_0,$$

其中 $M_0 \in \mathcal{M}_{\mathrm{nl}}^{(\mathrm{II})}$. 所有 $M_i, i = 1, 2, \cdots, k$, 均无环, 而且根边为二重边, 形成它们每个的根面边界. 根据内 $1e$-和的原理, 可知 $M$ 也是无环的, 而且根边为一个 $k + 1$ 重边, $k \geqslant 1$. 然, 这就意味, $M \in \mathcal{M}_{\mathrm{nl}}^{(\mathrm{III})}$. 从而, $\mathcal{M}' \subseteq \mathcal{M}_{\mathrm{nl}}^{(\mathrm{III})}$.

反之, 容易检验, $\mathcal{M}_{\mathrm{nl}}^{(\mathrm{III})} \subseteq \mathcal{M}'$.

根据上面的引理, 可以分别导出 $\mathcal{M}_{\mathrm{nl}}^{(\mathrm{I})}$, $\mathcal{M}_{\mathrm{nl}}^{(\mathrm{II})}$ 和 $\mathcal{M}_{\mathrm{nl}}^{(\mathrm{III})}$ 赋予 $\mathcal{M}_{\mathrm{nl}}$ 的如下计数函数 $g_{\mathrm{nl}} = g_{\mathrm{nl}}(x, \underline{y})$,

$$g_{\mathrm{nl}} = \sum_{M \in \mathcal{M}_{\mathrm{nl}}} x^{m(M)} \underline{y}^{\underline{n}(M)} \tag{8.1.12}$$

中的部分 $g_{\mathrm{I}}, g_{\mathrm{II}}$ 和 $g_{\mathrm{III}}$, 其中 $m(M)$ 为 $M$ 的根节点次和 $\underline{n}(M) = (n_1(M), n_2(M), \cdots)$ 为 $M$ 的节点剖分向量, 即 $n_i(M)$ 为 $M$ 中 $i$ 次的非根节点数, $i \geqslant 1$.

首先, 确定 $g_{\mathrm{I}} = g_{\mathrm{I}}(x, \underline{y})$. 因为在 $\mathcal{M}_{\mathrm{nl}}^{(\mathrm{I})}$ 中仅含节点地图 $\vartheta$, 且 $m(\vartheta) = 0$ 和 $\underline{n}(\vartheta) = \underline{0}$, 则有

$$g_{\mathrm{I}} = 1. \tag{8.1.13}$$

基于引理 8.1.4, 有

$$
\begin{aligned}
g_{\mathrm{II}} &= \sum_{M \in \mathcal{M}_{\mathrm{nl}}} \left( \sum_{i=0}^{m(M)} x^{m(M)-i+1} y_{i+1} \right) \underline{y}^{\underline{n}(M)} \\
&= \int_y \sum_{M \in \mathcal{M}_{\mathrm{nl}}} \left( \sum_{i=0}^{m(M)} x^{m(M)-i+1} y^{i+1} \right) \underline{y}^{\underline{n}(M)}.
\end{aligned}
$$

利用定理 1.6.3, 得

$$
g_{\mathrm{II}} = x \int_y y \delta_{x,y}(z g_{\mathrm{nl}}). \tag{8.1.14}
$$

其中, $g_{\mathrm{nl}} = g_{\mathrm{nl}}(z, \underline{y})$ 和 $\delta_{x,y}$ 为 $(x,y)$-差分算子.

由引理 8.1.6, 为了确定 $g_{\mathrm{III}}$, 必须先知道 $g_{\mathrm{in}} = g_{\mathrm{in}}(x, \underline{y})$. 然, 依引理 8.1.1, 即可得

$$
g_{\mathrm{in}} = x^2 g_{\mathrm{nl}}, \tag{8.1.15}
$$

其中 $x^2$ 是考虑到根边 (自环) 在根节点次中之贡献.

进而, 由引理 8.1.6 和 (8.1.14) 式, 有

$$
\begin{aligned}
g_{\mathrm{III}} &= x \int_y \left( y \delta_{x,y}(zg) \sum_{k \geqslant 1} \left( \Delta_{\mathrm{in}} \right)^k \right) \\
&= x \int_y \frac{y \delta_{x,y}(z g_{\mathrm{nl}}) \Delta_{\mathrm{in}}}{1 - \Delta_{\mathrm{in}}},
\end{aligned} \tag{8.1.16}
$$

其中注意到, 在 (8.1.11) 式中, $M$ 的根边在其两端的次中没有作用. 又,

$$
\Delta_{\mathrm{in}} = \frac{1}{xy} \sum_{M \in \mathcal{M}_{\mathrm{in}}} \left( \sum_{i=1}^{m(M)-1} x^{m(M)-i+1} y^{i+1} \right) \underline{y}^{\underline{n}(M)}.
$$

利用定理 1.6.4, 得

$$
\Delta_{\mathrm{in}} = \partial_{x,y} g_{\mathcal{M}_{\mathrm{in}}},
$$

其中的 $g_{\mathrm{in}} = g_{\mathrm{in}}(z) = g_{\mathrm{in}}(z, \underline{y})$. 再由 (8.1.15) 式, 有

$$
\Delta_{\mathrm{in}} = \partial_{x,y}(z^2 g_{\mathrm{nl}}). \tag{8.1.17}
$$

将 (8.1.17) 式代入 (8.1.16) 式, 由 (1.6.9) 式, 即可得

$$
g_{\mathrm{III}} = \int_y \frac{\partial_{x,y}^2 (z^2 g_{\mathrm{nl}})}{1 - \partial_{x,y}(z^2 g_{\mathrm{nl}})}. \tag{8.1.18}
$$

**定理 8.1.1**　下面关于函数 $g = g(x, \underline{y}), \underline{y} = (y_1, y_2, \cdots)$, 的方程

$$g = \int_y \frac{1}{1 - \partial_{x,y}(z^2 g)}, \tag{8.1.19}$$

其中在泛函之下的 $g = g(z, \underline{y})$, 在级数环 $\mathcal{L}\{\Re; x, \underline{y}\}$, $\Re$ 为整数环, 上是适定的. 而且, $g = g_{\text{nl}}$, 如 (8.1.12) 式给出, 是它的这个解.

　　证　前一个结论可以如常证明. 这里, 只证后一结论.

　　由于 $g_{\text{nl}} = g_{\text{I}} + g_{\text{II}} + g_{\text{III}}$, 从 (8.1.14) 式, (8.1.17) 式和 (8.1.18) 式, 有

$$g_{\text{nl}} = 1 + x \int_y y \delta_{x,y}(z g_{\text{nl}}) + \int_y \frac{\partial_{x,y}^2(z^2 g_{\text{nl}})}{1 - \partial_{x,y}(z^2 g_{\text{nl}})}$$

由 (1.6.9) 式,

$$= 1 + \int_y \left( \partial_{x,y}(z^2 g_{\text{nl}}) + \frac{\partial_{x,y}(z^2 g_{\text{nl}})}{1 - \partial_{x,y}(z^2 g_{\text{nl}})} \right)$$

$$= 1 + \int_y \frac{\partial_{x,y}(z^2 g_{\text{nl}})}{1 - \partial_{x,y}(z^2 g_{\text{nl}})}.$$

这就是 (8.1.19) 式.

　　虽然方程 (8.1.19) 还未确定出解的显式, 如果考虑 $\mathcal{M}_{\text{nl}}$ 仅依两个参数的计数函数 $h_{\text{nl}} = h_{\text{nl}}(x, y)$,

$$h_{\text{nl}} = \sum_{M \in \mathcal{M}_{\text{nl}}} x^{m(M)} y^{n(M)}, \tag{8.1.20}$$

其中 $m(M)$ 和 $n(M)$ 分别为 $M$ 的根节点次与边数, 则可以导出依度 (边数) 计数的一个十分简单的公式.

　　**引理 8.1.7**　下面的关于 $h = h(x, y)$ 的方程

$$x^2 y h^2 + (1 - x - xy h^*)h - (1 - x) = 0, \tag{8.1.21}$$

其中 $h^* = h(1, y)$, 在级数环 $\mathcal{L}\{\Re; x, y\}$, $\Re$ 为整数环, 上是适定的. 而且, 它的解就是 $h = h_{\text{nl}}$, 如 (8.1.20) 式给出.

　　证　仍仅证后一结论, 因为前者可以常法导出.

　　首先, 容易看出 $\mathcal{M}_{\text{nl}}^{(\text{I})}$ 赋予 $h_{\text{nl}}$ 的部分 $h_{\text{I}} = 1$. 因为 $h_{\text{nl}} = h_{\text{I}} + h_{\text{II}} + h_{\text{III}}$, 其中 $h_{\text{II}}$ 和 $h_{\text{III}}$ 分别为 $\mathcal{M}_{\text{nl}}^{(\text{II})}$ 和 $\mathcal{M}_{\text{nl}}^{(\text{III})}$ 在 $h_{\text{nl}}$ 中所占的部分. 下面就看一看 $h_{\text{II}}$ 和 $h_{\text{III}}$ 的形式. 由引理 8.1.4 可知,

$$h_{(\text{II})} = \sum_{M \in \mathcal{M}_{\text{nl}}} \left( y \sum_{i=0}^{m(M)} x^{m(M)-i+1} \right) y^{n(M)}$$

$$= \sum_{M \in \mathcal{M}_{\mathrm{nl}}} xy \left( \frac{1 - x^{m(M)+1}}{1 - x} \right) y^{n(M)}$$

$$= \frac{xy(h_{\mathrm{nl}}^* - xh_{\mathrm{nl}})}{1 - x}, \tag{8.1.22}$$

其中 $h_{\mathrm{nl}}^* = h_{\mathrm{nl}}(1, y)$, 即 $\mathcal{M}_{\mathrm{nl}}$ 侬度的计数函数.

为确定 $h_{\mathrm{III}}$, 需要导出 $\mathcal{M}_{\mathrm{in}}$ 的相应计数函数 $g_{\mathrm{in}}$. 由引理 8.1.1, 有

$$h_{\mathrm{in}} = x^2 y h_{\mathrm{nl}}. \tag{8.1.23}$$

这样, 根据引理 8.1.6, 得

$$h_{\mathrm{III}} = \frac{xy(h_{\mathrm{nl}}^* - xh_{\mathrm{nl}})}{1 - x} \sum_{k \geqslant 1} (D_{\mathrm{in}})^k,$$

$$D_{\mathrm{in}} = \sum_{M \in \mathcal{M}_{\mathrm{in}}} \frac{x - x^{m(M)}}{1 - x} y^{n(M)}$$

$$= \frac{xh_{\mathrm{in}}^* - h_{\mathrm{in}}}{1 - x}$$

由 (8.1.23) 式,

$$= \frac{xyh_{\mathrm{nl}}^* - x^2 y h_{\mathrm{nl}}}{1 - x}.$$

从而, 可得

$$h_{\mathrm{III}} = \frac{xy(h_{\mathrm{nl}}^* - xh_{\mathrm{nl}})}{1 - x} \frac{xyh_{\mathrm{nl}}^* - x^2 y h_{\mathrm{nl}}}{1 - x - (xyh_{\mathrm{nl}} - x^2 y h_{\mathrm{nl}})}$$

$$= \frac{x^2 y^2 (h_{\mathrm{nl}}^* - xh_{\mathrm{nl}})^2}{(1 - x)(1 - x - xy(h_{\mathrm{nl}}^* - xh_{\mathrm{nl}}))}. \tag{8.1.24}$$

综上所述, 由 (8.1.13) 式, (8.1.22) 式和 (8.1.24) 式, 就有

$$h_{\mathrm{nl}} = 1 + \frac{xy}{1 - x} \frac{(1 - x)(h_{\mathrm{nl}}^* - xh_{\mathrm{nl}})}{1 - x - xy(h_{\mathrm{nl}}^* - xh_{\mathrm{nl}})}.$$

经过简化, 即可得它就是 (8.1.21) 式.

按照 §6.4 中解方程 (6.4.11) 所用的方法, 不难求得下面的参数表示:

$$y = \frac{\xi - 1}{\xi^4}, \quad h^* = \xi^2 (2 - \xi). \tag{8.1.25}$$

**定理 8.1.2** 具有 $n$ 条边组合上不同的带根无环平面地图的数目为

$$H_{\mathrm{nl}}(n) = \frac{6(4n + 1)!}{(3n + 3)! n!} \tag{8.1.26}$$

对 $n \geqslant 0$.

**证**   在 (8.1.25) 式的基础上, 利用推论 1.5.2, 有

$$
\begin{aligned}
\partial_y^n h_{\mathrm{nl}}^* &= \frac{1}{n!} \frac{\mathrm{d}^{n-1}}{\mathrm{d}\xi^{n-1}} \left( \xi^{4n+1}(4 - 3\xi) \right) \bigg|_{\xi=1} \\
&= \frac{1}{n!} \left( \frac{4(4n+1)!}{(3n+2)!} - \frac{3(4n+2)!}{(3n+3)!} \right) \\
&= \frac{1}{n!} \frac{(4n+1)!}{(3n+3)!} (12 - 6).
\end{aligned}
$$

将括号中两项合并之后, 所得 $H_{\mathrm{nl}}(n) = \partial_y^n h_{\mathrm{nl}}^*$ 就是 (8.1.26) 式.                                     ♭

相应地, 从 (8.1.26) 式, 具有给定度的带根近无环, 内平面地图等的数目也可以随之而确定. 这些均可查阅 [Liu15], [Liu19].

令 $\mathcal{M}_{\mathrm{nlE}}$ 为所有带根无环 Euler 平面地图的集合. 对任何 $M \in \mathcal{M}_{\mathrm{nlE}}$, 令 $2m(M)$ 为 $M$ 的根节点的次和

$$
\underline{n}(M) = (n_2(M), n_4(M), \cdots),
$$

其中, $n_{2i}(M)$ 为 $M$ 中 $2i$ 次非根节点的数目, $i \geqslant 1$.

首先, 要看一看 $\mathcal{M}_{\mathrm{nlE}}$ 的节点剖分计数函数

$$
f_{\mathrm{nlE}} = \sum_{M \in \mathcal{M}_{\mathrm{nlE}}} x^{2m(M)} \underline{y}^{\underline{n}(M)}, \tag{8.1.27}
$$

其中 $\underline{y} = (y_2, y_4, \cdots)$, 满足什么样的方程.

如 §8.1 中所提到的, 一个内Euler地图 就是这样的带根 Euler 地图使它还是内地图, 即只有根边为自环, 而且它本身形成了根面的边界.

**引理 8.1.8**   令 $\mathcal{M}_{\mathrm{in}}^{(\mathrm{E})}$ 为所有内 Euler 地图的集合. 则, 有

$$
\mathcal{M}_{\langle \mathrm{in} \rangle}^{(\mathrm{E})} = \mathcal{M}_{\mathrm{nlE}}, \tag{8.1.28}
$$

其中 $\mathcal{M}_{\langle \mathrm{in} \rangle}^{(\mathrm{E})} = \{ M - a | \forall M \in \mathcal{M}_{\mathrm{in}}^{(\mathrm{E})} \}$. 这里, $a = Kr$ 为 $M$ 的根边.

**证**   与引理 8.1.1 相仿地, 只要注意到 Euler 性即足.                                              ♭

一个带根 Euler 平面地图, 如果除了根边为自环外不再有自环, 则称之为近无环Euler 地图.

**引理 8.1.9**   令 $\mathcal{M}_{\mathrm{alE}}$ 为所有近无环 Euler 地图的集合, 则有

$$
\mathcal{M}_{\mathrm{alE}} = \mathcal{M}_{\mathrm{nlE}} \odot \mathcal{M}_{\mathrm{in}}^{(\mathrm{E})}. \tag{8.1.29}
$$

其中 $\odot$ 为 $1v$-乘法为 §2.1 中所示.

**证** 与引理 8.1.2 的证明相仿, 只要注意到 Euler 性即足. ♮

将 $\mathcal{M}_{\mathrm{nlE}}$ 分为三类: $\mathcal{M}_{\mathrm{nlE}}^{(\mathrm{I})} = \vartheta$, 即节点地图. $\mathcal{M}_{\mathrm{nlE}}^{(\mathrm{II})} = \{M|\forall M \in \mathcal{M}_{\mathrm{nlE}} - \vartheta, e_r(M)$ 不是重边 $\}$ 和 $\mathcal{M}_{\mathrm{nlE}}^{(\mathrm{III})}$ 为 $\mathcal{M}_{\mathrm{nlE}}$ 中除 $\vartheta$ 和 $\mathcal{M}_{\mathrm{nlE}}^{(\mathrm{II})}$ 以外的地图组成, 即 $\mathcal{M}_{\mathrm{nlE}}^{(\mathrm{III})} = \{M|\forall M \in \mathcal{M}_{\mathrm{nlE}}, e_r(M)$ 为重边 $\}$. 从而, 有

$$\mathcal{M}_{\mathrm{nlE}} = \mathcal{M}_{\mathrm{nlE}}^{(\mathrm{I})} + \mathcal{M}_{\mathrm{nlE}}^{(\mathrm{II})} + \mathcal{M}_{\mathrm{nlE}}^{(\mathrm{III})}. \tag{8.1.30}$$

**引理 8.1.10** 令 $\mathcal{M}_{(\mathrm{nlE})}^{(\mathrm{II})} = \{M \bullet a|\forall M \in \mathcal{M}_{\mathrm{nlE}}^{(\mathrm{II})}\}$, $a = e_r(M)$ 为 $M$ 的根边. 则, 有

$$\mathcal{M}_{(\mathrm{nlE})}^{(\mathrm{II})} = \mathcal{M}_{\mathrm{nlE}} - \vartheta. \tag{8.1.31}$$

**证** 注意到杆地图 $L_0 = (Kr, (r)(\alpha\beta r))$ 不是 Euler 地图, 即可看出, 只有无环地图 $M = L_0$, 才能 $M \bullet a = \vartheta$. 引理 8.1.3 的证明过程同样可适于这里, 只要考虑到 Euler 性即足. ♮

同样地, 利用 §8.1 中引进的算子 $\nabla_i$ 以便由 $\mathcal{M}_{\mathrm{nlE}} - \vartheta$ 中的地图产生 $\mathcal{M}_{\mathrm{nlE}}^{(\mathrm{II})}$ 中的地图.

**引理 8.1.11** 对于 $\mathcal{M}_{\mathrm{nlE}}^{(\mathrm{II})}$, 有

$$\mathcal{M}_{\mathrm{nlE}}^{(\mathrm{II})} = \sum_{M \in \mathcal{M}_{\mathrm{nlE}} - \vartheta} \left\{ \nabla_{2i+1}M|\, 0 \leqslant i \leqslant m(M) - 1 \right\}, \tag{8.1.32}$$

其中 $2m(M)$ 为 $M$ 的根节点次.

**证** 对任何 $M = (\mathcal{X}, \mathcal{P}) \in \mathcal{M}_{\mathrm{nlE}}^{(\mathrm{II})}$, 令 $\tilde{M} = M \bullet a, a = Kr$ 为 $M$ 的根边. 由引理 8.1.10, $\tilde{M} = (\tilde{\mathcal{X}}, \tilde{\mathcal{P}}) \in \mathcal{M}_{\mathrm{nlE}} - \vartheta$. 设 $a = (p, q)$, 其中 $p = (r, S) = v_r$ 和 $q = (\alpha\beta r, T) = v_{\beta r}$. 则, $r(\tilde{M}) = \tilde{r} = \mathcal{P}\alpha\beta r$, 且 $\tilde{\mathcal{P}}$ 仅在它的根节点 $v_{\tilde{r}} = \tilde{o} = (T, S)$ 处与 $\mathcal{P}$ 不同. 因为 $M$ 为 Euler 的, $S$ 和 $T$ 均含有奇数条边. 若 $T$ 含 $2i+1$ 条边, 则 $S$ 必含 $2m(\tilde{M}) + 2 - (2i+1) = 2m(\tilde{M}) = 2i+1$ 条边. 这就是 $M = \nabla_{2i+1}\tilde{M}$. 从而, $M$ 为 (8.1.32) 式右端集合的一个元素.

反之, 对 $M$ 为 (8.1.32) 式右端的一个元素, 令 $M = \nabla_{2i+1}\tilde{M}$, 对某个 $\tilde{M} \in \mathcal{M}_{\mathrm{nlE}}$ 和某 $i, 0 \leqslant i \leqslant m(\tilde{M}) - 1$. 其中, $2m(\tilde{M})$ 为 $\tilde{M}$ 根节点次. 因为 $(2i+1) + 1 = 2i+2$ 为 $M$ 与根边关联的非根节点的次, $M$ 的根节点次为 $2m(\tilde{M}) + 2 - (2i+2) = 2m(\tilde{M}) - 2i$. 因为这两个节点的次为偶数, 由 $\tilde{M}$ 的 Euler 性, 可知 $M$ 也是 Euler 的. 进而, 由 $\tilde{M}$ 的无环性, $M$ 也不会有重边. 自然, 它的根边不会是重边. 这就意味, $M \in \mathcal{M}_{\mathrm{nlE}}^{(\mathrm{II})}$, 即 (8.1.32) 式左端集合的一个元素. ♮

借助内 $1v$-和与内 $1v$-积, 如 §8.1 中所述, 可以利用 $\mathcal{M}_{\mathrm{in}}^{(\mathrm{E})}$ 和 $\mathcal{M}_{\mathrm{nlE}}$ 中的地图, 表示 $\mathcal{M}_{(\mathrm{nlE})}^{(\mathrm{III})} = \{M \bullet a|\forall M \in \mathcal{M}_{\mathrm{nlE}}^{(\mathrm{III})}\}$, 其中 $a = e_r(M)$ 为 $M$ 的根边.

**引理 8.1.12**   对 $\mathcal{M}_{(\mathrm{nlE})}^{(\mathrm{III})}$, 有

$$\mathcal{M}_{(\mathrm{nlE})}^{(\mathrm{III})} = \mathcal{M}_{\mathrm{nlE}} \cdot\times \sum_{k \geqslant 1}^{\dot{+}} \mathcal{M}_{\mathrm{in}}^{(\mathrm{E})\times \cdot k}, \tag{8.1.33}$$

其中 $\times$, 同样地 $\cdot\times$ 为如 (8.1.7) 式所示之运算, $k$ 为根节点处自环的数目和 $\dot{+}$ 表示 $M_{\mathrm{I}}, 0 \leqslant i \leqslant k$, 的根节点满足证明充分性中提到的适应性条件.

**证**   对任何 $M = (\mathcal{X}, \mathcal{J}) \in \mathcal{M}_{(\mathrm{nlE})}^{(\mathrm{III})}$, 记它的根节点为 $v_r = o$, 其中

$$o = (r, T_0, \alpha\beta l_k, \cdots, \alpha\beta l_1, T_1, S_1, l, \cdots, S_k, l_k, S_0) \tag{8.1.34}$$

使得 $|T_1| = |S_1| = 0 \pmod 2$. 令 $M_i = (\mathcal{X}_i, \mathcal{J}_i)$, $i = 0, 1, \cdots, k$, 分别为由根节点

$$o_0 = (r, T_0, S_0), \quad o_1 = (\alpha\beta l_1, T_1, S_1, l_1), \cdots,$$

$$o_k = (\alpha\beta l_k, T_k, S_k, l_k) \tag{8.1.35}$$

在 $M$ 上扩充而得的子地图, 即 $\mathcal{X} = \mathcal{X}_0 + \mathcal{X}_1 + \cdots + \mathcal{X}_k$ 使得 $\mathcal{J}_i$ 仅在 $o_i$ 处与 $\mathcal{J}$ 不同, $i = 0, 1, \cdots, k$. 由 $M$ 的 Euler 性, 可见 $M_i$ 的根节点 $o_i, i = 0, 1, \cdots, k$, 的次均为偶数. 从而, 所有 $M_i, i = 0, 1, \cdots, k$, 全是 Euler 的. 又, 因为 $Kl_i, i = 1, 2, \cdots, k$, 全是自环, 可知 $M_i \in \mathcal{M}_{\mathrm{in}}^{(\mathrm{E})}, 1 \leqslant i \leqslant k$, 和 $M_0 \in \mathcal{M}_{\mathrm{nlE}}$. (因为 $r_0 = r$ 不是自环!) 这就是说, 有

$$M = M_1 \cdot{+} M_2 \cdot{+} \cdots \cdot{+} M_k \cdot{+} M_0$$

$$= M_0 \cdot{+} M_1 \cdot{+} M_2 \cdot{+} \cdots \cdot{+} M_k.$$

从而, $M$ 为 (8.1.33) 式右端之一元素.

反之, 设 $M = (\mathcal{X}, \mathcal{J})$ 为 (8.1.33) 式右端之一元素, 记 $M = M_0 \cdot{+} M_1 \cdot{+} M_2 \cdot{+} \cdots \cdot{+} M_k$, 其中 $M_i = (\mathcal{X}_i, \mathcal{J}_i) \in \mathcal{M}_{\mathrm{in}}^{(\mathrm{E})}, i = 1, 2, \cdots, k$ 和 $M_0 \in \mathcal{M}_{\mathrm{nlE}}$. 则, 可以通过劈分 $M$ 的根节点得地图 $M' = (\mathcal{X}', \mathcal{J}')$ 使得 $\mathcal{X}' = \mathcal{X} + Kr'$ 且 $\mathcal{J}'$ 仅在 $p = v_{r'}$ 和 $q = v_{\beta r'}$ 处与 $\mathcal{J}$ 不同. 这里, $p = (r', S_1, l_1, \cdots, S_k, l_k, S_0)$ 和 $q = (\alpha\beta r', r, T_0, \alpha\beta l_k, T_k, \cdots, \alpha\beta l_1, T_1)$ 使得 $T_i, S_i, 0 \leqslant i \leqslant k$, 如 (8.1.35) 式所示分别定 $M_i, 0 \leqslant i \leqslant k$, 的根节点. 但注意 $M_1, \cdots, M_k$ 要满足适应性条件: $M_i$ 的节点中可以适当地选择 $T_i$ 和 $S_i$ 使得 $p$ 和 $q$ 的次均为偶数, $0 \leqslant i \leqslant k$. 由 $M_i, 0 \leqslant i \leqslant k$ 的 Euler 性和 $p$ 与 $q$ 的次均为偶数, 可知 $M' \in \mathcal{M}_{\mathrm{nlE}}^{(\mathrm{III})}$. 从而, $M$ 也为 (8.1.33) 式左端集合中之一元素. ♮

还必须将 $\mathcal{M}_{\mathrm{nlE}}^{(\mathrm{III})}$ 划分为两个部分: $\mathcal{M}_A$ 和 $\mathcal{M}_B$ 使得 $M_B = \{M | \forall M \in \mathcal{M}_{\mathrm{nlE}}^{(\mathrm{III})}, Kl_k$ 在根面边界上 $\}$, 其中 $Kl_k$ 的意义与 (8.1.34) 式中的相应, 或称 $M$ 的根边所在的重边中的第 $k$ 边, 根边为第 0 边. 由于

$$\mathcal{M}_{\mathrm{nlE}}^{(\mathrm{III})} = \mathcal{M}_A + \mathcal{M}_B, \tag{8.1.36}$$

可知 $\mathcal{M}_A$ 的意义, 即 $\mathcal{M}_{\mathrm{nlE}}^{(\mathrm{III})}$ 中所有那些根边所在的重边中, 除 $a$ 外, 再没有在根面上的地图组成.

为了分解 $\mathcal{M}_B$, 由引理 6.1.1, 需要引进一类非 Euler 地图 $M = (\mathcal{X}, \mathcal{P})$, 称为桥地图, 其根边 $Kr = (p, q)$ 为割边, 使得分别以 $(\mathcal{P}\alpha\beta r, T)$ 和 $(\mathcal{P}r, S)$ 为根节点的扩张子地图, 均为无环 Euler 地图. 这里, $p = (r, \mathcal{P}r, S)$ 和 $q = (\alpha\beta r, \mathcal{P}\alpha\beta r, T)$ 分别为 $M$ 的根节点和与根边关联的非根节点.

容易验证, 若 $\hat{\mathcal{M}}$ 为所有桥地图的集合, 则有

$$\hat{\mathcal{M}} = \mathcal{M}_{\mathrm{nlE}} \odot \{L_0\} \odot \mathcal{M}_{\mathrm{nlE}}. \tag{8.1.37}$$

其中 $L_0 = (Kr, (r)(\alpha\beta r))$ 为杆地图.

令 $I_k = \{1, 2, \cdots, k\}$. 对任何 $R \subseteq I_k$ 和地图 $M_1, M_2, \cdots, M_k$, 记

$$M_R(M_j) = \begin{cases} \{\nabla_{2i+1} M_j | 0 \leqslant i \leqslant m(M_j) - 1\}, & j \in R; \\ \{\nabla_{2i} M_j | 1 \leqslant i \leqslant m(M_j) - 1\}, & \text{否则}. \end{cases} \tag{8.1.38}$$

**引理 8.1.13** 对 $\mathcal{M}_B$, 有

$$\mathcal{M}_B = \sum_{k \geqslant 1} \sum_{\substack{R \subseteq I_k \\ |R| = 2l+1 \\ 0 \leqslant l \leqslant \lfloor \frac{k-1}{2} \rfloor}} \hat{\mathcal{M}} \left\langle \times \prod_{j=1}^{k} \right\rangle \mathcal{M}_i^{\nabla},$$

$$\mathcal{M}_i^{\nabla} = \sum_{M_j \in \mathcal{M}_{\mathrm{in}}^{(\mathrm{E})}} M_R(M_j). \tag{8.1.39}$$

**证** 用与引理 8.1.12 的证明相仿的过程, 但要注意 $\hat{\mathcal{M}}$ 为非 Euler 地图的集合, 和如 (8.1.38) 式所示的奇偶性.

为了分解 $\mathcal{M}_A$, 也需引进另一类非 Euler 地图, 它们的根边均非割边, 除根边两端为奇次外, 其他所有节点的次均为偶数. 这样的非 Euler 无环且根边不在某重边内的平面地图被称为**通道地图**. 记 $\tilde{\mathcal{M}}$ 为所有通道地图的集合, 则容易看出,

$$\tilde{\mathcal{M}} = \sum_{M \in \mathcal{M}_{\mathrm{nlE}}} \left\{ \nabla_{2i} M | 0 \leqslant i \leqslant m(M) \right\} - \hat{\mathcal{M}}. \tag{8.1.40}$$

其理由与引理 8.1.11 的证明相仿.

**引理 8.1.14** 对 $\mathcal{M}_A$, 有

$$\mathcal{M}_A = \mathcal{M}_{\mathrm{ev}} + \mathcal{M}_{\mathrm{od}}, \tag{8.1.41}$$

其中

$$\mathcal{M}_{\mathrm{ev}} = \sum_{k \geqslant 1} \sum_{\substack{R \subseteq I_k \\ |R| = 2l \\ 0 \leqslant l \leqslant \lfloor \frac{k}{2} \rfloor}} \mathcal{M}_{\mathrm{nlE}}^{(\mathrm{II})} \left\langle \times \prod_{j=1}^{k} \right\rangle \mathcal{M}_j^{\nabla},$$

$$\mathcal{M}_{\mathrm{od}} = \sum_{k \geqslant 1} \sum_{\substack{R \subseteq I_k \\ |R| = 2l+1 \\ 0 \leqslant l \leqslant \lfloor \frac{k-1}{2} \rfloor}} \tilde{\mathcal{M}} \left\langle \times \prod_{j=1}^{k} \right\rangle \mathcal{M}_j^{\nabla}. \tag{8.1.42}$$

这里的 $\mathcal{M}_j^{\nabla}$ 与 (8.1.40) 式中的一致.

**证**   与引理 8.1.13 的证明相仿.

下面分别求 $\mathcal{M}_{\mathrm{nlE}}^{(\mathrm{I})}$, $\mathcal{M}_{\mathrm{nlE}}^{(\mathrm{II})}$ 和 $\mathcal{M}_{\mathrm{nlE}}^{(\mathrm{III})}$ 在 (8.1.27) 式给出的函数 $f_{\mathrm{nlE}}$ 中所占的部分, $f_{\mathrm{I}}$, $f_{\mathrm{II}}$ 和 $f_{\mathrm{III}}$. 自然, 由于 $\mathcal{M}_{\mathrm{nlE}}^{(\mathrm{I})}$ 中只含节点地图, 有

$$f_{(\mathrm{I})} = f_{\mathcal{M}_{\mathrm{nlE}}^{(\mathrm{I})}}(x, \underline{y}) = 1. \tag{8.1.43}$$

令 $z = x^2$, 则

$$f_{\mathrm{nlE}} = f_{\mathrm{nlE}}(\sqrt{z}) = f_{\mathcal{M}_{\mathrm{nlE}}}(\sqrt{z}, \underline{y}). \tag{8.1.44}$$

根据引理 8.1.11, $f_{\mathrm{II}} = \int_g \Delta_{\mathrm{nlE}}$, 其中,

$$\Delta_{\mathrm{nlE}} = \sum_{M \in \mathcal{M}_{\mathrm{nlE}} - \vartheta} \underline{y}^{\underline{n}(M)} \sum_{j=0}^{m(M)-1} x^{2j+2} y^{2m(M)-2j}.$$

利用定理 1.6.3, 得

$$\Delta_{\mathrm{nlE}} = x^2 y^2 \delta_{x^2, y^2}(f_{\mathrm{nlE}} - 1)$$
$$= x^2 y^2 \delta_{x^2, y^2} f_{\mathrm{nlE}}.$$

由 (1.6.9) 式, 有 $\Delta_{\mathrm{nlE}} = \partial_{x^2, y^2}(z f_{\mathrm{nlE}})$. 这就导致

$$f_{\mathrm{II}} = \int_y \partial_{x^2, y^2}(z f_{\mathrm{nlE}}). \tag{8.1.45}$$

为确定 $f_{\mathrm{III}}$, 必须先看一看 $\mathcal{M}_A$ 与 $\mathcal{M}_B$ 的贡献 $f_A$ 和 $f_B$.

首先, 由 (8.1.40) 式, 可见 $f_{\tilde{\mathcal{M}} + \hat{\mathcal{M}}} = \int_y xy D_{\mathrm{nlE}}^{\mathrm{ev}}$, 其中,

$$D_{\mathrm{nlE}}^{\mathrm{ev}} = \sum_{M \in \mathcal{M}_{\mathrm{nlE}}} \underline{y}^{\underline{n}(M)} \sum_{i=0}^{m(M)} x^{2i} y^{2m(M)-2i}.$$

利用定理 1.6.3, 得

$$D_{\mathrm{nlE}}^{\mathrm{ev}} = \delta_{x^2, y^2}(z f_{\mathrm{nlE}}).$$

从而, 有

$$f_{\tilde{\mathcal{M}} + \hat{\mathcal{M}}} = x \int_y y \delta_{x^2, y^2}(z f_{\mathrm{nlE}}). \tag{8.1.46}$$

记 $f_{\mathrm{ev}} = f_{\mathcal{M}_{\mathrm{ev}}}$ 和 $f_{\mathrm{od}} = f_{\mathcal{M}_{\mathrm{od}}}$ 分别为 $\mathcal{M}_{\mathrm{ev}}$ 和 $\mathcal{M}_{\mathrm{od}}$ 的相应计数函数, 或者说赋予 $f_A$ 中的部分. 由 (8.1.42) 式的第二式, (8.1.39) 式, (8.1.44) 式与 (8.1.46) 式, 有

$$f_{\mathrm{od}} + f_B = x \int_y y \delta_{x^2 y^2}(z f_{\mathrm{nlE}}) \sum_\alpha, \tag{8.1.47}$$

其中

$$\sum_\alpha = \sum_{k \geqslant 1} \sum_{l=0}^{\lfloor \frac{k-1}{2} \rfloor} \binom{k}{2l+1} \Delta_1^{2l+1} \Delta_2^{k-2l+1},$$

$$\Delta_1 = \sum_{M \in \mathcal{M}_{\mathrm{in}}^{(\mathrm{E})}} \underline{y}^{n(M)} \sum_{i=0}^{m(M)-1} x^{2i+1} y^{2m(M)-2i+1}$$

$$= xy\delta_{x^2,y^2} f_{\mathrm{in}},$$

$$\Delta_2 = \sum_{M \in \mathcal{M}_{\mathrm{in}}^{(\mathrm{E})}} \underline{y}^{n(M)} \sum_{i=1}^{n(M)-1} x^{2i} y^{2m(M)-2i}$$

$$= \partial_{x^2,y^2} f_{\mathrm{in}}.$$

由于 $\sum_\alpha$ 中关于 $l$ 的那个有限和为

$$\frac{(\Delta_2 + \Delta_1)^k - (\Delta_2 - \Delta_1)^k}{2},$$

就有

$$\sum_\alpha = \frac{1}{2} \left( \sum_1 - \sum_2 \right), \tag{8.1.48}$$

其中

$$\sum_1 = \sum_{k \geqslant 1} (\Delta_2 + \Delta_1)^k = \frac{\partial_{x^2,y^2} f_{\mathrm{in}} + xy\delta_{x^2,y^2} f_{\mathrm{in}}}{1 - \partial_{x^2,y^2} f_{\mathrm{in}} - xy\delta_{x^2,y^2} f_{\mathrm{in}}},$$

$$\sum_2 = \sum_{k \geqslant 1} (\Delta_2 - \Delta_1)^k = \frac{\partial_{x^2,y^2} f_{\mathrm{in}} - xy\delta_{x^2,y^2} f_{\mathrm{in}}}{1 - \partial_{x^2,y^2} f_{\mathrm{in}} + xy\delta_{x^2,y^2} f_{\mathrm{in}}}.$$

由此, 即可得

$$\sum_\alpha = \frac{xy\delta_{x^2,y^2} f_{\mathrm{in}}}{\left(1 - \partial_{x^2,y^2} f_{\mathrm{in}}\right)^2 - x^2 y^2 \left(\delta_{x^2,y^2} f_{\mathrm{in}}\right)^2}.$$

再考虑到 $f_{\mathrm{in}} = x^2 f_{\mathrm{nlE}}$ 和 (1.6.10) 式, 又可知

$$\sum_\alpha = \frac{xy\delta_{x^2,y^2}(z f_{\mathrm{nlE}})}{1 - 2\partial_{x^2,y^2}(zf) - x^2 y^2 \delta_{x^2,y^2}(z f^2)}. \tag{8.1.49}$$

由 (8.1.47) 式与 (8.1.49) 式, 以及 (1.6.9) 式, 就有

$$f_{\mathrm{od}} + f_B = \int_y \frac{\delta_{x^2,y^2}(z f_{\mathrm{nlE}}) \partial_{x^2,y^2}(z^2 f_{\mathrm{nlE}})}{1 - 2\partial_{x^2,y^2}(z f_{\mathrm{nlE}}) - x^2 y^2 \delta_{x^2,y^2}(z f_{\mathrm{nlE}}^2)}. \tag{8.1.50}$$

然后, 由 (8.1.42) 式的第一式, (8.1.43) 式和 (8.1.45) 式,

$$f_{\mathrm{ev}} = \int_y \partial_{x^2,y^2}(zf_{\mathrm{nlE}}) \sum_\beta, \tag{8.1.51}$$

其中

$$\sum_\beta = \sum_{k\geqslant 1} \sum_{l=0}^{\lfloor\frac{k-1}{2}\rfloor} \binom{k}{2l+1} \Delta_1^{2l} \Delta_2^{k-2l},$$

而且 $\Delta_1$ 和 $\Delta_2$ 与 $\sum_\alpha$ 中的意义相同. 但这时, 在 $\sum_\beta$ 中的对 $l$ 的那个有限和为

$$\frac{(\Delta_2+\Delta_1)^k + (\Delta_2-\Delta_1)^k}{2},$$

就有

$$\sum_\beta = \frac{1}{2}\left(\sum_1 + \sum_2\right),$$

其中 $\sum_1$ 和 $\sum_2$ 与 $\sum_\alpha$ 中的相同. 从而, 相仿地, 有

$$\sum_\beta = \frac{\partial_{x^2,y^2}(zf_{\mathrm{nlE}}) + x^2y^2\delta_{x^2,y^2}(zf_{\mathrm{nlE}}^2)}{1 - 2\partial_{x^2,y^2}(zf_{\mathrm{nlE}}) - x^2y^2\delta_{x^2,y^2}(zf_{\mathrm{nlE}}^2)}. \tag{8.1.52}$$

由 (8.1.49) 式和 (8.1.52) 式, 即得

$$f_{\mathrm{ev}} = \int_y \frac{\partial_{x^2,y^2}(zf_{\mathrm{nlE}})\left(\partial_{x^2,y^2}(zf_{\mathrm{nlE}}) + x^2y^2\delta_{x^2,y^2}(zf_{\mathrm{nlE}}^2)\right)}{1 - 2\partial_{x^2,y^2}(zf_{\mathrm{nlE}}) - x^2y^2\delta_{x^2,y^2}(zf_{\mathrm{nlE}}^2)}. \tag{8.1.53}$$

**定理 8.1.3**　关于函数 $f = f(x,\underline{y}), \underline{y} = (y_2, y_4, \cdots),$ 的泛函方程

$$f = \int_y \frac{1 - \partial_{x^2,y^2}(zf_{\mathrm{nlE}})}{1 - 2\partial_{x^2,y^2}(zf_{\mathrm{nlE}}) - x^2y^2\delta_{x^2,y^2}(zf_{\mathrm{nlE}}^2)}, \tag{8.1.54}$$

其中在泛函之下的 $f = f(\sqrt{z}) = f(\sqrt{z}, \underline{y})$, 在级数环 $\mathcal{L}\{\Re; x, \underline{y}\}$, $\Re$ 的整数环, 上是适定的. 而且, 这个解为 $f = f_{\mathrm{nlE}}$, 如 (8.1.27) 式所示.

**证**　因前一个结论可如常地递推得到, 这里还是仅证后一个结论.

从 (8.1.30) 式和 (8.1.36) 式, 可知 $f_{\mathrm{nlE}} = f_\mathrm{I} + f_\mathrm{II} + f_A + f_B$. 由 (8.1.41) 式, 有 $f_{\mathrm{nlE}} = f_\mathrm{I} + f_\mathrm{II} + f_{\mathrm{ev}} + f_{\mathrm{od}} + f_B$. 依 (8.1.43) 式, (8.1.45) 式, (8.1.53) 式和 (8.1.50) 式, 即得

$$f_{\mathrm{nlE}} = 1 + \int_y \partial_{x^2,y^2}(zf_{\mathrm{nlE}})$$

$$+ \int_y \frac{\partial_{x^2,y^2}(zf_{\mathrm{nlE}})\left(\partial_{x^2,y^2}(zf_{\mathrm{nlE}}) + x^2y^2\delta_{x^2,y^2}(zf_{\mathrm{nlE}}^2)\right)}{1 - 2\partial_{x^2,y^2}(zf_{\mathrm{nlE}}) - x^2y^2\delta_{x^2,y^2}(zf_{\mathrm{nlE}}^2)}$$

$$+ \int_y \frac{\delta_{x^2,y^2}(zf_{\mathrm{nlE}})\partial_{x^2,y^2}(z^2f_{\mathrm{nlE}})}{1 - 2\partial_{x^2,y^2}(zf_{\mathrm{nlE}}) - x^2y^2\delta_{x^2,y^2}(zf_{\mathrm{nlE}}^2)}. \tag{8.1.55}$$

可以验证, 前两个带泛函的项之和为

$$\int_y \frac{\partial_{x^2,y^2}(zf_{\mathrm{nlE}})\left(1-\partial_{x^2,y^2}(zf_{\mathrm{nlE}})\right)}{1-2\partial_{x^2,y^2}(zf_{\mathrm{nlE}})-x^2y^2\delta_{x^2,y^2}(zf_{\mathrm{nlE}}^2)}. \tag{8.1.56}$$

利用恒等式 (1.6.10), 将 (8.1.55) 式求和并化简, 就是 (8.1.54) 式右端. 从而, $f_{\mathrm{nlE}}$ 满足方程 (8.1.54).

虽然 (8.1.53) 式给出的泛函方程, 还没有发现一般性的解法, 在此基础上, 确可以沿着 [Liu53],[Liu54],[Liu63] 所提示的思路作一些特殊情形的研究.

## §8.2 一般简单地图

一个地图称为是简单的, 如果它的基准图, 既无自环又无重边. 也可以说, 简单地图就是无重边的无环地图. 令 $\mathcal{M}_{\mathrm{sim}}$ 为所有简单地图的集合. 规定节点地图 $\vartheta$ 也是简单地图. 对于 $M \in \mathcal{M}_{\mathrm{sim}}$, 令 $m(M)$ 为 $M$ 的根面次和 $n_i(M)$ 为 $i$ 次非根面的数目, $i \geqslant 1$. 注意这里的 $m(M)$ 和 $n_i(M)$ 与前面常遇到的不同.

本节所关心的是关于 $\mathcal{M}_{\mathrm{sim}}$ 的面剖分计数函数

$$f_{\mathrm{sim}} = \sum_{M \in \mathcal{M}_{\mathrm{sim}}} x^{m(M)} \underline{y}^{\underline{n}(M)}, \tag{8.2.1}$$

其中 $\underline{n}(M) = (n_1(M), n_2(M), \cdots)$, 即 $M$ 的**面剖分向量**. 将 $\mathcal{M}_{\mathrm{sim}}$ 划分成三类: $\mathcal{M}_{\mathrm{sim}_i}, i = 1, 2, 3$, 即

$$\mathcal{M}_{\mathrm{sim}} = \sum_{i=1}^3 \mathcal{M}_{\mathrm{sim}_i}. \tag{8.2.2}$$

其中, $\mathcal{M}_{\mathrm{sim}_1} = \vartheta$, 即节点地图. $\mathcal{M}_{\mathrm{sim}_2} = \{M | \forall M \in \mathcal{M}_{\mathrm{sim}}, a$ 为割边 $\}$. 与前面一样, $a = e_r(M)$ 总设它为 $M$ 的根边. 自然, $\mathcal{M}_{\mathrm{sim}_3}$ 就是由所有那些根边在某圈上的简单地图组成.

**引理 8.2.1** 令 $\mathcal{M}_{\langle\mathrm{sim}\rangle_2} = \{M - a \mid \forall M \in \mathcal{M}_{\mathrm{sim}_2}\}$, $a = Kr$ 为 $M$ 的根边. 则, 有

$$\mathcal{M}_{\langle\mathrm{sim}\rangle_2} = \mathcal{M}_{\mathrm{sim}} \times \mathcal{M}_{\mathrm{sim}}, \tag{8.2.3}$$

其中, $\times$ 表示集合间的笛卡儿乘积.

**证** 对任何 $M = (\mathcal{X}, \mathcal{J}) \in \mathcal{M}_{\langle\mathrm{sim}\rangle_2}$, 记 $M' = (\mathcal{X}', \mathcal{J}') \in \mathcal{M}_{\mathrm{sim}_2}$, 使得 $M = M' - a', a' = e_r(M') = Kr'$. 因为 $a'$ 为 $M'$ 割边, 则分别以

$$v_{r_2} = (\mathcal{J}'\alpha\beta r', \cdots, \mathcal{J}'^{-1}\alpha\beta r') \quad \text{和} \quad v_{r_1} = (\mathcal{J}'r', \cdots, \mathcal{J}'^{-1}r')$$

为根节点, 根据在 $J = \{\alpha, \beta, \mathcal{J}'\}$ 的生成群 $\Psi_J$ 下可迁性的原则, 可扩充为两个子地图, 记为 $M_1 = (\mathcal{X}_1, \mathcal{J}_1)$ 和 $M_2 = (\mathcal{X}_2, \mathcal{J}_2)$ 使得 $\mathcal{X}_1 \cap \mathcal{X}_2 = \varnothing$. 自然, 除它们的根节点外, 其他节点均与 $M'$ 相同. 又, $v_{r_1}$ 与 $v_{r_2}$ 之间, 在 $\Psi_J$ 下不可迁, 有 $M = M_1 + M_2$. 由 $M'$ 的简单性, 可知 $M_i \in \mathcal{M}_{\text{sim}}$. 这就意味, $M \in \mathcal{M}_{\text{sim}} \times \mathcal{M}_{\text{sim}}$.

反之, 对任何 $M_i = (\mathcal{X}_i, \mathcal{J}_i) \in \mathcal{M}_{\text{sim}}$, $i = 1, 2$, 使得 $M = M_1 + M_2 \in \mathcal{M}_{\text{sim}} \times \mathcal{M}_{\text{sim}}$, 可以造一个地图 $M' = (\mathcal{X}', \mathcal{J}')$, 使得 $\mathcal{X}' = \mathcal{X}_1 + \mathcal{X}_2 + Kr'$ 和 $\mathcal{J}'$ 仅在二节点 $v_{r'} = (r', r_1, \mathcal{J}_1 r_1 \cdots, \mathcal{J}_1^{-1} r_1)$ 和 $v_{\beta r'} = (\alpha\beta r', r_2, \mathcal{J}_2 r_2 \cdots, \mathcal{J}_2^{-1} r_2)$ 处与 $\mathcal{J}_1$ 和 $\mathcal{J}_2$ 不同. 易见, $a' = Kr'$ 是 $M'$ 的一个割边. 由 $M_i$, $i = 1, 2$, 的简单性, 可知 $M' \in \mathcal{M}_{\langle\text{sim}\rangle_2}$.

设 $M = (\mathcal{X}, \mathcal{J})$ 是一个平面地图. 令 $\Delta_i(M) = (\mathcal{X}_i, \mathcal{J}_i)$ 为在 $M$ 的根面上, 从根节点 $v_r$, 第 0 节点, 到第 $i$ 节点 $v_{(\mathcal{J}\alpha\beta)^i r}$ 连一条边而得到的地图. 即, $\mathcal{X}_i = \mathcal{X} + Kr_i$ 和 $\mathcal{J}_i$ 仅在两面 $f_{r_i} = (r_i, (\mathcal{J}\alpha\beta)^i r, \cdots, (\mathcal{J}\alpha\beta)^{-1} r)$ 和

$$f_{\alpha r_i} = (\alpha\beta r_i, r, (\mathcal{J}\alpha\beta) r, \cdots (\mathcal{J}\alpha\beta)^{i-1} r)$$

处与 $\mathcal{J}$ 不同. 自然, 只有 $i = 0, 1, \cdots, m(M)$ 种不同的连边 $(v_r, v_{(\mathcal{J}\alpha\beta)^i})$ 的方式. 并且, 称 $\Delta_i(M)$ 为地图 $M$ 的第 $i$ 增量. 对偶地, 在 §8.1 中的第 $i$ 降量 $\nabla_i(M)$ 也可视为对偶第 $i$ 增量. 记

$$\tilde{\mathcal{M}} = \sum_{M \in \mathcal{M}_{\text{sim}}} \left\{ \Delta_i(M) \mid 0 \leqslant i \leqslant m(M) \right\}. \tag{8.2.4}$$

容易看出, $\mathcal{M}_{\text{sim}} \subseteq \tilde{\mathcal{M}}$, 但 $\mathcal{M}_{\text{sim}} \neq \tilde{\mathcal{M}}$. 令 $\mathcal{M}_{\text{L}} = \{M \mid \forall M \in \tilde{\mathcal{M}},$ 有自环 $\}$, 和 $\mathcal{M}_{\text{N}} = \{M \mid \forall M \in \tilde{\mathcal{M}},$ 有重边 $\}$. 由 $\mathcal{M}_{\text{L}} \subseteq \tilde{\mathcal{M}}$, 任何 $M \in \mathcal{M}_{\text{L}}$ 只能有一个自环, 而且它就是 $M$ 的根边. 由 $\mathcal{M}_{\text{N}} \subseteq \tilde{\mathcal{M}}$, 任何 $M \in \mathcal{M}_{\text{N}}$ 只能有一个重边, 而且它必含 $M$ 的根边.

**引理 8.2.2** 对于 $\mathcal{M}_{\text{sim}_3}$, 有

$$\mathcal{M}_{\text{sim}_3} = \tilde{\mathcal{M}} - \mathcal{M}_{\text{L}} - \mathcal{M}_{\text{N}}. \tag{8.2.5}$$

**证** 对任何 $M = (\mathcal{X}, \mathcal{J}) \in \mathcal{M}_{\text{sim}_3}$, 因为既无环又无重边, 有 $M \notin \mathcal{M}_{\text{L}}$ 和 $M \notin \mathcal{M}_{\text{N}}$. 由于 $M$ 的根边 $a = (v_r, v_{\beta r})$ 不是割边, 可得地图 $M' = (\mathcal{X}', \mathcal{J}') = M - a \in \mathcal{M}_{\text{sim}}$. 其中, $\mathcal{X}' = \mathcal{X} - Kr$ 和 $\mathcal{J}'$ 仅在 $v_{r'} = (\mathcal{J}r, \mathcal{J}^2 r, \cdots, \mathcal{J}^{-1} r)$ 和 $v_{\beta r'} = (\mathcal{J}\alpha\beta r, \mathcal{J}^2 \alpha\beta r, \cdots, \mathcal{J}^{-1} \alpha\beta r)$ 二节点处与 $\mathcal{J}$ 不同. 自然, $r' = \mathcal{J}r$. 因为 $a$ 不为重边, 存在 $i \geqslant 2$ 使得 $(\mathcal{J}\alpha\beta) r = \mathcal{J}^i r'$, 即 $\Delta_i(M') = M$, 可知 $M \in \tilde{\mathcal{M}}$. 这就是说, $M$ 为 (8.2.5) 式右端集合中之一个元素.

反之, 对任何 $M \in \tilde{\mathcal{M}} - \mathcal{M}_{\text{L}} - \mathcal{M}_{\text{N}}$, 令 $M' \in \mathcal{M}_{\text{sim}_3}$ 使得 $\Delta_i(M') = M$, 对某个 $i, 0 \leqslant i \leqslant m(M')$. 因为 $M \notin \mathcal{M}_{\text{L}}$ 和 $M \notin \mathcal{M}_{\text{N}}$, 有 $M \in \mathcal{M}_{\text{sim}}$. 又, 对任何 $i$, $\Delta_i(M')$

的根边均不可能为割边, 有 $M$ 的根边 $a$ 也不会是割边. 从而, $M \in \mathcal{M}_{\text{sim}_3}$. 即, $M$ 为 (8.2.5) 式左端集合中之一元素.

**引理 8.2.3** 令 $\mathcal{M}_{\langle \text{L} \rangle} = \{ M - a | \forall M \in \mathcal{M}_{\text{L}} \}, a = e_r(M)$. 则, 有

$$\mathcal{M}_{\langle \text{L} \rangle} = \mathcal{M}_{\text{sim}} \bigodot \mathcal{M}_{\text{sim}}, \tag{8.2.6}$$

其中 $\odot$ 为 $1v$-乘法, 如 §2.1 所示.

**证** 对任何 $M = (\mathcal{X}, \mathcal{J}) \in \mathcal{M}_{\langle \text{L} \rangle}$, 令 $M' = (\mathcal{X}', \mathcal{J}') \in \mathcal{M}_{\text{L}}$ 使得 $M' - a' = M$, $a' = e_r(M')$. 因为 $M' \in \mathcal{M}_{\text{L}}$, $M'$ 的根节点有如形式: $v_{r'} = (r', S, \alpha\beta r', R)$. 由于 $\mathcal{X}' = \mathcal{X} + Kr'$ 和 $\mathcal{J}$ 仅在节点 $v_r = (S, R)$ 处与 $\mathcal{J}'$ 不同, 有 $M = M_1 \dotplus M_2$ 使得 $M_i = (\mathcal{X}_i, \mathcal{J}_i), i = 1, 2$, $\mathcal{X} = \mathcal{X}_1 + \mathcal{X}_2$ 和 $\mathcal{J}_1$ 与 $\mathcal{J}_2$ 仅分别在根节点 $v_{r_1} = (S)$ 与 $v_{r_2} = (R)$ 处不同于 $\mathcal{J}$. 从 $M'$ 除 $a'$ 为自环外, 既无重边也无自环, 可知 $M_i \in \mathcal{M}_{\text{sim}}$, $i = 1, 2$. 这就意味, $M \in \mathcal{M}_{\text{sim}} \odot \mathcal{M}_{\text{sim}}$.

反之, 对任何 $M = (\mathcal{X}, \mathcal{J}) \in \mathcal{M}_{\text{sim}} \odot \mathcal{M}_{\text{sim}}$, 记 $M = M_1 \dotplus M_2$, $M_i = (\mathcal{X}_i, \mathcal{J}_i) \in \mathcal{M}_{\text{sim}}, i = 1, 2$. 因为 $\mathcal{X} = \mathcal{X}_1 + \mathcal{X}_2$ 和 $\mathcal{J}_1$ 与 $\mathcal{J}_2$ 仅分别在根节点 $v_{r_1} = (r_1, S_1), r = r_1$ 与 $v_{r_2} = (r_2, S_2)$ 处不同于 $\mathcal{J}$, 可以通过添加一条边 $Kr'$ 得地图 $M' = (\mathcal{X}', \mathcal{J}')$ 使得 $\mathcal{X}' = \mathcal{X} + Kr'$ 和 $\mathcal{J}'$ 仅在节点 $v_{r'} = (r', r_1, S_1, \alpha\beta r', r_2, S_2)$ 处与 $\mathcal{J}$ 不同. 自然, $M$ 的节点为 $v_r = (r_1, S_1, r_2, S_2)$. 由于 $M \in \mathcal{M}_{\text{sim}}$, 可知 $M' \in \mathcal{M}_{\text{L}}$. 又, $M = M' - a'$, 即得 $M \in \mathcal{M}_{\langle \text{L} \rangle}$.

**引理 8.2.4** 令 $\mathcal{M}_{\langle \text{N} \rangle} = \{ M - a | \forall M \in \mathcal{M}_{\text{N}} \}$, $a = e_r(M)$. 则, 有

$$\mathcal{M}_{\langle \text{N} \rangle} = (\mathcal{M}_{\text{sim}} - \vartheta) \bigoslash (\mathcal{M}_{\text{sim}} - \vartheta), \tag{8.2.7}$$

其中 $\oslash$ 为 $1e$-乘法, 如 §4.2 中所示.

**证** 对 $M = (\mathcal{X}, \mathcal{J}) \in \mathcal{M}_{\langle \text{N} \rangle}$, 记 $M' \in \mathcal{M}_{\text{N}}$ 使得

$$M = (\mathcal{X}', \mathcal{J}') = M' - a',$$

$a' = e_r(M)$. 即, $\mathcal{X}' = \mathcal{X} + Kr'$ 和 $\mathcal{J}$ 仅在节点 $v_{r'}$ 和 $v_{\beta r'}$ 处与 $\mathcal{J}$ 不同. 由于 $M' \in \mathcal{M}_{\text{N}}$, 这两个节点必具有如下形式: $v_{r'} = (r', r, S_1, l, S_2)$ 和 $v_{\beta r'} = (\delta r', R_2, \delta l, R_1)$, 其中 $\delta = \alpha\beta$. 自然, $M$ 的根节点 $v_r = (r, S_1, l, S_2)$ 和 $v_{\beta l} = (\delta l, R_1, R_2)$. 即, $\mathcal{J}'$ 仅在这两个节点处与 $\mathcal{J}$ 不同. 这样, 就有 $M = M_1 \uplus M_2$, $M_i = (\mathcal{X}_i, \mathcal{J}_i), i = 1, 2$, 使得 $\mathcal{X} = \mathcal{X}_1 \cup \mathcal{X}_2$, $\mathcal{X}_1 \cap \mathcal{X}_2 = Kl$ 和 $\mathcal{J}_1$ 与 $\mathcal{J}_2$ 分别在二节点 $v_{r_1} = (r, S_1, l)$ 和 $v_{\beta l} = (\delta l, R_1)$ 与在二节点 $v_{r_2} = (l, S_2)$ 和 $v_{\beta R_2} = (\delta l, R_2)$ 处与 $\mathcal{J}$ 不同. 由于 $M'$ 仅有一个重边, 即由 $Kr'$ 与 $Kr$ 组成. 而且, $M_1$ 和 $M_2$ 均为 $M'$ 的子地图, 仅含 $Kr$ 而不含 $Kr'$, 可知 $M_i \in \mathcal{M}_{\text{sim}}$, $i = 1, 2$. 又注意到 $M_i, i = 1, 2$, 中都至少有一条边 $Kl$, 有 $M_i \neq \vartheta, i = 1, 2$. 从而, $M = M_1 \uplus M_2 \in (\mathcal{M}_{\text{sim}} - \vartheta) \oslash (\mathcal{M}_{\text{sim}} - \vartheta)$.

反之, 对任何 $M = (\mathcal{X}, \mathcal{J})$ 为 (8.2.7) 式右端集合中之一元素, 即 $M = M_1 \uplus M_2$, $M_i = (\mathcal{X}_i, \mathcal{J}_i) \in (\mathcal{M}_{\mathrm{sim}} - \vartheta)$, $i = 1, 2$. 且 $\mathcal{X} = \mathcal{X}_1 \cup \mathcal{X}_2, \mathcal{X}_1 \cap \mathcal{X}_2 = Kl, l = \mathcal{J}_1^{-1} r_1 = r_2$, $r = r_1$, $\mathcal{J}_1$ 和 $\mathcal{J}_2$ 分别在 $v_{r_1}$ 与 $v_{\beta l}$ 和在 $v_{r_2}$ 与 $v_{\beta R_2}$ 处与 $\mathcal{J}$ 不同. 不妨设 $v_{r_1}, v_{\beta l}$ 和 $v_{r_2}, v_{\beta R_2}$ 有上面的形式. 总可以通过添加边 $Kr'$ 而得地图 $M' = (\mathcal{X}', \mathcal{J}')$ 使得 $\mathcal{X}' = \mathcal{X} + Kr'$ 和 $\mathcal{J}'$ 仅在节点 $v_{r'}$ 和 $v_{\beta r'}$ 处与 $\mathcal{J}$ 不同. 自然, $v_{r'}$ 和 $v_{\beta r'}$ 也具有上面提到的形式. 由于 $M_i \in \mathcal{M}_{\mathrm{sim}}$, $i = 1, 2$, 可知 $M'$ 仅有一个重边, 仅由 $a' = Kr'$ 与 $Kl$ 组成, 且无自环. 即, $M' \in \mathcal{M}_{\mathrm{N}}$. 又, 注意到 $M = M' - a'$, 就有 $M \in \mathcal{M}_{\langle \mathrm{N} \rangle}$.

至此, 可以分别地去推算 $\mathcal{M}_{\mathrm{sim}_1}, \mathcal{M}_{\mathrm{sim}_2}$ 和 $\mathcal{M}_{\mathrm{sim}_3}$ 赋予 (8.2.1) 式的计数函数 $f_{\mathrm{sim}}$ 中的部分 $f_1 = f_{\mathrm{sim}_1}, f_2 = f_{\mathrm{sim}_2}, f_3 = f_{\mathrm{sim}_3}$.

因为 $\mathcal{M}_{\mathrm{sim}_1} = \vartheta$, 和 $m(\vartheta) = 0, \underline{n}(\vartheta) = \underline{0}$, 自然有

$$f_1 = f_{\mathrm{sim}_1} = 1. \tag{8.2.8}$$

由引理 8.2.1,

$$f_2 = f_{\mathrm{sim}_2}(x, \underline{y}) = x^2 f_{\mathrm{sim}}^2. \tag{8.2.9}$$

其中 $x^2$ 相应 $\mathcal{M}_{\mathrm{sim}_2}$ 中地图根边 (割边) 所提供给根面次的.

为了确定 $f_{\mathrm{sim}_3}$, 要先看一看 $\tilde{f} = f_{\tilde{\mathcal{M}}}$, $f_{\mathrm{L}} = f_{\mathcal{M}_{\mathrm{L}}}$ 和 $f_{\mathrm{N}} = f_{\mathcal{M}_{\mathrm{N}}}$. 根据 (8.2.4) 式,

$$\tilde{f} = \int_y \sum_{M \in \mathcal{M}_{\mathrm{sim}}} \underline{y}^{\underline{n}(M)} \sum_{i=0}^{m(M)} x^{i+1} y^{m(M)-i+1}.$$

利用定理 1.6.3, 得

$$\tilde{f} = \int_y xy \delta_{x,y}(z f_{\mathrm{sim}}). \tag{8.2.10}$$

其中在泛函下的

$$f_{\mathrm{sim}} = f_{\mathrm{sim}}(z) = f_{\mathcal{M}_{\mathrm{sim}}}(z, \underline{y}). \tag{8.2.11}$$

由引理 8.2.3,

$$f_{\mathrm{L}} = x f_{\mathrm{sim}}(x) \int_y \left( y f_{\mathrm{sim}}(y) \right). \tag{8.2.12}$$

由引理 8.2.4,

$$f_{\mathrm{N}} = (f_{\mathrm{sim}}(x) - 1) \int_y \left( f_{\mathrm{sim}}(y) - 1 \right)$$
$$= (f_{\mathrm{sim}}(x) - 1) \left( \int_y f_{\mathrm{sim}}(y) - 1 \right). \tag{8.2.13}$$

然后, 根据 (8.2.10) 式, (8.2.12) 式和 (8.2.13) 式, 由引理 8.2.2, 有

$$f_3 = x \int_y y \delta_{x,y}(z f_{\mathrm{sim}}) - x f_{\mathrm{sim}} \int_y \left( y f_{\mathrm{sim}}(y) \right)$$

$$- (f_{\text{sim}} - 1)\Big(\int_y f_{\text{sim}}(y) - 1\Big)$$

$$= f_{\text{sim}} - 1 + \int_y \Big( xy\delta_{x,y}(zf_{\text{sim}})$$

$$+ \Big(1 - (1 + xy)f_{\text{sim}}\Big)f_{\text{sim}}(y)\Big). \tag{8.2.14}$$

**定理 8.2.1** 关于函数 $f = f(x, \underline{y}), \underline{y} = (y_1, y_2, \cdots)$, 的方程

$$\left(\int_y \Big((1 + xy)f(y)\Big) - x^2 f\right) f$$

$$= \int_y \Big( f(y) + xy\delta_{x,y}\big(zf(z)\big)\Big), \tag{8.2.15}$$

其中 $f = f(x) = f(x, \underline{y})$, 在级数环 $\mathcal{L}\{\Re; x, \underline{y}\}$, $\mathcal{R}$ 为整数环, 上是适定的. 而且, 这个解就是 $f = f_{\text{sim}}$, 如 (8.2.1) 式所示.

**证** 同样只证后一个结论, 因为前者如常.

由 (8.2.8) 式, (8.2.9) 式,(8.2.14) 和 (8.2.2) 式, 有

$$f_{\text{sim}} = 1 + x^2 f_{\text{sim}}^2 + (f_{\text{sim}} - 1) + x\int_y y\delta_{x,y}(zf_{\text{sim}})$$

$$+ \int_y f_{\text{sim}}(y)(1 - (1 + xy)f_{\text{sim}}).$$

两边同减去 $f_{\text{sim}}$, 得

$$0 = x^2 f_{\text{sim}}^2 + \int_y \Big( f(y) + xy\delta_{x,y}(zf_{\text{sim}})\Big)$$

$$- f_{\text{sim}}\int_y \Big((1 + xy)f(y)\Big).$$

将右端第一和第三项同移到左端, 提出 $f_{\text{sim}}$, 再用它的系数除两端, 即可得 $f_{\text{sim}}$ 满足 (8.2.15) 式. ∎

令 $M \in \mathcal{M}_{\text{sim}}$. 若 $m(M)$ 和 $n(M)$ 分别表示 $M$ 的根面次和非根面的数目, 则对于计数函数 $h_{\text{sim}}(x, y) = h_{\text{sim}}$, 即

$$h_{\text{sim}} = \sum_{M \in \mathcal{M}_{\text{sim}}} x^{m(M)} y^{n(M)}, \tag{8.2.16}$$

用上面的分解原理, 可以确定 $\mathcal{M}_{\text{sim}_i}, i = 1, 2, 3$, 所赋予 $h_{\text{sim}}$ 中的部分 $h_i, i = 1, 2, 3$. 这就是

$$h_1 = 1, \quad h_2 = x^2 h^2. \tag{8.2.17}$$

注意到 $\tilde{\mathcal{M}}$ 的作用,

$$\tilde{h} = \frac{xy}{1-x}(h_{\mathrm{sim}}^* - xh_{\mathrm{sim}}),$$

其中 $h_{\mathrm{sim}}^* = h_{\mathrm{sim}}(1,y)$, 和 $\mathcal{M}_{\mathrm{L}}$ 与 $\mathcal{M}_{\mathrm{N}}$ 的作用,

$$h_{\mathrm{L}} = xyh_{\mathrm{sim}}^* h_{\mathrm{sim}},$$

$$h_{\mathrm{N}} = y(h_{\mathrm{sim}} - 1)(h_{\mathrm{sim}}^* - 1),$$

即可得

$$\begin{aligned}
h_3 &= \tilde{h} - h_{\mathrm{L}} - h_{\mathrm{N}} \\
&= \left( \frac{xyh_{\mathrm{sim}}^*}{1-x} + y(h_{\mathrm{sim}}^* - 1) \right) \\
&\quad - \left( \frac{x^2 y}{1-x} + xyh_{\mathrm{sim}}^* + yh_{\mathrm{sim}}^* - y \right) h_{\mathrm{sim}}.
\end{aligned} \tag{8.2.18}$$

**定理 8.2.2**    下面关于 $h = h(x,y)$ 的方程

$$x^2 h^2 - \left( 1 + y(h^* - 1) + xyh^* + \frac{x^2 y}{1-x} \right) h$$

$$+ \frac{xy}{1-x} h^* + yh^* - y + 1 = 0, \tag{8.2.19}$$

其中 $h^* = h(1,y)$, 在级数环 $\mathcal{L}\{\Re; x, \underline{y}\}$, $\Re$ 为整数环, 上是适定的. 而且, 这个解就是 $h = h_{\mathrm{sim}}$, 如 (8.2.16) 式所示.

**证**    同样只证后一个结论, 因为前者如常.

由 (8.2.17) 式, (8.2.18) 式和 (8.2.2) 式, 有

$$\begin{aligned}
h_{\mathrm{sim}} &= 1 + x^2 h_{\mathrm{sim}}^2 + \left( \frac{xyh_{\mathrm{sim}}^*}{1-x} + y(h_{\mathrm{sim}}^* - 1) \right) \\
&\quad - \left( \frac{x^2 y}{1-x} + xyh_{\mathrm{sim}}^* + yh_{\mathrm{sim}}^* - y \right) h_{\mathrm{sim}}.
\end{aligned}$$

将 $h_{\mathrm{sim}}$ 移到左端, 经整理即可得到 $h_{\mathrm{sim}}$ 满足 (8.2.19) 式.

事实上, 这里的 $h_{\mathrm{sim}}$ 就是 $f_{\mathrm{sim}}$ 当取 $y_i = y, i \geqslant 1$ 时之情形. 另一方面, 令

$$\hat{g}_{\mathrm{sim}} = \int_{\underline{y}}^{-1} f_{\mathrm{sim}}(x, \underline{y}) = \sum_{M \in \mathcal{M}_{\mathrm{sim}}} x^{m(M)} y^{l(M)},$$

其中 $\int_{\underline{y}}^{-1}$ 如 (1.6.11) 式所示和

$$l(M) = \sum_{i \geqslant 1} i n_i(M) = 2k(M) - m(M).$$

其中 $k(M)$ 为 $M$ 中的边数. 继之, 令

$$u = xy^{-1}, \quad w = y^2,$$

就有

$$
\begin{aligned}
g_{\mathrm{sim}}(u, w) &= \hat{g}(u\sqrt{w}, \sqrt{w}) \\
&= \sum_{M \in \mathcal{M}_{\mathrm{sim}}} (u\sqrt{w})^{m(M)} (\sqrt{w})^{l(M)} \\
&= \sum_{M \in \mathcal{M}_{\mathrm{sim}}} u^{m(M)} w^{\frac{m(M)+l(M)}{2}} \\
&= \sum_{M \in \mathcal{M}_{\mathrm{sim}}} u^{m(M)} w^{k(M)}.
\end{aligned} \tag{8.2.20}
$$

这就是 $\mathcal{M}_{\mathrm{sim}}$ 的依根面次与度的计数函数 $g_{\mathrm{sim}} = g_{\mathrm{sim}}(x, y)$.

由上面提供的分解原理, 可以确定 $g_{\mathrm{sim}}$ 所满足的方程. 这时, 从引理 8.2.1, 8.2.3, 8.2.4 和 (8.2.4) 式, 可分别得到 $\mathcal{M}_{\mathrm{sim}_2}, \mathcal{M}_{\mathrm{L}}, \mathcal{M}_{\mathrm{N}}$ 和 $\tilde{\mathcal{M}}$ 授与 $g_{\mathrm{sim}}$ 中的部分:

$$g_2 = x^2 y g_{\mathrm{sim}}^2, \tag{8.2.21}$$

$$g_{\mathrm{L}} = xy g_{\mathrm{sim}}^* g_{\mathrm{sim}}, \tag{8.2.22}$$

$$g_{\mathrm{N}} = (g_{\mathrm{sim}}^* - 1)(g_{\mathrm{sim}} - 1), \tag{8.2.23}$$

其中 $g_{\mathrm{sim}}^* = g_{\mathrm{sim}}(1, y)$ 和

$$g_{\tilde{\mathcal{M}}} = xy \frac{g_{\mathrm{sim}}^* - x g_{\mathrm{sim}}}{1 - x}. \tag{8.2.24}$$

进而, 基于 (8.2.22) 式, (8.2.24) 式, 引理 8.2.2, 有

$$
\begin{aligned}
g_3 &= xy \left( \frac{g_{\mathrm{sim}}^* - x g_{\mathrm{sim}}}{1 - x} \right) - xy g_{\mathrm{sim}}^* g_{\mathrm{sim}} \\
&\quad - (g_{\mathrm{sim}}^* - 1)(g_{\mathrm{sim}} - 1) \\
&= \left( 1 - \frac{x^2 y}{1 - x} - xy g_{\mathrm{sim}}^* - g_{\mathrm{sim}}^* \right) g_{\mathrm{sim}} \\
&\quad + \frac{xy g_{\mathrm{sim}}^*}{1 - x} + g_{\mathrm{sim}}^* - 1.
\end{aligned} \tag{8.2.25}
$$

**定理 8.2.3** 下面的关于 $g = g(x, y)$ 的方程

$$
\begin{aligned}
x^2 y g^2 - \left( 1 - \frac{x^2 y}{1 - x} + xy g^* - g^* \right) g \\
+ \frac{xy g^*}{1 - x} + g^* = 0,
\end{aligned} \tag{8.2.26}
$$

其中 $g^* = g(1, y)$, 在级数环 $\mathcal{L}\{\Re; x, y\}$, $\Re$ 为整数环, 上是适定的. 而且, 这个解就是 $g = g_{\mathrm{sim}}$.

**证**  仅证后一个结论, 因为前者可如常法证.

首先, 易见 $g_1 = g_{\mathrm{sim}_1} = 1$. 由 (8.2.2) 式、(8.2.21) 式和 (8.2.25) 式, 即可导出定理.

基于方程 (8.2.26), 可以求得参数表示式

$$y = \frac{(\xi-1)(2-\xi)}{\xi^2}, \quad g^* = \xi(2-\xi). \tag{8.2.27}$$

因为可以验证,

$$H(y) = \frac{\mathrm{d}g^*}{\mathrm{d}y} = \xi^4,$$

利用推论 1.5.1, 即可得 $\partial_y^{n+1} H(y)$, 和度为 $n$ 的带根简单平面地图的数目

$$\begin{aligned}
N_{\mathrm{sim}}(n) &= \frac{1}{n} \partial_y^{n-1} H(y) \\
&= \frac{1}{n} \frac{4}{n-1} \partial_\eta^{n-2} \frac{(1+\eta)^{2n+1}}{(1-\eta)^{n-1}} \\
&= \sum_{i=0}^{n-2} \frac{4(2n+1)!(2n-i-4)!}{i!(n-i-2)!(2n-i+1)!n!}.
\end{aligned} \tag{8.2.28}$$

其中, $\eta = \xi - 1$ 和 $n \geqslant 2$.

## §8.3  简单二部地图

为简短, 本节只讨论带根简单二部地图. 当然, 仍然是平面的. 令 $\mathcal{B}_{\mathrm{sim}}$ 为所有这种地图的集合. 但注意, 为方便要把节点地图 $\vartheta$ 置于其中作为退化情形. 并将 $\mathcal{B}_{\mathrm{sim}}$ 划分为三类:

$$\mathcal{B}_{\mathrm{sim}} = \mathcal{B}_0 + \mathcal{B}_1 + \mathcal{B}_2, \tag{8.3.1}$$

其中 $\mathcal{B}_0$ 仅由 $\vartheta$ 本身组成. $\mathcal{B}_1 = \{M | \forall M \in \mathcal{B}_{\mathrm{sim}}, M \neq \vartheta, a = e_r(M)$ 为割边 $\}$. 由 (8.3.1) 式, 自然 $\mathcal{B}_2 = \{M | \forall M \in \mathcal{B}_{\mathrm{sim}}, M \neq \vartheta, a = e_r(M)$ 在某圈上 $\}$.

对任何 $M \in \mathcal{B}_{\mathrm{sim}}$, 令 $2m(M)$ 为 $M$ 的根面次和 $\underline{n}(M) = (n_4(M), n_6(M), \cdots)$, $n_{2j}(M)$ 为 $2j$ 次非根面的数目, $j \geqslant 2$. 由二部性, 可知 $\underline{n}(M)$ 就是 $M$ 的面剖分向量.

这里的目的, 在于确定 $\mathcal{B}_{\mathrm{sim}}$ 的面剖分计数函数

$$f_{\mathrm{bim}}(x, \underline{y}) = \sum_{M \in \mathcal{B}_{\mathrm{sim}}} x^{2m(M)} \underline{y}^{\underline{n}(M)}, \tag{8.3.2}$$

其中 $\underline{n}(M) = (n_4(M), n_6(M), \cdots)$, 所满足的泛函方程.

因为 $\vartheta$ 既没有边也没有非根面, $2m(\vartheta) = 0$ 和 $\underline{n}(\vartheta) = \underline{0}$, $\mathcal{B}_0$ 献给 $f_{\mathrm{bim}}$ 中的部分

$$f_0 = f_{\mathcal{B}_0}(x, \underline{y}) = 1. \tag{8.3.3}$$

**引理 8.3.1** 令 $\mathcal{B}_{\langle 1 \rangle} = \{M - a | \forall M \in \mathcal{B}_1\}$, $a = e_r(M)$. 则, 有

$$\mathcal{B}_{\langle 1 \rangle} = \mathcal{B}_{\mathrm{sim}} \times \mathcal{B}_{\mathrm{sim}}. \tag{8.3.4}$$

**证** 与引理 8.3.1 的证明过程相仿. 不过, 在这里要注意到二部性.

由引理 8.3.1, $\mathcal{B}_1$ 赋予 $f_{\mathrm{bim}} = f_{\mathrm{bim}}(x, \underline{y})$ 中之部分 $f_{\mathcal{B}_1}(x, \underline{y}) = f_1$, 即

$$\begin{aligned}
f_1 &= x^2 \sum_{M \in \mathcal{B}_{\langle 1 \rangle}} x^{2m(M)} \underline{y}^{\underline{n}(M)} \\
&= x^2 \left( \sum_{\mathcal{B}_{\mathrm{sim}}} x^{2m(M)} \underline{y}^{\underline{n}(M)} \right)^2 \\
&= x^2 f_{\mathrm{bim}}^2.
\end{aligned} \tag{8.3.5}$$

一个地图 $M$, 若除根边为一个二重边外是简单的, 则称它是近简单的. 对于 $M = (\mathcal{X}, \mathcal{J}) \in \mathcal{B}_{\mathrm{sim}} - \vartheta$, 记 $\Delta_{2i+1}(M), i \geqslant 0$, 为 $M$ 的第 $2i+1$ 增量, 如 §8.2 所示, 即在 $M$ 的基础上, 通过添加一条边 $Kr_{2i+1}$ 在 $v_r$ 和 $v_{(\mathcal{J}\alpha\beta)^{2i+1}r}$ 之间, 使得 $v_{r_{2i+1}} = (r_{2i+1}, r, S)$ 和 $v_{\beta r_{2i+1}} = (\alpha\beta r_{2i+1}, (\mathcal{J}\alpha\beta)^{2i+1}r, T)$, 其中 $v_r = (r, S)$ 和

$$v_{(\mathcal{J}\alpha\beta)^{2i+1}r} = ((\mathcal{J}\alpha\beta)^{2i+1}r, T)$$

分别为 $M$ 的根节点和与 $(\mathcal{J}\alpha\beta)^{2i+1}r$ 关联的那个非根节点. 容易验证, 当 $M \in \mathcal{B}_{\mathrm{sim}} - \vartheta$ 时, 总有 $\Delta_{2i+1}(M) \in \mathcal{B}_{\mathrm{sim}}$, $i \geqslant 0$, 事实上, 在 $\Delta_{2i+1}(M)$ 中, 只有两个面与 $M$ 不同, 而且这两个面的次均为偶数.

**引理 8.3.2** 令 $\mathcal{B}_{\mathrm{N}}$ 为所有带根近简单二部平面地图的集合和

$$\tilde{\mathcal{B}} = \sum_{M \in \mathcal{B}_{\mathrm{sim}} - \vartheta} \left\{ \Delta_{2i+1}(M) \Big| 1 \leqslant i \leqslant m(M) - 1 \right\}. \tag{8.3.6}$$

则, 有

$$\mathcal{B}_2 = \tilde{\mathcal{B}} - \mathcal{B}_{\mathrm{N}}. \tag{8.3.7}$$

**证** 对任何 $M = (\mathcal{X}, \mathcal{J}) \in \mathcal{B}_2$, 因为它的根边 $a = e_r(M) = Kr$ 不是割边, $M' = (\mathcal{X}', \mathcal{J}') = M - a \in \mathcal{B}_{\mathrm{sim}} - \vartheta$. 由二部性, 存在一个整数 $i \geqslant 0$ 使得 $v_{(\mathcal{J}'\alpha\beta)^{2i+1}r'} = v_{\beta r}$, 其中 $r' = \mathcal{J}r$. 这就意味, $M = \Delta_{2i+1}(M')$. 由于 $M$ 是简单的, $M \in \mathcal{B}_{\mathrm{N}}$. 从而, $M \in \tilde{\mathcal{B}} - \mathcal{B}_{\mathrm{N}}$.

另一方面, 对任何 $M \in \tilde{\mathcal{B}} - \mathcal{B}_{\mathrm{N}}$, 存在一个地图 $M' \in \mathcal{B}_{\mathrm{sim}} - \vartheta$ 使得 $M = \Delta_{2i+1}(M')$, 对某个整数 $0 \leqslant i \leqslant m(M') - 1$. 由 $M'$ 为简单二部平面地图, 有 $M \in \mathcal{B}_{\mathrm{sim}}$. 又由于 $M'$ 是一个地图, $M$ 的根边不可能是割边. 从而, $M \in \mathcal{B}_2$.  ♮

对于 $M = (\mathcal{X}, \mathcal{J}) \in \mathcal{B}_{\mathrm{N}}$, 它的根为 $r$, 记

$$v_r = (r, R, s, S) \ \text{和} \ v_{\beta r} = (\alpha\beta r, L, \alpha\beta s, T), \tag{8.3.8}$$

即 $Kr$ 与 $Ks$ 形成那个二重边. 令 $M_i = (\mathcal{X}_i, \mathcal{J}_i)$, $i = 1, 2$, 分别为由 $v_{r_1} = (r, R)$ 与 $v_{\beta r_1} = (\alpha\beta r, T)$ 和 $v_{r_2} = (s, S)$ 与 $v_{\beta r_2} = (\alpha\beta s, L)$ 作为根节点与根边的非根端, 在 $M$ 上扩张成的子地图. 即, $\mathcal{X} = \mathcal{X}_1 + \mathcal{X}_2$ 和 $\mathcal{J}_i, i = 1, 2$, 仅在二节点 $v_{r_i}$ 与 $v_{\beta r_i}$ 处 与 $\mathcal{J}$ 不同. 这样, 可记

$$M = M_1 + : M_2 \tag{8.3.9}$$

并称之为 $M_1$ 和 $M_2$ 的2$v$-和和符号 $+:$, 2$v$-加法.

对于两个地图集合 $\mathcal{M}_1$ 和 $\mathcal{M}_2$, 记

$$\mathcal{M}_1 \times : \mathcal{M}_2 = \{M_1 + : M_2 | \forall M_1 \in \mathcal{M}_1, \forall M_2 \in \mathcal{M}_2\} \tag{8.3.10}$$

并称之为 $\mathcal{M}_1$ 和 $\mathcal{M}_2$ 的2$v$-积 和符号 $\times:$, 2$v$-乘法.

**引理 8.3.3**   对 $\mathcal{B}_{\mathrm{N}}$, 有

$$\mathcal{B}_{\mathrm{N}} = (\mathcal{B}_{\mathrm{sim}} - \vartheta) \times : (\mathcal{B}_{\mathrm{sim}} - \vartheta), \tag{8.3.11}$$

其中 $\times:$ 为上述的 2$v$-乘法.

**证**   因为任一地图 $M \in \mathcal{B}_{\mathrm{N}}$ 具有 (8.3.9) 式之表示, 即可看出 $M$ 为 (8.3.11) 式右端集合中之一元素.

反之, 对 $M = (\mathcal{X}, \mathcal{J}) \in (\mathcal{B}_{\mathrm{sim}} - \vartheta) \times : (\mathcal{B}_{\mathrm{sim}} - \vartheta)$, 令 $M = M_1 + : M_2, M_1, M_2 \in \mathcal{B}_{\mathrm{sim}} - \vartheta$. 由于 $M_i \neq \vartheta$, $i = 1, 2$, 它们的根面的次均不小于 4. 不妨设, $M_i$ 的与根边关联的根端和非根端分别有形式 $v_{r_i} = (r_i, R_i)$ 和 $v_{\beta r_i} = (\alpha\beta r_i, S_i)$, $i = 1, 2$. 则, $M$ 的根节点与根边之非根端分别为 $(r_1, R_1, r_2, R_2)$ 与 $(\alpha\beta r_1, S_2, \alpha\beta r_2, S_1)$. 若 $M_i$, $i = 1, 2$, 的根面分别有形式 $(r_1, F_1), (r_2, F_2)$, 则在 $M$ 中只有根面 $(r, F_2), r = r_1$, 和面 $(r_2, F_1)$ 与 $M_1$ 和 $M_2$ 的不同, 且均至少为 4-边形. 由 $M_i \in \mathcal{B}_{\mathrm{sim}} - \vartheta$, $i = 1, 2$, 即可知 $M$ 仅有二重边由 $Kr_1$ 和 $Kr_2$ 组成. 从而, $M \in \mathcal{B}_{\mathrm{N}}$. 即, $M$ 为 (8.3.11) 式左端集合中之一元素.  ♮

根据引理 8.3.3, 有

$$f_{\mathrm{N}} = \sum_{M \in \mathcal{B}_{\mathrm{N}}} x^{2m(M)} \underline{y}^{\underline{n}(M)}$$

$$= \int_y \left( \sum_{M_1 \in \mathcal{B}_{\mathrm{sim}} - \vartheta} y^{2m(M_1)} \underline{y}^{\underline{n}(M_1)} \right)$$

$$\times \left( \sum_{M_2 \in \mathcal{B}_{\text{sim}} - \vartheta} x^{2m(M_2)} \underline{y}^{\underline{n}(M_2)} \right)$$
$$= (f_{\text{bim}} - 1) \int_y \left( f_{\text{bim}}(y) - 1 \right), \tag{8.3.12}$$

其中 $f_{\text{bim}}(y) = f_{\text{bim}}(y, \underline{y})$.

由 (8.3.6) 式, 有

$$\tilde{f} = \sum_{M \in \tilde{\mathcal{B}}} x^{2m(M)} \underline{y}^{\underline{N}(M)} = \int_y xy \Delta_y,$$

其中

$$\Delta_y = \sum_{M \in \mathcal{B}_{\text{sim}} - \vartheta} \left( \sum_{i=0}^{m(M)-1} y^{2i+1} x^{2m(M)-2i-1} \right) \underline{y}^{\underline{n}(M)}.$$

利用定理 1.6.3, 得

$$\Delta_y = x^{-1} y \delta_{x^2, y^2} f_{\text{bim}}(\sqrt{z}).$$

其中, $\delta_{x^2, y^2}$ 为如 (1.6.7) 式给出的 $(x^2, y^2)$-差分. 将后一式子代入前一式子, 即得

$$\tilde{f} = \int_y y^2 \delta_{x^2, y^2} f_{\text{bim}}(\sqrt{z}). \tag{8.3.13}$$

由引理 8.3.2, 可得 $\mathcal{B}_2$ 在 $f_{\text{bim}}$ 中之作用为

$$f_2 = \tilde{f} - f_{\text{N}}.$$

再由 (8.3.12) 式和 (8.2.13) 式, 有

$$f_2 = (1 - f_{\text{bim}}) \int_y \left( f_{\text{bim}}(y) - 1 \right) + \int_y y^2 \delta_{x^2, y^2} f_{\text{bim}}(\sqrt{z})$$
$$= f_{\text{bim}} - 1 + \int_y \left( y^2 \delta_{x^2, y^2} f_{\text{bim}}(\sqrt{z}) \right)$$
$$+ (1 - f_{\text{bim}}) \int_y f_{\text{bim}}(y). \tag{8.3.14}$$

**定理 8.3.1** 关于函数 $f = f(x, \underline{y})$ 的方程

$$x^2 f^2 = (1 - f) \int_y f_y + \int_y \left( y^2 \delta_{x^2, y^2} f_{\sqrt{z}} \right), \tag{8.3.15}$$

在级数环 $\mathcal{L}\{\mathfrak{R}; x, \underline{y}\}$, $\mathfrak{R}$ 为整数环, 上是适定的. 而且, 这个解就是 $f = f_{\text{bim}}$, 如 (8.3.2) 式所示.

**证**　由 (8.3.1) 式, 有 $f_{\text{bim}} = f_0 + f_1 + f_2$. 将 (8.3.3) 式, (8.3.5) 式和 (8.3.14) 式代入, 即得

$$f_{\text{bim}} = 1 + x^2 f_{\text{bim}}^2 + f_{\text{bim}} - 1 + (1 - f_{\text{bim}}) \int_y f_{\text{bim}}(y)$$

$$+ \int_y \left( y^2 \delta_{x^2, y^2} f_{\text{bim}}(\sqrt{z}) \right).$$

经过简化, 可知 $f_{\text{bim}}$ 满足方程 (8.3.15).

下面, 讨论用 $y^{2i}$ 代替 $y_{2i}$, $i \geqslant 1$, 的情形. 并且, 用变量代换 $z = xy$. 这时, $f_{\text{bim}}(x, \underline{y})$ 将变为

$$g_{\text{sim}} = \sum_{M \in \mathcal{B}_{\text{sim}}} x^{2m(M)} z^{n(M)}, \tag{8.3.16}$$

其中 $n(M)$ 为 $M$ 的度.

与上面的过程相仿地, 先分别推算 $\mathcal{B}_0$, $\mathcal{B}_1$ 和 $\mathcal{B}_2$ 献给 $g_{\text{bim}}$ 中的部分 $g_0$, $g_1$ 和 $g_2$.

自然, $g_0$ 是不足道的. 因为 $m(\vartheta) = 0$ 和 $n(\vartheta) = 0$, 有

$$g_0 = 1. \tag{8.3.17}$$

由引理 8.3.1, 得

$$g_1 = x^2 z g_{\text{bim}}^2. \tag{8.3.18}$$

由引理 8.3.3 和引理 8.3.2, 得

$$\begin{aligned}
g_{\text{N}} &= \sum_{M \in \mathcal{B}_{\text{N}}} x^{2m(M)} z^{n(M)} \\
&= (g_{\text{bim}}^* - 1)(g_{\text{bim}} - 1),
\end{aligned} \tag{8.3.19}$$

其中 $g_{\text{bim}}^* = g_{\text{bim}}(1, z)$, 和

$$\begin{aligned}
\tilde{g} &= \sum_{M \in \tilde{\mathcal{B}}} x^{2m(M)} z^{n(M)} \\
&= xz \sum_{M \in \mathcal{B}_{\text{sim}}} \left( \sum_{i=0}^{m(M)-1} x^{2i+1} \right) z^{n(M)} \\
&= x^2 z \sum_{M \in \mathcal{B}_{\text{sim}}} \frac{1 - x^{2m(M)}}{1 - x^2} z^{n(M)} \\
&= \frac{x^2 z}{1 - x^2} (g_{\text{bim}}^* - g_{\text{bim}}),
\end{aligned} \tag{8.3.20}$$

其中 $g_{\text{bim}}^*$ 与 (8.3.19) 式中的意义相同.

**定理 8.3.2**  下面的关于函数 $g = g(X, z), X = x^2$, 的方程

$$Xzg^2 - \left(\frac{Xz}{1-X} + g^*\right)g + \left(\frac{Xz}{1-X} + 1\right)g^* = 0, \tag{8.3.21}$$

$g^* = g(1, z)$, 在级数环 $\mathcal{L}\{\mathfrak{R}; X, z\}$, $\mathfrak{R}$ 为整数环, 上是适定的. 而且, 这个解就是 $g = g_{\text{bim}}$, 如 (8.3.16) 式所示.

**证**  由 (8.3.1) 式和 (8.3.7) 式, 知

$$g_{\text{bim}} = g_0 + g_1 + \tilde{g} - g_{\text{N}}. \tag{8.3.22}$$

将 (8.3.17)~(8.3.20) 式代入, 即得

$$g_{\text{bim}} = 1 + Xzg_{\text{bim}}^2 + \frac{Xz}{1-X}(g_{\text{bim}}^* - 1)(g_{\text{bim}} - 1)$$
$$- (g_{\text{bim}}^* - 1)(g_{\text{bim}} - 1). \tag{8.3.23}$$

经过合并同类项和化简, 即可知 $g_{\text{bim}}$ 满足方程 (8.3.21).

方程 (8.3.21) 的判别式为

$$D(x; g^*) = (Xz + (1-X)g^*)^2 - 4Xz(1-X)(Xz + 1 - X)g^*. \tag{8.3.24}$$

如果将 $X = \xi$ 视为 $z$ 的级数, 可以通过联立方程

$$D(\xi; g^*, z) = 0, \quad \frac{\partial}{\partial \xi}D(\xi; g^*, z) = 0, \tag{8.3.25}$$

确定 $g^*$ 和 $z$ 以 $\xi$ 作为参数的表示式. 经过消去 $g^{*2}$ 项, 即可得

$$g^* = \frac{\xi z}{(1-\xi)(1 + 2\xi(2-\xi)(z-1))}. \tag{8.3.26}$$

将 (8.2.26) 式代入 (8.2.25) 式的第一个方程, 可得

$$z = -\frac{(1-\xi)(1 + \xi - \xi^2)}{\xi^2(2-\xi)}. \tag{8.3.27}$$

再将 (8.3.27) 式代入 (8.3.26) 式, 又可得

$$g^* = \frac{1 + \xi - \xi^2}{(2-\xi)^2}. \tag{8.3.28}$$

令 $\beta = \xi - 1$, 则从 (8.3.27) 式与 (8.2.28) 式, 有

$$\beta = \frac{(1+\beta)^2(1-\beta)}{1 - \beta(1+\beta)}, \quad g^* = \frac{1 - \beta(1+\beta)}{(1-\beta)^2}. \tag{8.3.29}$$

因为

$$\frac{\mathrm{d}g^*}{\mathrm{d}\beta} = \frac{1 - 3\beta}{(1 - \beta)^3}, \tag{8.3.30}$$

由推论 1.5.1, 即可知

$$\partial_z^n g^* = \frac{1}{n}(\partial_\beta^{n-1} - \partial_\beta^{n-2})\Lambda(\beta), \tag{8.3.31}$$

其中

$$\Lambda(\beta) = \frac{(1 + \beta)^{2n}(1 - \beta)^{n-3}}{(1 - \beta(1 + \beta))^n}. \tag{8.3.32}$$

不过, 这里直接导出的是一个交错项和而不是正项和, 更远未能够得到无和式. 虽然引进 $\xi = (1 + 2\eta)/(1 + \eta)$, 可得

$$\eta = \frac{(1 + 2\eta)^2}{1 + \eta - \eta^2}z = \frac{(1 + \eta)\left(1 + \dfrac{\eta}{1 + \eta}\right)^2}{1 - \dfrac{\eta^2}{1 + \eta}}z, \quad g^* = 1 + \eta - \eta^2,$$

可以导出正项式的显式, 但 $g^*$ 的系数将为二重和.

# §8.4　曲面上的无环地图

令 $\mathcal{R}$ 是曲面上所有无环根地图 (包括可定向与不可定向) 和 $\mathcal{S}$ 为其中的可定向部分.

先讨论 $\mathcal{S}$. 将 $\mathcal{S}$ 分为三类, 即

$$\mathcal{S} = \mathcal{S}_0 + \mathcal{S}_1 + \mathcal{S}_2, \tag{8.4.1}$$

其中 $\mathcal{S}_0 = \{\vartheta\}$, $\vartheta$ 为节点地图, $\mathcal{S}_1$ 中地图的根棱为割棱, 和 $\mathcal{S}_2$ 为其他部分.

考虑以根节点次与棱数为参数的计数函数 $f(x, y)$ 其中 $x$ 和 $y$ 的指数 $m$ 和 $n$ 分别为根点次和度.

**引理 8.4.1**　对于 $\mathcal{S}_0$ 在 $f_{\mathcal{S}}(x, y)$ 中的部分, 有

$$f_0 = 1, \tag{8.4.2}$$

其中 $f_0 = f_{\mathcal{S}_0}(x, y)$.

　　证　因为 $\vartheta$ 无棱, $x$ 和 $y$ 的指数均为 0, 即得引理.　　　　　　　　　　♮

为了确定 $\mathcal{S}_1$ 和 $\mathcal{S}_2$ 在 $f_{\mathcal{S}}(x, y)$ 中的部分, 先讨论它们的分解.

**引理 8.4.2**　对于 $\mathcal{S}_1$, 有

$$\mathcal{S}_{\langle 1 \rangle} = \mathcal{S} \times \mathcal{S}, \tag{8.4.3}$$

其中 $\mathcal{S}_{\langle 1 \rangle} = \{M - a | \forall M \in \mathcal{S}_1\}$, $a = Kr(M)$.

　　证　由于 $a$ 是割棱和无环的遗传性, 即导出引理.　　　　　　　　　　　　　♮

基于 (8.4.2) 式, 注意到任何 $M \in \mathcal{S}_1$, 相应的两个子地图中, 一个根节点次比 $M$ 的少 1, 另一个则根点次不受限制, 有

$$f_1 = xyfh, \tag{8.4.4}$$

其中 $f_1 = f_{\mathcal{S}_1}(x, y)$, $f = f_{\mathcal{S}}(x, y)$, $h = f_{x=1} = f_{\mathcal{S}}(1, y)$.

**引理 8.4.3** 对于 $\mathcal{S}_2$, 有

$$\mathcal{S}_{\langle 2 \rangle} = \mathcal{S} - \vartheta, \tag{8.4.5}$$

其中 $\mathcal{S}_{\langle 2 \rangle} = \{M - a | \forall M \in \mathcal{S}\}$, $a = Kr(M)$.

**证** 由无环的遗传性, 可见 $\mathcal{S}_{\langle 2 \rangle} \subseteq \mathcal{S} - \vartheta$.

反之, 对任何 $M \in \mathcal{S} - \vartheta$, 由于无环和 $M \neq \vartheta$, 除根点外还要至少有一个顶点. 又由连通性, 可在 $M$ 上添一条非割棱 $a'$ 得 $M' = M + a' \in \mathcal{S}_2$. 因为 $M = M' - a' \in \mathcal{S}_{\langle 2 \rangle}$, 有 $\mathcal{S} - \vartheta \subseteq \mathcal{S}_{\langle 2 \rangle}$.

基于这个引理, 可以建造一个影射 $\tau: \mathcal{S} - \vartheta \longrightarrow \mathcal{S}_2$ 使得对任何 $M = (\mathcal{X}, \mathcal{J}) \in \mathcal{S} - \vartheta$,

$$\tau(M) = \{A_i | 1 \leqslant i \leqslant 2n(M) - m(M)\}, \tag{8.4.6}$$

其中 $A_i = M + r_i = (\mathcal{X} + Kr_i, \mathcal{J}_i)$, $\mathcal{J}_i \gamma r_i = \psi^{i-1} x$. 这里的 $\psi$ 为 $M$ 中 $2n(M) - m(M)$ 个不与根点关联角的一个循环序, 记 $(x, \psi x, \cdots, \psi^{2n(M) - m(M)-1} x)$. 因为所有 $A_i$ 全是可定向的, 无环的和 $A_i - r_i = M$, 有 $A_i \in \mathcal{S}_2$.

**引理 8.4.4** 集合 $\mathcal{S}_2$ 在 $\mathcal{S}$ 中所占的份额为

$$f_2 = xy \left( 2y \frac{\partial f}{\partial y} - x \frac{\partial f}{\partial x} \right), \tag{8.4.7}$$

其中 $f_2 = f_{\mathcal{S}_2}(x, y)$ 和 $f = f_{\mathcal{S}}(x, y)$.

**证** 由 (8.4.6) 式, $\tau$ 提供 $\mathcal{S}_{\langle 2 \rangle}$ 的一个剖分, 有

$$f_2 = xy \left( \sum_{M \in \mathcal{S} - \vartheta} (2n(M) - m(M)) x^{m(M)} y^{n(M)} \right).$$

利用定理 1.3.5, 有

$$\begin{cases} \displaystyle\sum_{M \in \mathcal{S} - \vartheta} n(M) x^{m(M)} y^{n(M)} = y \frac{\partial f}{\partial y}, \\ \displaystyle\sum_{M \in \mathcal{S} - \vartheta} m(M) x^{m(M)} y^{n(M)} = x \frac{\partial f}{\partial x}. \end{cases}$$

将它们代入上式, 整理后即得 (8.4.7) 式.

**定理 8.4.1** 下面关于 $f$ 的方程

$$\begin{cases} xy \left( 2y \dfrac{\partial f}{\partial y} - x \dfrac{\partial f}{\partial x} \right) = -1 + (1 - xyh)f; \\ f|_{x=0, y=0} = 1, \end{cases} \tag{8.4.8}$$

其中 $h = f|_{x=1}$, 在域 $\mathcal{L}\{\Re; x, y\}$ 上是适定的. 而且, $f = f_{\mathcal{S}}(x, y)$ 就是这个解.

**证**　第二个结论由 (8.4.1) 式连同 (8.4.2) 式, (8.4.4) 式和 (8.4.7) 式导出.

下面证第一个结论. 令 $f = \sum_{n \geqslant 0} S_n y^n$, 其中 $S_n$ 为 $x$ 的一个 $n$ 次多项式. 由方程 (8.4.8), 可得递推关系

$$
\begin{cases}
S_n = x \displaystyle\sum_{l=0}^{n-1} S_l N_{\mathcal{S}}(n - 1 - l) \\
\qquad + 2(n-1)x S_{n-1} - x^2 \dfrac{\mathrm{d}S_{n-1}}{\mathrm{d}x}, \\
S_0 = 1,\ N_{\mathcal{S}}(0) = 1,\ \left.\dfrac{\mathrm{d}S_0}{\mathrm{d}x}\right|_{x=0} = 0,
\end{cases} \tag{8.4.9}
$$

其中

$$
N_{\mathcal{S}}(n) = S|_{x=1}, \quad n \geqslant 0. \tag{8.4.10}
$$

可以验证, 其解的存在与唯一性. 这就导出第一个结论.

再讨论 $\mathcal{R}$. 与 $\mathcal{S}$ 相仿地, 可将 $\mathcal{R}$ 分为三个部分

$$
\mathcal{R} = \mathcal{R}_0 + \mathcal{R}_1 + \mathcal{R}_2, \tag{8.4.11}
$$

其中 $\mathcal{R}_0$ 仅含 $\vartheta$, $\mathcal{R}_1$ 和 $\mathcal{R}_2$ 分别为根棱是和不是割棱. 与 (8.4.2) 式和 (8.4.4) 式相仿, 有对 $\mathcal{R}_0$,

$$
g_0 = 1, \tag{8.4.12}
$$

其中 $g_0 = f_{\mathcal{R}_0}(x, y)$. 对 $\mathcal{R}_1$, 有

$$
g_1 = xygt, \tag{8.4.13}
$$

其中 $g_1 = f_{\mathcal{R}_1}(x, y)$, $g = f_{\mathcal{R}}(x, y)$ 和 $t = g|_{x=1} = f_{\mathcal{R}}(1, y)$.

进而, 对于任何 $M = (\mathcal{X}, \mathcal{J}) \in \mathcal{R} - \vartheta$, 有一个影射 $\xi: \mathcal{R} - \vartheta \longrightarrow \mathcal{R}_2$ 使得

$$
\xi(M) = \{B_i | 1 \leqslant i \leqslant 4n(M) - 2m(M)\}, \tag{8.4.14}
$$

其中 $B_i = (\mathcal{X} + Kr_i, \mathcal{J}_i) = M + a_i$, $a_i = Kr_i$. 而且, $\mathcal{J}_i \gamma r_i = \psi^{i-1} \gamma x$, 当 $1 \leqslant i \leqslant 2n(M) - m(M)$; $\mathcal{J}_i \beta r_i = \psi^{i-1} \gamma x$, 当 $2n(M) - m(M) + 1 \leqslant i \leqslant 4n(M) - 2m(M)$. 这里的 $\psi$ 为 $M$ 中 $2n(M) - m(M)$ 个不与根点关联角的一个循环序, 记 $(x, \psi x, \cdots, \psi^{2n(M)-m(M)-1} x)$. 由于 $a_i$ 不是割棱, 所有 $B_i \in \mathcal{R}_2 - \vartheta$. 事实上, 有

$$
\mathcal{R}_2 = \sum_{M \in \mathcal{R}_2 - \vartheta} \xi(M), \tag{8.4.15}
$$

即 $\xi$ 提供 $\mathcal{R}_2$ 的一个剖分.

基于 (8.4.15) 式, 由定理 1.3.5, 有

$$g_2 = 2xy\left(2y\frac{\partial g}{\partial y} - x\frac{\partial g}{\partial x}\right), \tag{8.4.16}$$

其中 $g = f_{\mathcal{R}}(x, y)$.

**定理 8.4.2** 二元函数 $f$ 的方程

$$\begin{cases} 2xy\left(2y\dfrac{\partial f}{\partial y} - x\dfrac{\partial f}{\partial x}\right) = -1 + (1 - xyh)f; \\ f|_{x=y=0} = f(0,0) = 1 \end{cases} \tag{8.4.17}$$

在域 $\mathcal{L}\{\Re; x, y\}$ 上是适定的. 而且, 它的解就是 $f = g = f_{\mathcal{R}}(x, y)$.

证 后一结论可由 (8.4.11) 式连同 (8.4.12) 式和 (8.4.13) 式和 (8.4.16) 式导出.

令 $f(x, y) = \sum_{n \geqslant 0} R_n y^n$, 其中 $R_n$ 为 $x$ 的一个 $n$ 次多项式, 则由方程 (8.4.17) 可得递推关系

$$\begin{cases} R_n = x\displaystyle\sum_{l=1}^{n-1} R_l N_{\mathcal{R}}(n - 1 - l) \\ \qquad + 4(n-1)R_{n-1} - 2x^2\dfrac{\mathrm{d}R_{n-1}}{\mathrm{d}x}; \\ R_0 = 1, \ N_{\mathcal{R}}(0) = 1, \ \dfrac{\mathrm{d}R_0}{\mathrm{d}x}\Big|_{x=0} = 0, \end{cases} \tag{8.4.18}$$

其中

$$N_{\mathcal{R}}(n) = R_n\Big|_{x=1}, \quad n \geqslant 1, \tag{8.4.19}$$

为曲面上所有 $n$ 度无环不同构根地图的数目. 易验证, 它的解存在且唯一. 这就导出前一结论. $\natural$

# §8.5 注 记

**8.5.1** 无环地图已经被一些作者讨论, 诸如 [Liu15], [Liu17], [War3] 等. 从中, 可以看到方程 (8.1.21). 对于方程 (8.1.21), 其解的更简单的形式可在 [BeW3] 中发现. 表达式 (8.1.25) 来自 [Liu17].

**8.5.2** 没有直接方法, 求解方程 (8.1.19), 以得到其解的显式. 不过, 在 [Liu53] 中, 可以看到这个方程的一些应用.

**8.5.3** 方程 (8.2.28) 首先见 [Liu55]. 然, 看上去还是有些复杂. 对 (8.2.1) 式给出的节点剖分计数函数, 是否满足更简单的方程? 以及, 对于面剖分将会是怎样的? 有待研究.

**8.5.4** 用确定方程 (8.2.28) 的分解原理, 也可得到带少参数的计数函数所满足的方程. 已知其中有一个是三次方程. 它的解可参见 [Liu52]. 是否有二次方程适于无环 Euler 地图, 尚待研究.

**8.5.5**    有关简单平面地图的计数结果, 也许首见于 [Liu17]. 此之后, 出现 [Liu16] 和 [Liu29]. 由 (8.3.15) 式所示的面剖分的方程, 可见于 [Liu34]. 关于节点剖分, 若利用这里的分解原则, 似不适于导出较简单的方程.

**8.5.6**    虽然基于 (8.4.27) 式和 (8.4.28) 式, 通过 (8.4.31) 式和 (8.4.32) 式, 直接导出的是交错和之形式, 却可以容易地将 (8.4.27) 式和 (8.4.28) 式, 变换为那些适于数带根一般二部地图的参数表达式, 以求得一个简单的公式. 有关进一步的结果, 可参见 [Liu41] 与 [Liu61].

**8.5.7**    关于简单 Euler 地图, 尚未发现任何简单的计数公式. 有关的方程, 可参见 [CaL2].

**8.5.8**    无环根地图在射影平面上的计数, 可参见 [LL1].

# 第9章 一般地图

## §9.1 一般平面地图

一个地图称为一般的, 如果在它中既允许有自环也允许有重边. 节点地图考虑在内, 作为退化情形. 令 $\mathcal{M}_{\mathrm{gep}}$ 为所有带根一般平面地图的集合. 对任何 $M \in \mathcal{M}_{\mathrm{gep}}$, 令 $a = e_r(M)$ 为根边.

可将 $\mathcal{M}_{\mathrm{gep}}$ 划分为三类: $\mathcal{M}_{\mathrm{gep}_0}$, $\mathcal{M}_{\mathrm{gep}_1}$ 和 $\mathcal{M}_{\mathrm{gep}_2}$. 即

$$\mathcal{M}_{\mathrm{gep}} = \mathcal{M}_{\mathrm{gep}_0} + \mathcal{M}_{\mathrm{gep}_1} + \mathcal{M}_{\mathrm{gep}_2}, \tag{9.1.1}$$

其中, $\mathcal{M}_{\mathrm{gep}_0}$ 仅由节点地图组成, 和

$$\mathcal{M}_{\mathrm{gep}_1} = \{M | \forall M \in \mathcal{M}_{\mathrm{gep}}, a \text{为自环}\}.$$

由此, 即可知,

$$\mathcal{M}_{\mathrm{gep}_2} = \{M | \forall M \in \mathcal{M}_{\mathrm{gep}}, a \text{ 为杆}\}.$$

**引理 9.1.1** 令 $\mathcal{M}_{\langle \mathrm{gep} \rangle_1} = \{M - a | \forall M \in \mathcal{M}_{\mathrm{gep}_1}\}$, 则有

$$\mathcal{M}_{\langle \mathrm{gep} \rangle_1} = \mathcal{M}_{\mathrm{gep}} \odot \mathcal{M}_{\mathrm{gep}}, \tag{9.1.2}$$

其中 $\odot$ 为 §2.1 中所给出的 $1v$-乘法.

**证** 对任何 $M = (\mathcal{X}, \mathcal{J}) \in \mathcal{M}_{\langle \mathrm{gep} \rangle_1}$, 令 $M' = (\mathcal{X}', \mathcal{J}') \in \mathcal{M}_{\langle \mathrm{gep} \rangle_1}$ 使得 $M = M' - a'$. 因为 $a' = Kr'$ 为 $M'$ 的根边, 是自环, 有 $M = M_1 \dot{+} M_2$, 其中 $M_i = (\mathcal{X}_i, \mathcal{J}_i)$, $i = 1, 2$, $\mathcal{X} = \mathcal{X}_1 + \mathcal{X}_2 = \mathcal{X}' - Kr'$, $\mathcal{J}_1$ 和 $\mathcal{J}_2$ 仅在 $M_1$ 和 $M_2$ 的根节点 $v_{r_1} = (\mathcal{J}'r', \mathcal{J}'^2 r', \cdots, \mathcal{J}'^{-1} \alpha\beta r')$ 和

$$v_{r_2} = (\mathcal{J}' \alpha\beta r', \mathcal{J}'^2 \alpha\beta r', \cdots, \mathcal{J}'^{-1} r')$$

处与 $\mathcal{J}$ 不同. 因为 $M_i \in \mathcal{M}_{\mathrm{gep}}$, $i = 1, 2$, 有 $M$ 为 (9.1.2) 式右端集合中之一元素.

反之, 对任何 $M = (\mathcal{X}, \mathcal{J})$ 为 (9.1.2) 式右端集合中之一元素, 记 $M = M_1 \dot{+} M_2$, $M_1$, $M_2 \in \mathcal{M}_{\mathrm{gep}}$. 可以通过在 $M$ 上添加一个自环 $Kr'$ 得 $M' = (\mathcal{X}', \mathcal{J}')$ 使 $\mathcal{X}' = \mathcal{X} + Kr'$ 和 $\mathcal{J}'$ 仅在其根节点

$$v_{r'} = (r', r_1, \mathcal{J}_1 r_1, \cdots, \mathcal{J}_1^{-1} r_1, r_2, \mathcal{J}_2 r_2, \cdots, \mathcal{J}_2^{-1} r_2)$$

处与 $\mathcal{J}$ 不同. 其中, $r - r_1$. 易见, $M - M' - a'$, $a' = Kr'$. 又, 注意到, $M' \in \mathcal{M}_{\text{gep}}$, 且 $a' = Kr'$ 为自环, 有 $M' \in \mathcal{M}_{\text{gep}_1}$. 从而, $M \in \mathcal{M}_{\langle \text{gep} \rangle_1}$.                             ♮

对于 $\mathcal{M}_{\text{gep}_2}$, 因为根边不是自环, 可以考虑集合

$$\mathcal{M}_{(\text{gep})_2} = \{M \bullet a | \forall M \in \mathcal{M}_{\text{gep}_2}\},$$

$a = e_r(M)$, 即根边. 在 $\mathcal{M}_{\text{gep}_2}$ 中, 最小的地图就是杆地图 $L_0 = (Kr, (r)(\alpha \beta r))$. 这时, $L_0 \bullet Kr = \vartheta$, 节点地图. 故, $\vartheta \in \mathcal{M}_{(\text{gep})_2}$. 对任何 $M \in \mathcal{M}_{\text{gep}_2}$, 因为根边 $a$ 不是自环, 有 $M \bullet a \in \mathcal{M}_{\text{gep}}$. 反之, 对任何 $M \in \mathcal{M}_{\text{gep}}$, 总可以通过劈分 $M$ 的节点而得 $M' \in \mathcal{M}_{\text{gep}_2}$. 因为总有 $M = M' \bullet a \in_{(\text{gep})_2}$, 从而, 有

$$\mathcal{M}_{(\text{gep})_2} = \mathcal{M}_{\text{gep}}. \tag{9.1.3}$$

**引理 9.1.2**    对 $\mathcal{M}_{\text{gep}_2}$, 有

$$\mathcal{M}_{\text{gep}_2} = \sum_{M \in \mathcal{M}_{\text{gep}}} \left\{ \nabla_i M \mid 0 \leqslant i \leqslant m(M) \right\}, \tag{9.1.4}$$

其中 $m(M)$ 为 $M$ 的根节点次和 $\nabla_i$ 为 §8.1 中给出算子.

**证**    对任何 $M = (\mathcal{X}, \mathcal{J}) \in \mathcal{M}_{\text{gep}_2}$, 因为根边 $a$ 不是环, 不妨令其两端有如下形式 $v_r = (r, S)$ 和 $v_{\beta r} = (\alpha \beta r, T)$. 记 $\tilde{M} = (\tilde{\mathcal{X}}, \tilde{\mathcal{J}})$ 为在 $M$ 上收缩 $a$ 而得的地图, 即 $\tilde{M} = M \bullet a$. 其中, $\tilde{\mathcal{X}} = \mathcal{X} - Kr$ 和 $\tilde{\mathcal{J}}$ 仅在 $\tilde{M}$ 的根节点 $v_{\tilde{r}} = (\tilde{r}, \tilde{\mathcal{J}}\tilde{r}, \cdots, \tilde{\mathcal{J}}^{m(\tilde{M})-1}\tilde{r}) = (T, S)$ 处与 $\mathcal{J}$ 不同. 其中, $S = \langle \mathcal{J}\alpha \beta r, \cdots, \mathcal{J}^{-1}\alpha \beta r \rangle$ 和 $T = \langle \mathcal{J}r, \cdots, \mathcal{J}^{-1}r \rangle$. 由 (9.1.3) 式知, $\tilde{M} \in \mathcal{M}_{\text{gep}}$. 而且, $M = \nabla_{|T|+1}\tilde{M}$, $0 \leqslant |T| + 1 \leqslant m(\tilde{M})$. 这就意味, $M$ 也是 (9.1.4) 式右端集合中之一元素.

反之, 对任何的 $M = (\mathcal{X}, \mathcal{J})$ 为 (9.1.4) 式右端集合中之一元素, 因为存在一个地图 $\tilde{M} = (\tilde{\mathcal{X}}, \tilde{\mathcal{J}}) \in \mathcal{M}_{\text{gep}}$ 和一个整数 $i$, $0 \leqslant i \leqslant m(M)$, 使得 $M = \nabla_i \tilde{M}$. 由于 $M$ 的根边不可能为自环, 以及 $M \in \mathcal{M}_{\text{gep}}$, 可知 $M \in \mathcal{M}_{\text{gep}_2}$.                             ♮

基于上面两个引理, 可以推算 $\mathcal{M}_{\text{gep}_i}$, $i = 0, 1, 2$, 在 $\mathcal{M}_{\text{gep}}$ 的节点剖分计数函数

$$g_{\text{gep}} = \sum_{M \in \mathcal{M}_{\text{gep}}} x^{m(M)} \underline{y}^{\underline{n}(M)} \tag{9.1.5}$$

中的贡献 $g_i$, $i = 0, 1, 2$. 其中, $m(M)$ 为 $M$ 的根节点次和 $\underline{n} = (n_1(M), n_2(M), \cdots)$ $n_i(M)$, $i \geqslant 1$, 为 $M$ 中 $i$ 次非根节点的数目.

首先, 由于 $\mathcal{M}_{\text{gep}_0}$ 仅含 $\vartheta$ 和 $m(\vartheta) = 0$ $\underline{n}(\vartheta) = \underline{0}$, 有

$$g_0 = g_{\text{gep}_0} = 1. \tag{9.1.6}$$

然后, 由引理 9.1.1, 考虑到根边为自环, 它在根节点次中占 2, 就有

$$g_1 = x^2 g_{\text{gep}}^2. \tag{9.1.7}$$

进而, 由引理 9.1.2, 有

$$
\begin{aligned}
g_2 &= \int_y \sum_{M \in \mathcal{M}_{\mathrm{gep}}} \left( \sum_{i=1}^{m(M)+1} x^i y^{m(M)-i+2} \right) \underline{y}^{\underline{n}(M)} \\
&= \int_y \sum_{M \in \mathcal{M}_{\mathrm{gep}}} \frac{y x^{m(M)+2} - x y^{m(M)+2}}{x - y} \underline{y}^{\underline{n}(M)} \\
&= x \int_y \left( y \delta_{x,y}(z g_{\mathrm{gep}}) \right).
\end{aligned}
\tag{9.1.8}
$$

其中, $g_{\mathrm{gep}} = g_{\mathrm{gep}}(z) = g_{\mathrm{gep}}(z, \underline{y})$.

**定理 9.1.1** 下面的关系函数 $f = f(x, \underline{y})$ 的方程

$$
f = 1 + x^2 f^2 + x \int_y \left( y \delta_{x,y}(z f) \right),
\tag{9.1.9}
$$

其中泛函下的 $f = f(z) = f(z, \underline{y})$, 在级数环 $\mathcal{L}\{\Re; x, \underline{y}\}$, $\Re$ 为整数环, 上是适定的. 而且, 它的这个解为 $f = g_{\mathrm{gep}}$, 由 (9.1.5) 式给出.

**证** 前一个结论可用常法得到. 而后有一个结论, 则由 (9.1.1) 式和 (9.1.6)~(9.1.8) 式, 直接导出 $g_{\mathrm{gep}}$ 满足方程 (9.1.9). ◻

上面提供的分解原理, 还可用来确定计数函数

$$
f_{\mathrm{gep}} = \sum_{M \in \mathcal{M}_{\mathrm{gep}}} x^{m(M)} y^{n(M)},
\tag{9.1.10}
$$

其中, $m(M)$ 和 $n(M)$ 分别为 $M$ 的根节点次和度 (即边数). 用 $f_i$ 表示 $\mathcal{M}_{\mathrm{gep}_i}$ 在 $f_{\mathrm{gep}}$ 中之贡献 $i = 0, 1, 2$.

由于 $\vartheta$ 没有边, $n(\vartheta) = 0$. 自然 $m(\vartheta) = 0$, 有

$$
f_0 = 1.
\tag{9.1.11}
$$

根据引理 9.1.1, 考虑到根边 (自环) 在度中占 1 和在根节点次中占 2, 有

$$
f_1 = x^2 y f_{\mathrm{gep}}^2.
\tag{9.1.12}
$$

进而, 由引理 9.1.2, 考虑到根边 (不是自环) 在度中和在根节点次中均占 1, 有

$$
\begin{aligned}
f_2 &= xy \sum_{M \in \mathcal{M}_{\mathrm{gep}}} \frac{1}{x} \left( \sum_{i=1}^{m(M)+1} x^i \right) y^{n(M)} \\
&= xy \sum_{M \in \mathcal{M}_{\mathrm{gep}}} \frac{1 - x^{m(M)+1}}{1 - x} y^{n(M)} \\
&= \frac{xy}{1 - x} \left( f_{\mathrm{gep}}^* - x f_{\mathrm{gep}} \right),
\end{aligned}
\tag{9.1.13}
$$

其中 $f_{\text{gep}}^{\star} = f_{\text{gep}}(1, y)$. 它就是计数函数

$$h_{\text{gep}} = \sum_{M \in \mathcal{M}_{\text{gep}}} y^{n(M)}, \tag{9.1.14}$$

仅以度作为参数.

**引理 9.1.3**　下面的关于函数 $f = f(x, y)$ 的方程

$$x^2 y(1-x) f^2 - (1 - x + x^2 y) f + xy f^* + (1-x) = 0, \tag{9.1.15}$$

其中 $f^* = f(1, y)$, 在级数环 $\mathcal{L}\{\Re; x, y\}$, $\Re$ 为整数环, 上是适定的. 而且, 它的这个解就是 $f = f_{\text{gep}}$, 由 (9.1.10) 式给出.

**证**　同样, 只证后一结论, 因为前者可如常得到. 事实上, 由 (9.1.1) 式和 (9.1.11)~(9.1.13) 式, 通过合并同类项和化简, 即可知 $f_{\text{gep}}$ 满足方程 (9.1.15). ♮

方程 (9.1.15) 的判别式, 用 $D(x, y)$ 表示, 为

$$\begin{aligned} D(x, y) &= (x^2 y - x + 1)^2 - 4(x-1)x^2 y(x - 1 - xy f^*) \\ &= 1 - 2x + (1 - 2y)x^2 + \left(y^2 + 2y - H(y)\right)x^3 + H(y)x^4, \end{aligned} \tag{9.1.16}$$

其中 $H(y) = H$ 和

$$H = 4y^2 f^* + y^2 - 4y. \tag{9.1.17}$$

假设 $D(x, y)$ 具有如下的形式:

$$\begin{aligned} D(x, y) &= (1 - \theta x)^2 (1 + ax + bx^2) \\ &= 1 - (2\theta - a)x + (\theta^2 - 2a\theta + b)x^2 + \theta(a\theta - 2b)x^3 + \theta^2 b x^4. \end{aligned} \tag{9.1.18}$$

比较 (9.1.68) 式与 (9.1.18) 式 $x$ 同幂项的系数, 有

$$\theta = 1 + \frac{a}{2} \tag{9.1.19}$$

和

$$\begin{aligned} 1 - 2y &= \theta(4 - 3\theta) + b, \quad H = \theta^2 b, \\ y^2 + 2y - H &= \theta\left((2\theta - 1)\theta - 2b\right). \end{aligned} \tag{9.1.20}$$

这样, 就可由此导出一个以 $\theta$ 为参数关于 $b$ 的方程

$$\frac{1}{4}\left(1 - 4\theta + 3\theta^3 - b\right)^2 + 1 - 4\theta + 3\theta^2 - b - \theta^2 b = 2(\theta - 1)\theta^2 - 2\theta b.$$

经过合并 $b$ 的同幂项, 得

$$b^2 - (10\theta^2 - 16\theta + 6)b + (9\theta^4 - 32\theta^3 + 42\theta^2 - 24\theta + 5) = 0. \tag{9.1.21}$$

因为方程 (9.1.21) 的判别式为

$$(10\theta^2 - 16\theta + 6)^2 - 4(9\theta^4 - 32\theta^3 + 42\theta^2 - 24\theta + 5)$$

$$= 64\theta^4 - 192\theta^3 + 208\theta^2 - 96\theta + 16 = (8\theta^2 - 12\theta + 4)^2,$$

可知 $b = (\theta - 1)^2$ 或 $9\theta^2 - 14\theta + 5 = (9\theta - 5)(\theta - 1)$.

因为后一种情形合乎这里的要求, 得

$$H = \theta^2(9\theta - 5)(\theta - 1).$$

基于引理 9.1.3, 由 (9.1.14) 式和 (9.1.17) 式, 有

$$y = (3\theta - 2)(1 - \theta), \quad h = \frac{4\theta - 3}{(3\theta - 2)^2}. \tag{9.1.22}$$

若取 $1 - \theta = \eta$, 就有

$$y = \eta(1 - 3\eta), \quad h_{\mathrm{gep}} = \frac{1 - 4\eta}{(1 - 3\eta)^2}.$$

依此, 即可利用推论 1.5.1 求出 $h_{\mathrm{gep}}$ 中 $y^n$ 的系数为

$$\partial_y^n h_{\mathrm{gep}} = \frac{2}{n} \partial_\eta^{n-1} \frac{1 - 6\eta}{(1 - 3\eta)^{n+3}}$$

$$= \frac{2}{n} \left(\partial_\eta^{n-1} - 6\partial_\eta^{n-2}\right) \frac{1}{(1 - 3\eta)^{n+3}}.$$

经过展开, 合并与简化, 即可得

$$\partial_y^n h_{\mathrm{gep}} = \frac{2 \cdot 3^n (2n)!}{n!(n+2)!}. \tag{9.1.23}$$

**定理 9.1.2** 具有 $n$ 条边的组合上不同的带根一般平面地图的数目为

$$\frac{2 \times 3^n (2n - 1)!}{(n+1)(2n+1)n!(n-1)!} \tag{9.1.24}$$

对 $n \geqslant 0$.

**证** 由 (9.1.14) 式, 这个数目就是 $h_{\mathrm{gep}}$ 作为 $y$ 的级数中 $y^n$ 的系数, 即 $\partial_y^n h_{\mathrm{gep}}$. 根据引理 9.1.3 和 (9.1.23) 式, 即得定理.

在 (9.1.22) 式、(9.1.19) 式、(9.1.18) 式的基础上, 就可以解出方程 (9.1.15) 中的 $f = g_{\mathrm{gep}}(x, y)$, 因为它的一般项之系数为一个三重和形式, 不能在这里多占篇幅了. 有兴趣的读者, 可参见 [Liu13].

## §9.2    平面 $c$-网

一个带根的平面地图, 如果它的基准图是 3-连通的, 则称它为一个**平面 $c$-网**, 或简称为 $c$-网. 本节的目标在于确定给定度的组合上不同的 $c$-网的数目, 这里, 最小的 $c$-网规定为一个三角形 $\triangle = (Kr + Ks + Kt, (r, \alpha\beta t)(s, \alpha\beta r)(t, \alpha\beta s))$. 因此, $c$-网的度至少为 3. 令 $\mathcal{M}_{\text{c-n}}$ 为所有 $c$-网的集合. 所考虑的计数函数为

$$h_{\text{c-n}} = \sum_{M \in \mathcal{M}_{\text{c-n}}} y^{n(M)}, \tag{9.2.1}$$

其中, $n(M)$ 为 $M$ 的度 (即边数), 记

$$H_{\text{c-n}}(n) = \partial_y^n h_{\text{c-n}}, \tag{9.2.2}$$

这就是本节要求的数目.

一个无环地图, 如果它没有一个面的边界不是一个圈, 则称它为**双无环**的. 由对偶 (平面的情形) 性, 一个无环地图是双无环的, 当且仅当, 它的对偶地图是无环的. 一个地图, 若它的面边界全是圈, 也被称为**对偶无环**的. 如果一个双无环地图, 既没有重边也没有两个面使得它们的边界有至少两条公共边, 则称它为**双简单**的. 按照对偶性, 也可论证, 一个地图是双简单的, 当且仅当, 它的对偶地图也是双简单的. 同时, 一个对偶无环的地图, 若无两面的边界有至少两条公共边, 则称它为**对偶简单**的.

对于地图的一个集合, 如果它的任何一个地图的对偶地图也在这个集合内, 则称它为**自对偶**的. 如此看来, 所有双无环地图的集合和所有双简单地图的集合均为自对偶的. 在 §7.3 中讨论的不可分离平面地图的集合 $\mathcal{M}_{\text{ns}}$, 若将自环地图 $L_1 = (Kr, (r, \alpha\beta r))$ 除掉, 也就变为一个自对偶的集合了.

**引理 9.2.1**    所有 $c$-网的集合 $\mathcal{M}_{\text{c-n}}$ 是自对偶的.

**证**    用反证法. 设 $M = (\mathcal{X}_{\alpha,\beta}, \mathcal{J}\alpha\beta)$ 为一个 $c$-网, 但它的对偶地图 $M^* = (\mathcal{X}_{\beta,\alpha}, \mathcal{J})$ 却不是. 这样, 在 $M^*$ 上存在两个节点 $u = v_x$ 和 $v = v_y$ 使得有两个面 $f$ 和 $g$ 具有形式

$$f = (x, \mathcal{J}\alpha\beta x, \cdots, \alpha\beta \mathcal{J}^{j-1} y, \mathcal{J}^j y, \cdots, (\mathcal{J}\alpha\beta)^{-1} x) \tag{9.2.3a}$$

和

$$g = (y, \mathcal{J}\alpha\beta y, \cdots, \alpha\beta \mathcal{J}^{i-1} x, \mathcal{J}^i x, \cdots, (\mathcal{J}\alpha\beta)^{-1} y) \tag{9.2.3b}$$

对某 $j, 1 \leqslant j \leqslant |u| - 1$, 和某 $i, 1 \leqslant i \leqslant |v| - 1$, 其中 $|z|$ 为节点 $z = u, v$ 的次, 即 $\{u, v\}$ 为 $G(M^*)$ 的一个分离集. 然,

$$u = (x, \mathcal{J}x, \cdots, \mathcal{J}^{j-1} x, \mathcal{J}^j x, \cdots, \mathcal{J}^{-1} x),$$
$$v = (y, \mathcal{J}y, \cdots, \mathcal{J}^{i-1} y, \mathcal{J}^i y, \cdots, \mathcal{J}^{-1} y)$$

和注意到 $f,g$ 为 $M$ 上的两个节点. 不妨设 $(\mathcal{J}\alpha\beta)^s x = \mathcal{J}^j y$ 和 $(\mathcal{J}\alpha\beta)^t x = \mathcal{J}^i x$. 在 $M$ 中, 有两个面

$$u = (x, \mathcal{J}x, \cdots, \alpha\beta(\mathcal{J}\alpha\beta)^{t-1}y, (\mathcal{J}\alpha\beta)^t y, \cdots, \mathcal{J}^{-1}x) \tag{9.2.4a}$$

和

$$v = (y, \mathcal{J}y, \cdots, \alpha\beta(\mathcal{J}\alpha\beta)^{s-1}x, (\mathcal{J}\alpha\beta)^s x, \cdots, \mathcal{J}^{-1}y), \tag{9.2.4b}$$

其中, $1 \leqslant s \leqslant |f| - 1$ 和 $1 \leqslant t \leqslant |g| - 1$. 这就意味, $\{f,g\}$ 为 $G(M)$ 的一个节点分离集. 与 $M$ 的 3-连通性矛盾.

因为在 §7.3 中已经给出了带根不可分离平面地图的计数函数, 这里试图建立不可分离平面地图与 $c$-网的关系, 以确定如 (9.2.1) 式所示的 $h_{c\text{-}n}$.

令 $\mathcal{M}_{\mathrm{ns}}(\geqslant 2) \subseteq \mathcal{M}_{\mathrm{ns}}$ 为所有至少两条边的, 带根不可分离平面地图的集合. 将 $\mathcal{M}_{\mathrm{ns}}(\geqslant 2)$ 为分 4 类: $M_i$, $i = 1,2,3,4$. 其中, $\mathcal{M}_1$ 为恰有两条边的这种地图的集合. 事实上, 它只含一个地图 $D = (Kr + Ks, (r,s)(\alpha\beta r, \alpha\beta s))$.

$$\mathcal{M}_2 = \{M| \, \forall M \in \mathcal{M}_{\mathrm{ns}}(\geqslant 2), \, M - a = M_1 \dot{+} M_2 \dot{+} \cdots \dot{+} M_k, \, k \geqslant 2\},$$

$a = e_r(M)$ 为 $M$ 的根边. 注意, $M = (\mathcal{X}, \mathcal{J})$ 且它的根面与那个关联于根边的非根面, 分别有形式

$$f_r = (r, \mathcal{J}\delta r, \cdots, t_{k-1}, \cdots, t_2, \cdots, t_1, \cdots, (\mathcal{J}\delta)^{-1}r)$$

与

$$f_{\delta r} = (\delta r, (\mathcal{J}\delta)\delta r, \cdots, s_1, \cdots, s_2, \cdots, s_{k-1}, \cdots, (\mathcal{J}\delta)^{-1}\delta r),$$

$\delta = \alpha\beta$ 使得有节点 $v_l = (s_l, \cdots, t_l, \cdots)$, $s_l = (\mathcal{J}\delta)^{j_l}\delta r$, $t_l = (\mathcal{J}\delta)^{i_l}r$, $l = 1,2,\cdots,k-1$, 为 $M - a$ 中的全部割点. 而且, $M_i = (\mathcal{X}_i, \mathcal{J}_i)$, $i = 1,2,\cdots,k$, 使得 $\mathcal{X} - Kr = \mathcal{X}_1 + \mathcal{X}_2 + \cdots + \mathcal{X}_k$ 和 $\mathcal{J}_1$ 仅在 $v_{r_1} = (\mathcal{J}r, \cdots, \mathcal{J}^{-1}r)$ 与 $v_{t_1} = (t_1, \mathcal{J}t_1, \cdots, \mathcal{J}^{-1}s_1)$ 处, $\mathcal{J}_l$ 仅在 $v_{r_l} = (s_{l-1}, \mathcal{J}s_{l-1}, \cdots, \mathcal{J}^{-1}t_{l-1})$ 与 $v_{t_l} = (t_l, \mathcal{J}t_l, \cdots, \mathcal{J}^{-1}s_l)$ 处, $l = 2,3,\cdots,k-1$, $\mathcal{J}_k$ 仅在 $v_{r_k} = (s_{k-1}, \mathcal{J}s_{k-1}, \cdots, \mathcal{J}^{-1}t_{k-1})$ 与 $v_{\mathcal{J}\delta r} = (\mathcal{J}\delta r, \mathcal{J}^2\delta r, \cdots, \mathcal{J}^{-1}\delta r)$ 处不同于 $\mathcal{J}$. 和,

$$\mathcal{M}_3 = \{M| \, \forall M \in \mathcal{M}_{\mathrm{ns}}(\geqslant 2), \, M - a = M_{1u} +_v$$

$$M_{2u} +_v \cdots +_v M_k, \, k \geqslant 2\},$$

同样 $a = e_r(M)$. 注意, $M = (\mathcal{X}, \mathcal{J})$ 使得它的与根边关联的两节点 $u$ 和 $v$ 分别有形式 $v_r = (r, \mathcal{J}r, \cdots, s_1, \cdots, s_{k-1}, \cdots, \mathcal{J}^{-1}r)$ 和

$$v_{\beta r} = (\delta r, \mathcal{J}\delta r, \cdots, t_{k-1}, \cdots, t_1, \cdots, \mathcal{J}^{-1}\delta r),$$

$s_l = \mathcal{J}^{i_l} r$, $t_l = \mathcal{J}^{j_l} \delta r$, $l = 1, 2, \cdots, k-1$, $i_1 \leqslant i_2 \leqslant \cdots \leqslant i_{k-1}$, $j_{k-1} \leqslant j_{k-2}, \cdots, j_1$, 且除与根边关联的两面外, $f_1, f_2, \cdots, f_{k-1}$ 为所有同时与 $v_r$ 和 $v_{\beta r}$ 关联的面, $f_i = (t_i, \mathcal{J}\delta t_i, \cdots, s_i, \cdots, (\mathcal{J}\delta)^{-1} t_i)$, $i = 1, 2, \cdots, k-1$. 而且, $M_i = (\mathcal{X}_i, \mathcal{J}_i)$, $i = 1, 2, \cdots, k$, 使得 $\mathcal{X} - Kr = \mathcal{X}_1 + \mathcal{X}_1 + \cdots + \mathcal{X}_k$ 和 $\mathcal{J}_1$ 仅在节点 $v_{r_1} = (\mathcal{J}r, \mathcal{J}^2 r, \cdots, \mathcal{J}^{-1} s_1)$ 与 $v_{t_1} = (t_1, \mathcal{J}t_1, \cdots, \mathcal{J}^{-1}\delta r)$ 处, $\mathcal{J}_l$ 仅在节点

$$v_{r_l} = (s_{l-1}, \mathcal{J}s_{l-1}, \cdots, \mathcal{J}^{-1}s_l)$$

与 $v_{t_l} = (t_l, \mathcal{J}t_l, \cdots, \mathcal{J}^{-1}t_{l-1})$ 处, $l = 2, 3, \cdots, k-1$, $\mathcal{J}_k$ 仅在节点 $v_{r_k} = (s_{k-1}, \mathcal{J}s_{k-1}, \cdots, \mathcal{J}^{-1}r)$ 与

$$v_{\mathcal{J}\delta r} = (\mathcal{J}\delta r, \mathcal{J}(\mathcal{J}\delta r), \cdots, \mathcal{J}^{-1}t_{k-1})$$

处不同于 $\mathcal{J}$. 可见, $G(M_i) \cap G(M_{i+1}) = \{u, v\}$, $i = 1, 2, \cdots, k-1$. $a = (u, v)$ 为 $M$ 的根边. 自然, $\mathcal{M}_4$ 就是 $\mathcal{M} \geqslant 2$ 中除去 $\mathcal{M}_i$, $i = 1, 2, 3$, 所剩下的部分. 即

$$\mathcal{M}_{\mathrm{ns}}(\geqslant 2) = \sum_{i=1}^{4} \mathcal{M}_i. \tag{9.2.5}$$

**引理 9.2.2**　令 $\mathcal{M}_{\bar{2}}$ 为从 $\mathcal{M}_{\mathrm{ns}}$ 中除去 $\mathcal{M}_2$ 之后所剩下的至少三条边的地图的集合. 记

$$h_{\bar{2}} = \sum_{M \in \mathcal{M}_{\bar{2}}} x^{n(M)}, \tag{9.2.6}$$

其中 $n(M)$ 为 $M$ 的度, 即 $\mathcal{M}_{\bar{2}}$ 的计数函数. 则, 有

$$h_{\mathrm{ns}} - x = \frac{x(x^2 + h_{\bar{2}})}{x - x^2 - h_{\bar{2}}}, \tag{9.2.7}$$

其中 $h_{\mathrm{ns}} = h_{\mathrm{ns}}(x)$ 由 (7.3.11) 式给出.

**证**　因为对任何 $M = (\mathcal{X}, \mathcal{J}) \in \mathcal{M}_2$, $M - a = M_1 \dot{+} \cdots \dot{+} M_k$, $M_i = (\mathcal{X}_i, \mathcal{J}_i)$, $i = 1, 2, \cdots, k$, $k \geqslant 2$, $a = e_r(M)$. 如上述, 可以通过添加一边 $K\hat{r}_i$ 到 $M_i$ 上, 得 $\hat{M}_i = (\hat{\mathcal{X}}_i, \hat{\mathcal{J}})$ 使 $\hat{\mathcal{X}}_i = \mathcal{X}_i + K\hat{r}_i$, $i = 1, 2, \cdots, k$, 和 $\hat{\mathcal{J}}_1$ 仅在 $v_{\hat{r}_1} = (\hat{r}_1, \langle v_{r_1} \rangle)$ 与 $v_{\beta\hat{r}_1} = (\alpha\beta\hat{r}_1, \langle v_{t_1} \rangle)$ 处, $\mathcal{J}_l$ 仅在 $v_{\hat{r}_l} = (\hat{r}_l, \langle v_{r_l} \rangle)$ 与 $v_{\beta\hat{r}_l} = (\alpha\beta\hat{r}_l, \langle v_{t_l} \rangle)$ 处, $l = 2, 3, \cdots, k-1$, $\hat{\mathcal{J}}_k$ 仅在 $v_{\hat{r}_k} = (\hat{r}_k, \langle v_{r_k} \rangle)$ 与 $v_{\beta\hat{r}_k} = (\alpha\beta\hat{r}_k, \langle v_{\mathcal{J}\delta r} \rangle)$ 处分别不同于 $\mathcal{J}_i$, $i = 1, 2, \cdots, k$. 其中, $\langle v_x \rangle = \langle x, \cdots, \mathcal{J}^{-1}x \rangle$, $x = r_i, t_i$, 为节点 $v_x$ 由循环序变为线性序. 易验证, 所有 $\hat{M}_i \in \mathcal{M}_{\bar{2}}$, $i = 1, 2, \cdots, k$. 且, $\mathcal{M}_{\bar{2}}$ 的任何一个地图, 均可视为某 $\hat{M}_i$.

由于 $n(M - a) = n(M) - 1$, $n(\hat{M}_i) = n(M_i) + 1$, 再注意到, 杆地图 $L_0$ 可以为 $M_i$, $i = 1, 2, \cdots, k$, 就有

$$h_2 = \sum_{M \in \mathcal{M}_2} x^{n(M)} = x \sum_{k \geqslant 2} \left( x + \frac{h_{\bar{2}}}{x} \right)^k.$$

考虑到 $\mathcal{M}_{\mathrm{ns}}$ 中少于三条边的地图, 有

$$
\begin{aligned}
h_{\mathrm{ns}} - x &= x^2 + h_{\bar{2}} + h_2 \\
&= x\left(x + \frac{h_{\bar{2}}}{x}\right) + x\sum_{k\geqslant 2}\left(x + \frac{h_{\bar{2}}}{x}\right)^k \\
&= x\left(x + \frac{h_{\bar{2}}}{x}\right) \Big/ \left(1 - x - \frac{h_{\bar{2}}}{x}\right) \\
&= \frac{x\left(x^2 + h_{\bar{2}}\right)}{x - x^2 - h_{\bar{2}}}.
\end{aligned}
$$

这就是引理的结论. □

由这个引理, 即可得

$$
h_{\bar{2}} = \frac{x\left(h_{\mathrm{ns}} - x\right)}{h_{\mathrm{ns}}} - x^2. \tag{9.2.8}
$$

**引理 9.2.3** 对 $\mathcal{M}_2$, 有

$$
h_2 = \frac{\left(h_{\mathrm{ns}} - x\right)^2}{h_{\mathrm{ns}}}. \tag{9.2.9}
$$

**证** 由于 $h_2 = h_{\mathrm{ns}} - x - x^2 - h_{\bar{2}}$, 将 (9.2.8) 式代入, 经合并同类项和简化, 即可得 (9.2.9) 式. □

**引理 9.2.4** 对 $\mathcal{M}_3$, 它的以度为参数的计数函数

$$
h_3 = \frac{\left(h_{\mathrm{ns}} - x\right)^2}{h_{\mathrm{ns}}} = h_2. \tag{9.2.10}
$$

**证** 注意到 $\mathcal{M}_2$ 与 $\mathcal{M}_3$ 之间的对偶性, 由引理 9.2.3, 即得引理之结论. □

对 $M = (\mathcal{X}, \mathcal{J}) \in \mathcal{M}_4$, 令 $\{u, v\}$ 为分离子, 即 $M$ 可分为两个子图 $M_i = (\mathcal{X}_i, \mathcal{J}_i)$, $i = 1, 2$, 使得 $\mathcal{X} = \mathcal{X}_1 + \mathcal{X}_2$ 和 $G(M_1) \cap G(M_2) = \{u, v\}$. 这时, $\{M_1, M_2\}$ 被称为 $M$ 的分离对. 不妨设 $r = r(M) = r(M_1) = r_1$. 可见, 分离对是有序的. 一个分离对 $\{M_1, M_2\}$, 若对任何一个仍以 $\{u, v\}$ 为分离子的分离对 $\{M_1', M_2'\}$, 只要 $M_2' \supseteq M_2$, 就有 $M_2' = M_2$, 则称之为对于 $\{u, v\}$ 是终极的.

**事实 1** 对 $M \in \mathcal{M}_4$ 的任何一个终极对 $\{M_1, M_2\}$, 在其分离子 $\{u, v\}$ 中至少有一个不与 $M$ 的根边关联.

**证** 若否, $M$ 必不属于 $\mathcal{M}_2$ 就会属于 $\mathcal{M}_3$, 与 $M \in \mathcal{M}_4$ 矛盾. □

**事实 2** 若 $\{M_1, M_2\}$ 和 $\{M_1', M_2'\}$ 为 $M \in \mathcal{M}_4$ 的两个不同的终极分离对, 它们的分离子分别为 $\{u, v\}$ 和 $\{u', v'\}$, 则 $\{u, v\} \neq \{u', v'\}$.

证 否则, 若 $u = u'$ 和 $v = v'$, 则由终极性必有 $M_2 = M_2'$. 因此, 也有 $M_1 = M_1'$. 与此两者是不同的矛盾. ♭

因为三角形 $\triangle \in \mathcal{M}_2$ 和它的平面对偶 $\triangle^* \in \mathcal{M}_3$, 在 $\mathcal{M}_4$ 中的地图至少存在 4 条边. 设 $\{M_1, M_2\}$, $M_i = (\mathcal{X}_i, \mathcal{J}_i)$, $i = 1, 2$, 为 $M \in \mathcal{M}_4$ 的一个终极分离对. 记 $(\cdots, s, \cdots, t, \cdots)$ 为 $M_1$ 的无限面, 使得 $s$ 和 $t \in \mathcal{X}_1$, 分别与分离子 $e = \{u, v\}$ 中的 $u$ 和 $v$ 关联. 可以造一个地图 $M_e = (\mathcal{X}_e, \mathcal{J}_e)$, 使得 $\mathcal{X}_e = \mathcal{X}_1 + Kr_e$ 和 $\mathcal{J}_e$ 仅在两节点 $u = v_{r_e} = (r_e, \langle v_s \rangle)$ 和 $v = v_{\beta r_e} = (\alpha\beta r_e, \langle v_t \rangle)$ 处与 $\mathcal{J}_1$ 不同. 其中, $v_s = (s, \mathcal{J}_1 s, \cdots, \mathcal{J}_1^{-1} s)$ 和 $v_t = (t, \mathcal{J}_1 t, \cdots, \mathcal{J}_1^{-1} t)$ 为 $M_1$ 中的两节点. 由终极性, 易验证, 在 $M_e$ 中, $\{u, v\}$ 不再是分离子. 如此行之, 直到不再有分离子时的地图, 记为 $M_{\text{cor}}$. 由平面性, $M_{\text{cor}}$ 是一个 $c$-网. 这个地图 $M_{\text{cor}}$ 被称为 $M$ 的一个核.

设 $\mathcal{M}$ 和 $\mathcal{N}$ 为地图的两个集合. 对任何地图 $M = (\mathcal{X}, \mathcal{J}) \in \mathcal{M}$ 和 $N = (\mathcal{Y}, \mathcal{P}) \in \mathcal{N}$, 记 $e = Ks$ 为 $M$ 的一条边. 可造一个地图 $M^{e(N)} = (\mathcal{Z}, \mathcal{I})$, 使得 $\mathcal{Z} = (\mathcal{X} - Ks) + \mathcal{Y}$ 和 $\mathcal{I}$ 仅在两节点

$$u = (\delta r_N, \mathcal{J}\delta s, \cdots, \mathcal{J}^{-1}\delta s, \mathcal{P}\delta r_N, \cdots, \mathcal{P}^{-1}\delta r_N)$$

与

$$v = (r_N, \mathcal{P}r_N, \cdots, \mathcal{P}^{-1}r_N, \mathcal{J}s, \cdots, \mathcal{J}^{-1}s)$$

处不同于 $\mathcal{J}$ 和 $\mathcal{P}$. 对于 $M \in \mathcal{M}$ 和 $e \in E(M)$, 记 $M^{e(\mathcal{N})} = \{M^{e(N)} | \forall N \in \mathcal{N}\}$. 对 $M \in \mathcal{M}$, $A_l = \{e_1, \cdots, e_l\} \subseteq E(M)$ 和 $\underline{N}_l = (N_1, \cdots, N_l)$, $N_1, \cdots, N_l \in \mathcal{N}$, 记

$$M^{A_l(\underline{N}_l)} = (M^{A_{l-1}(\underline{N}_{l-1})})^{e_l(N_l)},$$

对 $l = 1, 2, \cdots, n(M)$, 即 $M$ 的度. 令

$$M^{A_l(\mathcal{N}_l)} = \sum_{\underline{N}_l \subseteq \mathcal{N}^l} M^{A_l(\underline{N}_l)}$$

和

$$M^{\mathcal{A}_l(\mathcal{N}_l)} = \sum_{A_l \in \mathcal{A}^l} M^{A_l(\mathcal{N}_l)}.$$

其中, $\mathcal{A}_l = \{A | \forall A \subseteq E(M) - Kr, |A| = l\}$. 自然, $M^{\varnothing(N_{n(M)})} = M$. 进而, 记

$$\mathcal{M}^{\mathcal{N}} = \sum_{M \in \mathcal{M}} \sum_{l=0}^{n(M)-1} M^{\mathcal{A}_l(\mathcal{N}_l)}.$$

引理 9.2.5 对 $\mathcal{M}_4$, 有

$$\mathcal{M}_4 = \mathcal{M}_{c\text{-}n}^{\mathcal{M}_{ns}(\geqslant 2)}. \tag{9.2.11}$$

证 因为 $\mathcal{M}_{\text{c-n}}$ 中的任何一个 $c$-网, 均可视为 $\mathcal{M}_4$ 中某个地图的核, 由事实 1 和事实 2 知 $\mathcal{M}_4$ 为 (9.2.11) 式右端集合的一个子集.

反之, 由上述确定地图之核的过程, 在终极分离对 $\{M_1, M_2\}$ 中, $M_2$ 为一个至少有两条边的地图, 以及不可分离性, 也易看出 (9.2.11) 式右端集合为左端的一个子集. ♭

由引理 9.2.5, 注意到对 $\mathcal{M}_4$ 根边之两端不会是分离子 (事实上), 在求核的过程中, 对每个分离子增了一条边, 以及从一个既不在 $M_2$ 又不在 $M_3$ 至少 4 条边的 (即 $\mathcal{M}_4$ 中的) 地图的核的唯一性, 可知 (9.2.11) 式本身提供了二端集合间的一个 1-1 对应, 即可得 $\mathcal{M}_4$ 的以度为参数的计数函数

$$
\begin{aligned}
h_4 &= xy^{-1} h_{\text{c-n}}(y)\big|_{y=\frac{h_{\text{ns}}-x}{x}} \\
&= x h_{\text{c-n}}\left(\frac{h_{\text{ns}}-x}{x}\right) \Big/ \left(\frac{h_{\text{ns}}-x}{x}\right) \\
&= \frac{x^2 h_{\text{c-n}}\left(\dfrac{h_{\text{ns}}-x}{x}\right)}{h_{\text{ns}}-x}.
\end{aligned}
\tag{9.2.12}
$$

**定理 9.2.1** 平面 $c$-网集合 $\mathcal{M}_{\text{c-n}}$ 的以度为参数的计数函数 $h_{\text{c-n}} = h_{\text{c-n}}(y)$, 可依如下方式确定:

$$
h_{\text{c-n}}(y) = y^2 - \frac{2y^3}{1+y} - xy,
\tag{9.2.13}
$$

其中

$$
y = \frac{1}{x}\Big(h_{\text{ns}}(x) - x\Big).
\tag{9.2.14}
$$

证 由于 $h_{\text{ns}} - x = x^2 + h_2 + h_3 + h_4$, 从 (9.2.3) 式、(9.2.4) 式和 (9.2.12) 式, 有

$$
h_{\text{ns}} - x = x^2 + \frac{2\big(h_{\text{ns}}-x\big)^2}{h_{\text{ns}}} + \frac{x^2 h_{\text{c-n}}\left(\dfrac{h_{\text{ns}}-x}{x}\right)}{h_{\text{ns}}-x}.
\tag{9.2.15}
$$

将 (9.2.15) 式两端同除以 $x$, 由 (9.2.14) 式, 有

$$
y = x + \frac{2y^2}{y+1} + \frac{h_{\text{c-n}}(y)}{y}.
$$

将两端同乘以 $y$, 经移项即可得 (9.2.13) 式. ♭

根据 (7.4.9) 式和 (9.2.14) 式, 有

$$
x = \xi(1-\xi)^2, \quad y = \frac{\xi(1-2\xi)}{(1-\xi)^2}.
\tag{9.2.16}
$$

令

$$
\eta = \frac{1-2\xi}{1-\xi}.
\tag{9.2.17}
$$

则, (9.2.16) 式变为

$$y = \eta(1 - \eta), \quad X = -\frac{\eta - 1}{(\eta - 2)^3} = -x. \tag{9.2.18}$$

因为从 (9.2.18) 式知

$$\frac{\mathrm{d}X}{\mathrm{d}y} = \frac{-1}{(2 - \eta)^4}, \tag{9.2.19}$$

可以检验, $X$ 满足如下的一阶一次常微分方程

$$\left(4y^2 + 7y - 2\right)\frac{\mathrm{d}X}{\mathrm{d}y} + (6y - 15)X = 2 \tag{9.2.20}$$

且它的始值条件为 $X(0) = 0$.

**定理 9.2.2**  度 $n \geqslant 3$ 的组合上不同的 $c$-网的数目为

$$N_{\text{c-n}}(n) = (-1)^n 2 + R_{n-1}, \tag{9.2.21}$$

其中的 $R_n, n \geqslant 2$, 由如下递推关系确定:

$$R_n = \frac{(7n - 22)R_{n-1} + 2(2n - 1)R_{n-2}}{2n}, \tag{9.2.22}$$

使得满足始值条件 $R_1 = -1$ 和 $R_2 = 2$.

**证**  若将 $X = -x$ 设定为如下形式的幂级数:

$$X = \sum_{n \geqslant 1} R_n y^n,$$

则由 (9.2.13) 式可导出 (9.2.21) 式. 进而, 由方程 (9.2.20), 即可得 (9.2.22) 式.
当然, 也可从方程 (9.2.20) 出发, 直接求解得

$$X = \frac{1}{2(y + 2)^3}\left(2y^2 - 10y - 1 + \sqrt{(1 - 4y)^3}\right), \tag{9.2.23}$$

只要将 $\frac{1}{(y + 2)^3}$ 和 $\sqrt{(1 - 4y)^3}$ 展开成 $y$ 的幂级数, 即可得到 $X$ 的一个显式. 从而, 确定出 $R_n, n \geqslant 1$. 沿此, 特别是通过将 (9.2.23) 式两边同乘以 $2^7/(2 - x)^3$, 再将 $(2 - x)^3$ 和 $(2 + x)^3$ 分别表示为 $2^3(1 - x/2)^3$ 和 $2^3(1 + x/2)^4$, 即可得

$$\frac{8}{\left(1 - \frac{x}{2}\right)^3}X = \frac{2x^2 - 10x - 1 + \sqrt{(1 - 4x)^3}}{\left(1 - \left(\frac{x}{2}\right)^2\right)^3}.$$

最终, 可以得到 $R_n, n \geqslant 3$ 的一个正项式的表示. 因为仍比较复杂, 不如用 (9.2.21) 式和 (9.2.22) 式计算.

另一方面, 从 (9.2.13) 式和 (9.2.23) 式出发, 经过适当的处理, 还可得到直接确定 $N_n$, $n \geqslant 3$ 的线性常系数的递推关系. 详细情形, 可参见 [Liu4].

不管怎样, 若要是在 $y$ 和 $h_{c\text{-}n}$ 的参数表示的基础上, 利用推论 1.5.1 或推论 1.5.2 反演, 尚未发现一种方式, 以求得 $N_n$, $n \geqslant 3$ 的正项和的表示.

# §9.3 凸 多 面 体

因为用一个在 3-维欧氏空间中的凸多面体的支架 (即顶点与棱) 的图均为 3-连通的, 而且反之, 任何一个 3-连通的平面地图总可视为 3-维空间中一个凸多面体的支架 (参见 [Fid1] 或 [Liu58]), 也就无需区别 3-连通的平面地图与 3-维空间中的凸多面体.

这里所关心的主要是 3-正则的凸多面体, 或者说 3-连通 3-正则的平面地图 (3-正则 $c$-网). 令 $\mathcal{C}$ 为所有带根 3-连通 3-正则平面地图的集合. 目的是确定 $\mathcal{C}$ 的以度为参数的计数函数

$$f_{\mathcal{C}} = \sum_{C \in \mathcal{C}} x^{m(C)}, \tag{9.3.1}$$

其中, $m(C)$ 为 $C$ 的边数 (或度).

对 $M = (\mathcal{X}, \mathcal{J}) \in \mathcal{C}_{\mathrm{ns}}$, 即所有带根不可分离 3-正则平面地图的集合, 若 $M = M_1 \cup M_2$ 使得 $M_i = (\mathcal{X}_i, \mathcal{J}_i)$, $i = 1, 2$, 均为 $M$ 的子地图使得 $\mathcal{X} = \mathcal{X}_1 + \mathcal{X}_2$ 和 $G(M_1) \cap G(M_2) = \{u, v\}$, 即由两个节点组成的集合. 由图的基本性质可知, $u$ 和 $v$ 在 $M_i$, $i = 1, 2$, 中的次不是同为 1 就是同为 2. 因此, 可不妨假设 $M_1$ 为 $u$ 和 $v$ 的次均为 1 和自然 $M_2$ 是次均为 2 的子地图, 分别称它们为 1-台和 2-台. 更一般地, 1-台就是这样的平面地图, 使得除两个节点次均为一外, 其他节点全是三次的, 和 2-台就是关于 1-台的说法中将 1 改为 2. 为方便, 可以规定 $M$ 总是含它的根边在 $M_2$ 中. 在 1-台中, 这两个一次节点被称为端, 其他节点, 也就是内节点. 一个 1-台, 若它不是 $M$ 中任何一个 1-台的一个真子地图, 则称它为满台.

**引理 9.3.1** 任何两个满 1-台均没有一个内节点为公共节点.

**证** 用反证法. 设 $T_1$ 和 $T_2$ 为一地图 $M$ 的两个不同满台. 而且, 有一个公共内节点. 由地图的公理 2, 即可迁性, 只能二者之一为另一个子地图. 再由满性, 只能 $T_1 = T_2$. 这就与假设条件矛盾. ▯

令 $\mathcal{C}_{\mathrm{I}}$, $\mathcal{C}_{\mathrm{II}}$ 和 $\mathcal{C}_{\mathrm{III}}$ 分别为 $\mathcal{C}_{\mathrm{ns}}$ 的所有这样地图 $M$ 所组成, 使得 $M \bullet a$, $a = e_r(M)$, 有一个割点, $M - a$ 有一个割点和不管 $M \bullet a$ 还是 $M - a$ 均无割点. 容易检验, 有

$$\mathcal{C}_{\mathrm{ns}} = \mathcal{C}_{\mathrm{I}} + \mathcal{C}_{\mathrm{II}} + \mathcal{C}_{\mathrm{III}}. \tag{9.3.2}$$

对于 $M \in \mathcal{C}_{\mathrm{III}}$, 令 $M'$ 为将 $M$ 中的每一个满台均用一条边代替而得到的地图.

由 3-正则性, $M'$ 至少要有 6 条边. 因为 $M'$ 的任何一个节点的分离子 $\{x, y\}$, 也是 $M$ 的一个分离子, $M'$ 必是 3-连通的. 再注意到 $M'$ 的 3-正则性, 就有 $M' \in \mathcal{C}$.

**引理 9.3.2**   设 $\mathcal{L}$ 为所有这样的带根平面地图集合, 使得它的每个地图, 除两个节点次为一外, 全为三次节点. 而且, 若有割点, 所有割点均在连这两个一次节点的路上. 则, 有

$$\mathcal{C}_{\mathrm{III}} = \mathcal{C}^{\mathcal{L}},\tag{9.3.3}$$

其中集合之幂的意义与 §9.2 中同.

**证**   从上面所讨论的, 易见 $\mathcal{C}_{\mathrm{III}}$ 是 (9.3.3) 式右端集合的一个子集.

反之, 对任何一个地图 $M$ 为 (9.3.3)式右端集合中之一元素, 因为存在 $N \in \mathcal{C}$, 使得 $M \in N^{\mathcal{L}}$, 根据 $N$ 的 3-连通性, $M \in \mathcal{C}_{\mathrm{ns}}$, 又, 注意到 $M \notin \mathcal{C}_{\mathrm{I}}$ 和 $M \notin \mathcal{C}_{\mathrm{II}}$, 只能 $M \in \mathcal{C}_{\mathrm{III}}$. 这样, (9.3.3) 式右端的集合又是左端集合 $\mathcal{C}_{\mathrm{III}}$ 的一个子集.                    ♮

对 $M = (\mathcal{X}, \mathcal{J}) \in \mathcal{L}$, 注意杆地图 $L_0$ 视为 $\mathcal{L}$ 中的退化地图, 令 $v_r$ 和 $v_x$, $x = (\mathcal{J}\alpha\beta)^l r$, 分别为 $M$ 的那两个一次节点, 即 $v_r = (r)$ 和 $v_x = (x)$. 记 $\sigma(M) = M' = (\mathcal{X}', \mathcal{J}')$ 使得 $\mathcal{X}' = (\mathcal{X} - Kr - Kx) + Kr'$ 和 $\mathcal{J}'$ 仅在节点 $v_{r'} = (r', \mathcal{J}\alpha\beta x, \mathcal{J}^2\alpha\beta x, \cdots, \mathcal{J}^{-1}\alpha\beta x)$ 和

$$v_{\beta r'} = (\alpha\beta r', \mathcal{J}\alpha\beta r, \mathcal{J}^2\alpha\beta r, \cdots, \mathcal{J}^{-1}\alpha\beta r)$$

处与 $\mathcal{J}$ 不同. 自然, $r' = r(M')$, 即 $M'$ 的根.

**引理 9.3.3**   令 $\sigma(\mathcal{L} - L) = \{\sigma(M) | \forall M \in \mathcal{L} - L\}$. 则, 有

$$\sigma(\mathcal{L} - L) = \mathcal{C}_{\mathrm{ns}},\tag{9.3.4}$$

其中 $\mathcal{L}$ 在引理 9.3.2 中已给出.

**证**   对任何 $M \in \sigma(\mathcal{L} - L)$, 易见 $M$ 是一个带根 3-正则平面地图. 由 $\mathcal{L}$ 中地图所满足的条件, 即可知, $M$ 是不可分离的. 从而, $\sigma(\mathcal{L} - L) \subseteq \mathcal{C}_{\mathrm{ns}}$.

反之, 对任何 $M = (\mathcal{X}, \mathcal{J}) \in \mathcal{C}_{\mathrm{ns}}$, 由不可分离性, 总可唯一地造一个地图 $M' = (\mathcal{X}', \mathcal{J}')$ 使得 $\mathcal{X}' = (\mathcal{X} - Kr) + Kr' + Kx$. 而且, $\mathcal{J}'$ 仅在如下四个节点处与 $\mathcal{J}$ 不同:

$$v_{r'} = (r'), \quad v_{\beta r'} = (\delta r', \mathcal{J}\delta r, \mathcal{J}^2\delta r, \cdots, \mathcal{J}^{-1}\delta r)$$

和

$$v_x = (x), \quad v_{\beta x} = (\delta x, \mathcal{J}r, \mathcal{J}^2 r, \cdots, \mathcal{J}^{-1}r), \quad \delta = \alpha\beta.$$

可以验证, $M' \in \mathcal{L} - L$ 和 $\sigma(M') = M$, 即 $M \in \sigma(\mathcal{L} - L)$. 从而, $\mathcal{C}_{\mathrm{ns}} \subseteq \sigma(\mathcal{L} - L)$.   ♮

由这个引理, 可以记

$$\mathcal{L} - L = \sigma^{-1}(\mathcal{C}_{\mathrm{ns}}).\tag{9.3.5}$$

令 $f_{c_{\text{III}}}$, $f_{c_{\text{ns}}}$ 和 $f_{\mathcal{L}}$ 分别为 $\mathcal{C}_{\text{III}}$, $\mathcal{C}_{\text{ns}}$ 和 $\mathcal{L}$ 的以度为参数的计数函数. 则从引理 9.3.2 和 9.3.3, 有

$$f_{c_{\text{III}}}(x) = \frac{x f_c(y)}{y}\bigg|_{y=x+x f_{c_{\text{ns}}}} = \frac{f_c(x + x f_{c_{\text{ns}}})}{1 + f_{c_{\text{ns}}}}. \tag{9.3.6}$$

**引理 9.3.4** 令 $\mathcal{C}_{\langle\text{II}\rangle} = \{M - a | \forall M \in \mathcal{C}_{\text{II}}\}$, $a = e_r(M)$. 则, 有

$$\mathcal{C}_{\langle\text{II}\rangle} = \mathcal{R}\hat{\times}\mathcal{L}\hat{\times}\mathcal{R}, \tag{9.3.7}$$

其中 $\mathcal{R}$ 为所有带根不可分离平面地图使得, 除两个在根面边界的节点次为二外, 其他节点全为三次的集合, 和运算 $\hat{\times}$ 为 §7.1 中给出的链 $1v$-乘法.

证 由 3-正则性与 $\mathcal{C}_{\text{II}}$ 中地图的性质, 容易论证, 对任何 $M \in \mathcal{C}_{\text{II}}$, 有

$$M - a = M_1 \hat{+} M_2 \hat{+} M_3$$

之链 $1v$-和之形式使得, $M_1, M_3 \in \mathcal{R}$ 和 $M_2 \in \mathcal{L}$. 事实上, $G(M_1)$ 和 $G(M_3)$ 为图 $G(M)$ 的两个端不可分离块. 从而, $\mathcal{C}_{\langle\text{II}\rangle}$ 为 (9.3.7) 式右端集合的一个子集.

反之, 对任何 $M = (\mathcal{X}, \mathcal{J}) = M_1 \hat{+} M_2 \hat{+} M_3 \in \mathcal{R}\hat{\times}\mathcal{L}\hat{\times}\mathcal{R}$, 若记 $v_x = (x, \mathcal{J}x)$, $x = (\mathcal{J}\delta)^l r$, $\delta = \alpha\beta$, $l \geqslant 3$, 为 $M$ 中那个非根二次节点, 则总可选一个地图 $M' = (\mathcal{X}', \mathcal{J}')$ 使得 $\mathcal{X}' = \mathcal{X} + Kr'$ 和 $\mathcal{J}'$ 仅在节点 $v_{r'} = (r', r, \mathcal{J}r)$ 和 $v_{\beta r'} = (\delta r', x, \mathcal{J}x)$ 处与 $\mathcal{J}$ 不同. 因为 $v_{r'}$ 和 $v_{\beta r'}$ 的次均为三, 以及 $M$ 的割点全在从 $v_r$ 到 $v_x$ 的一条路上, 有 $M \in \mathcal{C}_{\text{ns}}$. 又, 易见 $M' - a' = M$, $a' = e_r(M')$. 且, $M$ 上有割点. 这就意味, $M' \in \mathcal{C}_{\text{II}}$. 从而, $M \in \mathcal{C}_{\langle\text{II}\rangle}$, 即可知 (9.3.7) 式右端的集合也为其左端集合 $\mathcal{C}_{\langle\text{II}\rangle}$ 的一个子集.

对 $M = (\mathcal{X}, \mathcal{J}) \in \mathcal{R}$, 还是记 $v_x$, $x = (\mathcal{J}\delta)^l r$, $\delta = \alpha\beta$, $l \geqslant 1$, 为那个非根二次节点. 令 $\lambda(M) = M' = (\mathcal{X}', \mathcal{J}')$ 使得 $\mathcal{X}' = \mathcal{X} + Kr'$ 和 $\mathcal{J}'$ 仅节点 $v_{r'} = (r', r, \mathcal{J}r)$ 和 $v_{\beta r'} = (\delta r', x, \mathcal{J}x)$ 与 $M$ 的和不同. $\lambda(\mathcal{R}) = \{\lambda(M) | \forall M \in \mathcal{R}\}$. 可以论证, 有

$$\lambda(\mathcal{R}) = \mathcal{C}_{\bar{\text{I}}}, \tag{9.3.8}$$

其中 $\mathcal{C}_{\bar{\text{I}}} = \mathcal{C}_{\text{I}} + \mathcal{C}_{\text{III}}$. 由 (9.3.2) 式, 也就是

$$\mathcal{C}_{\bar{\text{I}}} = \mathcal{C}_{\text{ns}} - \mathcal{C}_{\text{II}}. \tag{9.3.9}$$

设 $f_{c_{\text{II}}} = f_{c_{\text{II}}}(x)$, $f_{\mathcal{R}}(x)$ 和 $f_{c_{\bar{\text{I}}}}$ 分别为 $\mathcal{C}_{\text{II}}, \mathcal{R}$ 和 $\mathcal{C}_{\bar{\text{I}}}$, 以度为参数的计数函数. 则从引理 9.3.4, (9.3.8) 式和 (9.3.5) 式, 得

$$\begin{aligned} f_{c_{\text{II}}} &= x\left(f_{\mathcal{R}}(x)\right)^2 f_{\mathcal{L}}(x) \\ &= x\left(\frac{1}{x} f_{c_{\bar{\text{I}}}}\right)^2 (x + x f_{c_{\text{ns}}}) \\ &= (f_{c_{\text{ns}}} - f_{c_{\text{II}}})^2 (1 + f_{c_{\text{ns}}}). \end{aligned} \tag{9.3.10}$$

经过检验, 方程 (9.3.10) 只有下面的解合乎要求:

$$f_{\mathcal{C}_{\mathrm{II}}}(x) = \frac{f_{\mathcal{C}_{\mathrm{ns}}}^2}{1 + f_{\mathcal{C}_{\mathrm{ns}}}}. \tag{9.3.11}$$

**引理 9.3.5**　令 $\mathcal{C}_{(\mathrm{I})} = \{M \bullet a | \forall M \in \mathcal{C}_{\mathrm{I}}\}$. 则, 有

$$\mathcal{C}_{(\mathrm{I})} = (L_1 + \mathcal{C}_2)^{\times \cdot 2}, \tag{9.3.12}$$

其中 $L_1 = (Kr, (r, \delta r))$, $\delta = \alpha\beta$, 即平面自环地图和 $\mathcal{C}_2$, 带根不可分离近 3-正则地图使得根节点次为二的集合.

证　对于 $M \in \mathcal{C}_{(\mathrm{I})}$, 由于存在一个地图 $M' \in \mathcal{C}_{\mathrm{I}}$ 使得 $M = M' \bullet a'$, $a' = e_r(M')$, 有一个割点, 而它必须是 $M$ 的根节点. 由 $M'$ 的 3-正则性, $M$ 的根节点的次为 4. 这就意味, 只能 $M = M_1 + \bullet M_2$, 即如 §7.1 中给出的内 $1v$-和. 而且, $M_1, M_2 \in \mathcal{C}_2$. 再注意到 $M_i = L_1$, $i = 1, 2$, 也是允许的, 就有 $M \in (L_1 + \mathcal{C}_2)^{\times \cdot 2}$.

反之, 对 $M = (\mathcal{X}, \mathcal{J}) = M_1 + \bullet M_2, M_i = (\mathcal{X}_i, \mathcal{J}_i) \in L_1 + \mathcal{C}_2, i = 1, 2$, 因为 $M$ 的根节点 $v_r = (r, \mathcal{J}r, \mathcal{J}^2 r, \mathcal{J}^3 r)$ 和 $\mathcal{X} = \mathcal{X}_1 + \mathcal{X}_2$ 使得 $\mathcal{J}_1$ 与 $\mathcal{J}_2$ 分别仅在它们的根节点 $v_{r_1} = (\mathcal{J}r, \mathcal{J}^2 r)$ 和 $v_{r_2} = (r, \mathcal{J}^3 r)$ 处与 $\mathcal{J}$ 不同, 总可通过劈分节点 $v_r$ 唯一地得一个地图 $M' = (\mathcal{X}', \mathcal{J}')$ 使得 $\mathcal{X}' = \mathcal{X} + Kr'$ 和 $\mathcal{J}'$ 仅在节点 $v_{r'} = (r', \mathcal{J}^2 r, \mathcal{J}^3 r)$ 和 $v_{\beta r'} = (\delta r', r, \mathcal{J}r)$ 处与 $\mathcal{J}$ 不同. 由 $M_i(i = 1, 2)$ 的近 3-正则性, 不为分离性与平面性, 及 $v_{r'}$ 和 $v_{\beta r'}$ 均为三次的, 可知 $M' \in \mathcal{C}_{\mathrm{ns}}$. 又, 因为 $M = M' \bullet a'(a' = e_r(M'))$ 的根是割点, 有 $M' \in \mathcal{C}_{\mathrm{I}}$. 从 $M = M' \bullet a'$, 得 $M \in \mathcal{C}_{(\mathrm{I})}$. ♮

令 $f_{\mathcal{C}_{\mathrm{I}}}(x)$ 和 $f_{\mathcal{C}_2}(x)$ 分别为 $\mathcal{C}_{\mathrm{I}}$ 和 $\mathcal{C}_2$ 的以度为参数的计数函数. 考虑到 $f_{\mathcal{C}_2}(x) = x f_{\mathcal{C}_{\mathrm{ns}}}(x)$, 由引理 9.3.5, 有

$$f_{\mathcal{C}_{\mathrm{I}}}(x) = x(x + x f_{\mathcal{C}_{\mathrm{ns}}})^2. \tag{9.3.13}$$

**定理 9.3.1**　上面提到的计数函数 $f_{\mathcal{C}}(x)$ 和 $f_{\mathcal{C}_{\mathrm{ns}}} = f_{\mathcal{C}_{\mathrm{ns}}}(x)$ 满足如下关系:

$$f_{\mathcal{C}}(x + x f_{\mathcal{C}_{\mathrm{ns}}}) + x^3 (1 + f_{\mathcal{C}_{\mathrm{ns}}})^3 = f_{\mathcal{C}_{\mathrm{ns}}}. \tag{9.3.14}$$

注意, $f_{\mathcal{C}}(x)$ 和 $f_{\mathcal{C}_{\mathrm{ns}}}$ 都是以度为参数.

证　基于 (9.3.2) 式, $f_{\mathcal{C}_{\mathrm{ns}}} = f_{\mathcal{C}_{\mathrm{I}}} + f_{\mathcal{C}_{\mathrm{II}}} + f_{\mathcal{C}_{\mathrm{III}}}$. 将 (9.3.6) 式, (9.3.11) 式和 (9.3.13) 式代入, 经整理即可得 (9.3.14) 式. ♮

根据 (9.3.14) 式, 为了求 $f_{\mathcal{C}_{\mathrm{I}}}$ 必得知道 $f_{\mathcal{C}_{\mathrm{ns}}}$, 这就可以通过了解带根不可分离近 3-正则平面地图 $\mathcal{N}$ 的依根节点次与度的计数函数来实现. 注意, 假定自环地图 $L_1$ 不在 $\mathcal{N}$ 中. 设

$$f_{\mathcal{N}} = \sum_{N \in \mathcal{N}} x^{m(N)} y^{n(N)}, \tag{9.3.15}$$

其中 $m(N)$ 和 $n(N)$ 分别为 $N$ 的根节点次和度.

将 $\mathcal{N}$ 分为两类: $\mathcal{N}_1$ 和 $\mathcal{N}_2$ 使得 $\mathcal{N}_1 = \{N|\forall N \in \mathcal{N}, N \bullet a$ 无割点$\}$ 和 $\mathcal{N}_2 = \{N|\forall N \in \mathcal{N}, N \bullet a$ 有割点$\}$, 就有

$$\mathcal{N} = \mathcal{N}_1 + \mathcal{N}_2. \tag{9.3.16}$$

对 $\mathcal{N}_1$, 令 $\mathcal{N}_{(1)} = \{N \bullet a|\forall N \in \mathcal{N}_1\}$. 则易检验, 有

$$\mathcal{N}_{(1)} = \mathcal{N} - \mathcal{C}_2, \tag{9.3.17}$$

其中, $\mathcal{C}_2$ 如 (9.3.12) 式所示. 对 $\mathcal{N}_2$, 令 $\mathcal{N}_{(2)} = \{N \bullet a|\forall N \in \mathcal{N}_2\}$, 就可得

$$\mathcal{N}_{(2)} = (L_1 + \mathcal{N})^{\times 2}. \tag{9.3.18}$$

令 $f_{\mathcal{N}_1}$ 和 $f_{\mathcal{N}_2}$ 分别为 $\mathcal{N}_1$ 和 $\mathcal{N}_2$ 对于 $f_{\mathcal{N}}$ 的贡献. 由 (9.3.17) 式, 有

$$f_{\mathcal{N}_1} = \frac{xy}{x^2}\left(f_{\mathcal{N}} - x^2 f_2\right), \tag{9.3.19}$$

其中, $f_2$ 为 $f_{\mathcal{N}}$ 的展开式中 $x^2$ 项之系数. 从 (9.3.18) 式, 有

$$f_{\mathcal{N}_2} = \frac{xy}{x^2}\left(x^2 y + f_{\mathcal{N}}\right)^2. \tag{9.3.20}$$

**定理 9.3.2** 关于函数 $f = f(x, y)$ 的方程

$$yf^2 + (2x^2 y^2 + y - x)f + x^4 y^3 - x^2 y f_2 = 0, \tag{9.3.21}$$

其中, $f_2 = \partial_x^2 f$, 在级数环 $\mathcal{L}\{\Re; x, y\}$, $\Re$ 为整数环, 上是适定的. 而且, 它的解就是 $f = f_{\mathcal{N}}$, 如 (9.3.15) 式所示.

**证** 同样地, 只证得一结论.

根据 (9.3.16) 式, (9.3.19) 式和 (9.3.20) 式, 可知

$$f_{\mathcal{N}} = \frac{y}{x}\left(f_{\mathcal{N}} - x^2 f_2\right) + \frac{y}{x}\left(x^2 y + f_{\mathcal{N}}\right)^2.$$

两边同乘 $x$, 展开平方项, 然后合并同类项, 即可得 $f_{\mathcal{N}}$ 满足方程 (9.3.20).

因为对任何 $N = (\mathcal{X}, \mathcal{J}) \in \mathcal{N}$ 使得 $v_r = (r, \mathcal{J}r)$, $r = r(N)$ 为 $N$ 的根, 即根节点次为二, 总可唯一地得一个地图 $N' = (\mathcal{X}', \mathcal{J}')$ 使得 $\mathcal{X}' = (\mathcal{X} - Kr - K\mathcal{J}r) + Kr'$ 且 $\mathcal{J}'$ 仅在 $v_{r'} = (r', \mathcal{J}s, \mathcal{J}^2 s)$, $s = \alpha\beta\mathcal{J}r$ 和 $v_{\beta r'} = (\alpha\beta r', \mathcal{J}\alpha\beta r, \mathcal{J}^2 \alpha\beta r)$ 处与 $\mathcal{J}$ 不同. 由 $N$ 的近 3-正则性, 不可分离性和平面性, 即可知, $N' \in \mathcal{C}_{\mathrm{ns}}$. 反之, 也可由任一 $N' \in \mathcal{C}_{\mathrm{ns}}$, 唯一地得到一个根节次为二的 $\mathcal{N}$ 中的地图. 这样, 就有

$$f_2 = yf c_{\mathrm{ns}}(y). \tag{9.3.22}$$

因为方程 (9.3.21) 的判别式为

$$D(x,y) = y^2 + x^2 + 4x^2y^3(1+f^*) - 4x^3y^2 - 2xy, \tag{9.3.23}$$

其中 $f^* = f_{c_{\mathrm{ns}}}(y)$, 若将 $x = \xi$ 视为 $y$ 的幂级数而使得满足方程

$$D(\xi,y) = 0; \quad \frac{\partial}{\partial \xi} D(\xi,y) = 0,$$

则可求得

$$y = \frac{\xi}{1+2\xi^3}, \quad f^* = \xi^3(1-2\xi^3).$$

令 $Y = y^3$ 和 $\xi^3 = \eta$, 即变为

$$\eta = (1+2\eta)^3 Y, \quad f^* = \eta(1-2\eta). \tag{9.3.24}$$

基于 (9.3.24) 式, 利用推论 1.5.1, 得

$$\begin{aligned}
\partial_Y^n f^* &= \frac{1}{n}\partial_\eta^{n-1}(1+2\eta)^{3n}(1-4\eta) \\
&= \frac{1}{n}\left(\partial_\eta^{n-1} - 4\partial_\eta^{n-2}\right)(1+2\eta)^{3n} \\
&= \frac{2^{n+1}(3n)!}{n!(2n+2)!}, \quad n \geqslant 1.
\end{aligned} \tag{9.3.25}$$

由于 $Y = y^3$, (9.3.25) 式所提供的就是具有 $3n$ 条边的带根不可分离 3-正则平面地图的数目 $N_{c_{\mathrm{ns}}}(3n)$.

进而, 从 (9.3.14) 式和 (9.3.22) 式, 取 $z = y(1+f_{c_{\mathrm{ns}}})$, 就可得

$$f_c = f_{c_{\mathrm{ns}}} - z^3. \tag{9.3.26}$$

若取 $Z = z^3$, 由 (9.3.24) 式, 即得

$$Z = \frac{\eta(1+\eta-2\eta^2)}{(1+2\eta)^3}, \quad f_c + Z = \eta(1-2\eta). \tag{9.3.27}$$

由 (9.3.27) 式出发, 经过适当处理, 可以直接利用推论 1.5.1 来确定 $f_c$ 的一个正项和显式, 结果比较复杂. 通过进一步简化, 也可得定理 5.3.2 的结果

$$\partial_Z^k f_c = \frac{2(4k-3)!}{k!(3k-1)!}. \tag{9.3.28}$$

这就是度为 $n = 3k \geqslant 6$, $k \geqslant 2$, 的带根平面 3-正则 $c$-网的数目.

## §9.4  四角化与 $c$-网

所谓四角化, 就是指这样的地图, 它的所有面的边界均为四边形. 这里, 所讨论的主要是所有的面边界均为长度 4 的圈, 或简称 4-圈 的情形. 特别地, 还假定在整个地图中, 没有长为 2 的圈, 也就是在它的基准图中无重边. 将所有面边界均为 4-圈的四角化称为真的.

对任何地图 $M = (\mathcal{X}_{\alpha,\beta}(X), \mathcal{J})$, 记 $M^* = (\mathcal{X}^*_{\alpha^*,\beta^*}(X^*), \mathcal{J}^*)$ 为它的对偶地图. 自然, $|\mathcal{X}^*_{\alpha^*,\beta^*}(X^*)| = \mathcal{X}_{\beta,\alpha}(X)$ 和 $\mathcal{J}^* = \mathcal{J}\alpha\beta$, $|X^*| = |X|$, $X \cap X^* = \varnothing$, 如 §1.1 中所述.

在此基础上, 可以造另一个地图 $\tilde{M} = \mathcal{X}_{\tilde{\alpha},\tilde{\beta}}(\tilde{X}), \tilde{\mathcal{J}})$, 使得

$$\mathcal{X}_{\tilde{\alpha},\tilde{\beta}}(\tilde{X}) = \bigcup_{x \in X}(\tilde{K}\tilde{x} + \tilde{K}\tilde{\delta}\tilde{x}) + \bigcup_{x^* \in X^*}(\tilde{K}\tilde{x}^* + \tilde{K}\tilde{\delta}^*\tilde{x}^*), \tag{9.4.1}$$

其中 $\tilde{X} = X + \delta X + X^* + \delta^* X^*$, $\delta = \alpha\beta$, $\delta^* = \alpha^*\beta^*$, 对任何 $x \in X$ 和 $x^* \in X^*$,

$$\tilde{K}\tilde{x} = \{x, \alpha x, \tilde{\beta}\tilde{x}, \tilde{\delta}\tilde{x}\}, \tilde{K}\tilde{\delta}x = \{\delta x, \beta x, \tilde{\beta}\tilde{\delta}x, \tilde{\delta}\tilde{\delta}x\},$$

$$\tilde{K}\tilde{x}^* = \{x^*, \alpha^* x^*, \tilde{\beta}\tilde{x}^*, \tilde{\delta}\tilde{x}^*\},$$

$$\tilde{K}\delta^*\tilde{x}^* = \{\delta^* x^*, \beta x, \tilde{\beta}\delta^*\tilde{x}^*, \tilde{\delta}\delta^*\tilde{x}^*\} \tag{9.4.2}$$

和 $\tilde{\mathcal{J}}$ 仅在节点 $v_{\tilde{\delta}\tilde{x}} = (\tilde{\delta}\tilde{x}, \tilde{\beta}\tilde{x}^*, \tilde{\delta}\tilde{\delta}x, \tilde{\beta}\delta^*\tilde{x}^*)$ 处与 $\mathcal{J}$ 和 $\mathcal{J}^*$ 不同.

对任何 $\tilde{x} \in \tilde{\mathcal{X}}_{\tilde{\alpha},\tilde{\beta}}(\tilde{X})$, 由对称性, 可不妨设 $x \in X$, $\tilde{\mathcal{J}}\tilde{\delta}\tilde{x} = \tilde{\beta}\tilde{x}^*$ 和 $\tilde{\mathcal{J}}\tilde{\delta}(\tilde{\beta}\tilde{x}^*) = \mathcal{J}^*(\alpha^* x^*)$. 这就意味, $(\tilde{\mathcal{J}}\tilde{\delta})^2 x = \mathcal{J}^*(\alpha^* x^*)$ 依对偶性, 就有

$$(\tilde{\mathcal{J}}\tilde{\delta})^2(\mathcal{J}^*\alpha^* x^*) = \mathcal{J}^*(\alpha^*(\mathcal{J}^*\alpha^* x^*)^*) = \mathcal{J}\alpha\beta(\beta(\mathcal{J}\alpha\beta\beta x))$$

$$= \mathcal{J}\alpha(\mathcal{J}\alpha x) = \mathcal{J}\alpha(\alpha\mathcal{J}^{-1}x) = x. \tag{9.4.3}$$

从而, $(x, \tilde{\mathcal{J}}\tilde{\delta}x, (\tilde{\mathcal{J}}\tilde{\delta})^2 x, (\tilde{\mathcal{J}}\tilde{\delta})^3 x)$ 为 $M$ 的一个面. 由 $x$ 的任意性, 即知 $\mathcal{M}$ 是一个四角化. 并且, 称之为地图对偶对 $(M, M^*)$ 的全伴随四角化.

对于一个平面四角化 $M$, 若 $M$ 不是真的, 则在 $M$ 中必存在一个四边形不是它的任何面的边界. 这样的四边形被称为 $M$ 的一个方框. 一个方框 $C$, 若在它的外部不再有任何一个方框 $C'$ 使得 $C$ 为 $C'$ 的一个真子地图, 则称 $C$ 为极大的.

**引理 9.4.1**　任何两个极大方框至多有两个公共节点. 若有两个公共节点, 它们必是公共边之两端.

**证**　若两个极大方框有至少三个公共节点, 由平面性这些公共节点中没有一个可以在它们任何一方框的内部. 因为否则, 将会与极大性矛盾. 设 $u, v$ 和 $w$ 为这两

个方框的公共节点. 不妨设 $v$ 和 $u$ 与 $w$ 相邻. 由于每面均为四角形, $u$ 与 $v$ 不可能相邻. 这将导致此二方框之并的无限面边界为一个四边形. 与此二方框的极大性矛盾.

相仿地, 由极大性与平面性, 若有两个节点公共, 这两个节点不能不相邻. 而且, 连两者的边就在公共边界上.

令 $\mathcal{M}_{pq}$ 为所有带根真平面四角化的集合. 记 $F$ 为一个地图 $M = (\mathcal{X}, \mathcal{J})$ 的所有面的集合. 用 $\binom{F}{i}$ 表示 $F$ 中所有由 $i$ 个元素组成的子集的集合. 对 $F^{(i)} = \{f_1, f_2, \cdots, f_i\} \in \binom{F}{i}$, 令 $f_l = (x_l, \mathcal{J}^* x_l, \cdots, \mathcal{J}^{*k_l-1} x_l)$, $k_l$ 为面 $f_l$ 的次, $l = 1, 2, \cdots, i$. 若 $M^{(i)} = (M_1, M_2, \cdots, M_i) \in \prod_{1 \leqslant j \leqslant i} \mathcal{M}_j$, $M_l = (\mathcal{X}_l, \mathcal{J}_l)$ 和 $f_{r_l} = (x_{r_l}, \mathcal{J}_1^* x_{r_l}, \cdots, \mathcal{J}_1^{*k_l-1} x_{r_l})$, $l = 1, 2, \cdots, i$, 则可以构造一个地图, 记为 $M(F^{(i)} + M^{(i)}) = (\mathcal{X}_{+i}, \mathcal{J}_{+i})$, 使得

$$\mathcal{X}_{+i} = \mathcal{X} + \bigcup_{l=1}^{i} \mathcal{X}_l,$$

$r_l = \alpha x_l$, $\mathcal{J}_l^* r_l = \alpha \mathcal{J}^* x_l$, $\cdots$, $\mathcal{J}_l^{*k_l-1} r_l = \alpha \mathcal{J}^{*k_l-1} x_l$, $l = 1, 2, \cdots, i$ 和 $\mathcal{J}_{+i}$ 仅在节点

$$v_{\alpha x_l} = (\alpha x_l, \mathcal{J}_l r_l, \cdots, \mathcal{J}_l^{-1} r_l, \mathcal{J}\alpha x_l, \mathcal{J}^2 \alpha x_l, \cdots, \mathcal{J}^{-1}\alpha x_l),$$
$$v_{\alpha \mathcal{J}^* x_l} = (\alpha \mathcal{J}^* x_l, \mathcal{J}_l \mathcal{J}_l^* r_l, \cdots, \mathcal{J}_l^{-1} \mathcal{J}_l^* r_l, \mathcal{J}\alpha \mathcal{J}^* x_l, \cdots, \mathcal{J}^{-1}\alpha \mathcal{J}^* x_l), \cdots,$$
$$v_{\alpha \mathcal{J}^{*k_l-1} x_l} = (\alpha \mathcal{J}^{*k_l-1} x_l, \mathcal{J}_l \mathcal{J}_l^{*k_l-1} r_l, \cdots,$$
$$\mathcal{J}_l^{-1} \mathcal{J}_l^{*k_l-1} r_l, \mathcal{J}\alpha \mathcal{J}^{*k_l-1} x_l, \cdots, \mathcal{J}^{-1}\alpha \mathcal{J}^{*k_l-1} x_l),$$

$l = 1, 2, \cdots, i$, 处与 $\mathcal{J}$ 和 $\mathcal{J}_l$, $1 \leqslant l \leqslant i$ 不同. 将 $M(F^{(i)} + M^{(i)})$ 称为 $M$ 的对于 $F^{(i)}$ 和 $M^{(i)}$ 的面和. 记

$$M\left(F^{(i)} \times \prod_{j=1}^{i} \mathcal{M}_j\right) = \left\{M(F^{(i)} + M^{(i)}) \big| \forall M^{(i)} \in \prod_{j=1}^{i} \mathcal{M}_j\right\}, \qquad (9.4.4)$$

并称之为 $M$ 对于 $F^{(i)}$ 和 $\prod_{1 \leqslant j \leqslant i} \mathcal{M}_j$ 的面乘积. 进而, 对地图的集合 $\mathcal{M}$,

$$\mathcal{M}^{F \times \prod_{j=1}^{|F|} \mathcal{M}_j} = \bigcup_{M \in \mathcal{M}} \bigcup_{\substack{F^{(i)} \in \binom{F}{i} \\ i \geqslant 0}} M\left(F^{(i)} \times \prod_{j=1}^{i} \mathcal{M}_j\right) \qquad (9.4.5)$$

被称为 $\mathcal{M}$ 伴随 $\prod_{j=1}^{i} \mathcal{M}_j$ 的面幂.

如果 $\mathcal{M}_1 = \mathcal{M}_2 + \cdots = \mathcal{M}_{|F|} = \mathcal{N}$, 则这个面幂还可简写为

$$M\left(F^{(i)} \times \prod_{j=1}^{i} \mathcal{M}_j\right) = M(F^{(i)} \times \mathcal{N}^i) \qquad (9.4.6)$$

和

$$\mathcal{M}^{F \times \prod_{j=1}^{|F|} \mathcal{M}_j} = \mathcal{M}^{F \times \mathcal{N}^{|F|}}. \tag{9.4.7}$$

**引理 9.4.2** 令 $\mathcal{Q}$ 为所有带根平面四角化的集合, 则有

$$\mathcal{Q} = \mathcal{M}_{\mathrm{pq}}^{F \times \mathcal{Q}^{|F|}}. \tag{9.4.8}$$

其中, $F$ 为 $\mathcal{M}_{\mathrm{pq}}$ 的每个地图所有面的集合.

**证** 对任何 $Q \in \mathcal{Q}$, 设 $M_1, M_2, \cdots, M_i$ 为 $Q$ 的所有极大方框. 由引理 9.4.1, 可以将所有 $M_j$, $1 \leqslant j \leqslant i$, 分别用 $f_i$, $1 \leqslant j \leqslant i$, 代之而得地图 $M$. 易验证, $M \in \mathcal{M}_{\mathrm{pq}}$. 而且, 有 $Q = M(f^{(i)} + M^{(i)})$, 其中 $f^{(i)} = (f_1, \cdots, f_i)$ 和 $M^{(i)} = (M_1, \cdots, M_i)$. 这就意味, $Q$ 也是 (9.4.8) 式右端集合中之一元素.

反之, 由于 $\mathcal{Q}$ 和 $\mathcal{M}_{\mathrm{pq}}$ 均为平面四角化, 可以看出 (9.4.8) 式右端集合中任一地图 $Q$ 仍为平面四角化. 这又意味, $Q \in \mathcal{Q}$, 即也是 (9.4.8) 式左端集合的一个元素. ▢

对于一个四角化 $M = (\mathcal{X}, \mathcal{P})$, 可以造一对地图 $\tilde{M} = (\tilde{\mathcal{X}}, \tilde{\mathcal{P}})$ 和 $\hat{M} = (\hat{\mathcal{X}}, \hat{\mathcal{P}})$ 使得

$$\tilde{\mathcal{X}} = \bigcup_{x \in \mathcal{X}} \tilde{K}\tilde{x}, \quad \hat{\mathcal{X}} = \bigcup_{x \in \mathcal{X}} \hat{K}\hat{x}.$$

其中, 对 $M$ 的每个面 $(\alpha x, \mathcal{P}^* \alpha x, \mathcal{P}^{*2} \alpha x, \mathcal{P}^{*3} \alpha x)$, $\mathcal{P}^* = \mathcal{P}\delta$, $\delta = \alpha\beta$. 取

$$\begin{aligned}
\tilde{K}\tilde{x} &= \{x, \alpha\beta(\mathcal{P}\alpha\beta)^3 \alpha x, \alpha\beta(\mathcal{P}\alpha\beta)\alpha x, \alpha(\mathcal{P}\alpha\beta)^2 \alpha x\} \\
&= \{x, \alpha\mathcal{P}x, \alpha\beta(\mathcal{P}\alpha\beta)\alpha x, \alpha(\mathcal{P}\alpha\beta)^2 \alpha x\}
\end{aligned} \tag{9.4.9}$$

且由 $v_{\tilde{x}} = \mathrm{Orb}_{\tilde{\mathcal{P}}}\tilde{x} = (x, \mathcal{P}x, \cdots, \mathcal{P}^{-1}x)$ 确定 $\tilde{\mathcal{P}}$,

$$\hat{K}\hat{\beta}x = \{\beta x, \alpha\mathcal{P}\beta x, \alpha(\mathcal{P}\alpha\beta)^3 \alpha x, \alpha\beta(\mathcal{P}\alpha\beta)^2 \alpha x\} \tag{9.4.10}$$

且由 $v_{\beta x} = \mathrm{Orb}_{\hat{\mathcal{P}}}\hat{\beta}x = (\beta x, \mathcal{P}\beta x, \cdots, \mathcal{P}^{-1}\beta x)$ 确定 $\hat{\mathcal{P}}$. 自然, $\tilde{M}$ 和 $\hat{M}$ 的根分别为 $\tilde{r} = r(\tilde{M}) = r = r(M)$ 和 $\hat{r} = r(\hat{M}) = \beta r$. 可以验证, $\tilde{M}$ 和 $\hat{M}$ 均为地图. 由定理 1.1.4, 它们是由 $M$ 唯一决定的, 并称 $(\tilde{M}, \hat{M})$ 为 $M$ 的伴随对.

**引理 9.4.3** 对任何一个四角化 $M = (\mathcal{X}, \mathcal{P})$, 令 $(\tilde{M}, \hat{M})$, $\tilde{M} = (\tilde{\mathcal{X}}, \tilde{\mathcal{P}})$ 和 $\hat{M} = (\hat{\mathcal{X}}, \hat{\mathcal{P}})$ 为 $M$ 的伴随对, 则 $\tilde{M}$ 与 $\hat{M}$ 互为对偶.

**证** 由 (9.4.9) 式和 (9.4.10) 式, 可不妨设 $\tilde{x} \in \tilde{\mathcal{X}}$ 相应 $x \in \mathcal{X}$ 和 $\hat{x} \in \hat{\mathcal{X}}$ 相应 $\beta x \in \mathcal{X}$. 根据 (9.4.9) 式, $\tilde{\mathcal{P}}^*\tilde{x} = \tilde{\mathcal{P}}\delta x = \mathcal{P}(\alpha\mathcal{P}^{*2}\alpha x)$, $\tilde{\delta} = \tilde{\alpha}\tilde{\beta}$. 另一方面, 根据 (9.4.10) 式, $\hat{\mathcal{P}}\hat{x} = \mathcal{P}\beta x = (\mathcal{P}\delta)\alpha x$. 又, 注意到 $(\mathcal{P}\delta)\alpha x = \beta(\mathcal{P}(\alpha\mathcal{P}^{*2}\alpha x))$, 即得 $\hat{\mathcal{P}}\hat{x} = \beta(\tilde{\mathcal{P}}^*\tilde{x})$. 这就确定了 $\tilde{M}$ 与 $\hat{M}$ 之间的对偶性. ▢

设 $M$ 为一个平面地图, 和 $\{u, v\}$ 为它的一个分离子, 即 $M = M_1 \cup M_2$ 使得 $G(M_1) \cap G(M_2) = \{u, v\}$ 且 $M_1$ 和 $M_2$ 为 $M$ 的子地图. 为方便, 记 $u =$

$(s_u, S_u, s'_u, t_u, T_u, t'_u)$ 和

$$v = (s_v, S_v, s'_v, t_v, T_v, t'_v), \tag{9.4.11}$$

使得 $\langle s_u, S_u, s'_u \rangle$ 与 $\langle s_v, S_v, s'_v \rangle$ 在 $M_1$ 中和 $\langle t_u, T_u, t'_u \rangle$ 与 $\langle t_v, T_v, t'_v \rangle$ 在 $M_2$ 中而不失一般性. 由被 $\{u, v\}$ 的可分离性, 在 $M$ 中, 存在两个面 $f$ 和 $g$ 使得有形式 $f = (s_u, F_u, \alpha\beta s'_v, t_v, G_v, \alpha\beta t'_u)$ 和

$$g = (t_u, G_u, \alpha\beta t'_v, s_v, F_v, \alpha\beta s'_u). \tag{9.4.12}$$

这里, $\langle s_u, F_u, \alpha\beta s'_v \rangle$ 与 $\langle s_v, F_v, \alpha\beta s'_u \rangle$ 在 $M_1$ 中和 $\langle t_v, G_v, \alpha\beta t'_u \rangle$ 与 $\langle t_u, G_u, \alpha\beta t'_v \rangle$ 在 $M_2$ 中.

给定地图的一个对偶对 $(M, M^*)$, $M = (\mathcal{X}, \mathcal{J})$, $\mathcal{X} = \cup_{x \in X} Kx$, $M^* = (\mathcal{X}^*, \mathcal{J}^*)$, $\mathcal{X}^* = \cup_{x^* \in X^*} K^* x^*$, 总可造地图 $M' = (\mathcal{X}', \mathcal{J}')$ 使得 $\mathcal{X}' = \cup_{x' \in X \cup X^*} K' x'$, $\mathcal{J}' = \mathcal{J}\mathcal{J}^*$, 其中

$$K'x' = \begin{cases} \{x, \mathcal{J}\alpha x, \alpha^* x^*, \mathcal{J}^* x^*\}, & x' = x \in X; \\ \{x^*, \mathcal{J}^* \alpha^* x^*, \beta x, \mathcal{J}\delta x\}, & x' = x^* \in X^*. \end{cases} \tag{*}$$

因为对任何 $x' \in \mathcal{X}'$, 根据对偶性, 可不妨设 $x' \in X$, $(\mathcal{J}'\delta')x' = \mathcal{J}'(\delta'x) = \mathcal{J}'(\mathcal{J}^* x^*) = \mathcal{J}^{*-1}(\mathcal{J}^* x^*) = x^*$, $(\mathcal{J}'\delta')x^* = \mathcal{J}'(\delta'x^*) = \mathcal{J}'(\mathcal{J}\delta x) = \delta x$, $(\mathcal{J}'\delta')(\delta x) = \mathcal{J}'(\delta'(\delta x)) = \mathcal{J}'(\mathcal{J}^*(\delta x)^*) = \delta^* x^*$, $(\mathcal{J}'\delta')(\delta^* x^*) = \mathcal{J}'(\delta'(\delta^* x^*)) = \mathcal{J}'(\mathcal{J}\delta(\delta x)) = \delta(\delta x) = x = x'$, 即 $(x', (\mathcal{J}'\delta')x', (\mathcal{J}'\delta')^2 x', (\mathcal{J}'\delta')^3 x')$ 为 $M'$ 的一个面. 再由对称性, 可知 $M'$ 是一个四角化. 并且, 将 $M'$ 称为对偶对 $(M, M^*)$ 的伴随四角化. 可以论证, $M'$ 的伴随对就是 $(M, M^*)$.

**引理 9.4.4**　一个平面地图 $M$ 是 $c$-网, 当且仅当, 对偶对 $(M, M^*)$ 的伴随四角化 $M'$ 没有方框.

证　先证必要性. 若 $M$(同样地 $M^*$) 是 $c$-网但 $M'$ 有一个方框, 由平面性可以验证, 这个方框的两对对角节点分别形成 $M$ 和 $M^*$ 的一个分离子. 这就与它们的 3-连通性矛盾.

再证充分性. 若 $M'$ 没有方框, 但 $M$(同样地 $M^*$) 有分离子 $\{u, v\}$(同样地, $M^*$ 有分离子 $\{f, g\}$), 则从上面所讨论的可以看出 $u$, $v$, $f$, $g$, 如 (9.4.11) 式和 (9.4.12) 式所示, 就提供了 $M'$ 的一个方框上的那四个节点. 这又与对 $M'$ 假设的前提条件矛盾.

一个地图, 若除一个面可能例外, 其他所有面均为四边形, 就称它为近四角化. 而且, 总是将这个可能例外的面, 规定为根面. 令 $\mathcal{M}_{nq}$ 为所有带根平面近四角化的集合. 因为所有非根面的边界均为四边形, 即次为偶数, 这个根面的次只能为偶数. 令

$$q_{nq} = \sum_{M \in \mathcal{M}_{nq}} x^{m(M)} y^{n(M)}, \tag{9.4.13}$$

其中 $n(M)$ 和 $2m(M)$ 分别为 $M$ 的内节点 (即不在根面边界上) 数与根面的次, 和对于带根真近四角化的集合 $\mathcal{M}_{\text{pnq}}$,

$$q_{\text{pnq}} = \sum_{M \in \mathcal{M}_{\text{pnq}}} x^{m(M)} y^{n(M)}. \tag{9.4.14}$$

令 $q_{\text{nq}}^* = q_{\text{nq}}^*(y)$ 为 $q_{\text{nq}}$ 的级数展开式中 $x^2$ 项之系数, 即 $\mathcal{M}_{\text{nq}}$ 中四角化以内节点数为参数的计数函数. 由引理 9.4.2, 有

$$\begin{aligned} q_{\text{nq}} &= \sum_{M \in \mathcal{M}_{\text{pnq}}} x^{m(M)} y^{n(M)} q_{\text{nq}}^{*\ n(M)+m(M)-1} \\ &= \frac{1}{q_{\text{nq}}^*} \sum_{M \in \mathcal{M}_{\text{pnq}}} (x q_{\text{nq}}^*)^{m(M)} (y q_{\text{nq}}^*)^{n(M)} \\ &= \frac{1}{q_{\text{nq}}^*} q_{\text{pnq}}(x q_{\text{nq}}^*, y q_{\text{nq}}^*). \end{aligned}$$

其中, $n(M) + m(M) - 1$ 为 $M$ 中非根面的数目. 它可从近四角性与对平面地图的 Euler 公式直接导出. 从而, 有如下的关系:

$$q_{\text{nq}}^* q_{\text{nq}}(x, y) = q_{\text{pnq}}(x q_{\text{nq}}^*, y q_{\text{nq}}^*). \tag{9.4.15}$$

进而, 令 $p^* = p^*(y)$ 为 $\mathcal{M}_{\text{pnq}}$ 中带根真平面四角化的依内节点数的计数函数. 下面就看一看 $p^*$ 与 $q_{\text{nq}}^*$ 之间的关系.

一个四角化, 若有两个相邻的边, 它们的二非公共端均落在根面边界上, 当然, 那个公共端为内节点, 则称它为对角的. 这对相邻的边被称为这个四角化的对角线.

令 $\mathcal{M}_{\text{q}}$ 为所有带根平面四角化的集合. 注意, 本节开始时的约定, 即无长度为 2 的圈. 将 $\mathcal{M}_{\text{q}}$ 和 $\mathcal{M}_{\text{pq}}$ 分别划分为对角的和非对角的两类. 记 $p_{\text{D}}^*$ 为对角的真四角化以内节点数为参数的计数函数, 其中包括那个四边形本身和 $p_{\text{N}}^*$ 为 $\mathcal{M}_{\text{q}}$ 中其余部分相应的计数函数. 因为可以证明, 事实上只有两个对角的真四角化, 它们就是下面地图 $Q$ 当取其根 $r = x_1$ 和 $\alpha\beta x_3$ 的情形. 其中, $Q = (\sum_{i=1}^{6} K x_i, \mathcal{P})$, $\mathcal{P} = (x_1, x_2, x_3)(\alpha\beta x_3, x_4)(\alpha\beta x_4, x_5, x_6)(\alpha\beta x_6, \alpha\beta x_1)(\alpha\beta x_2, \alpha\beta x_5)$.

从而, 即可得

$$p^* = 1 + 2y + p_{\text{N}}^*. \tag{9.4.16}$$

**引理 9.4.5** 对 $p^*$ 和 $q_{\text{nq}}$, 有关系

$$p^* + \frac{1}{q_{\text{nq}}^*} = 1 + 2y + \frac{1 - y q_{\text{nq}}^*}{1 + y q_{\text{nq}}^*}. \tag{9.4.17}$$

**证** 令 $q_{\text{D}}^*$ 和 $q_{\text{N}}^*$ 分别表示对角的和非对角的赋予 $q_{\text{nq}}^*$ 中的部分. 用与引理 9.4.2 相仿的讨论, 有

$$q_{\text{N}}^* = q_{\text{nq}}^* p_{\text{N}}^*(y q_{\text{nq}}^*) + 1. \tag{9.4.18}$$

从而, 就有

$$q_{nq}^* = q_D^* + q_{nq}^* p_N^*(yq_{nq}^*) + 1. \tag{9.4.19}$$

关于对四角化, 有两种可能: 根节点是某对角线之一端, 或否. 令 $q_R^*$ 和 $q_{\bar{R}}^*$ 分别表示这两种可能贡献于 $q_D^*$ 中之部分. 由对称性,

$$q_R^* = q_{\bar{R}}^* = \frac{1}{2}q_D^*. \tag{9.4.20}$$

一个根节点, 为某对角线之一端的对角四角化 $M = (\mathcal{X}, \mathcal{J})$, 均可视为 $M_1 = (\mathcal{X}_1, \mathcal{J}_1)$ 和 $M_2 = (\mathcal{X}_2, \mathcal{J}_2)$, 通过将 $M_1$ 的边 $e_{r_1}, e_{\mathcal{J}_1 \alpha \beta r_1}$ 分别与 $M_2$ 的边 $e_{r_2}, e_{\mathcal{J}_2 \alpha \beta r_2}$ 合而为 $Ks = Kr_1 = Kr_2, Kt = K\mathcal{J}_1 \alpha \beta r_1 = K\alpha \mathcal{J}_2 \alpha \beta r_2$ 得到. 其中, $M_1$ 为非对角的, 或者对角的但根节点不是对角线之一端的四角化, 和 $M_2$ 为 $\mathcal{M}_q$ 中的任何一个四角化. 注意, $M$ 的根 $r(M) = (\mathcal{J}_1 \alpha \beta)^2 r_1$. 这就有

$$q_R^* = y(q_N^* + q_R^*)q_{nq}^*. \tag{9.4.21}$$

将 (9.4.20) 式代入 (9.4.21) 式, 有

$$q_D^* = \frac{2yq_N^* q_{nq}^*}{1 - yq_{nq}^*}. \tag{9.4.22}$$

再将 (9.4.18) 式代入 (9.4.22) 式, 有

$$q_D^* = \frac{2yq_{nq}^{*2} p_N^*(yq_{nq}^*) + 2yq_{nq}^*}{1 - yq_{nq}^*}. \tag{9.4.23}$$

由 (9.4.23) 式和 (9.4.19) 式, 有

$$p_N^*(yq_{nq}^*) = \frac{1 - yq_{nq}^*}{1 + yq_{nq}^*} - \frac{1}{q_{nq}^*} \tag{9.4.24}$$

最后, 用 (9.4.20) 式, 即得引理.

根据对偶性, 由 (6.4.15) 式可得相应的带根一般 (即允许长为 2 的圈) 平面四角化的计数函数的参数表示. 然后, 考虑到所有一般平面四角化, 可通过用 $\mathcal{M}_{nq}$ 中根面边界为 2 的地图, 代替 $\mathcal{M}_q$ 中地图的边, 根边例外, 而得到. 进而, 导出 $q_{nq}^*$ 的参数表示. 最后, 根据引理 9.4.5, 导出 $p^*$ 的参数表示. 通过检验 (9.4.20) 式给出的微分方程, 可以得到

$$N_{c\text{-}n}(n) = N_{pq}(n-2), \tag{9.4.25}$$

其中 $N_{pq}(n-2)$ 为 (具有 $n-2$ 个内节点的) 带根平面真四角化的数目和 $N_{c\text{-}n}(n)$ 为具有 $n$ 条边的 c-网的数目, $n \geqslant 6$.

**定理 9.4.1** 具有 $n$ 个内节点的带根平面真四角化的数目为

$$N_{\mathrm{pq}}(n) = (-1)^n 2 + R_{n\text{-}3}, \tag{9.4.26}$$

其中, $R_{n\text{-}3}$ 由 (9.2.22) 式给出, $n \geqslant 4$.

证 由 (9.4.25) 式, (9.2.20) 式和 (9.2.21) 式直接可得.

事实上, 这就说明 $c$-网与平面真四角化之间存在一个 1–1 对应. 而且, (9.4.9) 式和 (9.4.10) 式, 以及 (*) 式均提供了它们之间的一个双射 (即 1–1 对应).

## §9.5 曲面一般地图

令 $\mathcal{M}$ 为所有在可定向曲面上带根地图的集合. 曲面的亏格是不限定的. 对 $M = (\mathcal{X}, \mathcal{J}) \in \mathcal{M}$, 记

$$v_x = (x, \mathcal{J}x, \mathcal{J}^2 x, \cdots, \mathcal{J}^{-1} x) \tag{9.5.1}$$

为与 $x$ 关联的节点, 即 $\mathcal{J}$ 在 $x \in \mathcal{X}$ 处之轨道 $\mathrm{Orb}_{\mathcal{J}}(x) = v_x$. 严格地, $v_x$ 应为 $\mathrm{Orb}_{\mathcal{J}}(x)$ 和 $\mathrm{Orb}_{\mathcal{J}}(\alpha x)$ 之集合. 因此两者, 只要知其一就会知其二, 也就允许这种约定. $M - a$, $a = e_r(M)$, 的根为 $\mathcal{J}\alpha\beta r$, $r = r(M)$, 当 $r \neq \mathcal{J}\alpha\beta r$; $\mathcal{J}r$, 否则. 当然, $M - a$ 本身要仍然为地图.

将 $\mathcal{M}$ 分为三类: $\mathcal{M}_{\mathrm{I}}$, $\mathcal{M}_{\mathrm{II}}$ 和 $\mathcal{M}_{\mathrm{III}}$. 即,

$$\mathcal{M} = \mathcal{M}_{\mathrm{I}} + \mathcal{M}_{\mathrm{II}} + \mathcal{M}_{\mathrm{III}}. \tag{9.5.2}$$

其中, $\mathcal{M}_{\mathrm{I}}$ 仅由节点地图 $\vartheta$ 组成, $\mathcal{M}_{\mathrm{II}} = \{M | \forall M \in \mathcal{M} - \vartheta,\ G(M - a)$不连通$\}$. 由 (9.5.2) 式, 自然 $\mathcal{M}_{\mathrm{III}} = \{M | \forall M \in \mathcal{M} - \vartheta,\ G(M - a)$连通$\}$.

这里所考虑的计数函数为

$$f_{\mathcal{M}} = \sum_{M \in \mathcal{M}} x^{m(M)}, \tag{9.5.3}$$

其中 $m(M)$ 为 $M$ 的度.

**引理 9.5.1** 令 $\mathcal{M}_{\langle \mathrm{II} \rangle} = \{M - a | \forall M \in \mathcal{M}_{\mathrm{II}}\}$, $a = e_r(M)$, 则有

$$\left| \mathcal{M}_{\langle \mathrm{II} \rangle} \right| = \left| \mathcal{M} \times \mathcal{M} \right|. \tag{9.5.4}$$

其中 $\times$ 表示 Descartes 乘积.

证 对任何 $M = (\mathcal{X}, \mathcal{J}) \in \mathcal{M} \times \mathcal{M}$, $M = M_1 + M_2$, $M_i = (\mathcal{X}_i, \mathcal{J}_i) \in \mathcal{M}$, $i = 1, 2$, 可唯一地构造地图 $M' = (\mathcal{X}', \mathcal{J}')$ 使得 $\mathcal{X}' = \mathcal{X} + Kr'$ 和 $\mathcal{J}'$ 仅在两节点 $v_{r'} = (r', r_2, \mathcal{J}_2 r_2, \cdots, \mathcal{J}_2^{-1} r_2)$ 和 $v_{\beta r'} = (\alpha\beta r', r_1, \mathcal{J}_1 r_1, \cdots, \mathcal{J}_1^{-1} r_1)$ 处与 $\mathcal{J}_1$ 和 $\mathcal{J}_2$,

即 $\mathcal{J}$, 不同. 自然, $M' \in \mathcal{M}$. 又由 $e_r(M') = Kr'$ 为割边, 有 $M' \in \mathcal{M}_{\mathrm{II}}$. 易验证, $M = M' - a'$, $a' = e_r(M')$. 故, $M \in \mathcal{M}_{\langle \mathrm{II} \rangle}$.

另一方面, 对任何 $M = (\mathcal{X}, \mathcal{J}) \in \mathcal{M}_{\langle \mathrm{II} \rangle}$, 存在唯一的 $M' \in \mathcal{M}_{\mathrm{II}}$ 使 $M = M' - a'$, $a' = e_r(M')$. 由 $\mathcal{M}_{\mathrm{II}}$ 中元素的性质, 有 $M = M_1 + M_2$. 易验证, $M_1, M_2 \in \mathcal{M}$. 故, $M \in \mathcal{M} \times \mathcal{M}$.

综合上两个方面, 可知 (9.5.4) 式两端集合间有一个 1–1 对应. 从而, (9.5.4) 式成立. ♮

对于 $M = (\mathcal{X}, \mathcal{J}) \in \mathcal{M}_{\mathrm{III}}$, 因为 $M - a$ 仍为一个地图, $M - a$ 的根有两种可能: $r(M - a) = \mathcal{J}r(M)$, 当 $r(M) = \mathcal{J}\alpha\beta r(M)$; $\mathcal{J}\alpha\beta r(M)$, 否则. 令 $\tilde{M} = (\tilde{\mathcal{X}}, \tilde{\mathcal{J}}) = M - a$, $a = Kr$, $r = r(M)$. 其中, $\tilde{\mathcal{X}} = \mathcal{X} - Kr$ 和当 $\mathcal{J}\alpha\beta r \neq r$ 时, $\tilde{\mathcal{J}}$ 在两个节点 $v_{r'} = (\mathcal{J}\alpha\beta r, \mathcal{J}^2\alpha\beta r, \cdots, \mathcal{J}^{-1}\alpha\beta r)$ 和 $v_{\mathcal{J}r} = (\mathcal{J}r, \mathcal{J}^2 r, \cdots, \mathcal{J}^{-1}r)$ 处与 $\mathcal{J}$ 不同; 否则, 即 $Kr$ 为自环时, $\tilde{\mathcal{J}}$ 仅在节点

$$v_{r'} = (\mathcal{J}r, \mathcal{J}^2 r, \cdots, \mathcal{J}^{-2}r)$$

处与 $\mathcal{J}$ 不同. 对后者, 只有一种方式从 $\tilde{M}$ 产生 $M$. 然, 对前者却可以有 $|\tilde{\mathcal{X}}|/2$ 种方式从 $\tilde{M}$ 产生 $M$. 事实上, 由可定向性, $\tilde{X}$ 在群 $\Psi_H$, 即由 $H = \{\alpha\beta, \tilde{\mathcal{J}}\}$ 所生成的群 $\langle \alpha\beta, \tilde{\mathcal{J}} \rangle$, 之下恰有两个轨道, 正如 §1.1 中所述. 记 $\tilde{\mathcal{X}}_1$ 为 $\tilde{r} = r(\tilde{M})$ 所在的那一个轨道. 自然, $|\tilde{\mathcal{X}}_1| = |\tilde{\mathcal{X}}|/2$. 这样, 对任何 $x \in \tilde{\mathcal{X}}_1$, 均可唯一地造出 $M = (\mathcal{X}, \mathcal{J})$ 使得 $\mathcal{X} = \tilde{\mathcal{X}} + Kr$ 和 $\mathcal{J}$ 在两个节点 $v_r = (r, x, \tilde{\mathcal{J}}x, \cdots, \tilde{\mathcal{J}}^{-1}x)$ 和 $v_{\beta r} = (\alpha\beta r, \tilde{r}, \tilde{\mathcal{J}}\tilde{r}, \cdots, \tilde{\mathcal{J}}^{-1}\tilde{r})$ 处与 $\tilde{\mathcal{J}}$ 不同. 综合上述的两种可能性, 就有 $|\tilde{\mathcal{X}}_1| + 1 = 2m(\tilde{M}) + 1$ 种方式由 $\tilde{M} \in \mathcal{M}_{\langle \mathrm{III} \rangle}$ 反推出 $M \in \mathcal{M}_{\mathrm{III}}$. 注意, 这里的 $m(\tilde{M})$ 是 $\tilde{M}$ 的边数, 如 (9.5.3) 式所给出的, 而不是如前常用的根面次.

**引理 9.5.2**　令 $\mathcal{M}_{\langle \mathrm{III} \rangle} = \{M - a | \forall M \in \mathcal{M}_{\mathrm{III}}\}$, $a = e_r(M)$. 则, 有

$$\mathcal{M}_{\langle \mathrm{III} \rangle} = \mathcal{M}. \tag{9.5.5}$$

**证**　因为对任何 $M \in \mathcal{M}_{\mathrm{III}}$, 可以看出 $M - a$ 也是一个地图, 有 $M \in \mathcal{M}$. 从而, $\mathcal{M}_{\langle \mathrm{III} \rangle} \subseteq \mathcal{M}$.

反之, 对任何 $M \in \mathcal{M}$, 可以用上述 $2m(M) + 1$ 种方式中任一种构造一个地图 $M' \in \mathcal{M}_{\mathrm{III}}$ 使得 $M = M' - a'$, $a' = e_r(M')$. 这就意味, $M \in \mathcal{M}_{\langle \mathrm{III} \rangle}$. 从而, 也有 $\mathcal{M} \subseteq \mathcal{M}_{\langle \mathrm{III} \rangle}$. ♮

为方便, 记 $\mathcal{H}(\tilde{M})$ 为由 $\tilde{M} \in \mathcal{M}$ 用上述方式所得的那 $2m(\tilde{M}) + 1$ 个地图 $M \in \mathcal{M}_{\mathrm{III}}$ 的集合.

**引理 9.5.3**　对 $\mathcal{M}_{\mathrm{III}}$, 有

$$\mathcal{M}_{\mathrm{III}} = \sum_{M \in \mathcal{M}} \mathcal{H}(M). \tag{9.5.6}$$

证　对任何 $M = (\mathcal{X}, \mathcal{J}) \in \mathcal{M}_{\mathrm{III}}$, 令 $\tilde{M} = (\tilde{\mathcal{X}}, \tilde{\mathcal{J}}) = M - a$, $a = Kr$, $r = r(M)$. 事实上, $\tilde{M}$ 为使得 $\tilde{\mathcal{X}} = \mathcal{X} - Kr$ 和当 $Kr$ 为自环时, $\tilde{\mathcal{J}}$ 仅在节点 $v_{\tilde{r}} = (\mathcal{J}r, \mathcal{J}^2 r, \cdots, \mathcal{J}^{-2}r)$ 处; 否则, 在两节点 $v_{\tilde{r}} = (\mathcal{J}\alpha\beta r, \mathcal{J}^2\alpha\beta r, \cdots, \mathcal{J}^{-1}\alpha\beta r)$ 和 $v_{\mathcal{J}r} = (\mathcal{J}r, \mathcal{J}^2 r, \cdots, \mathcal{J}^{-1}r)$ 处与 $\mathcal{J}$ 不同所唯一决定. 易见, $\mathcal{J}r$, $\mathcal{J}\alpha\beta r$ 均属于 $\Psi_{\tilde{H}}$, $\tilde{H} = \{\alpha\beta, \tilde{\mathcal{J}}\}$, 之下在 $\tilde{\mathcal{X}}$ 上的同一轨道. 由引理 9.5.2, 可知 $\tilde{M}$ 为 (9.5.6) 式右端集合中之一元素.

反之, 对任何 $M \in \mathcal{H}(\tilde{M})$, $\tilde{M} \in \mathcal{M}$, 因为 $M - a$, $a = e_r(M)$, 仍然是一个地图, 自然 $M$ 也唯一地决定 $\mathcal{M}_{\mathrm{III}}$ 中的一个元素. ♭

从引理 9.5.3 的证明中, 可以看出, (9.5.6) 式同时也提供了二端集合之间的一个 1–1 对应.

至此, 可以分别推算 $\mathcal{M}_{\mathrm{I}}$, $\mathcal{M}_{\mathrm{II}}$ 和 $\mathcal{M}_{\mathrm{III}}$ 贡献给由 (9.5.3) 式所示的计数函数 $f_{\mathcal{M}}$ 的部分 $f_{\mathrm{I}}$, $f_{\mathrm{II}}$ 和 $f_{\mathrm{III}}$.

因为 $\vartheta$ 没有边, 可知

$$f_{\mathrm{I}} = 1. \tag{9.5.7}$$

根据引理 9.5.1, 注意到根边的贡献 $x$, 就有

$$f_{\mathrm{II}} = x f_{\mathcal{M}}^2. \tag{9.5.8}$$

然后, 基于引理 9.5.3 和定理 1.3.5, 有

$$f_{\mathrm{III}} = x\left(f_{\mathcal{M}} + 2x\frac{\mathrm{d}}{\mathrm{d}x}f_{\mathcal{M}}\right). \tag{9.5.9}$$

**定理 9.5.1**　关于函数 $f = f(x)$ 的方程

$$2x^2\frac{\mathrm{d}f}{\mathrm{d}x} = -1 + (1-x)f - xf^2, \tag{9.5.10}$$

使得初值 $f_0 = f(0) = 1$, 在环 $\mathcal{L}\{\Re; x\}$, $\Re$ 为整数环中是适定的. 而且, 它的这个解为 $f = f_{\mathcal{M}}$, 如 (9.5.3) 式所示.

证　前一结论可如常法证明, 这里仅证后一结论. 根据 (9.5.2) 式, 从 (9.5.7)~ (9.5.9) 式, 即可知 $f_{\mathcal{M}}$ 为方程 (9.5.10) 的一个解. ♭

按照定理 9.5.1, 可以将 $f$ 视为 $x$ 的幂级数, 求出 (9.5.10) 式二端的幂级数表示. 通过比较同幂项的系数, 从所得的关系, 即可确定出 $f$ 的各项系数. 从而, 也就确定了 $f$ 本身. 由此, 同时也自然验证了方程 (9.5.10) 的适定性. 然而, 由于 $f^2$ 项的出现, 使这个过程变得过于复杂. 这样看来, 直接或间接地解这个二次方程, 就应该值得考虑了.

至少不可定向地图, 即地图在不可定向曲面上的计数, 看来需要占更多的篇幅. 不管怎样, 为简便, 这里只讨论一个节点的情形以示一般.

令 $\mathcal{U}$ 为所有只一个节点的带根不可定向地图的集合. 将 $\mathcal{U}$ 分为如下三类 $\mathcal{U}_{\mathrm{I}}$, $\mathcal{U}_{\mathrm{II}}$ 和 $\mathcal{U}_{\mathrm{III}}$ 使得

$$\mathcal{U} = \mathcal{U}_{\mathrm{I}} + \mathcal{U}_{\mathrm{II}} + \mathcal{U}_{\mathrm{III}},$$

其中, $\mathcal{U}_{\mathrm{I}}$ 仅由不可定向自环地图 $L_2 = (Kr, (r, \beta r))$, 如 §1.1 所述, 即在射影平面上的一条边的地图, 组成; $\mathcal{U}_{\mathrm{II}} = \{M | \forall M \in \mathcal{U} - L_2, M - a$ 是可定向的$\}$, 和自然地 $\mathcal{U}_{\mathrm{III}} = \{M | \forall M \in \mathcal{U} - L_2, M - a$ 是不可定向的$\}$. 这里, 与前面一样, $a = e_r(M)$, 即 $M$ 的根边.

所要讨论的计数函数

$$g_{\mathcal{U}} = \sum_{M \in \mathcal{U}} x^{m(M)}, \tag{9.5.11}$$

其中, $m(M)$ 为 $M$ 的度.

首先, 容易看出, $\mathcal{U}_{\mathrm{I}}$ 献于 $g_{\mathcal{U}}$ 的部分

$$g_{\mathrm{I}} = x, \tag{9.5.12}$$

理由是 $L_2$ 只含一条边.

对于 $M = (\mathcal{X}, \mathcal{J}) \in \mathcal{U}_{\mathrm{II}}$, 由于 $M - a$ 是可定向的, $M$ 的根节点只能是如下形式:

$$v_r = (r, \beta r, \mathcal{J}^2 r, \cdots, \mathcal{J}^{-1} r) = (r, \beta r, R).$$

而这时, $M - a$ 的根选为 $\mathcal{J}\alpha r$.

**引理 9.5.4**    令 $\mathcal{U}_{\langle \mathrm{II} \rangle} = \{M - a | \forall M \in \mathcal{U}_{\mathrm{II}}\}$, $a = e_r(M)$. 则, 有

$$\mathcal{U}_{\langle \mathrm{I} \rangle} + \mathcal{U}_{\langle \mathrm{II} \rangle} = \mathcal{D}, \tag{9.5.13}$$

其中 $\mathcal{D}$ 为只有一个节点的带根可定向地图的集合 (含节点地图!).

**证**    首先注意, 因为 $L_2 = (Kr, (r, \alpha \beta r)) \in \mathcal{U}_{\mathrm{I}}$. 自然, $\vartheta \in \mathcal{U}_{\langle \mathrm{I} \rangle} + \mathcal{U}_{\langle \mathrm{II} \rangle}$.

对任何 $M = (\mathcal{X}, \mathcal{J}) \mathcal{U}_{\langle \mathrm{I} \rangle} + \in \mathcal{U}_{\langle \mathrm{II} \rangle}$, 有 $M' = (\mathcal{X}', \mathcal{J}') \in \mathcal{U}_{\mathrm{I}} + \mathcal{U}_{\mathrm{II}}$ 使得 $M = M' - a'$, $a' = e_r(M')$. 其中, $\mathcal{X}' = \mathcal{X} + Kr'$ 和 $\mathcal{J}'$ 仅在节点 $v_{r'} = (\alpha r', r, \mathcal{J}r, \cdots, \mathcal{J}^{-1}r, \alpha \beta r')$ 处与 $\mathcal{J}$ 不同. 因为 $M' \in \mathcal{U}_{\mathrm{I}} + \mathcal{U}_{\mathrm{II}}$, $M$ 是可定向的, 且具有一个节点, 从而, $M \in \mathcal{D}$.

另一方面, 从任何 $M = (\mathcal{X}, \mathcal{J}) \in \mathcal{D}$, 总可造一个地图 $M' = (\mathcal{X}', \mathcal{J}')$ 使得 $\mathcal{X}' = \mathcal{X} + Kr'$ 和 $\mathcal{J}'$ 仅在节点

$$v_{r'} = (r', \beta r', \mathcal{J}\alpha r, \cdots, \mathcal{J}^{-1}\alpha r, \alpha r)$$

处与 $\mathcal{J}$ 不同. 由 $M$ 的可定向性, 知 $M' \in \mathcal{U}_{\mathrm{II}}$. 又, 可以看出, $M = M' - a'$, $a' = e_r(M')$. 这就导致 $M \in \mathcal{U}_{\langle \mathrm{I} \rangle} + \mathcal{U}_{\langle \mathrm{II} \rangle}$.

注意, 在引理 9.5.4 的证明中, 不能提供 $\mathcal{D}$ 与 $\mathcal{U}_{\mathrm{I}} + \mathcal{U}_{\mathrm{II}}$ 之间元素的一个 1-1 对应.

事实上, 对任何 $D \in \mathcal{D}$, 在 $\mathcal{U}_{\mathrm{I}} + \mathcal{U}_{\mathrm{II}}$ 中有 $2m(D) + 1$ 地图 $B_i$, $0 \leqslant i \leqslant 2m$, $m = m(D)$, 与之对应. 设 $D$ 的根为 $r$, 其基本置换 $\mathcal{P}$ 和 $B_i$ 的根为 $r_i$, 其基本置换 $\mathcal{P}_i$, 则 $\mathcal{P}_0 = (r_0, \gamma r_0, \langle r \rangle_{\mathcal{P}})$, $\mathcal{P}_i = (r_i, r, \cdots, \mathcal{P}^{i-1}r, \gamma r_i, \mathcal{P}^i r, \cdots, \mathcal{P}^{2m-1}r)(1 \leqslant i \leqslant 2m-1)$, $\mathcal{P}_{2m} = (r_{2m}, \gamma r_0, \langle r \rangle_{\mathcal{P}}, \gamma r_{2m})$.

令 $h = f_{\mathcal{D}}(x)$ 为 $\mathcal{D}$ 的以度作参数的计数函数. 则由引理 9.5.4 和定理 1.3.5, $\mathcal{U}_{\mathrm{I}} + \mathcal{U}_{\mathrm{II}}$ 献于 $g_{\mathcal{U}}$ 的部分为

$$g_{\mathrm{I}} + g_{\mathrm{II}} = x\Big(h + 2x\frac{\mathrm{d}h}{\mathrm{d}x}\Big). \tag{9.5.14}$$

**引理 9.5.5** 令 $\mathcal{U}_{\langle \mathrm{III} \rangle} = \{M - a | \forall M \in \mathcal{U}_{\mathrm{III}}\}$, $a = e_r(M)$. 则, 有

$$\mathcal{U}_{\langle \mathrm{III} \rangle} = \mathcal{U}. \tag{9.5.15}$$

**证** 对于 $M \in \mathcal{U}_{\langle \mathrm{III} \rangle}$, 令 $\tilde{M} \in \mathcal{U}_{\mathrm{III}}$ 使得 $M = \tilde{M} - \tilde{a}$, $\tilde{a} = e_r(\tilde{M})$. 这样, 由 $M$ 的不可定向性, 可知 $M \in \mathcal{U}$.

反之, 对于 $M = (\mathcal{X}, \mathcal{J}) \in \mathcal{U}$, 总可造一个地图 $\tilde{M} = (\tilde{\mathcal{X}}, \tilde{\mathcal{J}})$ 使得 $\tilde{\mathcal{X}} = \mathcal{X} + K\tilde{r}$ 和 $\tilde{\mathcal{J}}$ 仅在节点

$$v_{\tilde{r}} = (\tilde{r}, \alpha\beta\tilde{r}, r, \mathcal{J}r, \cdots, \mathcal{J}^{-1}r)$$

处与 $\mathcal{J}$ 不同. 从 $M$ 只有一个节点可知, $\tilde{M}$ 也只有一个节点. 又, 由 $M$ 的不可定向性, 可知 $\tilde{M} \in \mathcal{M}_{\mathrm{III}}$. 然, 可以检验, $M = \tilde{M} - \tilde{a}$, $\tilde{a} = e_r(\tilde{M})$. 从而, $M \in \mathcal{U}_{\langle \mathrm{III} \rangle}$. ▯

进而, 对任何 $M = (\mathcal{X}, \mathcal{J}) \in \mathcal{U}$, 下面将会看到, 有 $\mathcal{U}_{\mathrm{III}}$ 中的 $|\mathcal{X}| + 2 = 4m + 2$, $m = m(M)$ 个地图 $\tilde{M} = (\tilde{\mathcal{X}}, \tilde{\mathcal{J}})$ 使得 $\tilde{M} - \tilde{a} = M$, $\tilde{a} = e_r(\tilde{M})$. 设 $A_i$ 带根 $a_i$, 基本置换 $\mathcal{A}_i$ 和 $C_i$ 带根 $c_i$ 为根, 基本置换 $\mathcal{C}_i$, $0 \leqslant i \leqslant 2m$, 为这些 $\tilde{M}$, 则 $\mathcal{A}_0 = (a_0, \gamma a_0, \langle r \rangle_{\mathcal{J}})$, $\mathcal{A}_i = (a_i, r, \cdots, \gamma a_i, \mathcal{J}^i r, \cdots, \mathcal{J}^{2m-1}r)$, $\mathcal{A}_{2m} = (a_{2m}, \langle r \rangle_{\mathcal{J}}, \gamma a_{2m})$ 和 $\mathcal{C}_0 = (c_0, \beta c_0, \langle r \rangle_{\mathcal{J}})$, $\mathcal{C}_i = (c_i, r, \cdots, \beta c_i, \mathcal{J}^i r, \cdots, \mathcal{J}^{2m-1}r)$, $\mathcal{C}_{2m} = (c_{2m}, \langle r \rangle_{\mathcal{J}}, \beta c_{2m})$, $1 \leqslant i \leqslant 2m-1$.

**引理 9.5.6** 对 $\mathcal{U}_{\mathrm{III}}$, 有

$$\mathcal{U}_{\mathrm{III}} = \sum_{M \in \mathcal{U}} \tilde{\mathcal{H}}(M), \tag{9.5.16}$$

其中 $\tilde{\mathcal{H}}(M)$ 为由 $M$ 依上述的方法所得的 $4m(M) + 2$ 个地图地集合和 $m(M) = m$ 为 $M$ 的边数.

**证** 对任何 $M \in \mathcal{U}_{\mathrm{III}}$, 由引理 9.5.5, $\tilde{M} = M - a \in \mathcal{U}$. 因为 $M \in \tilde{\mathcal{H}}(\tilde{M})$, 可见 $M$ 为 (9.5.16) 式右端集合中的一个元素.

反之, 对任何 $M = (\mathcal{X}, \mathcal{J})$ 为 (9.5.16) 式右端集合中之一元素, 根据上面所讨论的可知, $M \in \mathcal{U}_{\mathrm{III}}$, 即 (9.5.16) 式左端集合中之一元素.                             ♭

从这个引理的证明过程, 同样也可以看出 (9.5.16) 式二端元素间的一个 1–1 对应关系.

依引理 9.5.6 和定理 1.3.5, 即可导出 $\mathcal{U}_{\mathrm{III}}$ 赋予 $g = g_{\mathcal{U}}$ 中的部分

$$g_{\mathrm{III}} = x\left(2g + 4x\frac{\mathrm{d}g}{\mathrm{d}x}\right). \tag{9.5.17}$$

**定理 9.5.2**   关于函数 $g(x)$ 的方程

$$4x^2\frac{\mathrm{d}g}{\mathrm{d}x} = (1 - 2x)g + \left(h + 2x\frac{\mathrm{d}h}{\mathrm{d}x}\right), \tag{9.5.18}$$

其中 $h = f_{\mathcal{D}}(x)$ 为所有带根可定向单顶点地图集合 $\mathcal{D}$ 的依度的计数函数, 在环 $\mathcal{L}\{\Re; x\}$, $\Re$ 为整数环中是适定的. 而且, 它的这个解就是 $g = g_{\mathcal{U}}$, 如 (9.5.11) 式所示.

**证**   同样地, 这里只验证后一结论.

事实上, 由 (9.5.12) 式, (9.5.14) 式和 (9.5.17) 式即可导出定理之结论.               ♭

剩下的, 就是要确定 $h$, 注意到 $\mathcal{D}$ 为 (9.5.2) 式中 $\mathcal{M}$ 的子集. 进而, 还有 $\mathcal{D} - \vartheta \subseteq \mathcal{M}_{\mathrm{III}}$, $\vartheta$ 为节点地图. 容易看出 $\mathcal{D} - \vartheta$ 满足引理 9.5.3, 即用 $\mathcal{D} - \vartheta$ 代替 $\mathcal{M}_{\mathrm{III}}$ 和用 $\mathcal{D}$ 代替 $\mathcal{M}$. 这样由定理 1.3.5 就有

$$h = x\left(h + 2x\frac{\mathrm{d}h}{\mathrm{d}x}\right). \tag{9.5.19}$$

因为 $\vartheta \in \mathcal{D}$, 即 $h|_{x=0} = 1$, 就有方程

$$2x^2\frac{\mathrm{d}h}{\mathrm{d}x} = (1 - x)h - 1;$$
$$h|_{x=0} = 1. \tag{9.5.20}$$

从这个方程, 解得

$$h = 1 + \sum_{i \geqslant 1} \frac{(2i - 1)!}{2^{i-1}(i - 1)!}x^i. \tag{9.5.21}$$

结合方程 (9.5.18) 和方程 (9.5.20), 可得

$$\begin{cases} 2x^2\dfrac{\mathrm{d}g}{\mathrm{d}x} = (1 - 2x)g - h + 1; \\ g|_{x=0} = 0. \end{cases} \tag{9.5.22}$$

解此方程, 通过级数展开与化简, 即可得

$$\partial_x^m g = \frac{(2^m - 1)(2m - 1)!}{2^{m-1}(m - 1)!}, \tag{9.5.23}$$

边数 $m \geqslant 0$.

# §9.6　注　记

**9.6.1**　虽然在 §9.1 中所有的分解与 [Liu13] 中的不同, 这里所得计数函数所满足的方程确与那里的一样. 说明具有 $n$ 条的带根一般平面地图根节点次为 $m$ 的数目, 与根面次为 $m$ 的数目是相同的. 事实上, 这就印证了对偶性. 因为从 [Liu59] 中可以看出, 带二分权的一般平面地图, 与 3-维空间中的纽结, 建立了对应关系. 这里的方法, 可以用来考虑纽结的计数.

**9.6.2**　由 (9.1.24) 式给出的数可从 Tutte 的文章 [Tut7] 中看到, 不过这里的方程与那里的不同, Tutte 还为以阶和度计数带根一般平面地图的函数提供了一种参数表示 [Tut13], 但未求出这个函数的显式. 不管怎样, 至今尚未发现较简单的显式. 有关这方面, 从 [Arg1]~[Arg3], [Cor1], [Cor2], [CoM1], [CDV1], [CoR1] 和 [Cov1] 中, 还可见到其他的一些方法与结果.

**9.6.3**　用与 §9.1 中相仿的方法, 还可以讨论双无环地图的计数函数. 这时, 节点数为 $m$ 和面数为 $n$ 的这种地图的数目是 $m$ 和 $n$ 的对称函数. 首先, 这种地图的分解还尚待建立. 然后, 才有可能导出相应的计数方程.

**9.6.4**　对双简单的情形, 也有如 9.6.3 中提出的问题. 要想在这方面做些工作, 在 §9.3 中所讨论的方法有待发展到这一方面.

**9.6.5**　虽然从 (9.3.27) 式出发, 求 3-正则 $c$-网依边数计数的显式比较复杂. 但通过直接建立方程, 也可以求得如下的参数表示:

$$\eta = (1+\eta)^4 Z; \qquad f_C = \eta(1-\eta-\eta^2)Z. \qquad (9.6.1)$$

依此利用推论 1.5.1, 即可得 (9.3.28) 式.

**9.6.6**　在 [Bro1] 中, Brown 提供了圆盘上的不可分离地图与四化角之间的关系. 尔后, 在 [MuSc1] 中, Mullin 和 Schellenberg 给出了球面上 $c$-网与四角化之间的关系. 在一般曲面上如何, 尚待研究.

**9.6.7**　在可定向曲面上, 一般地图的计数由 Walsh 和 Lehman [WaL1]~[WaL3] 发起. 然, 在一般的不可定向曲面上的地图计数尚很少有人问津. 小亏格的情形, 可参见 [BCr1], [Gao3], [ReL3]~[ReL4] 等.

**9.6.8**　在考虑对称性时, 不同构的平面地图的计数, 可参见 [Lis1]~[Lis5] 和 [Wor1], 不管怎样, 在一般曲面上还没有什么调查.

**9.6.9**　在曲面 (可定的与不可定的) 上的带根地图计数的别的方法, 可参见 [JaV1]~[JaV3] 和 [Jac1]~[Jac4] 等.

**9.6.10**　单顶点根地图在曲面上计数的详情, 可参见 [Liu66]. 不过注意那里的 $h$ 没有常数项 1, 而这里有.

**9.6.11**　关于一般根地图在曲面上的计数, 可参见 [Liu67]. 那里不仅给出了不可定向的情形, 而且还给出了全部 (包括可定向与不可定向) 地图独立的计数方程, 以及其解的较简单的递推计数公式.

**9.6.12**　用与 §6.5 中相仿的方式, 还可以建立曲面上一般地图节点剖分计数泛函方程. 沿此, 也可以导出一度为参数的曲面上可定向, 不可定向, 以及全部地图的计数.

# 第10章 色 和 方 程

## §10.1 树 方 程

令 $\mathcal{T}$ 为所有平面树的集合. 因为在所有曲面中, 包括可定向的与不可定向的, 平面树只可能嵌入到球面上, 即平面上, 所有树地图均为平面树.

对于 $T \in \mathcal{T}$, 令 $m(T)$ 和 $s(T)$ 分别为 $T$ 的根节点和根面次. 记 $\underline{n}(T) = (n_1(T), n_2(T), \cdots)$, 其中 $n_i(T)$ 为 $T$ 中次是 $i$ 的非根节点数目, $i \geqslant 1$. 和,

$$\mathcal{T}(m; \underline{n}) = \{T | \forall T \in \mathcal{T}, m(T) = m, \underline{n}(T) = \underline{n}\}. \tag{10.1.1}$$

对给定的整数 $m \geqslant 0$ 和整向量 $\underline{n} = (n_1, n_2, \cdots) \geqslant \underline{0}$, 这就有

$$\mathcal{T} = \sum_{m \geqslant 0, \underline{n} \geqslant 0} \mathcal{T}(m; \underline{n}). \tag{10.1.2}$$

容易看出, 若 $m = 0$, 则只有 $\underline{n} = \underline{0}$, 才能使 $\mathcal{T}(m; \underline{n}) \neq \varnothing$. 事实上, 这就确定了节点地图 $\vartheta$. 也可以记

$$\mathcal{T} = \vartheta + \mathcal{T}_{\mathrm{I}}, \tag{10.1.3}$$

其中

$$\mathcal{T}_{\mathrm{I}} = \sum_{m > 0, \underline{n} \geqslant \underline{0}} \mathcal{T}(m; \underline{n}). \tag{10.1.4}$$

**引理 10.1.1** 令 $\mathcal{T}\langle m \rangle = \{T - a | \forall T \in \mathcal{T}(m), m > 0$, 其中,

$$\mathcal{T}(m) = \sum_{\underline{n} \geqslant \underline{0}} \mathcal{T}(m; \underline{n}) \tag{10.1.5}$$

和 $a = e_r(T), r$ 为 $T \in \mathcal{T}$ 的根. 则有

$$\mathcal{T}\langle m \rangle = \mathcal{T}(m - 1) \times \mathcal{T}. \tag{10.1.6}$$

其中, $\times$ 为Descartes积.

**证** 对任何 $T = (\mathcal{X}, \mathcal{J}) \in \mathcal{T}\langle m \rangle$, 即存在一个 $T' = (\mathcal{X}', \mathcal{J}') \in \mathcal{T}(m)$, 自然 $\vartheta \notin \mathcal{T}(m)$, 使得 $T = T' - a'$, $a'$ 为 $T'$ 的根边. 由于树只有一个面和平面性, $T'$ 的每条边均为割边, 有 $T = T_1 + T_2$ 且 $T_1 = (\mathcal{X}_1, \mathcal{J}_1)$ 和 $T_2 = (\mathcal{X}_2, \mathcal{J}_2)$ 均为树. 因为 $T_1$ 的

根节点 $v_{r_1} = (\mathcal{J}'r', \cdots, \mathcal{J}'^{m(T')-1}r')$ 和 $T_2$ 的根节点为 $v_{r_2} = (\mathcal{J}'\delta r', \cdots, \mathcal{J}'^{-1}\delta r')$, $\delta = \alpha\beta$, 可见它们的次分别为

$$m(T_1) = m(T') - 1 = m$$

和 $m(T_2) \geqslant 0$. 这就意味, $T_1 \in \mathcal{T}(m-1)$ 和 $T_2 \in \mathcal{T}$, 即 $T = T_1 + T_2 \in \mathcal{T}_{(m-1)} \times \mathcal{T}$.

反之, 对任何 $T = (\mathcal{X}, \mathcal{J}) \in \mathcal{T}(m-1) \times \mathcal{T}$, 令 $T = T_1 + T_2$ 使得 $T_1 = (\mathcal{X}_1, \mathcal{J}_1) \in \mathcal{T}(m-1)$ 和 $T_2 = (\mathcal{X}_2, \mathcal{J}_2) \in \mathcal{T}$. 可以构造一个 $T' = (\mathcal{X}', \mathcal{J}')$ 使得 $\mathcal{X}' = \mathcal{X}_1 + \mathcal{X}_2 + Kr'$ 和 $\mathcal{J}'$ 只在节点 $v_{r'} = (r', r_1, \mathcal{J}_1 r_1, \cdots, \mathcal{J}_1^{m(T_1)-1} r_1)$ 和

$$v_{\beta r'} = (\delta r', r_2, \mathcal{J}_2 r_2, \cdots, \mathcal{J}_2^{m(T_2)-1} r_2)$$

处与 $\mathcal{J}_1$ 和 $\mathcal{J}_2$ 不同. 即, 添一条边 $a'$ 连 $T_1$ 和 $T_2$ 的根节点. 自然, $T' \neq \vartheta$. 由于 $m(T') = m(T_1) + 1 = m - 1 + 1 = m$, 有 $T' \in \mathcal{T}(m)$. 又, 因 $T = T' - a'$, 故 $T \in \mathcal{T}\langle m \rangle$.     ♮

**引理 10.1.2**  令 $\mathcal{T}[m] = \{T \bullet a | \forall T \in \mathcal{T}(m)\}$, $m > 0$, 其中 $a = e_r(T) = e_r$, $r$ 为 $T$ 的根. 则, 有

$$\mathcal{T}[m] = \mathcal{T}(m-1) \odot \mathcal{T}. \tag{10.1.7}$$

其中, $\odot$ 为 §2.1 所示.

**证**  对任何 $T \in \mathcal{T}[m]$, 即存在 $T' \in \mathcal{T}(m)$ 使得 $T = T' \bullet a'$, $a' = e_{r'}$, $r'$ 为 $T'$ 的根. 总可记 $T$ 的根节点为 $v_r = (r, S, R)$, 使得 $R$ 中含 $m-1$ 个元素, 即 $|R| = m-1$. 则 $T'$ 的根节点 $v_{r'} = (r', R)$, 它的次为 $m$. 然, $(r, S)$ 和 $(R)$ 分别可避开 $(R)$ 和 $(r, S)$ 扩张为 $T$ 的子地图. 易见, 它们也均为平面树, 且分别以 $r_1 = \mathcal{J}^{s+1} r$, $s = |S|$ 和 $r_2 = r$ 为根. 但它们之间无公共边, 只有一个公共节点 $v_r = v_{r_1} = v_{r_2}$. 这就意味 $T = T_1 + T_2$. 又, 因为 $|R| = m-1$, 有 $m(T_1) = m-1$, 和注意到允许 $|(r, S)| = 0$, 这时 $T_2 = \vartheta$ 和 $r_1 = r$, 有 $m(T_2) \geqslant 0$. 即 $T_1 \in \mathcal{T}(m-1)$ 和 $T_2 \in \mathcal{T}$. 从而, $T \in \mathcal{T}(m-1) \odot \mathcal{T}$.

反之, 对任何 $T \in \mathcal{T}(m-1) \odot \mathcal{T}$, 由于 $T = T_1 + T_2$ 使得 $m(T_1) = m-1$, $T_1 \in \mathcal{T}(m-1)$ 和 $T_2 \in \mathcal{T}$, 可记 $(R)$ 和 $(r, S)$ 分别为 $T_1$ 和 $T_2$ 的根节点. 当然, 此时 $T$ 的根节点为 $(r, S, R)$. 令 $T'$ 为引进一个新边 $Kr'$ 作为根边, 使得它的根节点及根边的非根端点分别为 $(r', R)$ 和 $(\alpha\beta r', r, S)$. 易验证, $T' \in \mathcal{T}$ 和它的根节点的次比 $T_1$ 的大 1, 即,

$$m(T') = m(T_1) + 1 = m - 1 + 1 = m.$$

从而, $T' \in \mathcal{T}(m)$. 然, 注意到 $T = T' \bullet a'$, $a' = Kr' = e_{r'}$, 即 $T'$ 的根边, 即得 $T \in \mathcal{T}[m]$.     ♮

基于引理 10.1.1 和 10.1.2, 可以确立下面的色和函数:

$$f_{\mathcal{T}}(P) = \sum_{T \in \mathcal{T}} P(T, \lambda) x^{m(T)} z^{s(T)} \underline{y}^{\underline{n}(T)}, \tag{10.1.8}$$

其中, $P(T, \lambda)$, $m(T)$, $s(T)$ 和 $\underline{n}(T)$ 分别为 $T$ 的色多项式, 根节点次, 根面的次和节点剖分向量, 即 $\underline{n}(T) = (n_1(T), n_2(T), \cdots)$, 使得 $n_i(T)$ 为 $T$ 中次是 $i$ 的非根节点数, $i \geqslant 0$, 所应满足的方程.

由于节点地图 $\vartheta$, 它的 $m(\vartheta) = 0$, $s(\vartheta) = 0$ 和 $\underline{n}(\vartheta) = \underline{0}$, 有

$$f_{\vartheta}(P) = \lambda, \tag{10.1.9}$$

即 $\vartheta$ 的色多项式 $P(\vartheta) = \lambda$. 又, 已知色多项式总有关系

$$P(M) = P(M - a) - P(M \bullet a)$$

对任何的边 $a$ 均成立. 这里仅取 $a$ 为地图的根边. 由此, 可得

$$\begin{aligned}
f_{\mathcal{T}_{\mathrm{I}}}(P) &= \sum_{T \in \mathcal{T}_{\mathrm{I}}} P(T - a; \lambda) x^{m(T)} \underline{y}^{\underline{n}(T)} z^{s(T)} \\
&\quad - \sum_{T \in \mathcal{T}_{\mathrm{I}}} P(T \bullet a; \lambda) x^{m(T)} \underline{y}^{\underline{n}(T)} z^{s(T)}. 
\end{aligned} \tag{10.1.10}$$

为简便, 记 (10.1.10) 式右端第一个和为 $f_A$, 第二个和为 $f_B$.

依引理 10.1.1 中之 (10.1.6) 式, 有

$$f_A = xz^2 f_{\mathcal{T}}(P) \int_y \left( y f_{\mathcal{T}}(P; y) \right), \tag{10.1.11}$$

其中, $f_{\mathcal{T}}(P; y) = f_{\mathcal{T}}(P)|_{x=y}$. 此项之出现, 在于考虑到这里之地图的根节点, 是由 $\mathcal{T}_{\mathrm{I}}$ 中地图, 次比这个根节点多 1 的, 一个非根节点引起的.

再考虑到, 对任意两地图 $M_1$ 和 $M_2$, 若 $M = M_1 \dotplus M_2$, 则它们的色多项式有关系 $P(M) = (1/\lambda) P(M_1) P(M_2)$, 利用引理 10.1.2, 就有

$$f_B = \frac{xz^2}{\lambda} f_{\mathcal{T}}(P) \int_y (y f_{\mathcal{T}}(P; y)), \tag{10.1.12}$$

其中, $f_{\mathcal{T}}(P; y)$ 与 (10.1.11) 式中的意义相同.

**定理 10.1.1** 令 $f$ 是 $x, z$ 和向量 $\underline{y} = (y_1, y_2, \cdots)$ 的函数, 则方程

$$\left( 1 - xz^2 \left( 1 - \frac{1}{\lambda} \right) \int_y y f_y \right) f = \lambda, \tag{10.1.13}$$

其中 $f_y = f_{x=y}$, 在所考虑的级数环中是适定的. 且, 它的这个解为 $f = f_{\mathcal{T}}(P)$, 如 (10.1.8) 式所示.

**证** 由于其适定性可如常递推地论证, 这里只论证定理的后一个结论.

首先, 根据 (10.1.11) 式和 (10.1.12) 式, 有

$$
\begin{aligned}
f_{\mathcal{T}_1}(P) &= f_A - f_B \\
&= xz^2\Big(1 - \frac{1}{\lambda}\Big) f_{\mathcal{T}}(P) \int_y \Big(yf_{\mathcal{T}}(P, y)\Big).
\end{aligned}
$$

然后, 由 (10.1.13) 式知, $f_{\mathcal{T}}(P) = f_{\vartheta}(P) + f_{\mathcal{T}_1}(P)$. 再由 (10.1.9) 式, 可得

$$
f_{\mathcal{T}}(P) = \lambda + \frac{xz^2}{\lambda}\Big(1 - \frac{1}{\lambda}\Big) f_{\mathcal{T}}(P) \int_y \Big(yf_{\mathcal{T}}(P; y)\Big).
$$

通过整理, 即导出 $f_{\mathcal{T}}(P)$ 是方程 (10.1.13) 的一个解.

虽然方程 (10.1.13) 看起来较简单, 由于二次项之出现, 使得这个泛函方程不会很容易地直接求出它的简单显式解. 不过, 可以讨论带一个参量 (除 $\lambda$ 外), 即边数的色和函数. 也就是 $f_{\mathcal{T}}(P)$, 当 $x = z = 1$ 且 $y_i = y^{\frac{i}{2}}$, $i \geqslant 1$ 时之情形. 记

$$
g = \sum_{T \in \mathcal{T}} P(T; \lambda) y^{n(T)}, \tag{10.1.14}
$$

其中 $n(T)$ 为 $T$ 的边数, 或者说度.

可以利用与上面相仿的处理过程, 求得 $g$ 满足方程

$$
\Big(1 - y\Big(1 - \frac{1}{\lambda}\Big)g\Big)g = \lambda. \tag{10.1.15}
$$

这是一个通常的二次方程, 直接可解得

$$
g = \frac{1 - \sqrt{1 - 4y\Big(1 - \dfrac{1}{\lambda}\Big)\lambda}}{2y\Big(1 - \dfrac{1}{\lambda}\Big)}. \tag{10.1.16}
$$

其中, 根式前的负号, 是由 $g$ 必在所考虑的级数环中而确定的.

基于 (10.1.16) 式, 将其中的根式展开为 $4y\Big(1 - \dfrac{1}{\lambda}\Big)\lambda$ 的幂级数后, 经过简化, 即可得

$$
g = \lambda + \sum_{n \geqslant 1} \frac{\lambda(\lambda - 1)^n (2n)!}{n!(n+1)!} y^n. \tag{10.1.17}
$$

因为 $C_{n+1} = \dfrac{(2n)!}{n!(n+1)!}$ (它被称为 Catalan 数) 恰为 $n$ 条边的带根树的数目, (10.1.17) 式表明, $n$ 度带根树的色和为 $P(n, \lambda)C_{n+1}$, 其中, $P(n, \lambda) = \lambda(\lambda - 1)^n$ 恰

为 $n$ 度树的色多项式. 由此, 这一结果表明所有树全是唯一地 2 可着色的. 进而, 可推断出方程 (10.1.13) 的一般解.

## §10.2 外平面方程

因为任何一个带环的地图均不是节点可着色的, 和重边对于着色与单边无异, 这里所提到的所有地图均指简单的, 即既无重边也无环. 还可进一步简化, 使得只讨论不可分离, 即 2-连通的地图.

令 $\mathcal{M}$ 为所有带根的外平面地图 (当然, 不可分离的和简单的) 的集合. 而且, 规定杆地图落在其中. 将 $\mathcal{M}$ 划分为两类, 即

$$\mathcal{M} = \mathcal{M}_0 + \mathcal{M}_{\mathrm{I}}, \tag{10.2.1}$$

其中 $\mathcal{M}_0 = L_0$, 即仅由杆地图 $L_0 = (Kr, (r)(\alpha\beta r))$ 组成.

对于 $M \in \mathcal{M}$, 用 $m(M)$ 表示地图 $M$ 的根节点的次. 记

$$\mathcal{M}(m) = \{M | \forall M \in \mathcal{M}, m(M) = m\}. \tag{10.2.2}$$

则, 有

$$\mathcal{M}_{\mathrm{I}} = \sum_{m \geqslant 2} \mathcal{M}(m). \tag{10.2.3}$$

同时, $\mathcal{M}(1) = \mathcal{M}_0$.

对两个地图 $M_1 = (\mathcal{X}_1, \mathcal{P}_1)$ 和 $M_2 = (\mathcal{X}_2, \mathcal{P}_2)$, 它们分别以 $r_1 = r(M_1)$ 和 $r_2 = r(M_2)$ 为根, 令 $M = (\mathcal{X}, \mathcal{P})$ 为这样的地图, 使得 $\mathcal{X} = \mathcal{X}_1 + \mathcal{X}_2$ 和 $\mathcal{P}$ 为将 $v_{\beta r_1} = (\alpha\beta r_1, T_1)$ 和 $v_{r_2} = (r_2, S_2)$ 合成一个节点 $v_{\beta r} = (\alpha\beta r_1, r_2, S_2, T_1)$ 使得 $r = r_1$ 为它的根而得到的. 这种由 $M_1$ 和 $M_2$ 产生的运算, 被称为HT$_r$-加法, 用 $+_r$ 表示, 即 $M = M_1 +_r M_2$ 为HT$_r$-和. 相仿地, 可知两地图集合之间的HT$_r$-乘法, 用 $\times_r$ 表示, 以及HT$_r$-积.

因为 HT$_r$-加法既不满足交换律, 也不满足结合律, 对于 $M_i = (\mathcal{X}_i, \mathcal{P}_i)$, $i = 1, 2, \cdots, k$, 记

$$M = M_1 +_r M_2 +_r \cdots +_r M_k$$

为 $(\mathcal{X}, \mathcal{P})$ 使得 $\mathcal{X} = \sum_{i=1}^{k} \mathcal{X}_i$ 和 $\mathcal{P}$ 为节点 $v_{\beta r_i} = (\alpha\beta r_i, T_i)$ 和节点 $v_{r_{i+1}} = (r_{i+1}, S_{i+1})$ 合成为一个节点 $v_i = (\alpha\beta r_i, r_{i+1}, S_{i+1}, T_i)$, $i = 1, 2, \cdots, k-1$, 所得者. 且取它的根为 $r = r_1$, 其中 $r_i$ 为 $M_i$ 的根, $i = 1, 2, \cdots, k$. 对 $k \geqslant 2$, 上述的运算被称为链HT$_r$-加法, $M$ 为 $M_i, i = 1, 2, \cdots, k$, 的链HT$_r$-和. 相仿地, 对地图的集合, 有链HT$_r$-乘法 和链HT$_r$-积. 可见, HT$_r$-运算只是链 HT$_r$-运算, 当 $k = 2$ 时的情形.

**引理 10.2.1**　令 $\mathcal{M}_{\langle\mathrm{I}\rangle}(m) = \{M - a | \forall M \in \mathcal{M}_{\mathrm{I}}(m)\}$, $a = e_r$ 为 $M$ 的根边, 则有

$$\mathcal{M}_{\langle\mathrm{I}\rangle} = \sum_{k \geqslant 1} \mathcal{M}(m-1)\mathcal{M}^{\times_r k}. \tag{10.2.4}$$

其中, $m \geqslant 2$ 和 $\times_r$ 为 $\mathrm{HT_r}$-乘法.

证　设 $M = (\mathcal{X}, \mathcal{P}) \in \mathcal{M}_{\langle\mathrm{I}\rangle}(m)$. 令 $M' \in \mathcal{M}(m)$ 使得 $M = M' - a'$, $a' = e_r(M') = Kr'$. 记 $M'$ 与根 $r'$ 关联的非根面为

$$(\alpha\beta r', (\mathcal{P}\alpha\beta)\alpha\beta r', \cdots, (\mathcal{P}\alpha\beta)^{k+1}\alpha\beta r').$$

由不可分离性, 这个面边界形成一个圈. 再由外平面性, $k$ 个节点 $v_{(\mathcal{P}\alpha\beta)\alpha\beta r'}$, $v_{(\mathcal{P}\alpha\beta)^2\alpha\beta r'}, \cdots, v_{(\mathcal{P}\alpha\beta)^k\alpha\beta r'}$ 为 $M = M' - a'$ 中的全部割点. 记它的 $k+1$ 个不可分离块导出的子地图为 $M_0, M_1, \cdots, M_k$ 使得 $(\mathcal{P}\alpha\beta)\alpha\beta r', (\mathcal{P}\alpha\beta)^2\alpha\beta r', \cdots, (\mathcal{P}\alpha\beta)^{k+1}\alpha\beta r'$ 分别为它们的根. 同时, $(\mathcal{P}\alpha\beta)\alpha\beta r'$ 也是 $M$ 的根. 可以检验, 这时有

$$M = M_0 +_r M_1 +_r \cdots +_r M_k.$$

由于 $M' \in \mathcal{M}(m)$, $m(M') = m$. 从而, $m(M_0) = m-1$. 又, $M_i, i = 0, 1, \cdots, k$, 全是外平面的和不可分离的, 由 $M'$ 的简单性, 自然保证了 $M_i$ 的简单性, 即 $M_i \in \mathcal{M}$. 这就导致 $M$ 是 (10.2.4) 式右端集合的一个元素. 即, 其左端的集合是右端的一个子集.

反之, 对任何一个地图 $M = (\mathcal{X}, \mathcal{P})$ 为 (10.2.4) 式右端的集合的一个元素, 即存在 $k \geqslant 0$, 和 $M_0, M_1, \cdots, M_k \in \mathcal{M}$ 且 $M_0 \in \mathcal{M}(m-1)$ 使得 $M = M_0 +_r M_1 +_r \cdots +_r M_k$, 可以通过添加一个边 $Kr'$ 得地图 $M' = (\mathcal{X}', \mathcal{P}')$, 其中 $\mathcal{X}' = \mathcal{X} + Kr'$, 和 $\mathcal{P}'$ 仅在两个节点 $v_{\beta r'} = (\alpha\beta r', \mathcal{P}\alpha\beta r_k, \mathcal{P}^2\alpha\beta r_k, \cdots, \mathcal{P}^{-1}\alpha\beta r_k, \alpha\beta r_k)$ 和 $v_{r'} = (r', r, \mathcal{P}r, \cdots, \mathcal{P}^{m-2}r)$ 处与 $\mathcal{P}$ 不同. 可以验证, $M' \in \mathcal{M}(m)$. 然, 由于 $M = M' - a'$, $a' = e_{r'}$, 有 $M \in \mathcal{M}_{\langle\mathrm{I}\rangle}(m)$, $m \geqslant 2$. 即得, (10.2.4) 式右端的集合也是右左端的一个子集.

对于 $M \in \mathcal{M}_{\mathrm{I}}$, 记 $M$ 的根节点和根边 $a = Kr$ 的非根端分别有形式 $v_r = (r, R)$ 和 $v_{\alpha\beta r} = (\alpha\beta r, s, S)$. 令 $\mathcal{M}_{(\mathrm{I})} = \{M \bullet a | \forall M \in \mathcal{M}_{\mathrm{I}}\}$. 则, 因为 $M \bullet a$ 有两个可能性: 简单的或否, 可将 $\mathcal{M}_{(\mathrm{I})}$ 中的地图分为两类: $\mathcal{M}_{\mathrm{S}}$ 和 $\mathcal{M}_{\mathrm{N}}$, 它们分别表示由 $\mathcal{M}_{(\mathrm{I})}$ 的简单的和带重边的地图组成的集合. 即,

$$\mathcal{M}_{(\mathrm{I})} = \mathcal{M}_{\mathrm{S}} + \mathcal{M}_{\mathrm{N}}. \tag{10.2.5}$$

对于着色, 地图 $M \in \mathcal{M}_{\mathrm{N}}$ 中的重边, 总可以约定用单边代之. 为方便, 记 $M' = (\mathcal{X}', \mathcal{P}') \in \mathcal{M}$ 为这样的地图, 使得 $M = M' \bullet a'$, $a' = e_{r'}$, 即 $M'$ 的根边. 而且, 在 $M'$ 中, 可将与根边关联之二节点分别写成形式 $v_{r'} = (r', s, R)$ 和 $v_{\alpha\beta r'} = $

$(\alpha\beta r', t, S, \alpha\beta l)$ 使得 $(\alpha\beta r', (\mathcal{P}'\alpha\beta)\alpha\beta r', (\mathcal{P}'\alpha\beta)^2\alpha\beta r') = (\alpha\beta r', s, l)$ 为与 $a'$ 关联的非根面. 由 $\mathcal{M}'$ 的外平面性可知, $v_l$ 是一个割点. 即有形式 $v_l = (l, T, W, \alpha\beta s)$ 使得可以由 $\{v_{r_1} = (l, T), v_{\alpha\beta r_1} = (\alpha\beta l, t, S)\}$ 避开 $\{v_{r_2} = (s, R), v_{\alpha\beta r_2} = (\alpha\beta s, W)\}$ 导出 $M$ 的一个子地图 $M_1$, 它的根为 $r_1 = l$. 反之, 由后者, 避开前者导出 $M$ 的另一个子地图 $M_2$, 它的根为 $r_2 = s$. 定义 $M_1$ 和 $M_2$ 之间的 *ed1-加法*, 用 $+|$ 表示, 所得的 *ed1-和* 为

$$M = M_1 +| M_2, \tag{10.2.6}$$

使得 $s = \alpha\beta l$ 和它的根为 $r = t$, 也就是说, 依约定要将边 $s$ 与 $l$ 合而为一边. 相仿地, 有地图集合间的 *ed1-乘法*, 用 $\times|$ 表示, 与 *ed1-积*.

**引理 10.2.2** 对 $\mathcal{M}_N$, 有

$$\mathcal{M}_N = \mathcal{M} \times| \mathcal{M} = \mathcal{M}^{\times| 2}. \tag{10.2.7}$$

**证** 由外平面性, 对任何 $M' \in \mathcal{M}_I$ 使得 $M' \bullet a' = M \in \mathcal{M}_N$, 那个与 $M'$ 根边关联的非根三角形面, 如上所述, 有 $\{v_{\alpha\beta l}, v_l\}$ 和 $\{v_s, v_{\alpha\beta s}\}$ 为 $M'$ 的分离节点对. 其中, $v_{\alpha\beta l} = v_{\alpha\beta r'}, v_s = v_{r'}, v_{\alpha\beta s} = v_l$. 从而, 任何 $M \in \mathcal{M}_N$ 均会有 (10.2.6) 式之形式. 这就意味, (10.2.7) 式左端的集合是右端的一个子集.

反之, 对于 (10.2.7) 式左端集合中的一个地图 $M$, 即存在 $M_1, M_2 \in \mathcal{M}$ 使得 $M = M_1 +| M_2$. 为方便, 记 $M_1$ 和 $M_2$ 的根分别为 $r_1 = l$ 和 $r_2 = s$ 和 $M$ 的根 $r = t$, 如上所述. 这就保障可以唯一地通过添加一条边 $Kr'$ 使 $(s, l, \alpha\beta r')$ 形成与 $e_{r'}$ 关联的非根面得 $M'$. 自然, $M' \in \mathcal{M}_N$, 但 $M' \neq L_0$. 从而, $M' \in \mathcal{M}_I$. 然, $M = M' \bullet a'$, $a' = e_{r'}$. 且有重边 $Kl$ 和 $Ks$. 故, $M \in \mathcal{M}_N$. 这又导致, (10.2.7) 式右端集合是左端的一个子集.

**引理 10.2.3** 对 $\mathcal{M}_S$, 有

$$\mathcal{M}_S = (\mathcal{M} - L_0) \times| \mathcal{M}. \tag{10.2.8}$$

**证** 对 $M \in \mathcal{M}_S$, 令 $M' = (\mathcal{X}', \mathcal{J}') \in \mathcal{M}_I$ 使得 $M = M' \bullet a'$, $a' = e_{r'}$. 自然, $r'$ 为 $M'$ 的根. 由于 $M$ 是简单的, 在 $M'$ 中与根边 $a'$ 关联的非根面不是三角形. 将 $M'$ 的根节点简记为

$$v_{r'} = (r', s, R_2). \tag{10.2.9}$$

自然, $R_2 = \langle \mathcal{J}'^2 r', \mathcal{J}'^3 r', \cdots, \mathcal{J}'^{m(M')-1} r' \rangle$ 为线性序. 根边 $a'$ 的非根端为

$$v_{\beta r'} = (\alpha\beta r', r, R_1). \tag{10.2.10}$$

其中, 线性序 $R_1 = \langle \mathcal{J}'^2 \alpha\beta r', \mathcal{J}'^3 \alpha\beta r', \cdots, \mathcal{J}'^{-1} \alpha\beta r' \rangle$. 由此, 即有 $M$ 的根节点为

$$v_r = (r, R_1, s, R_2). \tag{10.2.11}$$

这样, $M$ 就有形如 (10.2.6) 式使得 $M_1$ 和 $M_2$ 分别以 $(r, R_1, l), l = s$ 和 $(s, R_2)$ 为根节点. 由外平面性, $v_{\beta s}$ 必为 $M' - a'$ 的割点. 即以 $\{v_s, v_{\beta s}\}$ 作为 $M$ 的分离点对产生 $M_1, M_2 \in \mathcal{M}$. 因为 $M'$ 的与 $a'$ 关联的非根面不是三角形, $M_1 \neq L_0$, 即杆图. 从而, $M$ 是 (10.2.8) 式右端集合中的一个元素.

反之, 对任何 $M$ 作为 (10.2.8) 式右端集合中之一地图, 令 $M = M_1 +| M_2$ 使得 $M_1 \in \mathcal{M} - L_0$ 和 $M_2 \in \mathcal{M}$. 且, 仍将 $M$ 的根节点表示为形如 (10.2.11) 式. 从而, 可唯一地得 $M'$ 为通过在 $M$ 的基础上, 添加一边 $Kr'$, 由形如 (10.2.9) 式和 (10.2.10) 式分别为根边 $Kr'$ 之根端与非根端所扩张而成. 自然, $M' \neq L_0$. 又, 可以检验, $M' \in \mathcal{M}$. 从而, $M' \in \mathcal{M}_I$. 由于 $M = M' \bullet a'$, 可知 $M \in \mathcal{M}_{(I)}$. 又因为 $M_1 \neq L_0$, 考虑到简单性, 与 $a'$ 关联的非根面不是三角形, 就有 $M \in \mathcal{M}_S$. 即, $M$ 是 (10.2.8) 式左端的集合中的一个元素.

现在, 讨论依面剖分的色和函数

$$g_{\mathcal{M}}(P) = \sum_{M \in \mathcal{M}} P(M, \lambda) x^{m(M)} z^{s(M)} \underline{y}^{\underline{n}(M)}, \tag{10.2.12}$$

其中 $m(M)$ 与 $s(M)$ 分别为 $M$ 的根节点, 与根面的次, 和 $\underline{n}(M) = (n_3(M), N_4(M), \cdots)$ 为 $M$ 的面剖分向量, 即 $n_i(M)$, $i \geqslant 3$, 为 $M$ 中次是 $i$ 的非根面的数目.

由于 $\mathcal{M}_0 = L_0$ 和 $L_0$ 没有非根面, 它的根节点次与根面的次分别为 1 与 2, 可知 $\mathcal{M}_0$ 在 $g_{\mathcal{M}}(P)$ 中之部分是

$$g_{\mathcal{M}_0}(P) = \lambda(\lambda - 1) x z^2, \tag{10.2.13}$$

其中 $P(L_0) = \lambda(\lambda - 1)$.

考虑到色多项式 $P(M, \lambda) = P(M - a, \lambda) - P(M \bullet a, \lambda)$, $\mathcal{M}_I$ 在 $g_{\mathcal{M}}(P)$ 中之部分有形式

$$\begin{aligned} g_{\mathcal{M}_I}(P) = &\sum_{M \in \mathcal{M}_I} P(M - a, \lambda) x^{m(M)} z^{s(M)} \underline{y}^{\underline{n}(M)} \\ &- \sum_{M \in \mathcal{M}_I} P(M \bullet a, \lambda) x^{m(M)} z^{s(M)} \underline{y}^{\underline{n}(M)}. \end{aligned} \tag{10.2.14}$$

分别用 $g_A$ 和 $g_B$ 代表 (10.2.14) 式右端, 前和后的求和式子. 由 (10.2.5) 式可知,

$$g_B = \left( \sum_1 + \sum_2 \right) P(M, \lambda) x^{m(M)} z^{s(M)} \underline{y}^{\underline{n}(M)}, \tag{9.2.15}$$

其中,

$$\sum_1 = \sum_{\substack{M \in \mathcal{M}_I \\ M \bullet a \in \mathcal{M}_S}} ; \quad \sum_2 = \sum_{\substack{M \in \mathcal{M}_I \\ M \bullet a \in \mathcal{M}_N}} \cdot$$

并用 $g_S$ 和 $g_N$ 分别表示 (10.2.15) 式右端, 前和后的求和式.

为简便, 记 $g = g_{\mathcal{M}}(P)$ 和 $h = g_{x=1}$. 由引理 10.2.1 和考虑到对于 $M = M_1 \cup M_2, M_1 \cap M_2 = v$, 即一个节点, 色多项式 $P(M, \lambda) = (1/\lambda)P(M_1, \lambda)P(M_2, \lambda)$, 可得

$$g_A = \frac{x}{\lambda} \sum_{k \geqslant 1} \int_y \frac{y^{k+2}}{\lambda^{k-1}} (F_{\mathcal{M}})^k,$$

其中

$$F_{\mathcal{M}} = \sum_{M \in \mathcal{M}} P(M, \lambda) z^{s(M)-1} \underline{y}^{\underline{n}(M)}.$$

由于 $F_{\mathcal{M}} = z^{-1}h$, 有

$$g_A = xg \int_y y^2 \left( \sum_{k \geqslant 1} \left( \frac{yh}{\lambda z} \right)^2 \right)$$
$$= \frac{xg}{z} \int_y \frac{y^3 h}{\lambda z - yh}. \tag{10.2.16}$$

根据引理 10.2.3, 考虑到 $\mathcal{M} - L_0$ 对于 $\mathcal{M}_I$ 中地图的根节点没有贡献, 以及色多项式 $P(M_1 + |M_2, \lambda) = \frac{1}{\lambda(\lambda - 1)} P(M_1, \lambda)P(M_2, \lambda)$, 可得

$$g_S = \frac{x}{\lambda(\lambda - 1)} g G_{\mathcal{M}}, \tag{10.2.17}$$

其中 $G_{\mathcal{M}}$ 为 $\mathcal{M} - L_0$ 献给 $g_S$ 中之部分. 设 $M_1$(如 (10.2.6) 式所示)$= M_i \in \mathcal{M} - L_0$ 为与根边关联的非根面的次是 $i \geqslant 3$, 即由简单性它至少是一个三角形的地图. 由于将 $M_1$ 的那条与 (10.2.8) 式中 $M_2$(如 (10.2.6) 式所示) 公共的边去掉, 为 $i - 1$ 个 $\mathcal{M}$ 中地图的链 $HT_r$- 和形式, 依与确定 $g_A$ 相仿的方式, 注意这时对 $\mathcal{M}_I$ 中地图的根无贡献, 和当 $\mathcal{M}_I$ 中地图的与根边关联的非根面次是 $i + 1$ 时, 多出一个次是 $i$ 的非根面, 有

$$G_{\mathcal{M}} = \sum_{i \geqslant 3} \frac{y_{i+1}}{y_i \lambda^{i-2}} \left( \frac{h}{z} \right)^{i-1}$$
$$= \lambda \sum_{i \geqslant 2} \frac{y_{i+2}}{y_{i+1}} \left( \frac{h}{\lambda z} \right)^i. \tag{10.2.18}$$

由此, 将 (10.2.18) 式代入 (10.2.17) 式, 即可得

$$g_S = \frac{x}{\lambda - 1} g \sum_{i \geqslant 2} \frac{y_{i+2}}{y_{i+1}} \left( \frac{h}{\lambda z} \right)^i. \tag{10.2.19}$$

相仿地, 用引理 10.2.2, 有

$$g_N = \frac{xy_3}{\lambda(\lambda-1)} gh. \tag{10.2.20}$$

**定理 10.2.1**    令 $g$ 是一个以 $\lambda$ 为参数和以 $x, z, \underline{y} = (y_3, y_4, \cdots)$ 为变量的函数, $h = g_{x=1}$. 则, 下面的方程

$$\left( x^{-1} + \frac{1}{\lambda(\lambda-1)}(\lambda H + y_3 h) \right) g$$
$$= \lambda(\lambda-1)z^2 + g \int_y \frac{y^3 h}{\lambda z - yh}, \tag{10.2.21}$$

其中

$$H = \sum_{i \geq 2} \frac{y_{i+2}}{y_{i+1}} \left( \frac{h}{\lambda z} \right)^i, \tag{10.2.22}$$

在所考虑的级数环中是适定的. 而且, 它的这个解就是 $g = g_\mathcal{M}(P)$, 如 (10.2.12) 式所示, 和 $h = h_\mathcal{M}(P) = g_\mathcal{M}(P)|_{x=1}$.

**证**    首先, 检验由 (10.2.12) 式所给出的函数 $g_\mathcal{M}(P)$ 是方程 (10.2.21) 的一个解. 由 (10.2.1) 式, (10.2.4) 式和 (10.2.5) 式知,

$$g_\mathcal{M}(P) = g_{\mathcal{M}_0}(P) + g_{\mathcal{M}_I}(P) = g_{\mathcal{M}_0}(P) + g_A - g_B$$
$$= g_{\mathcal{M}_0}(P) + g_A - (g_N + g_S).$$

再 (10.2.13) 式, (10.2.16) 式, (10.2.17) 式和 (10.2.20) 式, 经过整理即可得 $g = g_\mathcal{M}(P)$ 和 $h = g_\mathcal{M}(p)|_{x=1}$ 满足方程 (10.2.21).

然后, 用通常的递推的方法, 可以证明这个解在所述的级数环中是唯一的. 为简化, 看一看当 $x = 1, z = \sqrt{y}$ 和 $y_i = \sqrt{y^i}, i \geq 3$, 的情形. 这时, 色和函数

$$f_\mathcal{M}(P) = \sum_{M \in \mathcal{M}} P(M, \lambda) y^{n(M)}, \tag{10.2.23}$$

其中 $n(M)$ 为地图 $M$ 的边数和 $\mathcal{M}$ 为本节中给定的带根不可分离简单外平面地图的集合.

根据上面的讨论过程, 可以得到

$$f_\mathcal{M}(P) = \lambda(\lambda-1)y + \frac{yf_\mathcal{M}^2(P)}{1 - f_\mathcal{M}(P)} - f_\mathcal{M}(P)F_\mathcal{M}(P, \lambda),$$

其中

$$F_\mathcal{M}(P, \lambda) = \frac{f_\mathcal{M}(P)}{\lambda(\lambda-1)} - y + \frac{yf_\mathcal{M}(P)}{\lambda(\lambda-1)}.$$

通过同类项合并, 即可得

$$f_{\mathcal{M}}(P) = \lambda(\lambda - 1)y + yf_{\mathcal{M}}(P)$$
$$+ \left( \frac{y}{\lambda - f_{\mathcal{M}}(P)} - \frac{1+y}{\lambda(\lambda-1)} \right) f_{\mathcal{M}}^2(P). \tag{10.2.24}$$

**定理 10.2.2** 下面的关于 $f$ 的方程

$$\left( \frac{y}{(1-y)(\lambda-f)} - \frac{1+y}{\lambda(\lambda-1)(1-y)} \right) f$$
$$= 1 - \frac{\lambda(\lambda-1)y}{(1-y)f} \tag{10.2.25}$$

在 $y$ 和 $\lambda$ 所考虑的级数环中是适定的. 且, 它的这个解为 $f = f_{\mathcal{M}}(P)$, 如 (10.2.23) 式所示.

**证** 从 (10.2.24) 式出发, 经过整理可以验证 $f = f_{\mathcal{M}}(P)$ 是方程 (10.2.25) 的一个解. 至于它的唯一性, 可以将 $f$ 视为 $y$ 的幂级数, 比较方程 (10.2.25) 两端同幂项之系数, 从所得递推式之唯一性导出. ♭

事实上, 可以直接在 (10.2.25) 式的基础上, 利用推论 1.5.1, 即 Lagrange 反演, 导出 $f$ 的级数形式. 是否有简式的显示, 尚未可知.

## §10.3 一般方程

在这一节, 令 $\mathcal{M}$ 为所有带根不可分离平面地图, 所组成的集合. 但注意, 自环地图 $L_1 = (Kr, (r, \alpha\beta r))$ 不在 $\mathcal{M}$ 中. 事实上, $L_1$ 对着色而言无意义. 而, 杆地图 $L_0 = (Kr, (r)(\alpha\beta r))$ 确规定在 $\mathcal{M}$ 中.

将 $\mathcal{M}$ 中的地图分为两类:$\mathcal{M}_0$, 它仅由杆地图 $L_0$ 组成, 和 $\mathcal{M}_{\mathrm{I}}$ 为由其他所有 $\mathcal{M}$ 中地图组成. 即,

$$\mathcal{M} = \mathcal{M}_0 + \mathcal{M}_{\mathrm{I}}. \tag{10.3.1}$$

这里要讨论的色和函数为

$$f_{\mathcal{M}}(P) = \sum_{M \in \mathcal{M}} P(M, \lambda) x^{p(M)} y^{q(M)} z^{m(M)} t^{s(M)}, \tag{10.3.2}$$

其中 $p(M), q(M), m(M)$ 和 $s(M)$ 分别为 $M$ 的非根节点数, 非根面数, 根面的次和根节点的次.

对于地图 $M = (\mathcal{X}, \mathcal{P}) \in \mathcal{M}_{\mathrm{I}}$, 令 $m_C(M-a)$ 为 $M-a$ 的根面边界落在 $m(M)$ 中之边数. 其中, $a = e_r(M)$ 为 $M$ 的根边. 设 $v_r$ 和 $v_{\beta r}$, 即 $M$ 的根节点和与根边关联的那个非根节点, 分别简写为如下形式: $(r, \mathcal{P}r, T)$ 和 $(\alpha\beta r, \mathcal{P}\alpha\beta r, S)$. 则对

于 $M - a = (\mathcal{X}_{-a}, \mathcal{P}_{-a})$ 有 $\mathcal{X}_{-a} = \mathcal{X} - Kr$, 和 $\mathcal{P}_{-a}$ 仅在如下二节点处与 $\mathcal{P}$ 不同:$v_{\mathcal{P}r}(M - a) = (\mathcal{P}r, T)$ 和 $v_{\mathcal{P}\alpha\beta r}(M - a) = (\mathcal{P}\alpha\beta r, S)$. 其中, $r(M - a) = \mathcal{P}r$ 和 $r(M) = r$ 分别为 $M - a$ 和 $M$ 的根. 它们分别为 $M - a$ 的根节点和与 $\mathcal{P}\alpha\beta r$ 关联的节点.

由于总存在最大的整数 $k \geqslant 0$ 使得 $M - a$ 的根面具有形式

$$(\mathcal{P}r, (\mathcal{P}_{-a}\alpha\beta)\mathcal{P}r, \cdots, (\mathcal{P}_{-a}\alpha\beta)^{j_1}\mathcal{P}r, \cdots, (\mathcal{P}_{-a}\alpha\beta)^{j_k}\mathcal{P}r, \cdots,$$

$$\mathcal{P}\alpha\beta r, \cdots, (\mathcal{P}_{-a}\alpha\beta)^{l_k}\mathcal{P}r, \cdots, (\mathcal{P}_{-a}\alpha\beta)^{l_1}\mathcal{P}r, \cdots)$$

并且满足 $v_{(\mathcal{P}_{-a}\alpha\beta)^{j_i}\mathcal{P}r} = v_{(\mathcal{P}_{-a}\alpha\beta)^{l_i}\mathcal{P}r}$, $i = 1, 2, \cdots, k$, $j_1 < j_2 < \cdots < j_k < l_k < \cdots < l_1$. 事实上, 这说明在 $M - a$ 上恰有 $k$ 个割点. 即,

$$M - a = M_0 \hat{+} M_1 \hat{+} \cdots \hat{+} M_k, \tag{10.3.3}$$

其中 $\hat{+}$ 为 §6.1 中所给出的链 $1v$-和. 且, $M_0, M_1, \cdots, M_k$ 的根面边界分别为 $(\mathcal{P}r, \cdots, (\mathcal{P}\alpha\beta)^{j_1-1}\mathcal{P}r, (\mathcal{P}\alpha\beta)^{l_1}\mathcal{P}r, \cdots, (\mathcal{P}_a\alpha\beta)^{-1}\mathcal{P}r)$,

$$((\mathcal{P}\alpha\beta)^{j_1}\mathcal{P}r, \cdots, (\mathcal{P}\alpha\beta)^{l_2}\mathcal{P}r, \cdots, (\mathcal{P}\alpha\beta)^{l_1-1}\mathcal{P}r), \cdots,$$

$((\mathcal{P}\alpha\beta)^{j_k}\mathcal{P}r, \cdots, \mathcal{P}\alpha\beta r, \cdots, (\mathcal{P}\alpha\beta)^{l_k-1}\mathcal{P}r)$ 和它们的所有非根面均与 $M - a$ 的相同. 在它们的根面边界上, 下面的线性序, 或者说线段, $\langle (\mathcal{P}_{-a}\alpha\beta)^{l_1}\mathcal{P}r, \cdots, (\mathcal{P}_{-a}\alpha\beta)^{-1}\mathcal{P}r \rangle$,

$$\langle (\mathcal{P}_{-a}\alpha\beta)^{l_2}\mathcal{P}r, \cdots, (\mathcal{P}_{-a}\alpha\beta)^{l_1-1}\mathcal{P}r \rangle, \tag{10.3.4}$$

$\cdots, \langle (\mathcal{P}_{-a}\alpha\beta)r, \cdots, (\mathcal{P}_{-a}\alpha\beta)^{l_k-1}\mathcal{P}r \rangle$, 的长度分别为

$$m_{C_0} = m_C(M_0), \ m_{C_1} = m_C(M_1), \cdots, m_{C_k} = m_C(M_k).$$

即, 这些线段分别为 $M_0, M_1, \cdots, M_k$ 献给 $M$ 的根面边界上的那一部分.

**引理 10.3.1**  令 $\mathcal{M}_{(\mathrm{I})}(s) = \{M - a | \forall M \in \mathcal{M}_{\mathrm{I}}, s(M) = s\}, a = e_r(M), s \geqslant 2$. 则有

$$\mathcal{M}_{(\mathrm{I})}(s) = \sum_{k \geqslant 0} \mathcal{M}_+(s-1) \hat{\times} \mathcal{M}_+^{\hat{\times} k}, \tag{10.3.5}$$

其中 $\hat{\times}$ 为 §6.1 给出的链 $1v$-积,

$$\mathcal{M}_+(s-1) = \{M | \forall M \in \mathcal{M}_+, s(M) = s-1\}$$

和

$$\mathcal{M}_+ = \sum_{M \in \mathcal{M}} \{M(1), \cdots, M(m(M)-1)\} \tag{10.3.6}$$

使得 $M(i)$ 与 $M$ 同构且满足 $m_C(M(i)) = i$, $i = 1, 2, \cdots, m(M) - 1$.

**证** 对任何 $M \in \mathcal{M}_{\langle \mathrm{I} \rangle}(s)$, $M$ 具有 (10.3.3) 式之形式. 注意到 $M_0 \in \mathcal{M}_+$ 且 $s(M_0) = s - 1$ 和所有 $M_i$, $1 \leqslant i \leqslant k$, 均可以是 $\mathcal{M}_+$ 中的任何地图. 这就意味, $M$ 是 (10.3.5) 式右端集合中的一个元素.

反之, 对任何 $M$ 为 (10.3.5) 式右端集合中之一元素, 它具有 (10.3.5) 式之形式, 可以唯一地通过添加一条新边 $Kr'$ 使得 $(r', R)$ 为根节点和 $(\alpha\beta r', S)$ 为与根边关联的非根节点得地图 $M'$. 其中, $(R)$ 为 $M$(也为 $M_0$) 的根节点和 $(S)$ 为在 $M_k$ 中那个有标记的节点. 因为 $s(M_0) = s - 1$, 有 $s(M') = s$. 又, 因为 $M = M' - a'$ 和 $M' \in \mathcal{M}_\mathrm{I}$, 有 $M \in \mathcal{M}_{\langle \mathrm{I} \rangle}(s)$, 即 (10.3.5) 式左端集合中的一个元素. ♭

另一方面, 因为有自环的地图对于着色是无意义的, 可以只讨论 $\tilde{\mathcal{M}}_\mathrm{I} = \{M | \forall M \in \mathcal{M}_\mathrm{I}, M \bullet a \text{ 无自环}\}$. 对于任何 $M \in \mathcal{M}_{\langle \mathrm{I} \rangle}$, 总存在一个整数 $k \geqslant 0$ 使得

$$M \bullet a = M_0 +\cdot M_1 + \cdots +\cdot M_k, \tag{10.3.7}$$

其中 $+\cdot$ 表示内 $1v$-加法, 如 §7.1 中所给出的, 并且所有 $M_i \in \mathcal{M}$, $i = 0, 1, 2, \cdots, k$. 但注意, $M \bullet a$ 中允许有重边. 容易看出, $m(M \bullet a) = m(M_0) = m(M) - 1$.

事实上, 可以设 $M$ 的根节点, 以及那个与根边关联的非根节点, 分别有如下形式:

$$(r, s_k, S_k, s_{k-1}, S_{k-1}, \cdots, s_0, S_0) \tag{10.3.8}$$

和

$$(\alpha\beta r, t_0, T_0, t_1, T_1, \cdots, t_k, T_k), \tag{10.3.9}$$

使得对任何 $s_i$, 存在一个整数 $l_i > 0$, $(\mathcal{P}\alpha\beta)^l s_i = t_{i+1}$, $i = 0, 1, \cdots k$, $t_{k+1} = t_0$. 这样, $M_i$ 就是 $M \bullet a$ 的以 $(t_i, T_i, s_i, S_i)$ 为根节点所扩张的子地图, $M_i$ 的根 $r_i = t_i$, $i = 0, 1, \cdots, k$. 线段 $\langle s_i, S_i \rangle$ 被称为标记的, 并且记其长度为 $s_C(M_i)$, $i = 0, 1, \cdots, k$.

**引理 10.3.2** 令 $\mathcal{M}_{\langle \mathrm{I} \rangle}(m) = \{M \bullet a | \forall M \in \tilde{\mathcal{M}}_\mathrm{I}, m(M) = m\}$, $a = e_r(M)$. 则有

$$\mathcal{M}_{\langle \mathrm{I} \rangle}(m) = \sum_{k \geqslant 0} \overset{+}{\mathcal{M}} (m - 1) \times \cdot \overset{+}{\mathcal{M}}{}^{\times \cdot k}, \tag{10.3.10}$$

其中 $\times\cdot$ 为如 §7.1 中所示的内 $1v$-乘法, 以及

$$\overset{+}{\mathcal{M}}(m - 1) = \{M | \forall M \in \overset{+}{\mathcal{M}}, m(M) = m - 1\} \tag{10.3.11}$$

和

$$\overset{+}{\mathcal{M}} = \sum_{M \in \mathcal{M}} \{M\langle 1 \rangle, M\langle 2 \rangle, \cdots, M\langle s(M) - 1 \rangle\} \tag{10.3.12}$$

使得 $M\langle i \rangle$ 全与 $M$ 同构, 并且 $s_C(M\langle i \rangle) = i$, $i = 0, 1, 2, \cdots, s(M) - 1$.

证 对 $M \in \mathcal{M}_{(I)}(m)$, 存在一个 $\tilde{M} \in \tilde{\mathcal{M}}_{I}$, $m(\tilde{M}) = m$, 使得 $M = \tilde{M} \bullet \tilde{a}$, 其中 $\tilde{a} = e_r(\tilde{M})$. 由于 $M$ 具有 (10.3.7) 式之形式, 从上述可以看出, $M$ 是 (10.3.10) 式右端集合的一个元素.

反之, 对于 $M$, $m(M) = m - 1$, 为 (10.3.10) 式右端集合中之一元素, 由于 $M$ 具有形如 (10.3.7) 式所示, 可以唯一地通过劈分 $M$ 的根节点 $v_r$ 为两个节点 $v_{\tilde{r}}$ 和 $v_{\beta\tilde{r}}$, 其中 $K\tilde{r}$ 为新添加的边使得 $\tilde{r}$ 为所得地图 $\tilde{M}$ 的根. 这里, 若记 $M$ 的根节点

$$v_r = (t_v, T_v, t_1, T_1, \cdots, t_k, T_k, s_k, S_k, s_{k-1}, S_{k-1}\cdots, s_0, S_0),$$

$r = t_0$, 就有 $v_{\tilde{r}}$ 和 $v_{\beta\tilde{r}}$ 分别如 (10.3.8) 式和 (10.3.9) 式所示. 但要将那里的 $r$ 变为 $\tilde{r}$. 容易验证, $\tilde{M} \in \tilde{\mathcal{M}}_{I}$ 和 $M = \tilde{M} \bullet \tilde{a}$ 且 $m(\tilde{M}) = m(\tilde{M} \bullet \tilde{a}) + 1 = m$. 这就意味, $M \in \mathcal{M}_{(I)}(m)$. 即, (10.3.10) 式左端集合中之元素.

下面, 看一看 $\mathcal{M}_0$ 和 $\mathcal{M}_I$ 献给 $f_{\mathcal{M}}(P)$ 的部分是什么样的. 对 $\mathcal{M}_0$, 因为只含这个杆地图 $L_0$, 它只有一个非根节点, $p(L_0) = 1$, 无非根面 $q(L_0) = 0$, 根面的次为 $2, m(L_0) = 2$, 根节点的次为 $1$, $s(L_0) = 1$ 和其色多项式为 $P(L_0, \lambda) = \lambda(\lambda - 1)$, 就有

$$f_{\mathcal{M}_0}(P) = \lambda(\lambda - 1)xz^2t. \tag{10.3.13}$$

对于 $\mathcal{M}_I$, 考虑到 $P(M, \lambda), P(M - a, \lambda)$ 与 $P(M \bullet a, \lambda)$ 之间的关系, 有

$$f(P, \mathcal{M}_I) = \sum_{M \in \mathcal{M}_I} P(M - a, \lambda)x^{p(M)}y^{q(M)}z^{m(M)}t^{s(M)}$$
$$- \sum_{M \in \mathcal{M}_I} P(M \bullet a, \lambda)x^{p(M)}y^{q(M)}z^{m(M)}t^{s(M)}. \tag{10.3.14}$$

为方便, 将 (10.3.14) 式右端前, 后求和项分别记为 $f_A, f_B$.

为求 $f_A$, 先注意到

$$P(M_0\hat{+}\cdots\hat{+}M_k, \lambda) = \lambda^{-k}P(M_0, \lambda)\cdots P(M_k, \lambda),$$

然后用引理 10.3.1, 有

$$f_A = yzt f_{\mathcal{M}_+} \sum_{k \geqslant 0} \frac{1}{\lambda^k}\left(h_{\mathcal{M}_+}\right)^k, \tag{10.3.15}$$

其中

$$f_{\mathcal{M}_+} = \sum_{M \in \mathcal{M}_+} P(M, \lambda)x^{p(M)}y^{q(M)}z^{m_C(M)}t^{s(M)};$$
$$h_{\mathcal{M}_+} = \sum_{M \in \mathcal{M}_+} P(M, \lambda)x^{p(M)}y^{q(M)}z^{m_C(M)}.$$

即, $h_{\mathcal{M}_+} = f_{\mathcal{M}_+}|_{t=1}$.

考虑到对 $M \in \mathcal{M}, m_C(M)$ 的变化范围为从 $1$ 到 $m(M) - 1$, 就有

$$f_{\mathcal{M}_+} = \sum_{M \in \mathcal{M}} P(M, \lambda) x^{p(M)} y^{q(M)} \sum_{i=1}^{m(M)-1} z^i t^{s(M)}.$$

利用定理 1.6.4, 得

$$f_{\mathcal{M}_+} = \partial_z f, \tag{10.3.16}$$

其中 $f = f_{\mathcal{M}}(P)$ 和 $\partial_z = \partial_{z,1}$ 为 (1.6.8) 式给出的 $\langle z, 1 \rangle$-差分.

相应地, 有

$$h_{\mathcal{M}_+} = \partial_z h, \tag{10.3.17}$$

其中 $h = f_{t=1} = f_{\mathcal{M}}(P)|_{t=1}$.

基于 (10.3.16) 式和 (10.3.17) 式, 从 (10.3.15) 式就得

$$\begin{aligned}
f_A &= yzt\partial_z f \sum_{k \geqslant 0} \left( \frac{\partial_z h}{\lambda} \right)^k \\
&= \frac{yzt\partial_z f}{1 - \dfrac{1}{\lambda}\partial_z h}.
\end{aligned} \tag{10.3.18}$$

为求 $f_B$, 要注意到

$$P(M_0 + \cdots + \cdot M_k) = \lambda^{-k} P(M_0, \lambda) \cdots P(M_k, \lambda).$$

然后, 用引理 10.3.2, 可得

$$f_B = xzt f_{\underset{\mathcal{M}}{+}} \sum_{k \geqslant 0} \left( \frac{d_{\underset{\mathcal{M}}{+}}}{\lambda} \right)^k, \tag{10.3.19}$$

其中

$$f_{\underset{\mathcal{M}}{+}} = \sum_{M \in \underset{\mathcal{M}}{+}} P(M, \lambda) x^{p(M)} y^{q(M)} z^{m(M)} t^{s_C(M)};$$

$$d_{\underset{\mathcal{M}}{+}} = \sum_{M \in \underset{\mathcal{M}}{+}} P(M, \lambda) x^{p(M)} y^{q(M)} t^{s_C(M)},$$

即 $d_{\underset{\mathcal{M}}{+}} = f_{\underset{\mathcal{M}}{+}}|_{z=1}$.

考虑到对任何 $M \in \mathcal{M}$, 可依 $s_C(M) = 1, 2, \cdots, s(M) - 1$ 产生 $\overset{+}{\mathcal{M}}$ 中 $s(M) - 1$ 个地图, 即可得

$$\begin{aligned}
f_{\underset{\mathcal{M}}{+}} &= \sum_{M \in \underset{\mathcal{M}}{+}} P(M, \lambda) x^{p(M)} y^{q(M)} z^{m(M)} \frac{t^{s(M)} - t}{t - 1} \\
&= \partial_t f, 
\end{aligned} \tag{10.3.20}$$

其中 $f = f_{\mathcal{M}}(P)$ 和

$$\begin{aligned}
d_{+\atop\mathcal{M}} &= \sum_{M\in\mathcal{M}^+} P(M,\lambda)x^{p(M)}y^{q(M)}\frac{t^{s(M)}-t}{t-1}\\
&= \partial_t d,
\end{aligned}\qquad(10.3.21)$$

其中 $d = f_{z=1} = f_{\mathcal{M}}(P)|_{z=1}$.

根据 (10.3.20) 式与 (10.3.21) 式, 从 (10.3.19) 式即可得

$$f_B = \frac{xyz\partial_t f}{1 - \frac{1}{\lambda}\partial_t d}.\qquad(10.3.22)$$

**定理 10.3.1**　下面的关于 $f = f(x,y,z,t;\lambda)$ 的方程

$$\begin{aligned}
&\left(1 - \frac{1}{\lambda}\partial_z f^+\right)\left(1 - \frac{1}{\lambda}\partial_t f^*\right)\left(f - \lambda(\lambda-1)xz^2 t\right)\\
&= zt\left(y\left(1 - \frac{1}{\lambda}\partial_t f^*\right)\partial_z f - x\left(1 - \frac{1}{\lambda}\partial_z f_+\right)\partial_t f\right),
\end{aligned}\qquad(10.3.23)$$

其中 $f^* = f_{z=1}$ 和 $f^+ = f_{t=1}$, 在所考虑的级数环中是适定的. 而且, 这个解为 $f = f_{\mathcal{M}}(P)$, 如 (10.3.2) 式所示.

证　这里仅论证后一个结果, 即 $f = f_{\mathcal{M}}(P)$ 为方程 (10.3.23) 的一个解. 关于适定性, 则将会在 §10.5 中讨论.

由于 $f_{\mathcal{M}}(P) = f_{\mathcal{M}_0}(P) + f_{\mathcal{M}_{\mathrm{I}}}(P)$, 从 (10.3.13) 式, (10.3.14) 式, (10.3.18) 式和 (10.3.22) 式, 可得

$$\begin{aligned}
f = f_{\mathcal{M}}(P) &= f_{\mathcal{M}_0}(P) + f_{\mathcal{M}_{\mathrm{I}}}(P)\\
&= \lambda(\lambda-1)xz^2 t - \frac{xzt\partial_t f}{1 - \frac{1}{\lambda}\partial_t d} + \frac{yzt\partial_z f}{1 - \frac{1}{\lambda}\partial_z h}.
\end{aligned}$$

将右端的第一项移到左端, 再两端同乘

$$\left(1 - \frac{1}{\lambda}\partial_t d\right)\left(1 - \frac{1}{\lambda}\partial_z h\right),$$

注意到 $d = f^*$ 和 $h = f^+$, 即可导出 $f = f_{\mathcal{M}}(P)$ 所满足的方程 (10.3.23). ♮

## §10.4　三角化方程

令 $\mathcal{T}_{\mathrm{Tri}}$ 为所有带根不可分离的近平面三角化地图的集合. 自然, 它是 §9.3 中 $\mathcal{M}$ 的子集. 规定杆地图 $L_0 = (K_r, (r), (\alpha\beta r))$ 在 $\mathcal{T}_{\mathrm{Tri}}$ 中作为退化情形. 对任何

$T \in \mathcal{T}_{\mathrm{Tri}}$, 记 $p(T), q(T), m(T)$ 和 $s(T)$ 如 §9.3 一样, 分别为非根节点数, 非根面数, 根面的次和根节点的次. 由 Eular 公式 (定理 1.1.2 的 $p = 0$ 的情形), 有

$$q(T) = 2p(T) - m(T), \tag{10.4.1}$$

其中 $T \in \mathcal{T}_{\mathrm{Tri}}$. 这时, §9.3 中所定义的色和函数变为

$$f_{\mathcal{T}_{\mathrm{Tri}}}(P) = \sum_{T \in \mathcal{T}_{\mathrm{Tri}}} P(T, \lambda) x^{\frac{q(T)+m(T)}{2}} y^{q(T)} z^{m(T)} t^{s(T)}.$$

分别用 $\sqrt{xy}$ 和 $\sqrt{xz}$ 作为 $y$ 和 $z$, 即得

$$h_{\mathcal{T}_{\mathrm{Tri}}}(P) = \sum_{T \in \mathcal{T}_{\mathrm{Tri}}} P(T, \lambda) y^{q(T)} z^{m(T)} t^{s(T)}. \tag{10.4.2}$$

本节的目的在于导出 $h_{\mathcal{T}_{\mathrm{Tri}}}(P)$ 所满足的一个方程. 沿用 §9.3 中所提供的一般方法. 相仿地, 将 $\mathcal{T}_{\mathrm{Tri}}$ 划分为两个子集, 即

$$\mathcal{T}_{\mathrm{Tri}} = \mathcal{T}_{\mathrm{Tri}_0} + \mathcal{T}_{\mathrm{Tri}_{\mathrm{I}}}, \tag{10.4.3}$$

其中 $\mathcal{T}_{\mathrm{Tri}_0}$ 仅由杆地图 $L_0 = (K_r, (r), (\alpha\beta r))$ 组成, 和 $\mathcal{T}_{\mathrm{Tri}_{\mathrm{I}}}$, 由其他所有 $\mathcal{T}_{\mathrm{Tri}}$ 中的地图组成.

**引理 10.4.1** 令 $\mathcal{T}_{\langle \mathrm{I} \rangle} = \{T - a | \forall T \in \mathcal{T}_{\mathrm{Tri}_{\mathrm{I}}}\}$, $a = e_r(T)$. 则, 有

$$\mathcal{T}_{\langle \mathrm{I} \rangle} = \mathcal{T}^{\triangle} + \mathcal{T}_{\mathrm{Tri}}^{\times 2}, \tag{10.4.4}$$

其中 $\mathcal{T}^{\triangle}$ 是 $\mathcal{T}_{\mathrm{Tri}}$ 的这样的地图子集使得每一个的根面边界均不是一个 2-边形.

**证** 对任何 $T \in \mathcal{T}_{\langle \mathrm{I} \rangle}$, 令 $\hat{T} \in \mathcal{T}_{\mathrm{Tri}_{\mathrm{I}}}$ 使得 $\hat{T} - \hat{a} = T$, $\hat{a} = e_r(\hat{T})$. 有两种可能: $T \in \mathcal{T}_{\mathrm{Tri}}$ 或否. 因为 $\mathcal{T}_{\mathrm{Tri}}$ 中的地图没有非根面是 2-边形, 前者意味 $T$ 的根面不可能为 2-边形. 即, $T \in \mathcal{T}^{\triangle}$. 后者则意味 $T$ 中至少有一个割点. 由于 $\hat{T}$ 的与根边关联的非根面为三角形, $T$ 只可能有一个割点. 这就是说, $T = T_1 +\cdot T_2$, 其中 $T_1, T_2 \in \mathcal{T}_{\mathrm{Tri}}$ 和 $+\cdot$ 为 §6.1 给出的内 1v-加法. 从而, 综合上述二可能, 得 $T$ 是 (10.4.4) 式右端集合中之一元素.

反之, 对任何 $T = (\mathcal{X}, \mathcal{P})$ 为 ((10.4.4) 式右端之集合中之一元素, 即或者 $T \in \mathcal{T}^{\triangle}$; 或者 $T \in \mathcal{T}_{\mathrm{Tri}}^{\times 2}$. 若前者, 因为它的根面边界不是 2-边形, 可以通过添加一边 $K\hat{r}$ 在 $T$ 上, 使得其二端点形如 $(\hat{r}, r, R)$ 和 $(\alpha\beta\hat{r}, S, \alpha\beta(\mathcal{P}\alpha\beta r))$ 得 $\hat{T}$. 其中, $T$ 的根节点 $v_r$ 和非根节点 $v_{\alpha\beta\mathcal{P}\alpha\beta r}$ 分别具有形式 $(r, R)$ 和 $(\alpha\beta\mathcal{P}\alpha\beta r, S)$. 自然, $\mathcal{P}$ 是确定 $T$ 的置换. 因为可以验证, $\hat{T} \in \mathcal{T}_{\mathrm{Tri}}$, 而且 $\hat{T} \neq L_0$, 有 $\hat{T} \in \mathcal{T}_{\mathrm{Tri}_{\mathrm{Tri}_{\mathrm{I}}}}$. 因为 $T = \hat{T} - \hat{a}$, $\hat{a} = K\hat{r}$, 有 $T \in \mathcal{T}_{\langle \mathrm{I} \rangle}$. 若后者, 同样可通过添加边 $K\hat{r}$ 到 $T$ 上唯一地得 $\hat{T}$, 使得

$\hat{T} \in \mathcal{T}_{\text{Tri}}$ 并且 $T = \hat{T} - \hat{a}$, $\hat{a} = K\hat{r}$, 也有 $T \in \mathcal{T}_{(\text{I})}$. 即, 总有 $T$ 为 (10.4.4) 式左端集合中之一元素.

　　考虑到着色的实际意义, 可以只讨论

$$\tilde{\mathcal{T}}_{\text{Tri}_{\text{I}}} = \{T | \forall T \in \mathcal{T}_{\text{Tri}_{\text{I}}}, T \bullet a \in \mathcal{T}_{\text{Tri}}\} \tag{10.4.5}$$

而不必讨论 $\mathcal{T}_{\text{Tri}_{\text{I}}}$ 本身. 对于

$$\mathcal{T}_{(\text{I})} = \{T \bullet a | \forall T \in \tilde{\mathcal{T}}_{\text{Tri}_{\text{I}}}\}, \tag{10.4.6}$$

其中, $T \bullet a$ 为将 $T$ 中的根边 $a$ 收缩为一个节点所得到的地图. 在这个过程中, 要注意将产生的那个 2-边形的非根面上的两边同时合而为一边. 这是与本书前边所描述的收缩不同之处.

　　对于 $T = (\mathcal{X}, \mathcal{P}) \in \mathcal{T}_{\text{Tri}}$, 记

$$\triangle(T) = \{T_i | i = 2, 3, \cdots, s(T) + 1\}, \tag{10.4.7}$$

其中, $T_i$, $2 \leqslant i \leqslant s(T) + 1$, 为劈分边 $e_{\mathcal{P}^{i-2}r}$ 为两边 $K_y$ 和 $K_z$, 然后添加一边 $K_x$, 使得用三个节点 $(r, \cdots, \mathcal{P}^{i-3}r, y, x)$, $(\alpha\beta x, z, \mathcal{P}^{i-1}r, R)$, $(\alpha\beta z, \alpha\beta y, S)$ 代替 $T$ 中的二节点 $(r, \cdots, \mathcal{P}^{i-3}r, \mathcal{P}^{i-2}r, \mathcal{P}^{i-1}r, R)$, $(\alpha\beta\mathcal{P}^{i-2}r, S)$ 所得到的地图. 自然, $T$ 的根 $r$ 仍保留为 $T_i$ 的根. 容易看出, $s(T_i) = i$, $2 \leqslant i \leqslant s(T) + 1$.

　　**引理 10.4.2**　对于 $\tilde{\mathcal{T}}_{\text{Tri}_{\text{I}}}$, 有

$$\tilde{\mathcal{T}}_{\text{Tri}_{\text{I}}} = \sum_{T \in \mathcal{T}_{\text{Tri}}} \triangle(T), \tag{10.4.8}$$

其中, $\tilde{\mathcal{T}}_{\text{Tri}_{\text{I}}}$ 和 $\triangle(T)$ 分别由 (10.4.5) 式和 (10.4.8) 式给出.

　　**证**　首先, 证

$$\tilde{\mathcal{T}}_{\text{Tri}_{\text{I}}} = \sum_{T \in \mathcal{T}_{(\text{I})}} \triangle(T). \tag{10.4.9}$$

　　对任何 $T \in \tilde{\mathcal{T}}_{\text{Tri}_{\text{I}}}$, 因为 $T \bullet a \in \mathcal{T}_{(\text{I})}$, 有 $T \in \triangle(T \bullet a)$. 这就意味, $T$ 是 (10.4.9) 式右端集合中之一元素. 反之, 对 $T$ 为 (10.4.9) 式右端集合中之一元素, 存在 $T' \in \mathcal{T}_{(\text{I})}$ 使 $T \in \triangle(T')$. 因为 $T' \in T \bullet a$, 由 (10.4.6) 式, 有 $T \in \tilde{\mathcal{T}}_{\text{Tri}_{\text{I}}}$, 即 (10.4.9) 式左端集合中之一元素.

　　然后, 证

$$\mathcal{T}_{(\text{I})} = \mathcal{T}_{\text{Tri}}. \tag{10.4.10}$$

　　对任何 $T' \in \mathcal{T}_{(\text{I})}$, 由 (10.4.5) 式和 (10.4.6) 式可以看出 $T \in \mathcal{T}_{(\text{Tri})}$. 反之, 对任何 $T \in \mathcal{T}_{\text{Tri}}$, 因为 $\triangle(T) \subseteq \mathcal{T}_{\text{Tri}}$ 和对任何 $T' \in \triangle(T)$, $T' \bullet a' \in \mathcal{T}_{\text{Tri}}$, 有 $T' \in \tilde{\mathcal{T}}_{\text{Tri}_{\text{I}}}$. 这就意味, $T \in \mathcal{T}_{(\text{I})}$.

由 (10.4.9) 式和 (10.4.10) 式, 即可得 (10.4.8) 式.

下面, 求 $\mathcal{T}_{\mathrm{Tri}_0}$ 和 $\mathcal{T}_{\mathrm{Tri}_{\mathrm{I}}}$ 分别在 $h_{\mathcal{T}_{\mathrm{Tri}}}(P)$ 中的部分 $h_0 = h_{\mathcal{T}_{\mathrm{Tri}_0}}(P)$ 和 $h_{\mathrm{I}} = h_{\mathcal{T}_{\mathrm{Tri}_{\mathrm{I}}}}(P)$.

因为对杆地图 $L_0$, $q(L_0) = 0$, $m(L_0) = 2$, $s(L_0) = 1$ 和 $P(L_0, \lambda) = \lambda(\lambda - 1)$, 有

$$h_0 = \lambda(\lambda - 1)z^2 t. \tag{10.4.11}$$

若记

$$h_A = \sum_{T \in \mathcal{T}_{\mathrm{Tri}_{\mathrm{I}}}} P(T - a)y^{q(T)}z^{m(T)}t^{s(T)} \tag{10.4.12}$$

和

$$h_B = \sum_{T \in \mathcal{T}_{\mathrm{Tri}_{\mathrm{I}}}} P(T \bullet a)y^{q(T)}z^{m(T)}t^{s(T)}, \tag{10.4.13}$$

则有

$$h_{\mathrm{I}} = h_A - h_B, \tag{10.4.14}$$

其中用到 $P(T, \lambda) = P(T - a, \lambda) - P(T \bullet a, \lambda)$, 这样的色多项式递推式.

由引理 10.4.1 和公式 $P(T_1 + T_2, \lambda) = \dfrac{1}{\lambda}P(T_1, \lambda)P(T_2, \lambda)$, 有

$$h_A = yz^{-1}t\left(h_{\triangle} + \frac{1}{\lambda}hh^+\right), \tag{10.4.15}$$

其中 $h = h_{\mathcal{T}_{\mathrm{Tri}}}(P)$, $h^+ = h_{t=1}$ 和

$$\begin{aligned} h_{\triangle} &= \sum_{T \in \mathcal{T}^{\triangle}} P(T, \lambda)y^{q(T)}z^{m(T)}t^{s(T)} \\ &= h - z^2 h^{\theta}. \end{aligned} \tag{10.4.16}$$

其中, $h^{\theta}$ 为 $h$ 的以 $z$ 作未定元的级数中, $z^2$ 的系数. 将 (10.4.16) 式代入 (10.4.15) 式, 即得

$$h_A = yz^{-1}t\left(h - z^2 h^{\theta} + \frac{1}{\lambda}hh^+\right). \tag{10.4.17}$$

由 (10.4.5) 式,(10.4.7) 式, 以及引理 10.4.2, 有

$$\begin{aligned} h_B &= \sum_{T \in \tilde{\mathcal{T}}_{\mathrm{Tri}_{\mathrm{I}}}} P(T, \lambda)y^{q(T)}z^{m(T)}t^{s(T)} \\ &= yz \sum_{T \in \mathcal{T}_{\mathrm{Tri}}} P(T, \lambda)y^{q(T)}z^{m(T)}\left(\sum_{j=2}^{s(T)+1} t^j\right). \end{aligned}$$

利用定理 1.6.3, 得

$$h_B = yzt^2\delta_t h, \tag{10.4.18}$$

其中 $\delta_t$ 为如 (1.6.7) 式所给出的 $(1,t)$-差分, 即 $\delta_t h = (h^+ - h)/(1-t)$.

**定理 10.4.1**　带参数 $\lambda$ 的三变量 $y, t$ 和 $t$ 的函数 $h$ 的方程

$$\left(yt\left(1 + \frac{h^+}{\lambda}\right) - z\right)h - yz^2t^2\delta_t h$$
$$+ z^2t\left(\lambda(\lambda - 1)z - yh^\theta\right) = 0, \tag{10.4.19}$$

其中 $h^+ = h_{t=1}$, $h^\theta = \partial_z^2 h$, 即 $h$ 的级数形式中 $z^2$ 的系数, 以 $\delta_t h$ 为 $h$ 的 $(1,t)$-差分, 在所考虑的级数环中, 是适定的. 而且, 这个解就是 $h = h_{\mathcal{T}_{\mathrm{Tri}}}(P)$.

**证**　关于方程 (10.4.19) 之适定性, 与定理 10.3.1 相仿地, 可以从 §10.5 的讨论中导出. 这里只讨论后者. 即, 验证 $h = h_{\mathcal{T}_{\mathrm{Tri}}}(P)$ 是方程 (10.4.19) 的这个解.

由于 $h = h_0 + h_\mathrm{I}$, 其中 $h_i = h_{\mathcal{T}_{\mathrm{Tri}_i}}(P)$, $i = 0, \mathrm{I}$. 从 (10.4.11) 式和 (10.4.14) 式, 有

$$h = \lambda(\lambda - 1)z^2t + h_A - h_B.$$

从 (10.4.15) 式和 (10.4.18) 式, 有

$$h_A - h_B = yz^{-1}t\left(h - z^2h^\theta + \frac{1}{\lambda}hh^+\right) - yzt^2\delta_t h.$$

将此式代入上式, 用 $z$ 同乘其两端, 经过整理后, 即可得 (10.4.19) 式. 从而, $h = h_{\mathcal{T}_{\mathrm{Tri}}}(P)$ 满足 (10.4.19) 式.　　　　　　　　　　　　　　　　♮

# §10.5　适　定　性

本节主要目的, 确在于证明方程 (10.3.23) 的适定性. 事实上, 这里所用的方程是很具普遍性的. 本书中出现的方程的适定性均可以用这种方式论证.

为方便, 令

$$F = F(f, \partial_z f, \partial_t f, \partial_z f^+, \partial_t f^*)$$
$$= \left(\lambda^{-1}f - (\lambda - 1)xz^2t\right)(1 - \lambda^{-1}\partial_z f^+)\partial_t f^*$$
$$- \lambda^{-1}yzt\partial_z f\partial_t f^+. \tag{10.5.1}$$

由方程 (10.3.23), 有

$$f = \lambda(\lambda - 1)xz^2t + \left(\lambda^{-1}f - (\lambda - 1)xz^2t\right)\partial_z f^+$$
$$+ zt(y\partial_z f - x\partial_t f) + \lambda^{-1}xzt\partial_t f\partial_t f^* + F. \tag{10.5.2}$$

将 $f$ 展开为 $x$ 和 $y$ 的级数, 记 $x^p y^q$ 项的系数为

$$\partial_{x,y}^{(p,q)} f = F_{p,q}(z,t;\lambda), \quad p \geqslant 1, q \geqslant 0. \tag{10.5.3}$$

因为有 $p+1$ 个节点和 $q+1$ 个面的地图必有 $p+q$ 条边, $F_{p,q}(z,t;\lambda)$ 是 $z,t$ 以及参数 $\lambda$ 的多项式, 根据算子 $\partial$ 的线性性, 有

$$\partial_z f = \sum_{p \geqslant 1} \sum_{q \geqslant 0} \partial_z F_{p,q}(z,t;\lambda) x^p y^q, \tag{10.5.4}$$

$$\partial_t f = \sum_{p \geqslant 1} \sum_{q \geqslant 0} \partial_t F_{p,q}(z,t;\lambda) x^p y^q, \tag{10.5.5}$$

其中

$$\partial_z F_{p,q} = \sum_{m \geqslant 2} \sum_{s \geqslant 2} F_{p,q,m,s}(\lambda)(z + \cdots + z^{m-1}) t^s, \tag{10.5.6}$$

$$\partial_t F_{p,q} = \sum_{m \geqslant 2} \sum_{s \geqslant 2} F_{p,q,m,s}(\lambda) z^m (t + \cdots + t^{s-1}). \tag{10.5.7}$$

同时, $F_{p,q} = F_{p,q}(z,t;\lambda)$ 和 $F_{p,q,m,s}(\lambda)$ 为如 §1.4 中所定义的色和.

**引理 10.5.1**　对 $p \geqslant 1$ 和 $q = 0$, 有 $F_{p,0}(z,t;\lambda) = F_{p,0}$,

$$F_{p,0} = \begin{cases} \lambda(1-\lambda) z^2 t, & \text{当} p = 1; \\ 0, & \text{否则}. \end{cases} \tag{10.5.8}$$

**证**　因为可以算出 (10.5.2) 式右端只有第一项是 $x$ 的一次幂的项, 故可导出当 $p = 1$ 时, $F_{p,0} = \lambda(\lambda-1) z^2 t$. 这就是 (10.5.8) 式的第一种情形. 当 $p \geqslant 2$ 时, 考虑到 $F$ 中没有一项不含 $y$, 由 (10.5.2) 式, 有

$$\begin{aligned} F_{p,0} = &\ \lambda^{-1} \sum_{0 \leqslant l \leqslant p-2} F_{l+1,0} \partial_z F_{p-l-1,0}(z,1;\lambda) \\ &- (\lambda-1) z^2 t \partial_z F_{p-1,0}(z,1;\lambda) - zt \partial_t F_{p-1,0} \\ &+ \frac{zt}{\lambda} \sum_{0 \leqslant l \leqslant p-3} \partial_z F_{l+1,0}(z,1;\lambda) \partial_t F_{p-l-2,0}. \end{aligned} \tag{10.5.9}$$

利用 (10.5.6) 式和 (10.5.7) 式, 由 (10.5.9) 式和 $p = 1$ 时的结果, 可得

$$\begin{aligned} F_{2,0} = &\ \lambda^{-1} F_{1,0} \partial_z F_{1,0}(z,1;\lambda) - (\lambda-1) z^2 t \\ &\times \partial_z F_{1,0}(z,1;\lambda) - zt \partial_t F_{1,0} \\ = &\ \lambda^{-1} \Big( \lambda(\lambda-1) z^2 t \lambda(\lambda-1) zt \Big) \\ &- (\lambda-1) z^2 t \lambda(\lambda-1) zt = 0. \end{aligned}$$

进而, 若对任何 $k < p$, 所有 $F_{k,0}$ 均由 (10.5.8) 式确定, 则对 $p > 2$, 有

$$F_{p,0} = \lambda^{-1} \sum_{0 \leqslant l \leqslant p-2} F_{l+1,0} \partial_z F_{p-l-1,0}(z,1;\lambda)$$
$$+ \lambda^{-1} zt \sum_{0 \leqslant l \leqslant p-3} \partial_z F_{l+1,0}(z,1;\lambda) \partial_t F_{p-l-2,0}$$
$$= \lambda^{-1} \Big( F_{1,0} \partial_z F_{p-1,0}(z,1;\lambda) + F_{p-1,0} \partial_z F_{1,0}(z,1;\lambda) \Big)$$
$$+ \lambda^{-1} zt \Big( \partial_z F_{1,0}(z,1;\lambda) \partial_t F_{p-2,0}$$
$$+ \partial_z F_{p-2,0}(z,1;\lambda) \partial_t F_{1,0} \Big).$$

利用归纳假设和 $\partial_t F_{1,0} = 0$, 可得

$$F_{p,0} = 0, \quad p \geqslant 2.$$

从而, 引理得证.

这一结论与只有一个不可分离平面地图具有一个面这一事实相符合. 它就是杆地图.

**引理 10.5.2**　对 $q = 1$, 有

$$F_{p,1}(z,t;\lambda) = \alpha_{p+1}(\lambda) z^{p+1} t^2, \tag{10.5.10}$$

其中

$$\alpha_{p+1}(\lambda) = (\lambda-2)\alpha_p(\lambda) + (\lambda-1)\alpha_{p-1}(\lambda) \tag{10.5.11}$$

带如下初值条件:

$$\alpha_2(\lambda) = \lambda(\lambda-1), \quad \alpha_3(\lambda) = \lambda(\lambda-1)(\lambda-2) \tag{10.5.12}$$

对 $p \geqslant 1$.

**证**　由 (10.5.2) 式, 计算 $xy$ 项, 有

$$F_{1,1}(z,t;\lambda) = zt \partial_z(\lambda(\lambda-1)z^2 t)$$
$$= \lambda(\lambda-1)z^2 t^2$$
$$= \alpha_2(\lambda) z^2 t^2$$

和

$$F_{2,1}(z,t;\lambda) = \lambda^{-1} \Big( F_{1,0} \partial_z F_{1,1}(z,1,\lambda) + F_{1,1} \partial_z F_{1,0}(z,1;\lambda) \Big)$$
$$- (\lambda-1)z^2 t \partial_z F_{1,1}(z,1;\lambda) - zt \partial_t F_{1,1}$$
$$= \lambda^{-1} \Big( \lambda(\lambda-1)z^2 t \lambda(\lambda-1)z + \lambda(\lambda-1)z^2 t^2 \lambda(\lambda-1)z \Big)$$
$$- (\lambda-1)z^2 t \lambda(\lambda-1)z - zt \lambda(\lambda-1)z^2 t$$
$$= \lambda(\lambda-1)^2 z^3 t^2 - \lambda(\lambda-1)z^3 t^2$$
$$= \lambda(\lambda-1)(\lambda-2)z^3 t^2$$
$$= \alpha_3(\lambda) z^3 t^2.$$

这就得到了 (10.5.12) 式的正确性. 同时, 也得到了 (10.5.10) 式的 $p=1$ 和 2 的情形.

一般地, 对 $p$ 进行归纳. 假设 (10.5.10) 式对任何 $k < p$ 已被论证, 往证对 $p \geqslant 3$, (10.5.10) 式普遍成立. 事实上, 由 (10.5.2) 式, 有 $F_{p,1}(z,t;\lambda) = F_{p,1}$,

$$F_{p,1} = \lambda^{-1}\Big(F_{1,0}\partial_z F_{p-1,1}(z,1;\lambda) + F_{p-1,1}\partial_z F_{1,0}(z,1;\lambda)\Big)$$
$$-(\lambda-1)z^2 t\partial_z F_{p-1,1}(z,1;\lambda) - zt\partial_t F_{p-1,1}$$
$$+\lambda^{-1}zt\partial_t F_{1,0}(z,1;\lambda)\partial_t F_{p-2,1}. \tag{10.5.13}$$

这里, 由 (10.5.1) 式定义的 $F$ 无作用. 根据 (10.5.13) 式和归纳假设, 有

$$F_{p,1} = \frac{1}{\lambda}\Big(\lambda(\lambda-1)z^2 t\alpha_p(\lambda)\sum_{i=1}^{p-1} z^i + \alpha_p(\lambda)z^p t^2 \lambda(\lambda-1)z\Big)$$
$$- zt\alpha_p(\lambda)z^p t - (\lambda-1)z^2 t\alpha_p(\lambda)\sum_{i=1}^{p-1} z^i$$
$$+ \frac{zt}{\lambda}(\lambda-1)z\alpha_{p-1}(\lambda)z^{p-1}t$$
$$= \Big((\lambda-1)\big(\alpha_p(\lambda)+\alpha_{p-1}(\lambda)\big) - \alpha_p(\lambda)\Big)z^{p+1}t^2$$
$$= \alpha_{p+1}(\lambda)z^{p+1}t^2.$$

至此, 引理得证.

此引理与这样的事实一致, 即除自环外具有两个面的不可分离平面地图, 只有圈地图. 自环在这里不在考虑之列. 有 $n \geqslant 2$ 条边的圈地图为

$$C_n = \left(\bigcup_{i=1}^{n} Kx_i, \prod_{i=1}^{n}(x_i, \alpha\beta x_{i-1})\right).$$

其中, $x_0 = x_n$.

**引理 10.5.3** 对 $q \geqslant 0$, 有 $F_{1,q}(z,t;\lambda) = F_{1,q}$, 且

$$F_{1,q} = \begin{cases} \lambda(\lambda-1)z^2 t, & q=0; \\ \lambda(\lambda-1)z^2 t^{q+1}, & q \geqslant 1. \end{cases} \tag{10.5.14}$$

**证** 当 $p=0$ 时, 已由引理 10.5.1 给出. 因为在 (10.5.2) 式中, 只有 $zty\partial_z f$ 这一项对 $F_{1,q}(z,t;\lambda)$, $q \geqslant 1$, 起作用, 有

$$F_{1,q} = zt\partial_z F_{1,q-1}. \tag{10.5.15}$$

由于 $F_{1,0}$ 已知, 根据 (10.5.15) 式, 立可得

$$F_{1,1} = zt\partial_z(\lambda(\lambda-1)z^2t)$$
$$= zt\lambda(\lambda-1)zt$$
$$= \lambda(\lambda-1)z^2t^2.$$

这就是 (10.5.14) 式的 $q=1$ 时之情形.

一般地, 对 $q$ 用归纳法. 由 (10.5.15) 式, 有

$$F_{1,q} = zt\partial_z(\lambda(\lambda-1)z^2t^q)$$
$$= zt\lambda(\lambda-1)zt^q$$
$$= \lambda(\lambda-1)z^2t^{q+1}.$$

从而, 引理得证.                                                                                            ♮

为方便, 采用

$$F(F_{i,j} : (i,j) < (p,q)) \tag{10.5.16}$$

作为仅与 $F_{i,j}$, $i \leqslant p$ 和 $j \leqslant q$ 且 $i+j < p+q$ 有关的一个函数. 对 $p \geqslant 2$ 和 $q \geqslant 1$, 由 (10.5.2) 式和 (10.5.7) 式, 有

$$
\begin{aligned}
F_{p,q} = &\lambda^{-1} \sum_{1\leqslant i\leqslant p-1}\sum_{0\leqslant j\leqslant q} F_{i,j}\partial_z F_{p-i,q-j}(z,t;\lambda)\\
&- (\lambda-1)z^2t\partial_z F_{p-1,q}(z,1;\lambda)\\
&+ zt\partial_z F_{p,q-1} + \lambda^{-1}zt\partial_z F_{p,q-1}\\
&+ \lambda^{-1}zt \sum_{1\leqslant i\leqslant p-2}\sum_{0\leqslant j\leqslant q} \partial_z F_{i,j}(z,1;\lambda)\\
&\times \partial_t F_{p-i-1,q-j} - zt\partial_t F_{p-1,q}\\
&+ F(F_{i,j} : (i,j) < (p,q)). \tag{10.5.17}
\end{aligned}
$$

其中, 最后一项由 (10.5.16) 式给出.

**定理 10.5.1**    方程 (10.3.23), 同样地方程 (10.4.19), 在如 §1.5 给出的级数环 $\mathcal{L}\{\Re[\lambda]; x,y,z,t\}$ 中是适定的.

**证**    由引理 10.5.1 和 10.5.2, 对 $q=1,2$, $p \geqslant 1$, $F_{p,q}$ 已被确定. 然后, 基于引理 10.5.3, 用 (10.5.17) 式, 可依次对 $q=3,4,\cdots,p \geqslant 1$ 确定 $F_{p,q}$. 注意到从所有这些 $F_{p,q}$, 用 (10.5.3) 式, 就确定了方程 (10.3.23) 的解. 并且, 易验证, 它是在级数环 $\mathcal{L}\{\Re[\lambda]; x,y,z,t\}$ 中. 这里的 $\Re[\lambda]$ 为 $\lambda$ 的整系数多项式的交换环.                                            ♮

相仿地, 可论证方程 (10.4.19) 在级数环 $\mathcal{L}\{\Re; y,z,t\}$ 中之适定性.

## §10.6 曲面上的色和

讨论曲面上的可定向**双不可分离**根地图, 即对偶也是不可分离的. 规定节点地图 $\vartheta$ 和环地图 $L_1 = (Kr,(r,\gamma r))$(它的色多项式为 0) 均不, 但杆地图 $L_0 = (Kr,(r)(\gamma r))$ 则在其中. 若令 $\mathcal{U}$ 为所有这样的地图的集合, 则可将它分为两类, 如

$$\mathcal{U} = \mathcal{U}_1 + \mathcal{U}_2, \tag{10.6.1}$$

其中 $\mathcal{U}_1 = \{L_0\}$, 即仅含杆地图. 由不可分离性, $\mathcal{U}_2$ 中的地图都没有割棱.

为简便, 在这里的色和函数中, 除色多项式之外, 仅考虑棱数, 根节点次与根面次三个参数, 而不是如 (10.3.2) 式那样用四个参数. 准确地, 这个函数为

$$u = f_{\mathcal{U}}(P;x,y,z) = \sum_{M\in\mathcal{U}} P(M,\lambda)x^{m(M)}y^{s(M)}z^{t(M)}, \tag{10.6.2}$$

其中的 $P(M,\lambda)$, $m(M)$, $s(M)$ 和 $t(M)$ 分别为地图 $M$ 的色多项式, 度 (棱数), 根点次和根面次.

**引理 10.6.1** 对于 $\mathcal{U}_1$, 其色和函数为

$$u_1 = \lambda(1-\lambda)xyz^2, \tag{10.6.3}$$

其中 $u_1 = f_{M\in\mathcal{U}_1} P(M,\lambda)x^{m(M)}y^{s(M)}z^{t(M)}$.

**证** 因为 $P(L_0,\lambda) = \lambda(1-\lambda)$, $m(L_0)=1$, $s(L_0)=1$ 和

$$t(L_0) = 2,$$

即得 (10.6.3) 式. ♮

主要部分在于讨论 $\mathcal{U}_2$. 先看一看对于任何 $M \in \mathcal{U}_2$, $M-a$ 和 $M \bullet a$ 的结构, 其中 $a$ 为 $M$ 的根棱.

**引理 10.6.2** 对于任何 $M = (\mathcal{X},\mathcal{J}) \in \mathcal{U}_2$, $a = Kr$, 存在一个非负整数 $k$, 有

$$M \bullet a = M_0 +\cdot M_1 +\cdot M_2 +\cdot \cdots +\cdot M_k, \tag{10.6.4}$$

其中 $+\cdot$ 为上链 $1v$-加法.

**证** 因为 $M$ 是不可分离的, $M\bullet a$ 的分离节点只能是它的根顶点. 由此, 必存在整数 $k \geq 0$ 使得具有形如 (10.6.4) 式. ♮

令 $M' = M \bullet a$, $M = (\mathcal{X},\mathcal{J}) \in \mathcal{U}_2$, $a = Kr$, $r = r(M)$. 记 $r' = r(M') = \mathcal{J}r$. 若在 $M'$ 中有 $k+1$, $k \geq 0$ 个不可分离块 $M_0, M_1, \cdots, M_k$, 设

$$r_0 = r', r_1 = \mathcal{J}^{i_1}r, \cdots, r_k = \mathcal{J}^{i_k}r,$$

$0 < i_1 < i_2 < \cdots < i_k < s(M) - 1.$

不防设 $l_0 = \mathcal{J}\gamma r, r = \alpha\beta, l_1 = (\mathcal{J}r)^{j_1}\gamma r, \cdots, l_k = (\mathcal{J}r)^{j_k}\gamma r, 1 = j_0 < j_i < \cdots < j_k$ 分别为 $M_0, M_2, \cdots, M_k$ 首遇元素. 将

$$s_C(M_i) = i_{i+1} - i_i, i_{k+1} = s(M),$$

$0 \leqslant i \leqslant k$, 称为 $M'$ 占 $M$ 的点 $i$-根段. 对偶地, 可知面 $i$-根段 $s_C(M_i)$ 的涵义.

注意, $M_i, 0 \leqslant i \leqslant k$ 的根顶点为

$$v_r(M_i) = \begin{cases} (r_0, \mathcal{J}^2 r, \cdots, \mathcal{J}^{i_1-1}, \\ \quad l_0, \mathcal{J}^2\gamma r, \cdots, \mathcal{J}^{j_1-1}\gamma r), 当\ i = 0; \\ (r_1, \mathcal{J}^{i_1+1} r, \cdots, \mathcal{J}^{i_2-1}, \\ \quad l_1, \mathcal{J}^{j_1+1}\gamma r, \cdots, \mathcal{J}^{j_2-1}\gamma r), 当\ i = 1; \\ \cdots\cdots\cdots \\ (r_k, \mathcal{J}^{i_k+1} r, \cdots, \mathcal{J}^{s(M)-1}, \\ \quad l_k, \mathcal{J}^{j_k+1}\gamma r, \cdots, \mathcal{J}^{-1}\gamma r), 当\ i = k. \end{cases} \quad (10.6.5)$$

**引理 10.6.3**   在 (10.6.4) 式中, 所有 $M_i \neq L_1$, 有

$$\mathcal{M}_i = \sum_{M \in \underline{\mathcal{U}}(k)} \{M_i\} = \mathcal{U}, \quad (10.6.6)$$

其中 $1 \leqslant i \leqslant k$ 和 $\underline{\mathcal{U}}(k) = \{U | \forall U \in \mathcal{U}_2, U \bullet a$形如 (10.6.4) 式$\}$.

证   因为 $M_i$ 都是不可分离块, 有 $\mathcal{M}_i \subseteq \mathcal{U}$.

反之, 对任何 $M \in \mathcal{U}$, 总可造一个 $U \in \mathcal{U}_2$ 使得 $M' = U \bullet a, a = Kr(U)$ 有 $k$ 个不可分离块, 而且 $M'_i = M_i$. 这就意味 $M \in \mathcal{M}_i$. 从而, $\mathcal{U} \subseteq \mathcal{M}_i$.

因为带环棱地图的色多项式恒为 0, 可以只考虑所有 $M_i, 0 \leqslant i \leqslant k$, 都不是自环的情形. 在下面的推导中, 必须留意.

**引理 10.6.4**   令 $\underline{\mathcal{U}}(k) = \{M | \forall M_i \in \mathcal{U}, M$形如 (10.6.4) 式$\}$, 则有

$$\mathcal{U}_{(2)} = \sum_{k \geqslant 0} \underline{\mathcal{U}}(k), \quad (10.6.7)$$

其中 $\mathcal{U}_{(2)} = \{U \bullet a | \forall U \in \mathcal{U}_2\}$.

证   对任何 $M \in \mathcal{U}_{(2)}$, 由于存在 $M' \in \mathcal{U}_2$ 使得 $M = M' - a', a' = Kr(M')$, 从引理 10.6.2 知, $M$ 形如 (10.6.4) 式. 因此, 存在 $k \geqslant 0$ 使得 $M \in \underline{\mathcal{U}}(k)$.

反之, 若 $M \in \mathcal{U}(k)$, 某 $k \geqslant 0$, 因为 $M$ 形如 (10.6.4) 式, 则通过添加 $a'$ 可得 $M' \in \mathcal{U}_2$. 从而, $M = M' \bullet a' \in \mathcal{U}_{(2)}$.

基于这两个方面, 引理得证. ♮

对于给定的 $k \geqslant 0$ 和 $\underline{M} = (M_0, M_1, \cdots, M_k)$, $M_i \in \mathcal{U}$ 带 $s_C(M_i)$ 和 $t_C(M_i)$, $0 \leqslant i \leqslant k$, 建立一个到 $\mathcal{U}_2$ 映射 $\tau$ 使得

$$\tau(\underline{M}) = \{U_0(\underline{M}), U_1(\underline{M}), \cdots, U_k(\underline{M})\}, \tag{10.6.8}$$

其中 $\mathcal{J}\gamma r = l_i$, $0 \leqslant i \leqslant k$, $r$ 是它们共同的根.

**引理 10.6.5** 对于 $\mathcal{U}_2$, 有

$$\mathcal{U}_2 = \sum_{k \geqslant 0} \sum_{\underline{M} \in \underline{\mathcal{U}}(k)} \{\tau(\underline{M})\}. \tag{10.6.9}$$

或者说, 集合 $\{\tau(\underline{M}) | \forall \mathcal{M} \in \underline{\mathcal{U}}(k), k \geqslant 0\}$ 是 $\mathcal{U}_2$ 的一个剖分.

**证** 因为对任何不同的 $\underline{M}_1$ 和 $\underline{M}_2$, $U_i(\underline{M}_1)$ 与 $U_j(\underline{M}_2)$, $0 \leqslant i,j \leqslant k$, 都不同, 有

$$\tau(\underline{M}_1) \bigcap \tau(\underline{M}_2) = \varnothing.$$

进而, 对任何 $U \in \mathcal{U}_2$, 由引理 10.6.4, 存在 $\underline{M}$ 使得 $U \in \tau(\underline{M})$. 这就意味

$$\mathcal{U}_2 = \bigcup_{\underline{M} \in \underline{\mathcal{U}}(k), k \geqslant 0} \tau(\underline{M}).$$

基于上述两点, 即得引理. ♮

在此基础上, 就可以确定 $\mathcal{U}_2$ 占色和函数 $u = f_{\mathcal{U}}(P; x, y, z)$ 中的份额. 由于

$$\begin{aligned} u_2 &= \sum_{M \in \mathcal{U}_2} P(M, \lambda) x^{m(M)} y^{s(M)} z^{t(M)} \\ &= \sum_{M \in \mathcal{U}_2} \dot{P}(M - a, \lambda) x^{m(M)} y^{s(M)} z^{t(M)} \\ &\quad - \sum_{M \in \mathcal{U}_2} P(M \bullet a, \lambda) x^{m(M)} y^{s(M)} z^{t(M)}, \end{aligned} \tag{10.6.10}$$

其中, $a = Kr(M)$, 只需考虑右端的两个求和, 即

$$\begin{cases} u_2^- = \sum_{M \in \mathcal{U}_2} P(M - a, \lambda) x^{m(M)} y^{s(M)} z^{t(M)}; \\ u_2^\bullet = \sum_{M \in \mathcal{U}_2} P(M \bullet a, \lambda) x^{m(M)} y^{s(M)} z^{t(M)}. \end{cases} \tag{10.6.11}$$

**引理 10.6.6** 令 $u_2^\bullet = xyz f_{\mathcal{U}_{(2)}}(P; x, y, z)$, 则

$$u_2^\bullet = xyz \frac{\lambda^2 \partial_y u}{(\lambda - \partial_y u_0)^2}. \tag{10.6.12}$$

其中, $u$ 由 (10.6.2) 式给出和 $u_0 = u|_{z=1}$.

证   根据引理 10.6.2, 引理 10.6.4 和 10.6.5 以及 (10.6.8) 式, 考虑可分离地图色多项式与它的不可分离块色多项式的关系 (§1.2), 即可得

$$f_{\mathcal{U}_{(2)}}(P; x, y, z) = \sum_{M_0 \in \mathcal{U}} P(M_0, \lambda) x^{m(M_0)} \left( \sum_{i=1}^{s(M_0)-1} y^i \right) z^{t(M)}$$

$$\times \sum_{k \geqslant 0} \frac{k+1}{\lambda^k} \left( \sum_{M \in \mathcal{U}} P(M, \lambda) x^{m(M)} \sum_{i=1}^{s(M)-1} y^i \right)^k,$$

其中, 求和的上下限表示点根段的允许范围.

利用定理 1.6.4($\partial_y f = \partial_{1,y} f!$), 得

$$f_{\mathcal{U}_{(2)}}(P; x, y, z) = \partial_y u \sum_{k \geqslant 0} (k+1) \left( \frac{\partial_y u_0}{\lambda} \right)^k$$

$$= \partial_y u \frac{1}{\left( 1 - \dfrac{\partial_y u_0}{\lambda} \right)^2}$$

$$= \frac{\lambda^2 \partial_y u}{(\lambda - \partial_y u_0)^2},$$

其中 $u_0 = u|_{z=1}$ 和 $u$ 为 $\mathcal{U}$ 的色和函数.

从而, 引理得证.                                                                                      ♭

令 $\mathcal{U}_{(2)} = \{M - a | \forall M \in \mathcal{U}_2\}$. 由所考虑曲面地图的双不可分离性, 可见 $\mathcal{U}_{(2)}$ 与 $\mathcal{U}_{\langle 2 \rangle}$ 是互为对偶的.

**引理 10.6.7**   对于 $u_2^- = xyz f_{\mathcal{U}_{(2)}}(P; x, y, z)$, 有

$$u_2^- = xyz \frac{\lambda^2 \partial_z u}{(\lambda - \partial_z u^0)^2}, \tag{10.6.13}$$

其中 $u^0 = u|_{y=1}$ 和 $u$ 为 $\mathcal{U}$ 的色和函数.

证   由对偶性知, (10.6.13) 式从 (10.6.12) 式直接导出.                                ♭

至此, 可以陈述本节的主要结论.

**定理 10.6.1**   下面关于 $f$ 的方程

$$\left( \frac{\lambda^2 xyz \partial_z f}{(\lambda - \partial_z f^0)^2} - \frac{\lambda^2 xyz \partial_y f}{(\lambda - \partial_y f_0)^2} \right) = f - \lambda(1-\lambda) xyz^2, \tag{10.6.14}$$

其中, $f_0 = f|_{z=1}$ 和 $f^0 = f|_{y=1}$, 在域 $\mathcal{L}\{\Re; x, y, z\}$ 上是适定的. 而且, 这个解是 $f = u$, 即 $\mathcal{U}$ 的色和函数.

**证**　定理的前一结论可用与 §10.6 中提供的方法相仿地得到.

因为 $u = u_1 + u_2$ 和 $u_2 = u_2^- - u_2^\bullet$, 由 (10.6.3) 式、(10.6.12) 式和 (10.6.13) 式, 即可导出定理的后一结论.

虽然解方程 (10.6.14) 尚未有什么好办法, 在方程 (10.6.14) 的基础上, 可以沿 [Liu40]～[Liu50] 以及 [Tut21]～[Tut34], [Tut27] 中提供的方面研究一般曲面上的情形.

# §10.7　注　记

**10.7.1**　与 §2.1 中提到的平面树计数相应地, 可以用相仿的方法确定方程 (10.1.13) 的通解, 即依节点剖分的显式.

**10.7.2**　基于 (10.2.22) 式, 无疑地可以求取方程 (10.2.21) 的解. 然而, 考虑到外平面地图的着色, 看来不会是简单的, 像外平面地图依面剖分的计数那样. 注意, 这里 $H$ 的表示式, 与 [Liu47] 中的形式是不同的. 有关这一专题的详细情况可参见 [Liu47] 和 [Liu50].

**10.7.3**　方程 (10.3.23) 可在 [Liu40] 和 [Liu46] 中查到. 在那里还讨论了一些有关问题. 当然, 方程 (10.2.23) 之通解至今尚未得到. 而且, 考虑到节点剖分, 对一般平面地图, 连色和方程还没有得到. 这些均有待进一步的研究.

**10.7.4**　在色和问题方面, 由 Tutte 研究平面三角化时的情形开始提出, 并继之数十年作了深入的探讨. 这些开始于 20 世纪 70 年代 (参见 [Tut21], [Tut23], [Tut24] 等). 此处的方程 (10.4.19), 实际上是与 [Tut21] 中的方程等价的. 不过, 这里的推导是基于 [Liu40], [Liu43] 和 [Liu46]. 与此有关的, 尤其是对于平面三角化的色和, 可参见 [Tut16]～[Tut18], [Tut26], [Tut29] 等.

**10.7.5**　在 §10.5 中所描述的论证方程适定性的方法, 原则上适用于本书中出现的所有方程, 甚至是对于那些带有一个线性泛函, 即阴影泛函的方程, 用以考虑节点剖分, 或面剖分的情况.

**10.7.6**　在亏格不为 0 的曲面上的色和还没有任何普遍性研究. 虽然, 对于其上地图色数的研究已完满解决. 这方面可参见 [Liu10] 和 [Liu11]. 此后, 对于射影平面与环面上色和的研究已取得了一些新进展, 可参见 [LLH1], [LL2], [LL4] 等.

**10.7.7**　对于 3-正则平面地图的色和, 节点着色情况, 虽然已得到了方程 [Liu42], [Liu44] 和 [Liu45], 但看上去十分复杂, 有待进一步简化.

**10.7.8**　不带根情况下的, 即使是对平面地图的色和, 到目前为止, 也还没有任何研究.

# 第 11 章　梵 和 方 程

## §11.1　双树的梵和

一个**双树**, 就是这样的一个平面地图, 使得每一条边在它的基准图中, 非割边即自环. 易见, 双树的平面对偶也是双树. 令 $\mathcal{B}$ 是所有带根双树的集合, 则 $\mathcal{B}$ 是平面自对偶的. 为方便, 将节点地图 $\vartheta$ 规定包含在 $\mathcal{B}$, 作为退化情形.

这里所要讨论的梵和函数, 具有形式:

$$f_{\mathcal{B}}(\Phi; x, \underline{y}) = \sum_{B \in \mathcal{B}} \Phi(B) x^{m(B)} \underline{y}^{\underline{n}(B)}, \tag{11.1.1}$$

其中 $m(B)$ 为 $B$ 的根节点的次和

$$\underline{n}(B) = (n_1(B), n_2(B), \cdots)$$

为 $B$ 的节点剖分向量, 即 $n_i(B)$ 为 $B$ 中次是 $i$ 的非根节点的数目, $i \geqslant 1$. 而 $\Phi(B)$ 则是一个与 $X, Y$ 和 $z$ 有关的多项式, 如由 (1.2.3) 式所给出的. 不过这里, 对任何 $B$ 中的边 $e$, 取

$$w(e) \equiv 1 (\mathrm{mod}\ 2) \tag{11.1.2}$$

以便于处理.

首先, 将 $\mathcal{B}$ 划分为如下形式:

$$\mathcal{B} = \mathcal{B}_0 + \mathcal{B}_{\mathrm{I}} + \mathcal{B}_{\mathrm{II}}, \tag{11.1.3}$$

使得 $\mathcal{B}_0$ 仅由节点地图 $\vartheta$ 组成,

$$\mathcal{B}_{\mathrm{I}} = \{B | \forall B \in \mathcal{B}, B \neq \vartheta, \text{且 } e_r(B) \text{ 为自环}\},$$

和由双树的定义可知

$$\mathcal{B}_{\mathrm{II}} = \{B | \forall B \in \mathcal{B}, B \neq \vartheta, \text{且 } e_r(B) \text{为割边}\}.$$

**引理 11.1.1**　令 $\mathcal{B}_{\langle \mathrm{I} \rangle} = \{B - a | \forall B \in \mathcal{B}_{\mathrm{I}}\}$, 则有

$$\mathcal{B}_{\langle \mathrm{I} \rangle} = \mathcal{B} \odot \mathcal{B}, \tag{11.1.4}$$

其中 ⊙ 为 §3.2 中给出的 $1v$-乘法.

**证** 对任何 $B \in \mathcal{B}_{(\mathrm{I})}$, 令 $\tilde{B} \in \mathcal{B}_{(\mathrm{I})}$ 使得 $\tilde{B} - \tilde{a} = B$, $\tilde{a} = e_r(\tilde{B})$. 因为 $\tilde{a}$ 是一个自环, 有 $B = B_1 \dotplus B_2$. 且 $B_1$ 和 $B_2$ 中, 有一个, 规定为 $B_1$, 在 $\tilde{a}$ 的内部区域, 而另一个, 即 $B_2$ 在外部区域. 由双树的遗传性, $B_1, B_2 \in \mathcal{B}$. 从而, $B \in B^{\odot 2}$.

反之, 对任何 $B = B_1 \dotplus B_2 \in B^{\odot 2}, B_i \in \mathcal{B}, i = 1, 2$, 可通过在 $B$ 上添加一条自环 $K\tilde{r} = \tilde{a}$ 使得 $B_1$ 和 $B_2$ 之一, 规定为 $B_1$, 在内而另一个, 即 $B_2$ 在外部, 可唯一地构造得 $\tilde{B}$. 自然, $\tilde{B} - \tilde{a} = B$. 因为可以验证, $\tilde{B} \in \mathcal{B}_{\mathrm{I}}$. 从而, $B \in \mathcal{B}_{(\mathrm{I})}$. ♭

令 $\mathcal{B}_{(\mathrm{II})}(m) = \{B \bullet a | \forall B \in \mathcal{B}_{\mathrm{II}}(m)\}$, 其中 $a = e_r(B)$ 和 $\mathcal{B}_{\mathrm{II}}(m) = \{B | \forall B \in \mathcal{B}_{\mathrm{II}}, m(B) = m\}$. 则有

$$\mathcal{B}_{(\mathrm{II})} = \sum_{m \geqslant 0} \mathcal{B}_{(\mathrm{II})}(m) \tag{11.1.5}$$

和

$$\mathcal{B}_{\mathrm{II}} = \sum_{m \geqslant 0} \mathcal{B}_{\mathrm{II}}(m). \tag{11.1.6}$$

**引理 11.1.2** 对 $m \geqslant 0$, 有

$$\mathcal{B}_{(\mathrm{II})}(m) = \mathcal{B}(m-1) \odot \sum_{i \geqslant 0} \mathcal{B}(i), \tag{11.1.7}$$

其中 $\mathcal{B}(i) = \{B | \forall B \in \mathcal{B}, m(B) = i\}, i \geqslant 0$.

**证** 对 $B \in \mathcal{B}_{(\mathrm{II})}(m)$, 令 $B' \in \mathcal{B}_{\mathrm{II}}(m)$ 使得 $B = B' \bullet a', a' = e_r(B')$. 记 $B'$ 的根节点以及与根边关联的非根节点分别为

$$v_{r'} = (r', \mathcal{P}'r', R) \text{ 和 } v_{\beta r'} = (\alpha\beta r', \mathcal{P}'\alpha\beta r', S)$$

其中 $\mathcal{P}'$ 为确定 $B'$ 的置换. 则, $B$ 的根节点为

$$v_{r'} = (\mathcal{P}'r', R, \mathcal{P}'\alpha\beta r', S).$$

而确定 $B$ 的置换 $\mathcal{P}$ 使得除这个节点外, 其他节点均与 $\mathcal{P}'$ 相同. 其中, $r = \mathcal{P}'r'$ 为 $B$ 的根. 分别记 $B_1$ 和 $B_2$ 为 $B'$ 的由节点

$$v_{r_1} = (\mathcal{P}'r', R) \text{ 和 } v_{r_2} = (\mathcal{P}'\alpha\beta r', S)$$

作为根节点（从前者避开后者和从后者避开前者, 这里就是避开 $Kr'$）扩张而成的子地图. 由双树的遗传性, $B_1, B_2 \in \mathcal{B}$. 且容易验证, $B = B_1 \dotplus B_2$. 因为 $m(B_1) = m(B') - 1$, 和存在一个整数 $i, i \geqslant 0$, 使得 $m(B_2) = i$. 即可看出, $B$ 是 (11.1.7) 式右端集合中之一元素.

反之, 若 $B$ 为 (11.1.7) 式右端集合之一元素, 记它的根节点为如下形式:

$$v_r = (r, R, s, S),$$

使得 $B = B_1 \dotplus B_2$ 伴随 $(r, R)$ 和 $(s, S)$ 分别为 $B_1$ 和 $B_2$ 的根节点且 $m(B_1) = m-1$ 和 $m(B_2) = i$, $i \geqslant 0$, 即, $B_1 \in \mathcal{B}(m-1)$ 和 $B_2 \in \sum_{i \geqslant 0} \mathcal{B}(i)$. 则可以通过, 将 $B$ 的根节点劈分为 $v_{r'}$ 和 $v_{\beta r'}$, 并引进一边 $a' = Kr'$, 唯一地得地图 $B'$ 使得 $B = B' \bullet a'$, $a' = Kr'$, 以及

$$v_{r'} = (r', r, R) \text{ 和 } v_{\beta r'} = (\alpha\beta r', s, S).$$

因为 $m(B_1) = m-1$, 有 $m(B') = m(B_1) + 1 = m$. 再考虑到 $B' \in \mathcal{B}_{\mathrm{II}}$, 就有 $B \in \mathcal{B}_{(\mathrm{II})}(m)$, 这就是 (11.1.7) 式左端集合中之一元素. ♮

下面, 分别求取 $\mathcal{B}_0$, $\mathcal{B}_{\mathrm{I}}$ 和 $\mathcal{B}_{\mathrm{II}}$ 在由 (11.1.1) 式给出的 $f_\mathcal{B}(\Phi; x, \underline{y})$ 中的部分. 由于 $m(\vartheta) = 0$, $\underline{n}(\vartheta) = \underline{0}$ 和 $\Phi(\vartheta) = 1$ (由 (1.2.3) 式), 可知

$$f_{\mathcal{B}_0}(\Phi; x, \underline{y}) = 1. \tag{11.1.8}$$

基于 (11.1.1) 式和引理 11.1.1, 有

$$\begin{aligned} f_{\mathcal{B}_{\mathrm{I}}}(\Phi; x, \underline{y}) &= \sum_{B \in \mathcal{B}_I} \Phi(B) x^{m(B)} \underline{y}^{\underline{n}(B)} \\ &= x^2 (Xz + Y) f^2, \end{aligned} \tag{11.1.9}$$

其中 $f = f_\mathcal{B}(\Phi; x, \underline{y})$. 在 (11.1.9) 式之推导中还用到了

$$\Phi(B) = \Phi(B_1)\Phi(B_2),$$

当 $B = B_1 \dotplus B_2$ 时并考虑 (11.1.2) 式.

在 (1.2.1) 式的基础上, 利用引理 11.1.2, 有

$$f_{\mathcal{B}_{\mathrm{II}}}(\Phi; x, \underline{y}) = x(X + Yz) f \sum_f,$$

其中 $f = f_\mathcal{B}(\Phi; x, \underline{y})$ 和

$$\begin{aligned} \sum_f &= \sum_{i \geqslant 0} y_{i+1} \sum_{B \in \mathcal{B}(i)} \Phi(B) \underline{y}^{\underline{n}(B)} \\ &= \int_y \sum_{B \in \mathcal{B}} \Phi(B) y^{m(B)} \underline{y}^{\underline{n}(B)} \\ &= \int_y y f_y. \end{aligned}$$

在上式, $f_y = f_\mathcal{B}(\Phi; y, \underline{y}) = f|_{x=y}$. 从而, 有

$$f_{\mathcal{B}_{\mathrm{II}}}(\Phi; x, \underline{y}) = x(X + Yz) f \int_y y f_y. \tag{11.1.10}$$

**定理 11.1.1** 令 $f$ 是 $x$ 和 $\underline{y} = (y_1, y_2, \cdots)$ 的函数. 则方程

$$\int_y y f_y = \frac{1 - f^{-1}}{x(X + Yz)} - \frac{x(Xz + Y)}{X + Yz} f, \tag{11.1.11}$$

其中 $f_y = f|_{x=y}$ 和 $X, Y, z$ 为参数, 在环 $\mathcal{L}\{\Re; x, \underline{y}\}$ ( 如 §1.5 中所示, $\Re$ 是以 $X, Y, z$ 为未定元的整系数多项式环 ) 中是适定的. 并且, 这个解就是 $f = f_{\mathcal{B}}(\Phi; x, \underline{y})$.

**证** 关于适定性, 原则上仍能如 §10.5 所示. 这里只证后一个结论. 令 $f = f_{\mathcal{B}}(\Phi, x, y)$, 由 (11.1.3) 式, 有

$$f = f_{\mathcal{B}_0}(\Phi; x, y) + f_{\mathcal{B}_{\mathrm{I}}}(\Phi; x, y) + f_{\mathcal{B}_{\mathrm{II}}}(\Phi; x, y).$$

从 (11.1.8)~(11.1.10) 式, 得

$$f = 1 + x^2(Xz + Y)f^2 + x(X + Yz)f \int_y y f_y.$$

将右端前两项移到左端, 然后同乘 $x(X + Yz)f$, 经整理后, 即可得 (11.1.11) 式. ◻

如果将参数取作 $X = Y = 1$ 和 $z = 0$, 则 $f$ 这时就变为 $\mathcal{B}$ 的依节点剖分的计数函数. 而且, 有如下方程:

$$\int_y y f_y = \frac{1 - f^{-1}}{x} - xf. \tag{11.1.12}$$

虽然, 从形式上, 这个方程比较简单, 似乎可直接求出 $f$ 的显式, 以至简单显式, 但不会是容易的.

为了能确定 $\mathcal{B}$ 的一个较简单的梵和函数的显式, 在 (11.1.1) 式中, 限定 $y_i = y^i, i \geqslant 1$. 然后, 分别用 $x$ 和 $y$ 代替 $x/y$ 和 $y^2$. 即, 改考查函数

$$f_{\mathcal{B}}(\Phi; x, y) = \sum_{B \in \mathcal{B}} \Phi(B) x^{m(B)} y^{n(B)}, \tag{11.1.13}$$

其中 $m(B)$ 和 $n(B)$ 分别为 $B$ 的根节点次与度 (即边数).

**定理 11.1.2** 由 (11.1.13) 式给出的函数满足如下的方程:

$$x^2 y f^2 + \frac{xy(X + Yz)f^* - 1}{Xz + Y} f + \frac{1}{Xz + Y} = 0, \tag{11.1.14}$$

其中 $f^* = f|_{x=1} = f_{\mathcal{B}}(\Phi; 1, y)$.

**证** 从 $\mathcal{B}_0, \mathcal{B}_{\mathrm{I}}$ 和 $\mathcal{B}_{\mathrm{II}}$ 对 $f$ 的贡献, 即在 (11.1.8)~(11.1.10) 式中之相应值分别为 $1, x^2 y(xz + y)f^2$ 和 $xy(X + Yz)ff^*$. 由 (11.1.3) 式, 有

$$f = 1 + x^2 y(Xz + Y)f^2 + xy(X + Yz)ff^*.$$

将左端的 $f$ 移到右端, 然后同除以 $Xz + Y$. 合并同类项后, 即可得方程 (11.1.14).

从原则上, 方程 (11.1.14) 可以用重根法, 或者特征方程法找出 $f^*$ 与 $y$ 的适当的参数表达式. 然后利用推论 1.5.1 或 1.5.2(即 Lagrange 反演) 求出 $f^*$ 作为 $y$ 的级数表达式.

这里, 还是进一步回到 $X = Y = 1$ 和 $z = 0$ 的情形. 此时, 方程 (11.1.14) 变成

$$x^2 y f^2 + (xyf^* - 1)f + 1 = 0. \tag{11.1.15}$$

而且, 它允许取 $x = 1$. 可得只关于 $f^*$ 的二次方程

$$2yf^{*2} - f^* + 1 = 0. \tag{11.1.16}$$

由此, 可直接解出

$$f^* = \frac{1 - \sqrt{1 - 8y}}{4y}.$$

注意, 上式根号前的符号是由 $f^*$ 为 $y$ 的非负整系数的级数所确定. 将根式展开为 $y$ 的级数, 即得

$$f^* = \sum_{i \geqslant 1} \frac{2^{i-1}(2i - 2)!}{(i-1)!i!} y^{i-1}.$$

用变量代换 $n = i - 1$,

$$= \sum_{n \geqslant 0} \frac{2^n(2n)!}{n!(n+1)!} y^n. \tag{11.1.17}$$

这样, $y^n$ 的系数就是度为 $n$ 的带根双树的数目.

再考虑到双树的自对偶性, 基于 (11.1.17) 式, 还可导出以非根节点数和非根面数作为参数的计数函数

$$f_{\mathcal{B}}(x, y) = \sum_{B \in \mathcal{B}} x^{i(B)} y^{j(B)}. \tag{11.1.18}$$

其中, $i(B)$ 和 $j(B)$ 分别为 $B$ 的非根节点数和非根面数.

在 (11.1.16) 式中, 用 $\dfrac{x + y}{2}$ 代替 $y$, 就可导出 (11.1.18) 式给出的函数的一个显式

$$f_{\mathcal{B}}(x, y) = \sum_{i \geqslant 0} \sum_{j \geqslant 0} \frac{(2i + 2j)!}{i!j!(i + j + 1)!} x^i y^j. \tag{11.1.19}$$

事实上, 由定理 1.1.2 (即 Euler 公式), 当 $p = 0$ 时的情形, 可知 $i(B) + j(B)$ 就是 $B$ 的度. 由 (11.1.19) 式给出的函数即可导出由 (11.1.18) 式给出的函数.

## §11.2    外平面梵和

令 $\mathcal{O}$ 为所有带根不可分离外平面地图的集合, 但注意节点地图不在 $\mathcal{O}$ 中. 而, 杆地图 $L_0 = (Kr, (r)(\alpha\beta r))$ 和自环地图 $L_1 = (Kr, (r, \alpha\beta r))$ 确在 $\mathcal{O}$ 中. 对 $O \in \mathcal{O}$,

令 $m(O), s(O)$ 和 $n(O)$ 分别为 $O$ 的根节点次, 根面次与度. 这里的梵和函数为

$$f_O(\chi, x, y, z) = \sum_{O \in \mathcal{O}} \chi(O) x^{m(O)} y^{s(O} z^{n(O)}, \tag{11.2.1}$$

其中 $\chi(O)$ 为由 (1.2.12) 式确定的色范式. 不过, 要注意那里的 $x$ 和 $y$ 分别用 $\mu$ 和 $\nu$ 代替, 以免与这里的 $x$ 和 $y$ 混淆. 因此, 这个梵和函数, 也称为范和函数.

为求 $f_O(\chi; x, y, z)$ 的级数形式, 可将 $\mathcal{O}$ 划分为三类: 即,

$$\mathcal{O} = \mathcal{O}_0 + \mathcal{O}_1 + \mathcal{O}_2, \tag{11.2.2}$$

其中 $\mathcal{O}_0 = \{L_1\}$ 或 $\mathcal{O}_0 = L_1, \mathcal{O}_1 = \{L_0\}$ 或 $\mathcal{O}_1 = L_0$ 和 $\mathcal{O}_2$ 为由 $\mathcal{O}$ 中除 $L_0$ 和 $L_1$ 之外的所有地图组成.

对于 $\mathcal{O}_0$, 由于自环地图 $L_1$ 有 $m(L_1) = 2, s(L_1) = 1, n(L_1) = 1$ 和 $\chi(L_1) = \nu$, 得

$$f_{\mathcal{O}_0}(\chi, x, y, z) = \nu x^2 y z. \tag{11.2.3}$$

相仿地, 对于 $\mathcal{O}_1$, 可得

$$f_{\mathcal{O}_1}(\chi, x, y, z) = \mu x y^2 z. \tag{11.2.4}$$

主要部分 $f_{\mathcal{O}_2}(\chi, x, y, z)$ 需要对 $\mathcal{O}_2$ 作适当的分解.

**引理 11.2.1** 令 $\mathcal{O}_{\langle 2 \rangle} = \{O - a | \forall O \in \mathcal{O}_2\}, a = e_r(O)$. 则, 有

$$\mathcal{O}_{\langle 2 \rangle} = \sum_{k \geqslant 1} (\mathcal{O} - L_1)^{\hat{\times} k}, \tag{11.2.5}$$

其中, $\hat{\times}$ 为 (7.1.23) 式所给出的链 $1v$-乘法和 $L_1 = \mathcal{O}_0$.

**证** 与引理 7.1.4 的证明相仿. 不过, 要注意, 在那里自环地图是不在 $\mathcal{O}_{sf}$ 中的. ♭

**引理 11.2.2** 令 $\mathcal{O}_{(2)} = \{O \bullet a | \forall O \in \mathcal{O}_2\}, a = e_r(O)$. 则有

$$\mathcal{O}_{(2)} = \sum_{k \geqslant 0} L_1^{\times k} \times \cdot (\mathcal{O} - L_0), \tag{11.2.6}$$

其中 $\times \cdot$ 为 (7.1.7) 式给出内 $1v$-乘法和 $L_0 = \mathcal{O}_1$.

**证** 事实上, 是引理 11.2.1 的对偶形式. ♭

若记

$$f_A = \sum_{O \in \mathcal{O}_2} \chi(O - a) x^{m(O)} y^{s(O)} z^{n(O)} \tag{11.2.7}$$

和

$$f_B = \sum_{O \in \mathcal{O}_2} \chi(O \bullet a) x^{m(O)} y^{s(O)} z^{n(O)}, \tag{11.2.8}$$

则从对 $O \in \mathcal{O}_2$, 它的根边 $a$ 既不是自环也不是割边, 有 $\chi(O) = \chi(O - a) + \chi(O \bullet a)$, 可得

$$f_{\mathcal{O}_2}(\chi, x, y, z) = f_A + f_{B^\bullet} \tag{11.2.9}$$

由引理 11.2.1 和 (1.2.12) 式, 有

$$f_A = xz f_{\mathcal{O}-L_1} \sum_{k \geqslant 1} \left( \frac{f^+_{\mathcal{O}-L_1}}{y} \right)^{k-1},$$

其中

$$f_{\mathcal{O}-L_1} = \sum_{O \in \mathcal{O}-L_1} \chi(O) x^{m(O)} y^{s(O)} z^{n(O)}$$
$$= f_{\mathcal{O}} - \nu x^2 y z$$

和

$$f^+_{\mathcal{O}-L_1} = f_{\mathcal{O}-L_1}|_{x=1}$$
$$= f^+_{\mathcal{O}} - \nu y z.$$

将后二式代入到第一式, 即可得

$$f_A = \frac{xyz(f_{\mathcal{O}} - \nu x^2 y z)}{y + \nu y z - f^+_{\mathcal{O}}}. \tag{11.2.10}$$

由引理 11.2.2 和 (1.2.12) 式, 有

$$f_B = xyz \left( \sum_{k \geqslant 0} (\nu x z)^k \right) \partial_x f_{\mathcal{O}-L_0},$$

其中

$$\partial_x f_{\mathcal{O}-L_0} = \sum_{O \in \mathcal{O}-L_1} \chi(O) \left( \sum_{i=1}^{m(O)-1} x^i \right) y^{s(O)} z^{n(O)}.$$

利用定理 1.6.4, 得

$$\partial_x f_{\mathcal{O}-L_0} = \partial_x f_{\mathcal{O}}.$$

最后这个等式是由于 $f_{L_0} = \mu y^2 z$ 与 $x$ 无关, 在这个 $\langle 1, x \rangle$-差分 (如 (1.6.8) 式所示) 中被抵消了. 将原式中之和求出, 再将后一个等式代入, 即可得

$$f_B = \frac{xyz}{1 - \nu x z} \partial_x f_{\mathcal{O}}. \tag{11.2.11}$$

**定理 11.2.1** 关于 $f$ 的方程

$$\left(1 - \frac{xyz}{y + \nu yz - f^+}\right) f - \frac{xyz\partial_x f}{1 - \nu xz}$$
$$= xyz\left(\nu x + \mu y - \frac{\nu x^2 yz}{y + \nu yz - f^+}\right), \tag{11.2.12}$$

其中 $f^+ = f|_{x=1}$, 在环 $\mathcal{L}\{\mathfrak{R}; x, y, z\}$ 中是适定的. 这里, $\mathfrak{R}$ 为由以 $\mu$ 和 $\nu$ 为未定元的整系数多项式所组成的环. 并且, 它的这个解就是 $f = f_{\mathcal{O}} = f_{\mathcal{O}}(\chi; x, y, z)$.

**证** 同样地, 这里也只证后一个结论, 即若令

$$f = f_{\mathcal{O}} = f_{\mathcal{O}}(\chi; x, y, z),$$

则 $f$ 满足方程 (11.2.12).

首先, 由 (11.2.2) 式, 知

$$f = f_{\mathcal{O}_0}(\chi, x, y, z) + f_{\mathcal{O}_1}(\chi, x, y, z) + f_{\mathcal{O}_2}(\chi, x, y, z).$$

然后, 利用 (11.2.3) 式和 (11.2.4) 式和 (11.2.7) 式 ~(11.2.11) 式, 有

$$f = \nu x^2 yz + \mu xy^2 z + \frac{xyz(f - \nu x^2 yz)}{y - \nu yz + f^+} + \frac{xyz}{1 - \nu xz}\partial_x f.$$

经过将含 $f$ 的项均移到左端, 整理后即可得 (11.1.12) 式.

特别地, 令

$$h = h_{\mathcal{O}}(\chi) = f_{\mathcal{O}}(\chi; x, 1, z). \tag{11.2.13}$$

则由定理 11.2.1, 有 $h$ 满足方程:

$$\left(1 - \frac{xz}{1 + \nu z - h^+}\right) h - \frac{xz\partial_x h}{1 - \nu xz}$$
$$= xz\left(\nu x + \mu - \frac{\nu x^2 z}{1 + \nu z - h^+}\right), \tag{11.2.14}$$

其中 $h^+ = h_{\mathcal{O}}(\chi)|_{x=1} = f_{\mathcal{O}}(\chi; 1, 1, z)$.

将 $\partial_x h$ 展开 (利用 (1.6.8) 式的 $\langle 1, x\rangle$-差分). 然后, 将不含 $f$ 的项均移到右端. 经整理, 即可得

$$\left(1 - \frac{xz}{1 + \nu z - h^+} + \frac{xz}{(1 - \nu xz)(1 - x)}\right) f$$
$$= xz\left(\mu + \nu x - \frac{\nu x^2 z}{1 + \nu z - h^+} + \frac{xh^+}{(1 - \nu xz)(1 - x)}\right). \tag{11.2.15}$$

若将 $x = \xi(z) = \xi$ 视为 $z$ 的级数作为参数, 就可用联立方程

$$1 - \frac{\xi z}{1 + \nu z - h^+} + \frac{\xi z}{(1 - \nu z)(1 - \xi)} = 0;$$

$$\mu + \nu \xi - \frac{\nu \xi^2 z}{1 + \nu z - h^+} + \frac{\xi h^+}{(1 - \nu \xi z)(1 - \xi)} = 0, \tag{11.2.16}$$

确定 $h^+$ 作为 $z$ 的级数形式, 即将 $h^+$ 和 $z$ 均表示为 $\xi$ 的函数, 然后利用推论 1.5.1, 或推论 1.5.2. 方程 (11.2.16) 被称为方程 (12.2.15) 的特征方程.

## §11.3　一 般 梵 和

令 $\mathcal{M}$ 为所有带根一般平面地图的集合. 规定节点地图 $\vartheta$ 为其中之退化情形. 对 $M \in \mathcal{M}$, 与 §11.2 一样, 令 $m(M)$, $s(M)$ 和 $n(M)$ 分别为 $M$ 的根节点次, 根面次和度 (边数). 这里所要考察的梵和函数形如 $f_{\mathcal{M}}(\chi, x, y, z) = f_{\mathcal{M}}(\chi)$,

$$f_{\mathcal{M}}(\chi) = \sum_{M \in \mathcal{M}} \chi(M) x^{m(M)} y^{s(M)} z^{n(M)}, \tag{11.3.1}$$

其中 $\chi$ 为由 (1.2.12) 式确定的色范式. 注意, 在 $\chi$ 中的未定元 $x$ 和 $y$ 要分别用 $\mu$ 和 $\gamma$ 代之, 以免与 (11.3.1) 式中的混淆.

依 (1.2.12) 式的原理, $\mathcal{M}$ 要被划分为四类, 即

$$\mathcal{M} = \sum_{i=0}^{3} \mathcal{M}_i, \tag{11.3.2}$$

其中 $\mathcal{M}_0 = \vartheta$, 即仅由节点地图组成; $\mathcal{M}_1 = \{M | \forall M \in \mathcal{M}, e_r(M)$ 为自环 $\}$ $\mathcal{M}_2 = \{M | \forall M \in \mathcal{M}, e_r(M)$ 为割边 $\}$; 和自然, $\mathcal{M}_3 = \{M | \forall M \in \mathcal{M}, e_r(M)$ 既非自环也非割边 $\}$.

由于 $\vartheta$ 中无边, 即 $m(\vartheta) = s(\vartheta) = n(\vartheta) = 0$ 和 $\chi(\vartheta) = 1$, 有

$$f_0 = f_{\mathcal{M}_0}(\chi, x, y, z) = 1. \tag{11.3.3}$$

对于地图 $M = (\mathcal{X}, \mathcal{P}) \in \mathcal{M}_1$, 从根边 $a = e_r(M)$ 为自环, 其根节点具形式

$$v_r = (r, \mathcal{P}r, R, \alpha\beta r, s, S). \tag{11.3.4}$$

注意, 其中线性序段 $\langle \mathcal{P}r, R \rangle$ 和 $\langle s, S \rangle$ 可以是空集. 则, 有

$$M - a = M_1 \dot{+} M_2, \tag{11.3.5}$$

其中 $\dot{+}$ 为 1-加法, 如 §2.1 所示, $M_1$ 和 $M_2$ 为分别以 $(s, S)$ 和 $(\mathcal{P}r, R)$ 为根节点在 $M$ 上扩张而得的子地图. 自然,$M_1, M_2$ 的根分别为 $r_1 = s$ 和 $r_2 = \mathcal{P}r$.

**引理 11.3.1**  令 $\mathcal{M}_{\langle 1 \rangle} = \{M - a | \forall M \in \mathcal{M}_1\}, a = e_r(M)$, 则有

$$\mathcal{M}_{\langle 1 \rangle} = \mathcal{M} \odot \mathcal{M}, \tag{11.3.6}$$

其中 $\odot$ 为 1-乘法, 如 §2.1 中所示.

**证**  对 $M = M_1 \dotplus M_2 \in \mathcal{M} \odot \mathcal{M}$, 因为 $M_1$ 和 $M_2$ 均允许是节点地图, 总可通过添加一个自环 $a'$ 到 $M$ 上获 $M' \in \mathcal{M}_1$, 使得 $M = M' - a'$. 这就意味, $M \in \mathcal{M}_{\langle 1 \rangle}$. 从而, $\mathcal{M} \odot \mathcal{M} \subseteq \mathcal{M}_{\langle 1 \rangle}$.

反之, 由上述也可看出, $\mathcal{M}_{\langle 1 \rangle}$ 也是 $\mathcal{M} \odot \mathcal{M}$ 的一个子集.  ♮

考虑到 (11.3.5) 式中的 $M_2$, 在 $M$ 的根面次中, 没有份额. 由 (1.2.12) 式 $\chi(M) = \nu\chi(M - a)$, $M \in \mathcal{M}_1$ 和 $\chi(M_1 \dotplus M_2) = \chi(M_1)\chi(M_2)$, 以及 $m(M) = m(M - a) + 2$, $s(M) = s(M - 1) + 1$ 和 $n(M) = n(M - a) + 1$, 从引理 11.3.1 可得

$$\begin{aligned} f_1 &= f_{\mathcal{M}_1}(\chi) = f_{\mathcal{M}_1}(\chi; x, y, z) \\ &= \nu x^2 yz f_{\mathcal{M}}(\chi) f_{\mathcal{M}}^*(\chi), \end{aligned} \tag{11.3.7}$$

其中 $f_{\mathcal{M}}^*(\chi) = f_{\mathcal{M}}(\chi)|_{y=1} = f_{\mathcal{M}}(\chi; x, 1, z)$.

对 $M = (\mathcal{X}, \mathcal{P}) \in \mathcal{M}_2$, 因为根边 $a = e_r(M)$ 是割边, 若记

$$v_r = (r, \mathcal{P}r, R) \text{ 和 } v_{\beta r} = (\alpha\beta r, \mathcal{P}\alpha\beta r, S) \tag{11.3.8}$$

分别为 $M$ 的根节点和与根边关联的非根节点, 则有

$$M \bullet a = M_1 \dotplus M_2, \tag{11.3.9}$$

其中 $\dotplus$ 为 1-加法 (如 §2.1 中所示), 而 $M_1$ 和 $M_2$ 为分别以

$$(\mathcal{P}r, R) \text{ 和 } (\mathcal{P}\alpha\beta r, S) \tag{11.3.10}$$

为根节点在 $M$ 上扩张成的子地图, 当它们的根分别为 $r_1 = \mathcal{P}r$ 和 $r_2 = \mathcal{P}\alpha\beta r$. 容易验证, $M_1$ 和 $M_2$ 均为 $\mathcal{M}$ 中的地图. 并且, 允许为节点地图 $\vartheta$.

**引理 11.3.2**  令 $\mathcal{M}_{(2)} = \{M \bullet a | \forall M \in \mathcal{M}_2, a = e_r(M)\}$, 则有

$$\mathcal{M}_{(2)} = \mathcal{M} \odot \mathcal{M} = \mathcal{M}^{\odot 2}, \tag{11.3.11}$$

其中 $\odot$ 为 §2.1 中提到的 1-积.

**证**  事实上, 为引理 11.3.1 的对偶形式.  ♮

从引理 11.3.2, 考虑到由 (1.2.12) 式有 $\chi(M) = \mu\chi(M \bullet a)$, $m(M) = m(M_1) + 1$, $m(M_2) \geqslant 0$, $s(M) = s(M \bullet a) + 2$, $n(M) = n(M \bullet a) + 1$ 可得

$$\begin{aligned} f_2 &= f_{\mathcal{M}_2}(\chi) = f_{\mathcal{M}_2}(\chi, x, y, z) \\ &= \mu x y^2 z f_{\mathcal{M}}(\chi) f_{\mathcal{M}}^+(\chi), \end{aligned} \tag{11.3.12}$$

其中 $f_M^+(\chi) = f_M(\chi)|_{x=1} = f_M(\chi; 1, y, z)$.

对 $M = (\mathcal{X}, \mathcal{P}) \in \mathcal{M}_3$, 记

$$v_r = (r, \mathcal{P}r, R) \text{ 和 } v_{\beta r} = (\alpha\beta r, \mathcal{P}\alpha\beta r, S) \tag{11.3.13}$$

分别为它的根节点和与根边关联的非根节点. 则 $M - a$ 与 $M \bullet a, a = Kr = e_r(M)$, 分别为以

$$(\mathcal{P}r, R) \text{ 和 } (\mathcal{P}\alpha\beta r, S) \tag{11.3.14}$$

作为根节点与根边关联的非根端与以

$$(\mathcal{P}\alpha\beta r, S, \mathcal{P}r, R) \tag{11.3.15}$$

为根节点在 $M$ 上扩充而得到的. 自然, $r(M - a) = \mathcal{P}r$ 和 $r(M \bullet a) = \mathcal{P}\alpha\beta r$.

对于一个地图 $M = (\mathcal{X}, \mathcal{P}) \in \mathcal{M}$, 记

$$(r, R_0), (\mathcal{P}\alpha\beta r, R_1), \cdots, ((\mathcal{P}\alpha\beta)^i r, R_i), \cdots \tag{11.3.16}$$

为 $M$ 根面边界上经过的所有节点. 令 $\Delta_i M = (\mathcal{X}_i, \mathcal{P}_i)$(如 §7.3 中所示) 为 $M$ 的第 $i$ 增量, 即 $\mathcal{X}_i = \mathcal{X} + K_{r_i}$ 和 $\mathcal{P}_i$ 仅在二节点

$$(r_i, r, R_0) \text{ 和 } (\alpha\beta r_i, (\mathcal{P}\alpha\beta)^i r, R_i) \tag{11.3.17}$$

处与 $\mathcal{P}$ 不同. 这里, $Kr_i$ 是在 $M$ 上新添的边, 使得 $r_i$ 为 $\Delta_i M$ 的根, $i \geqslant 0$. 记

$$\mathcal{M}_\Delta = \sum_{M \in \mathcal{M}} \left\{ \Delta_i M \mid 0 \leqslant i \leqslant s(M) \right\}. \tag{11.3.18}$$

**引理 11.3.3**　对于 (11.3.18) 式中给出的 $\mathcal{M}_\Delta$, 有

$$\mathcal{M}_\Delta = \mathcal{M}_3 + \mathcal{M}_1, \tag{11.3.19}$$

其中 $\mathcal{M}_1$ 和 $\mathcal{M}_3$ 由 (11.3.2) 式给出.

证　对任何 $M \in \mathcal{M}$, 有 $\Delta_0 M$, $\Delta_{s(M)} M \in \mathcal{M}_1$. 以及, 当 $v_i = ((\mathcal{P}\alpha\beta)^i r, R_i)$ 为割点时, $\Delta_i M \in \mathcal{M}_1$. 否则, 因为 $Kr_i$ 既不是自环, 也不会是割边, 有, $\Delta_i M \in \mathcal{M}_3$. 从而, (11.3.19) 式左端集合是右端的一个子集.

反之, 对于 $M_1 \in \mathcal{M}_1$, 因为它的根节点 $v_r$ 也是在 $M = M_1 - a_1, a_1 = e_r(M_1)$, 的根节点处. 且若 $v_r$ 是 $M$ 的割点, 则在根面上至少出现两次. 又易见, $M \in \mathcal{M}$. 故存在 $i > 0$, 使得 $\Delta_i M = M_1 \in \mathcal{M}_\Delta$. 否则, 对于 $M_1 \in \mathcal{M}_3$, 因它的根节点和根边 $a_1 = Kr_1$ 的非根端同在 $M = M_1 - a_1$ 的根面边界上, 存在 $i > 0$, 使得 $M_1 = \Delta_i M$.

同样, 易见 $M \in \mathcal{M}$. 从而, 也有 $M_1 \in \mathcal{M}_\Delta$. 即 (11.3.19) 式右端集合也是左端的一个子集. □

对偶地, 对 $M = (\mathcal{X}, \mathcal{J}) \in \mathcal{M}$, 由

$$(r_i, \mathcal{J}^{m(M)-i+2}r, \cdots, \mathcal{J}^{m(M)-1}r)$$

和 $(\alpha\beta r_i, r, \mathcal{J}r, \cdots, \mathcal{J}^{m(M)-i+1}r)$ 分别作为根节点和根边 $Kr_i$ 的非根端, 在 $M$ 上的扩充而得到的地图, 被称为 $M$ 的第 $i$-降量. 用 $\nabla_i(M) = (\mathcal{X}_i, \mathcal{J}_i)$, $0 \leqslant i \leqslant m(M)$, 表示, 自然, $\mathcal{X}_i = \mathcal{X} + Kr_i$ 和 $\mathcal{J}_i$ 仅在上面的二节点 $v_{r_i}$ 和 $v_{\beta r_i}$ 处与 $\mathcal{J}$ 不同. 注意, $\nabla_0 M$ 的根节点 $v_{r_0} = (r_0)$ 和根边 $Kr_0$ 的非根端 $v_{\beta r_0} = (\alpha\beta r_0, r, \cdots, \mathcal{J}^{m(M)-1}r)$. 而 $\nabla_{m(M)} M$ 的根节点, $v_{r_{m(M)}} = (r_{m(M)}, r, \cdots, \mathcal{J}^{m(M)-1}r)$ 和根边 $Kr_{m(M)}$ 的非根端 $v_{\beta r_{m(M)}} = (\alpha\beta r_{m(M)})$. 相仿地, 记

$$\mathcal{M}_\nabla = \sum_{M \in \mathcal{M}} \left\{ \nabla_i M \mid 0 \leqslant i \leqslant m(M) \right\}, \tag{11.3.20}$$

其中 $m(M)$ 为 $M$ 的根节点的次.

**引理 11.3.4** 对 $\mathcal{M}_\nabla$, 有

$$\mathcal{M}_\nabla = \mathcal{M}_3 + \mathcal{M}_2, \tag{11.3.21}$$

其中 $\mathcal{M}_2$ 和 $\mathcal{M}_3$ 由 (11.3.2) 式给出.

**证** 引理 11.3.3 的对偶形式. □

令 $\mathcal{M}_{\langle i \rangle} = \{M - a \mid \forall M \in \mathcal{M}_i\}$ 和 $\mathcal{M}_{(i)} = \{M \bullet a \mid \forall M \in \mathcal{M}_i\}$, $a = e_r(M)$, $i = 1, 2, 3$.

**引理 11.3.5** 对于 $\mathcal{M}_{\langle i \rangle}, \mathcal{M}_{(i)}, i = 1, 2, 3$, 有

$$\mathcal{M}_{\langle 3 \rangle} \bigcup \mathcal{M}_{\langle 1 \rangle} = \mathcal{M} \tag{11.3.22}$$

和

$$\mathcal{M}_{(3)} \bigcup \mathcal{M}_{(2)} = \mathcal{M}. \tag{11.3.23}$$

**证** 由对偶性, 只需证明 (11.3.22) 式和 (11.3.23) 式之一. 这里, 取前者.

因为易检验, $\mathcal{M}_{\langle 3 \rangle}$ 和 $\mathcal{M}_{\langle 1 \rangle}$ 均为 $\mathcal{M}$ 的子集, (11.3.22) 式左端的集合是右端的一个子集.

另一方面, 由 (11.3.15)~(11.3.17) 式的过程, 又可以验证 (11.3.22) 式右端的集合也为左端的一个子集. □

从 (11.3.20) 式, 有

$$f_\Delta = \sum_{M \in \mathcal{M}_\Delta} \chi(\mathcal{M} - a) x^{m(M)} y^{s(M)} z^{n(M)}$$

$$= xz \sum_{M \in \mathcal{M}} \chi(M) x^{m(M)} \sum_{i=1}^{s(M)+1} y^i z^{n(M)}.$$

由于

$$\sum_{i=1}^{s(M)+1} y^i = y \frac{1 - y^{s(M)+1}}{1 - y},$$

即可得

$$f_\Delta = \frac{xyz}{1 - y} (f_{\mathcal{M}}^*(\chi) - y f_{\mathcal{M}}(\chi)), \tag{11.3.24}$$

其中的 $f_{\mathcal{M}}(\chi)$ 和 $f_{\mathcal{M}}^*(\chi)$ 的意义与 (11.3.7) 式相同.

这样, 由引理 11.3.3, 有

$$f_A = \sum_{M \in \mathcal{M}_3} \chi(M - a) x^{m(M)} y^{s(M)} z^{n(M)}$$

$$= f_\Delta - \frac{f_1}{\nu x}.$$

进而, 由 (11.3.22) 式和 (11.3.7) 式, 即得

$$f_A = \frac{xyz(f_{\mathcal{M}}^*(\chi) - y f_{\mathcal{M}}(\chi))}{1 - y} - xyz f_{\mathcal{M}}(\chi) f_{\mathcal{M}}^*(\chi)$$

$$= xyz \left( \frac{f_{\mathcal{M}}^*(\chi) - y f_{\mathcal{M}}(\chi))}{1 - y} - f_{\mathcal{M}}(\chi) f_{\mathcal{M}}^*(\chi) \right). \tag{11.3.25}$$

对偶地, 有

$$f_B = xyz \frac{(f_{\mathcal{M}}^+(\chi) - x f_{\mathcal{M}}(\chi))}{1 - x} - xyz f_{\mathcal{M}}(\chi) f_{\mathcal{M}}^+(\chi), \tag{11.3.26}$$

其中 $f_{\mathcal{M}}^+(\chi) = f_{\mathcal{M}}(\chi)|_{x=1}$ 和 $f_{\mathcal{M}}(\chi)$ 与 (11.3.24) 式的相同.

基于 (1.2.12) 式, 由 (11.3.25) 式和 (11.3.26) 式, 可得

$$f_3 = f_{\mathcal{M}_3}(\chi) = f_A + f_B$$

$$= xyz \left( \frac{f_{\mathcal{M}}^*(\chi) - y f_{\mathcal{M}}(\chi)}{1 - y} + \frac{f_{\mathcal{M}}^+(\chi) - x f_{\mathcal{M}}(\chi)}{1 - x} \right)$$

$$- xyz (f_{\mathcal{M}}^*(\chi) - f_{\mathcal{M}}^+(\chi)) f_{\mathcal{M}}(\chi). \tag{11.3.27}$$

**定理 11.3.1** 带参数 $\mu$ 和 $\nu$ 的三个变量 $x, y$ 和 $z$ 的函数 $f = f(x, y, z)$ 的方程

$$\left(1 + xyz\left(\frac{y}{1-y} + \frac{x}{1-x}\right)\right.$$

$$\left. - xyz(\nu x - 1)f^* - xyz(\mu y - 1)f^+\right)f$$

$$= 1 + xyz\left(\frac{f^*}{1-y} + \frac{f^+}{1-x}\right), \tag{11.3.28}$$

其中 $f^* = f(x,1,z)$ 和 $f^+ = f(1,y,z)$, 在环 $\mathcal{L}\{\Re; x,y,z\}$ 中是适定的. 这里, $\Re$ 为以 $\mu$ 和 $\nu$ 为未定元的整多项式组成的环. 并且, 它的解就是 $f = f_{\mathcal{M}}(\chi)$.

**证**  关于适定性, 可以按通常的方法. 这里, 仅证明后一个结论, 即验证由 (11.3.1) 式给出的 $f_{\mathcal{M}}(\chi)$, 是方程 (11.3.28) 的这个解.

事实上, 由 (10.3.2) 式知, $f_{\mathcal{M}}(\chi) = f_0 + f_1 + f_2 + f_3$. 用 (11.3.3) 式, (11.3.7) 式, (11.3.12) 式和 (11.3.27) 式分别代替 $f_0, f_1, f_2$ 和 $f_3$. 经过整理, 即可得 (11.3.28) 式.

因为方程 (11.3.28) 是 $f$ 的线性形式, 这就允许利用一次特征方程的方法, 先确定出 $f^*$ 和 $f^+$. 然后, 求 $f$ 的级数形式.

## §11.4  不可分离梵和

令 $\mathcal{N}$ 为所有带根不可分离平面地图的集合. 注意, 自环地图 $L_1 = (r, (r, \alpha\beta r))$ 和杆地图 $L_0 = (Kr, (r)(\alpha\beta r))$ 均在其中. 但节点地图 $\vartheta$ 则排除在外. 这里所要讨论的梵和函数为

$$f_{\mathcal{N}}(\chi; x, y, z) = f_{\mathcal{N}}(\chi) = \sum_{N \in \mathcal{N}} \chi(N) x^{m(N)} y^{s(N)} z^{n(N)}. \tag{11.4.1}$$

其中 $m(N), s(N)$ 和 $n(N)$ 与 §11.3 一样分别为 $N$ 的根节点次, 根面次和度 (边数).

现在, 将 $\mathcal{N}$ 划分为三类, 即

$$\mathcal{N} = \mathcal{N}_0 + \mathcal{N}_1 + \mathcal{N}_2, \tag{11.4.2}$$

其中 $\mathcal{N}_0 = L_1$, 即仅含自环地图, $\mathcal{N}_1 = L_0$, 即仅含杆地图和 $\mathcal{N}_2$ 为除 $L_0$ 和 $L_1$ 之外的所有 $\mathcal{N}$ 中的地图.

因为自环地图 $L_1$ 有 $m(L_1) = 2, s(L_1) = 1, n(L_1) = 1$, 以及由 (1.2.12) 式, $\chi(L_1) = v$, 可得

$$f_0 = f_{\mathcal{N}_0}(\chi) = \nu x^2 yz. \tag{11.4.3}$$

由 $L_1$ 和 $L_0$ 之间的平面性, 有

$$f_1 = f_{\mathcal{N}_1}(\chi) = \mu xy^2 z. \tag{11.4.4}$$

这样, 确定 $\mathcal{N}_2$ 在 $f_{\mathcal{N}}(\chi) = f_{\mathcal{N}}(\chi; x, y, z)$ 中所占的部分 $f_2 = f_{\mathcal{M}_2}(\chi)$ 是下面一个主要任务. 因为对任何 $N \in \mathcal{N}_2$, 它的根边 $a = e_r(N)$ 既非自环又非割边, 由 (1.2.12) 式, 就要确定

$$f_A = \sum_{N \in \mathcal{N}_2} \chi(N - a) x^{m(N)} y^{s(N)} z^{n(N)} \tag{11.4.5}$$

和

$$f_B = \sum_{N \in \mathcal{N}_2} \chi(N \bullet a) x^{m(N)} y^{s(N)} z^{n(N)} \tag{11.4.6}$$

以使

$$f_2 = f_A + f_B. \tag{11.4.7}$$

**引理 11.4.1**   令 $\mathcal{N}_{(2)} = \{N - a | \forall N \in \mathcal{N}_2\}, a = e_r(N)$, 则有

$$\mathcal{N}_{(2)}(m) = (\mathcal{N} - L_1)_{m-1} \hat{\times} \sum_{k \geqslant 0} (\mathcal{N} - L_1)^{\hat{\times} k}, \tag{11.4.8}$$

其中, $\hat{\times}$ 为链 $1v$-乘法 (如 §7.1 中所示),

$$\mathcal{N}_{(2)}(m) = \{N - a | \forall N \in \mathcal{N}_2, m(N) = m\} \tag{11.4.9}$$

和

$$(\mathcal{N} - L_1)_{m-1} = \{N | \forall N \in \mathcal{N} - L_1, m(N) = m - 1\} \tag{11.4.10}$$

对于 $m \geqslant 2$.

证   与引理 10.3.1 的证明相仿. 但这里要注意在 $\mathcal{N}$ 中含自环地图 $L_1$.       ▯

**引理 11.4.2**   令 $\mathcal{N}_{(2)} = \{N \bullet a | \forall N \in \mathcal{N}_2\}, a = e_r(N)$, 则有

$$\mathcal{N}_{(2)}(s) = (\mathcal{N} - L_0)_{s-1} \times \cdot \sum_{k \geqslant 0} (\mathcal{N} - L_0)^{\times k}, \tag{11.4.11}$$

其中 $\times\cdot$ 为内 $1v$-乘法 (如 §7.1 中所示),

$$\mathcal{N}_2(s) = \{N \bullet a | \forall N \in \mathcal{N}_2, s(N) = s\} \tag{11.4.12}$$

和

$$(\mathcal{N} - L_0)_{s-1} = \{N | \forall N \in \mathcal{N} - L_0, s(N) = s - 1\} \tag{11.4.13}$$

对于 $s \geqslant 2$.

证   实际上, 即引理 11.4.1 的对偶情形.       ▯

由引理 11.4.1, 有

$$f_A = xyz \Delta_{\mathcal{N} - L_1} \sum_{k \geqslant 0} (\Delta_{\mathcal{N} - L_1}^+)^k$$

$$= \frac{xyz\Delta_{\mathcal{N}-L_1}}{1 - \Delta_{\mathcal{N}-L_1}^+}, \tag{1}$$

其中

$$\Delta_{\mathcal{N}-L_1} = \sum_{N \in \mathcal{N}-L_1} \chi(N) x^{m(N)} \sum_{i=1}^{s(N)-1} y^i z^{n(N)}.$$

利用定理 1.6.4, 得

$$\begin{aligned} \Delta_{\mathcal{N}-L_1} &= \partial_y(f_{\mathcal{N}}(\chi) - \nu x^2 yz) \\ &= \partial_y f_{\mathcal{N}}(\chi) \end{aligned} \tag{2}$$

和

$$\begin{aligned} \Delta_{\mathcal{N}-L_1}^+ &= \sum_{N \in \mathcal{N}-L_1} \chi(N) \sum_{i=1}^{s(N)-1} y^i z^{n(N)} \\ &= \Delta_{\mathcal{N}-L_1}|_{x=1} \\ &= \partial_y f_{\mathcal{N}}^+(\chi). \end{aligned} \tag{3}$$

从而, 将 (2) 式和 (3) 式代入 (1) 式, 有

$$f_A = \frac{xyz\partial_y f_{\mathcal{N}}}{1 - \partial_y f_{\mathcal{N}}^+}. \tag{11.4.14}$$

其中 $f_{\mathcal{N}} = f_{\mathcal{N}}(\chi)$ 和 $f_{\mathcal{N}}^+ = f_{\mathcal{N}}(\chi)|_{x=1}$, 以及 $\partial_y$ 为 (1.6.8) 式给出的 $\langle 1, y \rangle$-差分.

对偶地, 由引理 11.4.2, 有

$$\begin{aligned} f_B &= xyz\nabla_{\mathcal{N}-L_0} \sum_{k \geqslant 0} (\nabla_{\mathcal{N}-L_0}^*)^k \\ &= \frac{xyz\nabla_{\mathcal{N}-L_0}}{1 - \nabla_{\mathcal{N}-L_0}^*}, \end{aligned} \tag{I}$$

其中

$$\nabla_{\mathcal{N}-L_0} = \sum_{N \in \mathcal{N}-L_0} \chi(N) \sum_{j=1}^{m(N)-1} x^j y^{s(N)} z^{n(N)}.$$

利用定理 1.6.4, 得

$$\begin{aligned} \nabla_{\mathcal{N}-L_0} &= \partial_x(f_{\mathcal{N}}(\chi) - \mu xy^2 z) \\ &= \partial_x f_{\mathcal{N}}(\chi) \end{aligned} \tag{II}$$

和

$$\nabla_{\mathcal{N}-L_0}^* = \nabla_{\mathcal{N}-L_0}|_{y=1} = \partial_x f_{\mathcal{N}}^*(\chi). \tag{III}$$

从而, 将 (II) 式和 (III) 式代入 (I) 式, 有

$$f_B = \frac{xyz\partial_x f_{\mathcal{N}}}{1 - \partial_x f_{\mathcal{N}}^*}. \tag{11.4.15}$$

其中 $f_{\mathcal{N}}^* = f_{\mathcal{N}}^*(\chi) = f_{\mathcal{N}}(\chi)|_{y=1}$, $f_{\mathcal{N}} = f_{\mathcal{N}}(\chi)$ 和 $\partial_x$ 为 (1.6.8) 式给出的 $\langle 1, x\rangle$-差分.

**定理 11.4.1**　关于带两个参数 $\mu$ 和 $\nu$ 的三个变量的函数 $f = f(x, y, z)$ 的方程

$$f - xyz\left(\frac{\partial_y f}{1 - \partial_y f^+} + \frac{\partial_x f}{1 - \partial_x f^*}\right) = \nu x^2 yz + \mu xy^2 z, \tag{11.4.16}$$

其中 $f^* = f(x, 1, z)$ 和 $f^+ = f(1, y, z)$, 在环 $\mathcal{L}\{\mathfrak{R}; x, y, z\}$ 中是适定的. 这里, $\mathfrak{R}$ 为 $\mu$ 和 $\nu$ 的整多项式组成的环. 并且, 它的解就是 $f = f_{\mathcal{M}}(\chi)$, 如 (11.4.1) 式所示.

**证**　关于适定性, 可以按通常的方法. 这里仅验证 $f = f_{\mathcal{M}}(\chi)$ 是方程 (11.4.16) 的这个解.

首先, 由 (11.4.2) 式知, $f_{\mathcal{M}}(\chi) = f_0 + f_1 + f_2$. 再由 (11.4.7) 式, $f = f_0 + f_2 + f_A + f_B$. 最后由 (11.4.3) 式, (11.4.4) 式, (11.4.14) 式和 (11.4.15) 式, 经过整理, 即可得 $f = f_{\mathcal{N}}(\chi)$ 满足方程 (11.4.16).

事实上, 方程 (11.4.16) 也是 $f$ 的线性形式. 从原则上可以用一次特征方程法, 通过参数表达式求解.

## §11.5　曲面上的梵和

在 §11.4 的基础上, 进一步研究在曲面上的双不可分离地图 (这里同时含环地图 $L_1$ 和杆地图 $L_0$) 的梵和函数. 仍取这个多项式为 $\chi$, 即色范式, 如 (1.2.12) 式所确定.

令 $\mathcal{D}$ 为所有可定向双不可分离根地图的集合, 其梵和函数为

$$d = f_{\mathcal{D}}(\chi; x, y, z), \tag{11.5.1}$$

其中 $x, y$ 和 $z$ 的幂分别表示度 (棱数), 根点次和根面次.

将 $\mathcal{D}$ 分为三类, 即

$$\mathcal{D} = \mathcal{D}_1 + \mathcal{D}_2 + \mathcal{D}_3, \tag{11.5.2}$$

其中 $\mathcal{D}_1$ 仅由环地图 $L_1 = (Kr, (r, \gamma r))$ 组成和 $\mathcal{D}_2$ 仅由杆地图 $L_0 = (Kr, (r)(\gamma r))$ 组成. 自然, $\mathcal{D}_3$ 为 $\mathcal{D}$ 中除 $L_1$ 和 $L_0$ 外的所有地图组成. 注意, $\mathcal{D}$ 与 §10.6 中的 $\mathcal{U}$ 不同在于含 $L_1$, 只是为了处理上的方便.

**引理 11.5.1**　对于 $\mathcal{D}_1$, 有

$$d_1 = \nu xy^2 z, \tag{11.5.3}$$

其中 $d_1 = f_{\mathcal{D}_1}(\chi(L_1); x, y, z)$, 即 $\mathcal{D}_1$ 的梵和函数.

**证**  由于 $\chi(L_1) = \nu$ 以及 $L_1$ 度为 1, 根点次 2 和根面次 1, 即明.  ♭

**引理 11.5.2**  对于 $\mathcal{D}_2$, 有

$$d_2 = \mu xyz^2, \tag{11.5.4}$$

其中 $d_2 = f_{\mathcal{D}_2}(\chi(L_0); x, y, z)$, 即 $\mathcal{D}_2$ 的梵和函数.

**证**  由 $\chi(L_0) = \mu$ 以及 $L_0$ 度为 1, 根点次 1 和根面次 2, 即明.  ♭

主要部分在于讨论 $\mathcal{D}_3$. 因为对于一个地图 $M$ 和它的一个既非环又非割得棱 $a$, 有 $\chi(M; \mu, \nu) = \chi(M-a; \mu, \nu) + \chi(M \bullet a; \mu, \nu)$, 需要考虑 $\mathcal{D}_{\langle 3 \rangle} = \{M - a | \forall M \in \mathcal{D}_3\}$ 和 $\mathcal{D}_{(3)} = \{M \bullet a | \forall M \in \mathcal{D}_3\}$ 的结构, 其中 $a$ 为 $M$ 的根棱.

由 $\mathcal{D}_{\langle 3 \rangle}$ 与 $\mathcal{D}_{(3)}$ 之间的对偶性, 仅以后者为例.

**引理 11.5.3**  对于任何 $M = (\mathcal{X}, \mathcal{J}) \in \mathcal{D}_{(3)}$, 存在一个非负整数 $k$, 使得

$$M = M_0 +\cdot M_1 +\cdot M_2 +\cdot \cdots +\cdot M_k, \tag{11.5.5}$$

其中 $+\cdot$ 为上链 $1v$-加法.

**证**  因为 $M$ 的分离节点只能是它的根顶点. 由此, 必存在整数 $k \geqslant 0$ 使得具有形如 (11.5.5) 式.  ♭

令 $M' = M \bullet a$, $M = (\mathcal{X}, \mathcal{J}) \in \mathcal{D}_3$, $a = Kr$, $r = r(M)$. 记 $r' = r(M') = \mathcal{J}r$. 若在 $M'$ 中有 $k+1$, $k \geqslant 0$, 个不可分离块 $M_0, M_1, \cdots, M_k$, 设 $r_0 = r'$, $r_1 = \mathcal{J}^{i_1}r, \cdots$, $r_k = \mathcal{J}^{i_k}$, $0 < i_1 < i_2 < \cdots < i_k < s(M) - 1$.

不妨设 $l_0 = \mathcal{J}\gamma r$, $\gamma = \alpha\beta$, $l_1 = \mathcal{J}r^{j_1}r, \cdots, l_k = \mathcal{J}r^{j_k}r$, $1 = j_0 < j_i < \cdots < j_k$, 分别为 $M_0, M_2, \cdots, M_k$ 首遇元素. 将 $st_C(M_i) = i_{i+1} - i_i$, $i_{k+1} = st(M)$, $0 \leqslant i \leqslant k$, 称为 $M'$ 占 $M$ 的面 $i$-根段. 对偶地, 可知点 $i$-根段 $t_C(M_i)$ 的涵义.

注意, $M_i$, $0 \leqslant i \leqslant k$, 的根顶点为

$$v_r(M_i) = \begin{cases} (r_0, \mathcal{J}^2 r, \cdots, \mathcal{J}^{i_1-1}r, \\ \quad l_0, \mathcal{J}^2 r, \cdots, \mathcal{J}^{j_1-1}r), \text{当 } i = 0; \\ (r_1, \mathcal{J}^{i_1+1}r, \cdots, \mathcal{J}^{i_2-1}r, \\ \quad l_1, \mathcal{J}^{j_1+1}r, \cdots, \mathcal{J}^{j_2-1}r), \text{当 } i = 1; \\ \cdots\cdots\cdots \\ (r_k, \mathcal{J}^{i_k+1}r, \cdots, \mathcal{J}^{s(M)-1}r, \\ \quad l_k, \mathcal{J}\gamma^{j_k+1}r, \cdots, \mathcal{J}^{-1}r), \text{当 } i = k. \end{cases} \tag{11.5.6}$$

**引理 11.5.4**  在 (11.5.5) 式中, 有

$$\mathcal{M}_i = \sum_{M \in \underline{\mathcal{D}}(k)} \{M_i\} = \mathcal{D}, \tag{11.5.7}$$

其中 $1 \leqslant i \leqslant k$ 和 $\underline{\mathcal{D}}(k) = \{D | \forall D \in \mathcal{D}_3, D \bullet a$ 形如 (11.5.5) 式$\}$.

证　因为 $M_i$ 都是不可分离块, 有 $\mathcal{M}_i \subseteq \mathcal{D}$.

反之, 对任何 $M \in \mathcal{D}$, 总可造一个 $D \in \mathcal{D}_3$ 使得 $M' = D \bullet a$, $a = Kr(D)$ 有 $k$ 的不可分几离块, 而且 $M'_i = M_i$. 这就意味 $M \in \mathcal{M}_i$. 从而, $\mathcal{D} \subseteq \mathcal{M}_i$.   ♮

**引理 11.5.5**　令 $\underline{\mathcal{D}}(k) = \{M | \forall M_i \in \mathcal{D}, M$ 形如 (11.5.5) 式$\}$, 则有

$$\mathcal{D}_{(3)} = \sum_{k \geqslant 0} \underline{\mathcal{D}}(k). \tag{11.5.8}$$

证　对任何 $M \in \mathcal{D}_{(3)}$, 由于存在 $M' \in \mathcal{D}_3$ 使得 $M = M' - a'$, $a' = Kr(M')$, 从引理 11.5.3 知, $M$ 形如 (11.5.5) 式. 因此, 存在 $k \geqslant 0$ 使得 $M \in \underline{\mathcal{D}}(k)$.

反之, 若 $M \in \underline{\mathcal{D}}(k)$, 某 $k \geqslant 0$, 因为 $M$ 形如 (11.5.5) 式, 则通过添加 $a'$ 可得 $M' \in \mathcal{D}_3$. 从而, $M = M' \bullet a' \in \mathcal{D}_{(3)}$.

基于这两个方面, 引理得证.   ♮

对于给定的 $k \geqslant 0$ 和 $\underline{M} = (M_0, M_1, \cdots, M_k)$, $M_i \in \mathcal{D}$ 带 $s_C(M_i)$ 和 $t_C(M_i)$, $0 \leqslant i \leqslant k$, 建立一个到 $\mathcal{D}_3$ 映射 $\tau$ 使得

$$\tau(\underline{M}) = \{D_0(\underline{M}), D_1(\underline{M}), \cdots, D_k(\underline{M})\}, \tag{11.5.9}$$

其中 $\mathcal{J}\gamma r = l_i$, $0 \leqslant i \leqslant k$, $r$ 是它们共同的根.

**引理 11.5.6**　对于 $\mathcal{D}_3$, 有

$$\mathcal{D}_3 = \sum_{k \geqslant 0} \sum_{\underline{M} \in \underline{\mathcal{D}}(k)} \{\tau(\underline{M})\}. \tag{11.5.10}$$

或者说, 集合 $\{\tau(\underline{M}) | \forall M \in \underline{\mathcal{D}}(k), k \geqslant 0\}$ 是 $\mathcal{D}_3$ 的一个剖分.

证　因为对任何不同的 $\underline{M}_1$ 和 $\underline{M}_2$, $D_i(\underline{M}_1)$ 与 $D_j(\underline{M}_2)$, $0 \leqslant i, j \leqslant k$, 都不同, 有

$$\tau(\underline{M}_1) \bigcap \tau(\underline{M}_2) = \varnothing.$$

进而, 对任何 $D \in \mathcal{D}_2$, 由引理 11.5.5, 存在 $\underline{M}$ 使得 $D \in \tau(\underline{M})$. 这就意味

$$\mathcal{D}_3 = \bigcup_{\underline{M} \in \underline{\mathcal{D}}(k), k \geqslant 0} \tau(\underline{M}).$$

基于上述两点, 即得引理.   ♮

在此基础上, 就可以确定 $\mathcal{D}_3$ 占色和函数 $u = f_{\mathcal{D}}(P; x, y, z)$ 中的份额. 由于

$$\begin{aligned}
d_3 &= \sum_{M \in \mathcal{D}_3} \chi(M; \mu, \nu) x^{m(M)} y^{s(M)} z^{t(M)} \\
&= \sum_{M \in \mathcal{D}_3} \chi(M - a; \mu, \nu) x^{m(M)} y^{s(M)} z^{t(M)} \\
&\quad + \sum_{M \in \mathcal{D}_3} \chi(M \bullet a; \mu, \nu) x^{m(M)} y^{s(M)} z^{t(M)},
\end{aligned} \tag{11.5.11}$$

其中 $a = Kr(M)$, 只需考虑右端的两个求和, 即

$$
\begin{cases}
d_3^- = \displaystyle\sum_{M \in \mathcal{D}_3} \chi(M - a; \mu, \nu) x^{m(M)} y^{s(M)} z^{t(M)}; \\
d_3^{\bullet} = \displaystyle\sum_{M \in \mathcal{D}_3} \chi(M \bullet a; \mu, \nu) x^{m(M)} y^{s(M)} z^{t(M)}.
\end{cases}
\tag{11.5.12}
$$

**引理 11.5.7**   令 $d_3^{\bullet} = xyz f_{\mathcal{D}_{(3)}}(\chi; x, y, z)$, 则

$$
d_3^{\bullet} = xyz \frac{\partial_y d}{(1 - \partial_y d_0)^2}.
\tag{11.5.13}
$$

其中 $d$ 由 (11.5.3) 式给出和 $d_0 = d|_{z=1}$.

**证**   根据引理 11.5.3, 引理 11.5.5 和 11.5.6 以及 (11.5.9) 式, 考虑可分离地图色范式与它的不可分离块色范式的关系 (§1.2), 即可得

$$
\begin{aligned}
f_{\mathcal{D}_{(3)}}(\chi; x, y, z) = \sum_{M_0 \in \mathcal{D}} \chi(M_0) x^{m(M_0)} \Big( \sum_{i=1}^{s(M_0)-1} y^i \Big) z^{t(M)} \\
\times \sum_{k \geqslant 0} (k+1) \Big( \sum_{M \in \mathcal{D}} \chi(M) x^{m(M)} \sum_{i=1}^{s(M)-1} y^i \Big)^k.
\end{aligned}
$$

其中求和的上下限表示点根段的允许范围.

利用定理 1.6.4 $(\partial_y f = \partial_{1,y} f!)$, 得

$$
\begin{aligned}
f_{\mathcal{D}_{(3)}}(\chi; x, y, z) &= \partial_y d \sum_{k \geqslant 0} (k+1)(\partial_y d_0)^k \\
&= \frac{\partial_y d}{(1 - \partial_y d_0)^2},
\end{aligned}
$$

其中 $d_0 = d|_{z=1}$ 和 $d$ 为 $\mathcal{D}$ 的梵和函数.

从而, 引理得证.                                                    ♮

对于 $\mathcal{D}_{\langle 2 \rangle}$, 由所考虑曲面地图的双不可分离性, 可见 $\mathcal{D}_{(3)}$ 与 $\mathcal{D}_{\langle 2 \rangle}$ 是互为对偶的.

**引理 11.5.8**   令 $d_3^- = xyz f_{\mathcal{D}_{(3)\rangle}}(\chi; x, y, z)$, 则

$$
d_3^- = xyz \frac{\partial_y d}{(1 - \partial_y d^0)^2},
\tag{11.5.14}
$$

其中 $d$ 由 (11.5.3) 式给出和 $d^0 = d|_{y=1}$.

**证**   由对偶性知, (11.5.14) 式从 (11.5.13) 式直接导出.                  ♮

至此, 就可以得到本节的主要结论了.

**定理 11.5.1**    关于 $f$ 的方程

$$\frac{xyz\partial_z f}{(1-\partial_z f^0)^2} + \frac{xyz\partial_y f}{(1-\partial_y f_0)^2} = f - xyz(\nu y + \mu z), \tag{11.5.15}$$

其中 $f_0 = f|_{z=1}$ 和 $f^0 = f|_{y=1}$ 在域 $\mathcal{L}\{\Re; x, y, z\}$ 上是适定的. 而且, 这个解是 $f = d$, 即 $\mathcal{D}$ 的梵和函数.

证   定理的前一结论可用与 §10.6 中提供的方法相仿地得到.

因为 $d = d_1 + d_2 + d_3$ 和 $d_3 = d_3^- + d_3^\bullet$, 由 (11.5.4) 式, (11.5.13) 式和 (11.5.14) 式, 即可导出定理的后一结论.                                                               ⊔

# §11.6   注   记

**11.6.1**    基于 (11.1.11) 式, 看起来得到双树依节点和 / 或面剖分的梵和函数的显式是有可能的, 但不像是很容易的. 对少参数的情形可以想像会得到较简单的结果.

**11.6.2**    对常数的权, 也许可以找到一些地图类, 使得能够提取相应的梵和函数所满足的方程, 以便确定一些特殊形式.

**11.6.3**    对双树, 确定它的范和函数所满足的方程, 多少是会有困难的. 而确定范和函数依节点和 / 或面割分的显式也不会是很容易的. 此后, 在 [HLH1] 中求出了双树梵和三个参数的一个显式.

**11.6.4**    基于色多项式与流多项式之间如 §1.2 中所示的对偶性, 流和函数(即当多项式取流多项式的梵和函数) 对那些已得出色和方程的地图类所满足的方程, 或者流和方程, 同样地可以确定. 从中还会有新的启示.

**11.6.5**    希望能发现一种较简单的方法解方程 (11.2.16), 而不是像 (11.2.17) 式那样. 关于外平面地图的范和还有进一步的结果, 可参见 [Liu54], [Liu49].

**11.6.6**    在 [Tut19] 中, 可以看到对于一般平面地图的范和函数所满足的方程, 在那里除多项式中的参数外还有四个参数与 §11.3 不同. 然而, §11.3 中所用的分解是与 Tutte 相同的.

**11.6.7**    虽然方程 (11.4.16) 看来较简单, 可以用一次特征方程方法, 但至今还未求得满意的显式. 原来带更多参数的情形, 可参见 [Liu48].

**11.6.8**    很有必要看一看本章中接触到的所有问题对于无根情形和/或在给定亏格的曲面上将会如何.

# 第12章 求解色和

## §12.1 一般解

这里所讨论的地图的集合 $\mathcal{M}$ 与 §10.2 的相同. $\mathcal{M}$ 仍然划分为 $\mathcal{M}_0$ 和 $\mathcal{M}_I$. 然而, 色和函数却为 $f_{\mathcal{M}}(P,x.y.z) = f_{\mathcal{M}}(P)$,

$$f_{\mathcal{M}}(P) = \sum_{M \in \mathcal{M}} P(M, \lambda) x^{m(M)} y^{s(M)} z^{n(M)}, \tag{12.1.1}$$

其中, $m(M), s(M)$ 和 $n(M)$ 分别为 $M$ 的根节点次, 根面次和度 (边数). 与 §10.2 中考虑面剖分不同, 在于求取 (12.1.1) 式给出的本身, 以及它的二变元的带参数 $\lambda$ 的显式. 记

$$f_{\mathcal{M}}^{+} = f_{\mathcal{M}}(P; 1, y, z), \quad f_{\mathcal{M}}^{*} = f_{\mathcal{M}}(P; x, 1, z).$$

当然, $f_{\mathcal{M}}^{+*} = f_{\mathcal{M}}(P; 1, 1, z) = f_{\mathcal{M}}^{*+}$ 就是 §10.2 中的 $h$, 但那里的 $y$ 是这里的 $z$.

因为 $\mathcal{M}_0$ 仅由杆地图组成, 和对杆地图 $L_0 = (r, (r)(\alpha\beta r))$, $m(L_0) = 1$, $s(L_0) = 2$, $n(L_0) = 1$, 以及 $P(L_0) = \lambda(\lambda - 1)$, 有

$$f_{\mathcal{M}_0}(P) = \lambda(\lambda - 1) x y^2 z. \tag{12.1.2}$$

相仿地, 令

$$f_A = \sum_{M \in \mathcal{M}_I} P(M - a) x^{m(M)} y^{s(M)} z^{n(M)},$$

$$f_B = \sum_{M \in \mathcal{M}_I} P(M \bullet a) x^{m(M)} y^{s(M)} z^{n(M)}, \tag{12.1.3}$$

其中 $a = e_r(M)$, 即地图 $M$ 的根边.

由引理 10.2.1, 考虑到 $P(M_1 +_r M_2) = \dfrac{1}{\lambda} P(M_1) P(M_2)$ 和 $\mathcal{M}_I$ 中地图与 $\mathcal{M}_{\langle I \rangle}$ 中的根节点次, 根面次以及度之间的关系, 有

$$f_A = \frac{xyz}{\lambda} f_{\mathcal{M}}(P) \sum_{k \geqslant 1} \frac{(f_{\mathcal{M}}^{+})^k}{\lambda^{k-1}}$$

$$= \frac{xz \dfrac{f_{\mathcal{M}}(P) f_{\mathcal{M}}^{+}}{\lambda y}}{1 - \dfrac{f_{\mathcal{M}}^{+}}{\lambda y}}$$

$$= \frac{xzf_{\mathcal{M}}}{\lambda y - f_{\mathcal{M}}^+}, \tag{12.1.4}$$

其中 $f_{\mathcal{M}}^+ = f_{\mathcal{M}}(P)|_{x=1}$.

为了求取 $f_B$, $\mathcal{M}_{(\mathrm{I})} = \{M \bullet a | \forall M \in \mathcal{M}_{\mathrm{I}}\}$, 如 §10.2 一样, 要分为两类: $\mathcal{M}_{\mathrm{S}}$ 和 $\mathcal{M}_{\mathrm{N}}$, 记

$$\mathcal{M}_{\mathrm{I}}^{\mathrm{N}} = \{M | \forall M \in \mathcal{M}_{\mathrm{I}}, M \bullet a \in \mathcal{M}_{\mathrm{N}}\}$$

和

$$\mathcal{M}_{\mathrm{I}}^{S} = \{M | \forall M \in \mathcal{M}_{\mathrm{I}}, M \bullet a \in \mathcal{M}_{\mathrm{S}}\},$$

则有

$$\mathcal{M}_{\mathrm{I}} = \mathcal{M}_{\mathrm{I}}^{\mathrm{N}} + \mathcal{M}_{\mathrm{I}}^{S}. \tag{12.1.5}$$

利用引理 10.2.2, 考虑到 $\mathcal{M}_{\mathrm{I}}^{\mathrm{N}}$ 中地图与 $\mathcal{M}_{\mathrm{N}}$ 的地图间根节点次, 根面次和度之间的关系, 有

$$f_{\mathrm{N}} = \sum_{M \in \mathcal{M}_{\mathrm{I}}^{\mathrm{N}}} P(M \bullet a) x^{m(M)} y^{s(M)} z^{n(M)}$$

$$= xyz^2 f_{\mathcal{M}_{\mathrm{N}}}(P).$$

又, 考虑到 (10.2.7) 式中, 对 $M_1, M_2 \in \mathcal{M}$,

$$P(M_1 + |M_2) = \frac{1}{\lambda(\lambda - 1)} \left( \frac{1}{y} f_{\mathcal{M}}(P) \right) \frac{f_{\mathcal{M}}^+}{y}.$$

从而, 有

$$f_{\mathrm{N}} = \frac{xz}{\lambda(\lambda - 1)y} f_{\mathcal{M}}(P) f_{\mathcal{M}}^+, \tag{12.1.6}$$

其中 $f_{\mathcal{M}}^+ = f_{\mathcal{M}}(P)|_{x=1}$.

然而, 对 $\mathcal{M}_{\mathrm{S}}$ 这里不用引理 10.2.3, 而是用另一种分解.

**引理 12.1.1**   对 $\mathcal{M}_S$, 有

$$\mathcal{M}_{\mathrm{S}} = \mathcal{M} - L_0 \tag{12.1.7}$$

和

$$\mathcal{M}_{\mathrm{I}}^S = \sum_{M \in \mathcal{M} - L_0} \left\{ \nabla_i M | \, 1 \leqslant i \leqslant m(M) \right\}. \tag{12.1.8}$$

其中 $L_0$ 为杆地图和 $\nabla_i M$, 与 §8.1 中一样, 是 $M$ 的第 $i$ - 降量.

**证**   容易看出, $\mathcal{M}_{\mathrm{S}}$ 不含 $L_0$ 这个杆地图. 从而, $\mathcal{M}_{rsS} \subseteq \mathcal{M} - L_0$. 反之, 对任何 $M \in \mathcal{M} - L_0$, 因为根节点次 $m(M) \geqslant 2$, 总可通过劈分它的根节点得 $M'$, 使得与

$M$ 一样是外平面的, 不可分离而且简单的. 自然, $M' \in \mathcal{M}_\mathrm{I}$, 并且 $M = M' \bullet a'$, $a' = e_r(M')$. 即 $M \in \mathcal{M}_\mathrm{S}$. 从而, $\mathcal{M} - L_0 \subseteq \mathcal{M}_\mathrm{S}$.

关于 (12.1.8) 式, 则可以与引理 8.1.6 相仿地证明. 但, 这里要注意不可分离性, 外平面性和简单性.

由引理 12.1.1 中的 (12.1.8) 式, 考虑到 $\mathcal{M} - L_0$ 中的地图与 $\mathcal{M}_\mathrm{I}^\mathrm{S}$ 中的在根节点次, 根面度和度之间的关系, 有

$$f_\mathrm{S} = \sum_{M \in \mathcal{M}_\mathrm{I}^\mathrm{S}} P(M) x^{m(M)} y^{s(M)} z^{n(M)}$$

$$= xyz \nabla_{\mathcal{M}-L_0},$$

其中

$$\nabla_{\mathcal{M}-L_0} = \sum_{M \in \mathcal{M}-L_0} P(M) \sum_{i=1}^{m(M)-1} x^i y^{s(M)} z^{n(M)}$$

$$= \sum_{M \in \mathcal{M}-L_0} P(M) \frac{x - x^{m(M)}}{1-x} y^{s(M)} z^{n(M)}$$

$$= \frac{xf^+ - f_\mathcal{M}(P)}{1-x}.$$

将它代入上式, 即得

$$= \frac{xyz}{1-x} \left( xf^+ - f_\mathcal{M}(P) \right). \tag{12.1.9}$$

**定理 12.1.1**　关于以 $\lambda$ 为参数的函数 $f = f(x,y,z)$ 的方程

$$\left( 1 - xz \left( \frac{f^+}{\lambda y - f^+} + \frac{y}{1-x} - \frac{f^+}{\lambda(\lambda-1)y} \right) \right) f$$

$$= xyz \left( \lambda(\lambda-1)y - \frac{x}{1-x} f^+ \right), \tag{12.1.10}$$

其中 $f^+ = f(1,y,z)$, 在环 $\mathcal{L}\{\mathfrak{R}; x,y,z\}$ 上是适定的. 这里, $\mathfrak{R}$ 为 $\lambda$ 的整系数多项式环. 而且, 这个解就是 $f = f_\mathcal{M}(P)$.

**证**　因为适定性的证明是通常的, 仅证明定理的后一结论.

事实上, 由于 $f = f_0 + f_A - (f_\mathrm{S} + f_\mathrm{N})$, 其右端的四项分别由 (12.1.2) 式, (12.1.4) 式, (12.1.9) 式和 (12.1.6) 式求出. 将它们代入之后, 再经过合并同类项, 即可得 $f = f_\mathcal{M}(P)$ 满足方程 (12.1.10).

从方程 (12.1.10) 对 $f$ 是线性的, 可以用一次特征方程的方法, 即将 $x = \xi$ 看作为 $y$ 和 $z$ 的级数作为参数, 使得满足

$$1 - z\xi \left( \frac{f^+}{\lambda y - f^+} + \frac{f^+}{\lambda(\lambda-1)y} - \frac{zy}{1-\xi} \right) = 0,$$

$$\lambda(\lambda - 1)y - \frac{\xi}{1 - \xi}f^+ = 0. \tag{12.1.11}$$

由 (12.1.11) 式的第二个方程, $f^+$ 可表示为 $\xi$ 和 $y$ 的函数. 然后, 根据它的第一方程, 将 $z$ 也表示为 $\xi$ 和 $y$ 的函数. 这就得到

$$f^+ = \frac{\lambda(\lambda - 1)y(1 - \xi)}{\xi},$$

$$z = \frac{1 - \xi}{y\xi - \dfrac{\lambda - 1 - \xi}{\lambda - 1 - \lambda\xi}(1 - \xi)^2}. \tag{12.1.12}$$

基于 (12.1.12) 式, 可以利用推论 1.5.2, 在 $\xi = 1$ 处, 将 $f^+$ 展开为 $z$ 的级数, 即有

$$f^+ = \lambda(\lambda - 1)y \left( zy + \sum_{\substack{\lceil \frac{n+1}{2} \rceil \leqslant s \leqslant n \\ n \geqslant 2}} D_{n,s}(\lambda)y^s z^n \right), \tag{12.1.13}$$

其中

$$D_{n,s} = \sum_{j=0}^{2s-n-1} C_{n,s,j} A_{n-s}^{n-s}(2s - n - j - 1; \lambda), \tag{12.1.14}$$

$$C_{n,s,j} = \frac{(-1)^j(n-1)!(s-2)!}{s!(n-s)!j!(2s-n-j-1)!(s-j-2)!}, \tag{12.1.15}$$

$$\begin{aligned}
A_p^q(r; \lambda) &= (-1)^{q+r}\frac{\mathrm{d}^r}{\mathrm{d}\xi^r}\left( \frac{(\lambda - 1 - \xi)^p}{(\lambda - 1 - \lambda\xi)^q} \right)\bigg|_{\xi=1} \\
&= \sum_{j=0}^{r} \frac{\lambda^{r-j}(\lambda - 2)^{p-j}}{(\lambda - 1)^{p-q}} B_{p,q}(r, j), \tag{12.1.16}
\end{aligned}$$

$$B_{p,q}(r, j) = \frac{p!(q+r-j-1)!r!}{(p-j)!(q-1)!j!(j-1)!} \tag{12.1.17}$$

对 $p, q, r \geqslant 0, 0 \leqslant j \leqslant r$.

进而, 依 (12.1.2) 式, 由于

$$f = \frac{\lambda(\lambda - 1)xy^2 z\dfrac{\xi - x}{\xi}}{1 - x\left( 1 + zy - z\dfrac{1 - \xi}{\xi}\alpha(\xi, \lambda)(1 - x) \right)}, \tag{12.1.18}$$

其中

$$\alpha(\xi, \lambda) = \frac{\lambda - 1 - \xi}{\lambda - 1 - \lambda\xi}, \tag{12.1.19}$$

利用推论 1.5.2 在 $\xi = 1$ 处, 可得 $f = f_{\mathcal{M}}(P)$ 的显式.

当取 $y = 1$ 时, (12.1.13) 式变为

$$f^{+*} = \lambda(\lambda - 1)z + \sum_{n \geqslant 2} H_n(\lambda)z^n, \tag{12.1.20}$$

其中

$$H_n(\lambda) = \lambda(\lambda - 1) \sum_{s=\lceil \frac{n+1}{2} \rceil}^{n} D_{n,s}(\lambda). \tag{12.1.21}$$

$D_{n,s}(\lambda)$ 在 (12.1.14) 式中给出, $n \geqslant 2$.

虽然 $H_n(\lambda)$ 的通项为一个交错和式, 对于一些特殊的 $\lambda$ 的值确有更紧凑的形式, 即正项和式.

实际上, 当 $\lambda = 2$ 时, 从 $\mathcal{M}$ 中二部地图 2 - 着色的唯一性, 函数 $\frac{1}{2}f^{+*}|_{\lambda=2}$ 就是以度为参数的带根不可分离, 简单二部平面地图的计数函数. 经过适当的处理, 可得

$$H_n(2) = 2 \sum_{\substack{i=1 \\ n-1=i(\mathrm{mod}\ 2)}}^{\lfloor \frac{n-1}{3} \rfloor} \frac{1}{n}\binom{n}{i}\binom{i + \dfrac{n-1-3i}{2} - 1}{i-1} \tag{12.1.22}$$

对 $n \geqslant 2$.

当 $\lambda = 3$ 时, 有

$$H_n(3) = 6 \sum_{s=\lceil \frac{n+1}{2} \rceil}^{n} \sum_{j=0}^{2s-n-1} B(n,s,j)E(n,s,j), \tag{12.1.23}$$

其中

$$B(n,s,j) = \frac{(-1)^j(n-1)!(s-2)!}{s!(n-s-1)!(s-j-2)!j!}, \tag{12.1.24}$$

$$E(n,s,j) = \sum_{i=1}^{2s-n-j-1} \frac{3^{2s-n-j-i-1}}{(2s-n-j-i-1)!}$$
$$\times \frac{(s-j-i-2)!}{i!(n-s-i)!} \tag{12.1.25}$$

对 $n \geqslant 2$.

当 $\lambda = \infty$ 时, 下面会看到 $f$ 变成了 $\mathcal{M}$ 的依同样的三个参数的计数函数. 由于多项式

$$Q(M, \mu) = \mu^{\nu(M)}P(M, \mu^{-1}), \tag{12.1.26}$$

其中 $\nu(M)$ 为 $M$ 的阶, 即节点数, 有性质: 对任何地图 $M$,

$$Q(M;\mu) = Q(M-a;\mu) - \mu Q(M \bullet a;\mu) \tag{12.1.27}$$

和当 $M = M_1 \cup M_2$, 且 $M_1 \cap M_2 = v$, 即一个节点,

$$Q(M;\mu) = Q(M_1;\mu)Q(M_2;\mu), \tag{12.1.28}$$

从 $\lambda = \infty$, 即可知 $\mu = 0$. 事实上, 若

$$f_0 = \sum_{M \in \mathcal{M}} x^{m(M)} y^{s(M)} z^{n(M)}, \tag{12.1.29}$$

则因为 $Q(M;0) = 1$, 有 $f_0 = f_{\mathcal{M}}(Q)|_{\mu=0}$.

**定理 12.1.2**　由 (12.1.29) 式所给出的函数, 为方程

$$\left(1 - \frac{xz f_0^+}{y - f_0^+}\right) f_0 = xy^2 z \tag{12.1.30}$$

的解. 其中, $f^+ = f|_{x=1}$.

**证**　用与定理 12.1.1 的相同过程, 即可得

$$f_0 = f_{\mathcal{M}_0}|_{\mu=0} + f_A|_{\mu=0}$$
$$= xy^2 z + \frac{xz f_0^+}{y - f_0^+} f_0.$$

将右边的第二项移到左边, 提出 $f_0$, 即得 (12.1.30) 式.

首先, 在方程 (12.1.30) 中, 取 $x = 1$, 这就得一个仅含 $f^+$ 的方程

$$f^+ = z \left(y^2 + \frac{f^{+2}}{y - f^+}\right). \tag{12.1.31}$$

或者直接解这个二次方程, 或者用推论 1.5.1, 均可得

$$f_0^+ = \sum_{n \geqslant 1} \sum_{s = \lceil \frac{n+3}{2} \rceil}^{n+1} \frac{(n-1)!}{(s-1)!(2s-n-3)!}$$
$$\times \frac{(s-3)! y^s z^n}{(n-s-1)!(n-s)!}. \tag{12.1.32}$$

由于 $f_0$ 满足 (12.1.30) 式, 有

$$f_0 = xy^2 z \sum_{n \geqslant 0} \left(\frac{xz f_0^+}{y - f_0^+}\right)^n. \tag{12.1.33}$$

根据 (12.1.31) 式, 利用推论 1.5.1, 可得

$$f_0 = xy^2z + \sum_{\substack{\lceil \frac{n+3}{2} \rceil \leqslant s \leqslant n-m+2 \\ 2 \leqslant m \leqslant \lfloor \frac{n+1}{2} \rfloor \\ n \geqslant 3}} F_{n,m,s} x^m y^s z^n, \tag{12.1.34}$$

其中

$$F_{n,m,s} = \frac{(m-1)}{(n-m-s+2)!(2s-n-3)!}$$
$$\times \frac{(n-m-1)!}{(n-s+1)!} \tag{12.1.35}$$

对 $n \geqslant 3$.

进而, 由 (12.1.32) 式, 有

$$f_0^{+*} = \sum_{n \geqslant 1} z^n \sum_{s=\lceil \frac{n+3}{2} \rceil}^{n+1} \frac{(n-1)!}{(s-1)!(2s-n-3)!}$$
$$\times \frac{(s-3)!}{(n-s-1)!(n-s)!}. \tag{12.1.36}$$

## §12.2 立 方 三 角

本节考虑对于不可分离平面地图的方程 (10.3.23) 的解, 当色多项式的参数 $\lambda$ 取特殊值的情形. 因为只有节点地图是 1 - 可着色的, $\lambda = 1$ 没有什么意义. 然而, 若讨论色多项式 $P$ 对 $\lambda$ 的微分确在图论中有意义.

设地图 $M$ 的边已依次列出为 $e_1, e_2, \cdots, e_{n(M)}$, $n(M)$ 是 $M$ 的边数. 对于 $M$ 的一个支撑数 $T$, 一条 $T$ 的边 $e_i$ 被称为是内活的, 若在由 $e_i$ 与 $T$ 形成的那个基本上圈中没有边 $e_j$ 使得它的足标 $j$ 大于 $i$. 相仿地, 若一个上树边 $e_i$, 在它与 $T$ 形成的基本圈中没有树边 $e_j$ 使它的足标 $j$ 大于 $i$, 则称 $e_i$ 为外活的. 分别用 $i(T)$ 与 $o(T)$ 代表对于 $T$ 的内活边和外活边的数目. 虽然 $i(T)$ 与 $o(T)$ 依赖列边的方式, 但可以证明, 在一个地图中, 带有给定的内活边数与外活边数的支撑树的数目确不依赖于列边的方式. 事实上, 已被证明,

$$P(M) = -(-1)^{p(M)+1}\lambda \sum_{T \in \mathcal{T}(M)} (1-\lambda)^{i(M)}, \tag{12.2.1}$$

其中 $p(M)+1$ 为 $M$ 的节点数, 即阶, 和 $\mathcal{T}(M)$ 为 $M$ 上所有支撑树的集合. 由此, 即可得出

$$\frac{\mathrm{d}P(M)}{\mathrm{d}\lambda}\bigg|_{\lambda=1} = (-1)^{p(M)+1}J_1(M), \tag{12.2.2}$$

其中 $J_1(M)$ 为 $M$ 中恰有一个内活边而无外活边的支撑树的数目. 为方便, 这种支撑树被称为 $(1,0)$-树.

令

$$f' = \frac{\partial}{\partial \lambda} f_{\mathcal{M}}(P, x, y, z, t)\Big|_{\lambda=1},$$ (12.2.3)

其中 $f_{\mathcal{M}}(P) = f_{\mathcal{M}}(P; x, y, z, t)$ 在 §10.3 中给出.

然后, 由算子 $\partial_z$ 和 $\partial_t$ 的线性性, 有

$$\frac{\partial \partial_z f}{\partial \lambda}\Big|_{\lambda=1} = \partial_z f', \quad \frac{\partial \partial_t f}{\partial \lambda}\Big|_{\lambda=1} = \partial_t f'.$$ (12.2.4)

其中 $f = f_{\mathcal{M}}(P)$. 由于 $f|_{\lambda=1} = \partial_z f|_{\lambda=1} = \partial_t f|_{\lambda=1} = 0$, 有

$$f' = xz^2 t + zt\left(y \partial_z f' - x \partial_t f'\right).$$ (12.2.5)

若将 $f'$ 表示为 $x$ 和 $y$ 的幂级数, 即

$$f' = \sum_{p \geqslant 1} \sum_{q \geqslant 1} \alpha_{p,q} x^p y^q,$$ (12.2.6)

其中 $\alpha_{p,q} = \alpha_{p,q}(z,t)$ 为 $z$ 与 $t$ 的函数, 则由 (12.2.5) 式有

$$\alpha_{p,q} = zt\left(\partial_z \alpha_{p,q-1} - \partial_t \alpha_{p-1,q}\right),$$ (12.2.7)

当 $p \geqslant 2$, $q \geqslant 1$. 且, 易证 $\alpha_{1,0} = z^2 t$.

**引理 12.2.1**　对于 $q \geqslant 0$, 有

$$\alpha_{1,q} = z^2 t^{q+1},$$ (12.2.8)

其中 $\alpha_{p,q}$ 为 (12.2.6) 式中的 $p=1$ 情形.

**证**　因为对任何 $q \geqslant 0, \alpha_{0,q} = 0$, 由 (12.2.7) 式, (12.2.8) 式变为

$$\alpha_{1,q} = zt \partial_z \alpha_{1,q-1}.$$ (12.2.9)

考虑到 $\alpha_{1,0} = z^2 t$, (12.2.8) 式当 $q = 0$ 时成立. 假设对 $q-1, \alpha_{1,q-1} = z^2 t^q, q \geqslant 1$. 则根据 (12.2.9) 式, 有

$$\begin{aligned}
\alpha_{1,q} &= zt\left(\frac{zt^q - z^2 t^q}{1-z}\right)\\
&= zt \cdot zt^q\\
&= z^2 t^{q+1}.
\end{aligned}$$

依归纳法原理, (12.2.8) 式对任何 $q \geqslant 0$ 均成立.

由于 $\alpha_{1,0} = z^2 t$, 依 (12.2.7) 式, 对 $p \geqslant 2, q = 0$, 有

$$\alpha_{p,0} = \begin{cases} z^2 t, & \text{当 } p = 1; \\ 0, & \text{否则}. \end{cases} \tag{12.2.10}$$

**引理 12.2.2** 对 $p \geqslant 1$, 有

$$\alpha_{p,1} = (-1)^{p+1} z^{p+1} t^2, \tag{12.2.11}$$

其中 $\alpha_{p,q}$ 为 (12.2.6) 式中的 $q = 1$ 情形.

**证** 首先, 由引理 12.2.1, 对 $q = 1$, 有 $\alpha_{1,1} = z^2 t^2$. 假设 (12.2.11) 式对第一个足标小于 $p \geqslant 2$ 成立. 根据 (12.2.10) 式和 (12.2.7) 式, 有

$$\begin{aligned} \alpha_{p,1} &= -zt\partial_t \alpha_{p-1,1} \\ &= -zt\partial_t (-1)^p z^p t^2 \\ &= -zt \frac{t(-1)^p z^p - (-1)^p z^p t^2}{1 - t} \\ &= -zt \cdot (-1)^p t z^p \\ &= (-1)^{p+1} z^{p+1} t^2. \end{aligned}$$

依对 $p$ 的归纳法原理, 引理得证.

一般地, 因为至多有 $p+1$(即阶) 节点在根面边界上和至多 $q+1$(即对偶阶) 面与根节点关联, 对任何 $q \geqslant 2, \alpha_{p,q}$, 含 $t^j$, $2 \geqslant j \geqslant q+1$, 的项. 这就是说,

$$\alpha_{p,q} = \sum_{2 \leqslant i \leqslant p+1} \sum_{2 \leqslant j \leqslant q+1} A_{i,j}^{(p,q)} z^i t^j, \tag{12.2.12}$$

其中 $A_{i,j}^{(p,q)}$ 是仅依赖于 $p,q,i,j$ 的数.

**定理 12.2.1** 对 $p \geqslant 2$ 和 $q \geqslant 2$, 有关系

$$A_{i,j}^{(p,q)} = \sum_{k=i}^{p+1} A_{k,j-1}^{(p,q-1)} - \sum_{k=j}^{q+1} A_{i-1,k}^{(p-1,q)}, \tag{12.2.13}$$

其始条件为 (12.2.8) 式和 (12.2.11) 式.

**证** 根据 (12.2.12) 式,

$$\begin{aligned} \partial_z \alpha_{p,q-1} &= \sum_{i=2}^{p+1}\sum_{j=2}^{q} A_{i,j}^{(p,q-1)} \frac{z-z^i}{1-z} t^j = \sum_{i=2}^{p+1}\sum_{j=2}^{q} A_{i,j}^{(p,q-1)} \sum_{k=1}^{i-1} z^k t^j \\ &= \sum_{k=1}^{p}\sum_{j=2}^{q}\left(\sum_{i=k+1}^{p+1} A_{i,j}^{(p,q-1)}\right) z^k t^j = \sum_{i=1}^{p}\sum_{j=2}^{q}\left(\sum_{k=i+1}^{p+1} A_{k,j}^{(p,q-1)}\right) z^i t^j \end{aligned}$$

和

$$\partial_t \alpha_{p-1,q} = \sum_{i=2}^{p}\sum_{j=2}^{q+1} A_{i,j}^{(p-1,q)} z^i \frac{t-t^j}{1-t} = \sum_{i=2}^{p}\sum_{j=2}^{q+1} A_{i,j}^{(p-1,q)} z^i \sum_{k=1}^{j-1} t^k$$

$$= \sum_{i=2}^{p}\sum_{k=1}^{q+1}\left(\sum_{j=k+1}^{q+1} A_{i,j}^{(p-1,q)}\right) z^i t^k = \sum_{i=2}^{p}\sum_{j=1}^{q+1}\left(\sum_{k=j+1}^{q+1} A_{i,k}^{(p-1,q)}\right) z^i t^j.$$

记

$$S_{i,j}^{(p-1,q)} = \sum_{k=j+1}^{q+1} A_{i,k}^{(p-1,q)}, \quad S_{i,j}^{(p,q-1)} = \sum_{k=i+1}^{p+1} A_{k,j}^{(p,q-1)}. \tag{12.2.14}$$

则, 由 (12.2.7) 式, 有

$$\alpha_{p,q} = zt\left(\sum_{i=1}^{p}\sum_{j=2}^{q} S_{i,j}^{(p,q-1)} z^i t^j - \sum_{i=2}^{p}\sum_{j=1}^{q} S_{i,j}^{(p-1,q)} z^i t^j\right)$$

$$= \sum_{i=2}^{p+1}\sum_{j=3}^{q+1} S_{i-1,j-1}^{(p,q-1)} z^i t^j - \sum_{i=3}^{p+1}\sum_{j=2}^{q+1} S_{i-1,j-1}^{(p-1,q)} z^i t^j$$

$$= \sum_{i=2}^{p+1}\sum_{j=2}^{q+1}\left(S_{i-1,j-1}^{(p,q-1)} - S_{i-1,j-1}^{(p-1,q)}\right) z^i t^j. \tag{12.2.15}$$

其中, 由 (12.2.12) 式,

$$S_{i-1,1}^{(p,q-1)} = S_{1,j-1}^{(p-1,q)} = 0. \tag{12.2.16}$$

通观 (12.2.14) 式和 (12.2.15) 式, 定理得证.

若在 (10.3.23) 式中, 取 $x=y$, 则由 $p(M)+q(M)=n(M)$, 即 $M$ 的边数, 色和函数 $f = f_{\mathcal{M}}(P)$ 即变为

$$g = f_{\mathcal{M}}(P,x,x,z,t)$$
$$= \sum_{M\in\mathcal{M}} P(M)x^{n(M)} z^{m(M)} t^{s(M)}, \tag{12.2.17}$$

其中 $n(M), m(M)$ 和 $s(M)$ 分别为 $M$ 的度 (即边数), 根面的次和根节点的次. 这时, 函数 $g$ 满足方程

$$\left(1-\frac{\partial_z g^+}{\lambda}\right)\left(1-\frac{\partial_t g^*}{\lambda}\right)\left(g-\lambda(\lambda-1)xz^2 t\right)$$
$$= xzt\left(\left(1-\frac{\partial_t g^*}{\lambda}\right)\partial_z g - \left(1-\frac{\partial_z g^+}{\lambda}\right)\partial_t g\right), \tag{12.2.18}$$

其中 $g^* = g|_{z=1}$ 和 $g^+ = g|_{t=1}$.

若记

$$g' = \frac{\partial}{\partial \lambda} g \Big|_{\lambda=1},$$

则 $g'$ 满足的方程为

$$g' = xz^2t + xzt\left(\partial_z g' - \partial_t g'\right). \tag{12.2.19}$$

如果将 $g'$ 表示为 $x$ 的幂级数, 即

$$g' = \sum_{n \geqslant 1} \alpha_n(z,t) x^n, \tag{12.2.20}$$

则 $\alpha_n = \alpha_n(z,t)$ 是 $z$ 和 $t$ 的一个多项式, 即

$$\alpha_n = \sum_{2 \leqslant i \leqslant n} \sum_{2 \leqslant j \leqslant n-i+2} A_{i,j}^{(n)} z^i t^j \tag{12.2.21}$$

对 $n \geqslant 2$, 其中

$$A_{2,2}^{(n)} = \begin{cases} 1, & \text{当 } n = 2; \\ 0, & \text{否则}. \end{cases} \tag{12.2.22}$$

由 (12.2.19) 式和 (12.2.20) 式, 有

$$\alpha_n = zt(\partial_z \alpha_{n-1} - \partial_t \alpha_{n-1}), \tag{12.2.23}$$

带始条件 $\alpha_1 = z^2 t$.

**引理 12.2.3** 对 $n \geqslant 2$, 有

$$\alpha_n(z,t) = \begin{cases} -\alpha_n(t,z), & n = 1 \,(\mathrm{mod}\ 2); \\ \alpha_n(t,z), & n = 0 \,(\mathrm{mod}\ 2), \end{cases} \tag{11.2.24}$$

其中 $\alpha_n(t,z)$ 的意义由 (12.2.20) 式给出.

**证** 首先, 由 (12.2.3) 式, 有

$$\begin{aligned} \alpha_2(z,t) &= zt(\partial_z \alpha_1 - \partial_t \alpha_1) \\ &= zt(zt - 0) \\ &= z^2 t^2. \end{aligned}$$

而且, 有 $\alpha_2(z,t) = \alpha_2(t,z)$. 进而, 对 $n \geqslant 3$, 由 (12.2.23) 式, 对 $n = 0(\mathrm{mod}\ 2)$, 有

$$\alpha_n(z,t) = zt\left(\partial_z \alpha_{n-1}(z,t) - \partial_t \alpha_{n-1}(z,t)\right) = +\alpha_n(t,z)$$

由归纳假设,

$$= zt\left(-\partial_z \alpha_{n-1}(t,z) + \partial_t \alpha_{n-1}(t,z)\right)$$

$$= zt\Big(\partial_t\alpha_{n-1}(t,z) - \partial_z\alpha_{n-1}(t,z)\Big)$$

再由归纳假设,

$$= zt\Big(-\partial_t\alpha_{n-1}(z,t) + \partial_z\alpha_{n-1}(z,t)\Big)$$

$$= +\alpha_n(z,t),$$

和对 $n = 1(\mathrm{mod}\ 2)$,

$$\alpha_n(z,t) = zt\Big(\partial_z\alpha_{n-1}(z,t) - \partial_t\alpha_{n-1}(z,t)\Big)$$

由归纳假设,

$$= zt\Big(\partial_z\alpha_{n-1}(t,z) - \partial_t\alpha_{n-1}(t,z)\Big)$$

$$= -zt\Big(\partial_t\alpha_{n-1}(t,z) - \partial_z\alpha_{n-1}(t,z)\Big)$$

$$= -\alpha_n(t,z).$$

从而, 引理得证.                                                                            ♮

由 (12.2.2) 式可见, 若在 (12.2.19) 式中, 将那个减号用加号代替, 则 (12.2.20) 式中的 $\alpha_n(z,t)$ 用

$$\beta_n = \sum_{2\leqslant i\leqslant n}\sum_{2\leqslant j\leqslant n-i+2} B_{i,j}^{(n)} z^i t^j \tag{12.2.25}$$

代之, $n\geqslant 2$, 使得

$$\beta_n = zt\Big(\partial_z\beta_{n-1} + \partial_t\beta_{n-1}\Big) \tag{12.2.26}$$

带始条件 $\beta_1 = z^2 t$.

这时, $B_{i,j}^{(n)}$ 就是 $\mathcal{M}$ 中, 所有 $n$ 度的地图上, 使得根面和根节点次分别为 $i$ 和 $j$ 的 (1,0)-树之总数.

**引理 12.2.4**   对 $n\geqslant 2$, 有

$$\beta_n(z,t) = \beta_n(t,z), \tag{12.2.27}$$

其中 $\beta_n(z,t)$ 的意义由 (12.2.25) 式给出.

**证**   与引理 12.2.3 的证明相仿.                                                          ♮

令 $\mathcal{A}_n$ 为所有 $n\times n$ 下三角阵的集合. 变换 $\nabla_{+1}: \mathcal{A}_n \longrightarrow \mathcal{A}_{n+1}$, 若对 $A = (a_{ij})\in\mathcal{A}_n$, 即 $a_{ij} = 0, j > i, 1\leqslant i,j\leqslant n$, 有

$$\nabla_{+1}A = B, \tag{12.2.28}$$

其中 $B = (b_{ij})$ 使得

$$b_{i,j} = \sum_{l=j}^{i} a_{i,l} + \sum_{l=j-1}^{i-1} a_{l,j-1} \tag{12.2.29}$$

对 $1 \leqslant i, j \leqslant n+1$, 则称它为扩张子. 进而, 规定

$$\nabla_{+1}^m A = \nabla_{+1}\left(\nabla_{+1}^{m-1} A\right) \tag{12.2.30}$$

对 $m \geqslant 2$, 其中 $\nabla_{+1}^1 = \nabla_{+1}$.

记 $X(m) = (x^m, x^{m-1}, \cdots, x)$. 则 $X(m)^{\mathrm{R}} = (x, x^2, \cdots, x^m)$ 被称为 $X(m)$ 的反转.

**定理 12.2.2** 对 $n \geqslant 2$, 有

$$\beta_n = zt Z_{(n-1)} \nabla_{+1}^{n-3} \begin{pmatrix} 1 & 0 \\ 0 & 1 \end{pmatrix} T_{(n-1)}^{\mathrm{RT}}, \tag{12.2.31}$$

其中 'T' 表示矩阵的转置,

$$\nabla^{-1} \begin{pmatrix} 1, 0 \\ 0, 1 \end{pmatrix} = 1 \quad \text{和} \quad \nabla_{+1}^0 \begin{pmatrix} 1 & 0 \\ 0 & 1 \end{pmatrix} = \begin{pmatrix} 1 & 0 \\ 0 & 1 \end{pmatrix}.$$

**证** 当 $n = 2$ 时, 有

$$\beta_2 = ztz \nabla_{+1}^{-1} \begin{pmatrix} 1 & 0 \\ 0 & 1 \end{pmatrix} t = z^2 t^2.$$

由 (12.2.26) 式, 当 $n = 2$ 时, 定理为真.

一般地, 假设

$$\nabla_{+1}^{n-3} \begin{pmatrix} 1 & 0 \\ 0 & 1 \end{pmatrix} = \left(b_{i,j}^{(n-1)}\right)$$

对 $1 \leqslant i, j \leqslant n-1$ 和 $b_{i,j}^{(n-1)} = 0$, 当 $i < j$, 则

$$\beta_n = zt Z_{(n-1)} (b_{i,j}^{(n-1)}) T_{(n-1)}^{\mathrm{RT}}.$$

由于

$$\partial_z \beta_n = t^2 \sum_{i=1}^{n-1} b_{i,1}^{(n-1)} \sum_{l=1}^{n-i} z^l + t^3 \sum_{i=2}^{n-1} b_{i,2}^{(n-1)} \sum_{l=1}^{n-i} z^i$$

$$+ \cdots + t^n b_{n-1,n-1}^{(n-1)} z^n;$$

$$\partial_t \beta_n = t \sum_{i=1}^{n-1} b_{i,1}^{(n-1)} \sum_{l=1}^{n-i} z^l + (t + t^2) \sum_{i=2}^{n-1} b_{i,2}^{(n-1)} \sum_{l=1}^{n-i} z^i$$

$$+ \cdots + (t + t^2 + \cdots + t^{n-1}) b_{n-1,n-1}^{(n-1)} z^2,$$

有

$$\partial_z\beta_n + \partial_t\beta_n = t\left(\sum_{i=1}^{n-1} b_{i,1}^{(n-1)} z^{n-i+l} + \sum_{i=2}^{n-1} b_{i,2}^{(n-1)} z^{n-i+1} + \cdots + b_{n-1,n-1}^{(n-1)} z^2\right)$$

$$+ t^2\left(\sum_{i=1}^{n-1} b_{i,1}^{(n-1)} \sum_{l=1}^{n-i} z^l + \sum_{i=2}^{n-1} b_{i,2}^{(n-1)} z^{n-i+1} + \cdots + b_{n-1,n-1}^{(n-1)} z^2\right)$$

$$+ \cdots$$

$$+ t^{n-1}\left(\sum_{i=n-2}^{n-1} b_{i,2}^{(n-1)} \sum_{l=1}^{n-i} z^i + b_{n-1,n-1}^{(n-1)} z^2\right) + t^n b_{n-1,n-1}^{(n-1)} z$$

$$= t\left(b_{1,1}^{(n-1)} z^n + \left(b_{2,1}^{(n-1)} + b_{2,2}^{(n-1)}\right) z^{n-1} + \cdots + \sum_{j=1}^{n-1} b_{n-1,j}^{(n-1)} z^2\right)$$

$$+ t^2\left(\left(b_{1,1}^{(n-1)} + b_{2,2}^{(n-1)}\right) z^{n-1} + \left(b_{1,1}^{(n-1)} + b_{2,1}^{(n-1)}\right.\right.$$

$$\left.\left. + b_{3,2}^{(n-1)} + b_{3,3}^{(n-1)}\right) z^{n-2} + \cdots + \sum_{i=1}^{n-1} b_{i,1}^{(n-1)} z\right) + \cdots$$

$$= Z_{(n)}\left(b_{i,j}^{(n)}\right) T_{(n)}^{\mathrm{RT}},$$

其中

$$b_{i,j}^{(n)} = \sum_{l=j-1}^{i-1} b_{l,j-1}^{(n-1)} + \sum_{l=j}^{i} b_{i,l}^{(n-1)}$$

对 $1 \leqslant i,j \leqslant n$ 和 $b_{i,j}^{(n-1)} = 0$, 当 $j > i$. 由 (12.2.26) 式和 (12.2.28)~(12.2.30) 式, 即可得

$$\beta_{n+1} = ztZ_{(n)} \nabla_{+1}^{n-2} \begin{pmatrix} 1,0 \\ 0,1 \end{pmatrix} T_{(n)}^{\mathrm{RT}}.$$

从而, 依归纳法, 定理为真.                                                                    ⌐

因为

$$(1), \begin{pmatrix} 1,0 \\ 0,1 \end{pmatrix}, \nabla_{+1}\begin{pmatrix} 1,0 \\ 0,1 \end{pmatrix}, \nabla_{+1}^2\begin{pmatrix} 1,0 \\ 0,1 \end{pmatrix}, \cdots,$$

具有这样的性质: 它们的主对角线, 形成由二项系数组成的三角形, 即杨辉三角, 将这个序列视为立方三角.

相仿地, 由 (12.2.23) 式, 还可得到另一个立方三角, 即

$$\begin{pmatrix} 1, & 0 \\ 0, & -1 \end{pmatrix}, \nabla_{+1}\begin{pmatrix} 1, & 0 \\ 0, & -1 \end{pmatrix}, \nabla_+^2\begin{pmatrix} 1, & 0 \\ 0, & -1 \end{pmatrix}, \cdots.$$

# §12.3  不 变 量

这里, 有两个目标. 其一是想将平面三角化的色和方程 (10.4.9) 用更少的变量代替. 其二就是为看一看当 $\lambda$ 取 Beraha 数时的特殊情形.

因为对任何三角化, 总有 $m(T) \leqslant q(T) + 2$ 和 $s(T) \leqslant q(T) + 1$, $h$ 作为 $y$ 的幂级数, 所有系数全是 $z, t$ 和 $\lambda$ 的多项式. 用 Tutte 的术语, $h$ 是 $y$-限定的. 由于 $\delta_t(tf) = f + \delta_t f$, 用 $\delta_t$ 作用方程 (10.4.19) 上两次, 可得

$$
\begin{aligned}
&\left(y\left(1 + \frac{h^+}{\lambda}\right) - yz^2\right)\delta_t h \\
&+ \left(y\left(1 + \frac{h^+}{\lambda}\right) - z(1 + 2yz)\right)\delta_t^2 h \\
&- yz^2 \delta_t^3 h = z^2 \delta_t^2(th^\theta).
\end{aligned} \tag{12.3.1}
$$

为方便, 记

$$
\begin{aligned}
A &= y\left(1 + \frac{h^+}{\lambda}\right) - yz^2, \\
B &= y\left(1 + \frac{h^+}{\lambda}\right) - z(1 + 2yz), \\
C &= -yz^2.
\end{aligned} \tag{12.3.2}
$$

其中, $A, B$ 和 $C$ 全与 $t$ 无关.

将 $\delta_t$ 作用 $n - 1$ 次, 用 $u^{n+2}$ 乘 (12.3.1) 式, 然后对 $n \geqslant 1$ 求和, 由 (12.3.2) 式, 即可得

$$
\begin{aligned}
&\left(A + Bu^{-1} + Cu^{-2}\right)\sum_{n \geqslant 1} u^n \delta_t^n h - B\delta_t h \\
&- C(u^{-1}\delta_t h + \delta_t^2 h) = -C\sum_{n \geqslant 1} u^n \delta_t^{n+1}(th^\theta).
\end{aligned} \tag{12.3.3}
$$

令 $\psi$ 和 $\phi$ 为下面方程的两个根:

$$
Au^2 + Bu + C = 0. \tag{12.3.4}
$$

由定理 1.4.1, 设 $\psi$ 和 $\phi$ 作为 $y$ 与 $z$ 的级数, 实际上是多项式, 分别带 $-1$ 和 $0$ 为常数项. 至多将 $\psi$ 和 $\phi$ 作交换, 这样是不失一般性的. 考虑到

$$
\begin{aligned}
&- B\delta_t h - C(u^{-1}\delta_t h + \delta_t^2 h) \\
&= -(Au + B + Cu^{-1})\delta_t h, \\
&\quad + Au\delta_t h - C\delta_t^2 h,
\end{aligned} \tag{12.3.5}
$$

由 (12.3.3) 式, 有

$$(\psi - \phi)A\delta_t h = -C \sum_{n \geqslant 1}(\psi^n - \phi^n)\delta_t^{n+1}(th^\theta). \tag{12.3.6}$$

因为 $\psi$ 和 $\phi$ 是方程 (12.3.4) 的根, 知 $\psi\phi A = C$. 将它代入 (12.3.6) 式, 然后用 $A$ 除两边, 即可得

$$(\psi - \phi)\delta_t h = -\psi\phi \sum_{n \geqslant 1}(\psi^n - \phi^n)\delta_t^{n+1}(th^\theta). \tag{12.3.7}$$

由于 $h^\theta$ 是以 $\lambda$ 为参数的 $t$ 和 $y$ 的幂级数, 即

$$h^\theta = \sum_{r \geqslant 0} f_r(t-1)^r, \tag{12.3.8}$$

其中 $f_r, r \geqslant 0$, 是 $y$ 的幂级数, 且带参数 $\lambda$.

根据 (12.3.8) 式, 并将它重写为

$$(\psi - \phi)(\delta_t h + th^\theta)$$
$$= -\phi \sum_{n \geqslant 0}\psi^n \delta_t^n(th^\theta) + \psi \sum_{n \geqslant 0}\phi^n \delta_t^n(th^\theta), \tag{12.3.9}$$

由于

$$\sum_{n \geqslant 0}\psi^n \delta_t^n(th^\theta) = \sum_{r \geqslant 0} f_r \sum_{n=0}^{r}\psi^n(t-1)^{r-n},$$

有

$$(1 - t + \psi)\sum_{n \geqslant 0}\psi^n \delta_t^n(th^\theta)$$
$$= \sum_{n \geqslant 0} f_r\left(\psi^{r-1} - (t-1)^{r+1}\right)$$
$$= \psi(1+\psi)h^\theta(1+\psi, y, \lambda)$$
$$- (t-1)th^\theta(t, y, \lambda). \tag{12.3.10}$$

而且, 当 $\psi$ 用 $\phi$ 代替时, (12.3.9) 式仍有效.

联合 (12.3.9) 式和 (12.3.10) 式, 有

$$(\psi - \phi)(1-t+\psi)(1-t+\phi)\delta_t h$$
$$= -\psi\phi\Big((1-t+\phi)(1+\psi)h^\theta(1+\psi, y, \lambda)$$
$$- (1-t+\psi)(1+\phi)h^\theta(1+\phi, y, \lambda)$$
$$+ (\psi - \phi)th^\theta(t, y, \lambda)\Big). \tag{12.3.11}$$

考虑到 $h = h^+ + (t-1)\delta_t h$, 从 (10.4.19) 式用代替 $z = ys$, 有

$$\left( s^2 y^2 t^2 + (y-1)\left( s - \frac{th^+}{\lambda} - t \right) \right) \delta_t h$$
$$= sy^2 t\lambda(\lambda - 1) - y^2 s^2 t h^\theta(t, y, \lambda)$$
$$- \left( s - \frac{th^+}{\lambda} - t \right) h^+. \tag{12.3.12}$$

根据二次方程 (12.3.4) 的根与系数间的关系, 由 (12.3.3) 式, 可导出

$$y^2 s (1+\psi)(1+\phi) = -\psi\phi;$$
$$y^2 \left( 1 + \frac{h^+}{\lambda} \right)(1+\psi)^2(1+\phi)^2 = (\psi\phi - 1)\psi\phi. \tag{12.3.13}$$

这样, (12.3.12) 式可重写为

$$y^2(1+\psi)^2(1+\phi)^2(1+\psi-t)(1+\phi-t)\delta_t h$$
$$= -y^2 \psi\phi(1+\psi)^2(1+\phi)^2 t h^\theta(t, y, \lambda)$$
$$+ t\Big( -\psi^2\phi^2(1+\psi)(1+\phi)\lambda(\lambda-1)$$
$$+ \lambda(\psi\phi - 1)^2\psi\phi - \lambda y^2(1+\psi)^2$$
$$\times (1+\phi)^2(\psi\phi - 1)\Big)$$
$$+ \Big( \lambda\psi\phi(1+\psi)(1+\phi)(\psi\phi - 1)$$
$$- \lambda y^2(1+\psi)^3(1+\phi)^3 \Big). \tag{12.3.14}$$

由 (12.3.11) 式和 (12.3.14) 式, 在消去 $\delta_t h$ 的同时 $th^\theta(t, y, \lambda)$ 也被消去, 结果得如下恒等式:

$$-\psi\phi y^2(1+\psi)^2(1+\phi)^2 \Big( (1-t+\phi)(1+\psi)h^\theta(1+\psi, y, \lambda)$$
$$- (1-t+\psi)(1+\phi)h^\theta(1+\phi, y, \lambda) \Big)$$
$$= (\psi - \phi)\Big( t\Big( -\psi^2\phi^2(1+\psi)(1+\phi)\lambda(\lambda-1)$$
$$+ \lambda(\psi\phi-1)^2\psi\phi - \lambda y^2(1+\psi)(1+\phi)^2(\psi\phi-1)\Big)$$
$$+ \Big( \lambda\phi\psi(1+\psi)(1+\phi)(\psi\phi-1)$$
$$- \lambda y^2(1+\psi)^3(1+\phi)^3 \Big)\Big). \tag{12.3.15}$$

比较 (12.3.15) 式中与 $t$ 无关的系数, 可得两个关系. 由它们通过消去带 $h^\theta(1+\psi, y, \lambda)$ 和 $h^\theta(1+\theta, y, \lambda)$ 的项, 分别得如下两个方程:

$$
y^2\psi(1+\psi)(1+\phi)^2(\psi-\phi)h^\theta(1+\psi, y, \lambda)
$$
$$
= \lambda(\psi-\phi)\Big(-\psi^2\phi(1+\phi)(\lambda-1)
$$
$$
+ \psi\phi(\psi\phi-1) - y^2(1+\psi)^2(1+\phi)^2\Big) \tag{12.3.16}
$$

和

$$
y^2\phi(1+\phi)(1+\psi)^2(\phi-\psi)h^\theta(1+\phi, y, \lambda)
$$
$$
= \lambda(\phi-\psi)\Big(-\phi^2\psi(1+\psi)(\lambda-1)
$$
$$
+ \phi\psi(\psi\phi-1) - y^2(1+\phi)^2(1+\psi)^2\Big). \tag{12.3.17}
$$

**定理 12.3.1**　函数 $h^\theta(t, y, \lambda)$ 可由下面一对方程确定:

$$
(1-t_1)t_1 t_2^2 y^2 h^\theta(t_1, y, \lambda)
$$
$$
= \lambda t_1^2 t_2^2 y^2 + \lambda(1-t_1)(1-t_2)(t_1 - \mu t_2 + \mu t_1 t_2);
$$
$$
(1-t_2)t_1^2 t_2 y^2 h^\theta(t_2, y, \lambda)
$$
$$
= \lambda t_1^2 t_2^2 y^2 + \lambda(1-t_1)(1-t_2)(t_2 - \mu t_1 + \mu t_1 t_2), \tag{12.3.18}
$$

其中 $t_1 = 1+\psi, t_2 = 1+\phi$ 和 $\mu = \lambda-1$.

　　证　在 (12.3.16) 式和 (12.3.17) 式中, 取 $\psi = t_1 - 1$ 和 $\phi = t_2 - 1$ 和 $\lambda = \mu+1$, 即可得 (12.3.18) 式.

　　确定 $h^\theta(t, y, \lambda)$ 是按如下方式. 首先, 将 $t_2$ 视为 $t_1$ 和 $\lambda$ 的有理函数. 因为 $t_2$ 的常数项为 1, 同时 $\phi$ 的常数项为 0 和 $t_2 = 1+\phi$. 比较 (12.3.18) 式的第二式中 $y^2$ 的系数, 则求得 $t_2$ 中 $y^2$ 的系数为 $t_1^2/(1-t_1)$. 然后, 比较 (12.3.18) 式的第一式中 $y^2$ 的系数, 求得 $h^\theta(t, y, \lambda)$ 的常数项. 进而, 通过比较 (12.3.18) 式的第二式中 $y^4$ 的系数, 可以确定在 $t_2$ 中 $y^4$ 的系数. 如此交错地利用 (12.3.18) 式的两式.　　　　♭

　　令 $\mathcal{W}(z, t, y, \lambda)$ 是 $z, t, y$ 与 $\lambda$ 的幂级数环和 $\mathcal{W}_1(z, t, y, \lambda)$ 为 $\mathcal{W}(z, t, y, \lambda)$ 的 $y$-限定的子环. 在 $\mathcal{W}_1(z, t, y, \lambda)$ 和 $\mathcal{W}(z, t, y, \lambda)$ 中所有商元素构成的域分别记为

$$
\mathcal{F}_1(z, t, y, \lambda) \text{ 和 } \mathcal{F}(z, t, y, \lambda).
$$

相仿地, 可知 $\mathcal{W}(t, y, \lambda), \mathcal{W}(y, \lambda), \mathcal{F}(t, y, \lambda), \mathcal{F}_1(t, y, \lambda), \mathcal{F}(y, \lambda), \mathcal{F}_1(y, \lambda)$ 等的涵义.

　　现考虑 $\mathcal{F}_1(t, y, \lambda)$ 中的元素

$$
f(t, y, \lambda) = \frac{p_1(t, y, \lambda)}{p_2(t, y, \lambda)},
$$

其中 $p_1(t,y,\lambda)$ 和 $p_2(t,y,\lambda)$ 为 $\mathcal{W}_1(t,y,\lambda)$ 中的元素. 如果在

$$p_1(t,y,\lambda) \text{ 和 } p_2(t,y\lambda)$$

中的 $t$ 用 $u$ 代替, $u \in \mathcal{W}_1(t,y,\lambda)$, 则 $f(u,y,\lambda) \in \mathcal{F}(t,y,\lambda)$. 特别地, 可以取 $u = t_1$, 或 $t_2$. 如果

$$f(t_1,y,\lambda) = f(t_2,y,\lambda),$$

则称 $f(t,y,\lambda)$ 为 $\mathcal{F}_1(t,y,\lambda)$ 的不变量. 当然, $\mathcal{W}_1(y,\lambda)$ 的任何元素均为 $\mathcal{F}_1(t,y,\lambda)$ 的不变量. 并且称它们为平凡的.

**引理 12.3.1** 在域 $\mathcal{F}_1(t,y,\lambda)$ 中的数

$$J = \frac{y^2 h^\theta(t,y,\lambda)}{\lambda} - \frac{ty^2}{1-t} + \frac{1-t}{t^2} \tag{12.3.19}$$

是一个不变量.

**证** 令 $J_1$ 和 $J_2$ 分别为当 $t = t_1$ 和 $t_2$ 时 $J$ 的值. 自然, $J_1, J_2 \in \mathcal{F}_1(t,y,\lambda)$. 令 $i$ 和 $j$ 为以某种次序取 1 和 2 的整数. 则由定理 12.3.1 和 $t_1$ 与 $t_2$ 间的对称性, 即得引理.

令序列 $v_1, v_2, v_3, \cdots$ 按如下递推的方式确定:

$$v_{n+2} = \mu v_{n+1} - v_n + 1 - \mu,$$
$$v_1 = t_1^{-1} \text{ 和 } v_2 = t_2^{-1} \tag{12.3.20}$$

对 $n \geqslant 1$.

**引理 12.3.2** 若记

$$\Lambda(u,v) = u^2 - \mu uv + v^2 + (\mu-1)(u+v) - \mu, \tag{12.3.21}$$

一个有两个变量 $u$ 和 $v$ 的多项式, 带参数 $\mu$ 为某常数值, 则有

$$\Lambda(v_n, v_{n+1}) = J \tag{11.3.22}$$

对任何 $n \geqslant 1$.

**证** 与引理 12.3.1 的证明过程相仿. 首先, 可以看出

$$\Lambda(v_1, v_2) = \Lambda(t_1^{-1}, t_2^{-1}) = J_1 = J_2 = J.$$

然后, 对任何 $n \geqslant 2$, 从 (12.3.21) 式, 可以验证

$$\Lambda(v_{n+1}, v_{n+2}) = \Lambda(v_n, v_{n+1}).$$

从而, 即得引理.

进而, 以递推的方式定义一些 $\mu$ 的多项式 $Q_n$ 和 $A_n$, 当 $n$ 为整数时. 它可以是正的, 负的, 或 0. 即,

$$Q_n = \mu Q_{n-1} - Q_{n-2}, \ Q_0 = 0, \ Q_1 = 1, \tag{12.3.23}$$

$$A_{n+1} = A_n + (\mu - 1)Q_n, \ A_0 = 1. \tag{12.3.24}$$

特别地, 有 $Q_2 = \mu, Q_3 = \mu^2 - 1, Q_4 = \mu^3 - 2\mu, A_1 = 1, A_2 = \mu, A_3 = \mu^2$ 和 $A_4 = \mu^3 - \mu + 1$.

由 (12.3.23) 式和 (12.3.24) 式可知, $A_n - \mu A_{n-1} + A_{n-2}$ 是与 $n$ 无关的. 故, $A_n$ 可以如下确定:

$$A_n = \mu A_{n-1} - A_{n-2} + 1, \ A_0 = A_1 = 1. \tag{12.3.25}$$

**定理 12.3.2**　对 $n \geqslant 1$, 有

$$v_n = Q_{n-1}v_2 - Q_{n-2}v_1 + 1 - A_{n-1}, \tag{12.3.26}$$

其中 $v_1$, $v_2$ 和 $v_n$, 如 (12.3.20) 式所给出.

　　证　记

$$Y_n = v_n - Q_{n-1}v_2 + Q_{n-2}v_1 - 1 + A_{n-1}.$$

易验证, $Y_1 = Y_2 = 0$. 然而, 对 $n \geqslant 2$, 由 (11.3.25) 式, (12.3.26) 式和 (12.3.20) 式, 有

$$Y_n - \mu Y_{n-1} + Y_{n-2} = 0.$$

故, 对任何 $n$, $Y_n = 0$.

现在, 令 $\mu = 2\cos\alpha$. 可以论证,

$$Q_n = \frac{\sin(n\alpha)}{\sin\alpha}. \tag{12.3.27}$$

从而, 利用基本的三角恒等式, 即可得

$$A_n = \frac{\mu - 1}{\mu - 2}\left(\frac{\cos\dfrac{(2n-1)\alpha}{2}}{\cos\dfrac{\alpha}{2}} - 1\right) + 1. \tag{12.3.28}$$

**引理 12.3.3**　令 $i$ 和 $j$ 依某种次序为整数 1 和 2, 则对任何正整数 $m$, 有

$$\begin{aligned}
&Q_m^2\left(\frac{y^2 h^\theta(t_i, y, \lambda)}{\lambda} - \frac{t_i y^2}{1 - t_i}\right) \\
&- (Q_{m-1}v_i + A_m - Q_m) \\
&\times (-Q_{m+1}v_i + A_{m+1} + A_m) \\
&- (Q_m v_j - A_m - Q_{m-1}v_i) \\
&\times (Q_m v_j + A_{m+1} - Q_{m+1}v_i) = 0,
\end{aligned} \tag{12.3.29}$$

其中 $v_i$ 和 $v_j$, 由 (12.3.20) 式给出.

**证** 将 (12.3.29) 式左端展开为 $y_i$ 与 $y_j$ 的级数形式, 基于 (12.3.23) 式, 或 (12.3.24) 式, 每一带 $y_i^l y_j^s$ 的项的系数均可表明为 0. 从而, 即可得引理. ♭

为方便, 记

$$H(m) = Q_m^2 \left( \frac{y^2 h^\theta(t, y, \lambda)}{\lambda} - \frac{ty^2}{1-t} \right)$$
$$- (Q_{m-1}v + A_m - Q_m)$$
$$\times (-Q_{m+1}v + A_{m+1} - Q_m), \qquad (12.3.30)$$

其中 $v = t^{-1}$ 和 $m \geqslant 0$. 当然, $H(m) \in \mathcal{F}_1(t, y, \lambda)$. 令 $H_i(m) = H(m)|_{t=t_i}$, $i = 1, 2$. 可以看出,

$$H_i(m) \in \mathcal{F}(t, y, \lambda), \quad i = 1, 2.$$

由 (12.3.29) 式, 有

$$H_i(m) = -(Q_m v_j + A_{m+1} - Q_{m+1} v_i)$$
$$\times (Q_{m-1} v_i + A_m - Q_m v_j). \qquad (12.3.31)$$

而且, 将 $\mu$ 取为 $2\cos\alpha$, $\alpha = 2\pi/n$, $n \geqslant 3$. 由 (12.3.18) 式, 可见 $\psi$ 和 $\phi$, 从而 $t_1$ 和 $t_2$, 当 $\lambda$ 取作常数时, 将 $\psi$ 和 $\phi$ 视为 $s(z = ys)$, $t$ 和 $y$ 的幂级数仍是适定的, 且 $\psi$ 和 $\phi \in \mathcal{W}(t, y, z, \lambda)$. 即使这样, 没有项是依赖 $\lambda$ 的. 同样地, 这个代替分别在环 $\mathcal{W}_1(t, y, \lambda)$ 中和在域 $\mathcal{F}_1(t, y, \lambda)$ 中是封闭的.

对 $n \geqslant 2$, 记

$$I(n) = \begin{cases} (1-v) \displaystyle\prod_{m=1}^{M-1} H(m), & n = 2M-1; \\[4mm] (1-v)(A_M + v) \displaystyle\prod_{m=1}^{M-1} H(m), & n = 2M. \end{cases} \qquad (12.3.32)$$

**引理 12.3.4** 对 $n \geqslant 2$, 由 (12.3.32) 式所给出的 $I(n)$ 是 $\mathcal{F}_1(t, y, \lambda)$ 的一个不变量.

**证** 当 $n = 2m$, 由 (12.3.27) 式, 对任何整数 $m$, 均有 $Q_{M+m} = Q_m$. 这样, 就有

$$Q_M = -Q_0 \text{ 和 } Q_{M-1} = -Q_{-1} = 1.$$

注意, 若 $r = M - 1$, 则

$$Q_r v_j + A_{r+1} - Q_{r+1} v_i = A_M + v_j. \qquad (12.3.33)$$

无论 $t$ 取为 $t_1$, 或者 $t_2$, 由 (12.3.31) 式, $I(2M)$ 均为

$$(-1)^{M-1}(1-v_1)(1-v_2)(A_M+v_1)(A_M+v_2)$$
$$\times \prod_{m=1}^{M-2}(Q_mv_1+A_{m+1}-Q_{m+1}v_2)$$
$$\times (Q_mv_2+A_{m+1}-Q_{m-1}v_1),$$

其中空乘积被视为单位元. 由此, $I(2m)$ 是 $\mathcal{F}_1(t,y,\lambda)$ 的一个不变量. 相仿地, 对于 $n=2m+1$ 的情形. ♮

事实上, 可以看出, 每一个 $I(2M-1)$ 和 $I(2M)$, $M \geqslant 2$ 都是 $J$ 的阶 $\leqslant M-2$ 的多项式, 其所有系数均只为 $y$ 的幂级数.

**定理 12.3.3**　对 $n \geqslant 3$, 有

$$I(n) = (-1)^{\lfloor \frac{n-1}{2} \rfloor} \prod_{j=1}^{n}(1-v_j), \tag{12.3.34}$$

当 $t=t_1$, 或 $t=t_2$, 和 $\mu=2\cos\dfrac{2\pi}{n}$.

**证**　由 (12.2.27) 式和 (12.2.28) 式, 序列 $v_1, v_2, v_3, \cdots$, 对于 $n$, 是周期的. 而且, 由这些公式, 可以导出, 对任何整数 $m$,

$$Q_{n-m} = -Q_{-m} \text{ 和 } A_{n-m} = A_{m+1}.$$

由引理 12.3.3, 对 $m \geqslant 0$, 有

$$Q_mv_1+A_{m+1}-Q_{m+1}v_2 = 1-v_{m+2}.$$

其中, $0 \leqslant m \leqslant n$. 利用这些结果逐项关于 $t_1$ 和 $t_2$, $t=t_1$ 或 $t_2$, 对称地到 $I(2M)$ 和 $I(2M-1)$ 上, 由 (12.3.33) 式即可得定理. ♮

## §12.4　四　色　解

令 $h^{\triangleright}(y,\lambda)$ 是有根平面三角化以面数和用的色数为参数的色和函数, 即

$$h^{\triangleright}(y,\lambda) = \sum_{T \in \mathcal{T}_{\text{Tri}}^{\triangle}} P(T,\lambda)y^{m(T)}, \tag{12.4.1}$$

其中, $m(T)$ 为 $T$ 的面数, 包括根面, $P(T,\lambda)$ 为 $T$ 的色多项式, 和 $\mathcal{T}_{Tri}^{\triangle}$ 为带根不可分离平面三角化的集合. 由三角性, 对任何 $T \in \mathcal{T}_{\text{tri}}^{\triangle}$, $m(T) = 0(\text{mod } 2)$. 为便利, 可以考查, $h^{\triangle}(z,\lambda) = h^{\triangleright}(\sqrt{z},\lambda)$, 即

$$h^{\triangle}(z,\lambda) = \sum_{T \in \mathcal{T}_{\text{Tri}}^{\triangle}} P(T,\lambda)z^{n(T)}, \tag{12.4.2}$$

其中 $n(T)$ 为 $T$ 的面数之半.

通过观察 $\mathcal{T}_{\mathrm{Tri}}^{\triangle}$ 和 $\mathcal{T}_{\mathrm{Tri}}^{\theta}$, 即如 §10.4 所示的 $\mathcal{T}_{\mathrm{Tri}}$ 中, 所有使根面为 2 的地图的集合之间的关系, 因为 $h^{\theta}(t, y, \lambda)$ 是 $\mathcal{T}_{\mathrm{Tri}}^{\theta}$ 的色和函数, 有 $h^{\triangleright}(y, \lambda) = h^{\theta}(1, y, \lambda)$.

本节目的在于确定 $h^{\triangleright}(y, \lambda)$, 或者 $h^{\triangle}(z, \lambda)$. 这是 §12.3 讨论 $h(t, y, \lambda)$ 的继续.

首先, 从一个微分方程使得 $h^{\triangle}(z, \lambda)$ 当 $\lambda$ 取

$$B_n = 2 + 2 \cos\left(\frac{2\pi}{n}\right)$$

时对所有的 $n \geqslant 2$ 成立, 因为 $h^{\triangle}(z, \lambda)$ 是 $z$ 的级数使得所有的系数均为 $\lambda$ 的多项式, 推断这个方程对 $\lambda$ 取所有除 4 之外的值时均成立. 这个例外的值 4 使得这方程中的系数变为无限的.

然后, 限制在 $\lambda = 4$ 的情形.

为方便, 记

$$\beta = 3z + \nu \frac{\mathrm{d}}{\mathrm{d}z}\left(\frac{z^2 h}{\lambda} + \nu z\right), \tag{12.4.3}$$

其中 $h = h^{\triangle}(z, \lambda), \nu = (4 - \lambda)^{-1}$.

通过观察 $\lambda$ 取值为 Beraha 数 $B_n$ 的 $h^{\triangle}(t, y, \lambda)$, 启示考虑下面的偏微分方程:

$$(-\lambda + \beta u)\frac{\partial W}{\partial z} = 2u^2 \frac{\partial W}{\partial u}, \tag{12.4.4}$$

其始条件为

$$W_0 = n \arccos\left(\frac{\nu\sqrt{u}}{2}\right). \tag{12.4.5}$$

其中, 余弦之逆视为 $\sqrt{u}$ 的幂级数, 其始项为 $\pi/2$. 当然, $W_0 = W|_{z=0}$.

可以证明, 这个方程是适定的. 而且, 存在一个 $u$ 的 4 次多项式 $Y$, 形如

$$Y = u(A + Bu + Cu^2 + Du^3), \tag{12.4.6}$$

使得

$$u^4 = -Y\left(\frac{\partial W}{\partial z}\right)^2. \tag{12.4.7}$$

这是通过考察 $h^{\triangleright}$ 在 $\lambda = B_n$, 对所有 $n \geqslant 2$, 即 Beraha 数时而想到 [Tut33], [Tut36].

根据 (12.4.4) 式和 (12.4.7) 式, 可以消去 $W$. 重写 (12.4.7) 式为

$$\frac{\partial W}{\partial z} = u^2(-Y)^{\frac{1}{2}}. \tag{12.4.8}$$

则由 (12.4.4) 式, 有

$$\frac{\partial W}{\partial u} = \frac{1}{2}(-\lambda + \beta u)(-Y)^{\frac{1}{2}}. \tag{12.4.9}$$

然后由 (12.4.8) 式和 (12.4.9) 式

$$\frac{\partial}{\partial u}\left(u^2(-Y)^{\frac{1}{2}}\right) = \frac{1}{2}\frac{\partial}{\partial z}\left((-\lambda + \beta u)(-Y)^{\frac{1}{2}}\right), \tag{12.4.10}$$

即可导出

$$\left(8 - 2\frac{\mathrm{d}\beta}{\mathrm{d}z}\right)uY - 2u^2\frac{\partial Y}{\partial u} + (-\lambda + \beta u)\frac{\partial Y}{\partial z} = 0. \tag{12.4.11}$$

由 (12.4.6) 式, 有

$$\left(8 - 2\frac{\mathrm{d}\beta}{\mathrm{d}z}\right)(Au^2 + Bu^3 + Cu^4 + Du^5)$$

$$-2(Au^2 + 2Bu^3 + 3Cu^4 + 4Du^5)$$

$$+(-\lambda + \beta u)\left(u\frac{\mathrm{d}A}{\mathrm{d}z} + u^2\frac{\mathrm{d}B}{\mathrm{d}z}\right.$$

$$\left.+u^3\frac{\mathrm{d}C}{\mathrm{d}z} + u^4\frac{\mathrm{d}D}{\mathrm{d}z}\right) = 0.$$

比较两端 $u$ 的同幂项的系数, 可得如下的微分方程组:

$$-\lambda\frac{\mathrm{d}A}{\mathrm{d}z} = 0, \tag{12.4.12}$$

$$\left(6 - 2\frac{\mathrm{d}\beta}{\mathrm{d}z}\right)A - \lambda\frac{\mathrm{d}B}{\mathrm{d}z} + \beta\frac{\mathrm{d}A}{\mathrm{d}z} = 0, \tag{12.4.13}$$

$$\left(4 - 2\frac{\mathrm{d}\beta}{\mathrm{d}z}\right)B - \lambda\frac{\mathrm{d}C}{\mathrm{d}z} + \beta\frac{\mathrm{d}B}{\mathrm{d}z} = 0, \tag{12.4.14}$$

$$\left(2 - 2\frac{\mathrm{d}\beta}{\mathrm{d}z}\right)C - \lambda\frac{\mathrm{d}D}{\mathrm{d}z} + \beta\frac{\mathrm{d}C}{\mathrm{d}z} = 0, \tag{12.4.15}$$

$$-2\frac{\mathrm{d}\beta}{\mathrm{d}z}D + \beta\frac{\mathrm{d}D}{\mathrm{d}z} = 0. \tag{12.4.16}$$

其中, $A, B, C$ 和 $D$ 作为 $z$ 的级数, 它们的常数项确定了这个方程组的始条件.

由 (12.4.4) 式和 (12.4.8) 式, 有

$$u^4\left(-\lambda + \beta_0 u\right)^2 = -Y_0 \cdot 4u_0\left(\frac{\partial W}{\partial u}\right)^2.$$

再由 (12.4.4) 式, 可知 $\beta_0 = \nu^2$. 根据 (12.4.5) 式, 有

$$(\lambda - \nu^2 u)^2 = -\frac{n^2\nu^2 Y_0}{u(4 - \nu^2 u)},$$

即

$$n^2\nu^2 Y_0 = -u(4 - \nu^2 u)(\lambda - \nu^2 u)^2. \tag{12.4.17}$$

利用 (12.4.6) 式和 (12.4.17) 式, 比较 $u$ 同幂系数, 可得

$$A_0 = \frac{-4\lambda^2}{n^2\nu^2}, \quad B_0 = \frac{8\lambda + \lambda^2}{n^2},$$

$$C_0 = \frac{-(4+2\lambda)\nu^2}{n^2}, \quad D_0 = \frac{\nu^4}{n^2}. \tag{12.4.18}$$

下面就在 (12.4.18) 式给出的始条件下, 解方程 (12.4.12)~(12.4.16) 式.

一则, 由 (12.4.12) 式, 有

$$A = A_0 = -\frac{4\lambda^2}{n^2\nu^2}. \tag{12.4.19}$$

二则, 积分 (12.4.13) 式, 有

$$6Az - 2A\beta - \lambda B + c_1 = 0,$$

其中 $c_1$ 是一个常数. 取此式 $z_0$ 的系数和利用 (12.4.18) 式, 有 $n^2 c_1 = \lambda^3$. 则可导出

$$n^2\nu^2 B = \lambda(\lambda\nu^2 - 24z + 8\beta), \tag{12.4.20}$$

$$n\nu^2 \frac{\mathrm{d}B}{\mathrm{d}z} = \lambda\left(-24 + 8\frac{\mathrm{d}B}{\mathrm{d}z}\right). \tag{12.4.21}$$

三则, 将 (12.4.19)~(12.4.21) 式代入 (12.4.14) 式, 有

$$n^2\nu^2 \frac{\mathrm{d}C}{\mathrm{d}z} = 4\lambda\nu^2 - 96z + 8\beta + 48z\frac{\mathrm{d}\beta}{\mathrm{d}z}$$

$$- 2\lambda\nu^2\frac{\mathrm{d}\beta}{\mathrm{d}z} - 8\beta\frac{\mathrm{d}\beta}{\mathrm{d}z}. \tag{12.4.22}$$

通过积分 (12.4.22) 式, 得

$$n^2\nu^2 C = 4\lambda\nu^2 z - 48z^2 + 8\gamma + 48z\beta$$

$$-48\gamma - 2\lambda\nu^2\beta - 4\beta^2 + c_2,$$

其中 $c_2$ 是一个常数和

$$\gamma = \int_0^z \beta(x)\mathrm{d}x. \tag{12.4.23}$$

提取 $z^0$ 的系数, 由 (12.4.18) 式, 有

$$-(4-2\lambda)\nu^4 = -2\lambda\nu^4 - 4\nu^4 + c_2.$$

因此, $c_2 = 0$. 这就导致

$$n^2\nu^2 C = 4\lambda\nu^2 z - 48z^2 - 40\gamma$$

$$+ 48z\beta - 2\lambda\nu^2\beta - 4\beta^2. \tag{12.4.24}$$

四则, 解方程 (12.4.16), 得

$$D = c_3\beta^2,$$

其中 $c_3$ 为某常数. 由 (12.4.18) 式, $n^2c_3 = 1$. 从而,

$$n^2D = \beta^2, \tag{12.4.25}$$

$$n^2\frac{\mathrm{d}D}{\mathrm{d}z} = 2\beta\frac{\mathrm{d}\beta}{\mathrm{d}z}. \tag{12.4.26}$$

最后, 用 $n^2\nu^2$ 乘 (12.4.15) 式两端, 将 (12.4.22) 式, (12.4.24) 式和 (12.4.26) 式代入, 有

$$2\left(1 - \frac{\mathrm{d}\beta}{\mathrm{d}z}\right)(4\lambda\nu^2z - 48z^2 - 40\gamma - 2\lambda\nu^2\beta + 48z\beta - 4\beta^2)$$
$$- 2\lambda\nu^2\beta\frac{\mathrm{d}\beta}{\mathrm{d}z} + \beta\left(4\lambda\nu^2 - 96z + 8\beta + 48z\frac{\mathrm{d}\beta}{\mathrm{d}z} - 2\lambda\nu\frac{\mathrm{d}\beta}{\mathrm{d}z} - 8\beta\frac{\mathrm{d}\beta}{\mathrm{d}z}\right) = 0.$$

经简化, 即得

$$\left(1 - \frac{\mathrm{d}\beta}{\mathrm{d}z}\right)(\lambda\nu^2z - 12z^2 - 10\gamma + 6z\beta) = 6z\beta,$$

从而

$$\left(1 - \frac{\mathrm{d}^2\gamma}{\mathrm{d}z^2}\right)\left(-\lambda\nu^2z + 12z^2 + 10\gamma - 6z\frac{\mathrm{d}\gamma}{\mathrm{d}z}\right)$$
$$+ 6z\frac{\mathrm{d}\gamma}{\mathrm{d}z}\frac{\mathrm{d}^2\gamma}{\mathrm{d}z^2} = 0,$$

或

$$\left(1 - \frac{\mathrm{d}^2\gamma}{\mathrm{d}z^2}\right)\left(-\lambda\nu^2z + 12z^2 + 10\gamma\right)$$
$$+ 6z\frac{\mathrm{d}\gamma}{\mathrm{d}z} = 0. \tag{12.4.27}$$

通过积分 (12.4.3) 式, 有

$$\gamma = \frac{\nu z^2 h}{\lambda} + \nu^2 z + \frac{3z^2}{2}, \tag{12.4.28}$$

从而

$$\gamma_0 = \gamma|_{z=0} = 0 \text{ 和 } \gamma_0' = \frac{\mathrm{d}\gamma}{\mathrm{d}z}\bigg|_{z=0} = \nu^2. \tag{12.4.29}$$

**定理 12.4.1**   微分方程 (12.4.27), 带始条件 (12.4.29) 式, 当 $\gamma$ 视为 $z$ 的级数, 其系数全是 $\nu$(或者 $\lambda$) 的有理多项式时是适定的.

证   与 §12.2 中用的方法相仿.

由于 $\nu = 1/(4-\lambda)$, 在 (12.4.28) 式和 (12.4.29) 式中, $\lambda$ 不可取值为 4. 这时, 要另外讨论. 令

$$H = z^2 h^{\triangle}. \tag{12.4.30}$$

则由 (12.4.28) 式,

$$\gamma = \frac{\nu H}{\lambda} + \nu^2 z + \frac{3z^2}{2}, \tag{12.4.31}$$

$$\frac{\mathrm{d}\gamma}{\mathrm{d}z} = \frac{\nu}{\lambda}\frac{\mathrm{d}H}{\mathrm{d}z} + \nu^2 + 3z^2, \tag{12.4.32}$$

$$\frac{\mathrm{d}^2\gamma}{\mathrm{d}z^2} = \frac{\nu}{\lambda}\frac{\mathrm{d}^2H}{\mathrm{d}z^2} + 3. \tag{12.4.33}$$

将 (12.4.31)~(12.4.33) 式代入到 (12.4.27) 式, 有

$$\lambda^{-1}\frac{\mathrm{d}^2H}{\mathrm{d}z^2}\left(z + 9\nu^{-1}z^2 + 10\lambda^{-1}H - 6\lambda^{-1}z\frac{\mathrm{d}H}{\mathrm{d}z}\right)$$
$$= -2\nu^{-1}z + 6z - 20\lambda^{-1}\nu^{-1}H$$
$$+ 18\lambda^{-1}\nu^{-1}\frac{\mathrm{d}H}{\mathrm{d}z}.$$

由于 $\lambda \longrightarrow 4$, 有 $\nu^{-1} \longrightarrow 0$, 此方程变为

$$\frac{\mathrm{d}^2H}{\mathrm{d}z^2}\left(2z + 5H - 3z\frac{\mathrm{d}H}{\mathrm{d}z}\right) = 48z. \tag{12.4.34}$$

当 $\lambda = 4$ 时. 由 (12.4.30) 式, 有

$$H|_{z=0} = 0, \quad \left.\frac{\mathrm{d}H}{\mathrm{d}z}\right|_{z=0} = 0. \tag{12.4.35}$$

**定理 12.4.2** 以 (12.4.35) 式为始条件的微分方程 (12.4.34), 当取 $H$ 为 $z^2$ 的整系数级数时是适定的. 且, 它的这个解就是由 (12.4.30) 式给出的.

**证** 与定理 12.4.1 的证明相仿.

由 (12.4.30) 式, 方程 (12.4.34) 和 (12.4.35) 确定了当 $\lambda = 4$ 时, 带根不可分离平面三角化以面数为参数的色和函数.

# §12.5　注　记

**12.5.1** 关于带根不可分离外平面地图色和方程 (12.1.10) 的通解, 当 $\lambda = 2, 3$ 以及 $\infty$ 的更进一步讨论, 可参见 [Liu47] 和 [Liu50].

**12.5.2** 在 [Liu40] 和 [Liu46] 中, 可见到 §12.2 中所述的立方三角. 然而, 这里扩张子的定义 (12.2.29) 式矫正了在那些文章中足标的混乱. 在 [Liu46] 中, 还有更进一步的结果.

**12.5.3**    在 §12.3 中的结果, 可参见 [Tut27].

**12.5.4**    在 §12.4 中所描述的整个理论源于 [Tut33], [Tut36], [Tut37], 特别是 [Tut41].

**12.5.5**    虽然方程 (12.4.34) 看上去相当简单, 由于非线性项的出现, 一直到现在, 仍未求出 $h^\triangle$ 的一个显式, 更谈不上紧凑的显式了.

**12.5.6**    曲面上的色和方程 (10.6.14) 还启示去考察双不可分离地图的计数, 以及其依亏格的分布, 以便深入了解亏格大于零地图的不可分离性.

# 第13章 随机性态

## §13.1 外平面渐近性

令 $P_n^{(c)}$ 和 $Q_n^{(c)}$ 分别表示具有性质 "c" 的 $n$ 度 (边数) 一般平面和外平面地图的数目. 其中, "c" = "g", "nl", "s" 和 "ns" 分别指 "一般", "无环", "简单" 和 "不可分离".

**定理 13.1.1** 如果 $n$ 充分大, 则几乎所有一般平面地图均不是外平面的.

**证** 由定理 9.1.2, 知

$$P_n^{(g)} = \frac{2 \cdot 3^n (2n)!}{n!(n+2)!}. \tag{13.1.1}$$

由 (1.7.6) 式,

$$\sim \frac{2 \cdot 3^n \sqrt{2\pi} \mathrm{e}^{-2n} (2n)^{2n-\frac{1}{2}}}{\sqrt{2\pi} \mathrm{e}^{-n} n^{n-\frac{1}{2}} \sqrt{2\pi} \mathrm{e}^{-n(n+2)} (n+2)^{n+\frac{3}{2}}}$$

$$\sim \frac{2^{2n+\frac{1}{2}} \cdot 3^n}{\sqrt{2\pi}} \cdot \mathrm{e}^2 n^{-\frac{5}{2}}$$

$$= O(n^{-\frac{5}{2}} 12^n).$$

相仿地, 基于 §3.4, 或 [Doy1], 有

$$Q_n^{(g)} = \frac{2^n (2n)!}{n!(n+1)!}$$

$$= O(n^{-\frac{3}{2}} 8^n). \tag{13.1.2}$$

由 (13.1.1) 式和 (13.1.2) 式, 即得

$$\frac{Q_n^{(g)}}{P_n^{(g)}} = O\left(n\left(\frac{2}{3}\right)^n\right) = O(n(0.667)^n). \tag{13.1.3}$$

因为 $\lim\limits_{n \to \infty} n\left(\dfrac{2}{3}\right)^n = 0$, 定理得证.

由于已知 [DoY1],

$$Q_n^{(nl)} = \frac{1}{n(n+1)} \sum_{j=0}^{n-1} A_j, \tag{13.1.4}$$

其中
$$A_j = \frac{(2n-j)!}{j!(n-j)!(n-j-1)!}.$$

可以检验, $A_j$ 在 0 与 $n-1$ 之间是单峰的, 且最大值在

$$j \sim (\alpha n + \beta), \quad \alpha = \frac{2-\sqrt{2}}{2},$$

$$\beta = -\left(\frac{1}{2} + \frac{\sqrt{2}}{4}\right),$$

处达到. 取 $k = (\alpha n + \beta) - j$ 和利用

$$\ln(1+\epsilon) = \epsilon - \frac{\epsilon^2}{2} + O(\epsilon^3)$$

在 $k = o(n)$ 条件下, 可得

$$\left(\frac{n}{2\pi n(n-j)}\right)^{\frac{1}{2}} \sim (2\pi)^{-\frac{1}{2}} n^{-\frac{1}{2}} (\alpha(1-\alpha))^{-\frac{1}{2}},$$

$$\left(\frac{n}{j}\right)^j \sim \alpha^{-(\alpha n - \beta - k)} \exp\left\{(k-\beta)\left(1 - \frac{k-\beta}{\alpha n}\right)\right\},$$

$$\left(\frac{n}{n-j}\right)^{n-j} \sim (1-\alpha)^{-((1-\alpha)n + k - \beta)}$$

$$\times \exp\left\{-(k-\beta)\left(1 + \frac{k-\beta}{(1-\alpha)n}\right)\right\},$$

$$\left(\frac{2\pi-j}{2\pi n(n-j)}\right)^{\frac{1}{2}} \sim (\pi n)^{\frac{1}{2}} \left(\frac{2-\alpha}{2(1-\alpha)}\right)^{\frac{1}{2}},$$

$$\left(\frac{2n-j}{n}\right)^n \sim (2-\alpha)^n \exp\left\{\frac{k-\beta}{2-\alpha}\right\},$$

$$\left(\frac{2n-j}{n-j}\right)^{n-j} \sim \left(\frac{2-\alpha}{1-\alpha}\right)^{(1-\alpha)n + k - \beta}$$

$$\times \exp\left\{-\frac{k-\beta}{2-\alpha}\left(1 + \frac{k-\beta}{(1-\alpha)n}\right)\right\},$$

$$\frac{n-j}{n(n+1)} \sim (1-\alpha)n^{-1}. \tag{13.1.5}$$

由 (1.7.6) 式和 (13.1.5) 式, 可以证明,

$$A_j \sim \frac{1+\sqrt{2}}{4\pi} n^{-2} (1+\sqrt{2})^{2n} \exp\left\{-4\sqrt{2}\frac{k^2}{n}\right\}. \tag{13.1.6}$$

进而, 若 $|k| > n^s$, $s > 1/2$, 则

$$A_j = o\left(n^{-1} \sum_{i=1}^{n-1} A_i\right).$$

由此,

$$\sum_{|k|>n^s} A_j = \sum_{|k|>n^s} o\left(n^{-1} \sum_{i=1}^{n-1} A_i\right) < o\left(\sum_{i=1}^{n-1} A_i\right).$$

这就导致

$$\sum_{j=0}^{n-1} A_j \sim \sum_{|k|\leqslant n^s} A_j \sim \frac{1+\sqrt{2}}{4} \pi^{-1} n^{-2}$$

$$\times (1+\sqrt{2})^{2n} \sum_{|k|\leqslant n^s} \exp\left\{-4\sqrt{2}\frac{k^2}{n}\right\}. \tag{13.1.7}$$

在 (13.1.7) 式的最终的那个求和以步长 $1/\sqrt{n}$ 的近似为

$$\sum_{|k|\leqslant n^s} \exp\left\{-4\sqrt{2}\frac{k^2}{n}\right\} \sim 2\sqrt{n} \int_0^{n^{s-\frac{1}{2}}} \mathrm{e}^{-4\sqrt{2}x^2} \mathrm{d}x$$

$$\sim 2\sqrt{n} \int_0^{\infty} \mathrm{e}^{-4\sqrt{2}x^2} \mathrm{d}x$$

$$= 2^{-\frac{5}{4}} \pi^{\frac{1}{2}} n^{\frac{1}{2}}.$$

从而,

$$Q_n^{(\mathrm{nl})} \sim \frac{1+\sqrt{2}}{8 \cdot 2^{\frac{1}{4}}} \pi^{-\frac{1}{2}} n^{-\frac{3}{2}} (1+\sqrt{2})^{2n}$$

$$= O(n^{-\frac{3}{2}} (1+\sqrt{2})^{2n}). \tag{13.1.8}$$

**定理 13.1.2**  如果地图的度充分大, 则几乎所有的无环平面地图全不是外平面的.

**证**  由定理 8.1.2, 有

$$P_n^{(\mathrm{nl})} = \frac{6(4n+1)!}{(3n+3)!n!}$$

$$= O\left(n^{-\frac{5}{2}} \left(\frac{256}{27}\right)^n\right).$$

根据 (13.1.8) 式, 得

$$\frac{Q_n^{(\mathrm{nl})}}{P_n^{(\mathrm{nl})}} = O\left(n\left(\frac{27(1+\sqrt{2})^2}{256}\right)^n\right)$$

$$= O(n(0.615)^n).$$

从而, 定理成立.

关于简单平面图, 由 (8.3.28) 式, 有

$$P_n^{(s)} = \sum_{i=0}^{n-2} B_i,$$

其中,

$$B_i = \frac{4(2n+1)!(2n-i-4)!}{i!(n-i-2)!(2n-i+1)!n!}.$$

容易检验, $B_i$ 在区间 $[0, n-2]$ 内是单峰的. 而且, 最大值在

$$i = \begin{cases} l, & \text{当 } n = 2l+1; \\ l-1, & \text{当 } n = 2l \end{cases}$$

处达到. 用与上面所述相仿的过程, 可得

$$B_i \sim \frac{64\sqrt{2}}{243} e^2 \pi^{-1} l^{-3} 64^l \exp\left\{-\frac{2k^2}{l}\right\}.$$

用积分估计求和, 在 $|k| > l^s, s > 1/2$ 的条件下, 有

$$P_n^{(s)} \sim \frac{64e^2}{243\sqrt{\pi}} l^{-\frac{5}{2}} 64^l$$

$$= O(l^{-\frac{5}{2}} 64^l). \tag{13.1.9}$$

**定理 13.1.3**　当地图的度充分大时, 几乎所有简单地图都不是外平面.

**证**　首先, 已知 [DoY1],

$$Q_n^{(s)} = \sum_{j=0}^{\lfloor \frac{n-1}{2} \rfloor} B_j',$$

其中

$$B_j' = \frac{1}{n(n+1)} \cdot \frac{(2n-2j)!}{j!(n-j)!(n-1-2j)!}.$$

而且, $B_j'$ 在区间 $\left[0, \lfloor \frac{n-1}{2} \rfloor\right]$ 内是单峰的, 其最大值在

$$j = \xi n + \eta, \quad \xi = \frac{2-\sqrt{2}}{4}, \quad \eta = -\frac{7}{8}$$

附近达到. 依上述过程, 有

$$Q_n^{(s)} \sim \frac{(1+\sqrt{2})^{\frac{1}{2}}}{2^{\frac{3}{4}} \pi^{\frac{1}{2}}} n^{-\frac{3}{2}} 2^n (1+\sqrt{2})^n$$

$$= O(n^{-\frac{3}{2}}2^n(1+\sqrt{2})^n).$$

然后, 由 (13.1.9) 式, 可得

$$\frac{Q_n^{(s)}}{P_n^{(s)}} \sim \frac{243(1+\sqrt{2})^{\frac{1}{2}}}{64}n\left(\frac{1+\sqrt{2}}{4}\right)^n$$
$$= O(n(0.604)^n).$$

这就导致定理为真.

**定理 13.1.4** 当地图的度充分大时, 几乎所有不可分离平面地图全不是外平面的.

证 由 (7.3.18) 式, 考虑到 $m+p=n+2$, 知

$$P_n^{(ns)} = \frac{2(2n-3)!}{(2n-1)!n!}$$

由 (1.7.6) 式

$$\sim \frac{\sqrt{3}}{27}\pi^{-\frac{1}{2}}n^{-\frac{5}{2}}\left(\frac{27}{4}\right)^n$$
$$= O\left(n^{-\frac{5}{2}}\left(\frac{27}{4}\right)^n\right).$$

又, 根据 (7.1.30) 式, 考虑到 $q=n$ 和 $m+\sum_{i\geqslant 1}n_i=2n$, 有

$$Q_n^{(ns)} = \frac{(2n-2)!}{(n-1)!n!}$$

由 (1.7.6) 式,

$$\sim \frac{1}{4}\pi^{-\frac{1}{2}}n^{-\frac{3}{2}}4^n$$
$$= O(n^{-\frac{3}{2}}4^n). \tag{13.1.10}$$

这就导致

$$\frac{Q_n^{(ns)}}{P_n^{(ns)}} \sim \frac{27}{4\sqrt{3}}n\left(\frac{16}{27}\right)^n$$
$$= O(n(0.593)^n).$$

从而, 与上述相同的理由, 即得定理.

在 §2.1 中, 树是作为平面地图. 而且, 它们又是特殊类型的外平面地图. 度为 $n$ 的带根平面树的数目为

$$T_n = \frac{(2n)!}{n!(n+1)!}, \tag{13.1.11}$$

这就是 Catalan 数. 下面的定理可以看出, 树在外平面地图中所占的位置.

**定理 13.1.5**   当地图的度充分大时, 几乎所有的外平面地图全不是树.

证   基于 (13.1.11) 式, 用 (1.7.6) 式, 有

$$T_n \sim \frac{\mathrm{e}}{\sqrt{2\pi}} 4^n n^{-\frac{3}{2}}. \tag{13.1.12}$$

再根据 (13.1.2) 式, 即可得

$$\frac{T_n}{Q_n^{(\mathrm{g})}} = O(2^{-n}).$$

这就意味定理成立.                                                                                ♭

事实上, 进而还有

**定理 13.1.6**   当地图的度充分大时, 几乎所有简单外平面地图均不是树.

证   由 (13.1.2) 式和定理 13.1.3 证明中给出的对 $Q_n^{(\mathrm{s})}$ 的估计, 即可得

$$\frac{T_n}{Q_n^{(\mathrm{s})}} = O(1.207^{-n}).$$

从而, 定理的结论为真.                                                                         ♭

## §13.2   树-根地图平均

对于一个构形, 通常它也是一种地图, 确定在一个给定类中的一个地图中, 这种构形出现的频数, 在组合学, 以及数论和数学其他分支中, 常遇到这样的问题. 这就是要了解这一个构形在这个给定地图类中出现的平均数.

一个带根地图, 称它为树-根的, 当在这个地图中有一个带根的树, 作为它的一个支撑树. 若一个树-根地图, 允许有重边和自环, 除无限面 (即根面) 为 $t$-边形外, 其他所有面, 全为 $(r+2)$-边形, 则称它为类型 $\langle r, t, v \rangle$, 其中 $v$ 为它的阶 (即节点数). 记 $\mathcal{R}(r, t, v)$ 为所有类型 $\langle r, t, v \rangle$ 的树-根地图的集合, $r, t-1, v \geqslant 1$.

设地图 $M = (\mathcal{X}_{\alpha,\beta}, \mathcal{P}) \in \mathcal{R}(r, t, v)$, 令 $T$ 是 $M$ 上的一个支撑树, 也视为一个带根的地图. 它的根 $r(T) = \mathcal{P}^k r(M)$ 使得

$$k = \min\{i \mid K\mathcal{P}^i r(M) \in E(T)\}.$$

其中, $r(M)$ 为 $M$ 的根. 对每条边 $e_i = K(\mathcal{P}\alpha\beta)^{i-1} r(M)$, $i = 1, 2, \cdots, t$, 自然, 全在无限面边界上, 与 $T$ 形成唯一的一个圈, 用 $P_i$ 表示. 如果 $e_i$ 在 $T$ 上, 则 $e_i$ 本身就视为退化的 2-边形. 地图 $M$ 与 $P_i$ 以及它的内部形成一个带根外平面地图 $P(r, n_i)$, 它的内部的面全是 $(r+2)$-边形和无限面为 $(n_i+1)$-边形. 这个地图 $P(r, n_i)$ 被称为 $(n_i+1)$-边形的 $(r+2)$-划分. 令 $\mathcal{P}(r, n)$ 为所有 $(n+1)$-边的 $(r+2)$-划分的集合.

对于任何 $v$ 阶的树 $T$, 序列 $(P_1, P_2, \cdots, P_t; T)$, $P_i = P(r, n_i) \in \mathcal{P}(r, n_i)$ 使得

$$\sum_{i=1}^{t} n_i = 2v - 2, \tag{13.2.1}$$

被称为一个 $(r, t, v)$-树纹理.

**引理 13.2.1** 类型 $\langle r, t, v \rangle$ 地图与 $(r, t, v)$-树纹理之间存在一个1-1对应.

**证** 从上述可见, 对任何一个类型 $\langle r, t, v \rangle$ 地图 $M \in \mathcal{R}(r, t, v)$ 唯一地有一个 $(r, t, v)$-树纹理 $(P_1, P_2, \cdots, P_t; T)$ 与之对应. 这里, 因为 $n_i$ 就是 $P_i$ 的无限面边界上树边的数目和每条树边在这个序列中均出现两次, 故从 $T$ 恰有 $v - 1$ 条边, 知 (13.2.1) 式满足.

反之, 对于一个 $(r, t, v)$-树纹理 $(P_1, P_2, \cdots, P_t; T)$, 由于有 (12.2.1) 式, 可以将

$$P(r, n_1), P(r, n_2), \cdots, P(r, n_t),$$

其中 $P_i = P(r, n_i), i = 1, 2, \cdots, t$, 依次从 $T$ 的根边始沿着根面边界分别经过 $n_1, n_2, \cdots, n_t$ 条边又回到始边, 合成一个地图 $M$. 其根边为 $e_1$. 可以验证, 这个唯一地得到的地图 $M \in \mathcal{R}\langle r, t, v \rangle$, 即类型 $\langle r, t, v \rangle$, 且 $P(r, n_i) \in \mathcal{P}(r, n_i), i = 1, 2, \cdots, t$.

令 $\mathcal{R}(r) = \sum_{n \geqslant 1} \mathcal{R}(r, n)$ 为所有上述带根外平面地图使得任何一个内面, 非根面, 均为 $(r + 2)$ - 边形. 注意, 自环和重边是允许的. 因为这时

$$\mathcal{R}(r) = \mathcal{R}_0(r) + \mathcal{R}_1(r), \tag{13.2.2}$$

其中 $\mathcal{R}_0(r)$ 仅由一个杆地图 $L_0$ 组成, 和 $\mathcal{R}_1(r)$ 是 $\mathcal{R}(r)$ 的长为 $r + 1$ 的链 $1v$ - 积, 如 §7.1 中所示. 即

$$\mathcal{R}_{\langle 1 \rangle}(r) = \mathcal{R}(r)^{\hat{\times}(r+1)}, \tag{13.2.3}$$

其中 $\mathcal{R}_{\langle 1 \rangle}(r) = \{M - a | \forall M \in \mathcal{R}_1(r)\}, a = e_r(M)$. 由此, 有

$$f(x) = x + f^{r+1}(x), \tag{13.2.4}$$

其中

$$f(x) = \sum_{M \in \mathcal{R}(r)} x^{n(M)} \tag{13.2.5}$$

为 $\mathcal{R}(r)$ 的以 $n(M) + 1$ 为根面次的计数函数.

**引理 13.2.2** 带有指定根树的 $(r, t, v)$-树纹理的数目为

$$\frac{t\left(k(r+1) + t - 1\right)!}{k!(kr + t)!}, \tag{13.2.6}$$

其中, $2v - kr + t - 2$.

证   由 (13.2.4) 式和 (13.2.5) 式, 可见 $\mathcal{R}(r,n)$ 中的元素数为 $f(x)$ 的作为 $x$ 的级数中 $x^n$ 的系数. 由引理 13.2.1, $(r,t,v)$-树纹理的数目应该是 $f^t(x)$ 的级数展开式中 $x^{2v-2}$ 的系数. 然, 依 (13.2.4) 式, 可用推论 1.5.2, 在 $f = x$ 处, 有

$$f^t(x) = x^t + \sum_{k \geqslant 1} \frac{t}{k!} \frac{\mathrm{d}^{k-1}}{\mathrm{d}x^{k-1}} \left\{ x^{k(r+1)+t-1} \right\}$$

$$= \sum_{k \geqslant 0} \frac{t\big(k(r+1)+t-1\big)!}{k!(kr+t)!} x^{kr+t}. \tag{13.2.7}$$

因为 $kr + t = 2v - 2$, 即得引理.

由于已经知道, $v$ 阶带根平面树的数目为

$$\frac{(2v-2)!}{v!(v-1)!}, \tag{13.2.8}$$

即 Catalan 数, 从引理 13.2.2, 类型 $\langle r, t, v \rangle$ 树-根地图数为

$$\left| \mathcal{R}(r,t,v) \right| = \frac{(2v-2)!t(k(r+1)+t-1)!}{v!(v-1)!k!(kr+t)!}$$

$$= \frac{t(2v+k-3)!}{(v-1)!v!k!}, \tag{13.2.9}$$

其中, 用到关于 $2v = kr + t + 2$.

事实上, 由 Euler 公式 (定理 1.1.2 的 $p = 0$ 情形), 在 (13.2.9) 式中, 参数 $k$ 为类型 $\langle r, t, v \rangle$ 地图的非根面数. 在对偶的情形下, 具有 $v$ 个节点, 非根节点的次数为 $u$ 和根节点的次 $t$ 的树-根地图的数目为

$$\frac{t(2x+v-4)!}{x!(x-1)!(v-1)!}, \tag{13.2.10}$$

其中 $x = ((v-1)(u-2)+t+2)/2$.

由 (6.2.9) 式, 节点数为 $v$, 每个非根节点的次均为 $2s$ 和根节点的次为 $2t$ 的带根平面图的数目是

$$\frac{((v-1)s+t-1)!(2t)!}{(v-1)!((v-1)s+t-v+2)!t!(t-1)!}$$

$$\times \left( \frac{(2s-1)!}{s!(s-1)!} \right)^{v-1}. \tag{13.2.11}$$

根据 (13.2,9) 式 (其中 $t$ 和 $u$ 分别用 $2t$ 和 $2s$ 代之) 和 (13.2.11) 式, 在这类地图中, 每个地图上树的数目之统计平均为

$$\frac{\Big(v(2s-1)+2(t-s)\Big)!\,t!\,(t-1)!}{\Big((v-1)(s-1)+t\Big)!\Big((v-1)s+t-1\Big)!\,(2t-1)!}$$

$$\times \left(\frac{s!(s-1)!}{(2s-1)!}\right)^{v-1}. \tag{13.2.12}$$

特别地, 当 $t=s$, 即对于正则 Euler 地图, 这个平均数为

$$\frac{\Big(v(2s-1)\Big)!}{\Big(v(s-1)+1\Big)!\,(vs-1)!}\left(\frac{s!(s-1)!}{(2s-1)!}\right)^{v}. \tag{13.2.13}$$

由于当 $s=t$ 时, (13.2.11) 式变为

$$\frac{(2s)!\,(vs-1)!}{(v-1)!\Big(v(s-1)+2\Big)!}\left(\frac{(2s-1)!}{s!(s-1)!}\right)^{v}. \tag{13.2.14}$$

当固定 $s \neq 1$ 时, 随着 $v$ 充分大, (13.1.14) 式近似地为

$$\sqrt{\frac{2s}{\pi}}\frac{\Big(v(s-1)\Big)^{-\frac{5}{2}}}{(s-1)^{v(s-1)}}\left(\frac{(2s-1)!}{s!(s-1)!}\right)^{v}, \tag{13.2.15}$$

利用 (1.7.6) 式, 一个带根 $2s$-正则 $v$ 阶平面地图中树的平均数渐近地近似于

$$\frac{v^{-\frac{1}{2}}(2s-1)^{v(2s-1)+\frac{1}{2}}}{\sqrt{2\pi}s^{sv-\frac{1}{2}}(s-1)^{v(s-1)+\frac{3}{2}}}\left(\frac{s!(s-1)!}{(2s-1)!}\right)^{v}. \tag{13.2.16}$$

## §13.3　平均 Hamilton 圈数

一个带根平面地图, 若它的基准图是 Hamilton 的, 而且其上有一个 Hamilton 圈给以特定的标识, 则称它为 Hamilton根地图. 这里, 只考虑所有非根面, 即内面均为三角形的情形. 若一个 Hamilton 根地图上的这个特定的 Hamilton 圈为根面边界, 则称它为一个切片多边形. 令 $\mathcal{H}_{\text{out}}$ 为所有切片多边形的集合. 然后, 确定 $m$ 阶的切片多边形的数目 $N_{\mathcal{H}_{\text{out}}}(m)$, $m \geqslant 3$. 为方便, 将杆地图 $L_0$ 视为退化的切片多边形.

将 $\mathcal{H}_{\text{out}}$ 分为两类, 即

$$\mathcal{H}_{\text{out}} = \mathcal{H}_0 + \mathcal{H}_1, \tag{13.3.1}$$

其中 $\mathcal{H}_0$ 仅由杆地图组成和注意到

$$\mathcal{H}_{\langle 1 \rangle} = \{H - a | \forall H \in \mathcal{H}_1\}$$

$$= \mathcal{H}_{\text{out}}^{\hat{\times}2}. \tag{13.3.2}$$

其中, $\hat{\times}$ 是为 §7.1 所示的链 $1v$-乘法. 即可发现计数函数

$$f(x) = \sum_{H \in \mathcal{H}_{\text{out}}} x^{m(H)}, \tag{13.3.3}$$

其中, $m(H)$ 为 $H$ 的阶 (即节点数), 满足方程

$$f(x) = x^2 + x^{-1} f^2(x). \tag{13.3.4}$$

经验证, 方程 (13.3.4) 的适合这里要求的解为

$$f(x) = \frac{x(1 - \sqrt{1 - 4x})}{2}, \tag{13.3.5}$$

而且, 数目 $N_{\mathcal{H}_{\text{out}}}(m)$, 就是 (13.3.5) 式的 $f(x)$ 展开式中 $x^m$ 的系数, 即

$$N_{\mathcal{H}_{\text{out}}}(m) = \frac{1}{m-1} \binom{2m-4}{m-2}. \tag{13.3.6}$$

令 $\mathcal{H}(n,m)$ 是所有根面次为 $m$, 阶为 $n+m$ 的 Hamilton 根地图的集合, $m \geqslant 3$. 对于 $M = (\mathcal{X}_{\alpha,\beta}, \mathcal{P}) \in \mathcal{H}(n,m)$, 不在根面边界上的节点被称为内节点, 其他的, 即在根面边界上的, 外节点. 记 $n(M)$ 和 $m(M)$ 分别为 $M$ 中内节点数和外节点数. 即, $m(M) = m$, $n(M) = n$. 令 $H$ 为其上的那个 Hamilton 圈, 它的根为 $r_H = \mathcal{P}^s r(M)$ 使得

$$s = \min\{j| \ K\mathcal{P}^j r(M) \in E(H)\}.$$

设这 $m$ 个外节点为 $v_1, v_2, \cdots, v_m$, 次序与在根面边界上一致, 且 $v_1 = v_r(M)$ 为 $M$ 的根节点. 自然, 也是 $H$ 的根节点. 对每一条边 $K(\mathcal{P}\alpha\beta)^{j-1} r(M) = (v_j, v_{j+1})$, $j = 1, \cdots, m$, $v_{m+1} = v_1$, 即根节点. 则 $(v_j, v_{j+1})$ 与这个 Hamilton 圈上的从 $v_j$ 到 $v_{j+1}$ 的有向路 $P_H(v_j, v_{j+1})$ 形成一个切片多边形 $P_j$, $j = 1, 2, \cdots, m$. 同时, 这个 Hamilton 圈本身也形成一个切片多边形.

一般的, 这 $m$ 个切片多边形以及 $H$ 本身的切片多边形产生一个序列 $(P_1, P_2, \cdots, P_m; H)$, 并称之为 $H$-纹理, 使得有

$$\sum_{i=1}^{m} n(P_i) - m \tag{13.3.7}$$

个节点, 其中 $n(P_i)$ 为 $P_i$ 的阶 (即节点数), $i = 1, 2, \cdots, m$. 进而, 将 $(P_1, P_2, \cdots, P_m)$ 称为 $m$-纹理.

**引理 13.3.1** 令 $\mathcal{P}(n,m)$ 为所有 $H$-纹理 $(P_1, P_2, \cdots, P_m; H)$ 的集合, 使得

$$\sum_{i=1}^{m} n(P_i) = 2m + n. \tag{13.3.8}$$

则, 有

$$\left| \mathcal{H}(n,m) \right| = \left| \mathcal{P}(n,m) \right| \tag{13.3.9}$$

对 $n \geqslant 0$, $m \geqslant 3$.

**证** 由上面刚提到的, 对每一个 $M \in \mathcal{H}(n,m)$, 有唯一地一个 $H$-纹理 $P \in \mathcal{P}(n,m)$ 与 $M$ 相对应.

另一方面, 对任一 $H$-纹理 $P = (P_1, P_2, \cdots, P_m; H) \in \mathcal{P}(n,m)$, 可依如下方式唯一地构造一个 Hamilton 根地图 $M \in \mathcal{H}(n,m)$. 设 $P_i$ 的根边为 $(v_i, v_{i+1})$, $i = 1, 2, \cdots, m, v_{m+1} = v_1$. 选择 $v_1, v_2, \cdots, v_m$ 为根面边界上的节点, 使得 $v_1$ 为根节点. 令 $P(v_i, v_{i+1})$ 是 $P_i$ 的根面多边形上不通过 $(v_i, v_{i+1})$ 的那条从 $v_i$ 到 $v_{i+1}$ 的路, $i = 1, 2, \cdots, m$. 然后, 选择切片多边形 $H$ 的根面由

$$P(v_1, v_2), P(v_2, v_3), \cdots, P(v_m, v_1)$$

组成得地图 $M$. 由 (13.3.8) 式, $H$ 的根面边界就是 $M$ 上那个特定标识的 Hamilton 圈. 从而, $M \in \mathcal{H}(n,m)$. ▯

这个引理使得能够通过确定满足 (13.3.8) 式的 $H$-纹理的数目, 以计数具有 $n$ 个内节点和 $m$ 外节点的 Hamilton 根地图. 根据 (13.3.6) 式, 满足 (13.3.8) 式的 $H$-纹理的数目为

$$a_{n,m} = \sum_{\substack{\alpha_1 + \cdots + \alpha_m = n \\ \alpha_i \geqslant 0 \\ 1 \leqslant i \leqslant m}} \prod_{i=1}^{m} \frac{1}{\alpha_i + 1} \binom{2\alpha_i}{\alpha_i}. \tag{13.3.10}$$

记

$$A(x) = \sum_{i \geqslant 1} \binom{2i}{i} \frac{1}{i+1} x^i. \tag{13.3.11}$$

则, 由 (13.3.4) 式, $A(x)$ 应满足以下方程:

$$A(x) = 1 + xA^2(x). \tag{13.3.12}$$

其理由是, 可以验证,

$$A(x) = \frac{1}{x^2} f(x). \tag{13.3.13}$$

由于 $a_{n,m}$ 是 $A^m(x)$ 中 $x^n$ 的系数, 基于 (13.3.12) 式利用推论 1.5.2 (即 Lagrange 反演), 有

$$a_{n,m} = \frac{m(2n+m-1)!}{n!(n+m)!}. \tag{13.3.14}$$

**引理 13.3.2**  对 $n \geqslant 0$ 和 $m \geqslant 3$, 有

$$|\mathcal{P}(n,m)| = \frac{m(2n+2m-4)!(2n+m-1)!}{(n+m-1)!(n+m-2)!(n+m)!n!}. \tag{13.3.15}$$

**证**  令 $\mathcal{H}_{\text{out}}(m+n)$ 为 $m+n$ 阶的切片多边形的集合, 则有

$$\left|\mathcal{P}(n,m)\right| = a_{n,m}\left|\mathcal{H}_{\text{out}}(m+n)\right|.$$

由 (13.3.14) 式,

$$\left|\mathcal{H}_{\text{out}}(m+n)\right| = \frac{(2n+2m-4)!}{(n+m-1)!(n+m-2)!}.$$

从而, 由 (13.3.14) 式, 即可得引理.

根据引理 13.3.1, 在 $\mathcal{H}(n,m)$ 中的 Hamilton 根地图的数目为

$$p_{n,m} = \left|\mathcal{P}(n,m)\right|, \tag{13.3.16}$$

即已有 (13.3.15) 式给出.

从 (4.3.18) 式知, 具有 $n$ 个内节点和 $m$ 个外节点带根不可分离平面三角化的数目为

$$\frac{2^{n+1}(2m-3)!(3n+2m-4)!}{(m-2)!(m-2)!n!(2n+2m-2)!}. \tag{13.3.17}$$

从而, 每个地图占有 Hamilton 圈平均数为

$$\frac{m}{2^{n+1}}\frac{((m-2)!)^2(2n+m-1)!(2n+2m-4)!}{(2m-3)!(n+m-2)!(n+m-1)!}$$

$$\times \frac{(2n+2m-2)!}{(n+m)!(3n+2m-3)!}. \tag{13.3.18}$$

现在, 将外节点数 $m$ 固定, 看一看当 $n$ 充分大时 (13.3.18) 式的渐近行为. 由 (1.6.7) 式, 有

$$p_{n,m} \sim \frac{m}{\pi}2^{4n+3m-5}n^{-3}, \tag{13.3.19}$$

进而, 由 (13.3.18) 式给出的平均数渐近地为

$$\frac{8m\left((m-2)!\right)^2}{(2m-3)!\sqrt{3\pi}}\left(\frac{32}{7}\right)^{m-2}\left(\frac{32}{27}\right)^n n^{-\frac{1}{2}}. \tag{13.3.20}$$

在 $\mathcal{H}(n,m)$ 中的一个 Hamilton 根地图, 若所有在这个 Hamilton 圈上的边均不在根面的边界上, 则称它为一个内 $H$-地图.

根据 (13.3.6) 式, 具有 $n$ 个内节点和 $m$ 个外节点的内 $H$-地图的数目应为

$$b_{n,m} = \sum_{\substack{\alpha_1 + \cdots + \alpha_m = n \\ \alpha_i > 0 \\ 1 \leqslant i \leqslant m}} \prod_{i=1}^{m} \frac{1}{\alpha_i + 1} \binom{2\alpha_i}{\alpha_i}. \tag{13.3.21}$$

考虑到 (13.3.3) 式和 (13.3.5) 式, 可以看出 $b_{n,m}$ 是

$$B(x) = \left( \frac{1 - 2x - \sqrt{1 - 4x}}{2x} \right)^m \tag{13.3.22}$$

的展开式中 $x^n$ 的系数. 看上去利用 Lagrange 反演不会简单. 然而, 可以验证, $B(x)$ 满足下面的常微分方程:

$$x^2(4x - 1)\frac{\mathrm{d}^2 B}{\mathrm{d}x^2} + x(6x - 1)\frac{\mathrm{d}B}{\mathrm{d}x} + m^2 B = 0. \tag{13.3.23}$$

按照这个方程, 可导出确定 $b_{n,m}$ 的递推关系

$$b_{n,m} = \frac{2(n-1)(2n-1)}{(n+m)(n-m)} b_{n-1,m} \tag{13.3.24}$$

和它的始条件为 $b_{m,m} = 1$. 这就导致, 对 $n \geqslant m$,

$$b_{n,m} = \frac{m}{n} \binom{2n}{n+m}. \tag{13.3.25}$$

进而, 考虑到对于一个 $H$-纹理上的切片多边形的 (13.3.6) 式, 具有 $n$ 个内节点和 $m$ 个外节点的内 $H$-地图的数目为

$$q_{n,m} = \frac{m(2n + 2m - 4)!}{n(n + m - 1)!(n + m - 2)!}$$

$$\times \frac{(2n)!}{(n + m)!(n - m)!}. \tag{13.3.26}$$

记

$$r_{n,m} = \frac{q_{n,m}}{p_{n,m}}. \tag{13.3.27}$$

则由 (13.3.15) 式和 (13.3.16) 式, 有

$$r_{n,m} = \frac{(2n)!(n-1)!}{(n-m)!(2n+m-1)!}. \tag{13.3.28}$$

利用 (1.6.7) 式, 当 $m$ 固定时, $q_{n,m}$ 的近似值渐近地为

$$q_{n,m} \sim \frac{m}{\pi} 2^{4n + 2m - 4} n^{-3} \tag{13.3.29}$$

只要 $n$ 充分大.

联合 (13.3.19) 式和 (13.3.29) 式, 即可得

$$r_{n,m} \sim \frac{1}{2^{m-1}} \qquad\qquad (13.3.30)$$

当 $n$ 充分大.

**定理 13.3.1**　如果内节点数和外节点数充分大, 则几乎所有 Hamilton 根地图均不为内 $H$-地图.

**证**　为 (13.3.30) 式的一个直接结果.

## §13.4　地图的不对称性

如定理 1.1.4 所示, 带根地图不是对称的. 或者说, 根的选定破坏了地图的对称性. 然而, 从渐近的行为来看, 有理由表述, 当地图的阶充分大时, 几乎所有的地图均是不对称的. 也许会想到大多数的 3-连通的平面地图, 或者说 $c$-网是对称的. 不管怎样, 本节的目的则是论证, 当阶充分大时, 几乎所有无根的 $c$-网全不是对称的.

对于地图 $M = (\mathcal{X}_{\alpha,\beta}, \mathcal{P})$, 不必是无根的 $c$-网, 令 $\alpha$ 为 $M$ 的阶最小的自同构. 自然, 这个阶必为素数. 由定理 1.1.4, $\alpha$ 在 $\mathcal{X}$ 中不会有固定元. 从拓扑学上看, $\alpha$ 只有如下三种可能性.

**性质 1**　保向, 即在每个节点 (同样地, 面) 处的旋在 $\alpha$ 作用下不变;

**性质 2**　逆向, 即不保向. 这时, $\alpha$ 的阶必为 2. 且至少有一个不变量, 即有一个固定节点, 一个固定边, 或者一个固定面.

**性质 3**　逆向且无任何不变量.

一个自同构, 它具有性质 1、性质 2、性质 3, 分别被称为是定旋的、平面反射的、极反射的.

一个地图也可以视为胞腔的集合, 它的 0-胞腔、1-胞腔 和 2-胞腔 分别为节点、边和面. 一个胞腔的集合 $S$, 若它的每一个胞腔都与 $S$ 的恰好两个胞腔关联, 则称 $S$ 为一个胞腔循环. 一个胞腔循环, 若没有一个真子集也是胞腔循环, 则称它为胞腔圈. 上面三类非平凡的自同构具有如下的事实.

**事实 1**　无根 $c$-网的平面反射自同构的不变量集本身就是一个胞腔圈.

**事实 2**　无根 $c$-网的极反射自同构有一个不含节点 (即 0-胞腔) 的胞腔圈使得它本身是不变的.

**事实 3**　每个定旋自同构均恰有两个不变量.

一个自同构的边不变量, 若其两端不是不变量, 则称它为弹跳的. 否则, 穿通的.

对于一个无根 $c$-网 $M$, $\alpha$ 为它的一个最小阶的自同构, 如果 $\alpha$ 是平面反射的, 由事实 1, 其不变量集的边缘由两条简单闭曲线组成, 允许它们有公共边 (自然, 穿通的), 但不会有交叉. 令 $\hat{R}_1$ 和 $\hat{R}_2$ 分别为由此二闭曲线切割平面 $\pi$ 产生的两个无公共内点的单连通区域的闭包. 自然, 除边界外它们不再有别的不变量.

设 $M_1$ 为 $M$ 的限制在 $\hat{R}_1$ 上的那个子地图. 容易看出, 所有穿通边和固定节点全包含在 $M_1$ 中.

令 $C$ 是一个简单闭曲线. 它包含在 $\alpha$ 的不变量的并集之中, 而且与每个不变量都相交, 特别是与每个弹跳边在唯一一个点处相交.

设 $M_2(C)$ 是一个由 $M_1$ 通过添加交点作为节点, 添加 $C$ 的包含在 $M$ 的一个 (固定的) 面内的每段, 和添加在 $C$ 上新节点与 $\hat{R}_1$ 的边界上 $M$ 的节点间的弹跳边的每一段, 而得到的地图.

当然, $\hat{R}_1$ 和 $\hat{R}_2$ 在 $\alpha$ 之下是可以交换的.

**断言 1**　地图 $M_1$ 是不可分离的和 $M_2(C)$ 是 3-连通的.

对 $\alpha$ 为一个极反射的或定旋的, 令 $C$ 为平面 $\pi$ 上的简单闭曲线. 它不通过 $M$ 的任何节点, 不与任何一边相交多于一个节点, 和至少有两个 (事实上, 由 3-连通性, 至少有三个) 面与它相交. 这些面的每一个均至少存在两条边界边, 和每一条边与 $C$ 有一个公共点 (交点).

记 $R_1$ 和 $R_2$ 为 $C$ 的两个区域, 它们均视为开的. 当然, $C$ 为 $R_1$ 和 $R_2$ 的公共边界.

设 $N_1(C)$ 是 $M$ 的在 $R_1$ 中的子地图和 $N_2(C)$ 是在 $N_1(C)$ 的基础上, 在 $R_2$ 内新增一个节点 $v$, 并且将 $v$ 与每一个 $N_1(C)$ 中与一条同 $C$ 相交边的端点, 连一条新边而得到的.

然后, $N_3(C)$ 被定义为由 $N_1(C)$ 通过添加所有 $C$ 与 $M$ 的边的交点为新节点, 将二新节点间 $C$ 上的一段 (不经过别的新节点), 以及每条新节点所在的边的从此新节点到 $N_1(C)$ 中的端之间的一段, 均作为新添的边而得到的. 这样看来, $R_2$ 实际上已变成了 $N_3(C)$ 的一个面.

**断言 2**　$N_2(C)$ 是不可分离的和 $N_3(C)$ 是 3-连通的.

下面, 考虑由 $M_1$, $M_2$, $N_2$ 和 $N_3$ 产生 $M$ 的可能性, 并以此估计无根 $c$-网的数目.

**引理 13.4.1**　令 $B_{m,l}$ 为有 $m$ 条边和根面次是 $l$ 的带根不可分离平面地图的数目. 则, 有

$$\ln B_{m,l} < (A_1 c^2 + A_2 c + A_3)m + \sigma, \tag{13.4.1}$$

其中 $\sigma$ 是一个常数,

$$A_1 = -0.979, \quad A_2 = -0.098 \text{ 和 } A_3 = 1.931$$

对于 $0.45 \leqslant c \leqslant 1$ 和 $l = cm$.

证    令

$$F_{j,l,m}^{-1} = \frac{(j-2)!(3m-j-l-1)!}{(m-j)!((j-l)!)^2(2l-j)!(2m-l)!}. \tag{13.4.2}$$

则由 §7.3, 有

$$B_{m,l} = \frac{l}{(2m-l)!} \sum_{j=l}^{\min\{m,2l\}} \frac{(3l-2j+1)(2j-l)}{F_{j,l,m}}. \tag{13.4.3}$$

若取 $x = j/m$, 使得 $c < x < 1$ 和 $F_{j,l,m}^{-1}$ 为最大, 则由 (1.7.6) 式, 可以验证

$$F_{j,l,m}^{-1} = O(m^D \exp(mG(x,c))), \tag{13.4.4}$$

其中 $D$ 为绝对常数和

$$\begin{aligned}
G(x,c) = {} & x \ln x + (3-x-c)\ln(3-x-c) \\
& - (1-x)\ln(1-x) - 2(x-c)\ln(x-c) \\
& - (2c-x)\ln(2c-x) - (2-c)\ln(2-c). \tag{13.4.5}
\end{aligned}$$

利用 (13.4.3) 式, 有

$$B_{m,l} = O(m^E \exp(mG(x,c))),$$

其中 $E$ 是一个常数与 $j = l$, $j = m$, $j = 2l$ 有关. 因为已知在所考虑的范围内, 有

$$G(x,c) < A_1 c^2 + A_2 c + A_3,$$

即可得到引理.                                                                              ♭

**引理 13.4.2**   若 $\alpha$ 为无根 $c$-网 $M$ 上的一个平面反射自同构, 则在它之下, 弹跳边的数目至多为 $m/3$ 和穿通边的数目至多 $n/2$, 其中 $m$ 和 $n$ 分别为 $M$ 的度 (边数) 与阶 (节点数).

证    由于 $M$ 是 3-连通的, 每一节点至少关联三条边. 因为 $M$ 没有重边, 任何两个弹跳边均不会有相同的端. 这就意味, 弹跳边的数目不会超过阶 $n$ 的一半. 又, 考虑到 $3n < 2m$, 即可得到第一个结论.

由 3-连通性, 每一个不变节点 (即固定节点) 至多与两个穿通边关联, 和在每一个与两个穿通边关联的节点处, 至多有两个非不变边与之关联. 这就意味, 每一个节点至多对应一条穿通边. 从而, 穿通边的数目不会超过阶 $n$ 的一半. 第二个结论得证.                                                      ♭

**引理 13.4.3** 令 $R_m$ 为 $m$ 度 3-网 (即带根 3-连通平面地图) 的数目, 则有

$$R_m \sim \frac{2m^{-\frac{5}{2}}4^m}{243\sqrt{\pi}} \tag{13.4.6}$$

当 $m$ 充分大时.

**证** 根据 (9.2.21) 式, 利用 (1.7.6) 式, 通过与 §13.1 中相同的方法, 可得引理.

首先, 由断言 1, 当 $\alpha$ 在一个无根 $c$-网上是平面反射的, $M_1$ 是不可分离的. 令 $M_1$ 的根被取为使得 $F = \pi - \hat{R}_1$ 是根面. $F$ 的次用 $l$ 表示. 取 $t = l/m$. 设 $t \geqslant 0.3$. 令 $a$ 和 $b$ 分别为在 $\alpha$ 之下, 穿通边和弹跳边的数目.

而且, $M_1$ 包含了所有 $a$ 条穿通边, 没有弹跳边, 和剩下 $m-a-b$ 的一半. 这样, $M$ 的度为 $(m+a-b)/2$. 取 $r = (a-b)/l$. 从而, $rt = (a-1)/m$. 由引理 13.4.2, 即得 $|rt| < 1/3$. $M_1$ 的不同的可能性数至多为 $B_{p,l}$, 其中

$$p = \frac{m+a-b}{2} = \frac{m(1+rt)}{2}.$$

若除 $F$ 被指定外根被忽略, $M_1$ 的可能性数仍然至多 $B_{p,l}$.

当 $a$ 个穿通边和 $b$ 个弹跳边给定位置时, $M$ 可以被构造出来. 选择穿通边的方式数至多为 $\binom{l}{a}$. 一旦选定穿通边, 与它们关联的节点就固定了. 而且至少有 $a$ 个这样的节点. 与弹跳边关联的 $b$ 个节点的选择方式至多 $\binom{l-a}{b}$. 其余的由 $\alpha$ 固定的节点至多有 $2^{l-a-b}$ 种方式. 这样, 当 $l, a$ 和 $b$ 给定时, $M$ 的可能性就为

$$P_\alpha(M; l, a, b) \leqslant B_{p,l}\binom{l}{a}\binom{l-a}{b}2^{l-a-b}$$

$$= B_{p,l}R(l, a, a-b), \tag{13.4.7}$$

其中

$$R(l, a, d) = \binom{l}{a}\binom{l-a}{a-d}2^{l-2a+d}$$

$$= \frac{l!2^{l-2a+d}}{a!(a-d)!(l-2a+d)!}. \tag{13.4.8}$$

通过估计 $R(l, a, d)$ 的最大值, 可得

$$R(l, a, d) = O\left(l^\sigma R\left(l, \left(\frac{r+1}{2}\right)^2 l, rl\right)\right) \tag{13.4.9}$$

当 $d = a - b = rl$. 由 (1.7.6) 式,

$$R(l, a, a-b) = O(l^\sigma \exp(lf_r)), \tag{13.4.10}$$

其中

$$f_r = 2\ln 2 - (1+r)\ln(1+r) - (1-r)\ln(1-r), \qquad (13.4.11)$$

只要 $r \neq \pm 1$, 即 $d \neq \pm l$(下面将处理!).

令 $c = l/p = 2t/(1+rt)$. 则由于 $rt < 1/3$, 有

$$c \geqslant \frac{6t}{4} = \frac{3}{2}t \geqslant 0.45.$$

由引理 13.4.1, (13.4.10) 式和 (13.4.11) 式,

$$\ln\left(B_{p,l}R(l, a, a-b)\right) < \sigma \ln m$$

$$+ m\left(\left(\frac{1+rt}{2}\right)(A_1 c^2 + A_2 c + A_3) + t f_r\right).$$

由于 $-1 < r < 1$, $0.3 \leqslant t \leqslant 1$ 和 $|rt| \leqslant 1/3$, 可得

$$\ln\left(B_{p,l}R(l, a, a-b)\right) < 1.375n + \sigma \ln m. \qquad (13.4.12)$$

在 $d = l$, 或 $-l$ 时, 这个式子仍然成立, 因为当 $d$ 改变 $\pm 1$ 时 $B_{p,l}$ 和 $R(l, a, a-b)$ 改变的因子至多为 $m$ 的一个多项式, 它的次以 $d \pm 1$ 为界. 因此 (13.4.12) 式, 对 $d = l - 1$ 和 $-l + 1$ 时成立. 由 (13.4.12) 式, $P_a(M; l, a, b)$ 对所有适合的 $l$, $a$ 和 $b(l \geqslant 0.3m)$ 之和的对数小于 $1.375m + \sigma \ln m$. 从而, 这就是在此所考虑的条件下, 不同无根 3-网数目的对数之上界.

现在, 设 $t < 0.3$. 令 $C$ 是一个简单闭曲线. 它包含在 $\alpha$ 的不变量之并集中. 而且, 与它们中每一个都相交. 由断言 1, $M_2(C)$ 是 3-连通的. 令 $F'$ 为 $M_2(C)$ 的这样的面, 它的边界是 $C$, 并假设 $\alpha$ 使 $M$ 的 $a$ 条边为穿通的, $b$ 条边为弹跳的, $s$ 个面被固定. 则 $M_2(C)$ 的与 $F'$ 关联的边是这 $a$ 条穿通的和 $C$ 上的 $s$ 段, 它们包含在由 $\alpha$ 固定的面内. 故, $F'$ 的次为 $a + s$. $M_2(C)$ 的度为

$$\frac{m + a + b + 2s}{2}.$$

在 $F'$ 被指定之下, $M_2(C)$ 的不同可能性数至多与同度的 $c$-网的数目一样. 由引理 13.4.3, 这就是

$$O(2^{m+a+b+2s}). \qquad (13.4.13)$$

为了确定 $M$, 对给定 $F'$ 的 $M_2(C)$, 还需要准确地知道那些与 $F'$ 关联的节点是 $\alpha$ 的不变量和那些与 $F'$ 关联的边对 $\alpha$ 是穿通的. 然而, 只要知那些与 $F'$ 关联的边是被 $\alpha$ 穿通的就够了. 因为任何不与这种边关联, 又不是 $\alpha$ 的不变量的节点之次在 $M_1(C)$ 中至少为 4, 同时与 $F'$ 关联又不是 $\alpha$ 的不变量的节点不在 $M$ 中,

而且次为 3. 这样, 给定 $M_2(C)$ 伴随 $a$ 和 $F'$, $M$ 的可能性至多为 $\binom{a+s}{a}$ 和 $b$ 事实上已确定. 此即意味, 当 $a, b, s$ 和 $l$ 给定, $M$ 的可能性为

$$O\left(2^{m+a+b+2s}\binom{a+s}{a}\right). \tag{13.4.14}$$

因为每个穿通的边均与 $M_1$ 中的 $F$ 关联和 $M$ 的每一个不变量的面都与 $M_1$ 中 $F$ 上一个非不变的边关联, 则 $s+a \leqslant l$. 同样地, $M$ 的每一条弹跳边均与不变的面关联. 由事实 1, 这些面的每一个至多与另一个弹跳边关联, 则 $b < s$. 由此, (13.4.14) 式为

$$O\left(2^{m+a+3s}\binom{a+s}{s}\right).$$

它的最大值在 $a$ 使得 $s+a \leqslant l$, 取 $a+s=l$ 时达到, 即这个值为

$$O\left(2^{m+l+2s}\binom{l}{s}\right).$$

又, $2^{2s}\binom{l}{s}$ 的最大值在 $s$ 接近 $4(l-s)$ $\left(\text{即 } s=\dfrac{4l}{5}\pm 1\right)$ 时达到, 从而, (13.4.14) 式变为

$$O\left(l^\sigma 2^{m+\frac{13l}{5}}\binom{l}{l/5}\right) \ (\sigma \text{ 为永恒的常数})$$
$$=O\left(l^\sigma\left(2^{\frac{13}{5}}5^{\frac{1}{5}}\left(\frac{5}{4}\right)^{\frac{4}{5}}\right)^l\right)$$
$$=O(m^\sigma 2^m 10^{tm}) \ (l=tm)$$
$$=O(m^\sigma 2^m 10^{0.3m}) \ (t<0.3). \tag{13.4.15}$$

对所有适合的 $a, b, s$ 和 $l$ 求和, 仅是乘一个因子 $m^\sigma$, 并不改变最终的界. 故, $M$ 的可能性数的对数, 在 $\alpha$ 为平面反射的, $t < 0.3$, 和考虑到上面 $t \geqslant 0.3m$ 的情形, 对所有的 $t$, 至多为

$$m(\ln 2 + 0.3\ln 10) + \sigma\ln m < 1.384m. \tag{13.4.16}$$

然后, 对 $\alpha$ 为极反射的, 由事实 2, 有 $M$ 中面和边组成的胞腔圈 $S$, 使得在 $\alpha$ 之下总体上是固定的. 令 $C$ 为在断言 2 条件下的一个简单闭曲线. 由于 $\alpha$ 没有不变量, 必须依循环的方式置换 $S$ 中的胞腔. 而且, 因为 $\alpha$ 的阶为 2, 这种置换必须是半轮回的. 由于 $\alpha$ 是逆向的, 必使在 $R_1$ 中的胞腔映到 $R_2$ 中, 和反之使 $R_2$ 中的胞腔到 $R_1$ 中.

因为 $N_2(C)$ 的每一个与 $v$ 关联的边对应 $S$ 中的一条边, 和 $S$ 中的边被 $\alpha$ 以循环半轮回地置换, 这就导致当得知 $N_2(C)$ 中那个节点是 $v$ 时, $N_2(C)$ 可确定 $M$. 由此, 当得知 $N_2(C)^*$, $N_2(C)$ 的平面对偶, 的那个面对应 $v$ 时, $N_2(C)^*$ 可确定 $M$. 以相仿的理由, 当得知 $N_2(C)$ 的那个面, 如 $F'$, 是 $R_2$ 时, $N_2(C)$ 就可以确定 $M$.

面 $F$ 和 $F'$ 有相同的次, 即 $(m+3l)/2$. 这样, $M$ 的不同可能性数至多为带根这样的不可分离地图的数目, 使得其中每个地图都有 $(m+l)/2$ 条边, 与根边关联的非根面的次为 $l$, 同样的, 至多为具有 $(m+3l)/2$ 条边和那个与根关联的非根面为指定的 $F$ 或 $F'$ 的 3-网的数目. 从而, $M$ 的数目的对数至多为

$$\frac{m+l}{2}(A_1c^2 + A_2c + A_3) + \sigma. \tag{13.4.17}$$

这里用了断言 2 和条件 $c = 2l/(m+l) \geqslant 0.45$. 而且, 由 (13.4.6) 式, 也有上界

$$\frac{m+3l}{2}\ln 4 + \sigma. \tag{13.4.18}$$

令 $t = l/m$ 和设 $t \geqslant 0.3$. 则有 $c = 2t/(1+t) \geqslant 0.45$, 以及 (13.4.17) 式在 $t$ 的这个范围有意义. 但这时, (13.4.17) 式为

$$\frac{m(t+1)}{2}\left(A_1\left(\frac{2t}{1+t}\right)^2 + A_2\left(\frac{2t}{1+t}\right) + A_3\right) + \sigma$$

$$\leqslant m\left(A_1t^2 + A_2t + \frac{t+1}{2}A_3\right) + \sigma,$$

只要 $1 + t \leqslant 2, A_1 < 0$. 上式括号内二次式的最小值为

$$-\frac{\left(A_1 + \frac{1}{2}A_3\right)^2}{4A_1} + \frac{A_3}{2} < 1.16.$$

这就意味, (13.4.17) 式小于 $1.16m + \sigma$.

现在, 假设 $t < 0.3$. 则, (13.4.8) 式小于 $(0.95\ln 4)m + \sigma < 1.317m + \sigma$. 对 $l$ 用 $m$ 种可能乘仅改变 $\sigma$, 致使最后一个上界对 $M$ 有一个极反射的自同构, 其所有可能的数目之对数仍是适用的.

最后, 对定旋的自同构 $\alpha$, 由事实 3, 它恰有两个不变量, 用 $I_1$ 和 $I_2$ 表示. 令 $S$ 是 $M$ 上, 连 $I_1$ 和 $I_2$, 使得除可能 $I_1$ 和 $I_2$ 外, 不含 $M$ 中其他节点的最短胞腔路.

令 $S' = \alpha^i(S)$ 为 $S$ 在 $\alpha$ 的第 $i$ 次幂作用下的象, 其中 $i$ 小于 $\alpha$ 的阶. 假如 $S$ 和 $S'$ 含有一个相同的胞腔 $W, W \neq I_1, I_2$. 则 $\alpha^i(W)$ 在 $S'$ 中. 因为 $\alpha^i$ 不会是幺元, 和也是定旋的, 由事实 3, 它仍固定 $I_1$ 和 $I_2$ 和 $\alpha^i(W) \neq W$. 这样, $S$ 和 $S'$ 是在内部相交的.

令 $i$ 为使得在 $S$ 和 $S' = \alpha^i(S)$ 之间与 $I_1$ 相邻的胞腔数最小. 取 $C^+$ 为这样的一条闭曲线, 它与 $S$ 和 $S'$ 中的每个胞腔都相交, 但没有 $M$ 的别的胞腔, 而且它与每条边至多交于一点. 因为 $S$ 和 $S'$ 是内部相交的, 没有 $S$ 中的非端胞腔甚至与 $S'$ 中的非端胞腔关联.

选 $R$ 为 $C^+$ 这样的一个区域, 它含 $M$ 的两个端点全在内的边数最少. 由此, 依 $i$ 和 $R$ 的选择, 一个非幺元 $\alpha$ 的每次幂, 必映射 $M$ 的 $R$ 内的每一个胞腔到 $R$ 的外部. 事实上, 只要二胞腔 $I_1$ 和 $I_2$, 或它们的一部分, 已知在 $R$ 的闭包之内, $M$ 在 $R$ 的闭包中的部分连同 $\alpha$ 的阶, 就可确定整个 $M$ 的类型.

若 $I_1$ 和 $I_2$ 是面或边, 则 $C = C^+$ 将是不含节点的胞腔循环. 但, 若 $I_1$, 例如, 是一个节点, 则 $C$ 就是由 $C^+$ 通过围绕 $M$ 的在 $R$ 中并与 $I_1$ 关联的面和边以赋根使从 $C$ 中消去 $I_1$, 并且 $I_2$ 是一个节点, 做同样的事情 (注意, $I_1$ 和 $I_2$ 不会同与一个面关联).

这时, $C$ 就是 $M$ 的不含节点的一个胞腔循环. 如果 $C$ 在 $R$ 内的区域 $R'$ 中 $M$ 的部分被给定, 而且已知 (i) $\alpha$ 的阶; (ii) $I_1$ 和 $I_2$ 那一个是节点; (iii) 如果 $I_1$ 或 $I_2$ 是一个节点, 到底 $R'$ 中 $M$ 的与 $C$ 相交的相继边的那个集合是与之关联的边的集合; 和 (iv) 若 $I_1$ 或 $I_2$ 为一个面, 或边, 到底那个面, 或边与 $C$ 相交, 则 $R$ 的结构, 乃至 $M$ 的类, 是可重造的. 对于 (i), (ii), (iii) 和 (iv) 的组合, 可能性的数目至多为 $m^\sigma$.

进而, 如果对于 $N_2(C)$ 和 $N_3(C)$ 的构造, $R_1$ 选定为 $R'$, 则当 $N_2(C)$ 的含 $R_2$ 中的那个面和 $N_3(C)$ 的在 $R_2$ 中的节点 $v$ 被给定时, $N_2(C)$ 或 $N_3(C)$ 的类型就确定了 $M$ 在 $R'$ 中部分的结构. 从而, $M$ 的不同类型数至多为 $m^\sigma$ 乘上对于 $N_2(C)$ 的对偶地图 $N_2(C)^*$ 不同可能性的数目. 而且, 相仿的界可用于 $N_3(C)$.

在 $C = C^+$ 时, 即 $I_1$ 和 $I_2$ 没有一个是节点, $N_2(C)^*$ 有 $\dfrac{m}{j} + \dfrac{l}{2}$ 条边, 其中 $j$ 是 $\alpha$ 的阶和 $l$ 是 $N_2(C)$ 的节点 $v$ 和在 $N_2(C)^*$ 中相应面的次, 这就是至多 $(m+l)/2$. 同样地, $N_3(C)$ 的边数是

$$\frac{n}{j} + \frac{3l}{2} \leqslant \frac{m+3l}{2}.$$

以如上对于极反射情形的讨论, 导致 $M$ 在此时不同类型的数目的对数不会超过 (13.4.17) 式 $\sigma \ln m$, 当 $2l/(m+l) \geqslant 0.45$; 否则, 也同样不会超过 (13.4.18) 式 $\sigma \lg m$.

另一方面, 若 $C \neq C^+$, 则在 $N_2(C)^*$ 和 $N_3(C)$ 中边的数目严格地分别小于 $n/j + l/2$ 和 $n/j + 3l/2$, 并且上一段的结果又可应用. 在关于极反射情形的讨论中给出, 对于 $\alpha$ 为定旋的情形 $M$ 的可能性数之界为 $\exp(1.318m + \sigma)$.

**定理 13.4.1** 当度充分大时, 几乎所有 3-连通平面地图全是非对称的.

**证** 由上面所讨论的可以看出, 度为 $m$ 的 3-连通且有极小, 或者素数对称性的平面地图的数目至多是 $\exp(1.384m)$, 当 $m$ 充分大时. 每个这种地图有少于 $4m$

种不同的定根方式. 同时, 对任何 $m$ 度、无非平凡自同构的每个地图, 它的定根方式数达到 $4m$ 这个值. 从而,

$$4mN_m = R_m + o(\exp(1.384m)), \tag{13.4.19}$$

其中, $N_m$ 和 $R_m$ 分别为 $m$ 度, $m \geqslant 6$, 无根和带根 3-连通平面地图的数目.

由引理 13.4.3, 可得

$$4mN_m = R_m(1 + o(0.998^m)). \tag{13.4.20}$$

这就意味定理之结论.　　　　　　　　　　　　　　　　　　　　　　　　♮

# §13.5　方程的奇异性

要想应用围道积分的方法于地图计数中, 就得从计数函数所满足的方程开始. 然而, 较罕见的是能将这种方程直接解出, 将计数函数用初等函数表示出来. 常常依如下的过程. 确定计数函数在收敛圆中的奇异性, 通常是有一个, 至少通过简单的变换使得仅有一个. 接着, 就是将计数函数在奇异点的邻域内展开. 因为所要计数的地图是无限的, 其收敛半径必为有限的. 由于 $m$ 度的带根地图的数目为

$$\frac{2(2m)!3^m}{m!(m+2)!} = o(12^m), \tag{13.5.1}$$

其收敛半径为正的, 和解析方法可以应用. 进而, 由于函数方程是代数的, 计数函数就有代数奇异性. 如果常能发现一个计数函数使得它的系数有用几个二项式系数的简单表示式那就好了. 这样的一个函数是超越几何的, 而且所感兴趣的分枝, 在复平面上仅有一个奇异点.

现在, 假设计数函数是单变量的. 因为它的系数全非负, 就有当 $R$ 表示这个计数函数的收敛半径时, 在 $R$ 处必具有奇异性. 进而, 这个计数函数在 $R$ 附近是代数的. 这就意味, 在 $R$ 周围, 这个计数函数有如下形式的展开:

$$\sum_{n \geqslant 0} f_n z^n = h(z) + u^{-k}g(u), \tag{13.5.2}$$

其中, $h(z)$ 在 $z = R$ 处是解析的, $g(u)$ 在 $u = 0$ 处是解析的, $g(0) = a_0 \neq 0$,

$$u = \left(1 - \frac{z}{R}\right)^{\frac{1}{j}}, \quad j > 0, \quad \text{和} \quad a = \frac{k}{j}$$

不能是 $0, -1, -2, \cdots$. 此情之下, Darboux 方法可以应用, 并且给出

$$f_n \sim \frac{a_0 n^{a-1}}{\Gamma(a)} R^{-n} \tag{13.5.3}$$

当 $n \to \infty$. 如是看来, 只需确定在原点附近的正奇异性和在奇异点附近的函数行为, 以便渐近估计.

下面, 提供一个例子, 以解释上述的某些想法. 考虑方程

$$H(x) = h\Big(xH^3(x)\Big), \tag{13.5.4}$$

其中, $x = z^2$ 和 $H(x)$ 已知有形式

$$H(x) = \sum_{n \geqslant 0} \frac{(3n)!2^n}{(n+1)!(2n+1)!} x^n. \tag{13.5.5}$$

目的在于导出 $h(y)$ 的渐近性, 这里

$$y = xH^3(x). \tag{13.5.6}$$

令 $R$ 为 $H$ 的收敛半径. 由 $H$ 是带非负系数的, 有

$$\frac{\mathrm{d}y}{\mathrm{d}x} > 0, \quad 0 < x < R.$$

而且, 这样的 $x$ 是 $y$ 的解析函数, $0 < y < RH^3(R)$.

现在就证明, $y = RH^3(R)$ 为 $h$ 的一个奇异点, 而且其收敛半径 $S = RH^3(R)$.

由 (13.5.5) 式和 (1.7.6) 式,

$$\frac{(3n)!2^n}{(n+1)!(2n+1)!} \sim \frac{1}{4}\sqrt{\frac{3}{\pi}n^5} \left(\frac{27}{2}\right)^n. \tag{13.5.7}$$

由此, $R = 2/27$. 注意 $H(R)$ 和

$$H'(R) = \frac{\mathrm{d}H}{\mathrm{d}x}\Big|_{x=R}$$

存在且全为正, 但

$$H''(x) = \frac{\mathrm{d}^2 H}{\mathrm{d}x^2} \to \infty$$

当 $x \to R^-$. 由 (13.5.4) 式,

$$h''(xH^3(x)) = \frac{H'(x)H^3(x) - 6A(x)}{B^3(x)}, \tag{13.5.8}$$

其中,

$$h''(y) = \frac{\mathrm{d}^2 h(y)}{\mathrm{d}y^2},$$

$$A(x) = \Big(H'(x)\Big)^2 H(x)\Big(H(x) + H'(x)\Big),$$

$$B(x) = H^3(x) + 3xH^2(x)H'(x).$$

故, $h''(y) \to \infty$, 当 $y \to (RH^3(R))^-$. 而且, $s = RH^3(R)$.

看一看 $h(y)$ 在 $|y| = S$ 上的其他奇异点. 由 (13.5.6) 式, 这些奇异点依赖 $H(x)$ 的奇异点, 以及 $y$ 的这样一些值, 在它们附近 $y = xH^3(x)$ 不能唯一地求逆. 关于 $H(x)$ 的奇异性, 有

$$\frac{\left(-\dfrac{1}{3}\right)_{n+1}\left(-\dfrac{2}{3}\right)_{n+1} z^n}{\left(\dfrac{1}{2}\right)_{n+1}} = \frac{4z}{9}\frac{(3n)!}{(2n+1)!}\left(\frac{2z}{27}\right)^n. \tag{13.5.9}$$

其中, $(a)_n = a(a+1)\cdots(a+n-1)$, 即升阶乘函数. 这样, 利用如 §1.7 中所示的超越几何函数, 重写 (13.5.5) 式为

$$H(Rz) = \frac{9}{4z}\left(F\left(-\frac{1}{3}, \frac{2}{3}; \frac{1}{2}; z\right) - 1\right). \tag{13.5.10}$$

这个超越几何函数仅有一个奇异点, 即 $z = 1$, 这就导致 $y = S$.

下面, 再考虑 $y = xH^3(x)$ 的求逆, 在 $|y| = S$ 上, 但 $y \neq S$. 这时, $x \neq R$ 且 $H$ 是确定的. 由隐函数定理, 任何奇异点必服从 $\dfrac{\mathrm{d}y}{\mathrm{d}x} = 0$. 利用 $h'(S) \neq \infty$. 由于 $h$ 具有非负系数, 在 $|y| = S$ 上无奇异点支配 $y = S$, 和 $h'(y) \neq \infty$, 在 $|y| = S$ 上, 亦然. 由 (13.5.4) 式,

$$h'(y) = \frac{\mathrm{d}H}{\mathrm{d}x} \Big/ \frac{\mathrm{d}y}{\mathrm{d}x}. \tag{13.5.11}$$

在奇异点处 $\dfrac{\mathrm{d}y}{\mathrm{d}x} = 0$ 和 $H' = 0$ 亦然. 因为

$$\frac{\mathrm{d}y}{\mathrm{d}x} = H^3 + 3xH'H^2,$$

有 $H = 0$. 若 $y = \theta \neq S$ 是一个奇异点, $|\theta| = S$ 和 $\rho$ 是 $x$ 的相应值. 往证 $h = (x - \rho)^k g(x)$, 其中 $k > 1$, $g(\rho) \neq 0$ 和 $g$ 在 $\rho$ 附近是解析的. 但, 这就有

$$h'(y) = \frac{\mathrm{d}H}{\mathrm{d}x} \Big/ \frac{\mathrm{d}(xH^3(x))}{\mathrm{d}x}$$

$$= \frac{(x - \rho)^{k-1}}{(x - \rho)^{3k-1}} f(x),$$

其中, $f(\rho) \neq 0$, 即得 $h'(\rho) = \infty$, 矛盾. 从而, 没有这样的奇异点存在.

为了应用 Darboux 定理, 需知 $S$ 的这个值, 以及 $h(y)$ 在 $S$ 附近的行为. 这将来自 (15.5.8) 式和由 (13.5.10) 式导出的性质. 由于

$$F\left(-\frac{1}{3}, -\frac{2}{3}; \frac{1}{2}; z\right) = \frac{3}{2}F\left(-\frac{1}{3}, -\frac{2}{3}; -\frac{1}{2}; 1 - z\right)$$

$$+\frac{4}{27}\sqrt{3}(1-z)^{\frac{3}{2}}F\left(\frac{5}{6},\frac{7}{6};\frac{5}{2};1-z\right),$$

这就使得在 $z=1$ 附近有作为 $(1-z)^{-1/2}$ 的幂级数的 Taylor 展开, 并且始于

$$\frac{3}{2}-\frac{2}{3}(1-z)+\frac{4\sqrt{3}}{27}(1-z)^{\frac{3}{2}}. \tag{13.5.12}$$

令 $x=R(1-\xi)$ 和 $y=S(1-\eta)$. 由于 $y=xH^3(x)$ 在 $y=S$ 附近是可逆的, $\xi$ 在 $\eta$ 接近 0 的区域内是解析的. 而且, 依上述, (13.5.4) 式和 (13.5.10) 式, $h$ 具有 $\eta^{1/2}$ 的幂级数展开. 由 (13.5.8) 式连同 $T=H(R)+3RH'(R)$ 和 $H=H(R)$, 有

$$h''(y)\sim H''(x)/(HT)^3 \tag{13.5.13}$$

当 $y\to S$. 因为 $y=xH^3(x)$, 有 $R\xi\sim\left(S\eta/H^2(R)\right)/T$ 和

$$\xi\sim\frac{\eta H}{T}. \tag{13.5.14}$$

由 (13.5.10) 式和 (13.5.12) 式,

$$
\begin{aligned}
H''(x)&\sim\frac{9}{4}\frac{4\sqrt{3}}{27}\frac{\mathrm{d}^2}{\mathrm{d}x^2}\xi^{\frac{3}{2}}\\
&=\frac{\sqrt{3}}{3R^2}\frac{\mathrm{d}^2\xi^{\frac{3}{2}}}{\mathrm{d}x^2}\\
&=\frac{\sqrt{3}}{4R^2}\xi^{-\frac{1}{2}}.
\end{aligned} \tag{13.5.15}
$$

联合 (13.5.13)~(13.5.15) 式, 可得

$$
\begin{aligned}
h''(y)&\sim\frac{\sqrt{3}\eta^{-\frac{1}{2}}}{4R^2H^{\frac{7}{2}}T^{\frac{5}{2}}}\\
&=\frac{\sqrt{3}S^2}{3R^2H^{\frac{7}{2}}T^{\frac{5}{2}}}\frac{\mathrm{d}^2\eta^{\frac{3}{2}}}{\mathrm{d}y^2}.
\end{aligned}
$$

从而,

$$h(y)=a+by+\frac{1}{\sqrt{3}}\left(\frac{H}{T}\right)^{\frac{5}{2}}\eta^{\frac{3}{2}}+\cdots,$$

其中, "$\cdots$" 是 $\eta^{1/2}$ 的幂级数, 始于 $\eta^2$. 用 Darboux 定理, 有

$$h_n\sim\frac{1}{\sqrt{3}}\left(\frac{H}{T}\right)^{\frac{5}{2}}\frac{S^{-n}}{\Gamma\left(-\frac{3}{2}\right)n^{\frac{5}{2}}}.$$

由 (13.5.10) 式和 (13.5.12) 式, $H(R)=9/8$ 和 $H'(R)=81/16$. 故,

$$S=RH^3(R)=\frac{27}{256}$$

和

$$T = H(R) + 3RH'(R) = \frac{9}{4}.$$

因为 $P(-3/2) = 4\sqrt{\pi}/3$, 就有

$$h_n \sim \frac{3}{16n^2\sqrt{6\pi n}} \left(\frac{256}{27}\right)^n. \tag{13.5.16}$$

如果一个计数函数带有两个或更多的变量, 这种估计系数的方法一般而言将甚为复杂. 这里, 不能占用过多的篇幅. 感兴趣的读者, 可参见 Bender[Ben1] 和 Bender 与 Richmond[BeR1] 等综述文章.

## §13.6   注    记

**13.6.1**   将渐近行为看作随机图论的课题已被普遍承认, 它也是图论的一个重要子范畴. 除了在 §13.1 中提到的, 或参见 [YaL1], 还可以问有多少地图, 或者图, 是 Hamilton 的, 有完满匹配, 或者其他性质, 在一类给定的地图, 或图中. 关于 Hamilton 性, 已经知道几乎所有的 3 - 正则平面地图全不是 Hamilton 的 [RRW1]. 然而, 另一方面又有, 几乎所有的 3 - 正则的二部图却全是 Hamilton 的 [RoW1].

**13.6.2**   关于平均行为的问题常在数论中出现. 然而, 值得注意的是, 可能只是自 20 世纪 70 年代, Tutte 试图求得平面地图的四色着染的平均数才在图论中出现 [Tut14]∼[Tut19], [Tut21]∼[Tut24], [Tut27]∼[Tut29], [Tut31]∼[Tut32] 和 [Tut36]∼[Tut37]. 因为它的困难, 使得这个四色平均问题至今还仍未能解决.

**13.6.3**   在 §13.2 中所述的树-根地图的平均行为出自 Mullin[Mul1]∼[Mul3]. 在 §13.3 中的每个平面三角化中的 Hamilton 圈数, 则是要参见 [Mul5].

**13.6.4**   设 $N_h(I)$ 为在不变量集 $I$ 给定之下, 在地图类 $\mathcal{N}_h$ 中, 不同构的地图数目, 其中 $h$ 表示在这类地图 $\mathcal{N}_h$ 中, 自同构群的阶. 因为在每一个不对称的地图上, 恰有 $4\epsilon$ 种不同的定根方式, 其中 $\epsilon$ 为地图的度, 所谓不对称是指自同构群为幺群. 故, 可以看出,

$$N_0(I) = 4\epsilon \sum_{h=1}^{4\epsilon} \frac{1}{h} N_h(I), \tag{13.6.1}$$

其中, $N_0(I) = 4\epsilon N(I)$,

$$N(I) = \sum_{h=1}^{4\epsilon} N_h(I),$$

当, 且仅当, $h = 1$, 即所有 $\mathcal{N}$ 中的带有不变量集 $I$ 的 $m$ 度地图全是不对称的.

然而, 在 §13.4 中则提供了依概率的观点来看地图 (这里是指 3-连通的平面地图), 无需考虑对称性. 这一节的讨论是基于 Tutte [Tut34], Bender 与 Wormald [BeW1] 诸文章. 更近的结果, 可参见 [RiW1].

**13.6.5** 公式 (13.5.16) 给出的是带根具有 $2n$ 个面的 3-连通平面三角化数目的渐近估计. 这里只是要演示奇异性所起的作用. 事实上, 这个渐近式可以直接从紧凑的显式 (13.5.5) 出发, 利用 (1.7.6) 式而得到 [Tut41].

**13.6.6** 关于在一般曲面上, 更多的地图计数, 及其渐近性, 可参见 [BeC3]~[BeC4], [BCR1]~[BCR2], [BCr2], [BRW1]~[BRW2], [BGW1], [BeW4], [Gao1]~[Gao4], [GaR1], [WaL1]~[WaL3] 等.

**13.6.7** 关于无根地图的计数, 及其有关渐近性, 可参见 [Lis1]~[Lis2], [LiW1]~[LiW2], [PoR1], [Wor1] 等.

**13.6.8** 在球面上的, 对于地图计数的许多有关渐近性的其他结果, 可见 [BeC1]~[BeC2], [BGM1], [BRW2], [Bro1]~[Bro2], [Tut3]~[Tut5], [Wor2] 等. 在射影平面上的, 可参见 [BCr1], [Gao3] 等.

# 参 考 文 献

1    Abramovitz M and Stegun I A.

[AbS1]    Handbook of Mathematical Functions. National Bureau of Standards, Washington, D, C., 1965.

Andrews G E.

[And1]    The Theory of Partitions. Addison-Wesley, Reading, MA, 1976.

Arques D.

[Arq1]    Relations fonctionelles et denombrement des cartes pointees sur le tore. *J. Comb. Theory*, **B43** (1987), 253~274.

[Arq2]    Hypercartes pointees sur le tore: decompositions et denombrements. *J.Comb. Theory*, **43** (1987), 275~286.

[Aqr3]    Relations fonctionnelles et denombrement des hypercartes planaires pointees. Comb. Enum. Montreal, 1985, Lect. Notes in Math., **1234**, Springer, 1980, 5~26.

Baldwin S.

[Bal1]    Toward a theory of forcing on maps of trees. Thirty years after Sharkovskiĭ's theorem: new perspectives (Murcia, 1994). World Sci. Ser. Nonlinear Sci. Ser. B Spec. Theme Issues Proc., 8, World Sci. Publishing, River Edge, NJ, 1995, 45~56.

Baxter R J.

[Bax1]    Exactly Solved Models in Statistical Mechanics. Acad. Press, London/New York/San Francisco, 1982.

Bender E A.

[Ben1]    Asymptotic methods in enumeration. *SIAM Rev.*, **16** (1974), 485~515.

[Ben2]    Some unsolved problems in map enumeration. *Bull. Inst. Combin. Appl.*, **3** (1991), 51~56.

Bender E A and Canfield E R.

[BeC1]    Enumeration of degree restricted maps on the sphere. *DIMACS Ser. in Disc. Math. Theor. Comp. Sci.*, **9** (1993), 13~16.

[BeC2]    The number of degree-restricted rooted maps on the sphere. *SIAM J. Discrete Math.*, **7** (1994), 9~15.

[BeC3]    The number of rooted maps on an orientable surface. *J. Combin. Theory*, **B53** (1991), 293~299.

[BeC4]    The asymptotic number of rooted maps on a surface. *J. Combin. Theory*, **A43** (1986), 244~257.

Bender E A, Canfield E R and Richmond L B.
[BCR1]    The asymptotic number of rooted maps on a surface I. *J. Comb. Theory*, **A43** (1986), 244~257.
[BCR2]    The asymptotic number of rooted maps on a surface II. *J. Comb. Theory*, **A63** (1993), 318~329.

Bender E A, Canfield R E and Robinson R W.
[BCr1]    The enumeration of maps on the torus and the projective plane. *Can. Math. Bull.*, **31** (1988), 257~271.
[BCr2]    The asymptotic number of tree-rooted maps on a surface. *J. Combin. Theory*, **A48** (1988), 156~164.

Bender E A, Gao Z C, McCuaig W D and Richmond L B.
[BGM1]    Submaps of maps II: cyclically k- connected planar cubic maps. *J. Combin. Theory*, **B55** (1992), 118~124.

Bender E A, Gao Z C and Richmond L B.
[BGR1]    Submaps of maps. I. General 0-1 laws. *J. Combin. Theory*, **B55** (1992), 104~117.
[BGR2]    Almost all rooted maps have large representativity. *J. Graph Theory*, **18** (1994), 545~555.

Bender E A, Gao Z C, Richmond L B and Wormald N C.
[BRW1]    Asymptotic properties of rooted 3-connected maps on surfaces. *J. Austral. Math. Soc.*, **A60** (1996), 31~41.
[BRW2]    Submaps of maps. IV: Degree restricted nonplanar maps. *Ars Combin.*, **35** (1993), 135~142.

Bender E A and Richmond L B.
[BeR1]    A survey of asymptotic behavior of maps. *J.Comb. Theory*, **B40** (1986), 297~329.
[BeR2]    Submaps of maps III, *k*-connected nonplanar maps. *J. Combin. Theory*, **B55** (1992), 125~132.

Bender E A and Wormald N C.
[BeW1]    Almost all convex polyhedra are asymmetric. *Can. J. Math.*, **37** (1985), 854~871.
[BeW2]    The number of rooted convex polyhedra. *Can. Math. Bull.*, **31** (1986), 99~102.
[BeW3]    The number of loopless planar maps. *Discrete Math.*, **54** (1985), 526~545.
[BeW4]    The asymptotic number of rooted nonseparable maps on a surface. *J. Combin. Theory*, **A49** (1988), 370~380.

Berman G and Tutte W T.

[BerT1]　The golden root of a chromatic polynomial. *J.Comb. Theory*, **6** (1969), 301~302.

Biggs N.

[Big1]　Algebraic Graph Theory. Cambridge Uni. Press, Cambridge, 1974.

Birkhoff G D and Lewis D C.

[BiL1]　Chromatic polynomials. *Trans. AMS* , **60** (1946), 355~451.

Brahana H R.

[Bra1]　Systems of circuits in two- dimensional manifolds. *Ann. Math.*, **32** (1921), 144~168.

Brooks R L, Smith C A B, Stone A H and Tutte W T.

[BSST1]　The dissection of rectangles into squares. *Duke Math. J.*, **7** (1940), 312~140.

Brown W G.

[Bro1]　Enumeration of quadrangular dissections of the disc. *Can. J. Math.*, **17** (1965), 302~317.

[Bro2]　Enumeration of triangulations of the disc. *Proc.London Math. Soc.*, **14** (1964), 746~768.

[Bro3]　An algebraic technique for solving certain problems in the theory of graphs, in Theory of Graphs: Proc. Colloq. Tihany, Hungary, 1966, Acad. Press, 1968, 57~60.

[Bro4]　On the existence of square roots in certain rings of power series. *Math. Ann.*, **158** (1965), 82~89.

Brown W G and Tutte W T.

[BrT1]　On the enumeration of rooted nonseparable planar maps. *Can. J. Math.*, **16** (1964), 572~577.

Bryant R P and Singerman D.

[Bry1]　Foundations of the theory of maps on surfaces with boundary. *Quart. J. Math.*, Oxford Ser.(2) **36** (1985), 17~41.

Cai J L(蔡俊亮).

[Cai1]　Enumeration Problems of Planar Maps, Doctorial Dissertation. Northern Jiaotong University, 1998.

Cai J L(蔡俊亮), Liu Y P(刘彦佩).

[CaL1]　The enumeration of rooted nonseparable nearly cubic maps. *Discrete Math.*, **207** (1999), 9~24.

[CaL2]　Enumeration of nonseperable planar maps. *Europ. J. Combin.*, **23**(2002), 881~889.

Cai J L(蔡俊亮), Hao R X(郝荣霞), Liu Y P(刘彦佩).

[CHL1]　The enumeration of rooted cubic *c*-nets, *J. Appl. Math. Comput.*, **18**(2005),

329~337.

Conder M.

[Con1]    Asymmetric combinatorially-regular maps. *J. Algebraic Combin.*, **5** (1996), 323~328.

Cori R.

[Cor1]    Un code pour les graphes planaire et ses applications. Asterisque. **27**, 1975.

[Cor2]    Graphes planaires et systemes de parentheses. Center National de la Rocherche Scientifique, Instiut Blaise Pascal, 1969.

Cori R and Mach A.

[CoM1]    Maps, hypermaps and their automorphisms: a survey. I, II, III. *Exposition. Math.*, **10** (1992), 403~427, 429~447, 449~467.

Cori R, Dulusq S and Viennot G.

[CDV1]    Shuffle of parenthesis systems and vaxter permutations. *J.Comb. Theory*, **A43** (1986), 1~22.

Cori R and Richard J.

[CoR1]    Enumeration des graphes planaires a l'aide des series formelles en variables non commutatives. *Discrete Math.*, **2** (1972), 115~162.

Cori R and Vauquelin B.

[CoV1]    Planar maps are well labeled trees. *Can. J. Math.*, **33** (1981), 1023~1042.

Dong F M(董峰明) and Liu Y P(刘彦佩).

[DoL1]    Counting rooted near- triangulations on the sphere. Preprint, Institute of Applied Math. Academia Sinica, 1990. Also in *Discrete Math.*, **123** (1993), 35~45.

Dong F M(董峰明) and Yan J Y(颜基义).

[DoY1]    关于有根外平面地图的计数. 数学学报, **32** (1989), 501~511.

Drmota M.

[Drm1]    Asymptotic distributions and a multivariate Darboux method in enumeration problems. *J. Comb. Theory*, **A67** (1994), 169~184.

Edmonds J R.

[Edm1]    A combinatorial representation for polyhedral surfaces. *Notices Amer. Math. Soc.*, **7** (1960), 646.

Ferri M.

[Fer1]    Crystallizations of 2- fold branched coverings of $S^3$. *Proc. AMS*, **73** (1979), 271~276.

Fiderico P J.

[Fid1]    The number of polyhedra. *Philips Res. Report*, **30** (1975), 220~231.

Gagliardi C.

[Gag1]    Surface maps and $n$-dimensional manifolds. Fourth Conference on Topology (Italian) (Sorrento, 1988). *Rend. Circ. Mat. Palermo*, (2) Suppl. No. 24 (1990), 97~126.

Gao Z C.

[Gao1]    The asymptotic number of rooted triangular maps on a surface. *J. Combin. Theory*, **B52** (1991), 236~249.

[Gao2]    The asymptotic number of rooted 2- connected triangular maps on a surface. *J. Combin. Theory*, **B54** (1992), 102~112.

[Gao3]    The number of rooted 2- connected triangular maps in the projective plane. *J. Comb. Theory*, **B53** (1991), 130~142.

[Gao4]    A pattern for the asymptotic number of rooted maps on surfaces. *J. Combin. Theory*, **A64** (1993), 246~264.

[Gao5]    The number of degree restricted maps on general surfaces. *Discrete Math.*, **123** (1993), 47~63.

Gao Z C and Richmond L B.

[GaR1]    Root vertex valency distributions of rooted maps and rooted triangulations. *European J. Combin.* **15**, (1994), 483~490.

Gessel I and Viennot G.

[GeV1]    Binomial determinants, paths, and hook length formulae. *Advances Math.*, **58** (1985), 300~321.

Good I J.

[Goo1]    Generalizations to several variables of the Lagrange's expansion with applications to stochastic processes. *Proc. Cambridge Phil. Soc.*, **56** (1960), 367~380.

Gould H W.

[Gou1]    Coefficient identities for powers of Taylor and Dirichlet series. *Amer. Math. Monthly*, **81** (1974), 3~14.

Goulden I P and Jackson D M.

[GoJ1]    Combinatorial Enumerations. Wiley, New York, 1983.

Hall D W and Lewis D C.

[HaL1]    Coloring six- rings. *Trans. AMS*, **64** (1984), 184~191.

Hao R X (郝荣霞), Cai J L(蔡俊亮), Liu Y P(刘彦佩).

[HCL1]    The number of near-triangulations on the torus. *Advances in Math.*, **33** (2004),

323~332.

Hao R X(郝荣霞), Liu Y P(刘彦佩), He W L(何卫力).

[HLH1] 关于平面上双树梵和的一个注记. *数学物理学报*, **24A** (2004), 369~374.

Harary F and Tutte W T.

[HaT1] The number of plane trees with given partition. *Mathematika*, **11** (1964), 99~101.

[HaT2] On the order of the group of a planar map. *J. Comb. Theory*, **1** (1966), 394~395.

Harary F, Prins G and Tutte W T.

[HPT1] The number of plane trees. *Akad. van W., Proc.*, **67** (1964), 319~329.

Heath L S.

[Hea1] Graph embeddings and simplicial maps. ACM Symposium on Parallel Algorithms and Architectures (Velen, 1993), *Theory Comput. Syst.*, **30** (1997), 51~65.

Heffter L.

[Hef1] Ueber das Problem der Nachbargebiete. *Math. Ann.*, **38** (1891), 477~508.

Hering F, Read R C and Shephard G C.

[HeRs1] The enumeration of stack polytopes and simplicial clusters. *Discrete Math.*, **40** (1982), 303~217.

Jackson D M.

[Jac1] Some combinatorial problems associated with products of conjugate classes of the symmetric group. *J. Comb. Theory*, **A49** (1988), 363~369.

[Jac2] On an integral representation for the genus series for 2- cell embeddings. *Trans. Amer. Math. Soc.*, **334** (1994), 755~772.

[Jac3] The genus series for maps. *J. Pure Appl. Algebra*, **105** (1995), 293~297.

Jackson D M and Read R C.

[JaR1] A note on permutation without runs of given length. *Aequationes Math.*, **17** (1978), 336~343.

Jackson D M and Visentin T I.

[JaV1] A character theoretic approach to embeddings of rooted maps in an orientable surface of given genus. Comb. Optim. CORR88-45, Uni. Waterloo, 1988. Also see *Trans. Amer. Math. Soc.*, **322** (1990), 343~363.

[JaV2] Character theory and rooted maps in an orientable surface of given genus. *Trans. Amer. Math. Soc.*, **322** (1990), 365~376.

[JaV3] A formulation for the genus series for regular maps. *J. Combin. Theory*, **A74** (1996), 14~32.

Jacques A.

[Jcq1]    Constellations et graphes topologiques. in Combinatorial Theory and its Applications II, Budapest, 1970.

[Jcq2]    Sur legenre d'une paire de substitutions. *C. R. Acad. Sci. Paris*, **267** (1968), 625~627.

James G and Kerber A.

[JmK1]    The Representation Theory of the Symmetric Group. Encycl. Math. **16**, Addison-Wesley, 1981.

Jones V F R.

[Jon1]    A polynomial invariant for links via Von Neumann algebra. *Bull. AMS*, **12** (1985), 103~112.

Kauffman L H.

[Kau1]    New invariants in knot theory. *Amer. Math. Monthly*, **95** (1988), 195~243.

Kozyrev V P and Maisrii S V.

[KoM1]    Enumeration and generation of plane rooted trees with given parameters (Russian). Proc. All-Union Sem. Disc. Math. Appls. (Russian), Moskov, Gos. Uni., Mekl.-Mat.Fak., 1986, 92~99.

Levine H I.

[Lev1]    Homotopic curves on surfaces. *Proc. AMS*, **14** (1963), 986-990.

Li D M(李德明) and Liu Y P(刘彦佩).

[LiL1]    The number of 4-regular planar Hamiltonian maps. *J. Northern Jiaotong Univ.*, **21** (1997), 548~553.

Li Z X(李赵祥), Liy Y P(刘彦佩).

[LL1]     Enumeration of loopless maps on the projective plane. *J. Appl. Math. Comput.*, **10**(2002), 145~155.

[LL2]     Chromatic sums of general maps on the sphere and the projective plane. *Discrete Math.*, **307**(2006), 78~87.

[LL3]     Chromatic sums of general simple maps on the plane. *Utilitas Math.*, **68**(2005), 223~237.

[LL4]     Chromatic sums of singular maps on some surfaces. *J. Appl. Math. Comput*, **15**(2004), 159~172.

Li Z X(李赵祥), Liy Y P(刘彦佩), He W L(何卫力).

[LLH1]    Chromatic sums of singular maps on the projective plane and torus. *OR Trans.*, **10**(2006), 10~16.

[LLH2]    Dual loopless nonseperable near-triangulations on projective plane. *J. Math Res. Expos.*, **25**(2005), 603~609.

Lienhardt P.

[Lie1]    *n*-dimensional generalized combinatorial maps and cellular qua- simanifolds. *Internat. J. Comput. Geom. Appl.*, **4** (1994), 275~324.

Lins S.

[Lin1]    Graph-encoded maps. *J. Comb. Theory*, **B32** (1982), 171~181.

Liskovets V A.

[Lis1]    Enumeration of nonisomorphic planar maps I. Problems in Group Theory and Homological Algebra, 1981, 103~115.

[Lis2]    Enumeration of nonisomorphic planar maps II. Geometric Methods in Problems in Analysis and Algebra, 1981, 106~117.

[Lis3]    Enumeration of nonisomorphic planar maps. *Sel. Math. Sov.*, **4**: 4(1985), 303~323.

[Lis4]    A census of nonisomorphic planar maps. *Colloq. Math. Soc. J. Bolyai*, **25** *Algeb. Methods in Graph Theory*, 1978, 479~494.

[Lis5]    A reductive technique for enumerating non-isomorphic planar maps. *Discrete Math.*, **156** (1996), 197~217.

[Lis6]    Some asymptotical estimates for planar Eulerian maps. *Combin. Probab. Comput.*, **5** (1996), 131~138.

Liskovets V A and Walsh T T S.

[LiW1]    The enumeration of non- isomorphic 2- connected planar maps. *Can. J. Math.*, **35** (1983), 417~435.

[LiW2]    Ten steps to counting planar graphs. *Cong. Numer.*, **60** (1987), 269~277.

Little C H C.

[Lit1]    Cubic combinatorial maps. *J. Comb. Theory*, **B44** (1988), 44~63.

Liu Y P(刘彦佩).

[Liu1]    Extending the Kotzig's theorem into the non-orientable cases. Comb. Optim. CORR82-36, Uni. Waterloo, 1982.

[Liu2]    平面图的理论与四色问题 (I)-平面性与对偶性. *数学研究与评论*, **3** (1983), 3: 123~136.

[Liu3]    *K*-valent maps on the surfaces. Comb. Optim. CORR82-35, Uni. Waterloo, 1982; Also in *Acta Math. Appl. Sinica*, Eng. Series **1** (1984), 57~62.

[Liu4]    On the number of rooted *c*-nets. Comb. Optim. CORR83-35, Uni. Waterloo, 1983; Also in *J. Comb. Theory*, **B36** (1984), 118~123.

[Liu5]    有根平面三角化地图数目的一个注记. *应用数学学报*, **11**: 2 (1986), 146~148.

[Liu6]　图的不可定向最大亏格. 中国科学, 数学专辑I (1979), 191~201.

[Liu7]　The maximum orientable genus of a graph. *Scientia Sinica*, Special Issue on Math. II (1979), 41~55.

[Liu8]　若干典型图类的可定向最大亏格. 数学学报, **24** (1981), 817~132.

[Liu9]　关于图的 Edmonds 曲面对偶定理的一个注记. 运筹学杂志, **2** (1983), 62~63.

[Liu10]　地图着色定理与图的曲面嵌入 (I). 数学的实践与认识, No.1 (1981), 65~78.

[Liu11]　地图着色定理与图的曲面嵌入 (V). 数学的实践与认识, No.1 (1982), 34~44.

[Liu12]　The orientable genus of $K_n - K_3$. *KEXUE TONGBAO* (Chinese Ed.) **25** (1980), 959; Or see *KEXUE TONGBAO*(Sci. Bull., Eng. Ed), **26** (1981), 188.

[Liu13]　Enumeration of rooted separable planar maps. Comb. Optim. CORR82-4, Uni. Waterloo, 1982; Also in *Utilitas Math.*, **25** (1984), 77~94.

[Liu14]　平面图的理论与四色问题 (II)- 五色定理与四色问题的形式. 数学研究与评论, **4** (1984), 1: 121~136.

[Liu15]　Enumerating rooted loopless planar maps. Comb. Optim. CO- RR 83- 4, Uni. Waterloo, 1983; Also in *Acta Math. Appl. Sinica*, Eng. Series **2** (1985), 14~26.

[Liu16]　Enumerating rooted simple planar maps. Comb. Optim. CORR83-9, Uni. Waterloo, 1983; Also in *Acta Math. Appl. Sinica*, Eng. Series **2** (1985), 101~111.

[Liu17]　Counting rooted planar maps. Comb. Optim. CORR83-26, Uni. Waterloo, 1983; Also in *J. Math. Res. Expos*, **4**:3(1984), 37~46.

[Liu18]　平面图的理论与四色问题 (III)- 由四色问题导出的理论结果. 数学研究与评论, **5** (1985), 1: 125~144.

[Liu19]　Enumeration of rooted vertex nonseparable planar maps. Comb. Optim. CORR83-14, Uni. Waterloo, 1983; Also in *Chinese Ann. Math.*, **9B** (1988), 390~403.

[Liu20]　A functional equation for enumerating non- separable planar maps with vertex partition. *KEXUE TONGBAO* (Chinese Ed.), **10** (1985), 646~649; Or see *KEXUE TONGBAO* (Sci. Bull., Eng. Ed.), **31** (1986), 73~77.

[Liu21]　Some enumerating problems of maps with vertex partition. *KEXUE TONGBAO* (Chinese Ed.), **30** (1985), 1531~1525; Or see *KEXUE TONGBAO* (Sci. Bull., Eng. ED.), **31** (1986), 1009~1014.

[Liu22]　平面图的理论与四色问题 (IV)-三着色与四色问题的几何表征. 数学研究与评论, **5** (1985), 3; 123~136.

[Liu23]　A functional equation for enumerating nonseparable Eulerian planar maps with vertex partition. *KEXUE TONGBAO* (Chinese Ed.), **31** (1986), 81~84. Or see *KEXUE TONGBAO* (Sci. Bull., English Ed.), **31** (1986), 941~945.

[Liu24]　组合地图理论. 第二届全国组合学与图论会议, 全会报告, 广州, 1985.

[Liu25]　Enumeration of rooted outerplanar maps with vertex partition. *KEXUE TONGBAO* (Chinese Ed.), **31** (1986), 1045~1048; Or see *KEXUE TONGBAO* (Sci. Bull., Eng. Ed.), **32** (1987), 295~299.

[Liu26]  平面图的理论与四色问题 (V)- 四色问题用计算机解决的途径. 数学研究与评论, **6** (1986), 2: 175∼188.

[Liu27]  On the enumeration of planar maps with vertex partition (Chinese). A Plenary Talk to the 4-th National Conf. Graph Theory, Jinan, 1985.

[Liu28]  关于平面地图的计数方程. 纪念中国数学会诞生五十周年全国会议, 分会报告, 上海, 1985.

[Liu29]  关于简单平面地图的计数. 数学学报, **31** (1988), 279∼282.

[Liu30]  Enumeration of rooted nonseparable outerplanar maps. *KEXUE TONGBAO* (Chinese Ed.), **33** (1988), 473; Or see *Chinese Sci. Bull.* (English Ed.), **33** (1988) 1140∼1141.

[Liu31]  The enumeration of simple planar maps. RUTCOR Research Report RRR37-87, Rutgers Uni., 1987; Also in *Utilitas Math.*, **34** (1988), 97∼104.

[Liu32]  On face partition of rooted outerplanar maps. *KEXUE TONGBAO* (Chinese Ed.), **33** (1988), 1441∼1444; Or see *Chinese Sci. Bull.* (Eng. Ed), **34** (1989), 365∼369.

[Liu33]  On the vertex partition equation of rooted loopless planar maps. RUTCOR Research Report, RRR17-89, Rutgers Uni., 1987; Also in *Acta Math. Scientia*, **10** (1990), 167∼172.

[Liu34]  An enumerating equation of simple planar maps with face partition. RUTCOR Research Report, RRR36-87, Rutgers Uni., 1987; Main part also in *Acta Math. Appl. Sinica*, **12**(1989), 292∼295.

[Liu35]  关于平面地图的计数方程. 数学进展, **18** (1989), 446∼460.

[Liu36]  Enumeration of rooted non- separable outerplanar maps. *Acta Math. Appl. Sinica*, Eng. Series **5** (1989), 169∼175.

[Liu37]  有根无环平面地图节点剖分计数方程. 应用数学学报, **12** (1989), 210∼214.

[Liu38]  On the number of Eulerian planar maps. Research Report Series A, No. 24, Department of Statistics, Uni. Rome "La Sapienza", 1989. Also in *Acta Math. Scientia*, **12** (1992), 418∼423.

[Liu39]  关于简单平面地图面剖分计数方程. 应用数学学报, **12** (1989), 292∼295.

[Liu40]  Chromatic sum equations for rooted planar maps. *Cong. Numer.*, **45** (1984), 275∼280.

[Liu41]  有根平面偶地图的计数. 数学物理学报, **9** (1989), 21∼28.

[Liu42]  On chromatic sum equations for rooted cubic planar maps. *KEXUE TONGBAO* (Chinese Ed), **31** (1986), 1285∼1289; Or see *Chinese Sci. Bull.* (English Ed), **32** (1987), 1230∼1235.

[Liu43]  On chromatic sum equations. An Hourly Talk, 1-st China-USA Conf. Graph Theory Appls., Jinan, 1986.

[Liu44]  Chromatic sum equations for rooted cubic planar maps. *Acta Math. Appl. Sinica*, Eng. Series **3** (1987), 136∼167.

[Liu45]   Correction to "Chromatic sum equations for rooted cubic planar maps". *Acta Math. Appl. Sinica*, Eng. Series **4** (1986), 95~96.

[Liu46]   有根不可分离地图色和方程. 应用数学与计算数学学报, **2** (1988), 1~11.

[Liu47]   On chromatic equation for rooted outerplanar maps. *KEXUE TONGBAO* (Chinese Ed.), **33** (1988), 1261~1265; Or see *Chinese Sci. Bull.* (English Ed.), **34** (1989), 812~817.

[Liu48]   On chromatic and dichromatic sum equations for planar maps. *Discrete Math.*, **84** (1990), 167~179.

[Liu49]   Recent progress on chromatic and dichromatic sum equations for planar maps. Research Report Series A No.4, Department of Statistics, Uni. Rome "La Sapienza", 1990. Also in *Seris Formelles et Comb. Algeb.* (Eds. M. Delest, G. Jacob and P. Leroux), 1991, 305~318.

[Liu50]   Chromatic enumeration for rooted outerplanar maps. *Chinese Ann. Math.*, **11B** (1990), 491~502.

[Liu51]   A note on the number of cubic planar maps. *Acta Math. Scientia*, **12** (1992), 282~285.

[Liu52]   A note on the number of loopless Eulerian planar maps. *J. Math. Res. Expos.*, **12** (1992), 165~179.

[Liu53]   On functional equations arising from map enumerations. *Discrete Math.*, **123** (1993), 93~109.

[Liu54]   关于有根平面节点剖分计数方程. 应用数学与计算数学学报, **5** (1991), 1~20.

[Liu55]   On the vertex partition equation of loopless Eulerian planar maps. *Acta Math. Appl. Sinica*, English Series **8** (1992), 45~85.

[Liu56]   Dichromatic sum equations for outer planar maps. *Appl. Math.* (A J. Chinese Univs.), **8** (1993), 64~68.

[Liu57]   A polyhedral theory on graphs. *Acta Math. Sinica*, **10**(1994), 136~142.

[Liu58]   图的可嵌入性理论. 北京: 科学出版社, 1994.

[Liu59]   Combinatorial invariants on graphs. *Acta Math. Sinica*, **11** (1995), 211~220.

[Liu60]   纵横嵌入术, 北京: 科学出版社, 1994.

[Liu61]   A note on the number of bipartite planar maps. *Acta Math. Scientia*, **12** (1992), 85~88.

[Liu62]   Enumerative Theory of Maps. Kluwer, Dordrecht/Boston/ London, 1999.

[Liu63]   组合泛函方程. 高校应用数学学报, **A14** (1999), 369~396.

[Liu64]   地图的代数原理. 北京: 高等教育出版社, 2006.

[Liu65]   依节点剖分数树的一种新方法. 中国科学, 待发表 (2008).

[Liu66]   根瓣丛的普查. 信阳师范学院学报(NS), **17**(2004), 249~254.

[Liu67]   一般根地图的普查. 信阳师范学院学报(NS), **17**(2004), 373~380.

[Liu68]   数组合地图论. 北京: 科学出版社, 2001.

[Liu69]    Introduction to Combinatorial Maps. POSTECH, Pohang, 2002.

[Liu70]    组合地图进阶. 北京: 北方交通大学出版社, 2003.

Macdonald I G.

[Macl]     Symmetric Functions and Hall Polynomials. Clarendon Press, Oxford, 1979.

MacLane S.

[MaL1]     A structural characterization of planar combinatorial graphs. *Duke Math. J.*, **3** (1937), 416~472.

Meir A and Moon J W.

[MeM1]     On the asymptotic method in combinatorics. *J. Comb. Theory*, **A51** (1989), 77~89.

Mohar B.

[Moh1]     Convex representations of maps on the torus and other flat surfaces. *Discrete Comput. Geom.*, **11** (1994), 83~95.

Mullin R C.

[Mul1]     On the enumeration of tree-rooted maps. *Can. J. Math.*, **19** (1967), 174~183.

[Mul2]     On the average activity of a spanning tree of a rooted map. *J.Comb. Theory*, **3** (1967), 103~121.

[Mul3]     On the average number of trees in certain maps. *Can. J. Math.*, **18** (1966), 33~41.

[Mul4]     On counting rooted triangular maps. *Can. J. Math.*, **7**(1965), 373~382.

[Mul5]     The enumeration of Hamiltonian polygons in triangular maps. *Pacific J. Math.*, **16** (1966), 139~145.

[Mul6]     The enumeration of rooted triangular maps. *Amer. Math. Monthly*, **71**(1964), 1007~1010.

Mullin R C, Nemeth E and Schellenberg P J.

[MNS1]     The enumeration of almost cubic maps. in Proc. S-E Conf. Comb. Graph Theory Comput. Baton Rouge, 1970, 281~295.

Mullin R C and Schellenberg P J.

[MuSc1]    The enumeration of *c*-nets via quadrangulations. *J. Comb. Theory*, **4** (1968), 259~276.

Mullin R C and Stanton R G.

[MuSt1]    A map- theoretic approach to Davenport-Schinzzel sequences. *Pacific J. Math.*, **40**(1972), 167~172.

Nedela R and Škoviera M.

[NeS1]     Exponents of orientable maps. *Proc. London Math. Soc.*(3), **75** (1997), 1~31.

Polya G and Read R C.

[PoR1]  Combinatorial Enumeration of Groups, Graphs, and Chemical Components. Springer, New York/Berlin/Heidelberg, 1987.

Read R C.

[Rea1]  An introduction to chromatic polynomials. *J. Comb. Theory*, **4**(1968), 52~71.

Ren H(任韩).

[Ren1]  A Census of Maps on Surfaces. Doctorial Dissertation, Northern Jiaotong University, 1999.

Ren H(任韩) and Liu Y P(刘彦佩).

[ReL1]  Enumeration of rooted Halin planar maps. *Applied Math.*(JCU), **B14** (1999), 117~121.

[ReL2]  关于适约三角剖分的计数. 数学学报, **41** (1998), 1193~1196.

[ReL3]  Counting non-separable near-triangulations on the Mobius band. *Northeast Math. J.*, **15** (1999), 115~120.

[ReL4]  Number of one-faced maps on the projective plane. *J. Northern Jiaotong Univ.*, **23** (1999), 68~70.

Richmond L B, Robinson R W and Wormald N C.

[RRW1]  On Hamilton cycles in 3-connected cubic maps. *Ann. Discrete Math.*, **27** (1985), 141~150.

Richmond L B and Wormald N C.

[RiW1]  Almost all maps are asymmetric. *J. Comb. Theory*, **B63** (1995), 1~7.

Riordan J.

[Rio1]  Combinatorial Identities. Wiley, New York, 1968.

Riskin A.

[Ris1]  On type 2 diminimal maps on the torus. *J. Combin. Inform. System Sci.*, **17** (1992), 288~301.

Robertson N and Seymour P D.

[RoS1]  Graph minors VII: Disjoint paths on a surface. *J. Comb. Theory*, **B45** (1988), 212~254.

Robinson R W and Wormald N C.

[RoW1]  Almost all bipartite cubic maps are Hamiltonian. in Proc. Waterloo Silver Jubilee Conf., Vol.3, 1982.

Rota G C.

[Rot1]  The number of partitions of a set. *Amer. Math. Monthly*, **71** (1964), 498~504.

Serre J P.

[Ser1] Linear Representations of Finite Groups. Springer, New York/ Berlin/ Heidelberg, 1977.

Servatius B and Servatius H.

[SeS1] Self-dual maps on the sphere. Algebraic and Topological Methods in Graph Theory (Lake Bled, 1991). *Discrete Math.*, **134** (1994), 139~150.

Širň J and Škoviera M and Voss H-J.

[SiS1] Sachs triangulations and regular maps. Algebraic and Topological Methods in Graph Theory (Lake Bled, 1991). *Discrete Math.*, **134** (1994), 161~175.

Stanley R P.

[Sta1] Enumerative Combinatorics (Vol.1). Wadsworth and Brooks, Monterey, CA, 1986.

Tutte W T.

[Tut1] A ring in graph theory. *Proc. London Math. Soc.*, **21**(1946), 98~101.

[Tut2] A contribution to the theory of chromatic polynomials. *Can. J. Math.*, **6**(1954), 80~91.

[Tut3] A census of planar triangulations. *Can. J. Math.*, **14**(1962), 21~38.

[Tut4] A census of Hamiltonian polygons. *Can. J. Math. Soc.*, **68** (1962), 402~417.

[Tut5] A census of slicings. *Can. J. Math.*, **14**(1962), 708~722.

[Tut6] A new branch of enumerative graph theory. *Bull. Amer. Math. Soc.*, **68** (1962), 500~504.

[Tut7] A census of planar maps. *Can. J.Math.*, **15** (1963), 294~271.

[Tut8] The number of planted plane trees with a given partition. *Amer. Math. Monthly*, **71** (1964), 272~277.

[Tut9] On the enumeration of almost bicubic rooted maps. Rand Corp. Memorandum RM-5887-PR, 1969.

[Tut10] Even and odd 4-colourings. in Proof Techniques in Graph Theory (ed. by F. Harary), Acad. Press, 1969, 161~169.

[Tut11] On the enumeration of four-coloured maps. *SIAM J. Appl. Math*, **17**(1969), 454~460.

[Tut12] Counting planar maps. *J. Recreational Math.*, **1**(1968), 19~27.

[Tut13] On the enumeration of planar maps. *Bull. Amer. Math. Soc.*, **74**(1968), 64~74.

[Tut14] On dichromatic polynomials. *J. Comb. Theory*, **2** (1967), 301~320.

[Tut15] On the enumeration of two- coloured rooted and weighted plane trees. *Aequationes Math.*, **4**(1970), 143~156.

[Tut16] On chromatic polynomials and the golden ratio. *J. Comb. Theory*, **9** (1970), 289~296.

[Tut17]   The golden ratio in the theory of chromatic polynomials. *Ann. New York Acad. Sci.*, **175** (1970), 391~402.

[Tut18]   More about chromatic polynomials and the golden ratio. in Combinatorial Structures and their Applications, Gordon and Breach, 1970, 439~453.

[Tut19]   Dichromatic sums for rooted planar maps. *Proc. Symp. in Pure Math.*, **XIX** (combinatorics) (1971), 235~245.

[Tut20]   The use of numerical computations in the enumerative theory of planar maps. Jeffery-Williams Lectures 1968~1972, Can. Math. Congress, 1972, 73~89.

[Tut21]   Chromatic sums for rooted planar triangulations: the cases $\lambda = 1$ and $\lambda = 2$. *Can. J. Math.*, **25** (1973), 426~447.

[Tut22]   Chromatic sums for rooted planar triangulations II: the case $\lambda = \tau + 1$. *Can. J. Math.*, **25** (1973), 657~671.

[Tut23]   Chromatic sums for rooted planar triangulations III: the case $\lambda = 3$. *Can. J. Math.*, **25** (1973), 780~790.

[Tut24]   Chromatic sums for rooted planar triangulations IV: the case $\lambda = \infty$. *Can. J. Math.*, **25**(1973), 309~325.

[Tut25]   What is a map? in New Directions in the Theory of Graphs (ed. by F. Harary), Acad. Press, 1973, 309~325.

[Tut26]   Some polynomials associated with graphs. in Combinatorics (Proc. the 1973 British Combinatorial Conference), 161~167.

[Tut27]   Chromatic sums for rooted planar triangulations V: special functions. *Can. J. Math.*, **26** (1974), 893~907.

[Tut28]   Codichromatic graphs. *J. Comb. Theory*, **B16** (1974), 168~174.

[Tut29]   Map- colouring problems and chromatic polynomials. *Amer. Scientist*, **62** (1974), 702~705.

[Tut30]   On elementary calculus and the Good formula. *J. Comb. Theory*, **B18** (1975), 97~137.

[Tut31]   The dichromatic polynomial. Proc. 5-th British Comb. Conf., Util. Math., 1975, 605~635.

[Tut32]   Chromatic sums. Proc. Kalamazoo Conf., 1977, 590~598.

[Tut33]   On a pair of functional equations of mathematical interest. *Aequationes Math.*, **17** (1978), 121~140.

[Tut34]   On the enumeration of convex polyhedra. *J. Comb. Theory*, **B28** (1980), 105~126.

[Tut35]   Combinatorial oriented maps. *Can. J. Math.*, **31**(1979), 986~1004.

[Tut36]   Chromatic solutions. *Can. J. Math.*, **34**(1982), 741~758.

[Tut37]   Chromatic solutions II. *Can. J. Math.*, **34** (1982), 952~960.

[Tut38]   On the spanning trees of self-dual maps. *Ann. New York Acad. Sci.*, **319** (1970), 540~548.

[Tut39] Graph Theory. Addison-Wesley, Reading, MA, 1984.

[Tut40] The dissection of equilateral triangles into equilateral triangles. *Proc. Cambridge Philos. Soc.*, **44** (1948), 463∼482.

[Tut41] Chromatic sums revisited. *Aequatione Math.*, **50** (1995), 95∼134.

Vince A.

[Vin1] Combinatorial maps. *J. Comb. Theory*, **34** (1983), 1∼21.

[Vin2] Map duality and generalizations. *Ars Combin.*, **39** (1995), 211∼229.

van de Waerden B L.

[Wae1] Einfuhrung in die algebraische Geometrie. Springer, Berlin, 1939.

Walsh T T S.

[Wal1] Hypermaps versus bipartite maps. *J. Comb. Theory*, **B18** (1975), 155∼163.

[Wal2] Counting non- isomorphic three-connected planar maps. *J. Comb. Theory*, **B32** (1982), 33∼44.

[Wal3] Generating non-isomorphic maps without storing them. *SIAM J. Discrete Math.*, **4** (1983), 161∼178.

Walsh T R S and Lehman A B.

[WaL1] Counting rooted maps by genus I. *J. Comb. Theory*, **B13** (1972), 192∼218.

[WaL2] Counting rooted maps by genus II. *J Comb. Theory*, **B13** (1972), 122∼144.

[WaL3] Counting rooted maps by genus III. *J. Comb. Theory*, **B18** (1975), 222∼259.

Wawrzynczyk A.

[Waw1] Group Representations and Special Functions. D. Reidel, 1984.

Whittaker E T and Watson G N.

[WhW1] A Course of Modern Analysis. Cambridge Uni. Press, 1940.

Witten E.

[Wit1] Quantum field theory and the Jones polynomial. *Comm. Math. Phys.*, **121** (1989), 351∼399.

Wormald N C.

[Wor1] Counting unrooted planar maps. *Discrete Math.*, **36**(1981), 205∼225.

[Wor2] On the frequency of 3-connected subgraphs of planar graphs. *Bull. Austral. Math. Soc.*, **34** (1986), 309∼317.

[Wor3] The asymptotic number of nonsingular and nonseparable maps on the projective plane. Fourteenth Australasian Conference on Combinatorial Mathematics and Computing (Dunedin, 1986). *Ars Combin.*, **23** (1987), 133∼137.

Wu F E(吴发恩) and Liu Y P(刘彦佩).

[WuL1]    Enumeration of planar maps with a sinle vertex. *Acta Math. Scientia*, **20** (2000), 229∼235.

          Yan J Y(颜基义) and Liu Y P(刘彦佩).
[YaL1]    Asymptotic behavior of the enumerations of rooted planar and outerplanar maps. *KEXUE TONGBAO*(Chinese Ed.), **35**(1990), 88∼91; Or see *Chinese Sci. Bull.* (English Ed.), **36** (1991), 188∼192.

          Yang K W.
[Yng1]    Integration in the umbral calculus. *J. Math. Appl.*, **74** (1980), 200∼211.
[Yng2]    Isomorphisms of group extensions. *Pacific J. Math.*, **50** (1974), 299∼304.

# 附录 各种小阶地图依亏格的列表

在每个地图下面的四元标示 $X : a, b, c$ 中, $X$ 为它的下图, $a = oy$ 或 $qy$ 分别为可定向或不可定向亏格 $y$, $b$ 为两位的序号, $c$ 为两位的定根方式数. 符号 $-x$ 就是 $x^{-1}$, $x = 1, 2, \cdots$.

## 附录 1 环束 $B_m, m \geqslant 1$

**1 条边** $(m = 1)$

可定向亏格 0

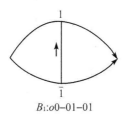

$B_1 : o0-01-01$

不可定向亏格 1

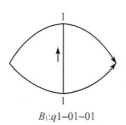

$B_1 : q1-01-01$

**2 条边** $(m = 2)$

可定向亏格 0

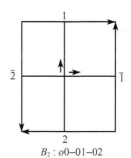

$B_2 : o0-01-02$

可定向亏格 1

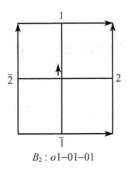

$B_2 : o1{-}01{-}01$

不可定向亏格 1

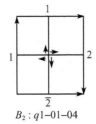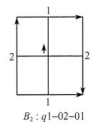

$B_2 : q1{-}01{-}04$               $B_2 : q1{-}02{-}01$

不可定向亏格 2

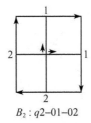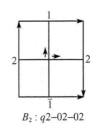

$B_2 : q2{-}01{-}02$               $B_2 : q2{-}02{-}02$

## 3 条边 $(m = 3)$

可定向亏格 0

$B_3 : o0{-}01{-}02$               $B_3 : o0{-}02{-}03$

## 可定向亏格 1

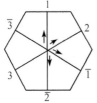
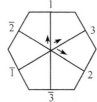
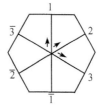

$B_3: o1{-}01{-}04$　　　　$B_3: o0{-}02{-}03$　　　　$B_3: o0{-}03{-}03$

## 不可定向亏格 1

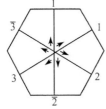
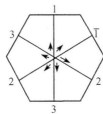
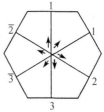

$B_3: q1{-}01{-}06$　　　　$B_3: q1{-}02{-}06$　　　　$B_3: q1{-}03{-}06$

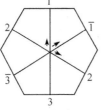
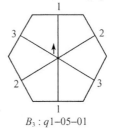

$B_3: q1{-}04{-}03$　　　　$B_3: q1{-}05{-}01$

## 不可定向亏格 2

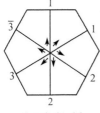
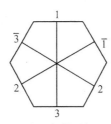
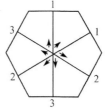

$B_3: q2{-}01{-}06$　　　　$B_3: q2{-}02{-}12$　　　　$B_3: q2{-}03{-}06$

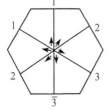
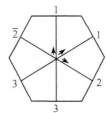
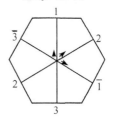

$B_3: q2{-}04{-}06$　　　　$B_3: q2{-}05{-}03$　　　　$B_3: q2{-}06{-}03$

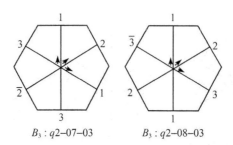

$$B_3 : q2\text{-}07\text{-}03 \qquad\qquad B_3 : q2\text{-}08\text{-}03$$

### 不可定向亏格 3

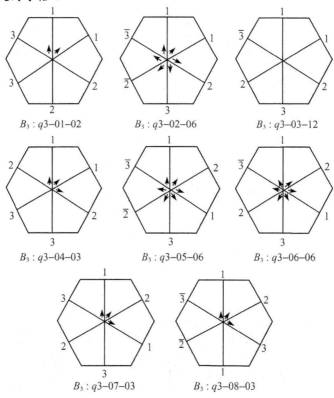

$$B_3 : q3\text{-}01\text{-}02 \qquad B_3 : q3\text{-}02\text{-}06 \qquad B_3 : q3\text{-}03\text{-}12$$

$$B_3 : q3\text{-}04\text{-}03 \qquad B_3 : q3\text{-}05\text{-}06 \qquad B_3 : q3\text{-}06\text{-}06$$

$$B_3 : q3\text{-}07\text{-}03 \qquad\qquad B_3 : q3\text{-}08\text{-}03$$

## 4 条边 ($m = 4$)

### 可定向亏格 0

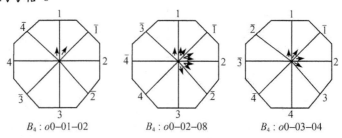

$$B_4 : o0\text{-}01\text{-}02 \qquad B_4 : o0\text{-}02\text{-}08 \qquad B_4 : o0\text{-}03\text{-}04$$

**可定向亏格 1**

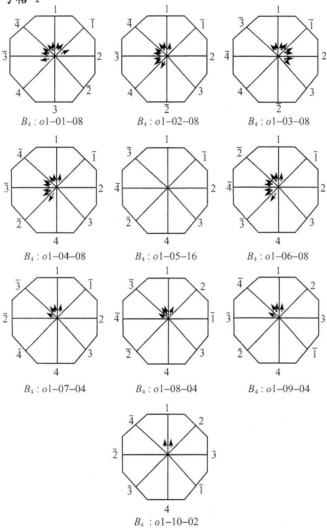

| | | |
|---|---|---|
| $B_4 : o1-01-08$ | $B_4 : o1-02-08$ | $B_4 : o1-03-08$ |
| $B_4 : o1-04-08$ | $B_4 : o1-05-16$ | $B_4 : o1-06-08$ |
| $B_4 : o1-07-04$ | $B_4 : o1-08-04$ | $B_4 : o1-09-04$ |

$B_4 : o1-10-02$

**可定向亏格 2**

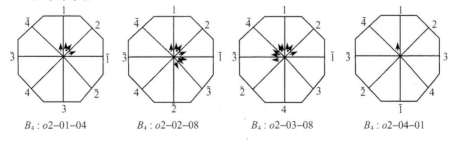

| | | | |
|---|---|---|---|
| $B_4 : o2-01-04$ | $B_4 : o2-02-08$ | $B_4 : o2-03-08$ | $B_4 : o2-04-01$ |

# 附录 2　轮图 $W_n, n \geqslant 4$

## 4 个节点 ($n = 4$, 即 4 阶完全图 $K_4$)

可定向亏格 0

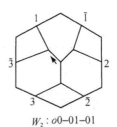

$W_2 : o0\text{--}01\text{--}01$

可定向亏格 1

$W_4 : o1\text{--}01\text{--}03$

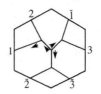
$W_4 : o1\text{--}02\text{--}04$

不可定向亏格 1

$W_4 : q1\text{--}01\text{--}06$

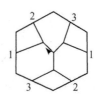
$W_4 : q1\text{--}02\text{--}01$

不可定向亏格 2

$W_4 : q2\text{--}01\text{--}06$

$W_4 : q2\text{--}02\text{--}12$

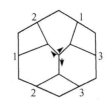
$W_4 : q2\text{--}03\text{--}03$

不可定向亏格 3

 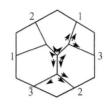 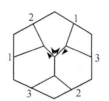

$W_4: q3\text{–}01\text{–}12$     $W_4: q3\text{–}02\text{–}12$     $W_4: q3\text{–}03\text{–}04$

## 5 个节点 $(n = 5)$

可定向亏格 0

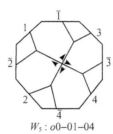

$W_5: o0\text{–}01\text{–}04$

可定向亏格 1

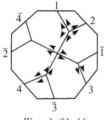 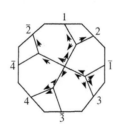 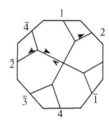

$W_5: o1\text{–}01\text{–}16$     $W_5: o1\text{–}02\text{–}16$     $W_5: o1\text{–}03\text{–}04$

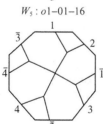 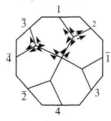 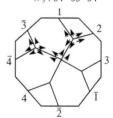

$W_5: o1\text{–}04\text{–}32$     $W_5: o1\text{–}05\text{–}16$     $W_5: o1\text{–}06\text{–}16$

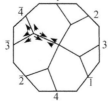 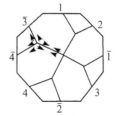

$W_5: o1\text{–}07\text{–}08$     $W_5: o1\text{–}08\text{–}08$

可定向亏格 2

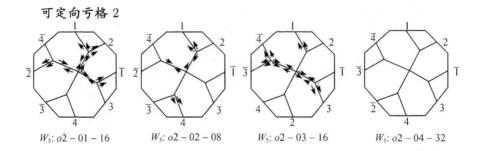

$W_5: o2 - 01 - 16$　　　$W_5: o2 - 02 - 08$　　　$W_5: o2 - 03 - 16$　　　$W_5: o2 - 04 - 32$

## 附录 3　3-连通 3-正则图 $C_m, m \geqslant 6$

**6 条边** ($C_{6,1} = K_4 = W_4$, $W_4$ 已由前面给出).

**9 条边** ($C_{9,2} = K_{3,3}$)

$C_{9,1}$:

**可定向亏格 0**

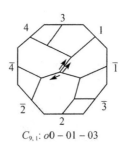

$C_{9,1}: o0 - 01 - 03$

**可定向亏格 1**

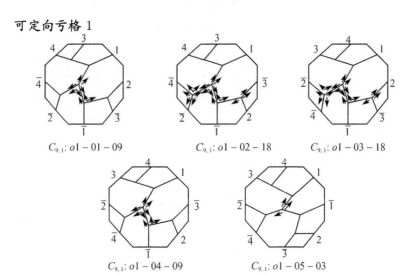

$C_{9,1}: o1 - 01 - 09$　　　　$C_{9,1}: o1 - 02 - 18$　　　　$C_{9,1}: o1 - 03 - 18$

$C_{9,1}: o1 - 04 - 09$　　　　$C_{9,1}: o1 - 05 - 03$

可定向亏格 2

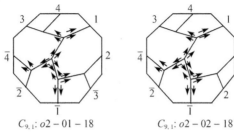

$C_{9,1}: o2-01-18$　　$C_{9,1}: o2-02-18$

$C_{9,2}$:

可定向亏格 1

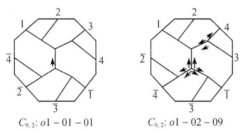

$C_{9,2}: o1-01-01$　　$C_{9,2}: o1-02-09$

可定向亏格 2

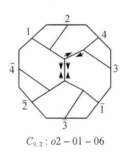

$C_{9,2}: o2-01-06$

## 12 条边 ($C_{12,4}$ 为正立方体图)

$C_{12,1}$:

可定向亏格 0

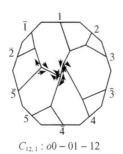

$C_{12,1}: o0-01-12$

**可定向亏格 1**

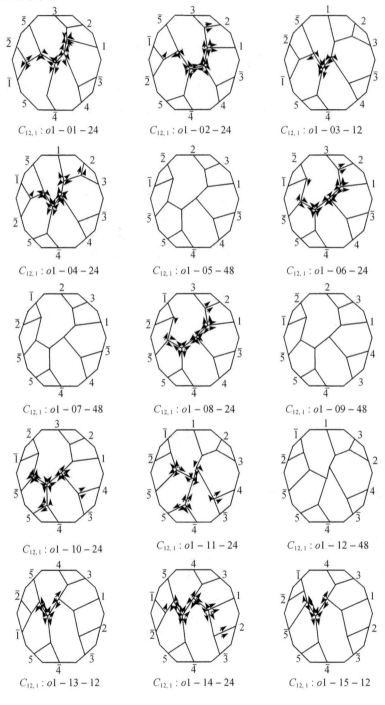

$C_{12,1} : o1 - 01 - 24$　　　　$C_{12,1} : o1 - 02 - 24$　　　　$C_{12,1} : o1 - 03 - 12$

$C_{12,1} : o1 - 04 - 24$　　　　$C_{12,1} : o1 - 05 - 48$　　　　$C_{12,1} : o1 - 06 - 24$

$C_{12,1} : o1 - 07 - 48$　　　　$C_{12,1} : o1 - 08 - 24$　　　　$C_{12,1} : o1 - 09 - 48$

$C_{12,1} : o1 - 10 - 24$　　　　$C_{12,1} : o1 - 11 - 24$　　　　$C_{12,1} : o1 - 12 - 48$

$C_{12,1} : o1 - 13 - 12$　　　　$C_{12,1} : o1 - 14 - 24$　　　　$C_{12,1} : o1 - 15 - 12$

可定向亏格 2

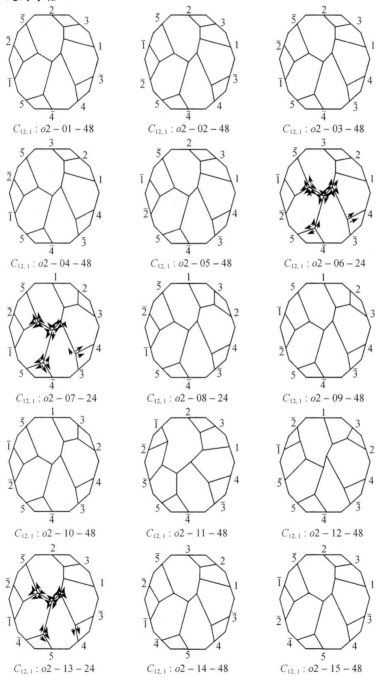

$C_{12,1}: o2 - 01 - 48$　　$C_{12,1}: o2 - 02 - 48$　　$C_{12,1}: o2 - 03 - 48$

$C_{12,1}: o2 - 04 - 48$　　$C_{12,1}: o2 - 05 - 48$　　$C_{12,1}: o2 - 06 - 24$

$C_{12,1}: o2 - 07 - 24$　　$C_{12,1}: o2 - 08 - 24$　　$C_{12,1}: o2 - 09 - 48$

$C_{12,1}: o2 - 10 - 48$　　$C_{12,1}: o2 - 11 - 48$　　$C_{12,1}: o2 - 12 - 48$

$C_{12,1}: o2 - 13 - 24$　　$C_{12,1}: o2 - 14 - 48$　　$C_{12,1}: o2 - 15 - 48$

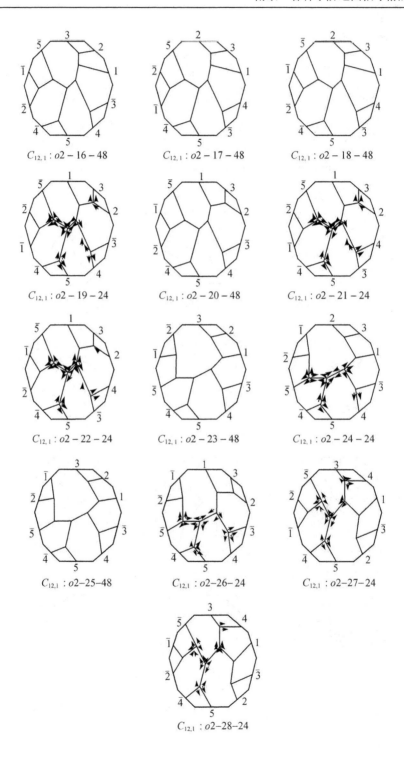

$C_{12,1}: o2-16-48$　　　$C_{12,1}: o2-17-48$　　　$C_{12,1}: o2-18-48$

$C_{12,1}: o2-19-24$　　　$C_{12,1}: o2-20-48$　　　$C_{12,1}: o2-21-24$

$C_{12,1}: o2-22-24$　　　$C_{12,1}: o2-23-48$　　　$C_{12,1}: o2-24-24$

$C_{12,1}: o2-25-48$　　　$C_{12,1}: o2-26-24$　　　$C_{12,1}: o2-27-24$

$C_{12,1}: o2-28-24$

$C_{12,2}$:

**可定向亏格 1**

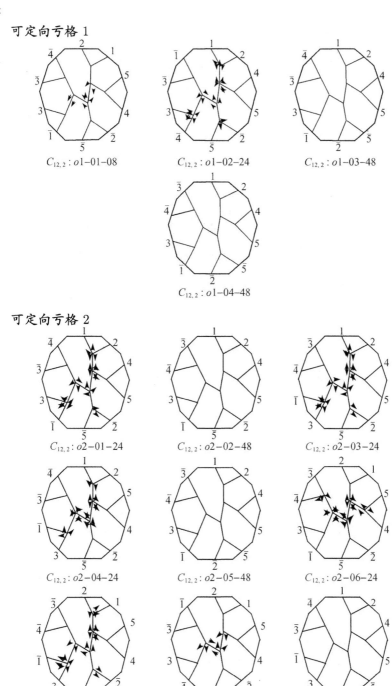

$C_{12,2} : o1{-}01{-}08$　　　　$C_{12,2} : o1{-}02{-}24$　　　　$C_{12,2} : o1{-}03{-}48$

$C_{12,2} : o1{-}04{-}48$

**可定向亏格 2**

$C_{12,2} : o2{-}01{-}24$　　　　$C_{12,2} : o2{-}02{-}48$　　　　$C_{12,2} : o2{-}03{-}24$

$C_{12,2} : o2{-}04{-}24$　　　　$C_{12,2} : o2{-}05{-}48$　　　　$C_{12,2} : o2{-}06{-}24$

$C_{12,2} : o2{-}07{-}24$　　　　$C_{12,2} : o2{-}08{-}08$　　　　$C_{12,2} : o2{-}09{-}48$

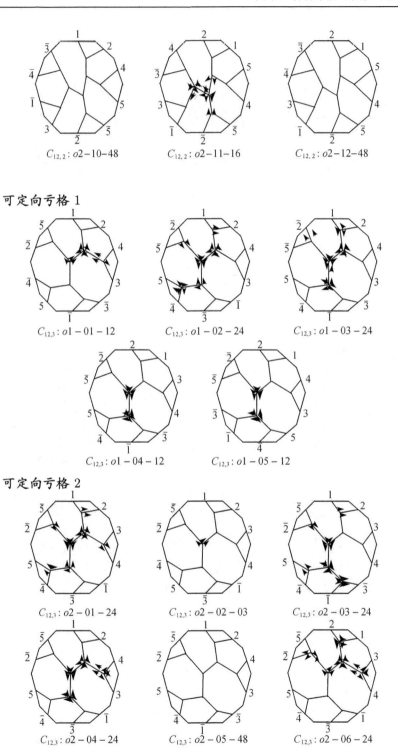

$C_{12,2}: o2-10-48$          $C_{12,2}: o2-11-16$          $C_{12,2}: o2-12-48$

$C_{12,3}$:

**可定向亏格 1**

$C_{12,3}: o1-01-12$          $C_{12,3}: o1-02-24$          $C_{12,3}: o1-03-24$

$C_{12,3}: o1-04-12$          $C_{12,3}: o1-05-12$

**可定向亏格 2**

$C_{12,3}: o2-01-24$          $C_{12,3}: o2-02-03$          $C_{12,3}: o2-03-24$

$C_{12,3}: o2-04-24$          $C_{12,3}: o2-05-48$          $C_{12,3}: o2-06-24$

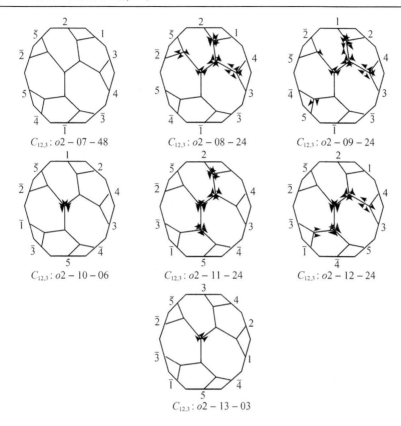

$C_{12,3}: o2 - 07 - 48$　　　$C_{12,3}: o2 - 08 - 24$　　　$C_{12,3}: o2 - 09 - 24$

$C_{12,3}: o2 - 10 - 06$　　　$C_{12,3}: o2 - 11 - 24$　　　$C_{12,3}: o2 - 12 - 24$

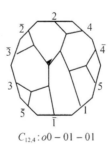

$C_{12,3}: o2 - 13 - 03$

$C_{12,4}:$

可定向亏格 0

$C_{12,4}: o0 - 01 - 01$

可定向亏格 1

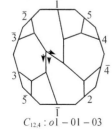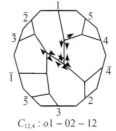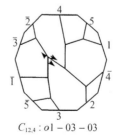

$C_{12,4}: o1 - 01 - 03$　　　$C_{12,4}: o1 - 02 - 12$　　　$C_{12,4}: o1 - 03 - 03$

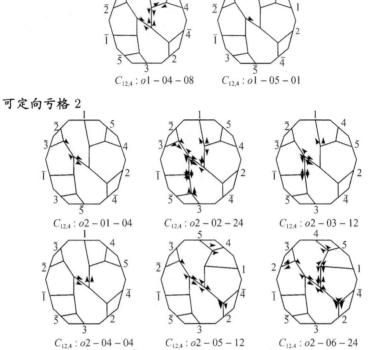

$C_{12,4}: o1 - 04 - 08$　　　　　　$C_{12,4}: o1 - 05 - 01$

**可定向亏格 2**

$C_{12,4}: o2 - 01 - 04$　　　$C_{12,4}: o2 - 02 - 24$　　　$C_{12,4}: o2 - 03 - 12$

$C_{12,4}: o2 - 04 - 04$　　　$C_{12,4}: o2 - 05 - 12$　　　$C_{12,4}: o2 - 06 - 24$

$C_{12,4}: o2 - 07 - 08$　　　　　　$C_{12,4}: o2 - 08 - 12$

**15 条边** (仅以两图为例. 其中 $C_{15,14}$ 为 Petersen 图)

$C_{15,11}$:

　　　可定向亏格 0

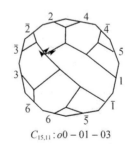

$C_{15,11}: o0 - 01 - 03$

可定向亏格 1

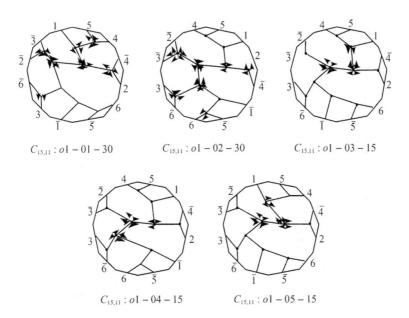

$C_{15,11} : o1 - 01 - 30$　　　$C_{15,11} : o1 - 02 - 30$　　　$C_{15,11} : o1 - 03 - 15$

$C_{15,11} : o1 - 04 - 15$　　　$C_{15,11} : o1 - 05 - 15$

可定向亏格 2

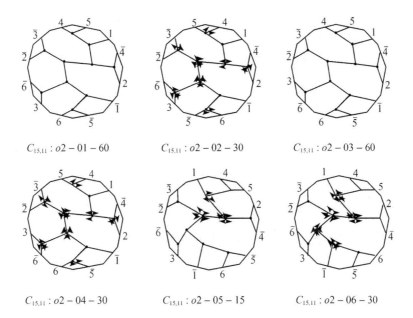

$C_{15,11} : o2 - 01 - 60$　　　$C_{15,11} : o2 - 02 - 30$　　　$C_{15,11} : o2 - 03 - 60$

$C_{15,11} : o2 - 04 - 30$　　　$C_{15,11} : o2 - 05 - 15$　　　$C_{15,11} : o2 - 06 - 30$

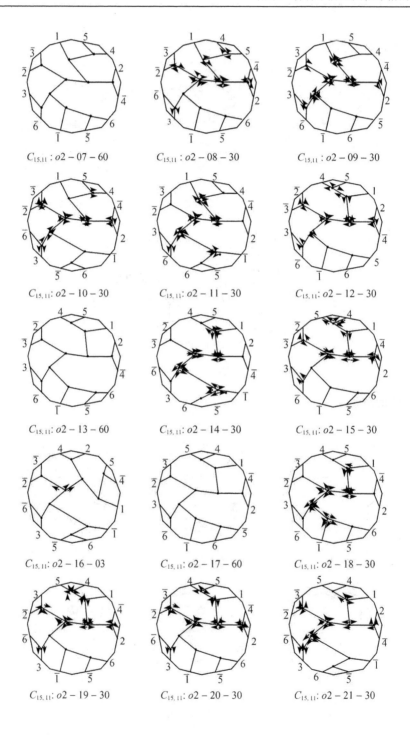

$C_{15,11}: o2 - 07 - 60$　　$C_{15,11}: o2 - 08 - 30$　　$C_{15,11}: o2 - 09 - 30$

$C_{15,11}: o2 - 10 - 30$　　$C_{15,11}: o2 - 11 - 30$　　$C_{15,11}: o2 - 12 - 30$

$C_{15,11}: o2 - 13 - 60$　　$C_{15,11}: o2 - 14 - 30$　　$C_{15,11}: o2 - 15 - 30$

$C_{15,11}: o2 - 16 - 03$　　$C_{15,11}: o2 - 17 - 60$　　$C_{15,11}: o2 - 18 - 30$

$C_{15,11}: o2 - 19 - 30$　　$C_{15,11}: o2 - 20 - 30$　　$C_{15,11}: o2 - 21 - 30$

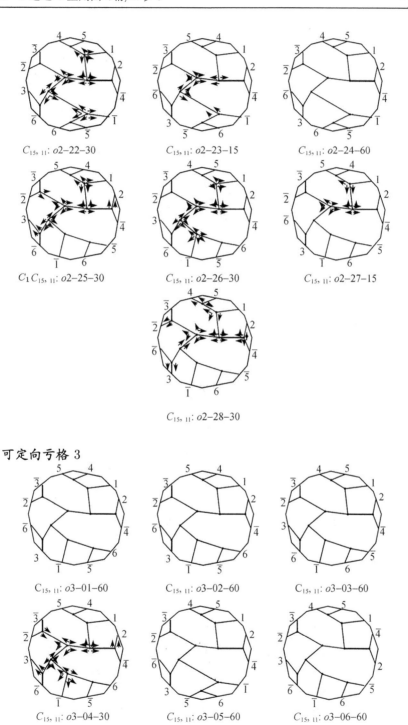

$C_{15, 11}$: $o2-22-30$  $\qquad$  $C_{15, 11}$: $o2-23-15$  $\qquad$  $C_{15, 11}$: $o2-24-60$

$C_1 C_{15, 11}$: $o2-25-30$  $\qquad$  $C_{15, 11}$: $o2-26-30$  $\qquad$  $C_{15, 11}$: $o2-27-15$

$C_{15, 11}$: $o2-28-30$

**可定向亏格 3**

$C_{15, 11}$: $o3-01-60$  $\qquad$  $C_{15, 11}$: $o3-02-60$  $\qquad$  $C_{15, 11}$: $o3-03-60$

$C_{15, 11}$: $o3-04-30$  $\qquad$  $C_{15, 11}$: $o3-05-60$  $\qquad$  $C_{15, 11}$: $o3-06-60$

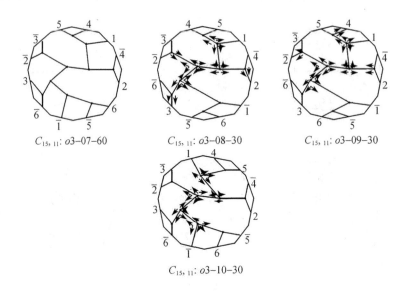

$C_{15,11}$: $o3-07-60$　　　　$C_{15,11}$: $o3-08-30$　　　　$C_{15,11}$: $o3-09-30$

$C_{15,11}$: $o3-10-30$

$C_{15,14}$:

可定向亏格 1

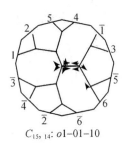

$C_{15,14}$: $o1-01-10$

可定向亏格 2

$C_{15,14}$: $o2-01-30$　　　　$C_{15,14}$: $o2-02-30$　　　　$C_{15,14}$: $o2-03-30$

$C_{15,14}$: $o2-04-30$　　　　$C_{15,14}$: $o2-05-30$　　　　$C_{15,14}$: $o2-06-10$

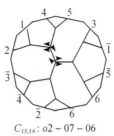

$C_{15,14}: o2 - 07 - 06$

可定向亏格 3

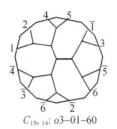

$C_{15,\,14}: o3{-}01{-}60$

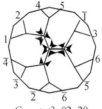

$C_{15,\,14}: o3{-}02{-}20$

# 术 词 索 引

## (汉英对照)

# 术词索引

## (英汉对照)

# 《现代数学基础丛书》已出版书目